JN046984

自由自在 小学高学年 理科

From Basic to Advanced

受験研究社

はじめに

小学高学年自由自在理科と出会った小学校高学年のみなさん，ようこそ！

自由自在は，みなさんの深い学習の道しるべとなってくれることでしょう。本書は，日常学習の予習・復習用として活用できるように，5・6年の理科の内容を網羅しています。また中学入試対策用として，3・4年で学んだ内容や発展的な学習内容もコンパクトにまとめてありますので，万全の準備ができます。

そのような学習を，効果的に進めるために，

○理科の実験・観察を多く紹介し，くわしい解説をつけました。

○実験や観察のイメージが深められるように，図表や写真を多く収録し，その内容がひと目でわかるように工夫しています。

○学習したことがきっちり身につくように，各章末に「入試のポイント」「重点チェック」として，まとめとなるページを入れています。

○解答だけではわかりにくい内容も，くわしい解説を掲載しました。安心して学習にとり組めます。

さて，自由自在理科では，理科実験を大切にしています。どうして理科では実験が大切なのでしょうか。

理科実験の歴史は，人類の生存のための歴史であるといえます。ノーベル物理学賞・化学賞のメダルでは，自然の女神のベールを科学の女神が明らかにするようすが刻印されています。人類は科学によって，自然の猛威から身を守るため，自然にはたらきかけ，自然のなかにひそむ不思議を１つ１つ明らかにしてきたのです。野獣をよく観察し危険から身を守ったり，農作物をきちんと収穫するために天気をよく観察してきました。作物についた害虫を食物連鎖のなかで駆除したり，ウイルスを媒介するカや毒虫から命を守る医療を発展させたりして，現在まで生存し繁栄してきました。高度な科学技術社会を築き，かん境を保全しながら安全・安心で持続可能な生活を手に入れてきました。このようなことのすべてが，理科の学習の対象です。ですから，実際に手に取って，実感をともなった学習，すなわち実験や観察が理科ではとても大切です。古いことわざに，百聞は一見にしかずというものがあります。まず，しっかりと，自分自身で実験・観察を行い，理科を深めるようにしましょう。

執筆者代表　東京理科大学 教授　川村 康文

学習指導要領とこれからの学び

グローバル化や情報化の急速な進展，AI をはじめとするテクノロジーの進化など，社会は大きく変化しています。令和 2 年度から全面実施の学習指導要領は，従来からの目標である，いかに社会が変化しようとも子どもたちが自分の力で未来を切りひらく「生きる力」を育むことを維持しながら，新たに子どもたちに必要な力を以下の 3 つの柱として示しています。

3つの柱 ― 学習指導要領が目指すもの

学んだことを人生や社会に生かそうとする

学びに向かう力，人間性などを養う

- ▶未来を自分で切りひらく生きる力を持つ

実際の社会や生活で生きて働く

知識及び技能の習得

- ▶様々な方法を使って，自分で適切な情報を探す
- ▶過去の学習をふり返る
- ▶知識を組み合わせて活用する
- ▶未来につなげる

自ら課題を見つけ
自ら学び，自ら考え
判断して行動できる

未知の状況にも対応できる

思考力，判断力，表現力などの育成

- ▶周りの人と対話して考えを広める
- ▶意見をわかりやすく表現する
- ▶相手や目的・場面にふさわしい表現をする

学習指導要領とは

小･中･高校などで教える教育の目標のほか，学年ごとの教科の学習内容や習得目標をまとめた，国が定める教育課程の基準となるもの。社会や時代の変化に合わせ，ほぼ10年に一度大改訂されます。教科書も学習指導要領をもとに新しくなります。

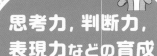

【これまでの小学校学習指導要領の全面実施年度と主なポイント】

平成 4 年度　個性重視：1995 年より学校週 5 日制に
平成 14 年度　ゆとり：小･中学校のカリキュラムを 3 割減
平成 23 年度「生きる力」育成：「脱・ゆとり教育」
令和 2 年度　主体的･対話的で深い学び（アクティブ・ラーニング）

学習指導要領のねらいを実現するために，学校では「主体的･対話的で深い学び（アクティブ･ラーニング）」の視点から授業が行われます。アクティブ・ラーニングとは，学習者が能動的に学ぶことができるように指導者が支援することです。授業では，得た知識と関連する情報を自ら発展させ（主体的な学び），子どもどうしや先生，社会の大人たちとの対話を通して自分の意見を広げ（対話的な学び），これらの活動を通して知識を多角的でより深いものにする（深い学び）ことが重視されます。子どもたちがより豊かな未来を自分で切りひらいていく人間に成長できるように，『自由自在』は子どもたちの学びを支援します。

アクティブ・ラーニング ― 主体的・対話的で深い学び

●学ぶことへの興味・関心を持ち，ねばり強く取り組む
●自分の学びをふり返って次の学習につなげる
3年生であれを勉強したなあ
●周りの人と話して考える
●自分の意見をわかりやすく表現する
どうしてそう思うの?
わたしはこうだと思うよ。
主体的な学び
対話的な学び
●TPO や人に合わせた表現をする
深い学び
たのしーい!
●知識をつなげる
あれとこれがつながった!
●自分で調べる
どれで調べたらわかるかな…。

■ 知りたいことが何でもわかる幅広い内容
■ 基礎から入試まで対応できる深みのある内容
■ 思考力・記述力も高める工夫された内容

自由自在がサポート

特長と使い方

豊富な図・写真，丁寧でわかりやすい解説

解説ページ

学習する学年を示しています。発展は，発展内容をあつかうことを表しています。

中学入試での重要度を★で示しています（★→★★→★★★の3段階で，★★★が最重要）。

最重要語句は色文字，重要語句は**黒太字**，そのまま覚えておきたい重要なところには色下線を入れています。

図やイラスト，写真をたくさん掲載しています。文を読みながらこれらを見て，理解を深めましょう。

発展 6年 5年 4年 3年

1 星のすがた

1 いろいろな星 入試重要度★★

●**こう星とわく星**……夜空に見える星の中には，同じように光って見えていても種類のちがう星がある。

❶ **自分自身が光っている星**…太陽は，自分自身で光や熱を出している。このように，星自身が光を出しているものを**こう星**という。こう星の中には，太陽よりも大きく，強い光や熱を出しているものがある。これらの星から地球に届く光が少ないのは，どの星も非常に遠くにあるためである。

❷ **太陽の光を反射して光っている星**…太陽のまわりをまわる地球のなかまの星は，自身で光や熱を出さず，太陽の光を反射して光っている。

ことば こう星
いつも変わらない星という意味で，同じ星座の決まった位置にある。明るさもほとんど変化しない。

▲ 天の川

▲ わく星（金星）

▶**わく星**…地球のように太陽のまわりを回る星。太陽に近い順に，**水星，金星，地球，火星，木星，土星，天王星，海王星**の8個である。

ズームアップ 太陽系 ➡p.304

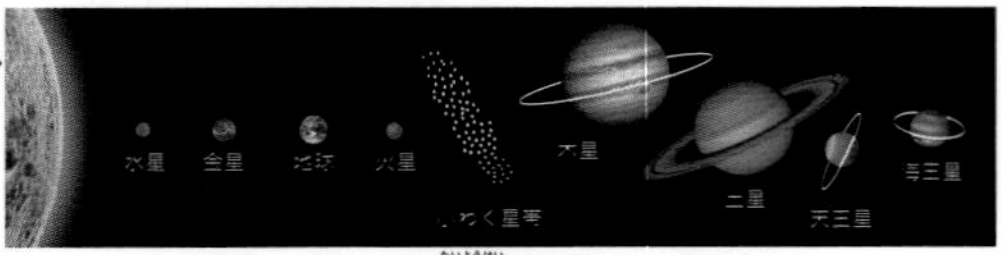

▲ 太陽系のわく星

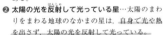

パワーアップ
わく星は，星座の間を行ったり来たり動き回るように見えるので，まどわす星や，遊星とよばれていました。こう星とちがい，明るさも大きく変化するものがあります。

272

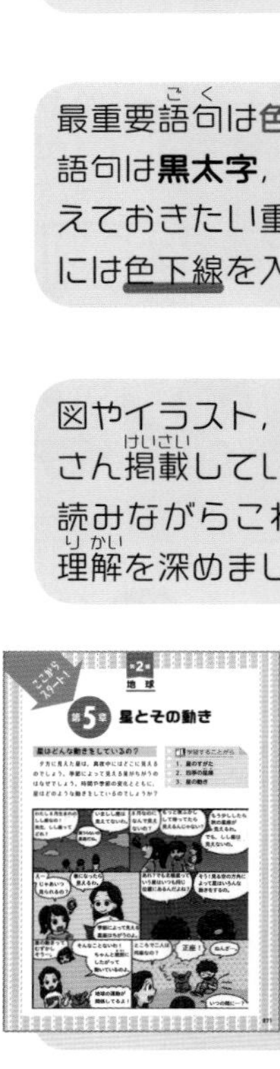

●各章はじめの「ここからスタート！」では，その章の内容をマンガで楽しく紹介しています。

しん
明るく元気な小学生。割と冷静な一面も。

ゆい
しんの幼なじみ。好奇心旺盛！

先生
優しい新米先生。少し天然。

タロ
ゆいの飼い犬。天才犬だけど，たまに空回り…。

行間に簡潔な文章で，語句や文章について補足説明をしています。

▶**衛　星**…わく星のまわりを回る星。地球の月と同じように，他のわく星にも発見されている。
↳木星，土星に特に多く見られる

▶**すい星**…太陽に何度ももどってくるもの(ハレーすい星など)と，一度しか見られないものとがある。

▲ ハレーすい星

●**星までのきょり**……月までのきょりは，平均で約38万kmである。しかし，太陽以外のこう星までのきょりは非常に遠く，ふつうの単位では表しにくいので，**光年**という単位が使用されている。

▶**光　年**…星までのきょりは，1秒間に約30万km進む光が1年間に進むきょり（**1光年**）を単位として表す。例えば現在，地球から25光年のきょりにあるベガという星を見るとき，その星から25年前に出た光を見ている。

ことば すい星
太陽に近づくと長い尾を引くことがあり，ほうき星ともよばれる。

参考 肉眼で見える星の数
肉眼で見える星の数は，全天で約6000個といわれている（8600個ともいわれる）。しかし，半分は地平線の下にあるので，日本で見られる星は約3000個ほどである。

参考 地球から月までのきょり
月はだ円き道をえがいていて地球のまわりを公転している。月までのきょりは，地球に近いときでおよそ34万km，遠いときはおよそ41万kmになる。

ことば 光　年
1光年＝約9.5兆km
太陽の光が地球に届くのに約8分かかる。

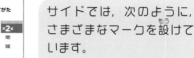

星までのきょり

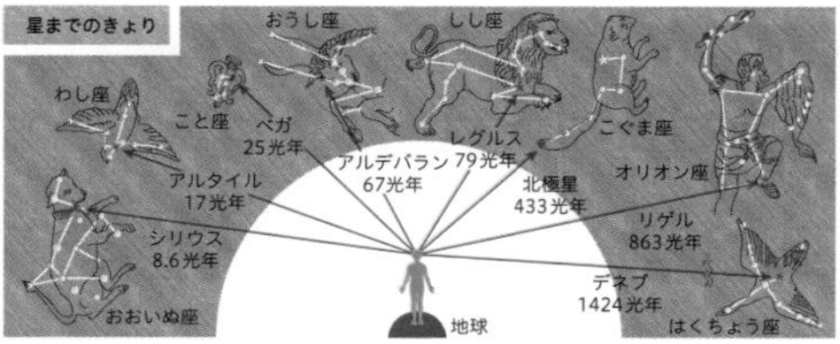

サイドでは，次のように，さまざまなマークを設けています。

参考
本文中に出てくる事項のよりくわしい解説や，その事項に関連した知っておくべきことがらを掲載しています。

ことば
重要語句などをよりくわしく解説しています。

ズームアップ
解説文中に出てくる語句や事項について，関連するページを掲載しています。

くわしい学習　星　雲

星雲とは，雲のように見える天体で，ガスやちりの集まりである。近くのこう星の光を反射したり，背後のこう星の光をさえぎったりして見える。星のばく発で飛び散ったものや，ガスの中で星が生まれている星雲もある。

▲ かに星雲

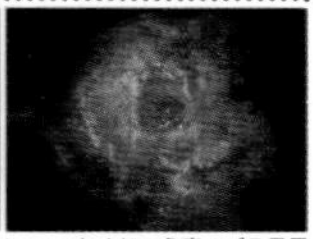

▲ いっかくじゅう座のバラ星雲

「くわしい学習」では，本文であつかっている内容について，よりハイレベルなことがらを紹介しています。

雑学ハカセ 1054年に，昼間でも見える星が急に現れました。これは，こう星の最後に生じる超新星ばく発でした。現在は，おうし座の角の近くにある，かに星雲として知られています。

●ページ下端には，次のようなコーナーを設けています。

パワーアップ 小学生が学んでも役に立つような中学・高校での学習内容。

雑学ハカセ 理科に興味・関心がもてるような，おもしろい雑学など。

入試では 中学入試でよく問われる内容や出題傾向・出題形式など，入試に役立つ情報。

中学入試対策もバッチリ！

■ 実験・観察

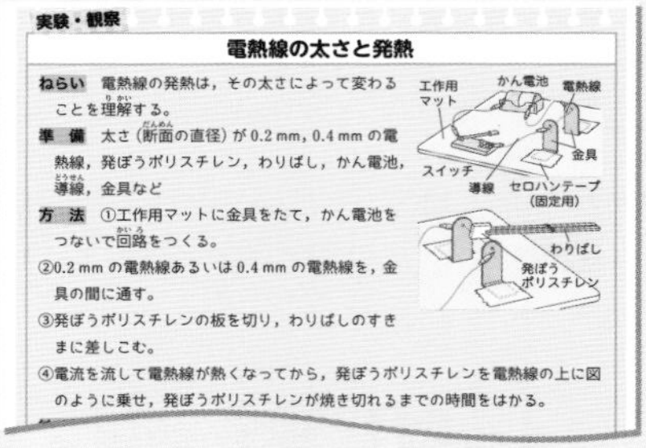
実験・観察

電熱線の太さと発熱

ねらい　電熱線の発熱は，その太さによって変わることを理解する。

準　備　太さ（断面の直径）が 0.2 mm，0.4 mm の電熱線，発ぼうポリスチレン，わりばし，かん電池，導線，金具など

方　法　①工作用マットに金具をたて，かん電池をつないで回路をつくる。

②0.2 mm の電熱線あるいは 0.4 mm の電熱線を，金具の間に通す。

③発ぼうポリスチレンの板を切り，わりばしのすきまに差しこむ。

④電流を流して電熱線が熱くなってから，発ぼうポリスチレンを電熱線の上に図のように乗せ，発ぼうポリスチレンが焼き切れるまでの時間をはかる。

実験や観察の手順や結果，そこからわかることを掲載しています。実験や観察を通して学習内容をより深く理解することができます。

■ 中学入試にフォーカス

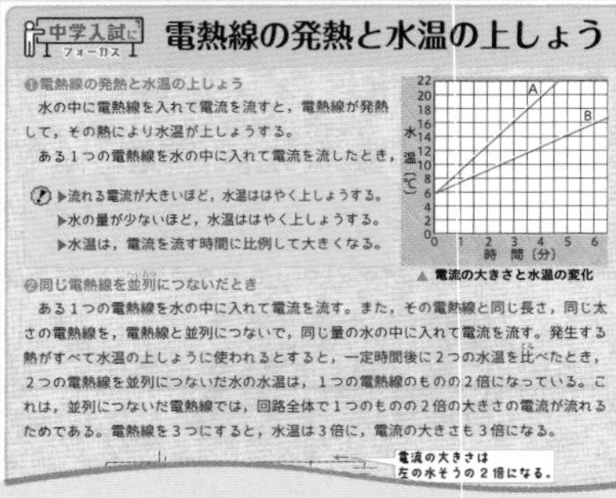
中学入試にフォーカス　電熱線の発熱と水温の上しょう

❶電熱線の発熱と水温の上しょう

水の中に電熱線を入れて電流を流すと，電熱線が発熱して，その熱により水温が上しょうする。

ある1つの電熱線を水の中に入れて電流を流したとき，

▶流れる電流が大きいほど，水温ははやく上しょうする。

▶水の量が少ないほど，水温ははやく上しょうする。

▶水温は，電流を流す時間に比例して大きくなる。

❷同じ電熱線を並列につないだとき

ある1つの電熱線を水の中に入れて電流を流す。また，その電熱線と同じ長さ，同じ太さの電熱線を，電熱線と並列につないで，同じ量の水の中に入れて電流を流す。発生する熱がすべて水温の上しょうに使われるとすると，一定時間後に2つの水温を比べたとき，2つの電熱線を並列につないだ水の水温は，1つの電熱線のものの2倍になっている。これは，並列につないだ電熱線では，回路全体で1つのものの2倍の大きさの電流が流れるためである。電熱線を3つにすると，水温は3倍に，電流の大きさも3倍になる。

▲ 電流の大きさと水温の変化

中学入試で頻出の，発展的な学習内容を，図や写真を用いながらくわしく解説しています。

■ 入試のポイント

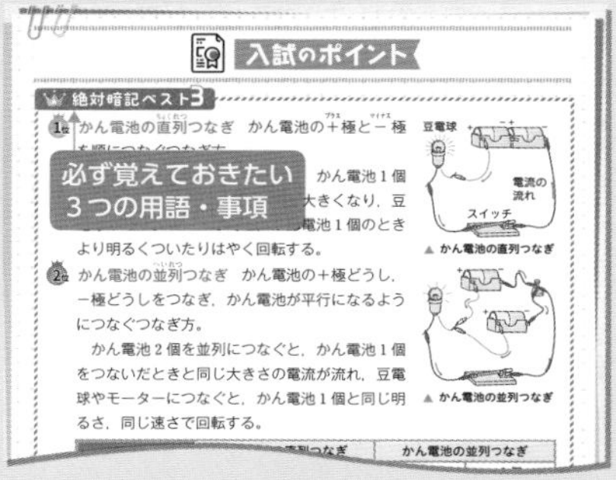
入試のポイント

絶対暗記ベスト3

1位 かん電池の直列つなぎ　かん電池の＋極と－極を…

…かん電池1個…大きくなり，豆…電池1個のときより明るくついたりはやく回転する。

2位 かん電池の並列つなぎ　かん電池の＋極どうし，－極どうしをつなぎ，かん電池が平行になるようにつなぐつなぎ方。

かん電池2個を並列につなぐと，かん電池1個をつないだときと同じ大きさの電流が流れ，豆電球やモーターにつなぐと，かん電池1個と同じ明るさ，同じ速さで回転する。

▲ かん電池の直列つなぎ

▲ かん電池の並列つなぎ

各章末に，中学入試に取り上げられそうな内容を，図や表を用いながらまとめています。

■ 重点チェック

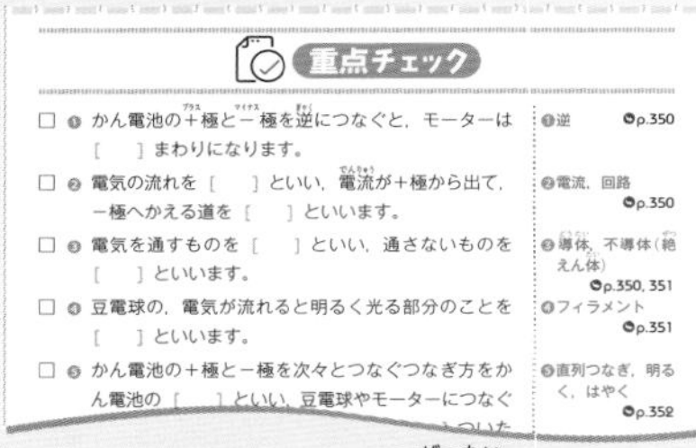
重点チェック

□ ❶ かん電池の＋極と－極を逆につなぐと，モーターは［　］まわりになります。 ❶逆 p.350

□ ❷ 電気の流れを［　］といい，電流が＋極から出て，－極へかえる道を［　］といいます。 ❷電流，回路 p.350

□ ❸ 電気を通すものを［　］といい，通さないものを［　］といいます。 ❸導体，不導体（絶えん体） p.350, 351

□ ❹ 豆電球の，電気が流れると明るく光る部分のことを［　］といいます。 ❹フィラメント p.351

□ ❺ かん電池の＋極と－極を次々とつなぐつなぎ方をかん電池の［　］といい，豆電球やモーターにつなぐ… ❺直列つなぎ，明るく，はやく p.352

各章末に，中学入試で絶対に外せない頻出問題を，一問一答形式で入れています。解説しているページも掲載しているので，わからなかった問題は本文で確認しましょう。

調べやすいさくいん

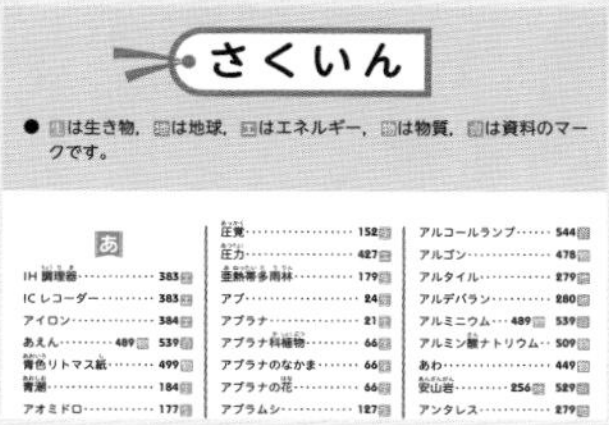
さくいん

● 生は生き物，地は地球，エはエネルギー，物は物質，資は資料のマークです。

▶約 1700 語掲載しています。

▶各用語に，生（第1編生き物の用語），地（第2編地球の用語），エ（第3編エネルギーの用語），物（第4編物質の用語），資（第5編資料の用語）のマークを入れています。

アクティブラーニングに活用できる！

■資料編

「資料編」では，本文の内容に関連した事項を，図や写真を多く用いてよりくわしく紹介しています。学校で学んだことについて，実際に写真を見て調べたり，学習内容をより深く調べてみましょう。また，資料編の最後には，「自由研究の進め方」を掲載しています。自由研究の手助けになるのはもちろん，自分でテーマを決めて物事を調べるヒントが見つかるはずです。

学校で習ったこと，もっとくわしく知りたいな…

主体的な学びの手助け

自分でも研究してみたい！どうすればいいのかな？

深い学びの手助け

調べたことや研究したこと，どうすればわかりやすく，みんなに伝えられるかな？

対話を通した学び の手助け

『自由自在』が 役立ちます！

思考力・判断力・表現力を伸ばすために

■チャレンジ！思考力問題／作図・記述問題

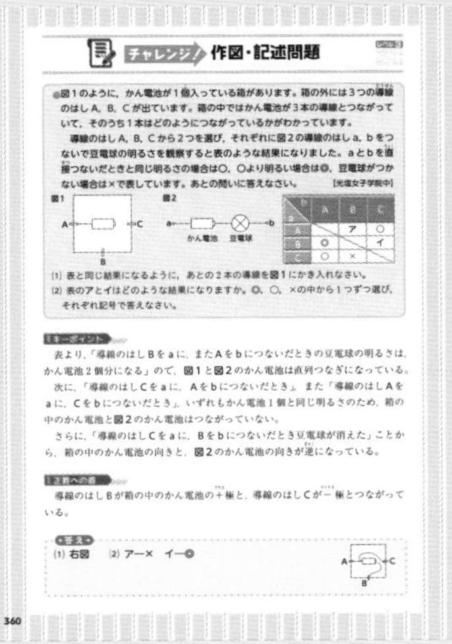
チャレンジ！ 作図・記述問題

●図1のように，かん電池が1個入っている箱があります。箱の外には3つの導線のはしA，B，Cが出ています。箱の中ではかん電池が3本の導線とつながっていて，そのうち1本はどのようにつながっているかがわかっています。

導線のはしA，B，Cから2つを選び，それぞれに図2の導線のはしa，bをつないで豆電球の明るさを観察すると表のような結果になりました。aとbを直接つないだときと同じ明るさの場合は○，○より明るい場合は◎，豆電球がつかない場合は×で表しています。あとの問いに答えなさい。 【光塩女子学院中】

図1 図2

b＼a	A	B	C
A		ア	○
B	◎		イ
C	○	×	

(1) 表と同じ結果になるように，あとの2本の導線を図1にかき入れなさい。
(2) 表のアとイはどのような結果になりますか。◎，○，×の中から1つずつ選び，それぞれ記号で答えなさい。

キーポイント

表より，「導線のはしBをaに，またAをbにつないだときの豆電球の明るさは，かん電池2個分になる」ので，図1と図2のかん電池は直列つなぎになっている。

次に，「導線のはしCをaに，Aをbにつないだとき」，また「導線のはしAをaに，Cをbにつないだとき」，いずれもかん電池1個と同じ明るさのため，箱の中のかん電池と図2のかん電池はつながっていない。

さらに，「導線のはしCをaに，Bをbにつないだとき豆電球が消えた」ことから，箱の中のかん電池の向きと，図2のかん電池の向きが逆になっている。

正答への道

導線のはしBが箱の中のかん電池の＋極と，導線のはしCが－極とつながっている。

答え
(1) 右図 (2) ア－× イ－◎

360

今後，中学入試でも，「思考力，判断力，表現力」を試すような，レベルの高い問題が増えることが予想されます。

そこで，『自由自在』では，各章末に「チャレンジ！思考力問題」「チャレンジ！作図・記述問題」として，知識だけでは解くことができない，判断力・推理力などの知識を応用する力が試される問題を設けました。

解説では，「答え」「解答例」に至るまでのプロセスや考え方を，くわしく解説しています。

存分に「思考力，判断力，表現力」を養ってください。

もくじ

第1編 生き物

第2編 地 球

第3編 エネルギー

資料編

本書に関する最新情報は，小社ホームページにある**本書の「サポート情報」**をご覧ください。(開設していない場合もございます。)
なお，この本の内容についての責任は小社にあり，内容に関するご質問は直接小社におよせください。

第1編

生き物

ここからスタート！

第1編

生き物

第1章 こん虫

こん虫のなかまを見てみよう！

外に出て，こん虫採集をしたことがありますか？身のまわりのいろいろなところで，たくさんのこん虫を見つけることができます。こん虫は種類によって，さまざまなくらしをしています。

学習することがら

1. 身近な生き物の観察
2. こん虫のからだのつくり
3. こん虫の育ち方
4. こん虫のくらし

1 身近な生き物の観察

発展 6年 5年 4年 3年

1 生き物の観察 入試重要度★

身近な自然の中から，自分が観察したい生き物を見つけ，くわしく観察する。

目でよく見るだけでなく，においをかぐ，手ざわりを確かめる，音を聞くなど，さまざまな観点から観察してみる。

さらに，見つけた生き物の近くにどのような生き物がいるのか調べてみるとよい。

●**観察のポイント**……生き物の観察をするときは，おもに色や形，大きさ，見つけた場所に注意して観察する。生き物の種類ごとにこれらはちがう。

●**虫めがね（ルーペ）**……虫めがね（ルーペ）を使うと，生き物のからだの細かい部分をくわしく見ることができる。

虫めがねは**とつレンズ**でできており，小さなものを大きく拡大して見ることができる。

▶**倍　率**…虫めがねで見たときに，実際のものよりもどれくらい大きく見えるかを表した数字のことをいう。倍率が高いものほど，実際のものよりも大きく見える。

植物やこん虫の全体を観察するときには，倍率が2～5倍くらいのものが適している。

▶**虫めがねの使い方**…虫めがねは，何を観察するかで使い方が異なるが，どの使い方でも，観察するものがはっきりと見えるところをさがして使う。

▲ 虫めがね

ズームアップ とつレンズ ➡p.324

ズームアップ 虫めがね ➡p.541

小さなもの（動かせるもの）を観察する	虫めがねを目に近づけて持ち，見るものを動かしてはっきりと見えるところでとめる。
大きなもの（動かすことができないもの）を観察する	虫めがねを前後に動かして，はっきりと見えるところでとめる。

パワーアップ

生き物を観察するポイントとして，本文中のもの以外にも，見つけた日付（季節），時間帯，天気，気温などにも注目すると，より生き物のことがくわしくわかります。

2 生き物の記録★

生き物を観察したあとには，観察結果を記録する。

●**記録の書き方**……観察したものの名まえ，色や形，大きさ，見つけた場所などを記録する。それ以外にも，観察して気づいたこと，観察したもののスケッチ，その日の天気や気温なども書きこむとよりくわしい記録になる。

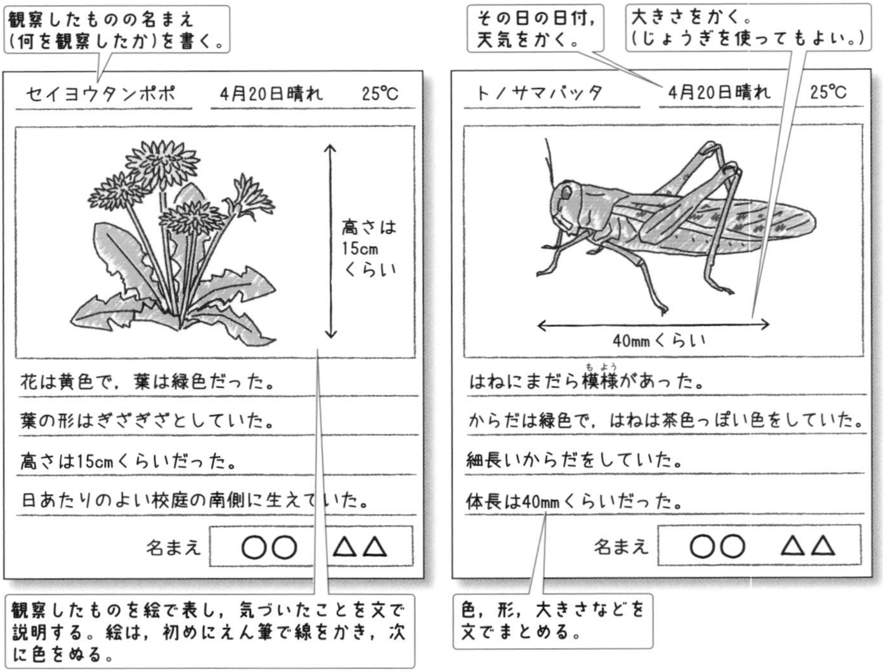
観察したものの名まえ
(何を観察したか)を書く。
その日の日付，
天気をかく。
大きさをかく。
(じょうぎを使ってもよい。)
セイヨウタンポポ
4月20日晴れ
25℃
高さは
15cm
くらい
花は黄色で，葉は緑色だった。
葉の形はぎざぎざとしていた。
高さは15cmくらいだった。
日あたりのよい校庭の南側に生えていた。
名まえ
○○　△△
トノサマバッタ
4月20日晴れ
25℃
40mmくらい
はねにまだら模様(もよう)があった。
からだは緑色で，はねは茶色っぽい色をしていた。
細長いからだをしていた。
体長は40mmくらいだった。
名まえ
○○　△△
観察したものを絵で表し，気づいたことを文で
説明する。絵は，初めにえん筆で線をかき，次
に色をぬる。
色，形，大きさなどを
文でまとめる。

●**スケッチ**……観察したものを記録するスケッチは，できるだけ大きくかくと細かい部分がわかりやすくなる。また，細くはっきりとした線でかく。このとき，かげをつけずに観察したものだけをかくとよい。絵で表現できなかった所は，文で説明する。

●**記録のまとめ方**……季節を通した観察や，場所ごとの観察など，テーマごとに記録をまとめておくとわかりやすくなる。

雑学ハカセ

生き物を観察するときに手ざわりを確(たし)かめることはたいせつですが，さわるだけで害がある生き物もいるため注意が必要です。チャドクガの幼虫(ようちゅう)やウルシという植物などはそのような生き物です。

3 身近な植物の観察★★

植物は，その種類によって，葉の形や大きさ，花の色，背の大きさ，生育している場所などが異なっている。

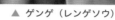

▲ ジシバリ

▲ ゲンゲ（レンゲソウ）

▲ ハコベ

▲ カタバミ

▲ ホタルブクロ

▲ ツユクサ

▲ スイレン

▲ エノコログサ

▲ セイタカアワダチソウ

▲ セイヨウタンポポ

▲ シロツメクサ

▲ アブラナ（菜の花）

パワーアップ 植物の種類によって，育つのに適した場所がちがいます。タンポポは日なたの明るい場所を好みますが，ドクダミは日かげの暗い場所を好みます。

4 身近な動物の観察★★

動物は，その種類によって，からだの色や形，体長，生育している場所，食べ物などが異(こと)なっている。

動物の名まえ	体　長	食べるもの	生育場所
ダンゴムシ	10～14 mm	落ち葉や雑草(ざっそう)	石や落ち葉の下
エンマコオロギ	20 mm	植物やほかの動物の死がい	草や石のかげ
クマゼミ	60～70 mm	木のしる	市街地や森林
ナナホシテントウ	8 mm	アブラムシ	野　原
ナツアカネ	34～38 mm	小さなこん虫	野　山
ノコギリクワガタ	24～77 mm	木のしる	森　林

雑学ハカセ ダンゴムシとよく似(に)た，ワラジムシという動物がいます。ダンゴムシよりもすばやく動き，全体的に平らです。また，さわってもダンゴムシのようにまるまりません。

2 こん虫のからだのつくり

発展 6年 5年 4年 3年

1 こん虫のからだの特ちょう★★★

こん虫のからだは，じょうぶな外骨格でおおわれ，頭，胸，腹の３つの部分に分かれている。

●**頭**……１対の**複眼**，**単眼**，１対の**しょっ角**，口がある。単眼の数は，種類によってちがう。

❶ **複　眼**…六角形の小さな目（個眼）が多く集まって，複眼をつくっている。複眼全部で全体の形がうつるしくみになっている。

❷ **単　眼**…明暗と光の方向を感じる。

❸ **しょっ角**…におい，味などいろいろなものを知ることができる。

●**胸**……６本（３対）のあしと，はねがある。はねは種類によって４枚のもの，２枚のもの，ないものがいる。

●**腹**……いくつかの**節**があり，のばしたり曲げたりすることができる。節には**気門**があり，呼吸のための空気の出入り口になっている。

ことば 外骨格
からだの外側をかたいからでおおって，からだを支えているもの。人間のようにからだの中に骨があるものは内骨格とよばれる。

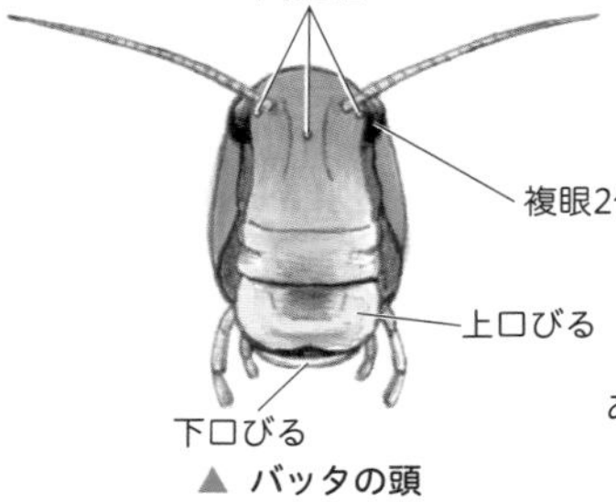

▲ バッタの頭

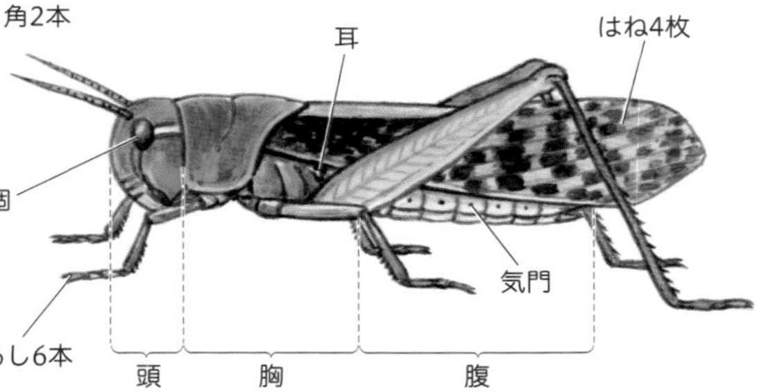

▲ バッタのからだ

▶**気　門**…こん虫が呼吸をするための穴のこと。腹の両側にある気門から酸素をとり入れ，**気管**という管でからだ全体に運んでいる。気門は腹だけでなく，胸にもある。

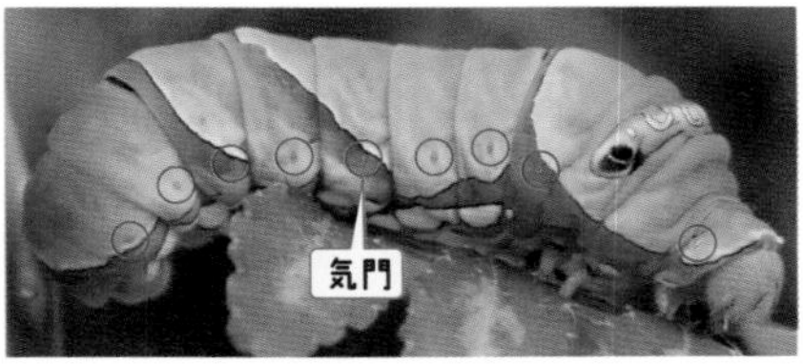

雑学ハカセ こん虫の歴史は古く，約４億年前には陸上に登場していたと考えられています。こん虫の化石も多く発見されているため，昔のこん虫のようすがわかってきています。

第1編 生き物
第1章 こん虫
第2章 季節と生き物
第3章 植物の育ち方
第4章 植物のつくりとはたらき
第5章 魚の育ち方
第6章 人や動物の誕生
第7章 人や動物のからだ
第8章 生き物とかん境

2 いろいろなこん虫のからだ★★★

●チョウやガのなかま

▶口は，液を吸うのに便利なストローのようになっているものが多い。

▶はねは4枚で，**りん粉**という粉でおおわれている。これで水をはじく。

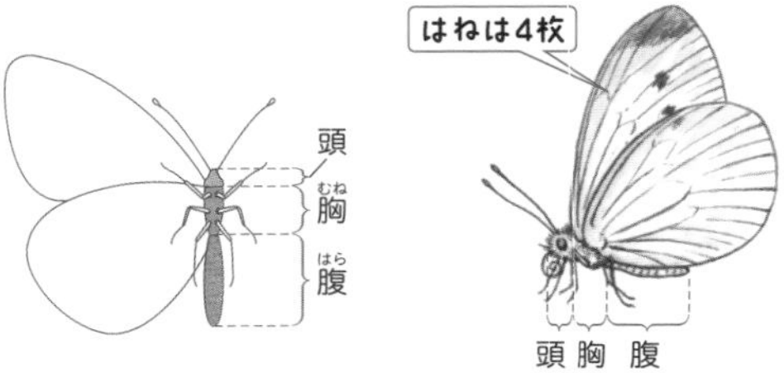

●カブトムシのなかま

▶樹液をなめるのに便利なブラシのような口をしているものが多い。

▶はねは4枚で，外から見える1対のかたい前ばねと，その下の1対のうすい後ろばねがある。前ばねでからだをまもり，後ろばねで飛ぶ。

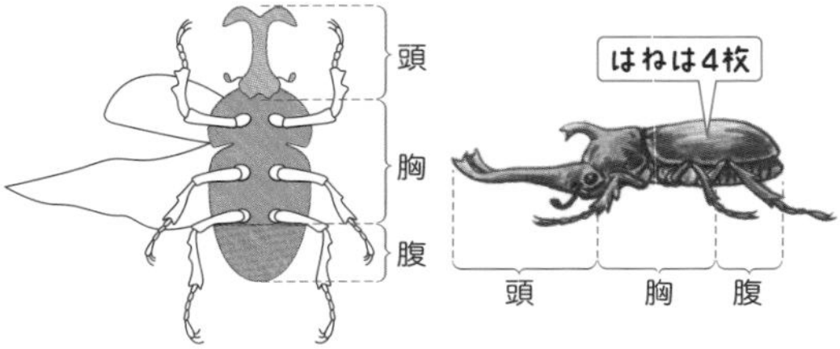

●ハエ・アブ・カのなかま

▶なめたり，さしたりするのに便利な口である。

▶はねは2枚である（後ろばねの2枚は，退化して小さく変化している）。

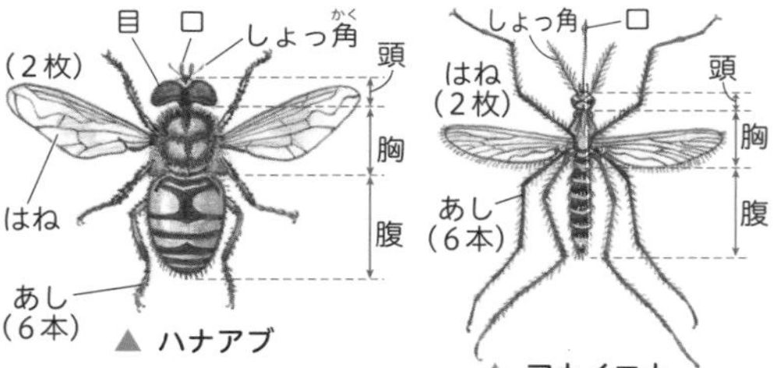

▲ ハナアブ　▲ アカイエカ

●アリのなかま……同じ種類のアリでも，女王アリ，はたらきアリ，おすアリではからだのつくりがちがう。

▶**女王アリ**…4枚のはねがある。結こんしてしばらくするとはねがとれる。

▶**はたらきアリ**…はねがない。全部めすだが，たまごは産めない。

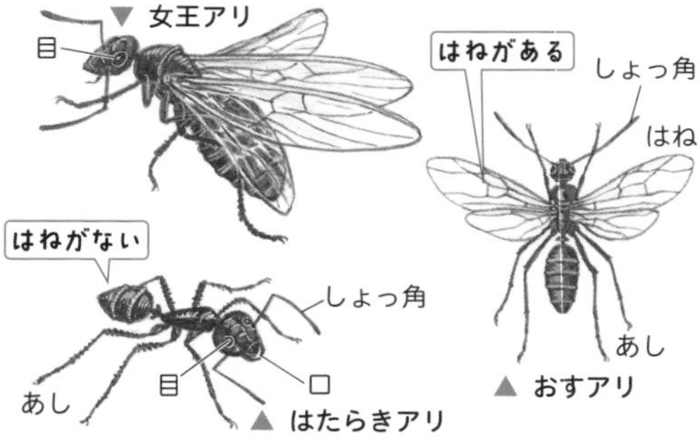

▼ 女王アリ　▲ はたらきアリ　▲ おすアリ

パワーアップ アリやハチは集団で，役割を分けて生活しています。この集団は1つの大きな家族です。アリの例では，女王アリがこどもを産み，はたらきアリがえさをとったり巣をつくったりします。このようなこん虫を社会性こん虫といいます。

▶**おすアリ**…４枚のはねがある。結こんしてしばらくすると死ぬ。

●**はねの数とこん虫**

❶ **はねが４枚のこん虫**…チョウ・ガ・カブトムシ・トンボ・セミ・カメムシ・ハチ・バッタなど

❷ **はねが２枚のこん虫**…ハエ・アブ・カなど

❸ **はねがないこん虫**…アリ・ノミ・シラミ・シミ・トビムシなど

3 からだの各部のはたらき★★

●**目**……こん虫の目には，**複眼**と**単眼**がある。トンボのなかまなどは，２個の複眼と３個の単眼をもっている。単眼は複眼のはたらきを助けている。
↳単眼をもたないものもいる

ズームアップ 複 眼 ➡p.23

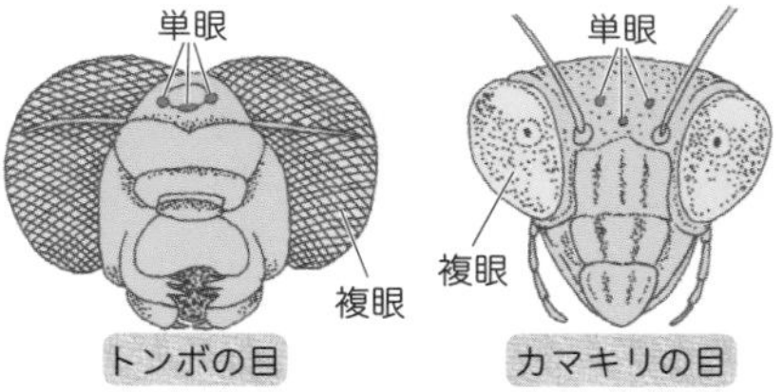
単眼
複眼
トンボの目
単眼
複眼
カマキリの目
▲ こん虫の目

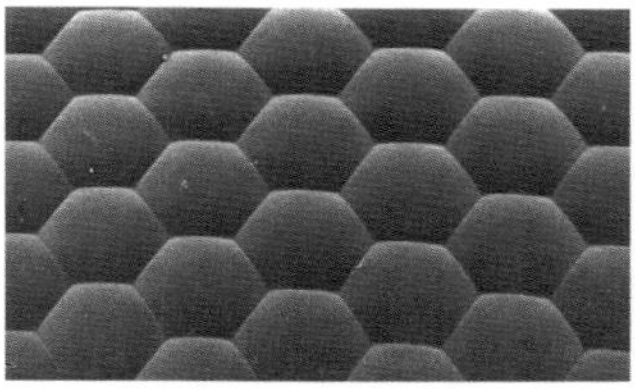
▲トンボの複眼

出典：株式会社日立ハイテクノロジーズ ミクロアイ 第２回 生き物～地上編～「トンボの複眼のSEM像」

●**口**……こん虫は，食べるえさの種類に適した口のつくりをしている。

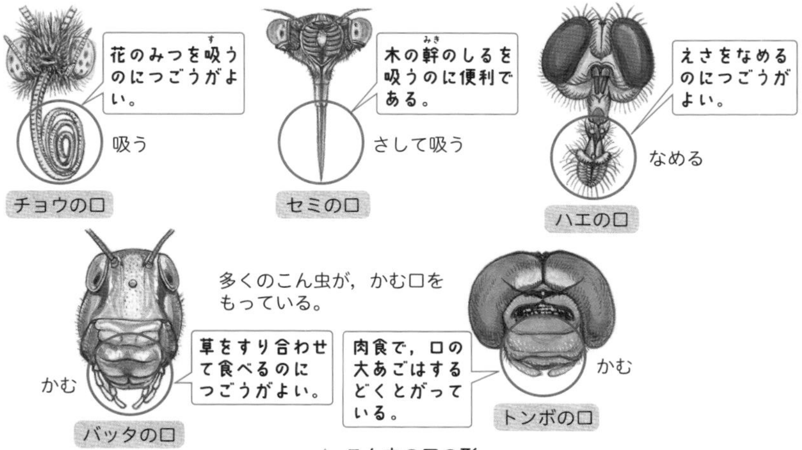
花のみつを吸うのにつごうがよい。
吸う
チョウの口
木の幹のしるを吸うのに便利である。
さして吸う
セミの口
えさをなめるのにつごうがよい。
なめる
ハエの口
多くのこん虫が，かむ口をもっている。
かむ
草をすり合わせて食べるのにつごうがよい。
バッタの口
肉食で，口の大あごはするどくとがっている。
かむ
トンボの口
▲ こん虫の口の形

雑学ハカセ トンボの複眼は約１万～３万個もの個眼が集まってできています。個眼１つ１つに像がうつるのではなく，複眼全体で１つの大きな像を認識しています。

●あ　し……こん虫のあしは歩くだけでなく，それぞれの種類によっていろいろなはたらきをしている。

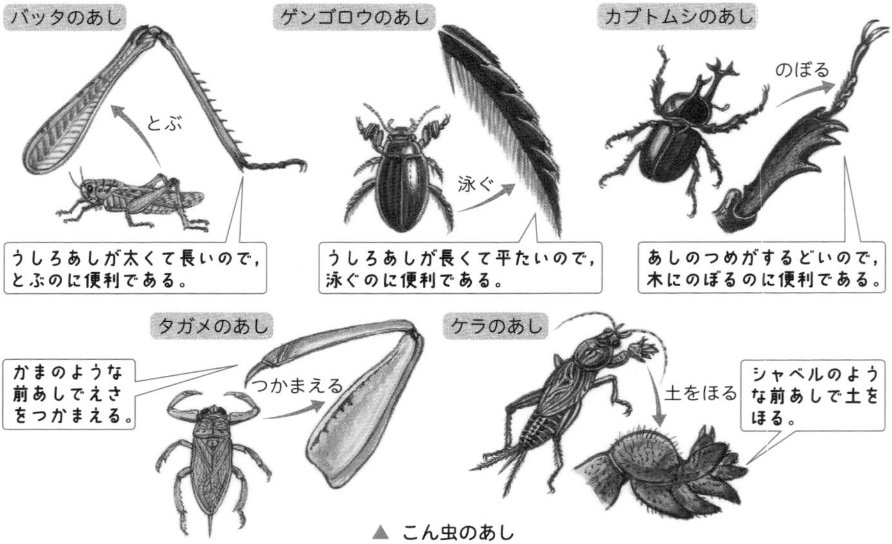

バッタのあし
とぶ
うしろあしが太くて長いので，とぶのに便利である。
ゲンゴロウのあし
泳ぐ
うしろあしが長くて平たいので，泳ぐのに便利である。
カブトムシのあし
のぼる
あしのつめがするどいので，木にのぼるのに便利である。
タガメのあし
かまのような前あしでえさをつかまえる。
つかまえる
ケラのあし
土をほる
シャベルのような前あしで土をほる。

▲ こん虫のあし

●しょっ角（かく）……こん虫には，頭に1対のしょっ角がある。しょっ角のはたらきは，ものにふれたりするほか，ハチやハエなどの大部分のこん虫は，このしょっ角でにおいもかぎ分けている。
↳味覚も感じることができる

●耳……こん虫の耳（音を感じるところ）は，種類によって場所がちがう。バッタやセミはこまくが腹（はら）にあり，キリギリスやコオロギは前あしにある。ハエやカなどはしょっ角で音を感じる。

こまく
バッタの耳は腹部（ふくぶ）（第1節目）にある。

▲ バッタの耳

鳴く虫の耳は，鳴いている相手の場所を知るためのはたらきをしている。

くわしい学習　こん虫の鳴き声

こん虫は人間のようにのどで声を出していない。コオロギは，前の左右のはねをこすり合わせて，セミのなかまは，腹にある腹弁（ふくべん）や筋肉（きんにく）などを使って音を出している。

はねをこすり合わせて音を出す。

▲ スズムシ

パワーアップ
いっぱん的に，鳴き声を出すこん虫はおすだけです。これは，鳴き声を出すことでめすに求愛をしているためだと考えられています。

中学入試にフォーカス　こん虫とまちがえやすい虫

こん虫には，からだが頭，胸，腹の３つの部分に分かれ，あしを６本もつという特ちょうがある。こん虫とまちがえやすい虫は，こん虫の特ちょうとはちがう特ちょうをもつ。

❶クモ類

クモのほか，ダニやサソリなどがふくまれる。

- **からだ**……頭胸部（頭・胸），腹の２つの部分に分かれる。
- **あ　し**……頭胸部に８本ある。

▲ サソリ

▲ ダ　ニ

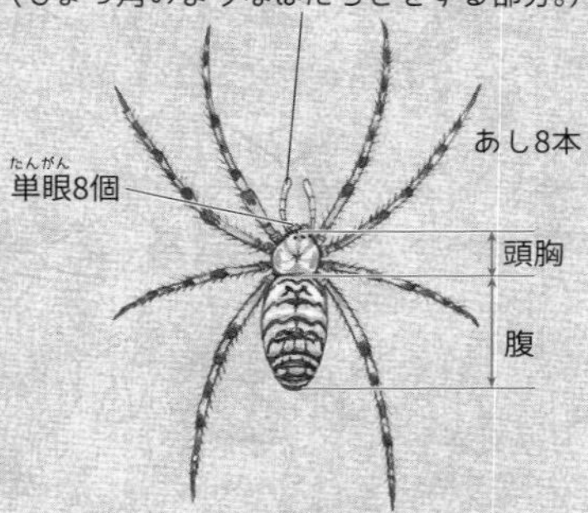

▲ クモのからだ

❷こうかく類

エビやカニ，ダンゴムシなどがふくまれる。

- **からだ**……頭，胸，腹の３つの部分に分かれるものと，頭胸部（頭・胸），腹の２つの部分に分かれるものがある。
- **あ　し**……カニやエビのあしは10本で，ダンゴムシにはあしが14本ある。

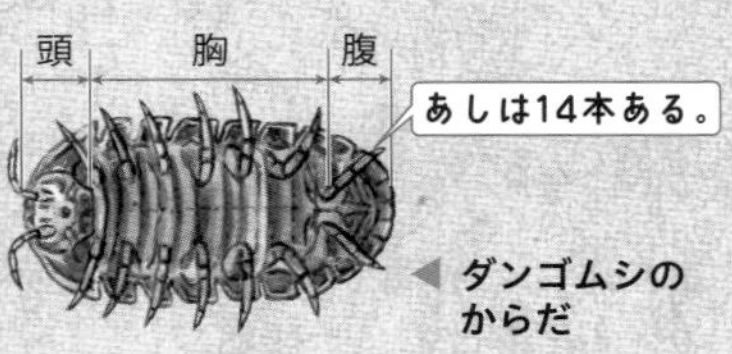

◀ ダンゴムシのからだ

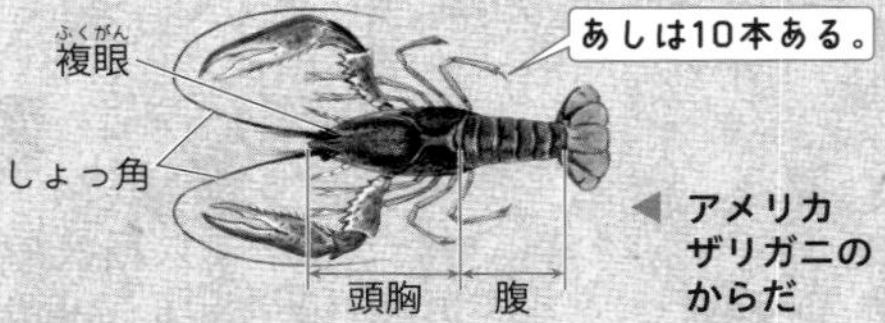

◀ アメリカザリガニのからだ

❸多足類

ムカデやヤスデなどがふくまれる。

- **からだ**……頭，胴の２つの部分に分かれる。
- **あ　し**……本数は種類によって異なるが，30～100本以上のものもいる。

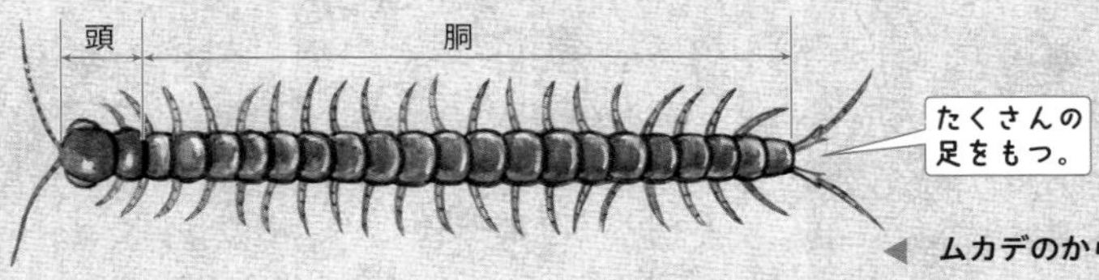

◀ ムカデのからだ

入試では　いろいろな虫がこん虫かどうかを問う問題が出題されています。こん虫の特ちょうを理解しておくことがたいせつです。

3 こん虫の育ち方

発展 6年 5年 4年 3年

1 モンシロチョウの育ち方★★

●**たまご**……モンシロチョウのたまごは，キャベツなどのアブラナ科の植物の葉に産みつけられる。（→葉のうらに産みつけられる）たまごは1～1.5 mm ほどの大きさで，産みつけられたときは白色だが，時間がたつにつれて黄色からオレンジ色へと変化する。3日～1週間たつとふ化する。

参考 アブラナ科の植物
キャベツ以外にも，ハクサイ，カリフラワー，ブロッコリー，ダイコンなどがある。

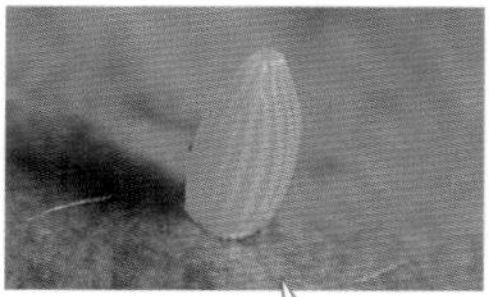
産みつけられた直後

ふ化する前のたまご

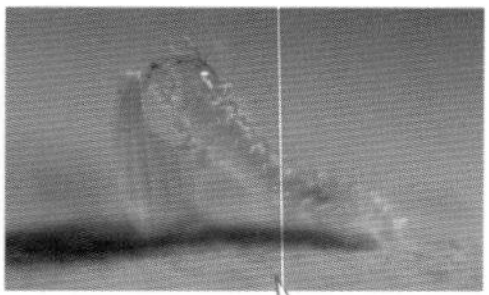
ふ化したばかりのようす

●**幼虫**（ようちゅう）……ふ化したばかりの幼虫の体長はおよそ2～3 mm。ふ化した直後は自分のたまごのからを食べるが，その後は産みつけられた植物の葉を食べる。（→キャベツなど）

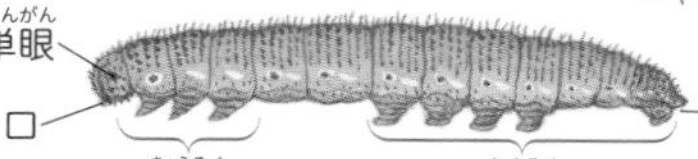
単眼（たんがん）
口
こう門
（ふんをする）
胸足（きょうそく）
腹足（ふくそく）
葉をおさえたり，ものにつかまったりする。
歩くときやものにつかまるときに使う。
▲ モンシロチョウの幼虫

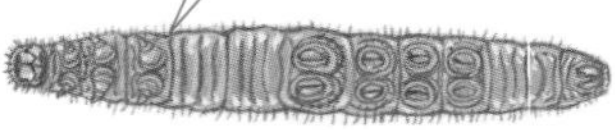
胸足が成虫のあしになる。
▲ 下から見た幼虫

▶**だっ皮**（ぴ）…自分の皮をぬいで大きくなること。だっ皮の前はえさを食べず，動かなくなる。モンシロチョウの幼虫はだっ皮を4回くり返す。

●**さなぎ**……4回だっ皮した幼虫は，しばらくするとまたえさを食べずに動かなくなる。その後，口から糸を出し，からだにまきつけると，からだが縮（ちぢ）んできて最後のだっ皮をして，さなぎになる。

さなぎは糸でまきつけられていて，動き回らずえさを食べることもない。時間がたつにつれてチョウのはねが皮をすき通って見えるようになる。

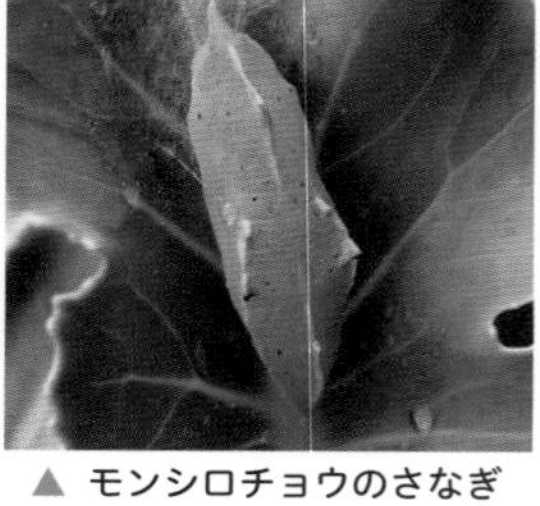
▲ モンシロチョウのさなぎ

雑学ハカセ モンシロチョウの幼虫はあおむしともよばれます。生まれたばかりはオレンジ色のからだをしていますが，キャベツなどの葉を食べることで緑色のからだになるためです。

▶**羽　化**…さなぎから成虫になること。モンシロチョウは，さなぎになってから10日ほどで羽化する。

●**成　虫**……羽化した直後の成虫は，はねがしわくちゃだが，しばらくするとはねがのびてきて，飛びたつ。成虫は飛び回り，ストローのような口で花のみつを吸う。そして，産卵を行う。このように，3月下旬～4月下旬ごろ冬ごししたさなぎが羽化し，1年に2～7回世代交代をくり返す。

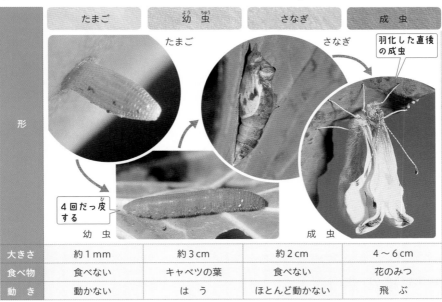

▲ モンシロチョウの成虫

●モンシロチョウの一生

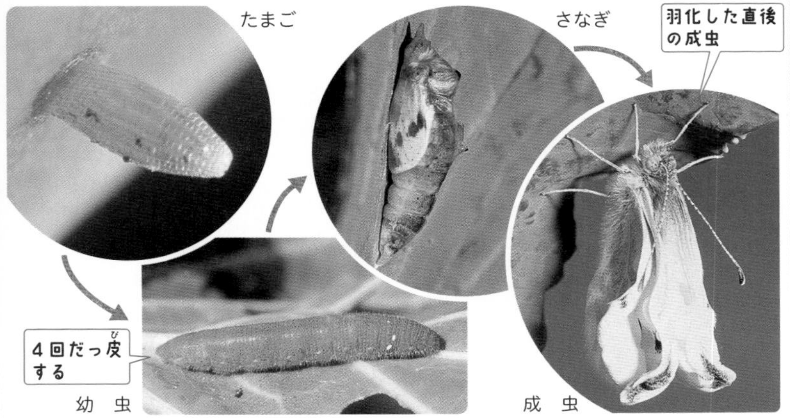

	たまご	幼　虫	さなぎ	成　虫
形				
大きさ	約1mm	約3cm	約2cm	4～6cm
食べ物	食べない	キャベツの葉	食べない	花のみつ
動　き	動かない	は　う	ほとんど動かない	飛　ぶ

●**モンシロチョウの育ち方と気温**……気温が高くなると，たまごから成虫になるまでの日数が短くなる。

●**春型と夏型**……チョウの成虫のうち，さなぎで冬をこしたものを**春型**，春にふ化し，夏に羽化したものを**夏型**という。

春型は，気温の低い秋に育ち，じゅうぶん大きくならないままさなぎになるため，夏型の成虫に比べてからだが小さい。

参考 春型と夏型のちがい

チョウの種類によっては，春型と夏型で大きさだけでなく色や模様がちがうものもある。春型は春に見られるすがたで，夏型は夏に見られるすがたである。

パワーアップ

ふ化したばかりの幼虫を1令といい，1回目のだっ皮で2令となります。だっ皮ごとに3令，4令となり，最後のだっ皮で5令（終令）となります。5令のときはまだ幼虫です。その後さなぎになります。

2 コオロギの育ち方★★

スズムシやコオロギのなかまには，モンシロチョウとちがってさなぎの時期がない。

●**たまご**……コオロギは秋になると土の中にたまごを産む。たまごは長さが 3 mm ほどで，うすい黄色をしている。

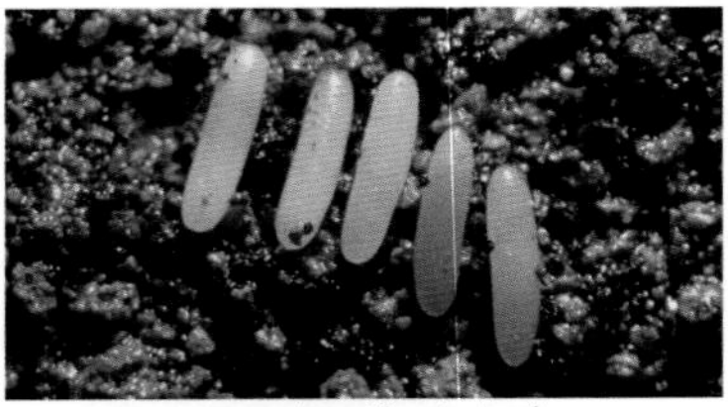

▲ コオロギのたまご

●**幼**(よう)　**虫**(ちゅう)……秋に土の中に産み落とされたたまごは，春になってあたたかくなるとふ化する。ふ化したばかりの幼虫は，はねがないが，成虫とよく似(に)たすがたをしている。

えさとして，植物の葉や種子，小さな動物やその死がいなどを食べる。

夏の終わりに，コオロギの幼虫はだっ皮(ぴ)をくり返して，7 回目のだっ皮をすると成虫になる。

▲ コオロギの幼虫

●**成　虫**……成虫になったおすのコオロギは，はねとはねをこすり合わせてさかんに鳴く。これは，めすをよぶための行動で，めすは鳴かない。えさは幼虫と同じようなものを食べる。

めすがたまごを産むと成虫はやがて死んでしまい，たまごのすがたで冬をこす。

▲ コオロギの成虫

●**コオロギの一生**

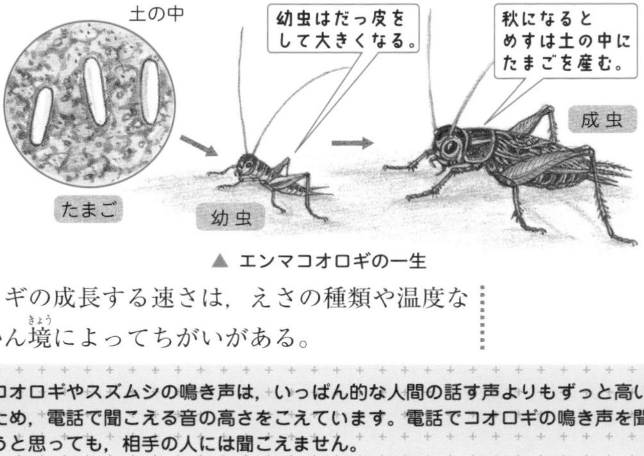
土の中
幼虫はだっ皮をして大きくなる。
秋になるとめすは土の中にたまごを産む。
成虫
たまご
幼虫

▲ エンマコオロギの一生

▶コオロギの成長する速さは，えさの種類や温度などのかん境(きょう)によってちがいがある。

雑学ハカセ コオロギやスズムシの鳴き声は，いっぱん的な人間の話す声よりもずっと高い音です。そのため，電話で聞こえる音の高さをこえています。電話でコオロギの鳴き声を聞かせてあげようと思っても，相手の人には聞こえません。

3 変 態★★★

●**完全変態**……モンシロチョウのように，さなぎの時期がある育ち方のこと。

完全変態をするこん虫は，幼虫からさなぎ，成虫とすがたを大きく変える。また，それにともなって，食べるものも大きく変わるものが多い。

ことば 変 態
動物がふ化してから成体（大人のからだ）になるまでにすがたを大きく変えること。

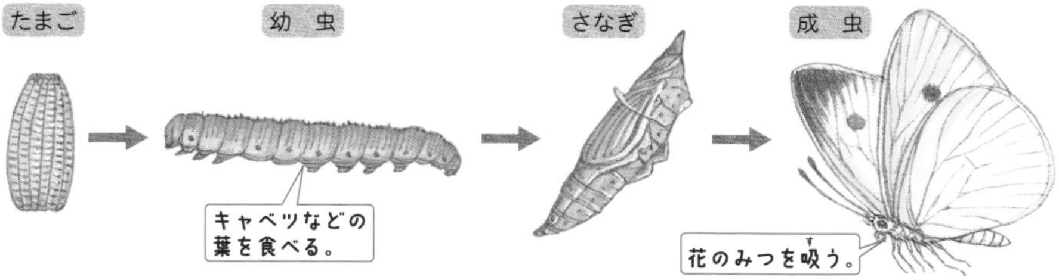
たまご
幼 虫
さなぎ
成 虫
キャベツなどの葉を食べる。
花のみつを吸う。
▲ モンシロチョウの育ち方（完全変態）

▶チョウ，ガ，ハエ，アブ，カ，ハチ，アリ，カブトムシなどが完全変態をする。

●**不完全変態**……コオロギのように，さなぎの時期がない育ち方のこと。

不完全変態をするこん虫は，幼虫から成虫になってもすがたや食べるものがあまり変わらないものが多い。

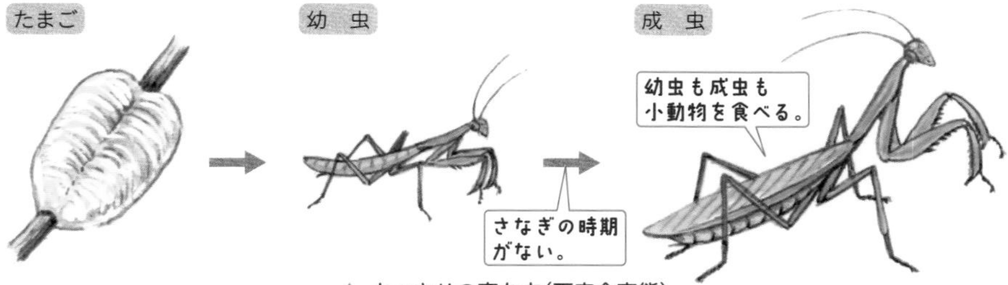
たまご
幼 虫
成 虫
幼虫も成虫も小動物を食べる。
さなぎの時期がない。
▲ カマキリの育ち方（不完全変態）

▶コオロギ，バッタ，カマキリ，トンボ，セミなどが不完全変態をする。

●**無変態（不変態）**……ふ化したのち，ほとんどすがたを変えずにだっ皮をくり返して大きく成長する育ち方のこと。

▶シミ，イシノミは無変態である。

▲ シ ミ

雑学ハカセ トンボやセミは，幼虫から成虫への変化ですがたや食べ物が大きく変わりますが，不完全変態をするこん虫です。

4 こん虫のくらし

発展 6年 5年 4年 3年

1 こん虫の食べ物と生活の場所★★

こん虫には，えさとして植物を食べたり，またその植物を生活の場所としているものも多い。

ズームアップ モンシロチョウの育ち方 ➡p.28, 29

●**チョウのすみかと食べ物**……チョウの幼虫(ようちゅう)と成虫では，生活している場所がちがっている。これは，食べ物がちがうためである。幼虫の食べる植物（食草(しょくそう)）は決まっていて，幼虫はその食草で生活する。成虫は，花のみつや樹液(じゅえき)を求めて飛び回る。

種　類	幼虫のえさ	成虫のえさ
モンシロチョウ	キャベツ・ダイコン・ハクサイ・カラシナなどの葉（アブラナ科の植物）	花のみつ
アゲハ	ミカン・カラタチ・サンショウ・ユズ・キハダなどの葉（ミカン科の植物）	花のみつ
オオムラサキ	エノキの葉	樹　液

●**コオロギやバッタの食べ物と生活の場所**……コオロギやバッタのなかまは，幼虫も成虫も草むらで生活している。また，生活のようすも幼虫と成虫で似(に)ている。これは幼虫も成虫も食べ物が似ているためである。

ズームアップ コオロギの育ち方 ➡p.30

種　類	幼虫や成虫のえさ
エンマコオロギ	植物の葉や種子，小動物の死がいなど
トノサマバッタ	メヒシバ・エノコログサなどのイネ科の植物

●**トンボの食べ物と生活の場所**……トンボは，幼虫と成虫とでは，生活する場所が大きくちがう。幼虫は（ヤゴという）川や池などの水中で生活し，成虫はえさを求めて空中を飛び回る。

ヤ　ゴ ▶

種　類	幼虫のえさ	成虫のえさ
シオカラトンボ	水中の小動物	陸上の小動物

パワーアップ
こん虫はおすとめすとで色が異(こと)なるものが多くいます。シオカラトンボは，おすは水色ですがめすは黄色です。また，モンシロチョウのおすとめすは，人間の目ではあまりちがいがわかりませんが，チョウの目では，はっきりとちがって見えます。

2 冬ごしのようす★★★

こん虫は寒い冬になるとあまり見かけなくなるが，いろいろな状態で冬をすごしている。

たまごで冬ごしするもの	カマキリ，オビカレハ，コオロギ，バッタ
幼虫で冬ごしするもの	ミノガ(ミノムシ)，カブトムシ，シオカラトンボ，イラガ
さなぎで冬ごしするもの	アゲハ，モンシロチョウ
成虫で冬ごしするもの	ハチ，アリ，アカタテハ，テントウムシ

▲ オオカマキリのたまご

▲ ミノガ幼虫(ミノムシ)

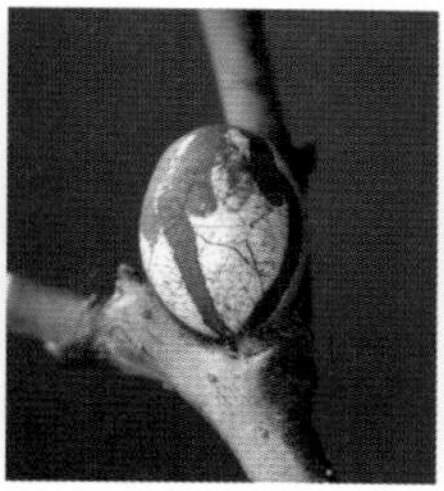
▲ イラガのまゆ

▲ 冬ごしするテントウムシ

3 自分の身をまもるくふう★

●**保護色**……からだの色や模様をまわりのものに似せ，相手から自分のからだを見えにくくして，身をまもったり，えさをとったりする。これを**保護色**という。

キノカワガ	木の皮に似た色
ショウリョウバッタ	草の葉の色
カワラバッタ	川原の石の色
カマキリ	草の葉の色

●**擬　態**……からだの形をまわりのものに似せ，相手から自分のからだを見えにくくしたり，ほかの生き物に似せて相手に警かいさせて，自分のからだをまもったり，えさをとったりする。これを**擬態**という。

コノハチョウ・クロコノマチョウ	木のかれ葉に似る。
トラフカミキリ	ハチに似る。
ナナフシ・シャクトリムシ	木の枝に似る。

木の皮のような
色をしている。

◀ キノカワガ

石のような色をしている。

▲ カワラバッタ

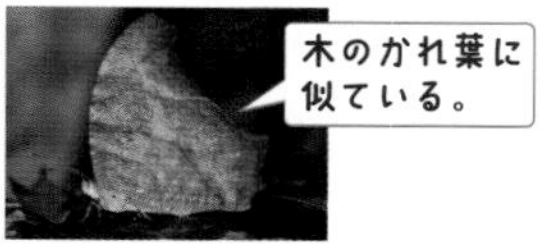

▲クロコノマチョウ

▲ ナナフシ

雑学ハカセ こん虫の中には，目立つ色をすることで身をまもっているものもいます。テントウムシは敵におそわれると苦い液を出します。テントウムシの色と液を合わせて覚えさせることで，ほかの動物に食べられないようにしています。

入試のポイント

絶対暗記ベスト3

1位 こん虫のからだ　こん虫は，頭，胸，腹の3つの部分に分かれたつくりをしている。

▶**あ　し**…胸に6本ついている。

▶**は　ね**…多くのこん虫は，胸に4枚ついている。2枚のものや，はねをもたないものもいる。

2位 完全変態と不完全変態　こん虫によって育ち方にちがいがある。

完全変態	たまご ➡ 幼虫 ➡ さなぎ ➡ 成虫
不完全変態	たまご ➡ 幼虫 ➡ 成虫

3位 こん虫の冬ごし　こん虫は，さまざまな状態で冬をすごしている。

たまごの状態	カマキリ，コオロギ
幼虫の状態	ミノガ，カブトムシ
さなぎの状態	モンシロチョウ，アゲハ
成虫の状態	ハチ，アリ，テントウムシ

1 こん虫の口，あし

こん虫は，その生活にあったからだをしている。こん虫の口からはどのようにえさを食べているかが，あしからはどのような場所にいるかがわかる。

▶**チョウ**…みつを吸うため，ストローのような口

▶**セ　ミ**…木の幹をさして樹液を吸う口

▶**トンボ**…ほかのこん虫などの小動物をかむ口

▶**バッタ**…太くて長い，とぶのに便利なあし

▶**ゲンゴロウ**…長くて平たい，泳ぐのに便利なあし

▶**ケ　ラ**…土をほるシャベルのようなあし

2 こん虫の食べ物と生活の場所

●**成虫と幼虫の食べ物や生活の場所がちがう**……チョウ類

●**成虫と幼虫の食べ物が同じ**

コオロギ・バッタ類

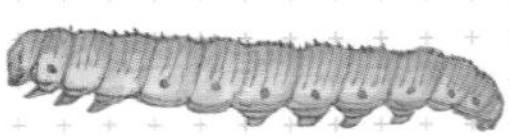

▲ モンシロチョウの幼虫

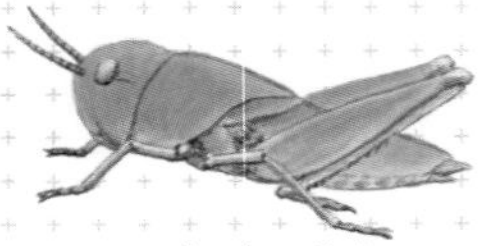

▲ バッタの幼虫

重点チェック

□ ❶	動物や植物は，その種類によって，［　　］，［　　］，［　　］，生息している［　　］が異(こと)なっています。	❶形，大きさ，色，場所 p.21，22
□ ❷	こん虫のからだは，［　　］，［　　］，［　　］の3つの部分に分かれています。	❷頭，胸，腹 p.23
□ ❸	こん虫の頭には，［　　］，［　　］，［　　］があります。	❸目，しょっ角(かく)，口 p.23
□ ❹	こん虫の目には［　　］と［　　］があります。	❹複眼(ふくがん)，単眼(たんがん) p.23
□ ❺	こん虫の胸(むね)には，［　　］と［　　］があります。［　　］の数は，種類によってちがいます。	❺あし，はね，はね p.23
□ ❻	こん虫の腹(はら)にはたくさんの［　　］があり，それには［　　］という空気をとり入れる穴(あな)があります。	❻節，気門 p.23
□ ❼	チョウやガのはねは［　　］枚(まい)で［　　］という粉(こな)でおおわれています。	❼4，りん粉(ぷん) p.24
□ ❽	クモにはあしが［　　］本あり，からだは［　　］つの部分に分かれています。	❽8，2 p.27
□ ❾	たまごからふ化したばかりのモンシロチョウの幼虫(ようちゅう)は［　　］をくり返してそのたびに大きくなります。	❾だっ皮 p.28
□ ❿	モンシロチョウの幼虫は［　　］回だっ皮(ぴ)をしたあとに最後のだっ皮をして，さなぎになります。	❿4 p.28
□ ⓫	モンシロチョウのさなぎはえさを［　　］が，成虫は花の［　　］を吸(す)います。	⓫食べません，みつ p.28，29
□ ⓬	モンシロチョウの一生は，［　　］，［　　］，［　　］，［　　］の順に変化します。	⓬たまご，幼虫，さなぎ，成虫 p.29
□ ⓭	コオロギの一生は，［　　］，［　　］，［　　］の順に変化します。	⓭たまご，幼虫，成虫 p.30
□ ⓮	こん虫の育ち方ついて，さなぎの時期があるものを［　　］といい，ないものを［　　］といいます。	⓮完全変態(かんぜんへんたい)，不完全(ふかんぜん)変態(へんたい) p.31
□ ⓯	幼虫と成虫の食べ物や生活の場所は，チョウ類は［　　］が，コオロギやバッタ類は［　　］です。	⓯ちがいます，同じ p.32
□ ⓰	カマキリは［　　］，カブトムシは［　　］，モンシロチョウは［　　］の状態(じょうたい)で冬ごしをします。	⓰たまご，幼虫，さなぎ p.33

チャレンジ！ 思考力問題

レベル3 レベル2 レベル1

●ハチについて，次の文章を読み，あとの問いに答えなさい。　【和洋九段女子中】

ミツバチのはたらきバチは，花のみつなどを巣にもち帰ると，えさ場の位置をなかまに教えるために8の字ダンスをします。そのとき，巣板の上方（重力と反対の方向）とダンスの直線部分の進行方向とのなす角度が，巣箱から見た太陽の方向とえさ場の方向のなす角度を表しています。その例が**図1**に示(しめ)してあります。なお，右側の図は，巣箱を真上から見下ろした図になっています。

図1

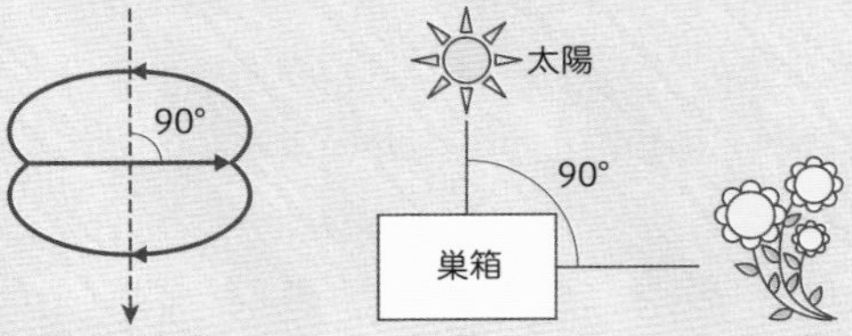

図2と**図3**の場合，えさ場の位置はどこになると考えられますか。それぞれの図中の**A～H**の記号で答えなさい。なお▲がえさ場を表しています。

図2

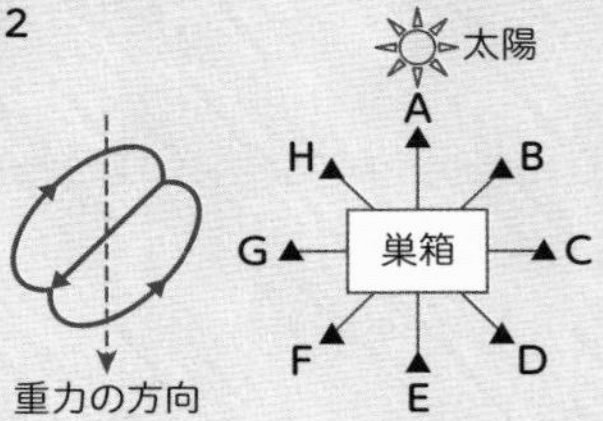

図3

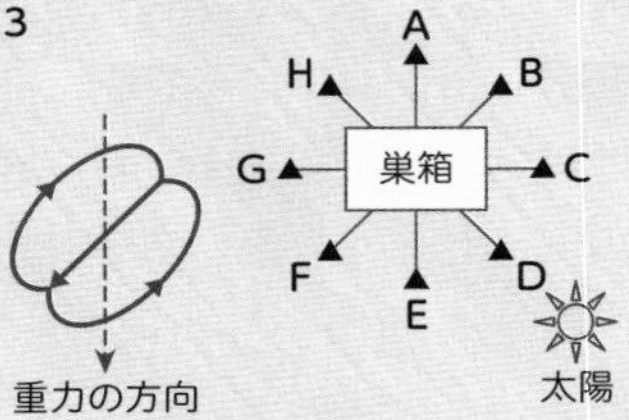

キーポイント

- 問題文と図から，ミツバチの8の字ダンスを正しく読みとる。
- 重力の反対方向とダンスの直線部分の進行方向の角度が太陽とえさ場との角度を表す。

正答への道

ミツバチの8の字ダンスは，中学入試でよくとりあげられるテーマなので，知識として知っておくこともたいせつだが，問題文を読みとることで正しい答えを導(みちび)くことができる。

重力の反対方向とダンスの直線部分の進行方向の角度は，**図2**，**図3**ともに135°である。太陽の位置に注意して，えさ場の方向を求める。

答え

図2－F　　図3－A

チャレンジ！ 作図・記述問題

レベル3 レベル2 **レベル1**

●**下の文章を読み，あとの問いに答えなさい。** **【埼玉県立伊奈学園中】**

Ａさんと B さんは，校庭でつかまえたバッタについて，図かんを使って調べています。

Ａさん「図かんにはいろいろな生き物がのっているね。」

Ｂさん「そうだね。バッタ以外にもたくさんのこん虫がいるね。」

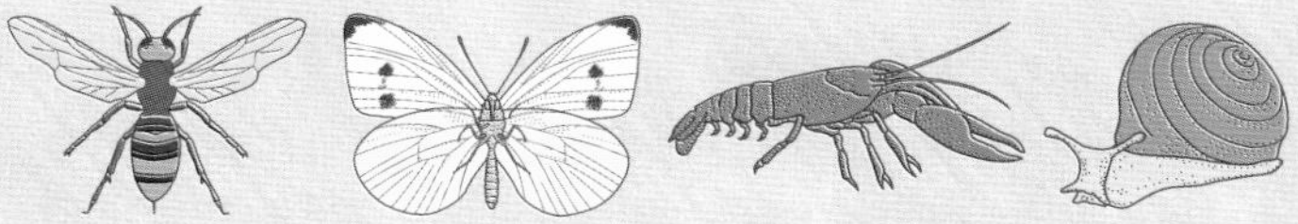

ア ハ チ　**イ** チョウ　**ウ** ザリガニ　**エ** カタツムリ

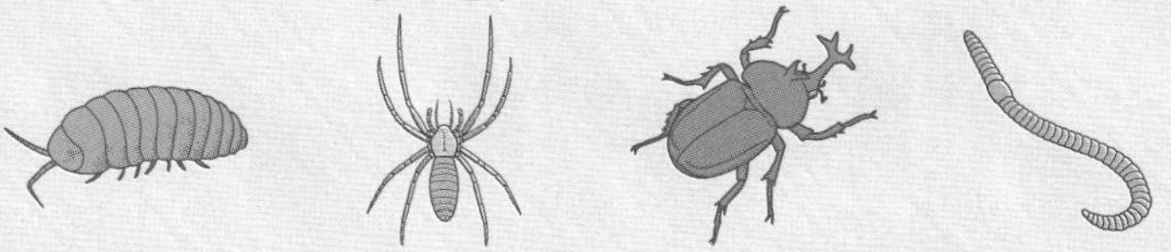

オ ダンゴムシ　**カ** ク モ　**キ** カブトムシ　**ク** ミミズ

⑴ ＡさんとＢさんが見ていた図かんにのっていた生き物のうち，バッタと同じようにこん虫であるものを図の**ア**～**ク**の中からすべて選び，記号で書きなさい。また，選んだ生き物がなぜこん虫であるのか，その理由を 60 字以内で書きなさい。

Ａさん「つかまえたバッタを虫かごの中で育てるにはどうしたらいいかな。」

Ｂさん「虫かごの中に土と草を入れたほうがいいよ。」

⑵ バッタを虫かごで育てるとき，虫かごの中に土と草を入れたほうがよいのはなぜか，その理由を 40 字以内で書きなさい。

キーポイント

- こん虫はあしが 6 本あり，からだが 3 つの部分に分かれている。
- 字数制限(せいげん)に注意する。

正答への道

⑵ バッタがすんでいる場所は草むらである。生き物を育てるときは，本来すんでいるかん境(きょう)に近づけるとよい。

解答例

⑴ ア，イ，キ　からだが頭，胸(むね)，腹(はら)の３つの部分に分かれており，胸には６本のあしがついているというこん虫の特ちょうをもっているから。

⑵ 土と草を入れることで，バッタがすむ草むらと同じようなかん境に近づけているから。

ここからスタート！

第1編

生き物

第2章 季節と生き物

季節が変わると，何が変わる？

花だんにさく花は，季節によってさまざまに変わります。野山など人間が手入れしていない自然でも，その季節にあったすがたの植物を見ることができます。植物だけでなく，動物も季節ごとに生活を変えています。

学習することがら

1. 四季の生き物
2. 生き物の１日

あら，それ
タロの写真？
うん。
生まれてすぐの
ころの写真だよ。
ふむふむ。タロは
秋生まれなんだな。
なんで
わかるの!?
探偵（たんてい）？
えっへん！
あ, ここにコスモスが
うつってるわね。
これで推理（すいり）したのね？
どういうこと？
コスモスは秋に
さく花なの。
だから，花を見れば
その季節がわかるのよ。
自然は季節によって
変化してるんだね。
同じ木でも四季を
通じてようすがちがうわよ。
しんは時間によって
気分が変わってるね…。
テレテレ
子犬のころのタロ，
かわいいな～！

1 四季の生き物

発展 6年 5年 4年 3年

1 四季の植物 入試重要度★★★

●**春の植物**……春になると野や山，身のまわりの花だんなどのさまざまな所で，多くの植物が芽を出し，美しい花がさき始める。

❶ 春の木にさく花

▲ モクレン

▲ ネコヤナギ

▲ モ　モ

▲ サクラ

▲ サツキ

木の花や葉の芽は，冬の間，かたい「冬芽（とうが(ふゆめ)）」にまもられていた。

❷ 花だんや庭にさく花

▲ スイセン

▲ チューリップ

▲ パンジー

雑学ハカセ 花のさく時期は，おもに気温や日光のあたる時間の長さによって決まります。このようなデータをもとにサクラの開花日を予想したものを線で結び，地図上に表したものを桜前線（さくらぜんせん）といいます。

❸ 野山にさく花

▲タンポポ（在来種〔ざいらいしゅ〕）

▲オオイヌノフグリ

▲ゲンゲ（レンゲソウ）

▲シロツメクサ

▲カラスノエンドウ

▲ホトケノザ（サンガイグサ）

▲アブラナ（菜の花）

▲コブシ

▲ヤマツツジ

❹ 春の七草…下の７種類の植物のこと。これらをきざんでかゆに入れた七草がゆを１月７日に食べる風習がある。

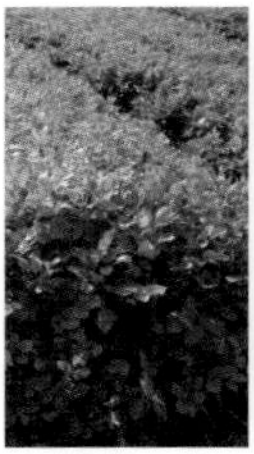
▲セリ

▲ナズナ

▲ハハコグサ（ゴギョウ）

▲ハコベラ（ハコベ）

▲コオニタビラコ（ホトケノザ）

▲スズナ（カブ）

▲スズシロ（ダイコン）

※春の七草のホトケノザはコオニタビラコをさしている。

パワーアップ

春の七草を覚えるための短歌があります。「せり・なずな　ごぎょう・はこべら　ほとけのざ　すずな・すずしろ　これぞ七草」という５・７・５・７・７のリズムで覚えやすくなります。

●**夏の植物**……気温が高くなるにしたがって，野山や花だんの植物は大きく成長し，実もどんどん大きくなる。

▲ 成長するヒマワリの花芽(かが(はなめ))

▲ ヒマワリの花

▲ 大きくなったミカンの実

くきの先についているものがお花

▲ トウモロコシのお花

▲ トウモロコシ

葉のつけ根にひものようにに見えるものがめ花

▲ トウモロコシのめ花

❶ 花だんや庭にさく花

▲ アヤメ

▲ ホウセンカ

▲ アサガオ

▲ オシロイバナ

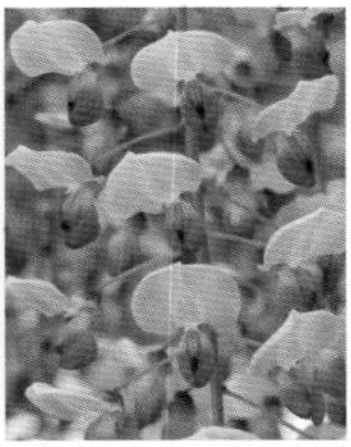

▲ フ　ジ

❷ 野山にさく花

▲ ユ　リ

▲ マツヨイグサ

▲ ヒルガオ

▲ ミツバウツギ

雑学ハカセ アサガオ，ヒルガオのほかに，ユウガオ，ヨルガオという植物もあります。アサガオ，ヒルガオ，ヨルガオは同じヒルガオ科のため似(に)たような花がさきますが，ユウガオはウリ科というちがう科のため花のすがたは似ていません。

●秋の植物……すずしくなってくると，植物の実が熟し，葉が色づいてくる。

❶ 花だんや庭にさく花

▲ キ　ク

▲ コスモス

▲ ケイトウ

▲ キンモクセイ

❷ 野山にさく花

▲ ヨメナ

▲ ヒガンバナ

▲ ク　ズ

▲ ススキ

❸ 木の実

ドングリのなかま

▲ アラカシ

▲ クヌギ

食べられる木の実

▲ ク　リ

▲ カ　キ

❹ 秋の七草…下の７種類の植物のこと。春の七草とちがい，観賞するためのものである。

▲ ハ　ギ

▲ ススキ

▲ ク　ズ

▲ ナデシコ

▲ オミナエシ

▲ フジバカマ

▲ キキョウ

❺ 色づく葉…秋になると，植物の中には葉が色づき，やがて落ちていくものもある。赤く色づくものを**紅葉**，黄色く色づくものを**黄葉**という。

↳昼と夜の温度差が大きいほど紅葉（黄葉）ははやく進む

▶**紅　葉**…カエデ・ハゼノキ・ツタ・サクラ

▶**黄　葉**…イチョウ・イタヤカエデ・クヌギ

▲ 紅　葉

▲ 黄　葉

パワーアップ

気温が下がってくると葉のつけ根にかべができ，光合成でできた糖類がくきにいかずに葉にたまります。その糖類から赤い色素がつくられるため，紅葉します。黄葉は，葉の中の緑色の葉緑素が分解されたためもとからある黄色い色素が目立つようになっておこります。

●**冬の植物**……寒さが増してくると，野山の木々が葉を落としたり，草がかれたりする。木の芽はかたい皮などでおおわれ，寒さからまもられている。

❶ 冬にさく花

▲ サザンカ

▲ カンツバキ

▲ ロウバイ

❷ 植物の冬ごし

▶**落葉樹**…秋から冬にかけて葉をいっせいに落とす。葉を落とすことにより，水分の蒸発を防いでいる。

▶**常緑樹**…冬でも青々とした葉をつけている。

参考
- 落葉樹の例
  サクラ・カエデ・イチョウ・モクレン・カラマツ
- 常緑樹の例
  ツバキ・サザンカ・マツ・スギ・ヒノキ

▶**木の芽の冬ごし（冬芽）**

うろこのようなかたい皮で包まれる	サクラ・カエデ・シラカシ
たくさんの毛で包まれる	コブシ・モクレン
ねばねばしたやにで包まれる	トチノキ

▲ サクラ（皮で包まれる）

▲ コブシ（毛で包まれる）

▲ トチノキ（やにで包まれる）

▶**草花の冬ごし**

① **葉が地面に張りついたロゼットという形で冬をこす**…タンポポ・ナズナ・マツヨイグサ

② **地上のくきはかれても，芽（地下けい）や根で冬をこす**…イノコズ（ヅ）チ・ススキ・ヨモギ・ヌスビトハギ・チューリップ・ユリ

③ **種子で冬をこす（種子を残してかれる）**…ホウセンカ・アサガオ・ヒマワリ

▲ タンポポ（ロゼット）

雑学ハカセ
ロゼットとは，バラの花に由来することばです。植物の葉をバラの花の形に見たてています。バラをモチーフとした装しょくについても，ロゼットとよぶものがあります。

2 気温の変化と植物の成長★★

植物の成長には，気温の変化が大きくかかわっている。種子で冬をこす植物の多くは，春になりじょじょにあたたかくなってくると芽を出し，暑い夏に大きく成長する。秋には実が熟し，冬にかけてかれて種子が残る。

●**季節とヘチマのようす**……季節の変化にともなう植物の変化のようすを，ヘチマを例として表す。

ヘチマの成長は気温に大きなえいきょうを受けている。春に芽を出したヘチマは，夏になって気温が高くなるとともに，成長がさかんになる。

▶**ヘチマの成長のようす**…ヘチマは，くきの先の部分がよくのびる。また，１日の中では，昼間よりも夜間によくのびる。

参考 ヘチマ
キュウリやスイカ，カボチャと同じウリ科の植物。つる性の植物で実をつける。

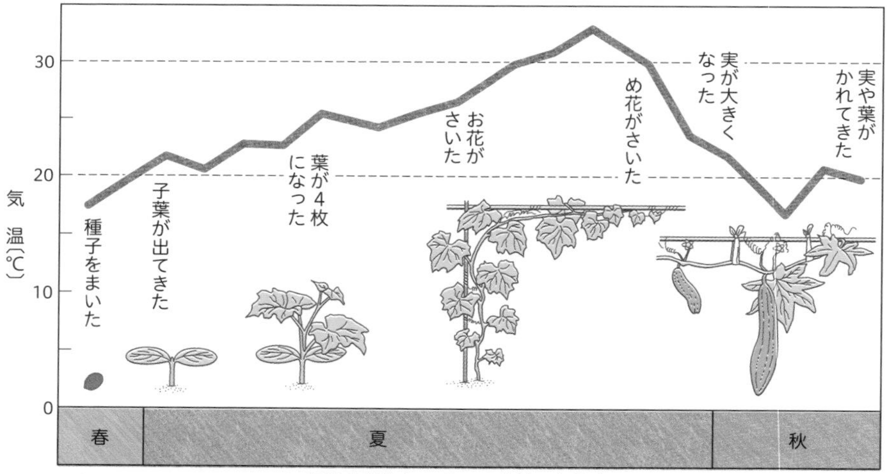

▲ 気温の変化とヘチマの成長のようす

▶**春**…種まきをする。子葉が出て，やがて葉が出てくる。

▶**夏**…くきがどんどんのび，葉がしげってくる。花がさき，実が大きくなる。

▶**秋**…葉がかれ始め，実が茶色になる。やがて種子を残し，かれてしまう。

▲ ヘチマの花(お花)

パワーアップ
ヘチマのまきひげは，くきが変化したものです。まきひげの先がものにさわるとそのものにまきつき，先に近い所からねじれが始まります。ねじれができると，中ほどからねじれが逆になり，ばねのようにのび縮みできるようになります。

3 四季の動物★★★

●**春の動物**……あたたかくなるにつれて，活動を始める動物が多い。たまごで冬ごしをしたこん虫がふ化し，冬眠（とうみん）していた動物は動き出す。

ズームアップ 冬 眠 ➡p.47

▲ モンシロチョウ

▲ ミツバチ

冬をこしたこん虫が活動を始める。

3月～5月初めにかけて，南の島々やオーストラリアからやってくる。夏にかけてこどもを育てる。（夏鳥）

▲ ウグイス

春になると鳴き声が聞こえ始める。夏は山地にすみ，冬は平地におりてくる。

▲ ツバメ

●**夏の動物**……成虫としてすごすこん虫が多くいる。植物が大きく育つのにともない，それを食べる動物も大きく成長する。

▲ カブトムシ

▲ カマキリ

成虫として活発に活動する。

▲ トノサマバッタ

▲ クマゼミ

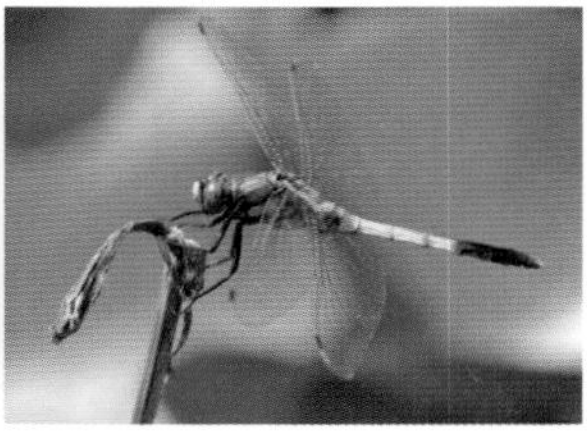
▲ シオカラトンボ

パワーアップ

季節の変化にともなって，すがたを変える動物もいます。ライチョウという鳥は，夏は茶色ですが，冬は白色になります。これは，雪にまぎれこんで敵（てき）から見つかりにくくするためです。

●**秋の動物**……交尾をし，たまごを産むこん虫が多い。おすがめすをよぶために，鳴き声を出すこん虫の活動が活発になる。春にやってきたツバメは子育てを終え，南の島々へわたる。

▲ コオロギ

▲ キリギリス

めすをよぶために鳴き声を出すこん虫がさかんに鳴くようになる。

▲ カマキリの産卵

▲ トンボの産卵

たまごの状態で冬をこすこん虫は秋にたまごを産み，次の世代へ命をつなぐ。

秋の終わりごろ，群れをなして南の島々へわたる。寒くなるのがはやい北の地域ほどツバメが南へわたる時期がはやい。

▲ 南の島々へわたる前のツバメ

●**冬の動物**……見られなくなる動物が多い。こん虫は，さまざまな状態で**冬ごし**をしている。冬になると日本にやってくる**わたり鳥**（**冬鳥**）が見られるようになる。

ズームアップ
• こん虫の冬ごし ➡p.33
• わたり鳥 ➡p.516

▲ マナヅル

▲ ガ　ン

▲ ハクチョウ

冬にやってくる冬鳥は，日本より寒い地域からやってくる。

雑学ハカセ

「ツバメが低く飛ぶと雨が降る」といわれます。これは，雨が近くなるとしつ度が高くなり，ツバメのえさとなる虫が高く飛べなくなるため，えさをとるためにツバメが低い位置を飛ぶようになるからです。

中学入試にフォーカス　生き物の冬のようす

こん虫は，冬になると体温が下がってしまい活動ができなくなるため，さまざまな状態で冬ごしをする。

こん虫と同じように自分で体温を一定に保つことができない動物は，寒い冬になると**冬眠**してすごす。

体温は一定に保つことができるが，えさの少ない冬にエネルギーをできるだけ使わないようにじっとしてすごす方法をとっている動物もいる。このような冬のすごし方も冬眠である。

❶カエル・カタツムリなど

自分で体温を一定に保てないので，寒い冬には動くことができない。そのため，土の中や木の根もとの落ち葉の下などで冬眠をする。このような冬眠をする生き物には，ほかにもヘビやイモリなどがいる。

▲ カエル

▲ カタツムリ

▲ ヘ　ビ

▲ イモリ

❷コウモリ・ヤマネ・シマリスなど

ふだんは自分で体温を一定に保っているが，冬眠中だけ体温を下げている。

冬が近づいてきてまわりの気温が下がってくると，それにともない自分の体温を下げて冬眠する。

▲ コウモリ

▲ ヤマネ

▲ シマリス(冬眠前)

❸ク　マ

冬眠中も体温は2～3℃しか下がらない。えさの少ない冬に体力の消もうを防ぐために冬眠している。秋のうちにたくさん養分をとって冬眠にそなえている。

冬眠している間も体温は一定で，ねむっている状態に近い。そのため，冬眠と区別する「**冬ごもり**」とよばれることもある。

▲ クマ(めす)

めすのクマは冬眠中にこどもを産み，何も食べずに乳をあたえて育てる。

入試では　さまざまな生き物の特ちょうとして，どのようにして冬をこすかを問われる問題が出題されています。また，多くの生き物の中から冬眠する生き物を選ぶような問題も出題されています。

2 生き物の1日

発展 6年 5年 4年 3年

1 草木のくらし★★

植物の中には，天気や時刻のちがいで，葉や花を開いたり閉じたりするものがある。

●**葉のすいみん運動**……昼間は葉が開き，夜間は閉じる。インゲンマメ・オジギソウ・ネムノキなどのマメ科植物やカタバミなどがある。

ねむっているように見えるのでこの名がある

●**花の開閉運動**

❶ **タンポポ**…日光が強くなる昼間は花が開き，日光が弱くなる朝や夜は閉じる。

❷ **チューリップ**…気温の高い昼間に花が開き，気温の低い朝や夜は閉じる。

参考 **花の開閉運動**
左であげた植物以外にも，クロッカスやアネモネなどで開閉運動が見られる。

花の開閉運動

▼ 天気のよい日のタンポポ

▼ 天気のよい日のチューリップ

日の出後すぐ → 午前9時すぎ → 正午ごろ → 午後4時30分ごろ

雑学ハカセ オジギソウという植物は，すいみん運動だけでなく，さわったり，風がふいたりといったしげきを外部から受けると，葉を閉じます。この運動は数秒で行われます。

●**開花時刻**……植物の花の開花時刻は，晴れの日ではだいたい決まっている。

多くの植物の花は朝に開くが，なかには早朝や夜に開くものもある。

オシロイバナは午後４時ごろ，マツヨイグサは夕方，ゲッカビジン（月下美人とかく）は夜，アサガオは早朝に開く。

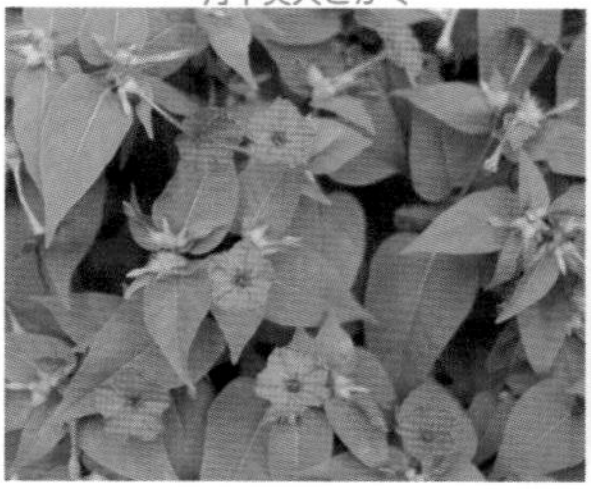
▲ オシロイバナ

▲ マツヨイグサ

▲ ゲッカビジン

2 動物のくらし★★

●**小鳥の１日**……スズメなどの多くの小鳥は早朝から活動を始め，夕方になると活動をやめ，ねぐらで静かにしている。

●**天気と動物のくらし**……動物の活動は天気によってちがう。チョウやハチなどのこん虫や小鳥などは晴れの日に見ることができる。逆に，アマガエルやカタツムリは雨の日に見ることができる。

●**夜に活動する動物（夜行性動物）**

❶ **こん虫**…ガ・ホタル・カブトムシ

❷ **鳥**…フクロウ・ヨタカ

❸ **ほ乳類**…コウモリ・キツネ

参考 こん虫と雨
こん虫は気門で呼吸をしているため，気門が雨水でふさがれると死んでしまうこともある。

▲ フクロウ

▲ ホタル

雑学ハカセ
カタツムリはかんそうすることをきらうため，晴れた日はしめっている日かげなどにいます。かんそうした日が続くと，からに閉じこもります。

入試のポイント

絶対暗記ベスト3

1位 落葉樹・常緑樹　秋から冬にかけて葉をいっせいに落とすのが落葉樹，冬でも青々とした葉をつけているのが常緑樹。落葉樹は，水分の蒸発を防ぐために葉を落とす。

2位 ヘチマの育ち方　ヘチマの育ち方は気温に大きなえいきょうを受けている。気温が高くなる夏にはさかんに成長する。

3位 花の開閉運動　植物は天気や時刻にえいきょうを受けている。

▶**タンポポ**…日光が強くなる昼間は花が開き，日光が弱くなる朝や夜は閉じる。雨やくもりの日など，日光があまりあたらない日は昼間でも花を閉じている。

▶**チューリップ**…気温が高い昼間に花が開き，気温の低い朝や夜は閉じている。

1 植物の冬ごし

木	落葉樹は葉を落とすことで冬にそなえる。 木の芽はじょうぶな皮やたくさんの毛，ねばねばしたやにで包まれて冬をこす。
草　花	葉が地面に張りついたロゼットという形で冬をこす。(タンポポ・ナズナなど) 芽(地下けい)や根で冬をこす。(ススキ・ヨモギなど) 種子で冬をこす。(アサガオ・ヒマワリなど)

2 動物の冬ごし

わたり	すごしやすいかん境を求めて長いきょりを移動すること。 ▶**夏　鳥**…春に南から日本にやってきて夏に子育てをし，秋にはまたあたたかい南へ向かう鳥(ツバメなど) ▶**冬　鳥**…冬に日本より寒い北から日本にやってきて冬をこし，春にはまた北へ向かう鳥(マナヅルなど)
冬　眠	寒さや食料不足のため，じっとして冬をすごすこと。 ▶**カエルなど**…自分で体温を保てないため，寒くなるとやわらかい土の中などで冬眠する。 ▶**ヤマネなど**…ふだんは自分で体温を保てるが，冬には体温を下げ，冬眠する。 ▶**ク　マ**…冬眠中も体温をあまり下げない。ふつうのすい眠に近いため，「冬ごもり」ともいう。

重点チェック

□ ❶	チューリップ・タンポポ・サクラの花が見られるのは，[　　] の季節です。	❶春　p.39, 40
□ ❷	ヒマワリ・ホウセンカ・ヒルガオ・アサガオの花が見られるのは，[　　] の季節です。	❷夏　p.41
□ ❸	ドングリ・カキ・クリなどの木の実が熟(じゅく)すのは，[　　] の季節です。	❸秋　p.42
□ ❹	秋になるとカエデやハゼノキは [　　] し，イチョウは [　　] します。	❹紅葉(こうよう)，黄葉(こうよう)　p.42
□ ❺	秋から冬にかけて葉をいっせいに落とす木を [　　] といい，冬でも青々とした葉をつけている木を [　　] といいます。	❺落葉樹(らくようじゅ)，常緑樹(じょうりょくじゅ)　p.43
□ ❻	サクラの冬芽(とうが(ふゆめ))はうろこのようなもので，コブシの冬芽はたくさんの [　　] のようなもので包まれています。	❻毛　p.43
□ ❼	タンポポやナズナは [　　] という形で冬ごしをしますが，イノコズ(ヅ)チやススキは芽や [　　] で冬ごしをします。	❼ロゼット，根　p.43
□ ❽	ヒマワリやアサガオは秋から冬にかけてかれてしまいますが，[　　] を残します。	❽種　子　p.43
□ ❾	ヘチマは気温が [　　] なるとよく成長します。	❾高　く　p.44
□ ❿	ツバメは，[　　] の季節に南の島々から日本にやってきて，[　　] の季節に南にわたっていきます。	❿春，秋　p.45, 46
□ ⓫	マナヅルは [　　] の季節に日本にきます。	⓫冬　p.46
□ ⓬	ハクチョウ，ガンなどのように冬になると日本にやってくるわたり鳥を [　　] といいます。	⓬冬　鳥　p.46
□ ⓭	カエルやヘビは，冬をこすために [　　] します。	⓭冬(とう)　眠(みん)　p.47
□ ⓮	マツヨイグサは [　　] に，ゲッカビジンは [　　] に花をさかせます。	⓮夕方，夜　p.49
□ ⓯	フクロウ，コウモリ，ホタルなどは夜に活動する [　　] 動物です。	⓯夜行性(やこうせい)　p.49

チャレンジ！思考力問題

レベル3
レベル2
レベル1

●次の文章を読んで，あとの問いに答えなさい。　【関西大第一中】

　右の写真にうつっている鳥はキョクアジサシといって，地球上で最も長きょりのわたりをするわたり鳥です。1年の間に白夜（びゃくや）（太陽が1日中しずまない現象（げんしょう））を求めて北極付近と南極の間を往復（おうふく）します。日本の季節が冬のとき，キョクアジサシは南極ですごしています。

　1年に北極と南極を往復するということで，1年の間にだいたい地球1周分を移動（いどう）することが予想されていました。最新の研究によると，キョクアジサシが一生のうちに飛ぶきょりは240万kmというデータが得られたようです。これは予想していた移動きょりの2倍にあたるきょりでした。

(1) キョクアジサシは子を産むとき，北極のほうですごします。日本の季節でいうと，それはいつごろですか。次の**ア**～**エ**から1つ選び，記号で答えなさい。

ア 春　**イ** 夏　**ウ** 秋　**エ** 冬

(2) キョクアジサシのじゅみょうは約30年です。地球1周分のきょりを求めなさい。

(3) 地球と月の間のきょりは約38万kmです。キョクアジサシが宇宙（うちゅう）空間へも飛んでいけるとすると，一生の間に地球と月の間を何往復できますか。整数で答えなさい。

(4) キョクアジサシと同じなかまに分けられる動物はどれですか。次の**ア**～**エ**から1つ選び，記号で答えなさい。

ア ホッキョクグマ　**イ** ペンギン　**ウ** アザラシ　**エ** クジラ

キーポイント

数値などを中心に，問題文を正しく読みとる。

正答への道

(2) キョクアジサシが一生のうちに飛ぶきょりは240万kmだが，これは予想の2倍である。予想では120万kmを30年で移動すると思われており，1年の移動きょりが地球1周分であることから，120万÷30＝4万kmと求められる。

(3) 何往復かを求めるので，一生のうちに飛ぶ240万kmを38万kmの2倍の数値（すうち）で割ることで求められる。

(4) ペンギンは鳥類，あとの動物はほ乳類（にゅうるい）に分類される。

答え

(1) **イ**　(2) **4万km**　(3) **3往復**　(4) **イ**

チャレンジ！ 作図・記述問題

●植物が花をさかせるには，下のような条件(じょうけん)が必要になります。
・夜の長さが一定時間（限界暗期(げんかいあんき)）より短くならなければ，花芽(かが(はなめ))を形成しない植物。
春先に開花する（長日植物という）。
・夜の長さが一定時間（限界暗期）より長くならないと，花芽を形成しない植物。
夏〜秋に開花する（短日植物という）。

秋にさくキクは短日植物で，8月初めに限界暗期より暗期が長くなると花芽形成が始まり，60日後の10月初めに開花します。しかし，2月にも開花したキクが売られています。これはキクをビニールハウスに植え，電気照明をして12月初めまで花芽の形成の始まりをおくらせているのです。つまり，人工的にまだ夜が短いとキクにかんちがいをさせて，花芽形成の始まりをおくらせているわけです。ハウス内はキクが生育できる温度に保(たも)たれています。8月初めから12月初めまでどのように電気照明をすれば，花芽の形成の始まりをおくらせることができますか。説明しなさい。日の出，日の入りの時刻(じこく)は下の通りです。

8月初め　日の出：5時10分　　日の入り：19時00分
12月初め　日の出：6時50分　　日の入り：16時50分

このキクの限界暗期は10時間とします。　【四天王寺中－改】

キーポイント

• 植物が花をさかせる条件である夜の長さが何時間であるか，問題文から読みとる。
• 日の入りの時刻から日の出の時刻を引くと，昼の長さを求めることができる。
夜の長さは，24時間から昼の長さを引いた長さと考えることができる。

正答への道

問題文から，キクは夜の時間が10時間より長くならなければ花をさかせることができないということがわかる。そのため，8月初めから12月初めまでの夜の長さが10時間より短いとキクにかんちがいをさせるよう，電気照明をすればよい。

8月初めの昼の長さは，19時00分－5時10分＝13時間50分 であるため，夜の長さは10時間10分である。

12月初めの昼の長さは16時50分－6時50分＝10時間 であるため，夜の長さは14時間である。

解答例

8月初めから12月初めまで，夕方から22時まで電気照明をすればよい。

ここからスタート！

第1編

生き物

第3章 植物の育ち方

種子の中身はどうなっているの？

植物が芽を出すために必要なものは，空気，水，適当な温度です。肥料はなくても芽を出すことができます。これは，種子の中にはもともと芽を出すための養分がふくまれているからです。種子のどの部分に養分がふくまれているかは，植物の種類によって異なります。

学習することがら

1．種子のつくりと発芽
2．発芽のときの養分
3．種子の発芽に必要な条件
4．発芽後の成長と日光・肥料
5．花のつくり
6．花のはたらき
7．受粉のしかた

1 種子のつくりと発芽

発展 6年 5年 4年 3年

1 種子のつくり 入試重要度★★★

●**種子のつくり**……種子には，発芽したあとに葉，くき，根になる部分と，発芽のときに養分として使われる部分がある。まわりは種皮でおおわれる。

❶ **は　い**…発芽したあとに葉，くき，根になる。

▶**幼　芽**(ようが)…発芽して葉になる。

▶**はいじく**…発芽のとき子葉を支(ささ)えるくきになる。

▶**幼　根**(ようこん)…成長して根になる。

▶**子　葉**(しよう)…発芽したとき最初に出る葉。

❷ **種　皮**…内部のはいをまもっている。

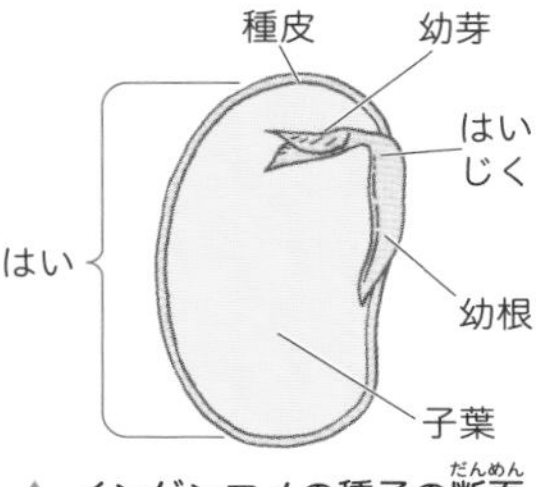

▲ インゲンマメの種子の断面(だんめん)

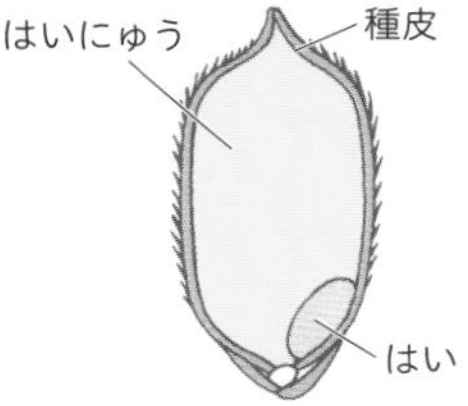

▲ イネの種子の断面

●**無はいにゅう種子と有はいにゅう種子**……種子の中には，発芽のときに必要な養分がふくまれている。この養分を子葉にたくわえている種子を**無はいにゅう種子**といい，はいにゅうという部分にたくわえている種子を**有はいにゅう種子**という。

❶ **無はいにゅう種子**…子葉の中に養分をたくわえている。インゲンマメ・クリ・ヒマワリ・ヘチマなど。

❷ **有はいにゅう種子**…はい，種皮のほかに，はいにゅうがある種子。イネ・カキなど。

▶**はいにゅう**…有はいにゅう種子の大部分をしめている白い部分。はいにゅうには養分がたくわえられている。

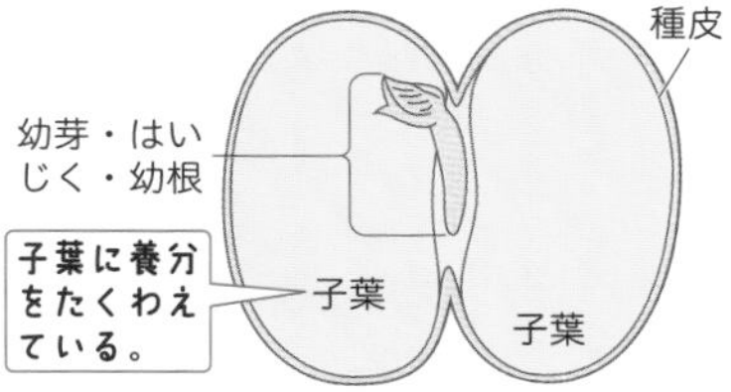

▲ 無はいにゅう種子(インゲンマメ)

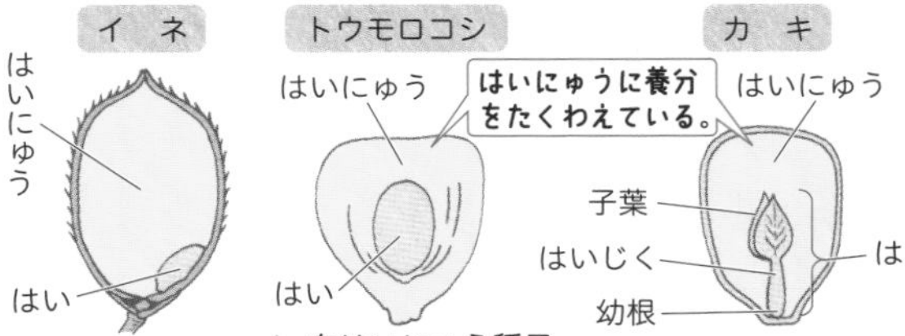

▲ 有はいにゅう種子

雑学ハカセ 種子の中の子葉やはいにゅうは人の養分にもなります。イネのはいにゅうは白米です。ここには多くのでんぷんがふくまれています。

2 発芽のようす★★

●インゲンマメの発芽のようす……インゲンマメが発芽するとき，まずはじめに，**はい**の**幼根**が根として出てくる。次に種子が土から出る。その後，種皮の中から2枚の**子葉**が出て，続いて幼芽が葉になってのびてくる。

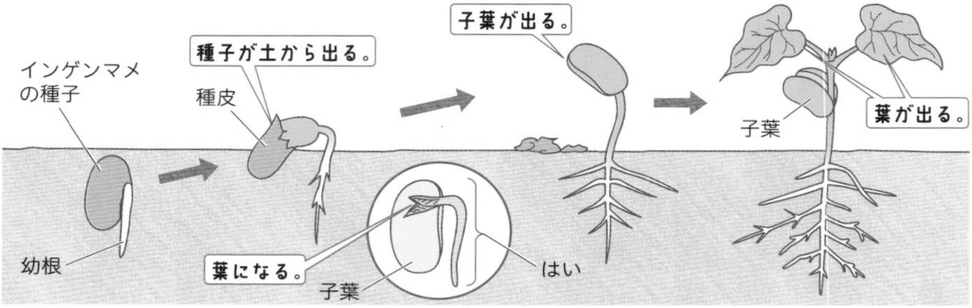

▲ インゲンマメの発芽

●イネの発芽のようす……イネは，インゲンマメと異なり，根より芽(子葉)が先に出る。子葉は1枚で細長い。

また，えいと種皮に包まれたはいにゅうは，地中に残る。
└→もみがらともいう

ズームアップ えい ➡p.75

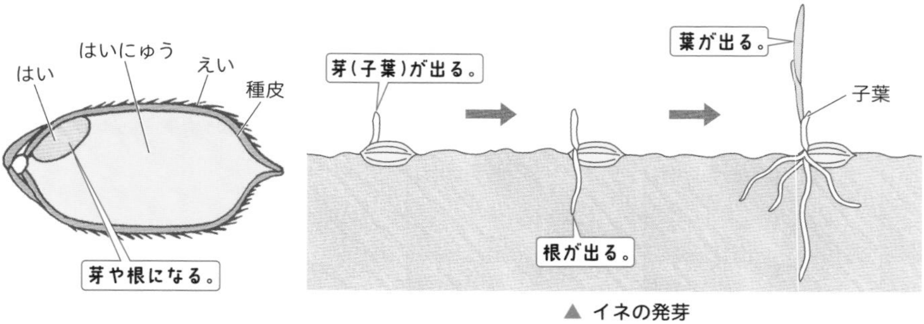

▲ イネの発芽

▶イネの種子は，水中でも発芽することができる。これは，水にとけている酸素を利用することができるからである。しかし，発芽したあとははやく酸素をとり入れるため，根より先に芽を出す。

パワーアップ イネやトウモロコシなど発芽のときに子葉が1枚出る植物は単子葉類とよばれ，インゲンマメなど子葉が2枚出る植物は双子葉類とよばれます。マツやスギはそのどちらでもなく，芽を出すときは数枚子葉が出ます。

3 発芽のときの子葉の出方★

種子が発芽するとき，子葉が地上に出るものと，地上に出ないで地中に残るものがある。

子葉が地上に出るもの	ダイコン，アブラナ，アサガオ，カキ，トウモロコシ，インゲンマメなど
子葉が地上に出ないもの	ソラマメ，エンドウ，クリ，ナラなど

4 実や種子の形と散り方★★

植物は自分の子孫を残すため，いろいろな方法で実や種子を地上へ落とす。その方法によって，実や種子の形もさまざまである。

●**風で種子が散らされるもの**……タンポポの種子は**綿毛**が，イロハカエデやマツの種子は**はね**がついているため，風で飛ばされる。

●**水によって散らされるもの**……メヒルギやココヤシは水に流されて散らばる。

●**動物によって散らされるもの**

▶**食べられて散らされるもの**…カキやリンゴ，ナンテンなどは果実が動物に食べられ，種子がふんとして出されたり捨てられたりすることで散らされる。

▶**動物のからだについて散らされるもの**…イノコズ(ヅ)チ，オナモミ，ヌスビトハギ，センダングサなどは動物のからだの毛などにつくことで散らされる。

●**自分で種子をはじくもの**……ホウセンカ，ゲンノショウコ，カタバミ，スミレなどは実がはじけて種子を散らす。

●**ひとりでに落下するもの**……クヌギ，ナラ，クリ，ツバキ，トチノキなどはひとりでに地面に落ちて散らばる。

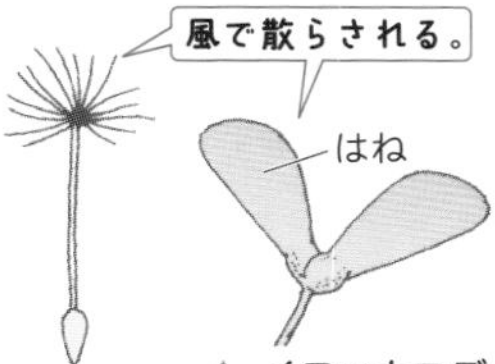

▲ タンポポ　▲ イロハカエデ

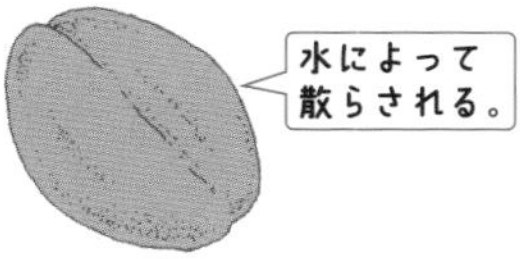

▲ ココヤシ

▲ オナモミ

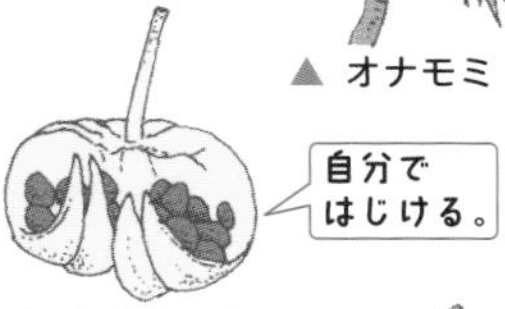

▲ ホウセンカ

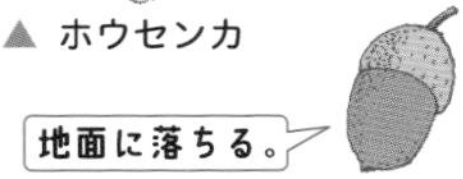

▲ ナ ラ

雑学ハカセ　スミレやカタクリなどの植物の種子にはエライオソームというやわらかい部分がついています。この部分はアリのえさになるため，アリによって種子が運ばれます。

2 発芽のときの養分

発展 6年 5年 4年 3年

1 子葉やはいにゅうのはたらき★★★

●**インゲンマメの子葉と成長**……**子葉**に養分がたくわえられていることは，次のような方法で確かめる。

❶ インゲンマメの種子をまいて発芽させる。同じ大きさの子葉をもち，同程度に育っている3つを選ぶ。これらをA，B，Cとし，次のような操作を行い，成長のようすを観察する。
（比かく実験するため）

A 子葉をつけたままにする。
B 子葉を1枚とる。
C 子葉を2枚ともとる。

❷ 2週間くらい後に観察すると，Aの子葉をつけたものは大きく成長しているが，Bの子葉を1枚とったものはAのものよりも成長がよくないことがわかる。また，Cの子葉を2枚ともとったものはほとんど成長していない。

▲ インゲンマメの発芽のようす

参考 比かく実験
何種類かのどれが優れているかを比べる実験をいう。

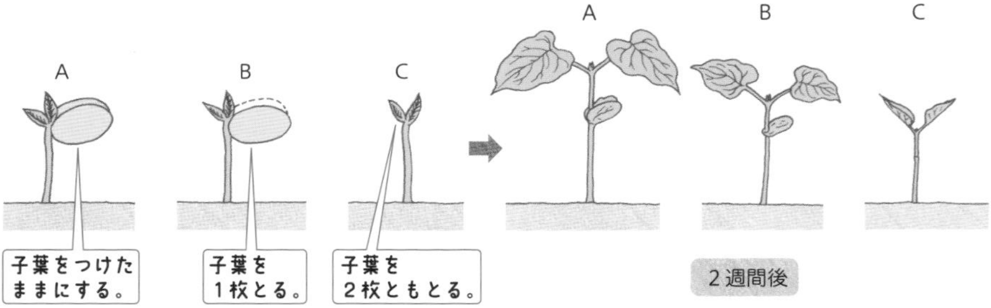

▲ 子葉のある・なしと成長のようす

❸ さらに観察を続けると，葉が大きく成長するにつれてAやBの子葉もだんだん小さくなり，しなびて落ちてしまう。

▶**結果からわかること**…インゲンマメの子葉には，発芽のときとその後少しの間育つために必要な養分がたくわえられている。
（でんぷん，たんぱく質，しぼうがふくまれている）

雑学ハカセ インゲンマメとサヤインゲンは同じ種類の植物です。若い状態で，さやごと食べるものがサヤインゲンとよばれ，マメを食べるものはインゲンマメとよばれます。

●**トウモロコシのはいにゅうと成長……はいにゅう**に養分がたくわえられていることは，次のような方法で確かめる。

❶ 次のような操作を行ったトウモロコシの種子 A，Bをしめらせただっし綿の上にまく。

A もとのままにしておく。
B はいを残し一部を切りとる。

❷ しばらくすると，どちらも発芽するが，Bよりも Aのほうが大きく成長する。

▶**結果からわかること**…トウモロコシのはいにゅうには，発芽のときとその後少しの間育つために必要な養分がたくわえられている。

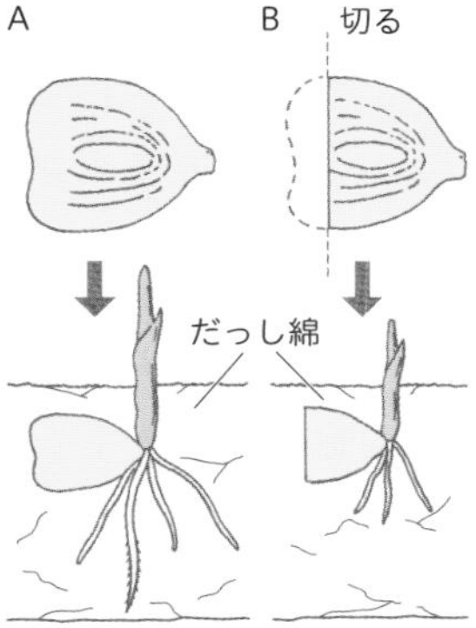

▲ はいにゅうの大小と成長

2 種子にふくまれている養分★★★

実験・観察

発芽したあとの養分の変化

ねらい 発芽する前と，発芽後2週間の種子の養分の減り方を確かめる。

方 法 ①発芽前のインゲンマメの子葉を2つに割って内側にヨウ素液をつける。同じように，発芽前のトウモロコシのはいにゅうを切りとり，切り口にヨウ素液をつける。

②発芽後2週間のインゲンマメの子葉と，トウモロコシのはいにゅうを切りとり，その切り口にヨウ素液をつける。

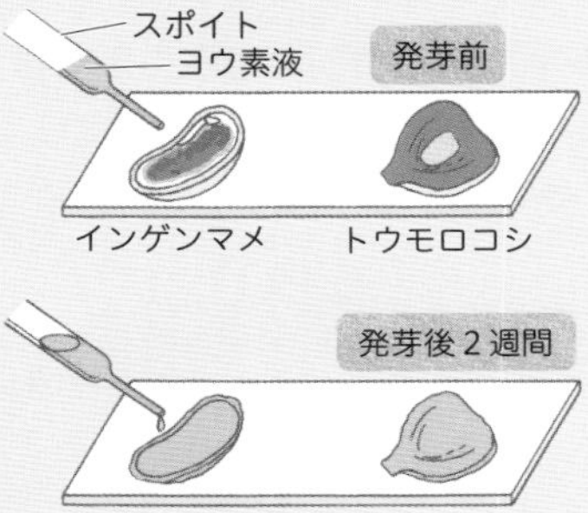

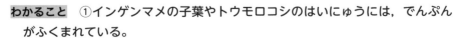

注 意！ ヨウ素液は，あらかじめ原液を10倍くらいにうすめておき，それを使用する。

結 果 • 発芽前のインゲンマメとトウモロコシは，青むらさき色になる。

• 発芽後2週間のインゲンマメとトウモロコシは，色の変化がわかりにくい。

わかること ①インゲンマメの子葉やトウモロコシのはいにゅうには，でんぷんがふくまれている。

②発芽したあと，子葉やはいにゅうのでんぷんは，成長に使われて減ってしまう。

パワーアップ トウモロコシのような有はいにゅう種子では，発芽したときはいにゅうは土の外には出ません。発芽した後，はいにゅうはだんだん小さくなっていきます。

●**種子にふくまれている養分の種類**……種子には，養分として**でんぷん**を多くふくんでいるもののほかに，**しぼう**（**油**）や**たんぱく質**を多くふくんでいるものがある。

▶**でんぷんを多くふくむ種子**…イネ・トウモロコシ・アズキ（マメ類）・ムギ・クリなど

▶**しぼう（油）を多くふくむ種子**…アブラナ・ゴマ・ラッカセイ・ツバキ・オリーブ・ヤシなど

▶**たんぱく質を多くふくむ種子**…ダイズなど

▲ イネの種子

▲ ラッカセイの種子

▲ ダイズの種子

●**種子にふくまれるいろいろな養分**……種子には，でんぷん，しぼう（油），たんぱく質などがふくまれている。

▶**インゲンマメの種子にふくまれるもの**…インゲンマメの種子にはでんぷんがたくさんふくまれているが，その他の養分もふくまれている。ふくまれる養分の割合を示すと，でんぷんは約 60 %，たんぱく質は約 20 % ふくまれ，しぼうなどその他のものもふくまれている。

▶**トウモロコシの種子にふくまれるもの**…トウモロコシの種子には，でんぷんが約 70 %，たんぱく質が約 10 %，しぼうが約 5 % ふくまれている。

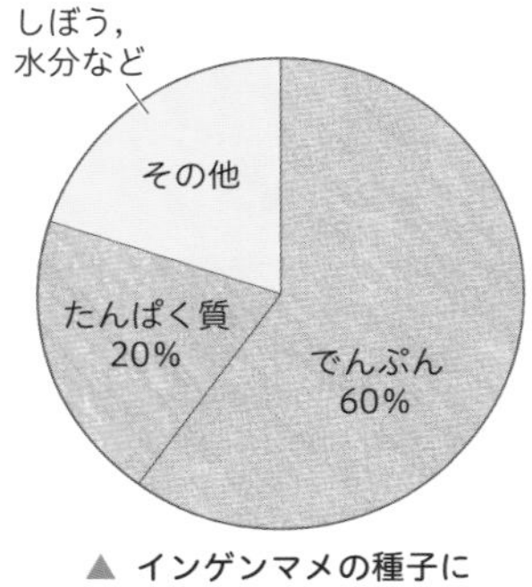

▲ インゲンマメの種子にふくまれるもの

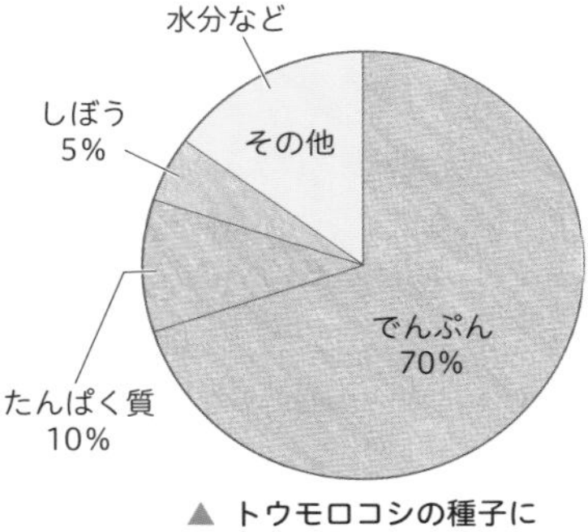

▲ トウモロコシの種子にふくまれるもの

▶種子には，いろいろな種類の養分がふくまれていることがわかる。

雑学ハカセ　ナタネ油もゴマ油も，種子にふくまれる油をとり出したものです。ナタネ油はアブラナ科のアブラナやセイヨウアブラナの種子を，ゴマ油はゴマの種子を，それぞれしぼってつくられています。

3 種子の発芽に必要な条件

発展 6年 5年 4年 3年

1 発芽と水分★★★

●**発芽と水分**……種子が発芽するためには，**水**が必要である。このことは，次のような方法で調べることができる。

❶ ペトリ皿を２つ用意し，その底にだっし綿をしいて，インゲンマメの種子をのせる。

❷ １つのペトリ皿のだっし綿はじゅうぶんに水をふくませ，もう１つのペトリ皿には水を入れないでそのままにしておく。

▶温度や日あたりなどの条件を同じにするため，２つのペトリ皿は，必ず同じ場所に置く。

❸ しばらく観察を続けると，水をふくませただっし綿の上の種子は，まもなく根や芽を出して育っていく。しかし，水のないほうは，いつまでも変化が見られない。

▶**結果からわかること**…以上のことから，種子の発芽には水が必要であることがわかる。

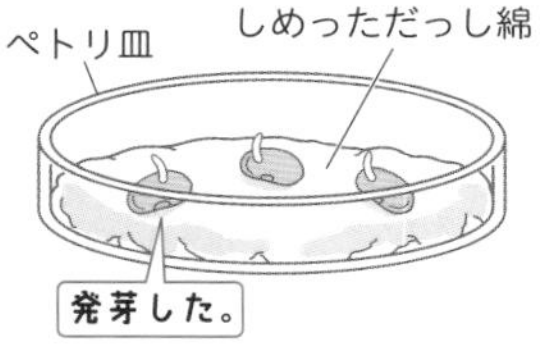

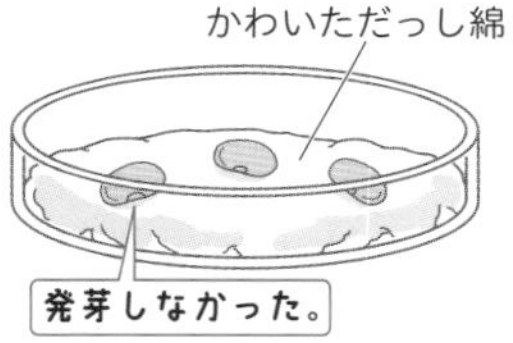

2 発芽と空気★★★

●**発芽と空気**……種子が発芽するためには，**空気**が必要である。このことは，次のような方法で調べることができる。

❶ ビーカーを２つ用意し，インゲンマメの種子を中に入れる。１つのビーカーには種子が完全につかるくらい水を入れる。もう１つのビーカーには種子の半分がつかるように水を入れる。(空気にふれるようにする。)

❷ しばらく観察を続けると，空気にふれている種子は発芽するが，水に完全につかった種子は発芽しない。

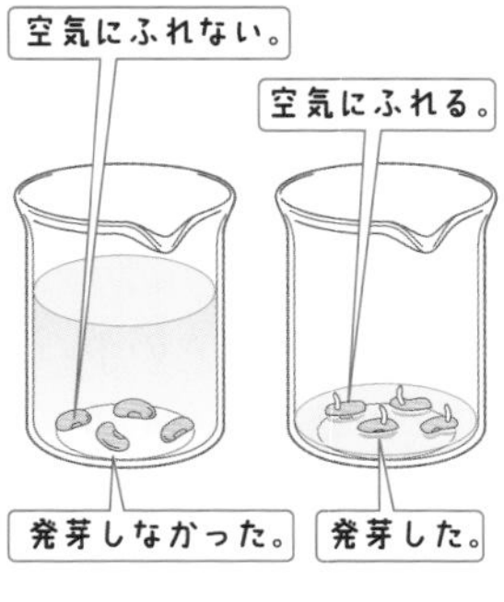

パワーアップ

上の実験ではだっし綿を使いましたが，バーミキュライトという肥料をふくまない土を使用してもよいです。たいせつなのは，種子に適度な水分をあたえることができることと，比べる条件以外の条件が等しくなるようにすることです。

▶**結果からわかること**…以上のことから，種子の発芽には空気が必要であることがわかる。

●**種子と呼吸**（こきゅう）……発芽に空気が必要な理由は，種子が**呼吸**していることからである。このことは，次のような方法で調べることができる。

❶ インゲンマメの種子を，空気にふれるようにして，種子の半分くらいが水につかるようにしたビーカーの中に入れる。

❷ そのビーカーの中に石灰水（せっかいすい）を入れたビーカーを入れ，ガラス板でふたをする。すると，種子が発芽するにつれて，石灰水が白くにごってくる。

▶**結果からわかること**…以上のことから，種子が二酸化炭素（にさんかたんそ）を出し，呼吸を行っていることがわかる。

ズームアップ 石灰水 ➡p.479

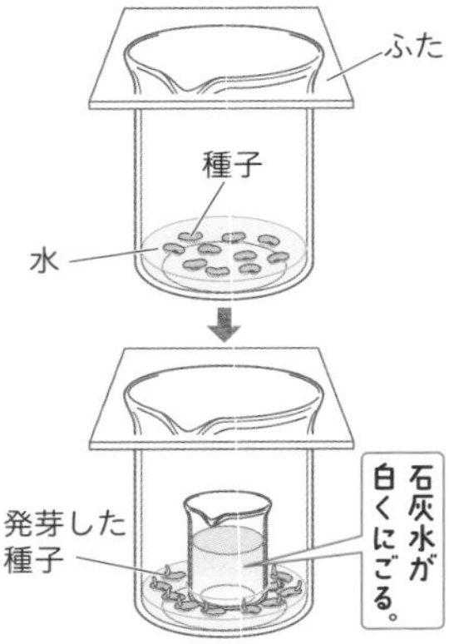

3 発芽と温度★★★

●**発芽と温度**……種子が発芽するためには，**適当**（てきとう）**な温度**が必要である。このことは，次のような方法で調べることができる。

❶ ペトリ皿を2つ用意し，その底にじゅうぶんに水をふくませただっし綿（めん）をしいて，インゲンマメの種子をのせる。2つのペトリ皿をそれぞれA，Bとする。

❷ 1つのペトリ皿Aは温度が5°Cの冷蔵庫（れいぞうこ）の中に入れる。ペトリ皿Bは，室温（25°C程度（ていど））の所に置く。このとき，ペトリ皿Aと明るさの条件（じょうけん）を同じにするため，光があたらない暗い所に置く。

❸ しばらく観察を続けると，室温に置いたペトリ皿Bの中の種子は発芽するが，冷蔵庫に入れたペトリ皿Aの中の種子は発芽しない。

▶**結果からわかること**…以上のことから，種子の発芽には適当な温度が必要であることがわかる。

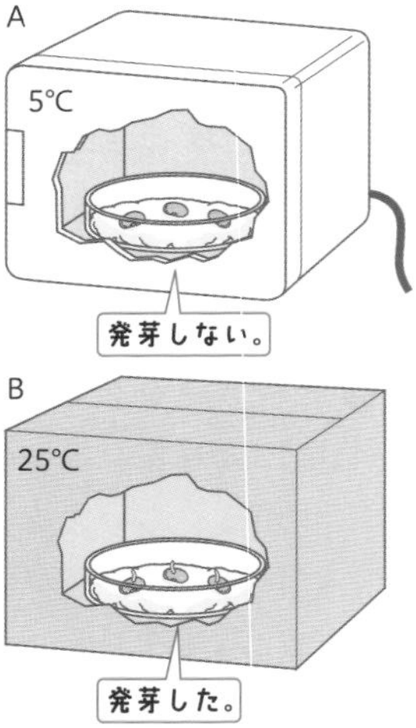

パワーアップ 種子の発芽に，ふつう光は必要ありませんが，レタスなど発芽に光を必要とする種子もあります。逆（ぎゃく）に，カボチャのように光がないほうがよく発芽する種子もあります。前者を光発芽（ひかりはつが）種子（しゅし），後者を暗発芽種子（あんはつがしゅし）といいます。

4 発芽後の成長と日光・肥料

発展 6年 5年 4年 3年

1 発芽後の成長と日光★★★

●**植物の成長と日光**……植物が発芽したあとの成長には，**日光**が必要である。このことは，２つの容器で種子を育て，発芽したあとに１つは日光をあてず，もう１つは日光にあてて成長のようすを観察すると確かめることができる。

ズームアップ 光合成 ➡p.83

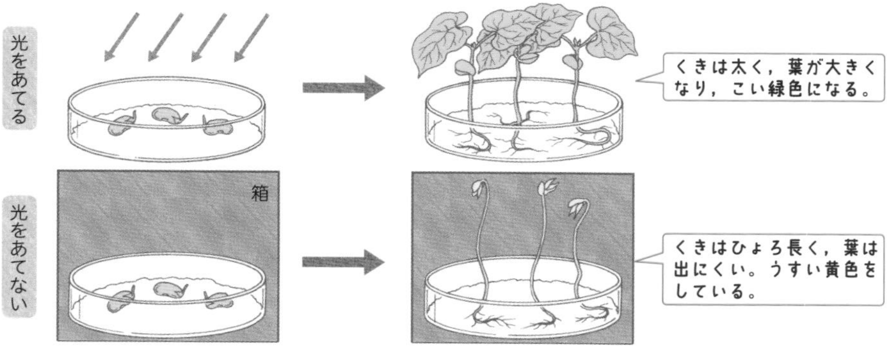

光をあてる
くきは太く，葉が大きくなり，こい緑色になる。
箱
光をあてない
くきはひょろ長く，葉は出にくい。うすい黄色をしている。

2 発芽後の成長と肥料★★★

●**植物の成長と肥料**……植物が発芽したあとの成長には，日光のほかに**肥料**が必要である。このことは，２個の植木ばちに，ほぼ同じように育ったホウセンカを植え，１つのはちのみに肥料を入れて成長のようすを観察すると確かめることができる。

参考 ホウセンカ
種子から容易に育てることができ，とてもじょうぶな植物であるためよく実験に用いられる。赤，白，ピンク，むらさき色などの花をさかせる。

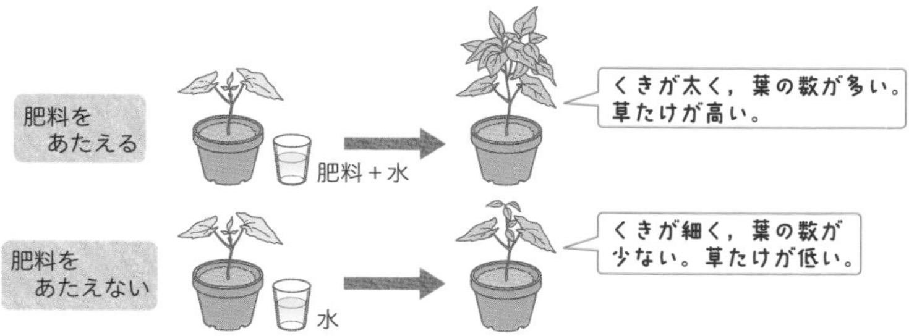

くきが太く，葉の数が多い。草たけが高い。

くきが細く，葉の数が少ない。草たけが低い。

雑学ハカセ 植物の成長には日光が必要ですが，必要な量は植物によって異なります。日あたりのよい所によく生息する植物を陽生植物といい，直射日光のあたらない所によく生息する植物を陰生植物といいます。

●**野山の土**……野山の植物は，特に水や肥料(ひりょう)をあたえなくても，自然に芽を出し，成長する。これは，土の中に水分や空気などのほかに，養分がふくまれているからである。

落ち葉や動物の死がい，ふんなどが，ものをくさらせる細(さい)きん類などのはたらきによって分解(ぶんかい)されて土の中にまざっており，これらが植物を育てる養分として使われる。
↳きん類とともに分解者

ズームアップ 細きん類 ➡p.172

▶**植物の成長に必要な養分**…野山の土に入っている養分は，ちっ素(そ)，りん酸(さん)，カリウム，鉄，マグネシウム，カルシウムなどである。これらは植物の根から水といっしょに吸収(きゅうしゅう)されて，植物の成長のために使われる。

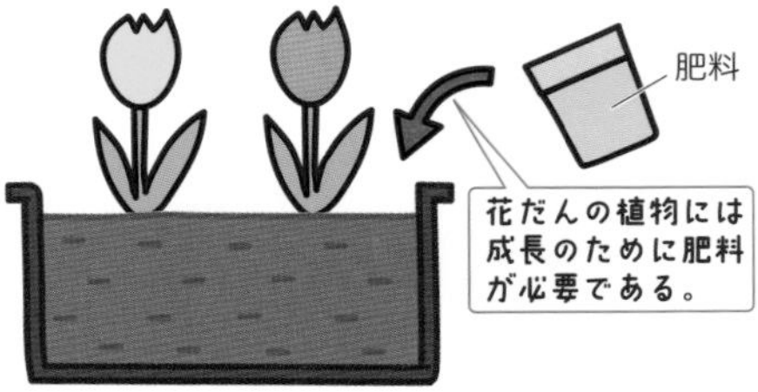
肥料
花だんの植物には成長のために肥料が必要である。

野山の土の中には植物の成長のための養分がふくまれる。

3 根やくきののび方★★

●**根ののび方**

▶**くっ性(せい)**…植物の根は，いつも下のほうに向かって，また暗いほうへのびていく。

このように，植物のからだの一部が外からのし激(げき)や光，重力，熱，水分，空気などに反応(はんのう)して一定方向に曲がる性質(せいしつ)のことを**くっ性**という。
正のくっ性，負のくっ性がある↵

ズームアップ 成長点 ➡p.88

▶**成長点**…右の図のように，根に印をつけておいて，根ののびるようすを観察すると，のびる部分がよくわかる。

この根の先の内側のよくのびる部分を**成長点**という。

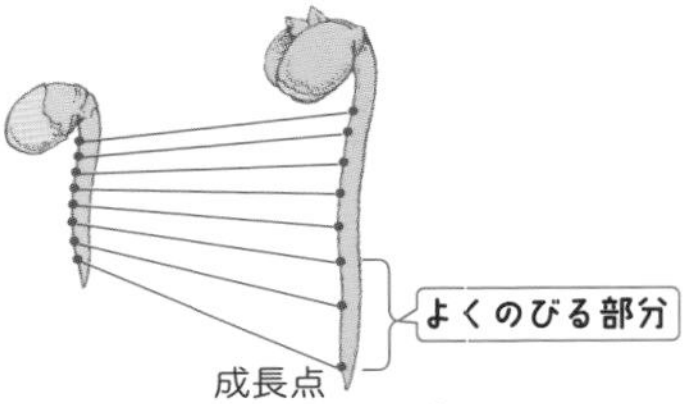
よくのびる部分
成長点
▲根の成長点

雑学ハカセ
植物の成長に必要なちっ素，りん酸，カリウムは肥料の三要素(ようそ)とよばれます。ちっ素はくきや葉を育てる力となり，りん酸は花や実をつくる力となり，カリウムは根や植物体をじょうぶにする力となります。

●くきののび方

▶**光くっ性**…植物のくきは，光がくるほうへ向かってのびる性質がある。これを，**正の光くっ性**という。この性質について，次のような実験で確かめることができる。
└根は光とは逆向きにのびる

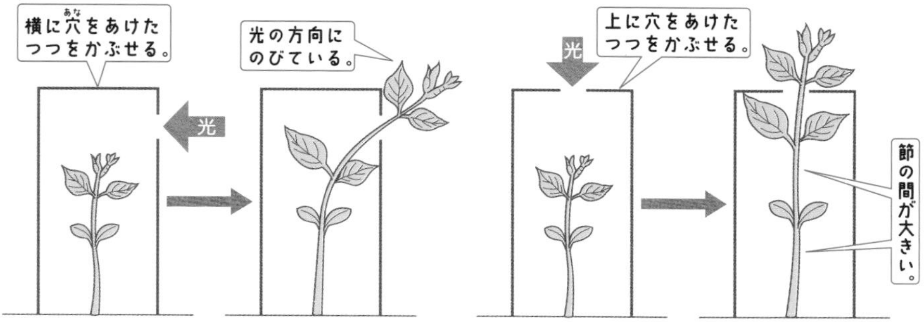

横に穴をあけたつつをかぶせる。
光
光の方向にのびている。
光
上に穴をあけたつつをかぶせる。
節の間が大きい。

▶**重力くっ性**…植物のくきは，重力の方向と反対に向かってのびる性質がある。これを，**負の重力くっ性**という。この性質について，次のような実験で確かめることができる。
└根は重力の向きにのびる

重力と反対の方向へのびる。
植木ばちを横にする。
さかさまにする。
重力と反対の方向へのびる。
重力

くわしい学習 くきや根にたくわえられるでんぷん

ジャガイモやサツマイモなどのいもが大きく育つためには日光が必要である。日光があたると，くきや葉が成長し，葉ででんぷんがつくられる。このでんぷんが地下のくきや根にたくわえられて，**いも**が大きく育つ。

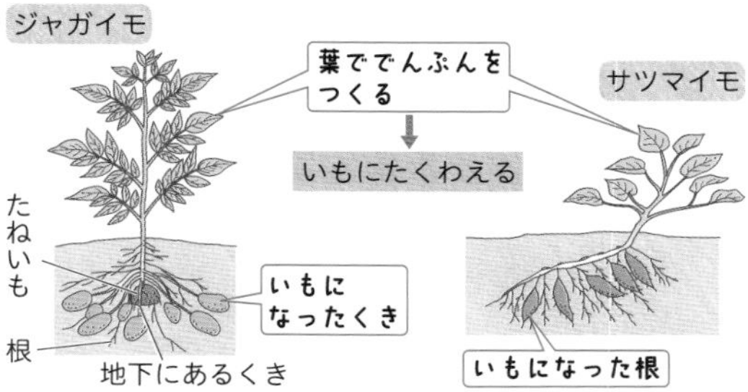

パワーアップ
正の光くっ性とは，光のほうへ曲がるという意味です。これとは逆に，負の光くっ性とは，光があたる方向とは逆の方向に曲がるという意味です。

5 花のつくり

発展 6年 5年 4年 3年

1 アブラナの花のつくり★

●**アブラナの花**……アブラナの花には，**がく**が4枚，**花びら**が4枚，**おしべ**が6本（4本は長く，2本は短い），**めしべ**が1本，**みつせん**が4個ある。

▶**おしべ**…おしべの先には，**やく**という**花粉**が入っている部分がある。

▶**めしべ**…めしべの先を**柱頭**といい，めしべの根もとのふくらんでいる部分を**子ぼう**という。

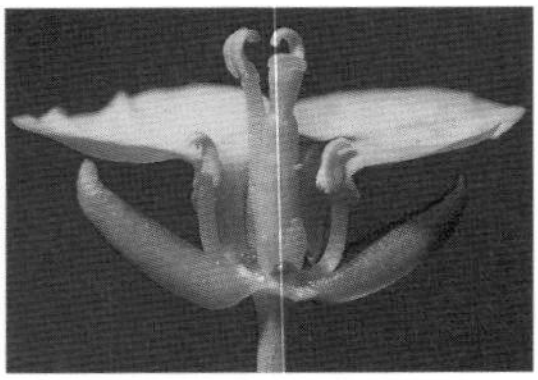
▲ アブラナの花

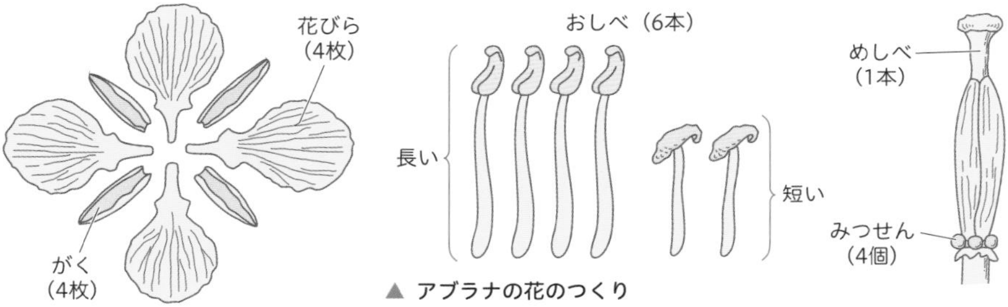

▲ アブラナの花のつくり

●**アブラナのなかま**……ダイコン・キャベツ・ナズナ・イヌガラシなどはアブラナと同じつくりの花をもっている。このようななかまを**アブラナ科植物**という。

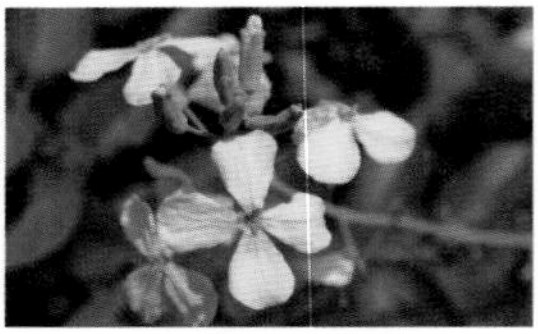
▲ ダイコンの花

2 カボチャの花のつくり★

●**カボチャの花**……カボチャの花のがくは5枚あり，もとのほうでくっついている。花びらももとでくっついており，先が5つに分かれている。

▶**お花とめ花**…カボチャには**お花**と**め花**の2つがある。おしべはお花だけにあり，めしべはめ花だけにある。

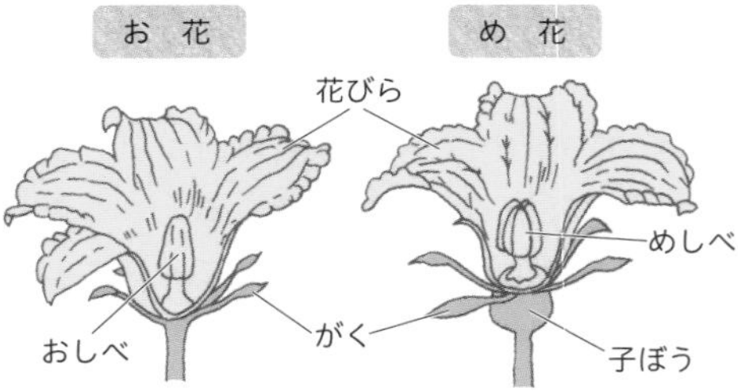

▲ カボチャの花のつくり

パワーアップ
みつせんとは，植物がみつを出す部分です。みつせんは，アブラナのように花の中にあるもののほかに，葉のもとにある植物もあります。サクラは葉にみつせんをもっています。

●**カボチャのなかま**……ヘチマ・キュウリ・ヒョウタン・スイカ・ウリなどの花は，カボチャと同じようなつくりをしている。このようななかまを**ウリ科植物**という。

▲ キュウリの花(め花)

3 サクラの花のつくり★

●**サクラの花**……サクラの花のがくは５枚あり，もとのほうでくっついている。花びらは５枚で，１枚ずつ分かれている。めしべは１本あり，もとのほうがふくらんで**子ぼう**になっている。

▶**おしべの数**…おしべはめしべをとりかこんでたくさんあり，数は決まっていない。先には，花粉の入った**やく**がある。

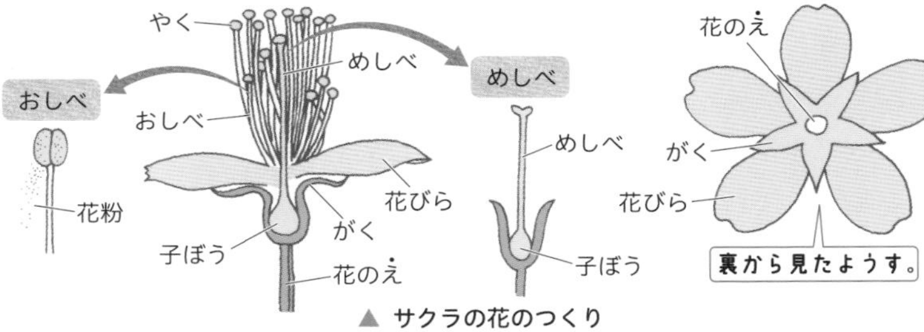

▲ サクラの花のつくり

●**サクラのなかま**……ウメ・モモ・リンゴ・ナシ・ボケ・イチゴ・ビワ・カリンなどはサクラの花と同じつくりをしている。このようななかまを**バラ科植物**という。

▲ リンゴの花

4 エンドウの花のつくり★

●**エンドウの花**……エンドウの花のがくはもとのほうがくっついてつつ形になり，先が５つに分かれている。花びらは５枚あり，色や形，大きさはそれぞれちがっているが，全体としてチョウの形をしている。

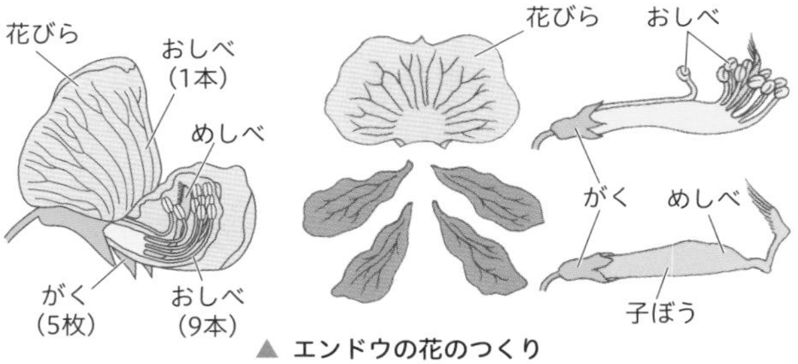

▲ エンドウの花のつくり

雑学ハカセ

ヤエザクラや，八重ざきのヤマブキという花は，おしべがなくて花びらがたくさんあるように見えます。これは，おしべが花びらに変化したためこのように見えています。

▶**めしべ・おしべの数**…めしべは１本で，先に毛が生え，上のほうを向いて曲がっている。おしべは10本あり，そのうちの９本はもとのほうでくっついてつつ形になっている。残りの１本はほかの９本からはなれてあり，特に短い。

●**エンドウのなかま**……フジ・クズ・ハギ・ソラマメ・ダイズなどはエンドウの花と同じつくりをしている。このようななかまを**マメ科植物**という。

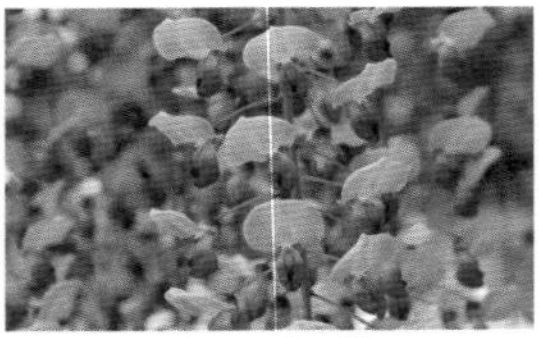
▲ フジの花

5 マツの花のつくり★

●**マツの花**……マツの花は，お花にもめ花にも花びらやがくがない。

▶**お　花**…マツのお花はうす黄色のだ円形で，おしべだけが集まっており，１つ１つを**りんぺん**という。

▶**め　花**…マツのめ花は若い枝の先に１つか２ついており，赤かっ色をしている。め花にはめしべだけが集まっており，１つ１つを**りんぺん**という。

▲ マツの花

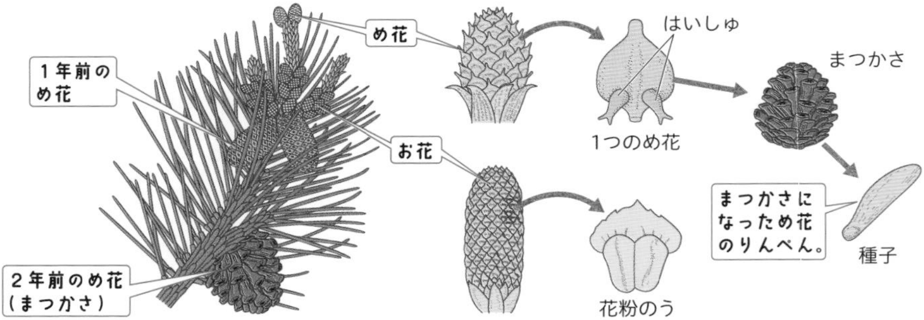

●**マツのなかま**……ツガ・カラマツ・モミ・ヒマラヤスギ・エゾマツ・トドマツ・シラビソなどはマツの花と同じつくりをしている。このようななかまを**マツ科植物**という。

▶**マツのなかまの特ちょう**…マツのなかまの花は，めしべの中のはいしゅが子ぼうに包まれないで，むき出しになっている。このような植物を**裸子植物**という。

ズームアップ 裸子植物 ➡p.96

雑学ハカセ
マメ科植物のフジの繊維は長くて強いため，昔はこれで服を織っていました。このような服を藤衣といいます。万葉集には，フジや藤衣をよんだ歌が多く出てきます。

6 完全花と不完全花★★

●**花の四要素**(ようそ)……多くの花のつくりに共通している，がく，花びら，おしべ，めしべのことを**花の四要素**という。

❶ **完全花**…1つの花に，がく，花びら，おしべ，めしべの花の四要素をもっているものを**完全花**という。

▶アブラナ・タンポポ・サクラ・チューリップ・ツツジ・エンドウなどは完全花である。

❷ **不完全花**…1つの花に花の四要素のどれか1つでも欠けているものを**不完全花**という。めしべがないお花，おしべがないめ花はこれにあてはまる。
↳がくや花びらがないものもあてはまる

▲ 完全花（サクラ）

▲ 不完全花（トウガン）

▶**1つの株**(かぶ)**（木）にお花とめ花があるもの**
キュウリ・ヘチマ・カボチャ・トウモロコシ・クリ・マツ・トウガンなど

▶**お花のさく株とめ花のさく株が別になっているもの**…アサ・イタドリ・ソテツ・イチョウ・ヤマノイモなど

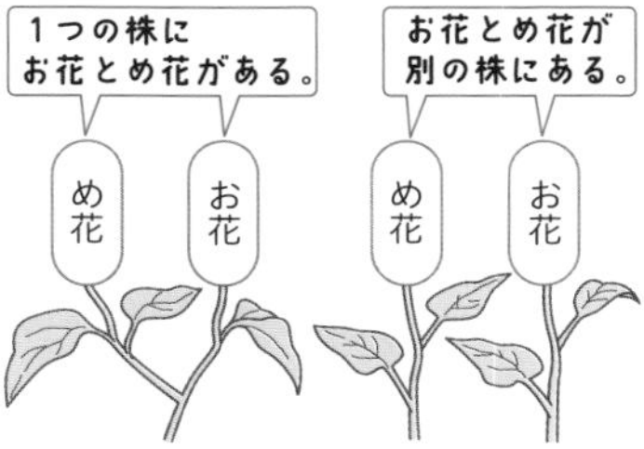

▲ 不完全花の例

7 両性花と単性花★★

●**両性花**(りょうせいか)……1つの花におしべ，めしべがそろっている花のことをいう。

●**単性花**(たんせいか)……1つの花におしべ，めしべのどちらか一方しかない花のことをいう。

単性花はおしべかめしべのどちらかがない花なので，必ず不完全花であるといえる。

8 花式図★

●**花式図**(かしきず)……花を切って横断面(おうだんめん)を模式的(もしきてき)にかいた図のことをいう。がく，花びら，おしべ，めしべなどの数や位置，ならび方がわかるように記号を決めて表してある。

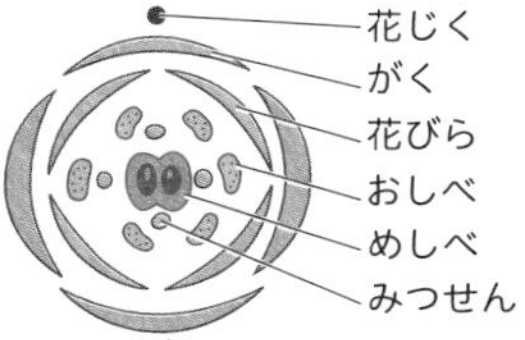

▲ アブラナの花の花式図

パワーアップ
カボチャやキュウリのお花とめ花は，花の下を見ればすぐに見分けることができます。め花には実になる子ぼう(し)があるため，ふくらんでいます。め花のみに実がつくことがわかります。

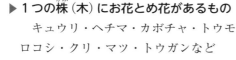

6 花のはたらき

発展 6年 5年 4年 3年

1 花びらとがく★★

●**花びら**……花びらには，おもに次の2つのはたらきがある。

▶おしべとめしべをまもるはたらき。

▶虫を引きつけるはたらき。

●**花びらのつき方**……花びらは，そのつき方によって**合弁花**と**離弁花**に区別することができる。

▶**合弁花**…アサガオ・ツツジの花のように，花びらがくっついているもの。

▶**離弁花**…サクラ・アブラナの花のように，花びらがはなればなれになっているもの。

参考 花びらのない花
花びらのない花では，花びら以外のものでおしべとめしべをまもる。イネの花はえいという葉が変化した部分でおしべ，めしべをまもっている。

▲ 合弁花（アサガオ）

▲ 離弁花（アブラナ）

●**が　く**……つぼみのときにめしべやおしべをまもったり，花びらを支えるはたらきをしている。

2 おしべのつくりと花粉★★

●**おしべ**……おしべの先には**やく**があり，その中にたくさんの**花粉**が入っている。おしべの数は花びらの数の何倍かになっている。やくを支えている部分は，**花糸**という。

●**花　粉**……植物の種類によって，形や大きさ，表面のようすなどがちがっている。やくが破れて外に出る。

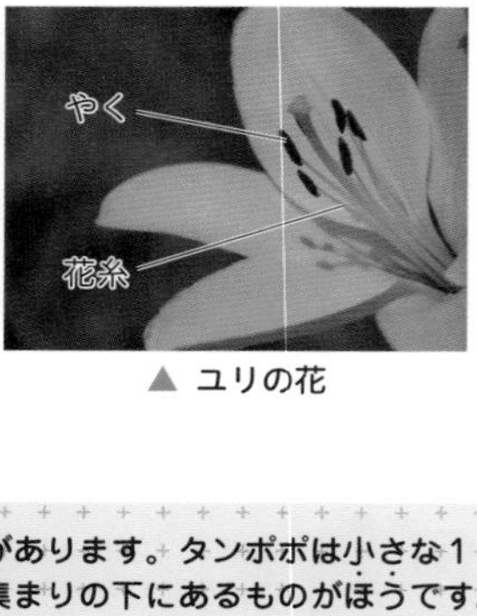

▲ ユリの花

パワーアップ
がくと同じようなはたらきをするものに，ほうというものがあります。タンポポは小さな1つの花がたくさん集まってできています。その小さな花の集まりの下にあるものがほうです。

▶**花粉のようす**…花粉には，ものにつきやすくなっているものや，軽くて風に飛ばされやすくなっているものなどがある。

3 めしべのつくり★★★

●**柱　頭**……めしべの先の部分を**柱頭**という。植物の種類によって，ねばり気があったり，毛があったりする。このため，花粉がつきやすくなっている。

●**子ぼう**……めしべの根もとのふくらんでいる部分を**子ぼう**という。子ぼうは，やがて**実**になる部分である。子ぼうの中には，やがて**種子**になる**はいしゅ**がある。

●**花　柱**……柱頭と子ぼうの間の部分のことを，花柱という。

▲ 花のつくり

4 受粉と子ぼうの成長★★★

●**受　粉**……おしべの花粉がめしべの先（柱頭）につくことを**受粉**という。受粉が行われると，花粉から管（**花粉管**）が花柱の中をのびて，めしべの根もとにある子ぼうに届き，さらに子ぼうの中にあるはいしゅに達する。

●**子ぼうの成長**……花粉管が子ぼうの中のはいしゅに届くと，子ぼうがふくらんで実ができ，**はいしゅ**の部分が**種子**になる。

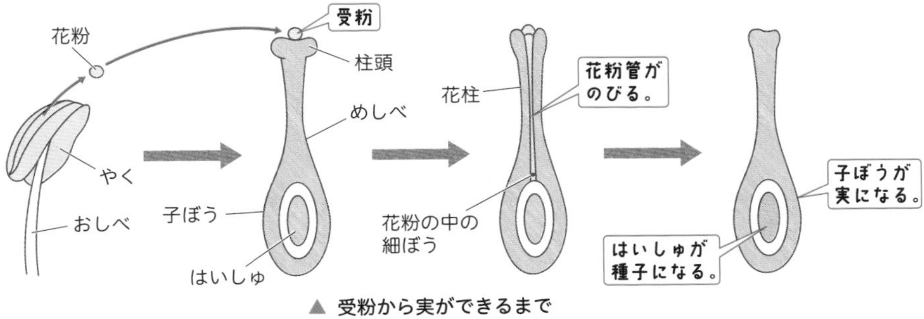

▲ 受粉から実ができるまで

パワーアップ アサガオやアブラナ，ユリなどは，がくや花びら，おしべなどと同じ高さの所に子ぼうがつくため，子ぼう上位といいます。ヘチマやカボチャ，キュウリなどは子ぼうが花の下につき出したように見え，花の上からは花柱だけが見えるため，子ぼう下位といいます。

●**受粉による子ぼうの成長**……受粉することで子ぼうが成長することは，次の実験で確かめることができる。

実験・観察

カボチャの花と受粉

ねらい お花とめ花の区別があるカボチャを使って，おしべの花粉がめしべの先につくと実ができるかどうか確かめる。

方　法 ①まもなく花がさきそうなカボチャのめ花のつぼみを２つ選び，それぞれにふくろをかけておく。

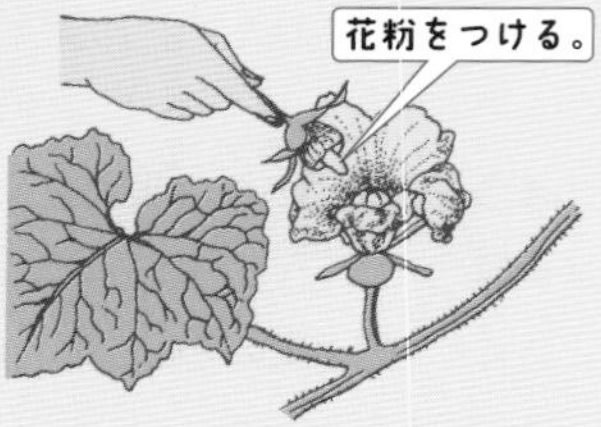
花粉をつける。

②花がさいたら，１つのめ花には柱頭にカボチャの花粉をつける。もう１つのものには花粉をつけないでおく。

③花粉をつけ終えたら，また，ふくろをかけておく。その後，１週間程度観察を続ける。

注　意！ ①開花した花を使うと，実験する前にすでに受粉していることがあるので，必ず，つぼみのときから実験を開始するようにする。

②柱頭にほかの花粉がつくのを防ぐために，ふくろをかけることを忘れないようにする。

結　果 柱頭に花粉をつけた花の子ぼうは，しだいに大きくなった。花粉をつけなかった花の子ぼうは黄色になり，やがて落ちてしまった。

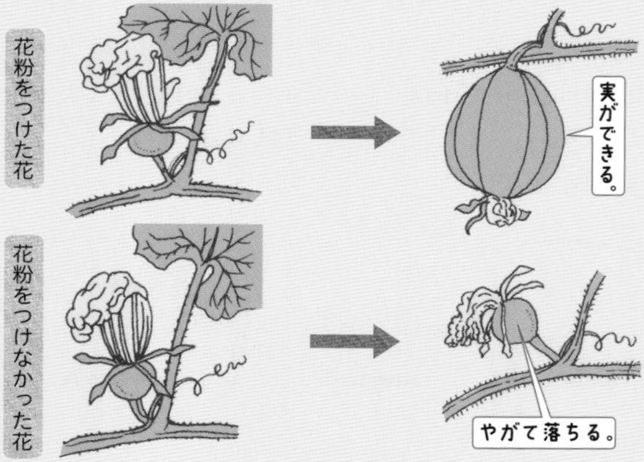
花粉をつけた花
実ができる。
花粉をつけなかった花
やがて落ちる。

わかること 同じ種類の花の花粉がめしべにつくと，実ができる。

パワーアップ 上の実験は，カボチャ以外のヘチマやヒョウタンなどでもできます。お花とめ花がある植物では，上の実験と同じ方法で行うことができます。

●**両性花での受粉の実験**……おしべとめしべが同じ花にある両性花でも，単性花と同じように受粉によって子ぼうが成長することを，次の実験で確かめることができる。

実験・観察

アサガオの花と受粉

ねらい 両性花であるアサガオの花について，おしべの花粉がめしべの先につくと実ができるかどうか確かめる。

方　法 ①アサガオのつぼみA，Bを用意し，それぞれつぼみを割っておしべをすべてとる。

②A，Bのどちらのつぼみにもふくろをかけておく。

③花がさいたら，Aの柱頭にはほかのアサガオの花粉をつける。Bのアサガオはそのままにしておく。

④Aのアサガオにふたたびふくろをかける。その後，1週間程度観察を続ける。

注　意！ ①アサガオは開花するときに受粉してしまうため，開花前のつぼみのときにおしべをとる。

②柱頭にほかの花粉がつくのを防ぐために，ふくろをかけることを忘れないようにする。

A

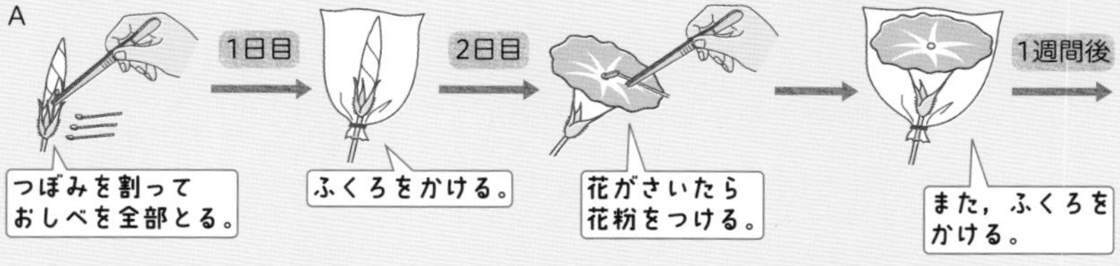
1日目
2日目
1週間後
つぼみを割って
おしべを全部とる。
ふくろをかける。
花がさいたら
花粉をつける。
また，ふくろを
かける。

B

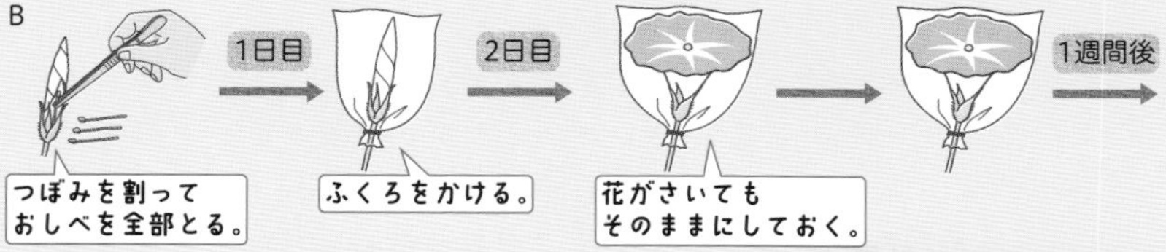
1日目
2日目
1週間後
つぼみを割って
おしべを全部とる。
ふくろをかける。
花がさいても
そのままにしておく。

結　果 柱頭に花粉をつけた花の子ぼうは，右の写真のようにしだいに大きくなった。花粉をつけなかった花の子ぼうはやがてかれてしまった。

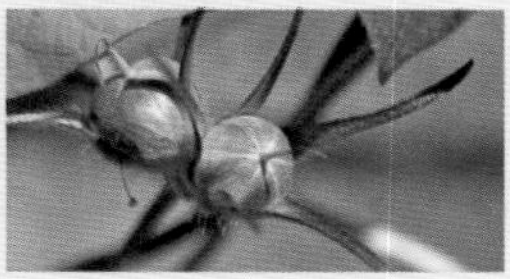

わかること 同じ種類の花の花粉がめしべにつくと，実ができる。

雑学ハカセ 江戸時代，アサガオはたいへん人気の植物でした。また，アサガオを品種改良して，変化ざきアサガオというさまざまな形のアサガオをつくり出すことも人気でした。

中学入試にフォーカス

野菜・果物の食べる部分

❶野菜・果物の食べる部分

植物のさまざまな部分を人は野菜や果物として食べている。植物のどの部分を食べているのかを示したものが下の表である。

おもに食べる部分	例
根	ダイコン・サツマイモ・ニンジン・ゴボウなど
くき	ジャガイモ・サトイモ・ハス(レンコン)・アスパラガスなど
葉	キャベツ・ハクサイ・レタス・ホウレンソウ・ネギ・タマネギなど
子ぼう(が発達した実)	カキ・ミカン・ブドウ・ピーマンなど
花たく(花床)	リンゴ・ナシ・イチゴなど
種子	エンドウ・ダイズ・クリ・トウモロコシ，イネ(米)など
花(つぼみ)	ブロッコリー・カリフラワー・ミョウガなど

●**根とくきの区別**……根を食べる野菜とくきを食べる野菜は，次の点で区別ができる。

▶根を食べる野菜には，側根があるが，くきを食べる野菜にはない。

▶くきを食べる野菜は，日光があたると葉緑素ができて緑色になる。

❷子ぼうと花たく(花床)

●**子ぼう**……植物が受粉すると，子ぼうが実になる。

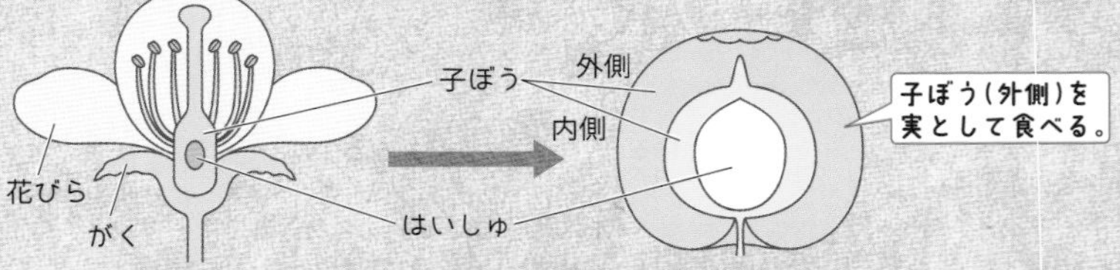

▲ **子ぼうを実として食べる植物(モモ)**

▶キュウリ・トマト・ナスなどは実と種子をいっしょに食べる植物である。

●**花たく(花床)**……がく，花びら，おしべ，めしべがつく部分を花たく(花床)という。

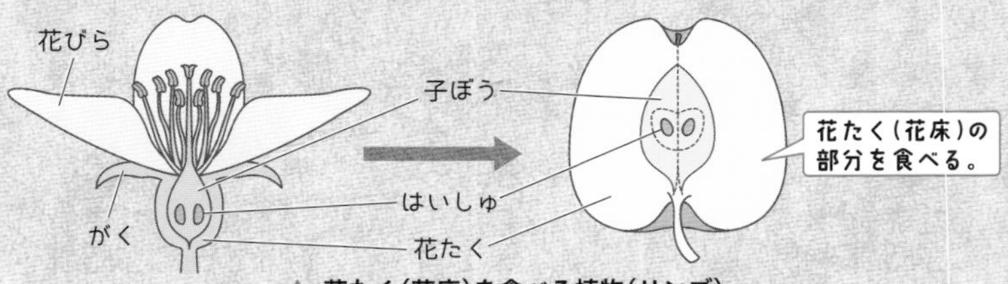

▲ **花たく(花床)を食べる植物(リンゴ)**

▶カボチャ・スイカ・メロンなどは子ぼうと花たくを食べる植物である。

入試では

植物のどの部分を野菜や果物として食べているかを問う問題が出題されています。ジャガイモとサツマイモなど，どこを食べているかをまちがえやすいものについて，注意が必要です。

7 受粉のしかた

発展 6年 5年 4年 3年

1 自家受粉★★

●**自家受粉**……同じ花のおしべとめしべの間や，同じ株のお花とめ花の間で行われる受粉のしかたを**自家受粉**という。

これらの花では，花が開くと花粉が自動的にめしべにふりかかるようになっている。ふつう，花の開いている時間は短い。

▶**自家受粉を行う植物の例**…イネ・ムギ・エンドウ・トマト・アサガオなど

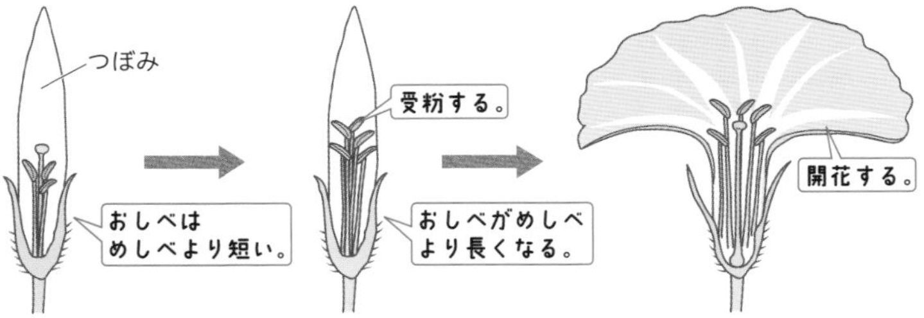

つぼみ
受粉する。
開花する。
おしべはめしべより短い。
おしべがめしべより長くなる。

▲ アサガオの受粉

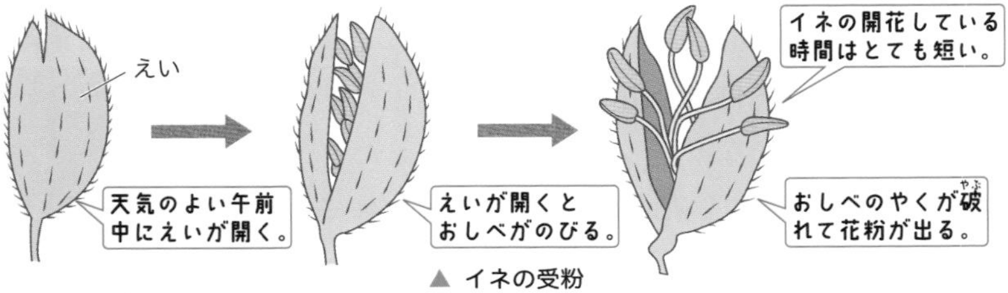

えい
イネの開花している時間はとても短い。
天気のよい午前中にえいが開く。
えいが開くとおしべがのびる。
おしべのやくが破れて花粉が出る。

▲ イネの受粉

2 他家受粉★★

●**他家受粉**……同じ種類の，ほかの株の花との間で行われる受粉のしかたを**他家受粉**という。ほとんどの花に見られる受粉のしかたである。他家受粉が行われる場合，虫，風，水，鳥などが花粉を運ぶ役目をしている。この，花粉を運ぶ役目をするものにより次のように分けられる。

パワーアップ

イネの花には，花びらやがくがありません。そのかわりに，2枚のえいというからにまもられています。えいは，お米についているもみがらと同じものです。

❶ **虫による受粉（虫ばい花）**…美しい花びらをもった花や，よいかおりのする花には，こん虫がやってきて，花のみつを吸ったり，花粉を食べたりする。みつや花粉を集めている間に，こん虫のからだについた花粉がめしべの先（柱頭）につく。
↳つきやすいようにとげや糸状のものが生えている
このように，おもに虫によって受粉が行われる花が虫ばい花である。

▶**虫ばい花である植物の例**…レンゲソウ・アブラナ・ツツジ・バラなど

参考 花粉だんご
ミツバチは，花粉かごとよばれるあしのくぼみに花粉をだんごのようにしてつける。これは花粉だんごとよばれ，みつとともにミツバチのえさとなる。

アゲハによる受粉。
ミツバチによる受粉。
花粉だんご

▲ 虫ばい花（左：ムラサキツメクサ，右：アブラナ）

❷ **風による受粉（風ばい花）**…花がたくさん集まってさいている花の多くは，花粉を一度に多く出し，風によって運ばれるものが多い。このように，おもに風によって受粉が行われる花が風ばい花である。風ばい花の花粉は軽くて風に飛ばされやすい。

▶**風ばい花である植物の例**…マツ・スギ・トウモロコシ・ヤナギなど

▲ 風ばい花（スギ）

❸ **水による受粉（水ばい花）**…花粉が水に流されて運ばれ，受粉が行われる花が水ばい花である。

▶**水ばい花である植物の例**…セキショウモ・キンギョモ・クロモ・ミズハコベなど

▲ 水ばい花（クロモ）

❹ **鳥による受粉（鳥ばい花）**…おもに小鳥などが花粉を羽につけて運ぶことにより，受粉が行われる花が鳥ばい花である。木にさく花に多く見られる。

▶**鳥ばい花である植物の例**…ツバキ・サザンカ・ビワなど

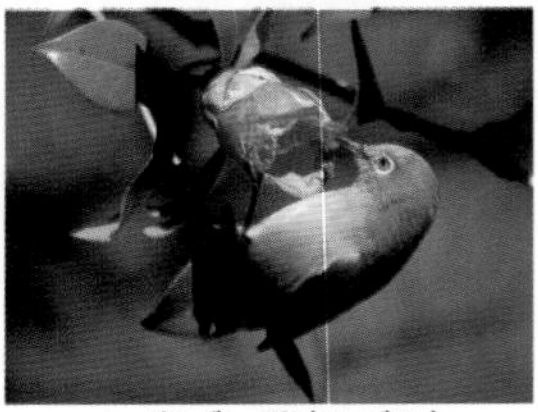
▲ 鳥ばい花（ツバキ）

パワーアップ
こん虫が活動しない冬に花がさく植物は，鳥に受粉を助けてもらう鳥ばい花のものが多くなっています。

3 人工受粉★

●**人工受粉**……人の手によって花粉をめしべの柱頭につけ，受粉を行うことを**人工受粉**という。多くの収かくをえるために，リンゴやナシなどの果物で行われている。

写真のように綿棒や筆で花粉をめしべにつけたり，ピンセットでやくをつまんだりして行う。

▲ ナシの人工受粉

4 からだの一部から育つ植物★

●**さし木**……くき，葉などの一部を切りとり，土または砂にさし，根などを出させる方法。それぞれさす部分により，枝さし，さし芽，さし葉などという。キク・ツツジ・ヤナギ・イチジクなどで行う。

▲ さし木・さし芽

●**根分け（株分け）**……おもに多年生の草花である，キク・アヤメ・サクラソウ・カンナなどで行う。

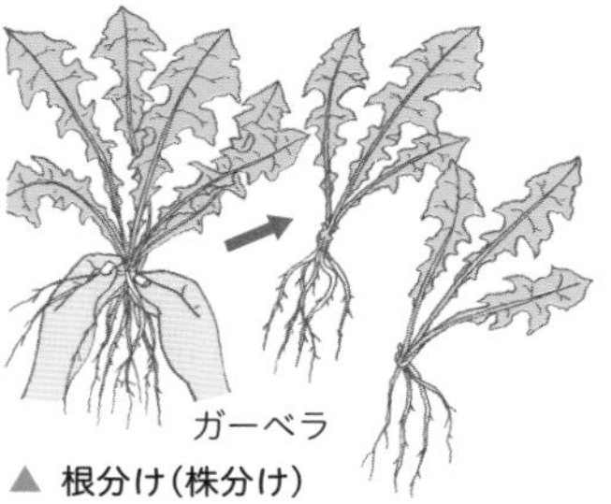

▲ 根分け（株分け）

●**つぎ木**……ミカンやカキなどの株に別のよい実や花をつける枝をついで，よい木をふやす方法。

近い種類のほうが成功しやすい

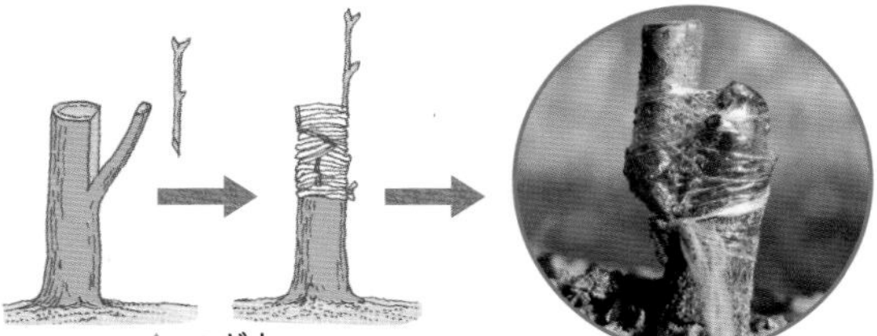

▲ つぎ木

●**とり木**……おもに花木類のふやし方である。発根しやすいものの枝を曲げて土中にうめ，根の出たころに親木から切りはなして，なえとする方法。クワ・ツツジ・ヤナギ・ツルバラ・アジサイ・ザクロなどで行う。

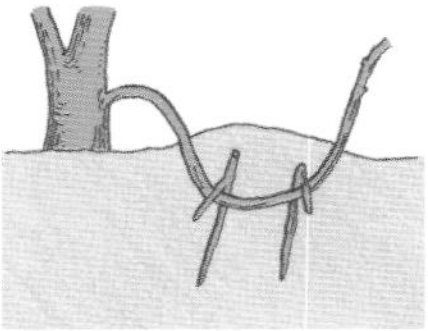

▲ とり木

●**つるでふえるもの**……イチゴなどは，のびたつるの節の部分から，根や葉が出てくる。それを切りとってなえとすることができる。

▲ つるを切りとってふやす

雑学ハカセ

タンポポなどの強い根をもっている植物は，かりとられても土の中に根が残っていればまた芽を出します。これは，根分けと同じしくみです。

入試のポイント

絶対暗記ベスト3

1位 **無はいにゅう種子・有はいにゅう種子**　発芽のための養分をたくわえている場所によって分類している。

▶**無はいにゅう種子**…子葉に養分をたくわえている。

▶**有はいにゅう種子**…はいにゅうに養分をたくわえている。

2位 **受　粉**　めしべの柱頭に花粉がつくこと。受粉すると，花粉管がのびて子ぼうの中のはいしゅにとどき，実や種子ができる。

3位 **発芽に必要な条件**　植物の発芽に必要なのは，水，空気，適度な温度の3つの条件である。

1 花のはたらき

●**花の四要素**……がく，花びら，おしべ，めしべ

▶**が　く**…つぼみのとき，花びらを支える。

▶**花びら**…おしべ，めしべをまもり，虫などを引きつける。

▶**おしべ**…やくと花糸からなる。

▶**めしべ**…柱頭，花柱，子ぼうからなる。

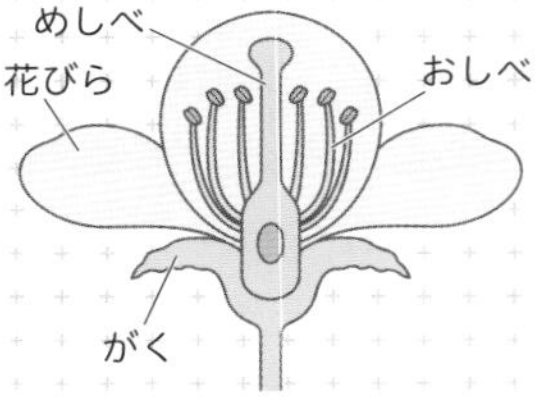

▲ 花の四要素

2 受粉のしかた

●**自家受粉**……同じ花の間や同じ株の花との間で行われる受粉。

●**他家受粉**……同じ種類のほかの株の花との間で行われる受粉。

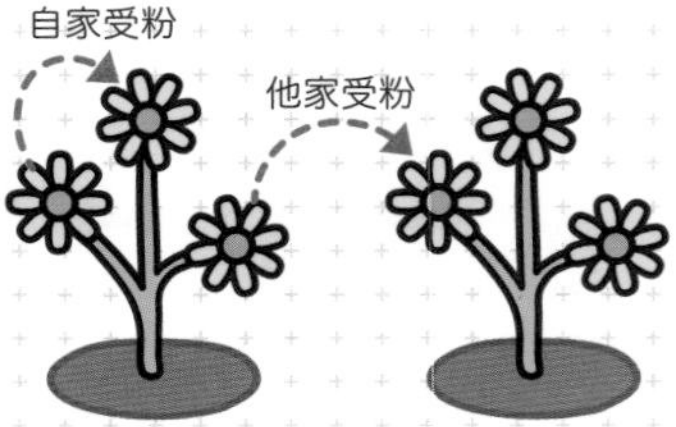

▶**他家受粉の花粉の運ばれ方**

虫ばい花	花粉が虫によって運ばれる花
風ばい花	花粉が風によって運ばれる花
水ばい花	花粉が水によって運ばれる花
鳥ばい花	花粉が鳥によって運ばれる花

重点チェック

□ ❶	種子の中にある［　　］という部分が，芽として出てきます。	❶はい　p.55
□ ❷	種子が発芽するための養分は，有はいにゅう種子では［　　］に，無はいにゅう種子では［　　］にたくわえられています。	❷はいにゅう，子葉　p.55
□ ❸	インゲンマメの子葉は，発芽すると地上に［　　］が，イネのはいにゅうは地上に［　　］。	❸出てきます，出てきません　p.56
□ ❹	種子のはいにゅうや子葉にたくわえられている養分は，ヨウ素液をつけると［　　］色に変化することから，［　　］がふくまれていることがわかります。	❹青むらさき，でんぷん　p.59
□ ❺	種子が発芽するために必要なものは，発芽に適した［　　］と，［　　］と空気です。	❺温度，水分（水）　p.61, 62
□ ❻	ヘチマやカボチャなどの花は，お花とめ花の 2 種類があります。実になるめしべのもとは［　　］だけにあります。花粉は［　　］についています。	❻め花，お花　p.66
□ ❼	1つの花におしべ，めしべのどちらか一方しかない花を［　　］といいます。	❼単性花　p.69
□ ❽	おしべの先にある［　　］の中には［　　］が入っています。	❽やく，花粉　p.70
□ ❾	花のめしべのもとがふくらんで［　　］ができます。そのためには，めしべの先におしべの［　　］がつく必要があります。	❾実，花粉　p.71
□ ❿	多くの植物の実は，受粉することでめしべのもとの［　　］がふくらんでできます。	❿子ぼう　p.71
□ ⓫	花にくる虫は，花の［　　］を吸いにきます。このとき虫の［　　］についた花粉がめしべの先についたり，ほかの花のめしべに運ばれます。虫により受粉が行われる花を［　　］といいます。	⓫みつ，からだ，虫ばい花　p.76
□ ⓬	トウモロコシやマツの花粉は［　　］で運ばれます。このようにして受粉が行われる花を［　　］といいます。	⓬風，風ばい花　p.76

チャレンジ！ 思考力問題

レベル3
レベル2
レベル1

●ナスの花は下向きにさきます。おしべの先たんには穴(あな)が開いていて，風やこん虫によって花がゆれると，ここから花粉(かふん)が落ちて受粉(じゅふん)します。これについて，次の問いに答えなさい。

【三輪田学園中-改】

⑴ ナスの花を観察したところ，**図1**の**ア**，**イ**のつくりのものが見られました。**ア**と**イ**の花では，どちらが受粉しやすいですか。記号で答えなさい。

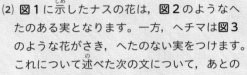

図1

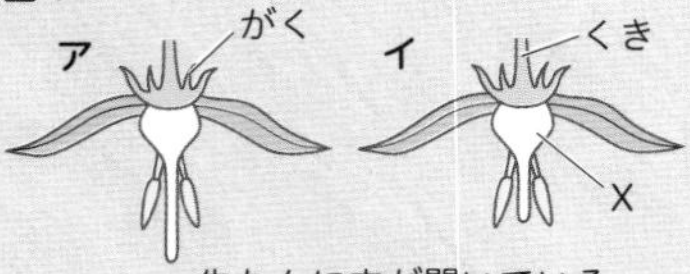

先たんに穴が開いている。

⑵ **図1**に示(しめ)したナスの花は，**図2**のようなへたのある実となります。一方，ヘチマは**図3**のような花がさき，へたのない実をつけます。これについて述(の)べた次の文について，あとの①，②の問いに答えなさい。

図2

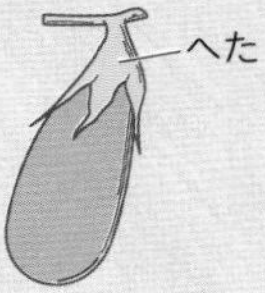

図3

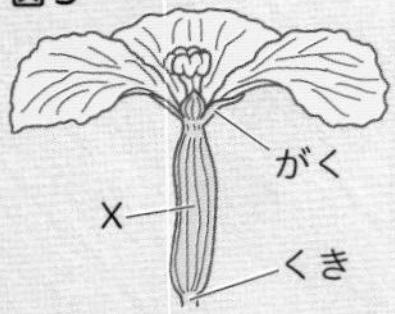

図1や**図3**の**X**は［**a**］とよばれ，実になる部分である。へたは［**b**］が変化したもので，［**c**］のような位置関係のとき，へたのついた実ができる。

① 文中の［**a**］と［**b**］に適(てき)することばを答えなさい。

② ［**c**］にあてはまるものを次の**ア**～**ウ**から１つ選び，記号で答えなさい。

ア　[b]―くき―X　　**イ**　くき―X―[b]　　**ウ**　くき―[b]―X

⑶ ⑵より，へたのついた実ができる花はどれですか。次の**ア**～**ウ**から１つ選び，記号で答えなさい。

ア

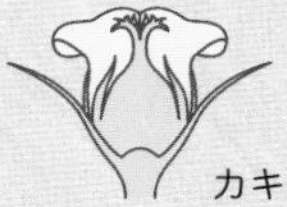
カキ

イ

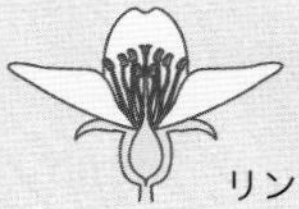
リンゴ

ウ

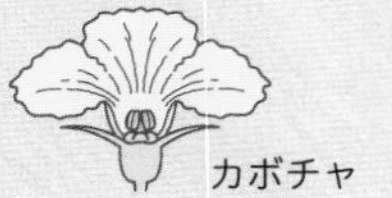
カボチャ

キーポイント

- めしべの先に花粉がつき，受粉をすると実ができる。
- Xはめしべの根もとのふくらんでいる部分である。

正答への道

⑴ 花粉は下に落ちるため，めしべの先がやくの位置より長いものを選ぶ。

⑶ カキはがくの上に子(し)ぼうがあるが，リンゴ，カボチャではがくの下に子ぼうがある。

答え

⑴ ア　⑵ ① a―子ぼう　b―がく　② ウ　⑶ ア

チャレンジ！ 作図・記述問題

レベル3 レベル2 レベル1

●ダイズの種子を使った発芽の実験を，次の①～④の手順で行いました。これについて，あとの問いに答えなさい。 【甲南中-改】

① ダイズの種子10個ずつを1組として重さをはかり，組ごとの重さが等しくなるように注意して5組準備した。

② 5組のペトリ皿にそれぞれ水をふくんだだっし綿を入れ，その上に準備した種子をのせ，25℃の明るい場所に置いた。

③ その後，5日ごとに1組ずつペトリ皿の中のダイズをとり出し，じゅうぶんにかんそうさせた後，10個全体の重さをはかった。なお，実験期間中は各ペトリ皿の水分が等しくなるように注意した。

④ 実験開始後，25日間の測定した値を図1のグラフに示した。

図1

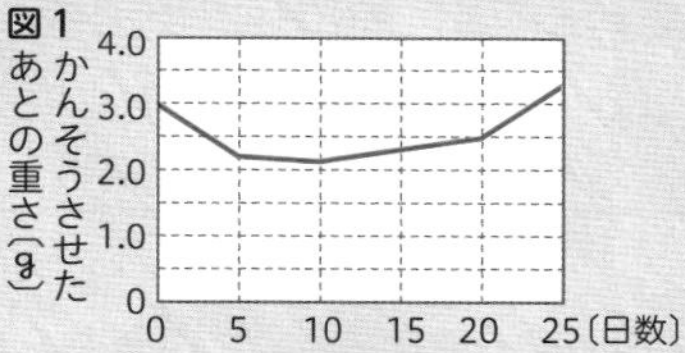

図2

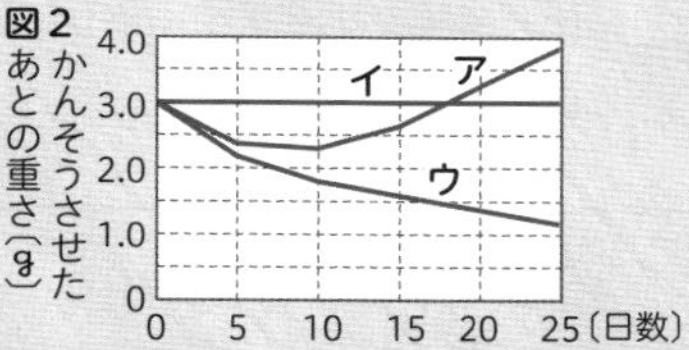

(1) 図1のグラフで，10日以後に重さが増える理由をくわしく説明しなさい。

(2) 上の実験を次の条件で行った場合，測定値のグラフは図2の中のア～ウのどれになりますか。記号を書き，そのように判断した理由を20字以内で答えなさい。

条件1 25℃の暗やみで行った場合。 **条件2** 3℃の冷蔵庫内で行った場合。

条件3 30℃の明るい場所で行った場合。

キーポイント

種子が発芽する条件は，水分・空気があること，周囲が適度な温度であることである。発芽した後の成長には日光が必要である。

正答への道

種子の中の養分は，呼吸などにより減るが，発芽して自分で栄養分をつくることができるようになると，増えてくる。

解答例

(1) **発芽後，少しずつ葉が出てきて光合成をし，でんぷんをつくり，成長するから。**

(2) **条件1—ウ 発芽後，光合成ができないので重さは減る。**

条件2—イ 発芽をしないので，重さは変わらない。

条件3－ア 発芽後，光合成をするので重さが増える。

ここからスタート！

第1編

生き物

第4章 植物のつくりとはたらき

植物は栄養分をつくれるの？

植物が大きく育つために必要なものは，水，日光，肥料でした。この「日光」が必要なのは，なぜでしょう。実は，植物は根からとり入れる肥料分のほかに，日光の助けをかりて栄養分をつくり出しています。

学習することがら

1. でんぷんのでき方
2. 根のつくりとはたらき
3. くきのつくりとはたらき
4. 葉のつくりとはたらき
5. 植物のなかま分け

※この章では，植物の根からとり入れるものを養分，葉でつくられるものを栄養分とよんでいます。

1 でんぷんのでき方

発展 6年 5年 4年 3年

1 光合成とでんぷん 入試重要度★★★

●**光合成**……植物は太陽の光を使って，空気中や水中の二酸化炭素と，根からとり入れた水をもとにして，でんぷんと酸素をつくり出す。植物のこのはたらきを光合成という。

実験・観察

光合成

ねらい でんぷんのでき方を調べる。

方 法 ①アサガオの葉の一部を，夕方アルミニウムはくではさむ。

②次の晴れた日，アルミニウムはくではさんだ葉を 2 ～ 3 時間日光にあてる。

③②の後，アルミニウムはくではさんだ葉をとってきて，アルミニウムはくをはずし，葉がやわらかくなるまで熱湯につける。

④葉を 60～70 ℃ の湯につけたあたたかいアルコール（エタノール）に入れ，葉の緑色の色素（葉緑素）をとり除き，ヨウ素でんぷん反応がよくわかるようにする。

⑤うす黄色になり，かたくなった葉を水洗いしてやわらかくしたあと，うすいヨウ素液にひたす。

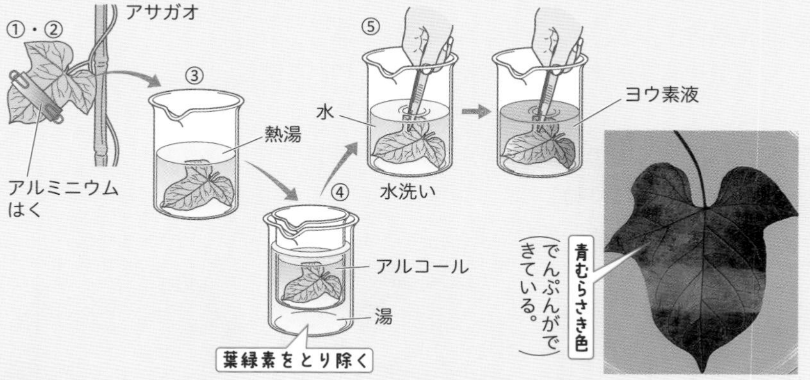

結 果 アルミニウムはくではさんでいた部分は変わらないが，ほかの部分は青むらさき色に変化した。

わかること 葉の緑色の部分で日光のエネルギーを使い，でんぷんがつくられる。

雑学ハカセ でんぷんをおもな原料とした食品はたくさんあります。かたくり粉やはるさめ，タピオカなどはおもにでんぷんからできています。また，ちくわやかまぼこなどのねりものにも，でんぷんが加えられています。

●光合成のしくみ

光合成

水 ＋ 二酸化炭素 $\xrightarrow{\text{日光}}$ でんぷん ＋ 酸素

❶ 光合成ででんぷんをつくるはたらきは，葉の緑色の部分（**葉緑体**）で行われる。
↳葉緑素がふくまれている

❷ **でんぷん**は，根からとり入れた**水**と，葉の気こうからとり入れた**二酸化炭素**をもとにしてつくられる。
↳ふつう葉の裏に多い

❸ 水と二酸化炭素ででんぷんがつくられるが，そのときエネルギーとして日光を必要とする。日光があたらないと光合成は行われない。

❹ 光合成でつくられたでんぷんは，水にとけやすい**糖**に変えられて，師管を通ってからだ中に運ばれて，生きていくためや成長のために使われる。また，余分なものは，種子や地下のくきや根に**いも**としてたくわえられる。

❺ 光合成をするときに発生した**酸素**は，気こうから空気中に出され，生き物が呼吸するのに使われる。

❻ 光合成でつくられたでんぷんは，夜の間に葉からほかの部分に移動していく。

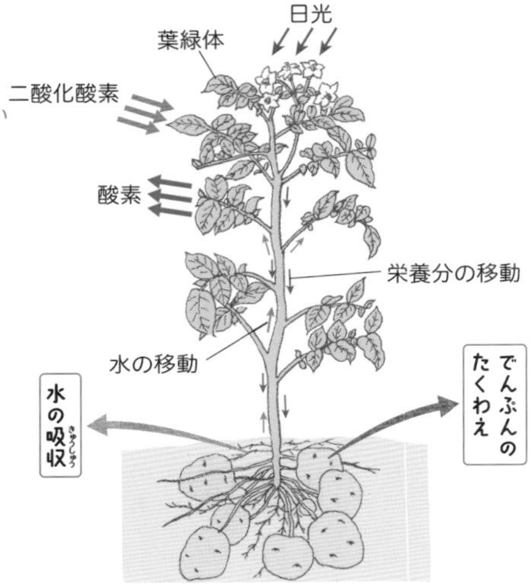

▲ 光合成のしくみ

ズームアップ 師 管 ➡p.89

ジャガイモ　エンドウマメ　サツマイモ

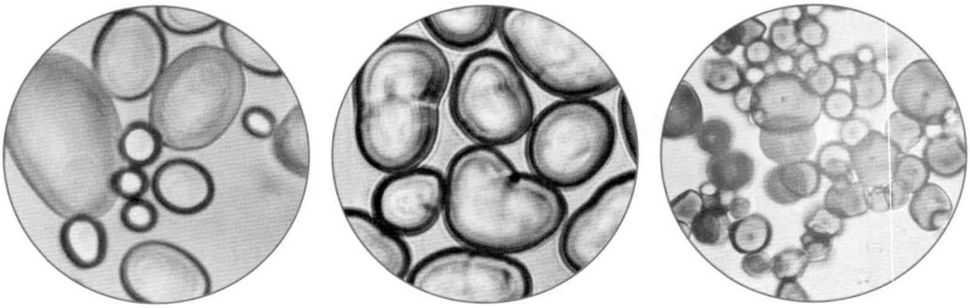
▲ いろいろな植物のでんぷんのつぶ

パワーアップ でんぷんがあるかどうかを確かめるヨウ素液は，ヨウ素という物質をヨウ化カリウム水よう液にとかしたものです。光にあたると性質が変化してしまうので，こい茶色のびんに入れて保存します。

中学入試にフォーカス 光合成が行われる場所

❶光合成が行われる場所

光合成は，葉の緑色の部分（葉緑体）で行われる。これは，ふ入りの葉（葉緑体がない白色の部分がある葉）を使った実験で確かめることができる。

●ふ入りの葉を使った，光合成が行われる条件を調べる実験

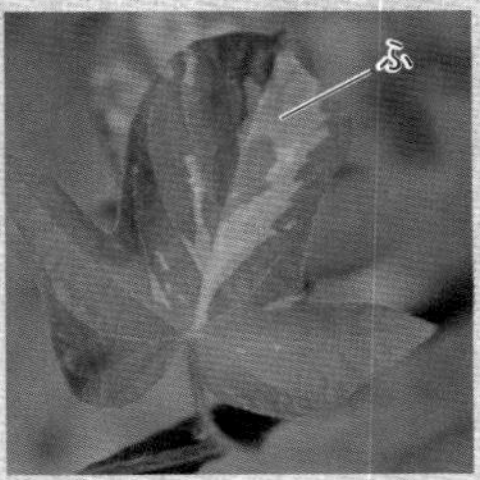
ふ

①右のような，ふが入った葉（アサガオなど）をもつ植物を一日中，日光にあてないようにする。

②次の日の朝，植物を日光によくあてる。

③ふが入った葉をとり，熱湯につける。

▶熱湯につけるのは，葉をやわらかくするためである。

④葉をあたためたエタノールに入れて，水につける。エタノールは，湯につけてあたためる。（エタノールには火がつきやすいため。）

▶エタノールにつけるのは，葉の緑色の色素（葉緑素）をとり除くことで，ヨウ素液による反応をわかりやすくするためである。

⑤葉をヨウ素液につけて，反応を調べる。

葉を熱湯につけて，やわらかくする。
熱湯
日光をじゅうぶんにあてる。
エタノールの中であたため葉の緑色をとり除く。
エタノール
湯
水洗いをして葉をやわらかくする。
ヨウ素液を加えるとでんぷんが青むらさき色に染まる反応
ヨウ素でんぷん反応
うすいヨウ素液
ふの部分は変化しない。

結　果

▶葉の緑色の部分は，青むらさき色に変化した。

▶ふの部分は，色が変わらなかった。

●実験結果からわかること

光合成は，葉緑体で行われている。葉緑体がないふの部分では，光合成は行われていない。

❷実験のポイント

今回の実験では，葉緑体で光合成が行われることを確かめるために，葉緑体がある部分と，ない部分（ふの部分）を比べた。このとき，比べる点以外はまったく同じ条件にして実験を行わなければならない。こうすることで，結果にちがいが出た場合は，今回比べた点が原因であるとはっきりわかる。

入試では　上の実験で，お湯やエタノールにつける理由など，実験の細かい手順をなぜ行うのかといった理由やヨウ素液の色が変化した部分を図示するような問題が出題されています。

2 根のつくりとはたらき

発展 6年 5年 4年 3年

1 根のつくり★★★

植物の根は，種類によってその形にちがいが見られ，下の2種類に分けることができる。

●**主根と側根**(しゅこん そっこん)……タンポポ，ナズナ，ヒメジョオンなど，発芽のときの子葉(しよう)が2枚(まい)の植物は，ふつう**主根**と，主根から枝(えだ)分かれした**側根**からできている根をもつ。

●**ひげ根**(ね)……イネ，エノコログサ，カモジグサなど，発芽のときの子葉が1枚の植物や，ワラビなどのシダのなかまの植物は，くきのつけ根の所から，ほとんど同じ太さの根が何本もひげのように出ている**ひげ根**をもつ。

└→シダ植物

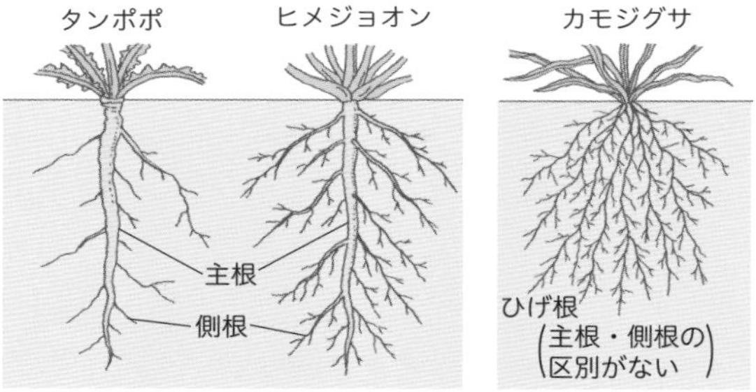

▲ 根のつくり

参考 子葉の数
子葉が2枚の植物を双子葉類(そうしようるい)，1枚の植物を単子葉類(たんしようるい)という。

●**根　毛**(こんもう)……根から白い毛のようなものがたくさん出ているのが**根毛**である。根毛は，新しい根の先たん付近にある。根がのびるにつれて，根毛の古いものはなくなり，新しいものができてくる。根毛は土のつぶの間に広く，深く入りこむはたらきをもつ。

▲ ダイコンの根毛

参考 根毛の観察
ハツカダイコンやカイワレダイコンの種子を，水をふくませただっし綿(めん)やティッシュペーパーなどにまくと，発芽して左の写真のような根毛を観察することができる。

雑学ハカセ
植物の根は，ふつう土の中で広いはん囲(い)にのびています。トウモロコシの根は，直径2mもの広いはん囲にのび，深さも2mにもなります。また，ムギの根は地下2mの深さまでのび，細い根を合わせて1本のムギに約1800万本の根がついているといわれています。

2 根のはたらき★★★

●土の中の水や，水にとけている養分をとり入れる

水をとり入れたり，水にとけている養分をとり入れるはたらきは，細かい土の中にまで入りこんでいる根毛によって行われる。**根毛**があることで，根の表面積が大きくなり，水や養分を吸収しやすくしている。

根毛が吸いとった水は，**道管**を通ってくきへいき，くきからさらに葉のすみずみまでいきわたる。根毛からとり入れられた水や，水の中にとけている養分は，成長のために役立てられる。

ズームアップ 道管 ➡p.89

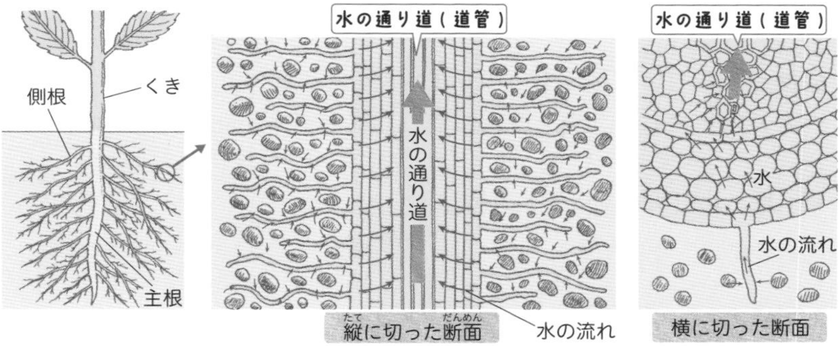

▲ 根毛からとり入れる水の流れ

●からだ（地上の部分）を支える

……地上の幹や枝が大きくなるにつれて，根も太く長くなり，地上部分を支えている。

●呼吸をする

❶ 根毛では生きていくのに必要な呼吸を行っている。
❷ 地表に近い所は空気が入りやすいので，根は地表近くで横に広がる。
❸ はち植えの植物の根は，呼吸を助けるために，はちのまわりのほうへ広がる。

▲ 根の広がり

●栄養分をたくわえる

……葉でできた**でんぷん**は水にとけやすい**糖**に変わり，**師管**を通って根，くき，果実，種子などに運ばれて，成長のために使われる。

ズームアップ 師管 ➡p.89

パワーアップ 植物の根や地下けいに栄養分がたくわえられ，大きくふくらんでいる部分のことをいもといいます。でんぷんを多くふくみ栄養分が豊富なので，世界中でいろいろないもが食べられています。

使われた残りの栄養分はたくわえられる。例えば，サツマイモ・ヤマノイモなどはでんぷんに，ダイコン・ゴボウなどは別の糖(とう)に変わってたくわえられる。

特別に太っている根はみな栄養分をたくわえている。これらは，小さいときはふつうの根と変わらないが，大きくなるにつれて太ってくる。

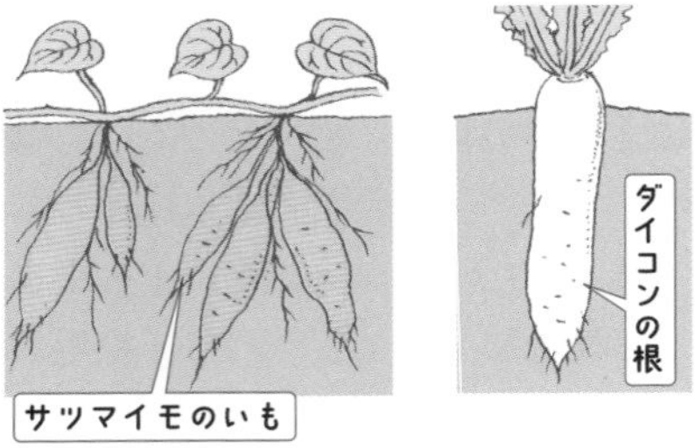

▲ 根にたくわえられた栄養分

3 根の構造★★

根は，次のような部分をもっている。

❶ **根かん(こん)**…根のいちばん先の部分で，成長点(せいちょうてん)をまもっている。

❷ **成長点**…新しい細(さい)ぼうをつくり出す部分で，根かんの内側にある。根をのばしていく部分である。

❸ **根毛(こんもう)**…根の表皮(ひょうひ)細ぼうからのび出したもので，1つの細ぼうからできている。

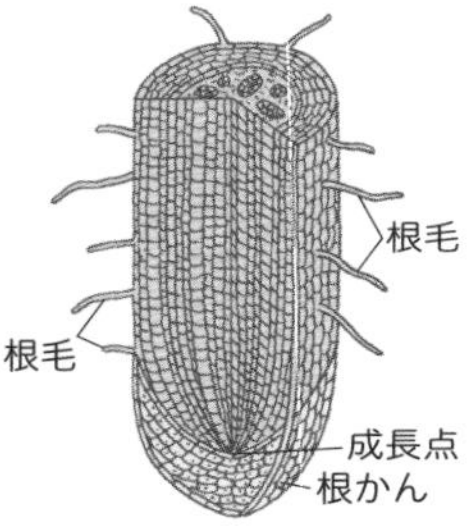

▲ 根の先の断面(だんめん)

4 特別なはたらきをもつ根★

●**気根(きこん)**……空中にのび出した根で，しっ気(け)を吸収(きゅうしゅう)したり，植物体を支(ささ)えたり，地中に入って水分や養分を吸収したりする。ガジュマル，タコノキなどがある。

●**付着根(ふちゃくこん)**……つる性(せい)の植物には，くきからたくさんの根を出し，木やがけなどによじのぼるものが多い。イワガラミ，ツルマサキ，キヅタなどがある。

●**寄生根(きせいこん)**……ほかの植物のからだについて養分や栄養分を吸(す)いとる。ヤドリギ，ネナシカズラ，マメダオシなどがある。

●**呼吸根(こきゅうこん)**……水辺や水中の植物に見られる。特別な根を水面までのばして空気中の酸素(さんそ)を吸う。ミズキンバイ，チョウジタデなどがある。

▲ 気根（ガジュマル）

▲ 寄生根（ヤドリギ）

雑学ハカセ
タコノキという植物は，その名のとおりタコに似(に)ていることから名づけられました。幹(みき)の下のほうから気根が生えているようすが，まるでタコのように見える木です。

3 くきのつくりとはたらき

1 くきのつくり★★★

●**子葉が2枚出る植物（双子葉類）のくき**……いちばん外側に**表皮**があり，内側には下の図のように**師管**，**道管**，**形成層**がある。これらが輪状にならんでいる。

参考 師管と道管
植物のくきでは，表皮に近いほうに師管，中心に近いほうに道管がならんでいる。

師　管	葉でつくられた栄養分の通り道。
道　管	根から吸い上げた水や水にとけた養分の通り道。
形成層	くきが成長するための新しい細ぼうをつくり出す。

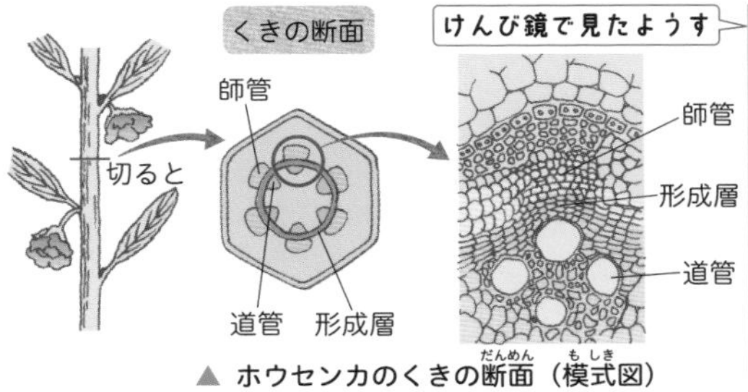

▲ ホウセンカのくきの断面（模式図）

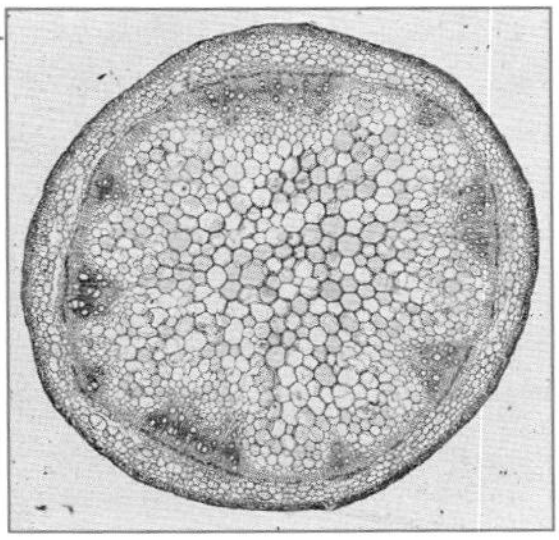

●**子葉が2枚出る植物（双子葉類）のくきの特ちょう**
▶形成層がある。形成層があることによって大きく，太くなることができる。
▶形成層の外側に師部（師管），内側に木部（道管）がある。

●**子葉が1枚出る植物（単子葉類）のくき**……双子葉類と同じように師管，道管があるが，形成層はない。

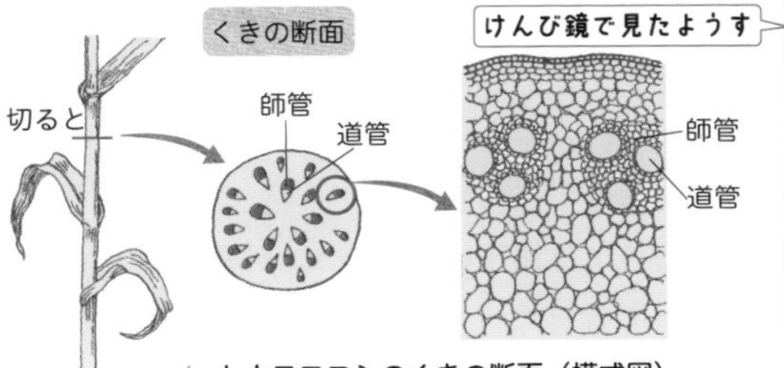

▲ トウモロコシのくきの断面（模式図）

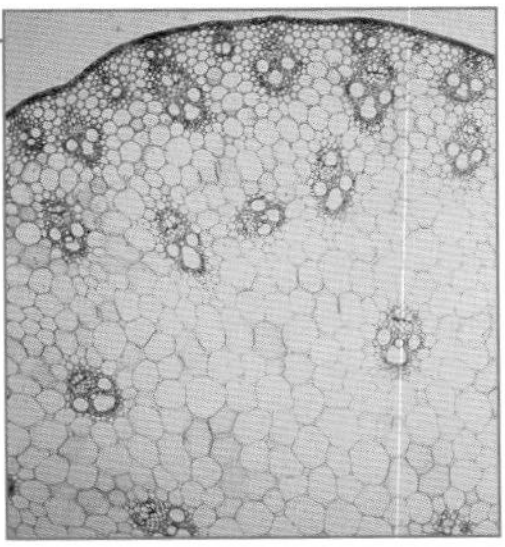

パワーアップ
形成層では，細ぼう分れつという，細ぼうが増えるはたらきがさかんです。このはたらきのため，くきは太くなっていきます。

●**子葉が1枚出る植物（単子葉類）のくきの特ちょう**

▶形成層がない。そのため，長くはなるが，あまり太くはならない。

▶師管・道管が1組ずつくき全体に散らばっている。

参考 単子葉類の植物
トウモロコシ，イネ，チューリップ，ユリ，アヤメなどがある。

2 くきのはたらき★★★

●**水や水にとけた養分の通り道（道管）**

実験・観察

道管のはたらき

ねらい 根から吸い上げた水や水にとけた養分の通り道を調べる。

方　法 ①ホウセンカを根ごとていねいにほりとって，根についた土を水で洗う。次に，赤インク（食紅）をとかした水にさして，くきや葉の色の変わり方を見る。

②くきや葉が赤く染まったら，くきや葉を縦や横に切り，中のようすを観察する。

注　意！ 赤インクの色水に長くさしすぎると，全体が赤く染まってしまい観察しにくくなるので，実験を開始した次の日に観察するぐらいがよい。

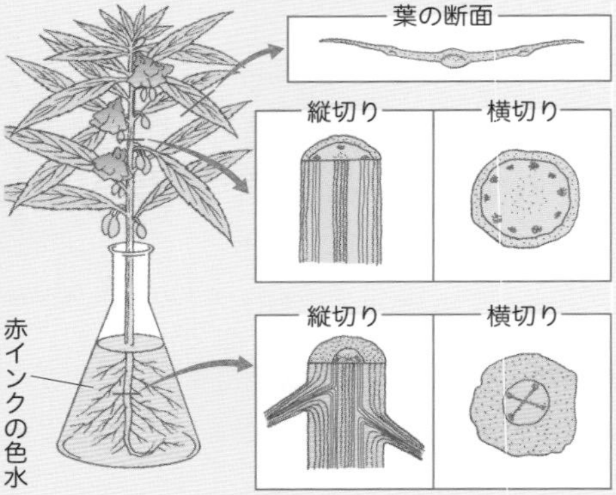

結　果 ・くきや根を縦に切った切り口に，縦にいくつかの赤いすじが見られる。横に切った切り口には，赤く染まった部分が輪のようにならんで見える。

・葉の断面にも赤く染まった部分がある。

わかること 根から吸い上げられた水や水にとけた養分は，くきの中の道管を通って，植物のからだ全体に運ばれる。

●**葉でつくられた栄養分の通り道（師管）**……くきの中にあるもう1つの管（師管）は，葉で**光合成**によってつくられた**糖**（または**でんぷん**）を植物のからだ全体に運ぶ通路となっている。師管はくきの外側にあるため，右の図のように皮の一部（形成層の外

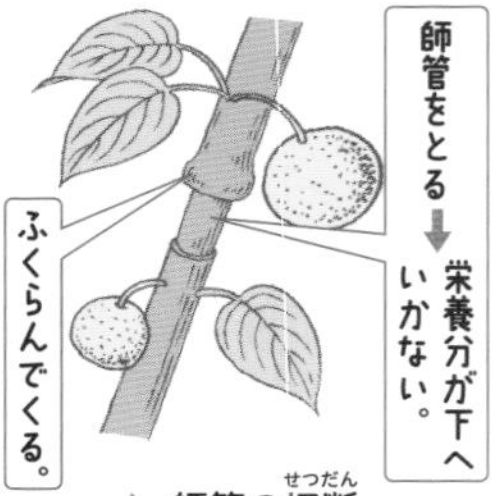

師管をとる
栄養分が下へいかない。
ふくらんでくる。

▲ 師管の切断

雑学ハカセ 上の実験のように，好きな色のインクをとかした水に，白いバラやカーネーションなどの花をさしておくと，インクで花びらを染めることができます。

側の部分）をはぎ，師管をとると，栄養分がそこから下にいきわたらず，師管をとった上の部分にたまってしまうので，師管をとった下の部分の実やくきが太らなくなる。

●**栄養分をたくわえる**……ジャガイモは，地下のくきにいもとして栄養分をたくわえている。このようなくきを**地下けい**とよぶ。

●**花や葉を支える**……どの葉も日光がよくあたるように支えている（地上のくきは日光がくるほうへのびる）。下の枝ほど長く横にのびている。

●**その他のはたらき**

❶ 呼吸をする。

❷ くきの緑色の部分で光合成を行う。（↳葉緑体）

❸ なかまをふやすはたらきをする。（株分け，つぎ木，さし木）

参考 栄養分をたくわえるくき
ジャガイモのほかに栄養分をたくわえるくきには，タケ，ハス，サトイモ，クワイなどがある。

ズームアップ 株分け，つぎ木，さし木 ➡p.77

くわしい学習　いろいろな地下けい

地下けいはその形から，根けい，球けい，かいけい，りんけいに分けられる。

●**根けい**……地下を根のように長く横にはっているくき。ハス，タケなどがある。

●**球けい**……くきのもとの部分が栄養分をたくわえて大きくなったもの。サトイモ，クワイ，グラジオラスなどがある。

●**かいけい**……根けいの一部が大きくなったもの。ジャガイモ，キクイモなどがある。

●**りんけい**……うろこ状の葉をつけたくき。タマネギ，ユリ，ノビル，ヤマラッキョウ，ヒガンバナなどがある。

▲ 地下のくきにたくわえられた栄養分

パワーアップ
サツマイモのいもは根ですが，ジャガイモのいもはくき（地下けい）です。サツマイモには根（側根）が生えていますが，ジャガイモには根が生えていないのがそのしょうこです。

4 葉のつくりとはたらき

発展 6年 5年 4年 3年

1 葉のつくり★★

●葉の形

❶ **葉のえ（葉へい）**…水分や養分，栄養分の通り道であり，葉身を支えている。

❷ **たく葉**…わき芽のとき，芽をまもっていたもので，葉が開くと落ちてしまうものと，残るもの（残って葉身と同じはたらきをする）がある。

❸ **葉　脈**…葉のすじで，水分や養分，栄養分の通り道になったり，葉をじょうぶにしたりしている。

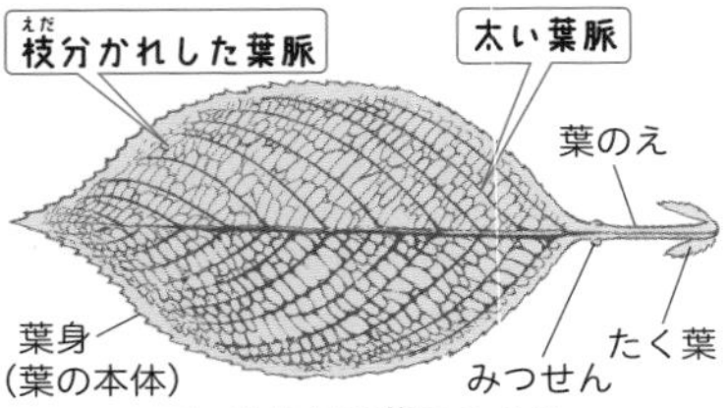

▲ サクラの葉のつくり

●いろいろな葉

❶ **単　葉**…サクラ・アブラナなどのように，1枚の葉身からできているものを**単葉**という。

❷ **複　葉**…エンドウ・ニセアカシア・トチノキなどのように，1枚の葉身が何枚かの小さな葉の集まりになっているものを**複葉**という。

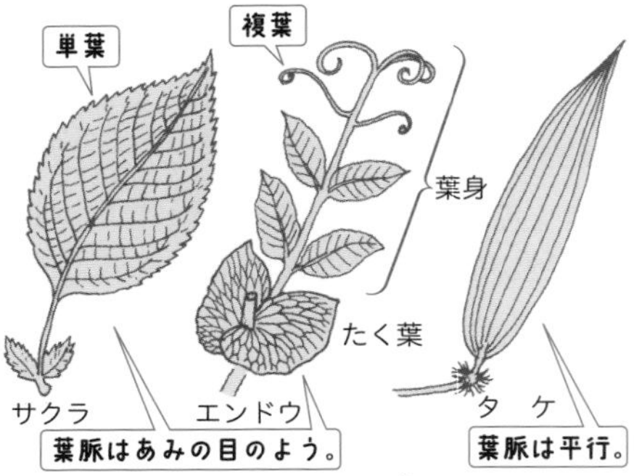

▲ いろいろな葉

●葉のつくり

葉のつくり……植物の葉は，ふつう裏側の外側を**気こう**という小さい穴のある表皮で包まれ，内部には，**葉緑体**や**葉脈**（葉のすじ）などがある。

ズームアップ 葉緑体 ➡p.84

❶ **表　皮**…葉の表と裏をおおっているうすい皮をいう。表皮はたくさんの小さな区切り（**細ぼう**）からできており，1列に板のようにならんでいる。ところどころに**気こう**がある。

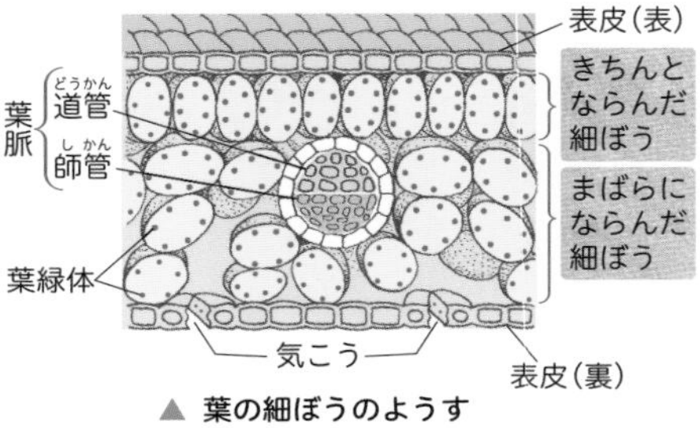

▲ 葉の細ぼうのようす

雑学ハカセ　交通量が多い道路の近くなどの植物には，気こうによごれがつまっていることがあります。気こうをけんび鏡で観察することで，空気のよごれぐあいを調べることができます。

❷ **気こう**…ツユクサなどの葉の裏側のうすい皮をけんび鏡で見ると，たくさんの小さい区切りからできていることがわかる。ところどころに，三日月形の区切りが2つ向き合っている。この小さい区切りや，三日月形の区切りが**細ぼう**（三日月形の細ぼうを**こう辺細ぼう**という）である。こう辺細ぼうにかこまれたすきまが**気こう**であり，ここで**蒸散**や**呼吸**が行われる。気こうは，ふつう葉の表より**裏に多く**見られる。

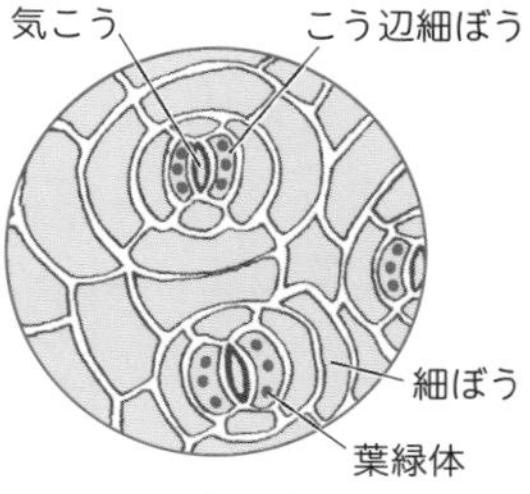

▲ 気こう

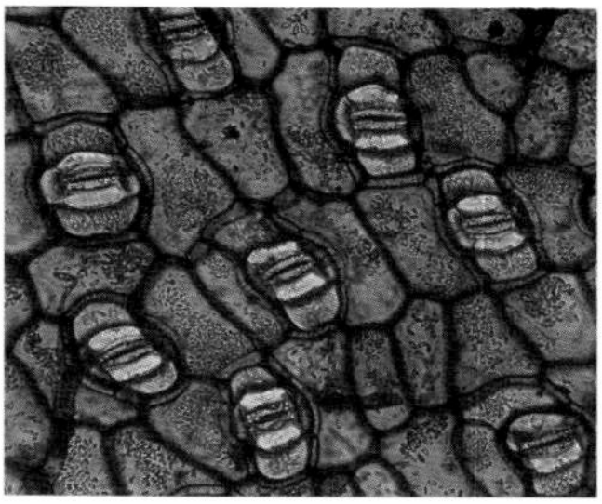

❸ **葉緑体**…緑色をした葉を縦に切って，その切り口をけんび鏡で見ると，細ぼうの中にたくさんの緑色のつぶが見られる。この緑色のつぶが**葉緑体**で，中に葉緑素（↳クロロフィルともいう）がふくまれている。葉の表が裏よりこい緑色をしているのは，葉緑体が多くあるからである。この葉緑体で光合成が行われ，成長のための栄養分がつくられている。

❹ **葉　脈**…根からとり入れた水や水にとけた養分の通る**道管**や，葉でつくられた栄養分の通る**師管**がある。

参考　こう辺細ぼうと葉緑体
表皮の細ぼうには葉緑体がふくまれていないが，こう辺細ぼうには葉緑体がふくまれている。

2 葉のはたらき ★★★

●**蒸　散**……植物の葉の気こうから水が水蒸気となって出ていくことを蒸散という。

▶**蒸散の確かめ**…葉のついたホウセンカのくきを，右の図のように色水の入った容器にさし，ふくろでおおっておくと，ふくろの内側に水てきがつき，

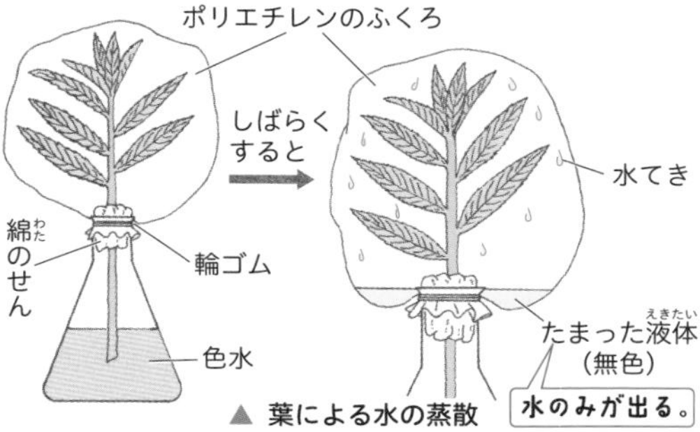

▲ 葉による水の蒸散

雑学ハカセ　食虫植物とは，虫をつかまえて養分とすることができる植物です。そのなかまのハエトリグサは，虫がわなの部分に来るとつかまえるように動きます。これは，細ぼうの中の水分を移動させることによって動くことができるからです。

ふくろの底に液体(えきたい)がたまる。

この液体は無色であり，液体を蒸発皿(じょうはつざら)にとり，熱して蒸発させてもあとに何も残らない。このことから，蒸散(じょうさん)では水が水蒸気(すいじょうき)として出ていっていることがわかる。

実験・観察

蒸散の確かめ

ねらい 葉から水が出ることを調べる。

方　法 ①葉をつけたままのホウセンカと，葉を全部とり除(のぞ)いたホウセンカを試験管にさしたものを用意する。

②試験管の口には油ねんどできっちりとせんをし，水面からの水の蒸発を防(ふせ)ぐ。また，油ねんどのかわりに，水面に食用油をたらして水の蒸発を防いでもよい。

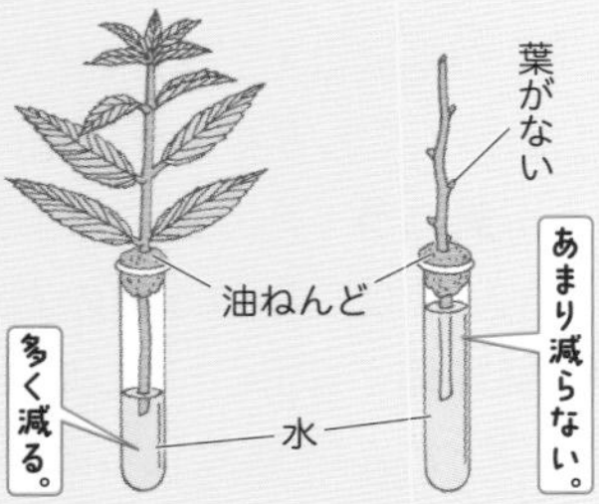

注　意！ ほぼ同じ大きさのホウセンカを用意する。

結　果 葉をつけたままのほうの試験管の水が多く減っており，葉がないほうは少ししか減っていない。

わかること 水は，おもに葉（気こう）から外へ出されている。

● **蒸散と気こうのはたらき**……水にふれると青から赤に変色する性質(せいしつ)のある**塩化コバルト紙**を，右の図のように葉の表と裏(うら)にはる。すると，裏にはったもののほうがはやく変化が見られる。このことは，水蒸気の出口である気こうが葉の裏に多いこと，そのため葉の裏側で蒸散がさかんであることを示(しめ)している。

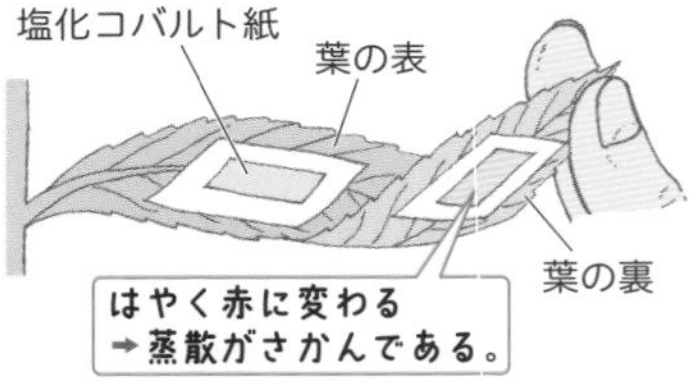

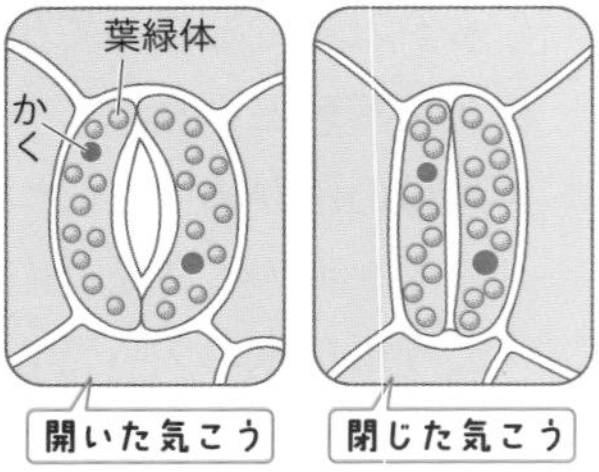

▲ 気こうの開閉(かいへい)

▶蒸散は，葉に上がってきた水が多くなると気こうが開き，余分(よぶん)な水が水蒸気となって出され，草木の中の水分を一定に保(たも)つはたらきである。

▶蒸散により，気こう付近の組織(そしき)から熱をうばい，植物体の温度が高くならないように調節する。（気化熱を利用している）

雑学ハカセ 塩化コバルト紙とは，塩化コバルト水よう液をろ紙にしみこませてかわかしたものです。塩化コバルト自体に，かんそうしているときは青色に，水分をふくむと赤色になる性質があります。

●**呼　吸**……葉の**気こう**では，蒸散とともに酸素をとり入れて，二酸化炭素を出す**呼吸**をしている。蒸散がおもとして日中に行われるのにたいし，呼吸は一日中行われている。呼吸は，くきや根でも行われている。

●**光合成（でんぷんをつくる）**……植物の葉やくきの緑色の部分で，エネルギーとして日光を使い，でんぷんをつくることを**光合成**という。

●**植物の各部のはたらき**……植物の各部のはたらきを図にすると，次のようになる。

参考 呼吸と光合成

呼吸は一日中行われるのにたいして，光合成は日中に行われる。

ズームアップ 光合成 ➡p.83

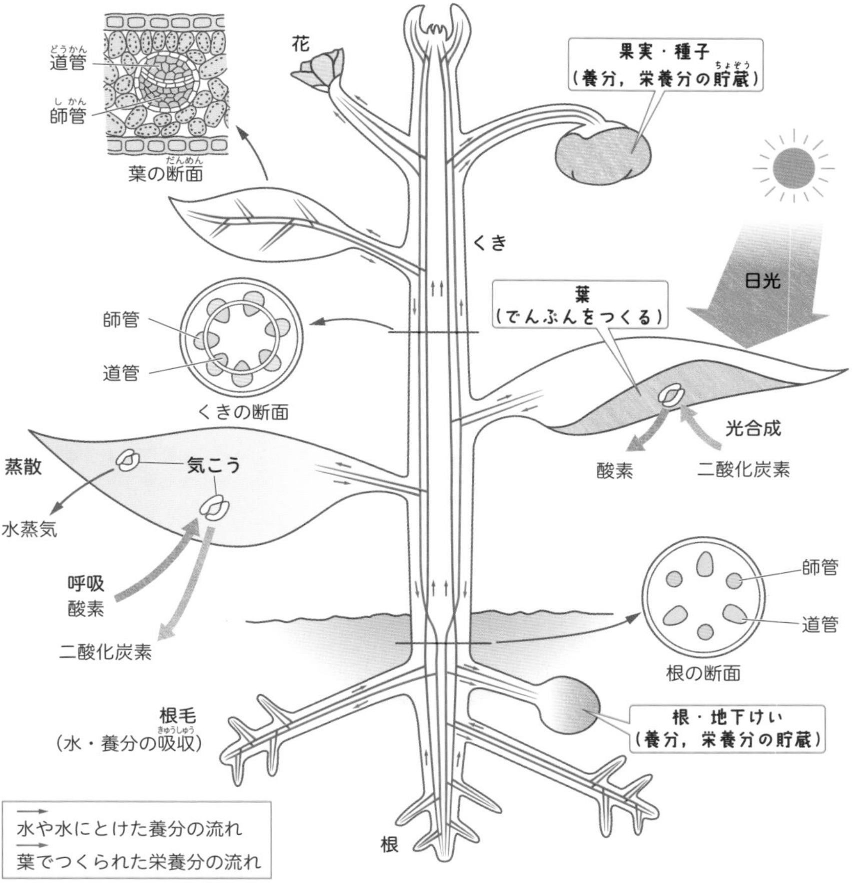

パワーアップ 植物の断面図を見ると，葉では表側に道管が，くきでは内側に道管が通っているのがよくわかります。また，師管と道管のならび方から，双子葉類と単子葉類の見分けができます。

5 植物のなかま分け

発展 6年 5年 4年 3年

1 種子植物★★★

●**種子植物**……種子をつくってなかまをふやす植物で，種子をつくるために，花がさく。種子植物は，被子植物と裸子植物に分けることができる。

❶ **被子植物**…やがて種子になる部分である，**はいしゅ**が**子ぼう**に包まれている植物。果実ができる植物は被子植物である。被子植物は，双子葉類と単子葉類に分けることができる。

❷ **裸子植物**…子ぼうがなく，はいしゅがむき出しになっている植物。マツやスギ，イチョウ，ソテツなどがある。

ズームアップ 双子葉類と単子葉類 ➡p.89

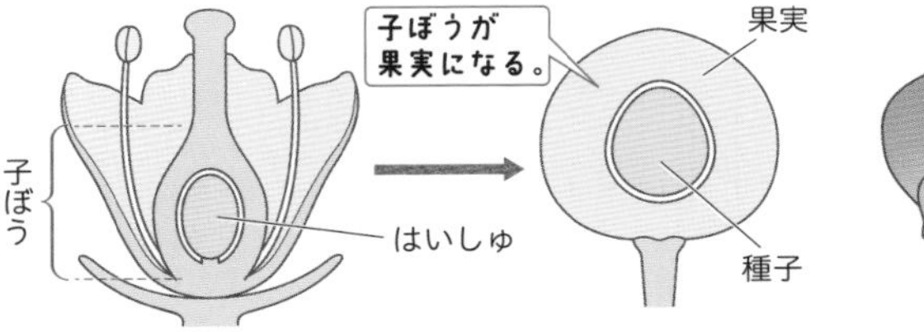

▲ 被子植物（サクラ）

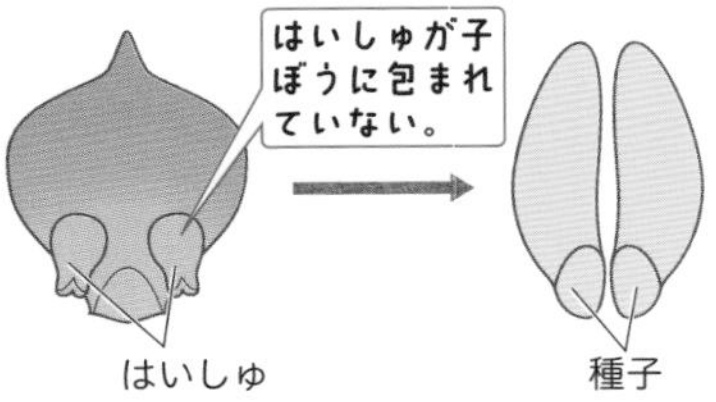

▲ 裸子植物（マツの1つのめ花）

●**被子植物の分類**

❶ **双子葉類**…被子植物のなかで，発芽のときの子葉が2枚の植物。次のような特ちょうがある。

▶**葉脈のようす**…あみ目のような網状脈。

▶**くきの断面のようす**…形成層をはさんで，師管と道管が輪状になっている。

▶**根のようす**…主根と側根からなっている。

❷ **単子葉類**…被子植物のなかで，発芽のときの子葉が1枚の植物。次のような特ちょうがある。

▶**葉脈のようす**…平行になっている平行脈。

▶**くきの断面のようす**…師管と道管が1組ずつ散らばっている。

▶**根のようす**…ひげ根からなっている。

ズームアップ
• 葉脈のようす ➡p.92
• くきの断面のようす ➡p.89
• 根のようす ➡p.86

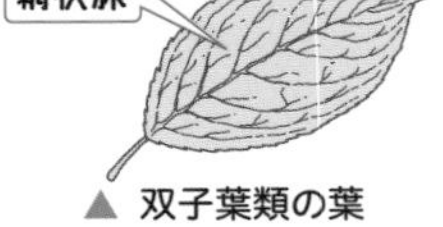

▲ 双子葉類の葉

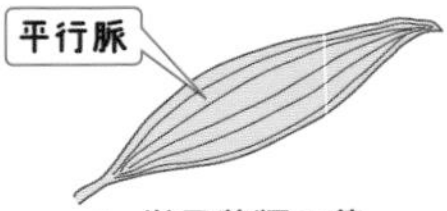

▲ 単子葉類の葉

雑学ハカセ

ぎんなんは，イチョウの種子です。イチョウは，お株とめ株に分かれている木なので，ぎんなんをつけるのはめ株だけです。

▲ 葉のようす

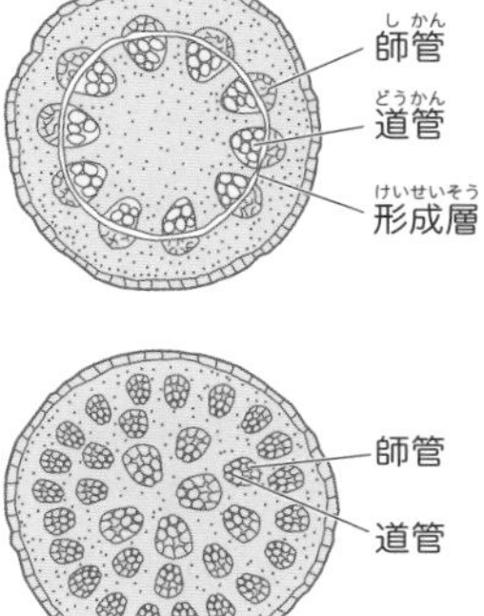

▲ くきのようす

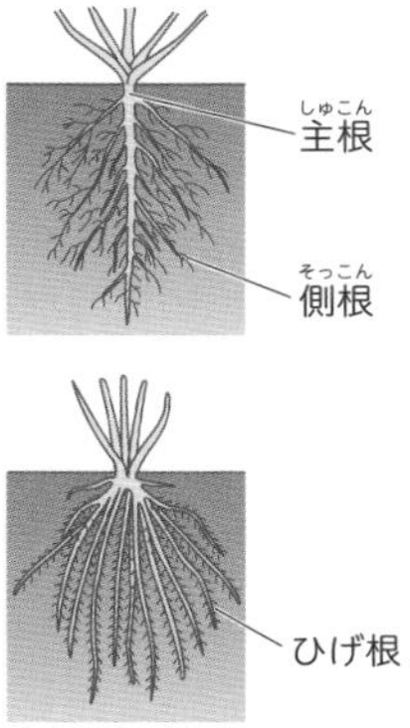

▲ 根のようす

●**双子葉類の分類**……双子葉類に分類される植物は，花びらがくっついている合弁花類と，花びらがはなれている離弁花類に分けることができる。

ズームアップ 双子葉類の分類 ➡p.99

❶ **合弁花類**…すべての花びらがくっついている。アサガオ，ツツジ，タンポポなど。

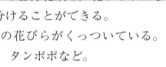

▲ アサガオ

▲ ツツジ

▲ タンポポ

▶**タンポポの花**…タンポポの花は，たくさんの小さな花が集まって1つの花のように見える。花の1つ1つに，めしべ，おしべ，子ぼう，はいしゅ，花びらがある。

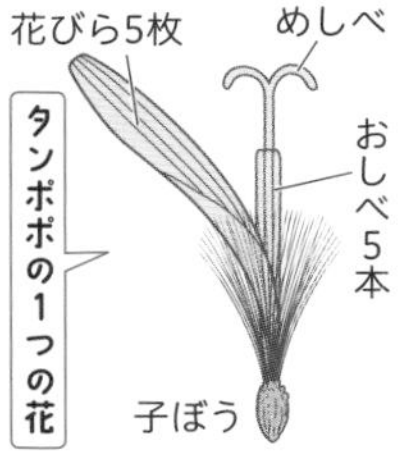

❷ **離弁花類**…すべての花びらが1枚ずつばらばらにはなれている。アブラナ，サクラ，モモなど。

▲ アブラナ

▲ サクラ

▲ モ　モ

パワーアップ

単子葉類は，合弁花類，離弁花類というなかま分けをしません。イネやトウモロコシのように花びらをもたない花や，チューリップのようにがくが花びらのような形をしていて，区別がつきにくい花などがあります。

2 種子をつくらない植物★★

種子ではなく，ほう子でなかまをふやす植物には，シダ植物，コケ植物がある。

●**シダ植物**……ほう子をつくってなかまをふやす植物で，日かげのしめった場所で育つものが多い。根・くき・葉の区別があり，**維管束**が発達している。スギナ，ワラビ，ゼンマイ，ウラジロなどがある。

▶**からだのつくり**…根・くき・葉の区別があり，維管束が発達している。葉には葉緑体があり，光合成を行う。

▶**ふえ方**…葉の裏などにほう子をつくり，ふえる。

ことば 維管束
道管と師管の集まりのこと。種子植物，シダ植物に見られる。

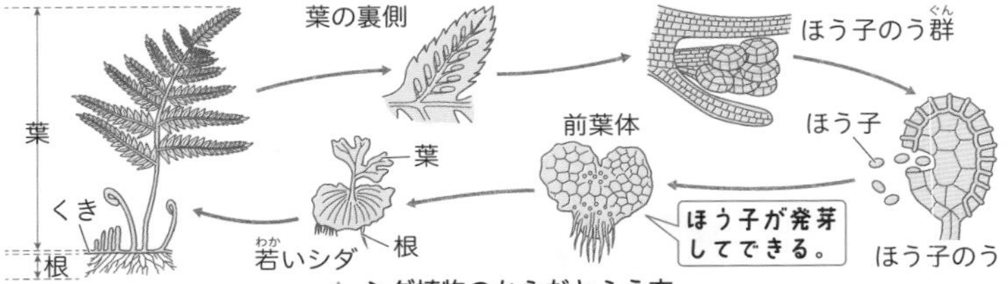

▲ シダ植物のからだとふえ方

●**コケ植物**……シダ植物と同じく，ほう子をつくってなかまをふやす植物で，日かげのしめった場所で育つものが多い。根・くき・葉の区別がはっきりしていない。スギゴケやゼニゴケなどがある。

▶**からだのつくり**…根・くき・葉の区別がはっきりしておらず，維管束はない。葉緑体があり，光合成を行っている。お株とめ株という区別があるものが多い。

▶**ふえ方**…め株についているほう子のうというふくろの中でほう子をつくり，ふえる。

参考 コケ植物の水のとり入れ
コケ植物には維管束がないため，種子植物のように根から水をとり入れ全身に運ぶしくみがない。そのため，からだの表面から水をとり入れている。

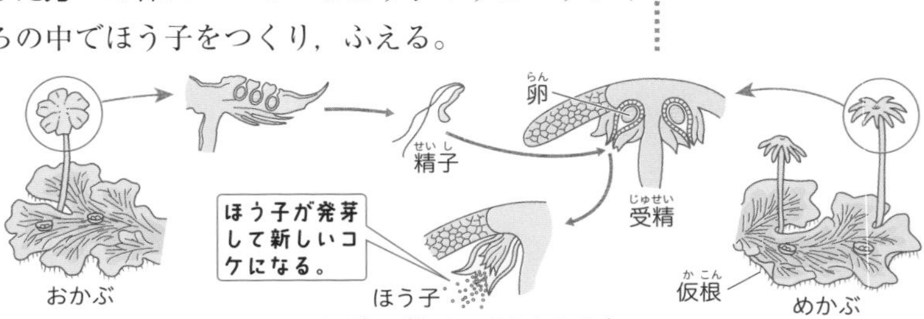

▲ ゼニゴケのつくりとふえ方

パワーアップ
ワカメやコンブなどの海そうは，光合成を行っていますが，ソウ類という植物とは異なるなかまです。からだには根・くき・葉の区別はありません。海そうのような大きなものだけでなく，けんび鏡でしか見えないような小さな生き物もふくまれます。

3 植物のなかま分け★★

▶植物のなかま分けをまとめると，次のようになる。

植　物

- 種子をつくってふえる → **種子植物**
  - はいしゅがむき出しになっている → **裸子植物**
  - はいしゅが子ぼうに包まれている → **被子植物**
- 種子をつくらずほう子でふえる → **種子をつくらない植物**
  - 根・くき・葉の区別がある → **シダ植物**
  - 根・くき・葉の区別がない → **コケ植物**

▲マ　ツ

▲アブラナ

▲スギナ

▲スギゴケ

被子植物

- 網状脈，主根と側根をもち，維管束が輪状にならぶ → **双子葉類**
- 平行脈，ひげ根をもち，維管束が散らばっている → **単子葉類**

▲エンドウ

▲ササユリ

双子葉類

- 花びらがくっついている → **合弁花類**
- 花びらが1つ1つばらばらである → **離弁花類**

▲アサガオ

▲サクラ

雑学ハカセ　キノコは，きん類という動物でも植物でもないものです。ほう子でなかまをふやしますが，植物ではありません。光合成はせず，ほかの生き物のからだや死がい，ふんなどから養分，栄養分を吸収しています。

入試のポイント

絶対暗記ベスト3

1位 光合成　葉緑体で，空気中の二酸化炭素と水からでんぷんをつくるはたらき。このとき，日光があたらないと光合成は行われない。

水 ＋ 二酸化炭素 $\xrightarrow{\text{日光}}$ でんぷん ＋ 酸素

2位 根　毛　根から出ているたくさんの細かい根。細かい土の中まで入りこむことができるほか，根毛があることで根の表面積が大きくなるため，効率よく水や養分をとり入れることができる。

3位 気こう　植物の葉にあるすきまのこと。こう辺細ぼうにかこまれており，葉の裏側に多い。ここで蒸散や呼吸が行われる。

1 双子葉類と単子葉類のちがい

	葉のようす	くきのようす	根のようす
双子葉類 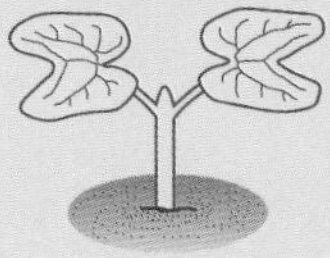	網状脈 	維管束が輪状にならぶ 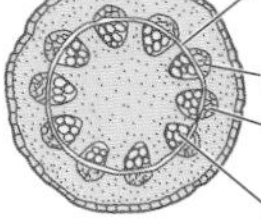	主根と側根 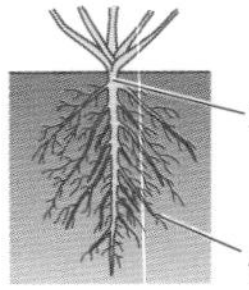
単子葉類 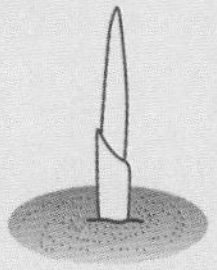	平行脈 	維管束が散らばっている 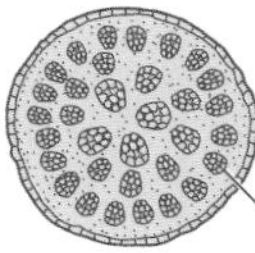	ひげ根 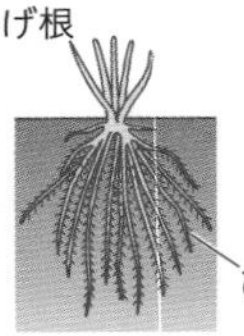

2 気こうのはたらき

蒸　散	気こうから水が水蒸気となって出ていくこと。
呼　吸	酸素をとり入れて，二酸化炭素を出すはたらきをしている。
光合成	二酸化炭素と水からでんぷんをつくり，酸素を出している。

3 くきのつくり

師　管	葉でつくられた栄養分の通り道。
道　管	根から吸い上げた水や水にとけた養分の通り道。
形成層	くきが成長するところで，単子葉類にはない。

重点チェック

□ ❶ 葉にある［　　］という所で光合成が行われています。

□ ❷ 光合成とは，［　　］のエネルギーを使って，水と［　　］から［　　］と酸素をつくり出すことです。

□ ❸ でんぷんは，植物が［　　］するための栄養分になったり，根や［　　］にいもとしてたくわえられます。

□ ❹ 根には［　　］と側根があるものと，［　　］のものとがあります。

□ ❺ 植物は［　　］から水や養分をとり入れます。

□ ❻ 根には，自分の［　　］を支えたり，［　　］をたくわえるはたらきもあります。

□ ❼ サツマイモは，［　　］に栄養分（でんぷん）をたくわえている植物です。

□ ❽ くきには，根から吸い上げた水や水にとけた養分の通り道である右の図のBの［　　］と，葉でつくられた栄養分の通り道であるCの［　　］とがあります。

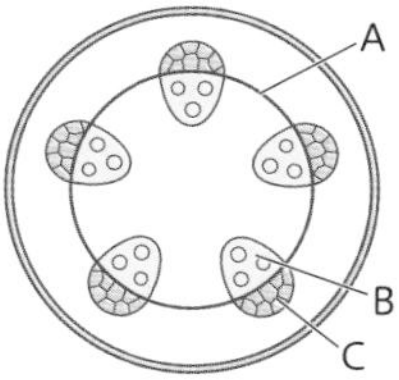

□ ❾ 道管と師管の間には，くきが成長するための細ぼうをつくり出す右上図のAの［　　］があります。

□ ❿ ジャガイモは，地下の［　　］に栄養分（でんぷん）をたくわえている植物です。

□ ⓫ 気こうのまわりには，［　　］という細ぼうがあり，この細ぼうのはたらきで，気こうが閉じたり開いたりします。

□ ⓬ 葉で行われる［　　］によって植物は体内の［　　］の量を一定に保っています。

□ ⓭ 蒸散は，おもに葉の［　　］にある［　　］で行われます。

□ ⓮ 葉の気こうでは光合成で使用する二酸化炭素をとり入れると同時に［　　］も行われています。

❶葉緑体 p.84
❷日光，二酸化炭素，でんぷん p.84
❸成長，くき p.84
❹主根，ひげ根 p.86
❺根（根毛） p.86
❻からだ，栄養分 p.87
❼根 p.88
❽道管，師管 p.89
❾形成層 p.89
❿く　き p.91
⓫こう辺細ぼう p.93
⓬蒸散，水（水分） p.94
⓭裏，気こう p.94
⓮呼　吸 p.95

チャレンジ！思考力問題

レベル3

●葉の数や大きさ，くきの太さや長さが等しい図のような植物を５つ用意しました。それぞれ下の表のように処理(しょり)して，水の入った試験管Ａ～Ｅに入れました。その後，光のよくあたる場所に10時間放置し，水の減少量(げんしょうりょう)を調べました。ワセリンをぬると，その部分の蒸散(じょうさん)をおきなくすることができます。これについて，次の問いに答えなさい。

【芝浦工業大中】

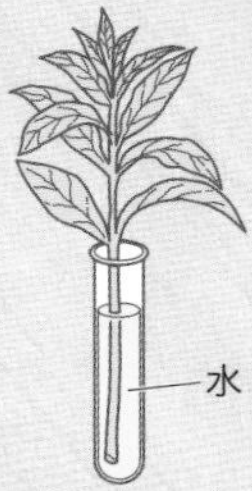

試験管	処　理	水の減少量〔g〕
A	何も処理しない	ア
B	葉の裏側だけにワセリンをぬる	イ
C	葉の表側だけにワセリンをぬる	ウ
D	すべての葉をとって，その切り口にワセリンをぬる	エ
E	すべての葉をとって，その切り口およびくき全体に，ワセリンをぬる	オ

(1) 試験管Ａ～Ｅの水の減少量は，「葉の表側からの蒸散量」，「葉の裏側(うらがわ)からの蒸散量」，「くきからの蒸散量」，「水面からの水の蒸発量」を考えなければなりません。このとき，水の減少量が「水面からの水の蒸発量」のみである試験管はどれですか。Ａ～Ｅから選び記号で答えなさい。

(2) 水の減少量が「くきからの蒸散量」と「水面からの水の蒸発量」である試験管はどれですか。Ａ～Ｅから選び記号で答えなさい。

(3) 葉の表側からの蒸散量を，表の**イ**～**オ**のうち２つを用いて式で表しなさい。

(4) 10時間放置した結果，試験管Ｂ～Ｅにおける水の減少量はそれぞれ，**イ**＝8，**ウ**＝12，**エ**＝3，**オ**＝1 となりました。このとき，試験管Ａにおける水の減少量である**ア**はいくつになりますか。整数で答えなさい。

キーポイント

植物のどの部分から蒸散できなくなっているかを確(たし)かめる。

正答への道

Ｂでは葉の表側・くき・水面から，Ｃでは葉の裏側・くき・水面から，Ｄではくき・水面から，Ｅでは水面からそれぞれ水の蒸散および蒸発がおこる。

(3) **イ**(表側＋くき＋水面)－**エ**(くき＋水面)＝表側からの減少量

(4) **イ**(表側＋くき＋水面)＋**ウ**(裏側＋くき＋水面)－**エ**(くき＋水面) で求める。

答え

(1) Ｅ　(2) Ｄ　(3) イ－エ　(4) 17

チャレンジ！ 作図・記述問題

レベル3
レベル2
レベル1

●日本では農業用の水を多く使用する作物としてイネがあげられます。イネはトウモロコシと同様に単子葉類に分類されます。これについて，次の問いに答えなさい。

【品川女子学院中】

(1) 単子葉類と双子葉類のくきの断面図をそれぞれかきなさい。

断面図

単子葉類　　双子葉類

(2) 双子葉類は，成長にともなってくきが太くなりますが，単子葉類は成長しても背たけに比べてくきがあまり太くなりません。その理由を説明しなさい。

キーポイント

- 単子葉類，双子葉類のちがいについて理解する。
- 単子葉類と双子葉類のくきの断面図から，何のえいきょうで双子葉類のくきのみが太くなるのかを考える。

正答への道

(1) 単子葉類のくきには，維管束（道管と師管の集まり）が散らばって存在しているが，双子葉類のくきの維管束は輪状にならんでいる。形成層の内側にあるのが道管，外側にあるのが師管である。そのほかにも，単子葉類と双子葉類では根のようす（単子葉類ではひげ根，双子葉類では主根と側根がある根），葉のようす（単子葉類では平行脈，双子葉類では網状脈）などが異なる。

(2) 双子葉類のくきには形成層という部分がある。成長にともなってこの部分の細ぼうが活発に分れつして増えるため，くきが太くなる。樹木では，形成層があることで年輪ができる。

解答例

(1)

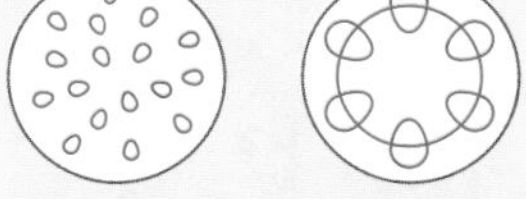

単子葉類　　双子葉類

(2) 双子葉類には形成層という，成長にともなってくきを太くする部分があるが，単子葉類にはそれがないから。

ここから
スタート！

第1編
生き物

第5章 魚の育ち方

メダカはどのように育つの？

池や川の水があたたかくなるころ，水そうの水もあたたかくなってきます。メダカが水草にたまごを産みつけるところを見つけたら，たまごの中でメダカの形に育っていくようすを観察してみましょう。

学習することがら

1．メダカの飼い方
2．メダカの産卵
3．メダカのたまごの育ち方
4．メダカの育ち方

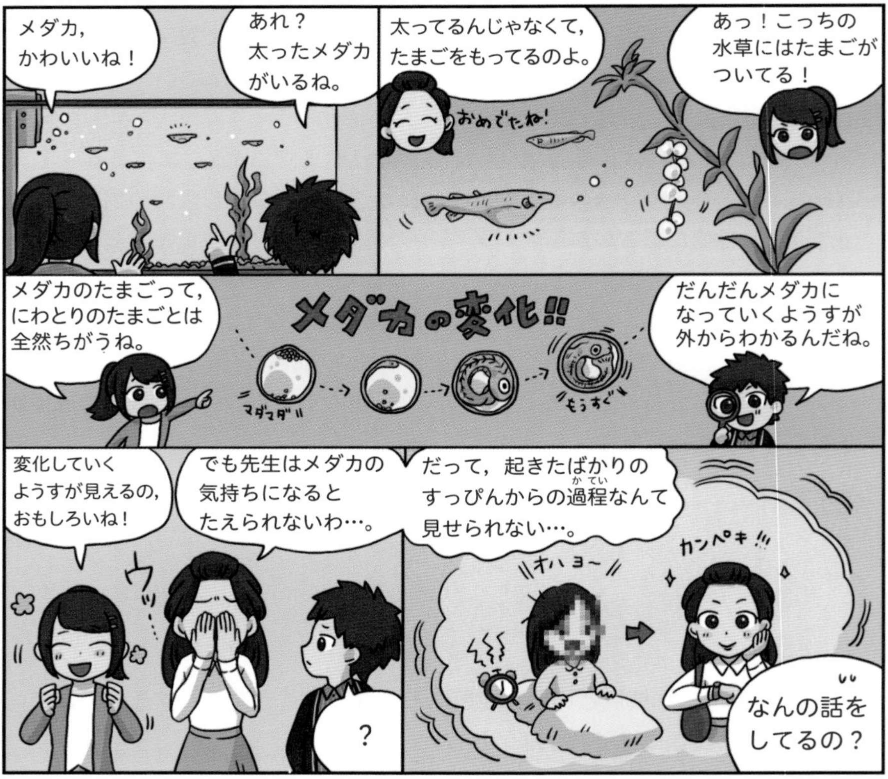

1 メダカの飼い方

発展 6年 5年 4年 3年

1 メダカ 入試重要度★

●**メダカのすむところ**……流れのゆるやかな小川や水路などに群れをつくってすみ，**プランクトン**などを食べる。メダカは頭を川上に向けて群れになって泳ぐ性質(せいしつ)がある。
↳流れにさからっている

●**メダカの種類**……メダカには，野生のメダカ（クロメダカ）のほかに，鑑賞用(かんしょうよう)のヒメダカ・シロメダカ・アオメダカなどがいる。

ズームアップ プランクトン
➡p.175

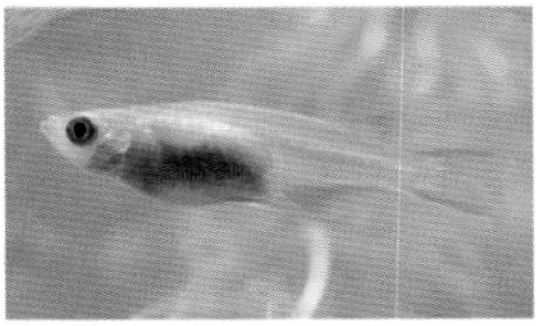
▲ ヒメダカ

2 メダカの性質★★

メダカが流れにさからって泳ぐ性質を水そうで確(たし)かめることができる。

まるい水そうにメダカを数ひき入れ，水そうの水を一方向にかき回し水流をつくると，メダカは流れにさからって泳ぐ。これを流れの**走性(そうせい)**という。
視覚がかかわっている↵

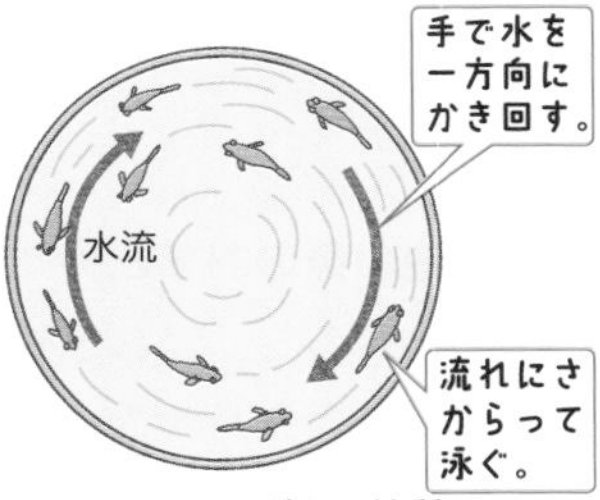

▲ メダカの性質

3 メダカの飼い方★

●**水そうの準備(じゅんび)**……水そうの底には水でよく洗(あら)った小石や砂(すな)を入れる。水はくみ置きしたものか池などの水を使う。水がにごったら，半分くらいの水を上記の水と入れかえる。メダカのかくれ場所や産卵(さんらん)する場所となるため，水草も入れるようにする。
↳水道水は消毒薬が入っているのでそのまま使わない

▲ メダカの水そう

●**メダカを飼(か)うときの注意点**

▶メダカは，おすとめすをまぜて飼うとたまごを産む。そのとき，数を多く入れすぎないように注意する。

▶水温が上がりすぎないよう，水そうは直射日光(ちょくしゃにっこう)があたらない明るい場所に置く。

参考 **メダカ**
メダカは，2003年5月にかん境省(きょうしょう)が発表したレッドデータブックに絶(ぜつ)めつ危(き)ぐ種として指定された。

パワーアップ
1980年代ごろから野生のメダカが各地で減少(げんしょう)し始め，すがたを見ることがむずかしくなりました。おもな原因(げんいん)として，農薬の使用などによるかん境の悪化，護岸(ごがん)工事などによる流れのゆるやかな小川の減少，はんしょく力の強い外来種（ブルーギルなど）によるえいきょうがあります。

2 メダカの産卵

1 魚のおすとめす★★

●**メダカのおすとめす**……メダカのおすとめすは，**せびれ**，**しりびれ**を見ると見分けることができる。

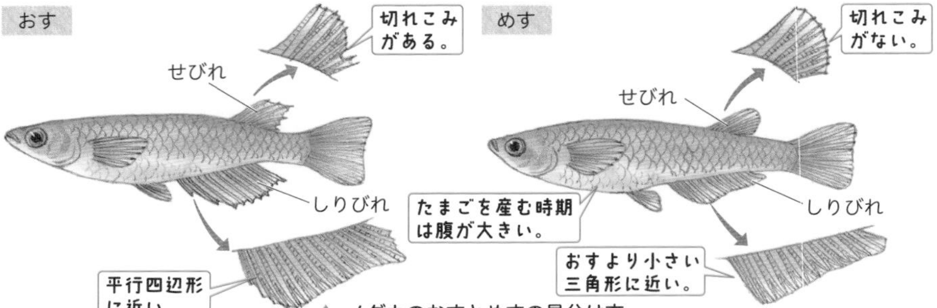

おす
切れこみがある。
せびれ
しりびれ
平行四辺形に近い。
めす
切れこみがない。
せびれ
たまごを産む時期は腹が大きい。
しりびれ
おすより小さい三角形に近い。

▲ メダカのおすとめすの見分け方

●**その他の魚のおすとめす**……その他の魚のおすとめすを比べると，ひれ以外にも，からだの大きさや色にちがいが見られる。

魚のおすとめす — からだの形，大きさ，色，もようなどがちがっている。

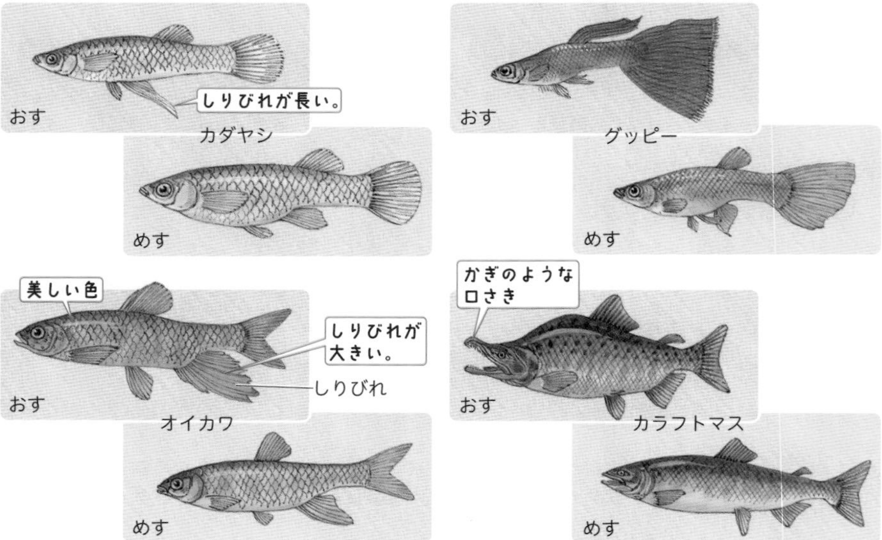

雑学ハカセ メダカのめすがたまごを産むとき，おすはせびれとしりびれを使ってめすを自分にひきよせる行動をとります。そのために，おすのしりびれは，めすのしりびれより大きくなっていると考えられています。

2 産卵の条件★★

●**メダカの産卵**……メダカのおすとめすを同じ水そうに入れたとき，たまごが産まれる。

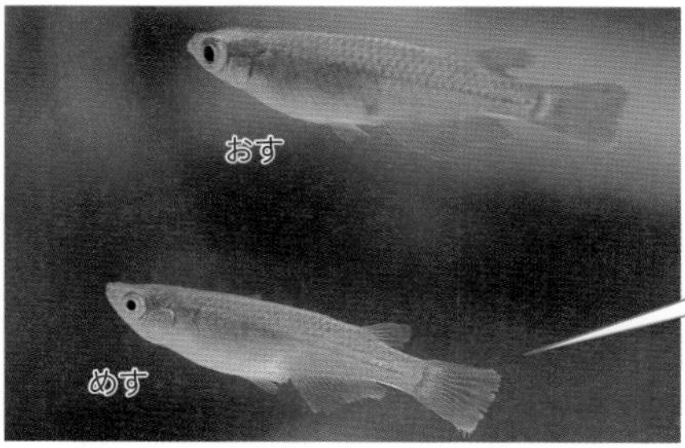
おす
めす
メダカのおすとめすを見分けて，同じ水そうにどちらも入れると，たまごが産まれる。

▲ メダカのおすとめす

●**産卵の条件を確かめる方法**

❶ **メダカのおすだけを入れた水そう**

❷ **メダカのめすだけを入れた水そう**

❸ **メダカのおすとめすの両方を入れた水そう**

このような3種類の水そうを用意し，メダカの数，水温，えさの量の条件をそろえてしばらくようすをみると，❸の水そうだけに子メダカが見られるようになる。

●**産卵と水温**……メダカの産卵には，適した水温がある。水温が25°Cぐらいのとき，メダカは活発に動き，えさをよく食べ，たまごを産むようになる。

春先の水温が15°C程度のときに，ヒーターと温度調節器（サーモスタット）を用いて温度を3通りに調節した水そうを用意すると，産卵と水温の関係を観察することができる。

参考　メダカの産卵

メダカは水温がおよそ18°C以上で，日照時間が12～13時間以上のときに産卵する。自然界では4月～9月ごろがその条件にあてはまる。産卵する時間は早朝である。

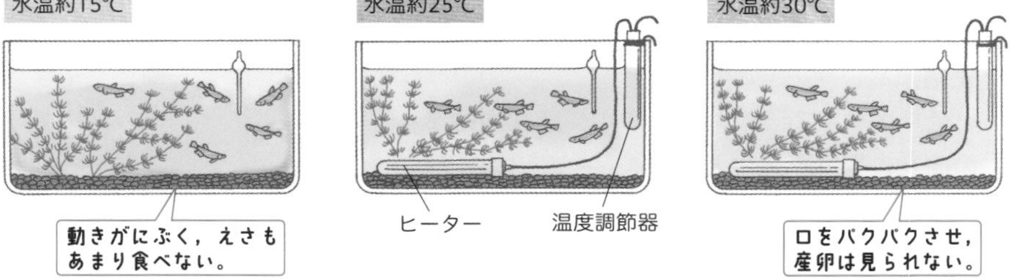
水温約15°C
動きがにぶく，えさもあまり食べない。
水温約25°C
ヒーター
温度調節器
水温約30°C
口をパクパクさせ，産卵は見られない。

雑学ハカセ　水温は，温度を低く保つことのほうがむずかしくなります。温度を上げすぎると，魚は死んでしまいます。上のような実験は，すべての実験を必ずやらなければならないものではないため，実際に行うのがむずかしい実験は見る，読むだけでもじゅうぶん参考になります。

3 産卵のようすとたまご★★

●メダカの産卵のようす

❶ 水温が25°C前後になると，産卵の時期をむかえる。おすがめすとならんで泳ぐようになる。

❷ めすの腹にたまごが見え始めると，おすがからだをすりあわせてたまごに**精子**をふりかける。

❸ めすは，しばらくの間**受精**したたまごを腹につけて泳いでいる。その後，たまごについた毛（付着毛・付着糸）で水草にからませる。たまごを観察する際には，紙の上で転がすなどして付着毛をとると見やすくなる。

❹ たまごは，1～1.5 mmくらいの大きさで，水草につくころには油てきという丸いつぶが見られる。油てきはメダカが育つ養分になる。やがて油てきはたまごの片方に集まり，その反対側にはやがてメダカになるはいばんができる。

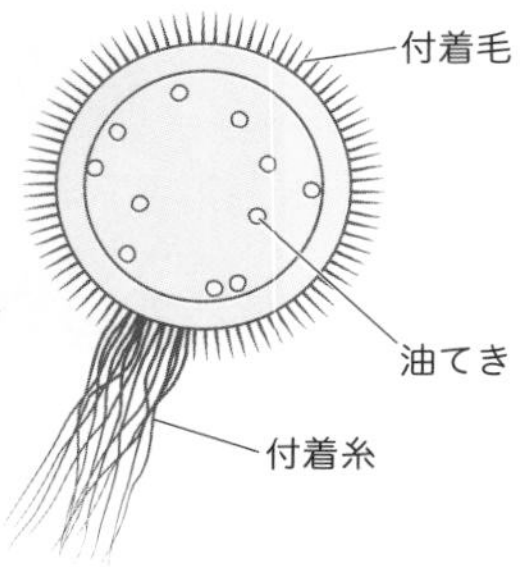

▲ 受精直後のメダカのたまご

おすとめすがならんで泳ぐ。
たまごをつけたまま泳ぐめす
付着糸・付着毛でからみついたたまご

▲ メダカの産卵のようす

●メダカのたまご

……めすはたまご（卵ともいう）を産み，おすは精子を出す。たまごと精子が結びつくことを受精という。また，受精したたまご（卵）を**受精卵**という。

受精卵になると，たまごの中で変化が始まる。この成長の過程を**発生**という。

めすがたまごを産んでも，おすが精子をかけ受精しないと，生まれたたまごはくさってしまう。

ズームアップ 受精卵 ➡p.118

雑学ハカセ メダカには，地域ごとに独自の種がいます。水草の中には外来種もあります。そのため，観察が終わっても，メダカや水草をまわりの池や川にはなしたり捨てたりしてはいけません。このようなことに気をつけることも自然保護です。

3 メダカのたまごの育ち方

発展 6年 5年 4年 3年

1 たまごの変化★

水草などに産みつけられた受精卵は，少しずつそのすがたを変えていく。

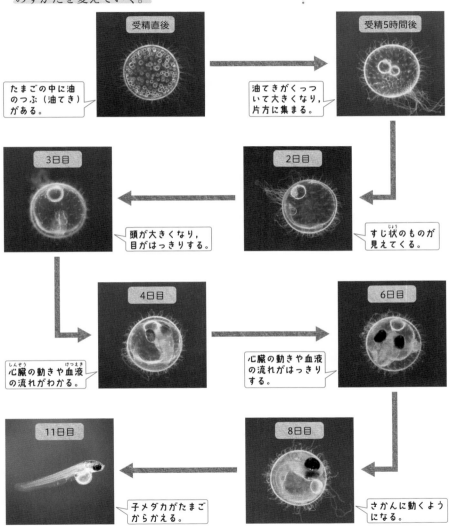

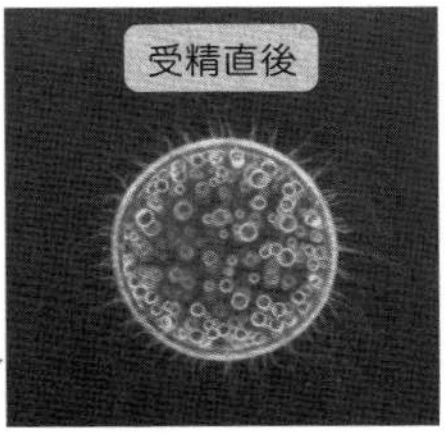

たまごの中に油のつぶ（油てき）がある。

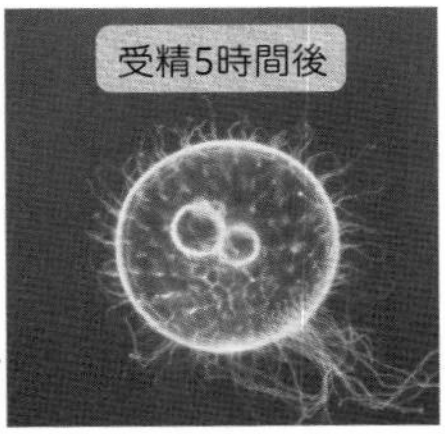

油てきがくっついて大きくなり，片方に集まる。

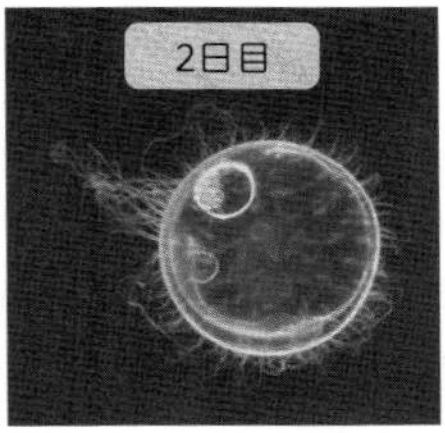

すじ状のものが見えてくる。

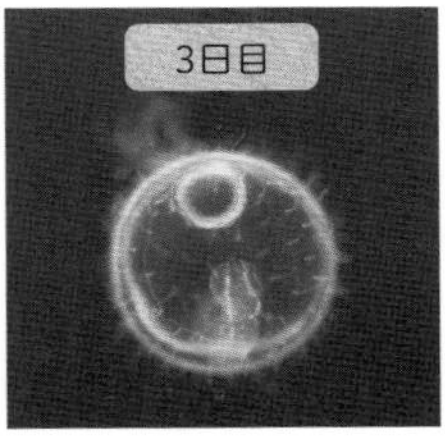

頭が大きくなり，目がはっきりする。

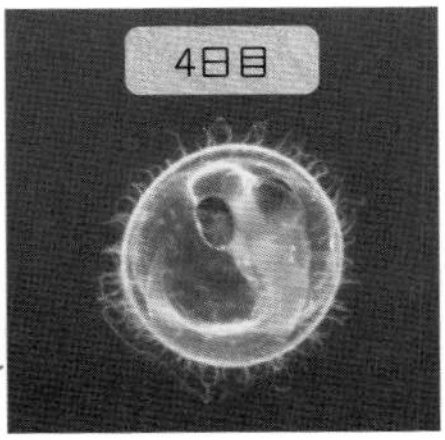

心臓の動きや血液の流れがわかる。

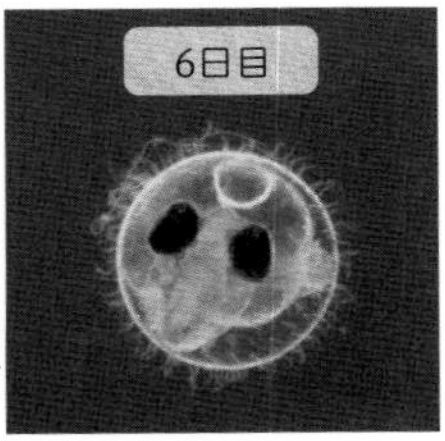

心臓の動きや血液の流れがはっきりする。

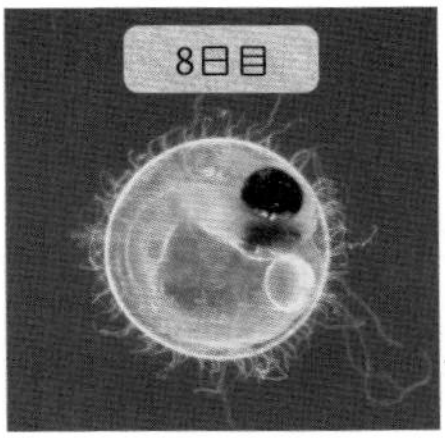

さかんに動くようになる。

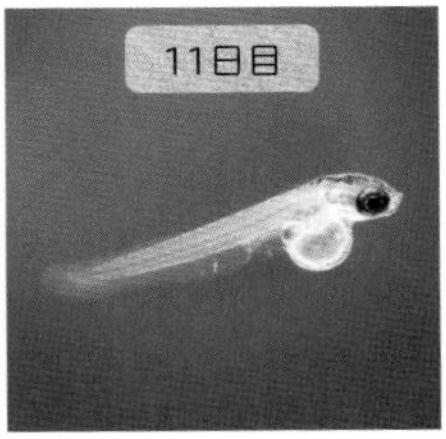

子メダカがたまごからかえる。

パワーアップ 種子の発芽条件の1つに，適当な温度がありました。メダカのたまごが育つのにも，適当な温度があります。これは，20～25℃です。これ以上温度が高くても低くてもたまごが死んでしまう危険があります。

2 たまごが育つ速さと水温★★

メダカのたまごが育つ速さは，水温にえいきょうを受ける。いっぱんに，水温が高くなるほど，かえるまでの日数は短くなる。これは，次のような方法で確(たし)かめることができる。

水　温	かえるまでの日数
15°C	約 25 日
20°C	約 15 日
25°C	約 11 日
30°C	約 8 日

●たまごが育つ速さと水温の関係を確かめる方法

❶ 約 25°C に保(たも)った水そう

❷ 約 15°C に保った水そう

このような 2 種類の水そうを用意し，同じ日に産みつけられたたまごを入れて観察すると，❶の水そうに入れたたまごのほうがはやくかえる。

水温が 15°C の場合はかえらないたまごも多くなる。上の表のように，水温が 30°C の場合は水温が 25°C の場合よりたまごははやくかえるが，とちゅうで死んでしまうたまごが多くなる。メダカがかえる適当(てきとう)な水温は約 25°C である。

参考 サケのたまごの育つ速さと水温

サケは冷水性の魚で，15°C 以下の水温が適している。しかし，水温が低いほどかえるまでに時間がかかり，約 8°C に保った水そうではかえるまでに約 60 日かかり，約 6°C に保った水そうではかえるまでに約 80 日にかかる。

くわしい学習　メダカのからだができる順番

生き物にとって外のようすを知ることは，自分をまもり，食べ物をえるためにたいせつなことである。そのために，外からのし激(げき)を受けとるための器官（感覚器官）を発達させてきた。

メダカなどの，背骨(せぼね)をもつせきつい動物では，目（感覚器官）は脳(のう)の一部としてつくられる。

メダカのたまごは，受精後(じゅせいご) 3 日目くらいに頭が大きくなって目がはっきりしてくる。これは心臓(しんぞう)が動き，血液(けつえき)の流れが見えるよりも前のできごとである。ここから，せきつい動物は，初めにし激を受けとるためのしくみをつくっていることがわかる。

パワーアップ 受精後 2 日目ぐらいのときに見えるみぞのようなものは，せきついのもとです。受精卵が変化していくとき，初めはどのせきつい動物も同じような形をしていますが，目がはっきりしてくるころには魚のすがたになっています。

4 メダカの育ち方

1 たまごから子メダカへ★

●**たまごの成分**……たまごの中は，ほとんどが養分になるものでできている。**ふ化**する前のメダカは，たまごの中の養分で成長する。

●**ふ化したばかりの子メダカ**……たまごからかえったばかりの子メダカは，4～5 mm くらいの大きさである。ふ化したあと，しばらくは水の底でじっとして動かない。

▶**卵黄のう**…ふ化したばかりの子メダカの腹の部分はふくらんでいる。これは，たまごの中の養分が残っているもので，このふくろを**卵黄のう**（「のう」はふくろという意味）という。ふ化したばかりの子メダカは，しばらくの間卵黄のうにある養分を使って育つ。

2，3日するとふくろはなくなり，子メダカはえさを食べ始める。

ことば ふ 化
たまごがかえること。メダカのような魚だけでなく，カエルやヘビなどのたまごからかえるすべての動物にたいして使われる。

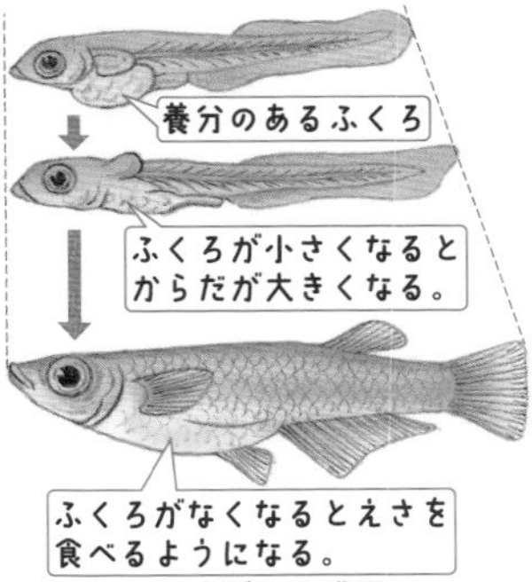

養分のあるふくろ
ふくろが小さくなるとからだが大きくなる。
ふくろがなくなるとえさを食べるようになる。

▲ メダカの成長

2 子メダカから親メダカへ★

●**子メダカの成長**……子メダカは，水温をおよそ25°Cに保っておくと5か月ぐらいで2 cm ほどの大きさの親になり，たまごを産むようになる。25°Cというのはメダカにとって，産卵にも，たまごがかえるにも，そして成長にも適した温度である。

●**メダカのえさ**……飼育しているメダカには，市販のメダカのえさをあたえる。

自然の池や川にすむメダカは，同じ場所にすむ小さな生き物をえさとして食べている。

▶**子メダカのえさ**…子メダカは，口が小さいため小さなえさしか食べることができない。えさが不足すると，子メダカは死んでしまう。

ズームアップ 水の中の小さな生き物 ➡p.175

雑学ハカセ 自然の池や川にすむメダカのじゅ命は，およそ1年といわれています。飼育されているメダカは，えさがじゅうぶんにあたえられ，すむかん境も整えられているので，3～4年は生きることができます。

中学入試にフォーカス サケ・アユの生態

メダカと異なり，サケやアユはかん境の変化や成長段階によってすむ場所を変えている。このような魚を，**回遊魚**という。

❶サケの一生

サケは，淡水の川で生まれ，海で育ち，生まれた川にもどり産卵する。産卵を終えるとその一生を終える。死がいはほかの動物のえさになり，食べ残された部分はび生物に分解され，植物の養分となる。

▶**母川回帰**…産卵のために生まれた川にもどる性質のこと。生まれた川にどのようにもどるかは解明されていないが，川のにおいや太陽によってわかる方角をたよりにするなどいくつかの方法を使っているのではないかといわれている。

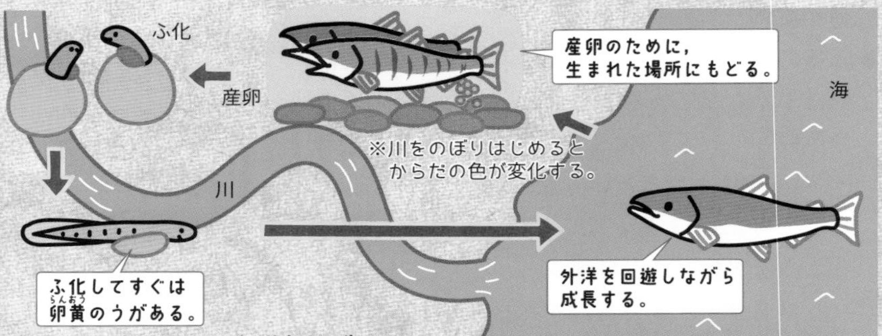

▲ サケの一生

❷アユの一生

アユは，一生の間に海と川の中流から上流とを往復する。夏の終わりごろ，川の中流の流れがはやい砂利底に産卵する。

たまごからかえった稚魚は川の流れとともに海にくだり，沿岸で冬をすごす。春になり海と川との水温差が小さくなると群れで川をのぼりはじめる。

川の中流から上流につくと，アユはなわばり争いを始める。一定の広さ（約 1 m²）のなわばりを確保すると，そこをえさ場として夏をすごす。なわばりが確保できたアユはじゅうぶんなえさをえるため大きく成長する（180～300 mm）が，できなかったアユはやや小型である。

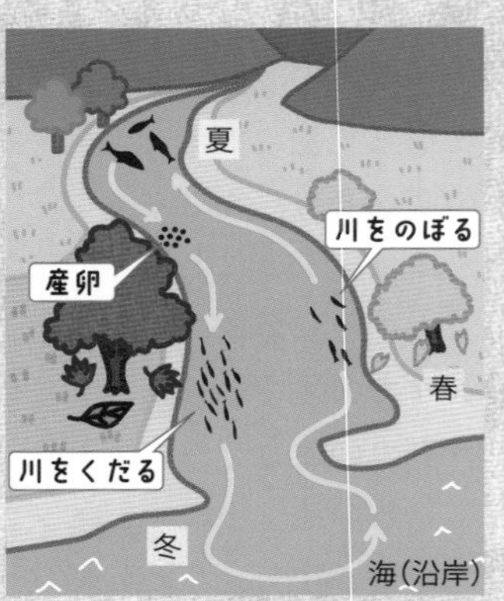

▲ アユの一生

▶アユにはなわばりに入ってきたほかのアユをこうげきする性質があり，これを利用したつりの方法が友づりである。また産卵するために川をくだるアユを落ちアユとよぶ。

入試では サケが生まれた川にもどってくる季節や産卵についてのほか，一生をどのようにすごすかなどが出題されています。また，サケ以外の回遊魚にはどのような魚がいるかなども出題されています。

入試のポイント

絶対暗記ベスト3

1位 メダカのおすとめす　メダカはおすとめすで外見にちがいがある。

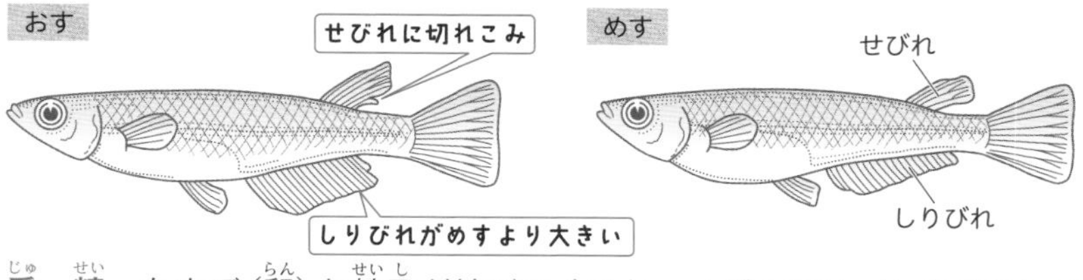

2位 受　精　たまご（卵）と精子が結びつくこと。メダカでは，めすが産んだ卵におすが精子をかけて，受精を行う。

3位 受精卵　受精したたまごのこと。メダカの受精卵はだんだんとすがたを変え，最終的に子メダカがたまごからかえる（ふ化）。

1 メダカの受精卵の変化

メダカの受精卵は，産みつけられてからだんだんとすがたを変えていく。受精卵から生き物のからだができていく過程のことを発生という。

期　間	たまごの中のようす
受精直後	たまごの中に油てきがある。油てきには，養分をたくわえたり，たまごの浮力を増やしたりするはたらきがある。
2日目	頭が大きくなり，目がはっきりする。
3日目	心臓の動きや血液の流れがわかる。
6日目	心臓の動きや血液の流れがはっきりする。
8日目	さかんに動くようになる。
11日目	子メダカがたまごからかえる。

※日付は，目安であるため，必ずしもこの通りではない。

2 メダカの産卵

メダカの産卵には適した条件がある。

- メダカの産卵の条件の1つに日照時間がある。1日のうち明るい時間が約12～13時間以上になると産卵する。野生のメダカは4～9月ごろになると産卵する。
- メダカの産卵の適温は25℃くらいのときである。メダカは水温にたいする適応能力がわりと高い魚である。18℃以上の水温で産卵を始める。
- メダカは水温や日照条件などが整うと，毎日のように産卵することができる。特にめすの栄養状態は産卵数や，ふ化したメダカの成長を左右する。

重点チェック

□ ❶ メダカを飼う水そうは，直射日光が［　　］明るい場所に置くようにします。	❶あたらない p.105
□ ❷ 水そうには，［　　］した水道水（1日くらい置いたもの）や池の水を入れるようにします。	❷くみ置き p.105
□ ❸ 水そうには，メダカの産卵のため［　　］を入れます。	❸水　草 p.105
□ ❹ メダカのおすとめすを見分けるには［　　］びれとしりびれの形を比べます。	❹せ p.106
□ ❺ おすの［　　］びれには切れこみがあり，しりびれはめすよりはばが［　　］くなっています。	❺せ，広 p.106
□ ❻ メダカの活動に適した水温は約［　　］℃で，このときえさをたくさん食べて産卵するようになります。	❻25 p.107
□ ❼ メダカが産卵する季節は，水温の上がる［　　］から夏にかけてです。産卵は早朝に見られます。	❼春 p.107
□ ❽ メダカのたまごの大きさは約［　　］～1.5 mm で，丸い形をしています。	❽1 p.108
□ ❾ たまご（卵）と精子が結びつくことを受精といい，受精したたまごのことを［　　］といいます。	❾受精卵 p.108
□ ❿ メダカのたまごには水草などにからみつくために［　　］という糸のようなものがついています。	❿付着糸（付着毛） p.108
□ ⓫ メダカのたまごが育つ適当な水温は［　　］℃で，およそ［　　］日で子メダカになります。	⓫25，11 p.109, 110
□ ⓬ 動物のたまごがかえることを［　　］といいます。	⓬ふ　化 p.111
□ ⓭ ふ化したばかりの子メダカは4～［　　］mm ほどの大きさで，腹に［　　］のあるふくろをもち，えさを食べません。	⓭5，養分 p.111
□ ⓮ 子メダカがえさを食べ始めるのは，腹にあるふくろが［　　］ころです。	⓮なくなった p.111
□ ⓯ 自然の池や川にすむメダカは，同じ場所にすむ［　　］をえさにしています。	⓯小さな生き物 p.111

チャレンジ！ 思考力問題

レベル3
レベル2
レベル1

●右の図は，メダカの受精卵が成長するようすをスケッチしたものです。これについて，次の問いに答えなさい。

【近畿大附中-改】

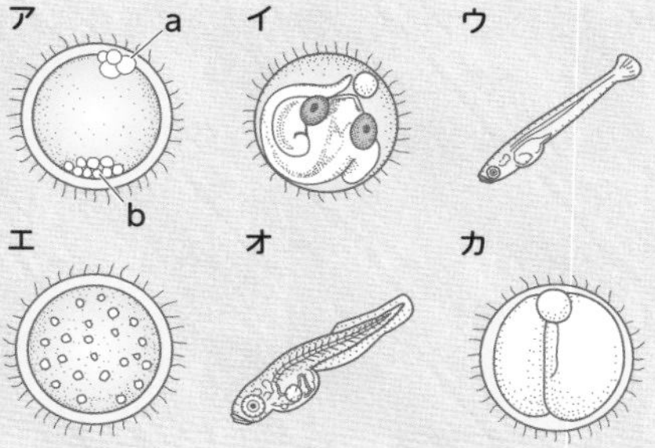

⑴ 図のア～カを成長の順にならべたとき，3番目にあたる記号を書きなさい。

⑵ 図中のa，bのうち「はいばん」とよばれ，やがてメダカになるのはどちらですか。記号で答えなさい。

⑶ メダカが産卵する条件を調べるために，次のような実験を行いました。

実験　メダカを水そうで飼い，水温と1日の中で明るくする時間と暗くする時間の長さを変え，産卵するかどうかを観察した。表はその結果である。

	A	B	C	D	E
水　温〔℃〕	10	18	25	18	20
明るくした時間〔時間〕	12	11	11	12	13
産　卵	なし	なし	なし	あり	あり

① 産卵には水温が高くなることが必要です。このことを確かめるには，どの実験とどの実験を比べればよいですか。A～Eから2つ選び，記号で答えなさい。

② 産卵には明るい時間が長くなることが必要です。このことを確かめるには，どの実験とどの実験を比べればよいですか。A～Eから2つ選び，記号で答えなさい。

キーポイント

- 受精卵の成長のようすは，写真とスケッチとを見比べてその特ちょうをとらえておくこと。たまごは横から見た図と上から見た図ではようすがちがうことにも注意が必要である。
- 実験は予測する結果（仮説）があり，それを示すように計画する。調べたい条件を1つだけ変えていることを確かめる。

正答への道

メダカになるのははいばんである。油てきは養分をたくわえたものである。

✦答え✦

⑴ カ　⑵ b　⑶ ① A，D　② B，D

チャレンジ！ 作図・記述問題

レベル3 レベル2 レベル1

●メダカについて，次の問いに答えなさい。 【大阪桐蔭中-改】

(1) メダカのおすとめすはひれの形で見分けることができます。ひれは５種類７枚あり，次の図はおびれ以外の４種類のひれをかくして，ひれのある場所をＡ～Ｄで示しています。また，ア～カはそれぞれのひれを示しています。おすのメダカはＡ～Ｄの場所にア～カのどのひれがありますか。それぞれ記号で示しなさい。なお，ひれの大きさは必ずしも図のメダカのからだについている大きさとはかぎりません。

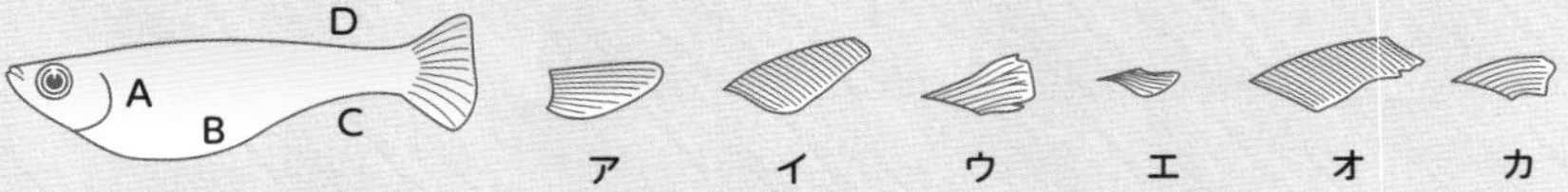

(2) 右の図はメダカのたまごをスケッチしたものです。図中の矢印が示す部分の名まえを書きなさい。
また，そのはたらきを簡単に説明しなさい。

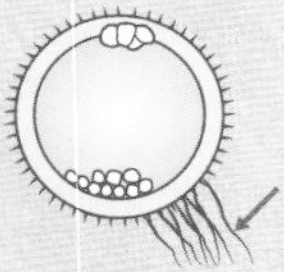

キーポイント

- おす，めすで形が異なるひれに注目するとともに，胸びれ（えらのうしろのひれ），腹びれについても知っておくとよい。
- ひれの形とともに位置を確かめながら，自分で簡単な絵をかいてみるとよい。

正答への道

- おすのせびれには切れこみがあり，しりびれは平行四辺形のような形をしている。めすはせびれに切れこみがなく，しりびれは三角形に近い形をしている。おすとめすで異なる点を理解しておく。めすがたまごを産むとき，おすはせびれとしりびれを使ってめすを自分のからだにひきよせるように動くため，おすのしりびれのはばは広い。
- メダカのたまごの，発生の各段階の特ちょうをとらえておく。
- メダカのたまごがどこに産みつけられるかを理解しておけば，付着糸の役割もわかってくる。

解答例

(1) Ａ―ア　Ｂ―エ　Ｃ―オ　Ｄ―ウ

(2) 付着糸，生まれたたまごを水草などにからみつかせる。

ここからスタート！

第1編
生き物

第6章 人や動物の誕生

生まれる前はどんなようすなの？

人や動物は，ひとつの受精卵（細ぼう）が分れつをくり返すことで成長し，こどもになります。そのこどもが育ち親になることで，また次のこどもが育ちます。命のつながりのはじまりである誕生は，どのようなしくみなのでしょう。

学習することがら

1. 生命の誕生
2. 胎児の育ち方
3. いろいろな動物の誕生

誕生日おめでとう！
あんなに小ちゃかったしんがこんなに成長するとはねー。
赤ちゃんのとき知らないよね？
でも，赤ちゃんのもとになる受精卵のときの大きさは1 mmよりも小さいんだよ。
そんなに小さかったんだ！
受精卵
見えない!!
赤ちゃんはおなかの中でどう育つの？
へそのおから養分をもらって育っていくんだよ。
生まれたあとは自分で養分をとって育たないとね！
切り方がおかしい！

1 生命の誕生

発展 6年 5年 4年 3年

1 人の生命の誕生 入試重要度★★

●**受　精**……女性の体内でつくられた**卵**（**卵子**）と男性の体内でつくられた**精子**とが受精することで，**受精卵**ができる。これが，生命のはじまりである。受精は，卵管で行われる。

ズームアップ 受　精 ➡p.108

1つの卵の中に入ることができるのは，たくさんの精子の中で1つの精子だけである。

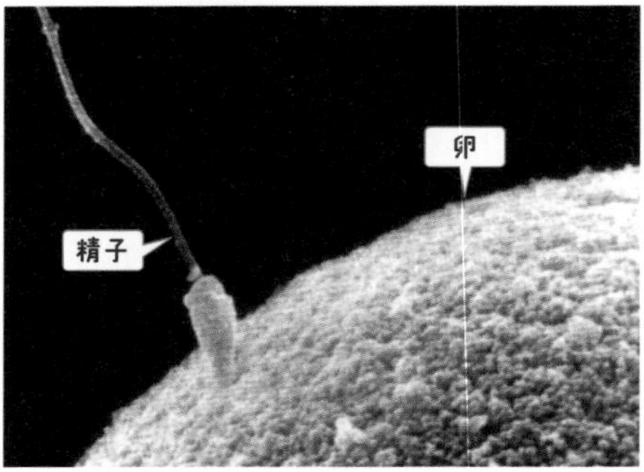

▲ 受精のしゅん間

●**受精卵が胎児になるまで**……受精卵は，4～6日間かけて細ぼう分れつをくり返しながら卵管を進み，**子宮**へ向かう。

卵管を移動し，子宮にたどりついた受精卵は，子宮のかべに根を張るように落ち着く。これを**着床**という。着床した受精卵は細ぼう分れつをくり返しながら成長し，胎児とよばれる状態になっていく。

▶**子　宮**…女性の体内にある，生まれる前の子が育つところを子宮という。子宮の中にいる子のことを**胎児**という。

ことば 細ぼう分れつ
細ぼうが2個，4個，16個…とその数をどんどん増やしていくこと。約60兆個の細ぼうからできているといわれる人のからだも，始まりは1個の受精卵である。

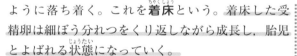

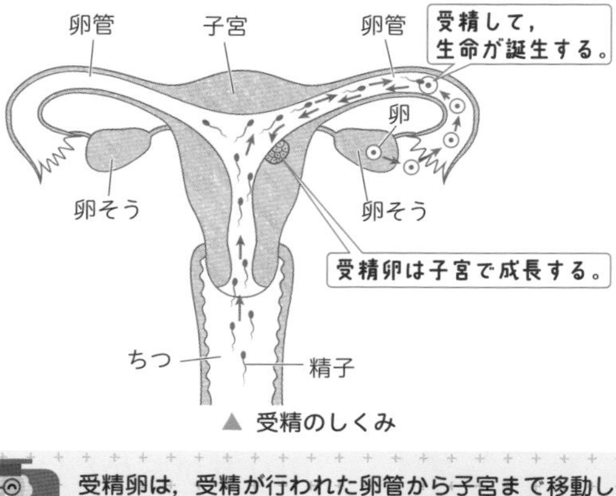

▲ 受精のしくみ

雑学ハカセ 受精卵は，受精が行われた卵管から子宮まで移動します。ほんの1mmにも満たない精子と卵にとって約10cmの卵管の旅は長いぼう険かもしれませんが，人はだれもが，この難関を乗りこえているのです。

2 男女のからだのつくり★

●**男女のからだのちがい**……人は10才前後から，大人のからだになる変化が現れてくる。

男性はかたはばが広くなりがっちりとしたからだつきになる。また，のどぼとけが出てくるなどの変化も現れる。

女性は，まるみをおびたからだつきになる。また，乳ぼうがふくらんでくるなどの変化も現れる。

●**男女の性器のちがい**……男性には精子をつくるためのしくみがあり，女性には卵をつくるためのしくみがある。

▶**男性の性器**…男性の**精そう**では**精子**がつくられる。精子は**精のう**にためられる。
（1回に2～3億個つくられる）

精子の長さは約0.06 mmで，尾の部分を動かすことで泳ぐことができる。

▶**女性の性器**…女性の**卵そう**では，およそ1か月に1個ずつ**卵**がつくられる。卵は卵そうの外に出され，**卵管**へとりこまれる。

卵の直径は約0.14 mmである。卵は卵管を通って子宮へ向かう。

参考 第2次性ちょう
男女でからだつきが変わっていくことを第2次性ちょうという。これは，性ホルモンという物質が分ぴつされるようになっておこる。人では10才前後から現れるようになるが，個人差がある。

参考 精子のつくり
頭の部分に核をもち，尾の部分にべん毛をもっている。

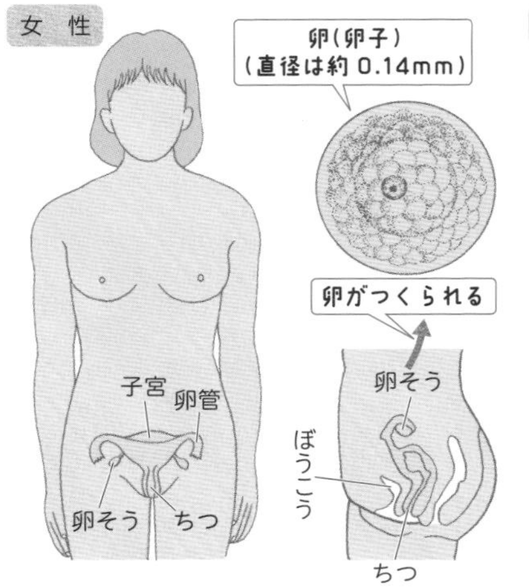

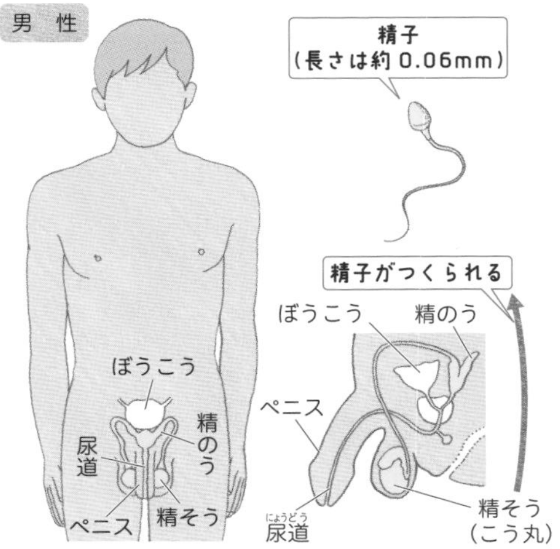

雑学ハカセ 人は精子と卵が受精することで誕生しますが，そうではない誕生のしかたをする生き物もいます。例えば，イソギンチャクは受精して誕生することもできますが，からだが分れつして誕生したり，あしから別の個体が生えてきたり（出芽）して誕生することもできます。

2 胎児の育ち方

発展 / 6年 / 5年 / 4年 / 3年

1 胎児の成長★★

●**胎児の成長のようす**……人の受精卵は着床したあと，子宮の中でおよそ38週かけて育てられる。その間にだんだん人らしい形になっていく。個人差はあるが，身長が50 cm，体重が3000 g くらいに成長して生まれてくる。

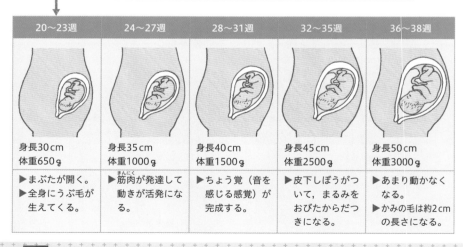

0〜3週	4〜7週	8〜11週	12〜15週	16〜19週
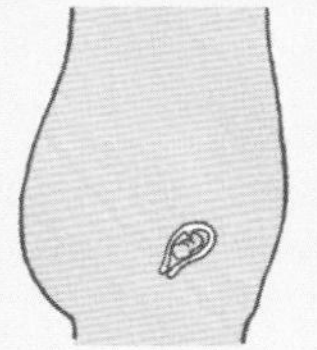	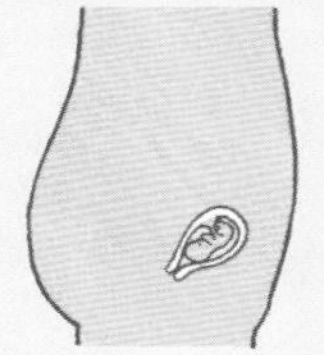	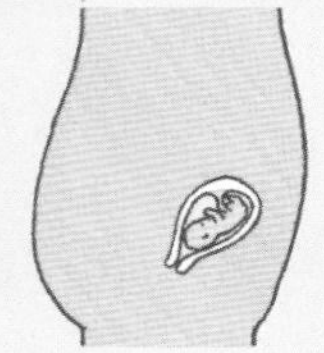	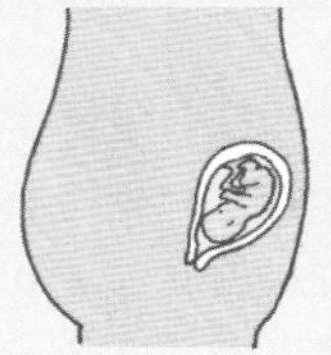	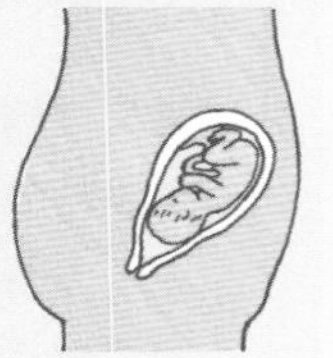
身長0.7〜0.8 cm 体重1 g	身長2 cm 体重4 g	身長9 cm 体重30 g	身長15 cm 体重120 g	身長25 cm 体重300 g
▶まだからだの形はできていないので，はいとよぶ。	▶心臓が動き出す。 ▶尾が短くなり，手足になる部分がはっきりする。	▶からだの形がはっきりしてくる。 ▶両手，両足の指が分かれてくる。	▶たいばんが完成する。	▶男女の区別がはっきりする。 ▶かみの毛やつめが生えてくる。

20〜23週	24〜27週	28〜31週	32〜35週	36〜38週
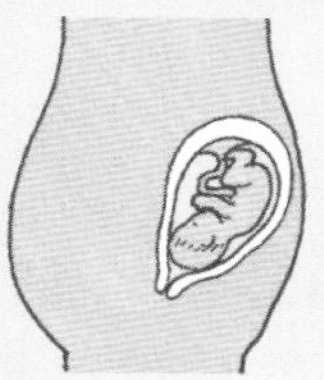	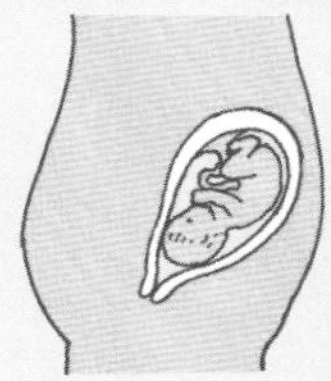	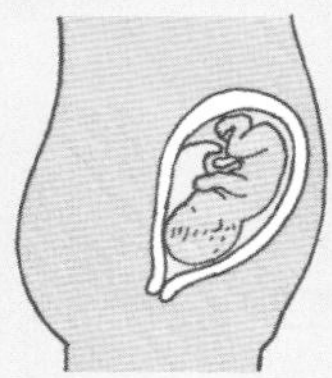	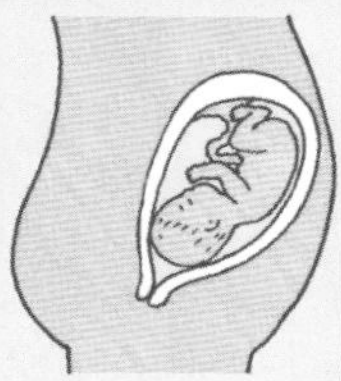	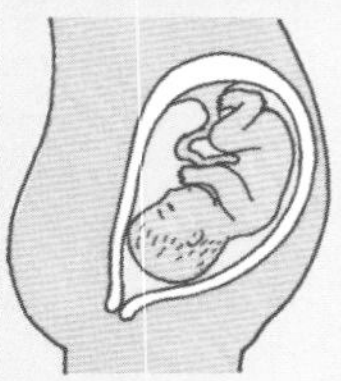
身長30 cm 体重650 g	身長35 cm 体重1000 g	身長40 cm 体重1500 g	身長45 cm 体重2500 g	身長50 cm 体重3000 g
▶まぶたが開く。 ▶全身にうぶ毛が生えてくる。	▶筋肉が発達して動きが活発になる。	▶ちょう覚（音を感じる感覚）が完成する。	▶皮下しぼうがついて，まるみをおびたからだつきになる。	▶あまり動かなくなる。 ▶かみの毛は約2 cmの長さになる。

雑学ハカセ 男女の性別は染色体の組み合わせで決まります。女性の卵はX染色体をもち，男性の精子にはX染色体とY染色体の２種類があります。卵がX染色体をもつ精子と受精すれば女性になり，Y染色体をもつ精子と受精すれば男性になります。

2 子宮のしくみ★

胎児が生まれるまでの間，育てる子宮のしくみは次の図のようになっている。

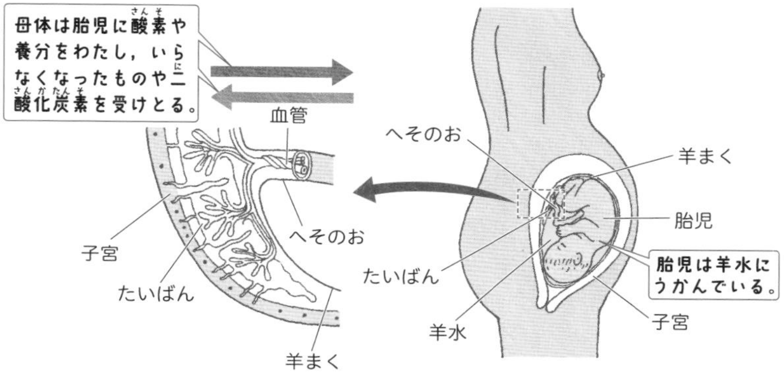

▲ 母体とたい児のつながり

●**子　宮**……子宮は胎児を育てるための臓器である。胎児は子宮内で，**羊水**にうかんだ状態になっている。液体の中にいることで，胎児は外から受けるしょうげきからまもられている。

●**胎児が養分をとる方法**……胎児は母体と，**たいばん**（母親のからだ）と**へそのお**でつながっている。

▶**たいばん**…たいばんは，胎児の成長に必要な酸素や養分を運ぶはたらきをしている。また，不要になったものを外へ運び出している。たいばんでは，母親の血管と胎児の血管が直接つながることなく酸素や養分などのやりとりをしている。

▶**へそのお**…胎児とたいばんはへそのおでつながれている。へそのおには，胎児へ酸素や養分を運んだり，いらなくなったものや二酸化炭素を出したりする血管が通っている。

へそのおの中の血管はらせん状にのびていて，それを包む組織もとてもじょうぶにできている。そのため，胎児が動いたりにぎったりしても，へそのおがこわれてしまうことはない。

参考
• **羊まくと羊水**
胎児は，子宮内で羊まくというまくに包まれている。この羊まくの内側を満たす液体が羊水である。羊水の中で胎児はからだを動かすことができるため，からだを発達させることができる。
• **母親と胎児の血液**
たいばんでは，母親と胎児の血管は直接つながっていないため，血液がまざることはない。そのため，胎児と母親の血液型がちがっても胎児の成長にえいきょうはない。

雑学ハカセ
へそのおはさい帯ともいいます。そのへそのおは，生まれるころには全長 25〜70 cm，直径 1〜2 cm ほどになります。へそのおには動脈が2本，静脈が1本通っており，胎児へ酸素と養分を運び，胎児がつくる二酸化炭素やろうはい物のはい出などをしています。

3 人の赤ちゃんの誕生★

●**誕生と呼吸の開始**……受精後およそ38週間（266日）（37〜41週と幅がある）子宮の中で育った胎児は，母体から泣き声とともに生まれてくる。この最初の泣き声は，赤ちゃんの肺が動き始めた合図である。

▶**胎児の呼吸**…胎児が生まれる前は，羊水にひたっているため，空気中の酸素をとりこむ呼吸をすることはできない。そのため，へそのおを通して酸素を受けとり，二酸化炭素を母親に返す方法で呼吸を行っている。

▶**誕生後の呼吸**…赤ちゃんは母親の体内から出てきたら，自分の力で肺に酸素をとり入れ，二酸化炭素を出す呼吸を行うようになる。生まれた直後に赤ちゃんは大きく泣くことで肺をいっぱいにふくらませ，はじめての呼吸を開始する。

ズームアップ 呼 吸 ➡p.136

●**母乳のはたらき**……母乳は最初の食べ物として赤ちゃんにあたえられる。母乳には水分とともに，炭水化物，たんぱく質，しぼうなどの基本的な養分がふくまれている。

母乳にふくまれている成分は，初めの1か月ほどは赤ちゃんの成長に合わせて変化する。赤ちゃんの骨や歯をつくるための栄養素や，健康な脳と目の発達を助ける物質など，母乳のもつはたらきはさまざまである。

▶**病気や感染しょうを防ぐ**…母乳には，赤ちゃんを病気や感染しょうからまもる**めんえき**のはたらきがある。母乳の中には生きている細ぼうがたくさんふくまれていて，これらが赤ちゃんをまもっている。

特に，初乳とよばれる初めて出る母乳は「天然のワクチン」とよばれるほどそのはたらきが大きい。

参考 ほ乳類
生まれてからしばらくの間，母親から乳をもらって育つ生き物をほ乳類という。人以外にもイヌ，ネコ，シカなどさまざまな生き物がこのなかまにふくまれる。

ことば ワクチン
からだに病気にたいするめんえきをつくらせるため，体内に入れる病原体やその一部のことをいう。

パワーアップ
母乳は母親の血液からつくられます。しかし，血液のように赤くありません。それは，血液を赤くしている赤血球が母乳にはふくまれていないからです。さまざまな養分がふくまれた母乳は，赤ちゃんにとってたいせつな栄養源です。

3 いろいろな動物の誕生

発展 6年 5年 4年 3年

1 生まれるときのすがた★★

動物の生まれ方には，親のからだからたまごで生まれてくるもの（**卵生**）と，親と似たすがたで生まれてくるもの（**胎生**）がある。

たまごで生まれてくる動物の例（卵生）

▲ ペンギン

▲ モリアオガエル

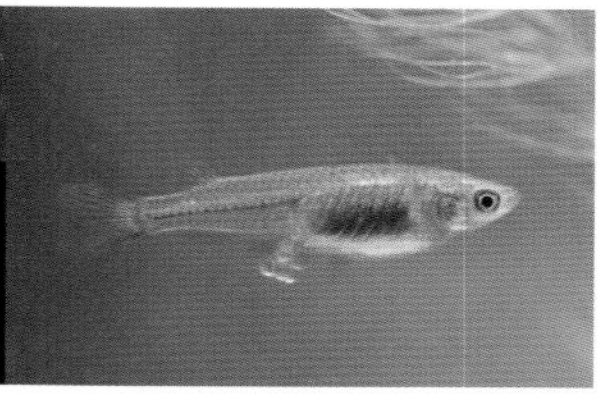

▲ メダカ

親と似たすがたで生まれてくる動物の例（胎生）

▲ シ カ

▲ イ ヌ

▲ ネ コ

- **たまごで生まれてくる動物（卵生）**……鳥や魚，カエルなどのように，親のからだからたまごで生まれてくる動物は，たまごの中で，中にある**養分**（卵の黄身にあたる部分）を使って大きくなる。子はたまごからかえると，やがて親と似たすがたになる。
- **親と似たすがたで生まれてくる動物（胎生）**……シカやイヌなどのように，親と似たすがたで生まれてくる動物は，母親のからだの中で，**養分**をもらいながら育つ。母親の子宮内で親と似たすがたに成長し，母親のからだの外に生まれ出る。生まれてしばらくの間，母親の乳（**母乳**）を飲んで育つものが多い。

卵生の例	鳥，魚，こん虫など
胎生の例	ウシ，ヒツジ，イヌ，ネコなど

雑学ハカセ
たまごを母親のからだの中でふ化させる生き物がいます。これを卵胎生といいます。卵胎生では，子が利用する養分はたまごの中のもの（卵黄）だけで，母親からの養分をもらうことはありません。マムシやグッピーなどはこの方法で生まれます。

2 動物のおすとめすのからだの特ちょう★

●**おすとめすの外から見たすがたのちがい**……動物にはおすとめすがあり，めすがたまごや子を産む。生まれたばかりのときはおすとめすのちがいはそれほど大きくないが，成長するにつれて外から見ただけで，おすとめすのちがいがはっきりわかるようになるものが多い。

▲ 外から見たおすとめすのちがい

●**おすとめすのからだの内部のちがい**……動物のおすとめすとでは，からだの内部のつくりもちがっている。

▶**おすのからだ**…おすには**精そう**があり，そこで**精子**をつくる。

▶**めすのからだ**…めすには**卵そう**があり，そこで**卵**をつくる。

▶精子と卵が結合（**受精**）することによって新しい生命が誕生する。受精した卵のことを**受精卵**という。

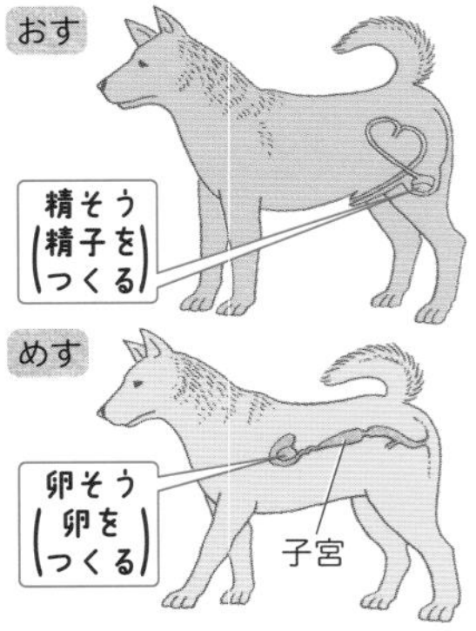

▲ イヌのからだの内部のつくり

雑学ハカセ 人と異なり，ウミガメやワニのなかまは，たまごのまわりの温度によっておすになるかめすになるかが決まります。また，サクラダイという魚は生まれたときはすべてめすですが，成長するとおすに変わります。

3 動物の誕生★★

●**受精卵の成長**……受精卵は分れつをくり返して成長する。下の図のように，はじめのうちはどの動物も同じような形をしているが，成長するにつれてそれぞれ特ちょうあるすがたになっていく。

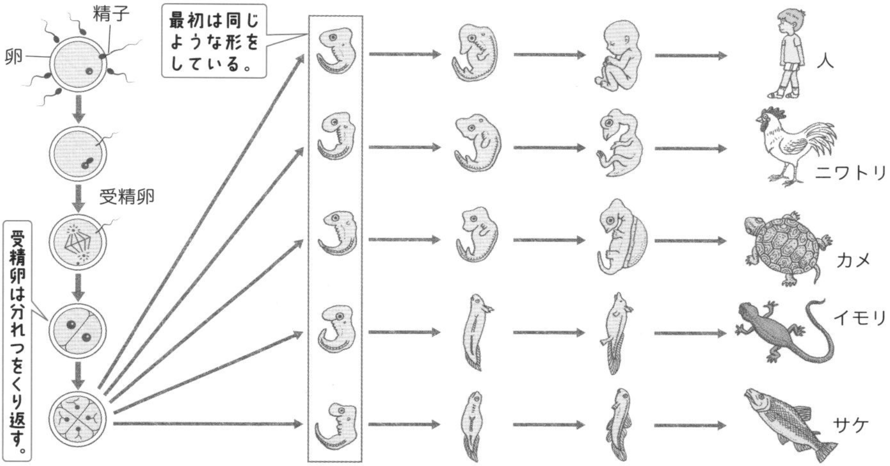

●**受精のしかた**……生き物によって，受精のしかたは異なる。

❶ **体外受精**…魚のほとんどのなかまは，めすが水中に産んだたくさんのたまご(卵)に，おすが精子をかけることで受精をする(**体外受精**)。受精卵は水中で育ち，やがてふ化して，子が生まれる。

❷ **体内受精**

▶トカゲやカメ，ニワトリなどは，おすがめすの体内に精子を送り，そこで受精する(**体内受精**)。受精卵はからにまもられて体外へ産み出される。この受精卵がふ化して，子が生まれる。

▶イヌやウサギのように，子が親と似たすがたで生まれてくる動物は，おすがめすの体内に精子を送り，そこで受精する。受精卵はめすの**子宮**の中で子に育ってから生まれてくる。

参考

• **動物の胎児のすがたが似ている理由**

いろいろな動物の胎児のすがたが似ている理由は，もとは同じ生き物から進化したためだと考えられている。

• **体外受精と体内受精**

メダカやカエルなど，からのないたまごを産む生き物は体外受精を行い，カメやニワトリなどのからのあるたまごを産む生き物や親と似たすがたで生まれてくる生き物は体内受精を行う。

パワーアップ

最もはやく卵に到達した精子1個が卵表面のまくと反応して卵の中に入ることができます。1個の精子が入ると，ほかの精子が入らないように卵の表面に厚いまくができます。

●にんしん期間と産子数……動物の種類によって，胎児が親のからだの中にいる**にんしん期間**や，親が産む子の数（**産子数**）が異なる。おもな動物のにんしん期間と産子数は表のようになっている。

動物名	にんしん期間	産子数
ゾウ	630日	1
ウシ	210～335日	1
チンパンジー	216～260日	1
ヒツジ	114～152日	1～4
イヌ	57～71日	1～12
ネコ	58～67日	3～6
ウサギ	30～35日	1～13

▲ ゾウの親子

▲ ネコの親子

●多くのたまごを産む生き物……魚やこん虫など，たまごを産んでから親がたまごの世話をしない動物は，一度に多くのたまごを産む。これらの動物は，たまごのときや成長のとちゅうで，ほかの動物に食べられることが多く，たまごを産むまでに成長できる数はかぎられている。そのため，種としての数はかん境の中でほとんど変わらない。

動物名	産卵数
クルマエビ	700000
イワシ	80000
メダカ	500～800
ヒキガエル	2500～8000
モンシロチョウ	200～500

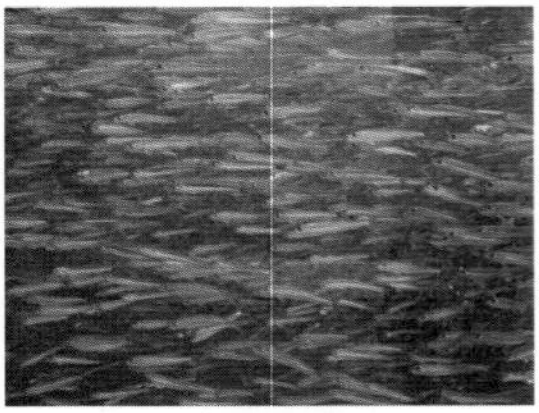
▲ イワシ

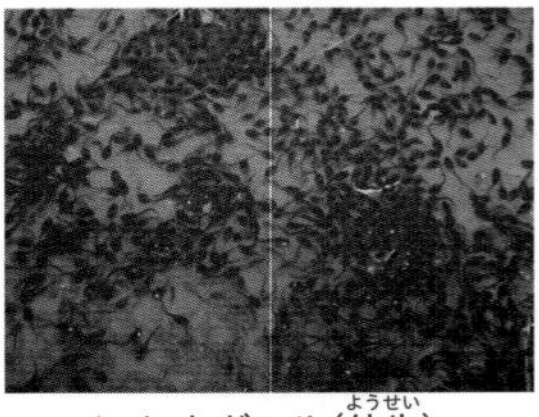
▲ ヒキガエル（幼生）

パワーアップ

合計特しゅ出生率という数字は，人について，１人の女性が一生に産むと見こまれるこどもの数です。人口を維持できる水準は2.07とされ，将来の人口が増えるか減るかの指標になります。

中学入試にフォーカス 動物の種類と生まれ方

❶動物の生まれ方

動物は，その種類ごとに生まれ方が異なる。

●**卵　生**……体内でつくった卵をそのまま出産する方法。下に示された種類の動物はこの方法で生まれる。

鳥類（スズメ，ハトなど），は虫類（トカゲ，カメなど），両生類（カエル，イモリなど）
魚類（メダカ，マグロなど），こん虫（バッタ，カブトムシなど）

▶**たまごのから**…水中にたまごを産む動物は体外受精を行い，からのないたまごを産む。陸上にたまごを産む動物は体内受精を行い，からのあるたまごを産む。たまごのからにはかんそうを防ぐはたらきがある。

からのあるたまご

▲ **ウミガメのたまご**

からのあるたまごを産む種類
・鳥類
・は虫類
・こん虫

からのないたまご

▲ **ヒキガエルのたまご**

からのないたまごを産む種類
・両生類
・魚類

●**胎　生**……体内で卵をふ化させ，胎児に養分をあたえて育ててから出産する方法。この方法で産まれる動物をほ乳類という。

ほ乳類（人，イヌ，ネコ，シカ，クジラなど）

●**卵胎生**……胎生のように体内で卵をふ化させてから出産するが，母体から養分をあたえない方法。この方法で生まれるのは，一部のサメやグッピー，マムシなどである。

生まれ方の例外

▶**カモノハシ**…ほ乳類にふくまれるが，卵生である。

▶**アブラムシ**…こん虫にふくまれるが，卵胎生である。

❷卵生・胎生の比かく

	メリット	デメリット
卵生	たくさんのたまごを産むことができる。母体への負担が小さい。	たまごが外敵にねらわれやすい。
胎生	外敵にねらわれやすいたまごの時期を過ぎている。	多くの子を一度に産むことができない。母体への負担が大きい。

入試では

ある動物が卵生か胎生かを問う問題が出題されています。カモノハシやサメなど，例外的な生まれ方をする生き物については注意が必要です。

入試のポイント

絶対暗記ベスト3

1位 受精と受精卵　受精とは，卵と精子とが結びつく現象である。受精卵は受精によって発生を開始する卵である。

2位 へそのお　へそのおは胎児とたいばんとをつないでいる。成長に必要な養分などはたいばんからへそのおを通して運ばれる。

3位 38週間　人の胎児が母親の体内にいる期間は，およそ38週間である。この期間（にんしん期間）は動物の種類により異なる。

1 胎児の成長のようす

受精後の期間	成長のようす
約4週間	心臓ができて動き始める。身長約2 cm，体重約4 g
約9週間	鼻やあごなどが形づくられ，からだの形がはっきりしてくる。 身長約9 cm，体重約30 g
約24週間	手足の筋肉が発達して，からだをさかんに動かすようになる。 身長約35 cm，体重約1000 g
約38週間	からだはじゅうぶんに成長し生まれる準備が整う。 身長約50 cm，体重約3000 g

2 子宮のようすとはたらき

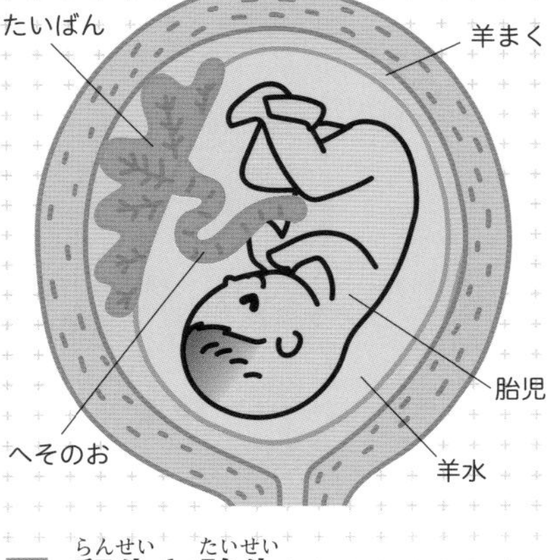

●**へそのお**……胎児とたいばんをつなぐ。

●**たいばん**……母親と胎児とをつなぎ，胎児の成長を支える役割をもつ。母親の血管と胎児の血管とが直接つながることなく，養分や酸素，二酸化炭素などのやりとりができるしくみをもつ。

●**羊水**……子宮は羊水で満たされている。胎児は羊水の中にうかんだ状態で外からのしょうげきからまもられている。

3 卵生と胎生

●**卵　生**……親のからだからたまごで生まれてくる動物。鳥・魚・こん虫など。

●**胎　生**……親と似たすがたで生まれてくる動物。人・ウシ・イヌ・ネコなど。

重点チェック

□ ❶ 母親のからだの中にいる子のことを［　　］といいます。	❶胎　児　p.118
□ ❷ 受精のとき，［　　］つの精子だけが卵の中に入ることができます。	❷1　p.118
□ ❸ 男性の精そうで［　　］がつくられ，女性の卵そうで［　　］がつくられます。	❸精子，卵（卵子）　p.119
□ ❹ 卵そうでは，約 1 か月に［　　］個の卵がつくられます。	❹1　p.119
□ ❺ 人の卵と精子を比べると，［　　］のほうが大きいです。	❺卵　p.119
□ ❻ 胎児の手足の筋肉が発達して，からだがよく動くようになるのは約［　　］週ごろからです。	❻24　p.120
□ ❼ 胎児は，母親の［　　］の中でおよそ［　　］週間育って生まれます。	❼子宮，38　p.120
□ ❽ 母親は，胎児が成長するために必要な酸素や［　　］を［　　］に送り，胎児は［　　］を通して受けとっています。	❽養分，たいばん，へそのお　p.121
□ ❾ 胎児は［　　］という液体にういていて，通常，生まれる直前は頭を［　　］に向けています。	❾羊水，下　p.121
□ ❿ 胎児のからだの中でいらなくなったものは［　　］を通してたいばんへ送られ，母体へもどされます。	❿へそのお　p.121
□ ⓫ 生まれてしばらくの間，母親から乳をもらって育っていく動物のなかまを［　　］といいます。	⓫ほ乳類　p.122
□ ⓬ カメやカエルは卵生といいたまごで生まれます。ウサギは親と似たすがたで生まれ［　　］といいます。グッピーは［　　］で生まれ，［　　］といいます。	⓬胎生，親と似たすがた，卵胎生　p.123, 127
□ ⓭ 動物では［　　］がたまごや子を産みます。	⓭め　す　p.124
□ ⓮ ニワトリは，とさかが大きいのが［　　］で，ライオンは，たてがみのあるのが［　　］です。	⓮おす，おす　p.124
□ ⓯ 精子と卵とが結びつくことを［　　］といい，このようにしてできた卵のことを［　　］といいます。	⓯受精，受精卵　p.124

レベル3 レベル2 レベル1

チャレンジ！思考力問題

●**下の文章を読んで，あとの問いに答えなさい。** 【桐光学園中-改】

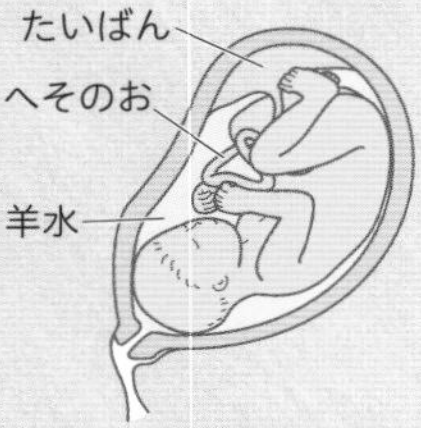

人は，肺で呼吸します。肺の内部には肺ほうという小さなふくろ状のつくりが多数あり，細い血管で包まれています。この血管を流れる血液を通して，酸素や二酸化炭素の受けわたしが行われます。

酸素は，血液中の赤血球によって運ばれ，肺にとりこまれた酸素は，肺ほうで赤血球と結びつき，全身の筋肉や臓器に運ばれます。

赤血球には，肺ほうのように酸素が（ ① ）く，二酸化炭素の（ ② ）い所では，酸素と結びつきやすく，反対に酸素が（ ② ）く，二酸化炭素の（ ① ）い所では酸素をはなしやすくするという性質があります。この性質により，肺でとりこんだ酸素を効率よくからだ中の筋肉や臓器にわたすことができます。

(1) 文章中の①，②にあてはまる語句を答えなさい。

(2) 胎児は母親の体内にいる間，自分の肺で呼吸することができません。胎児の赤血球について，次の**ア**～**オ**から正しいものを２つ選び，記号で答えなさい。

ア 胎児の赤血球は，へそのおで酸素を受けとる。
イ 胎児の赤血球は，羊水で酸素を受けとる。
ウ 胎児の赤血球は，たいばんで酸素を受けとる。
エ 胎児の赤血球は，母親の赤血球より酸素をはなしやすい。
オ 胎児の赤血球は，母親の赤血球より酸素と結びつきやすい。

キーポイント

- 赤血球のはたらきは，器官によって変わらない。
- 子宮のようすについては，たいばん，へそのお，羊水の特ちょうやはたらきについてしっかり理解しておく。

正答への道

(2) 赤血球は，まわりに酸素が多いか少ないかを確かめ，多ければ酸素をとりこみ，少なければ酸素をはなすことから，**ア**～**オ**について考える。

母親の血液と胎児の血液が直接ふれることはなく，たいばんの組織を通して，それぞれの赤血球が酸素や二酸化炭素の交かんをしている。

答え

(1) ① **多** ② **少な**　(2) **ウ，オ**

チャレンジ！ 作図・記述問題

レベル3
レベル2
レベル1

●次の図は，人とメダカの誕生の流れを表したものです。これについて，次の問いに答えなさい。

【十文字中，相模女子大中-改】

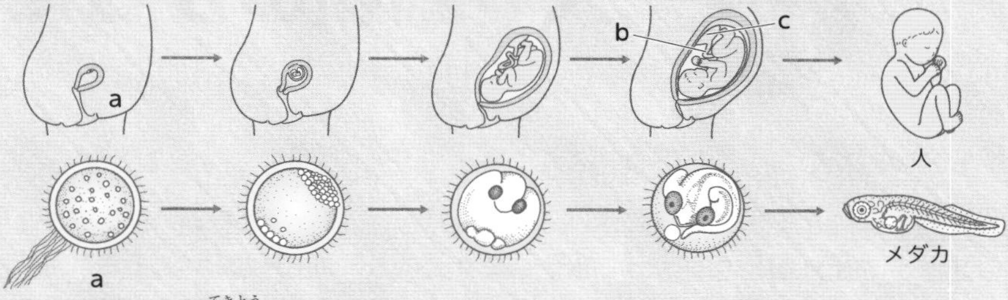

⑴ a～cに入る適当なことばを答えなさい。ただしaは漢字3文字で答えなさい。

① 卵と精子がいっしょになってできるものを（ a ）という。

② 胎児と母親のからだは（ b ）でつながっていて，母親は胎児が育つのに必要な養分を（ c ）に送り，胎児は（ b ）を通してそれを受けとる。

⑵ 人のaの大きさは約0.1 mmであるのにたいし，メダカのaの大きさは約1 mmです。なぜ，aの大きさはメダカのほうが大きいのですか。理由を書きなさい。

⑶ 胎児は，羊水とよばれる液体に包まれているため，空気を吸ったりはいたりできませんが，苦しくなってしまうことはありません。これはなぜですか。理由を書きなさい。

キーポイント

記述問題は，⑴の問題が⑵以降の問題を考える手がかりになっていることが多い。ここでは，育つのに必要な養分に注目して，問題を解いていく。

正答への道

⑵では，メダカの受精卵が大きい理由が問われている。解答文の主語は，メダカの受精卵になる。

⑶について，酸素は赤血球にとりこまれた形で胎児に運ばれることから，息を吸ってはく呼吸は必要ないことに注意する。

解答例

⑴ a―受精卵　b―へそのお　c―たいばん

⑵ メダカの受精卵は，母親から養分をもらうことなく育つ。受精卵には育つための養分をたくわえているため，その大きさは大きくなる。

⑶ へそのおを通して，母親から胎児へ酸素が送られてくるから。

ここから
スタート!

第1編

生き物

第7章 人や動物のからだ

からだのしくみを学ぼう!

人や動物は，さまざまな器官がいろいろなはたらきをして健康なからだをつくっています。

血液のはたらきや動き，食べ物が消化・吸収されるしくみなど，からだのしくみについて学びましょう。

学習することがら

1. 骨と筋肉のはたらき
2. 呼吸のはたらき
3. 血液と心臓のはたらき
4. 消化・吸収とはい出
5. 感覚器官のはたらき
6. 人と動物のからだ
7. 動物のなかま分け

1 骨と筋肉のはたらき

発展 6年 5年 4年 3年

1 骨のしくみとはたらき 入試重要度★

●**からだの骨組み**……人などの動物は，体内にたくさんの骨がある。それらが組み合わさって**骨格**をつくり，からだを支えている。人のからだは約 200 個の骨からなっている。
└→内骨格である

▶**いちばん大きな骨**…人間の骨でいちばん大きいのは，**大たい骨**という，足のつけねからひざまでの部分（ふともも）にある骨である。

▶**いちばん小さな骨**…人間の骨でいちばん小さいのは，**耳小骨**という，耳の中にある骨である。

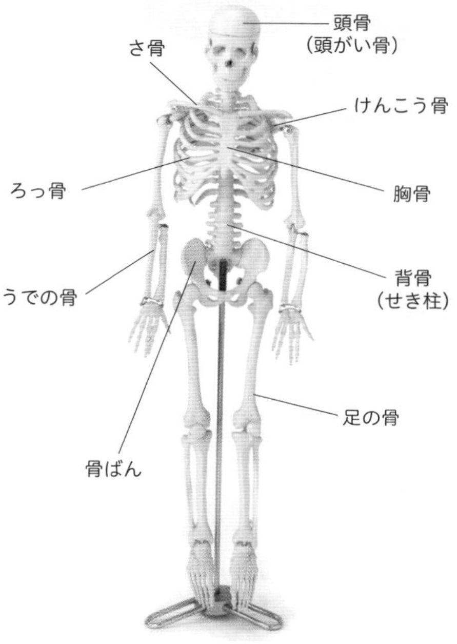

▲ からだの骨組み

●**おもな骨とそのはたらき**

▶**頭骨**（**頭がい骨**）…たいせつな頭とその中の脳をまもる骨で，頭骨の厚さはいちようではない。頭頂部や後頭部は比かく的厚く，5 mm 程度である。側頭部は 2～3 mm の厚さである。全体が箱のようになっている。

▶**胸骨・ろっ骨**…かごのようになっていて，心臓や肺をまもる骨である。上下に動くことで，呼吸作用を助けている。

▶**背骨**（**せき柱**）…からだを支える中心となっている。

▶**骨ばん**…背骨と足の骨をつなぎ，内臓を支えている。

参考 **骨と運動**
骨は単独では動くことができない。筋肉の助けを借りて動く。

雑学ハカセ
上の文中では，骨の数を約 200 個と示しました。これは，年令によって数が変わるためです。成人の骨の数は 206 個です。赤ちゃんでは 300～350 個の骨があるといわれています。

▶**動かないつながり方**…頭骨のように，平らな骨のぎざぎざとしたはしが，ぬい合わさったようにつながっているものは，強い力がはたらいても動かないようになっている。このようなつながり方を**ほう合**という。

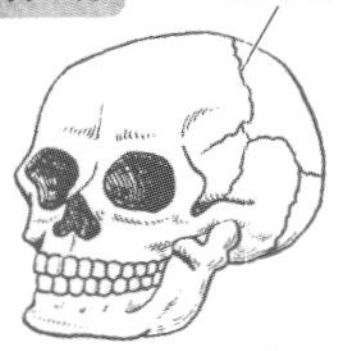

▲ 動かないつながり方

▶**少し動くつながり方**…背骨や胸の骨は，**なん骨**でつながっているので，わずかに動くことができる。背骨は小さな，数多くの骨からなっている。横から見るとＳ字形に曲がっているため，運動するときのしん動をやわらげるのにつごうよくできている。

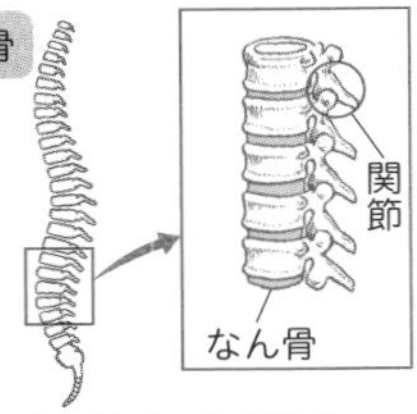

▲ 少し動くつながり方

2 筋肉のしくみとはたらき★★

●**筋　肉**……骨のまわりには**筋肉**があり，それが縮んだりゆるんだりすることでからだを動かしている。筋肉の大きさや形はいろいろある。

●**筋肉のしくみ**……筋肉は**筋せんい**という細い筋肉が何本も集まって束になり，１つの筋肉をつくっている。筋肉の両はしは**関節**をはさんで別の骨についている。うでの曲げのばしのような運動は，関節をはさんだ１組の筋肉が交ごに縮むことによって行われる。

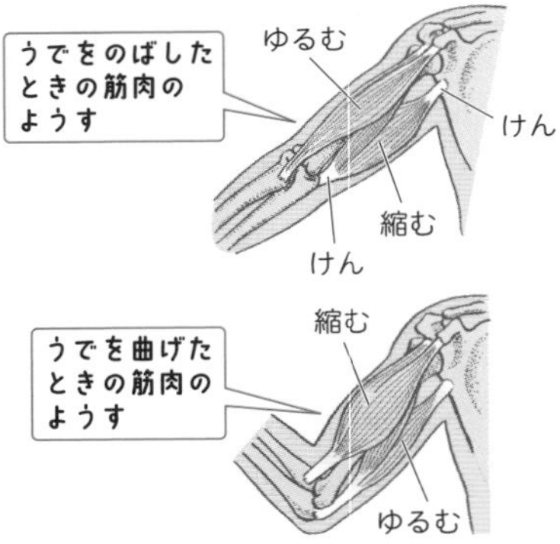

▲ うでの曲げのばしと筋肉

●**骨格筋と内臓筋**……筋肉には，骨についていて手や足の運動に関わる**骨格筋**と，内臓をつくっている**内臓筋**とがある。

▶**骨格筋**…骨格につき，骨格を動かすはたらきをする筋肉で，両はしはじょうぶな**けん**で骨についている。けんび鏡で見ると横しまが見えるので，**横もん筋**ともいう。
↳白色で光たくがある

人の意志により自由に動かすことができる，**ずい意筋**である。つかれやすい筋肉なので，ときどき休ませる必要がある。

パワーアップ
からだを動かすときは，筋肉を縮めたりゆるめたりしています。からだを動かすのに筋肉を縮めたりゆるめたりするのは，脳から筋肉に動かす命令が出されているからです。

▶**内臓筋**…胃や腸など，内臓をつくる筋肉で，けんび鏡で見ても横しまは見えない。そのため，**平かつ筋**ともいう。人の意志により自由に動かすことはできない，**不ずい意筋**である。

内臓のうち，心臓の筋肉だけは**横もん筋**でできている。これらの内臓筋は，つかれにくい筋肉である。

●**骨格筋が動くようす**……筋肉（骨格筋）を縮めると，骨を引っ張るようになって**関節**を曲げる。うでを曲げるとき力こぶが出るのは，筋肉が縮んでふくらんだからである。

3 関節のはたらき★

●**関　節**……手や足などの骨は，関節によりつながっている。関節は，接する２つの骨のはしがじょうぶなふくろ状のしくみ（**じん帯**）でつなぎ合わされている。じん帯の中には，骨と骨とのすべりをよくする液体が入っている。また，無理な力がはたらいて骨と骨とがくっつき合ってもこわれないように，**なん骨**がついている。

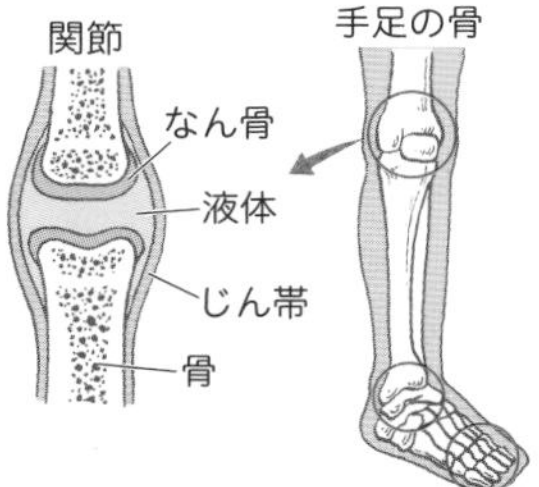

▲ 関節のようす

参考 じん帯

骨と骨をつなぎ，関節の運動をなめらかにしたり，制限したりする，弾性の強い組織。

●**骨の形**……骨の一方のはしはくぼんでいる。もう一方のはしは出っ張っている。２つの骨が関節でつながっているとき，１つの骨のくぼみにもう１つの骨の出っ張りが合うようになっている。そのため，関節がはずれないようになっている。

●**関節の種類**……関節にはいくつかの種類があり，からだの動きを支えている。

▶**ちょうばん関節**…うで，足，指などの関節は，一方に折れるように曲げることができる。

▶**らせん関節**…かたなどの関節は，円をえがくように回すことができる。

▶頭骨の骨と骨のつながりも関節とよばれるが，これは動かない関節である。

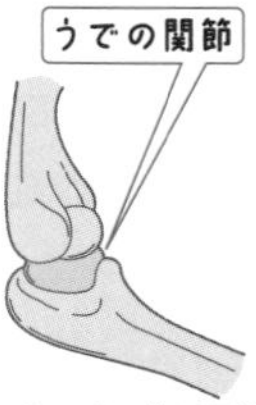

▲ ちょうばん関節

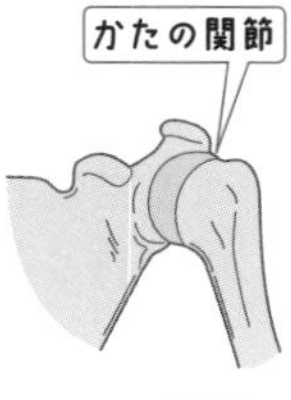

▲ らせん関節

雑学ハカセ 生まれたばかりの赤ちゃんは，頭骨にすきまがあります。これは，出産時に骨どうしを重ね合わせて産道を通りやすくするためです。成長するにつれてこのすきまはふさがります。

2 呼吸のはたらき

発展 6年 5年 4年 3年

1 吸う空気とはく空気★★

人をふくむ動物は，空気を吸（す）ったりはいたりしている。吸う空気とはく空気にはどのようなちがいがあるか，下のような実験で調べることができる。

実験・観察

吸う空気とはく空気のちがい

ねらい 吸う空気と，はく空気はどう変わっているのかを調べる。

準備 ポリエチレンのふくろ，石灰水（せっかいすい）

方法 ①ポリエチレンのふくろに空気をいっぱいに入れる。もう1つのふくろには，はいた空気（息）をいっぱいに入れる。それぞれのふくろの内側を観察する。

②それぞれのふくろに石灰水を入れ，ふくろの口を閉（と）じてよくふる。

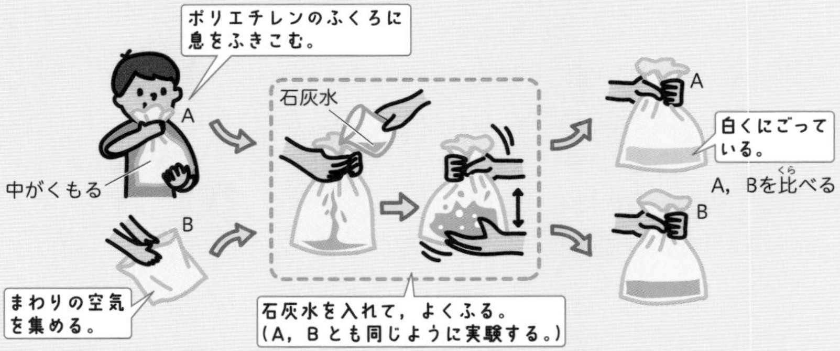
ポリエチレンのふくろに息をふきこむ。
A
中がくもる
B
まわりの空気を集める。
石灰水
石灰水を入れて，よくふる。（A，Bとも同じように実験する。）
A
白くにごっている。
A，Bを比（くら）べる
B

結果 ・吸う空気では，石灰水はほとんどにごらない。
- はいた空気では，石灰水は白くにごる。
- はいた空気が入ったふくろの内側には小さな水てきがつき，くもっている。

わかること はいた空気には，二酸化炭素（にさんかたんそ）と水蒸気（すいじょうき）がふくまれている。

●**吸う空気とはく空気の成分のちがい**……**気体検知管**（きたいけんちかん）を使って調べると，吸う空気（吸気（きゅうき））とはく空気（呼気（こき））に**酸素**（さんそ）と**二酸化炭素**がどのくらいふくまれているかを知ることができる。

	酸　素	二酸化炭素
呼　気	17 %	4 %
吸　気	21 %	0.04 %

パワーアップ

はく空気のことを呼気といい，吸う空気のことを吸気といいます。合わせて呼吸（こきゅう）ということばになります。これらのことばも覚えておきましょう。

●**酸素のゆくえ**……気体検知管を使って調べた結果から，はいた空気にも**酸素**がふくまれていることがわかる。また，酸素が減った分だけ**二酸化炭素**が増えていることもわかる。

参考 ちっ素
ちっ素は空気中におよそ78％ふくまれている。ちっ素は吸いこんでもそのままはき出される。

2 呼吸と肺のしくみ★★★

●**呼吸と空気の通り道**……酸素をからだにとり入れて，体内でできた二酸化炭素を出すことを**呼吸**という。鼻や口から吸った空気は下の図のようにからだの中へ入っていく。はくときは逆の流れとなる。**肺**は，呼吸をするための**呼吸器官**である。

ことば 呼吸系
肺，気管，気管支，いん頭，口，鼻など，呼吸にかかわる器官をまとめていう。

▶**空気の通り道**

空　気 ⇄ 鼻・口 ⇄ 気　管 ⇄ 気管支 ⇄ 肺

●**肺とそのはたらき**

❶ **肺のある場所**…胸の左右に１つずつある。**ろっ骨**にまもられている。

❷ **肺のつくり**…**気管**，**気管支**，**肺ほう**からできている。

▶**気　管**…のどから続いている部分。のどからは，食道と分かれている。

▶**気管支**…気管の先が２本に分かれた部分。左右に分かれている。

▶**肺ほう**…気管支の先がさらに細かく分かれて，とても小さなふくろになっている部分。肺ほうの数はおよそ３億個といわれ，空気とふれる面積は70～100 m² にもなる。
↳表面積を広げ，空気の交かん効率をよくしている

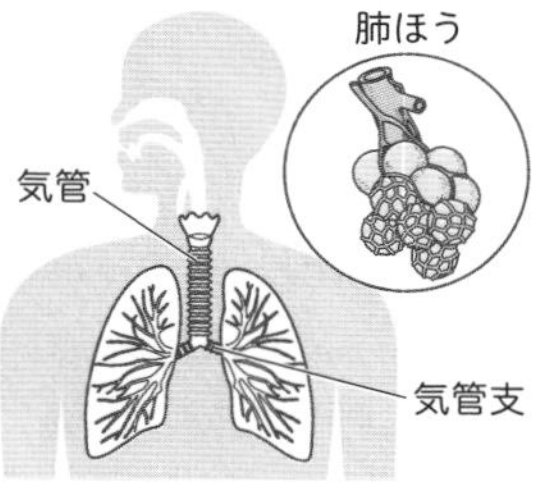

▲ 肺のつくり

❸ **肺のはたらき**…吸いこんだ空気は肺ほうに入る。肺ほうは**毛細血管**に囲まれており，毛細血管中の血液との間で酸素と二酸化炭素の交かんが行われる。肺ほうや毛細血管をつくる細ぼうのすきまは酸素や二酸化炭素のつぶよりも大きいため，酸素や二酸化炭素は出入りすることができる。

雑学ハカセ
人は，酸素を吸って二酸化炭素を出す呼吸を行いますが，酸素を使わずに呼吸をする生き物もいます。細きんなどの非常に小さな生き物には，酸素を使わずに呼吸をしているものもいます。

▶**動脈血と静脈血**…**肺ほう**では酸素と二酸化炭素の交かんを行っている。交かん前の，全身をめぐって二酸化炭素や水分を多くふくんでいる血液を**静脈血**とよぶ。交かん後の，二酸化炭素と水分を放出し，酸素をとりこんだ血液を**動脈血**とよぶ。

ズームアップ 血液のじゅんかん ➡p.140

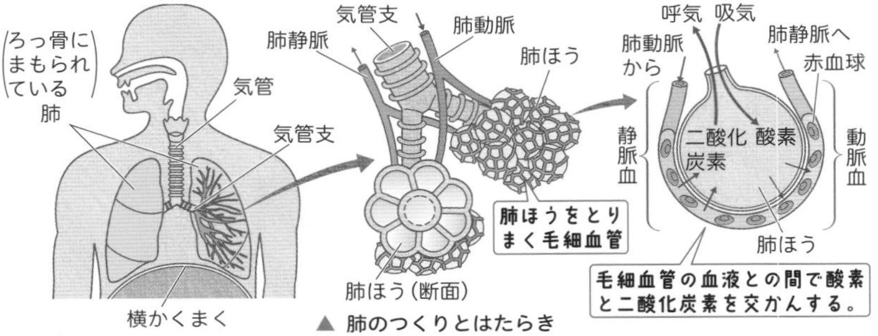

▲ 肺のつくりとはたらき

❹ **呼吸の回数**…運動をすると，からだの中で養分がさかんに使われる。これは，からだを動かすためのエネルギーを生み出すためである。このとき多くの酸素が使われ，同時に多くの二酸化炭素や水が放出される。酸素をとりこみ，二酸化炭素をはやくからだの外へ出すために，運動時には右上の表に示したように呼吸の回数が多くなる。

	呼吸数	脈はく数	体　温
運動前	23 回	78 回	36.3°C
運動直後	50 回	115 回	36.4°C
運動後 20 分	23 回	78 回	36.3°C

※表中の呼吸数・脈はく数は 1 分間の回数。人によって異なる。

ズームアップ 脈はく ➡p.140

●**空気を吸いこむしくみ**……肺は，ふくらんだりもとの大きさにもどったりしてその大きさを変えることで空気を出し入れしている。

肺は筋肉でできていないので，自身では動くことができない。

▶**空気を吸うとき，はくとき**…肺は，**ろっ骨**と**横かくまく**とで囲まれている。ろっ骨は胸の筋肉のはたらきで動くことができる。横かくまくは筋肉でできているので，自身で縮んだりゆるんだりして動くことができる。

パワーアップ

酸素は，赤血球という血液中の成分によってからだのすみずみにまで運ばれます。赤血球は文字通り赤い色をしています。そのため，血は赤いのです。

❶ 空気を吸いこむとき，**ろっ骨**は胸の筋肉により引き上げられ，**横かくまく**は縮んで下がる。その結果，肺の容積は大きくなる。

❷ 胸の筋肉，横かくまくがともにゆるむと肺はもとの大きさにもどり，空気をはき出すことができる。

❸ さらに空気をはき出すと，腹に力が入り，肺をよりいっそうおし上げている状態になる。

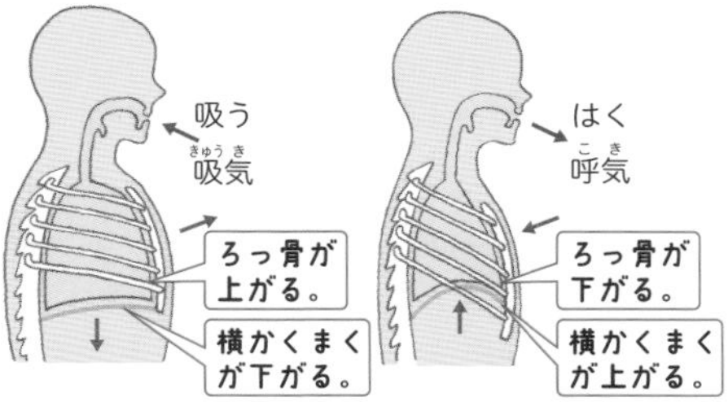

▲ 空気を吸いこむ　▲ 空気をはき出す

参考 呼吸と肺

肺の容積が大きくなったときは，息を吸っている状態である。肺がもとの大きさにもどるとき，息をはき出している。

実験・観察

肺が空気を吸いこむしくみ

ねらい　肺の運動を，次の図のようなモデルを使って確かめる。

方　法　①右の図のように，底を切ったびんの底をゴムのまくでとめる。ゴムのまくが横かくまくを表している。

②ガラス管にゴム風船をつけたゴムせんをする。ゴム風船が肺を表している。

③ゴムのまくのひもを下に引く。

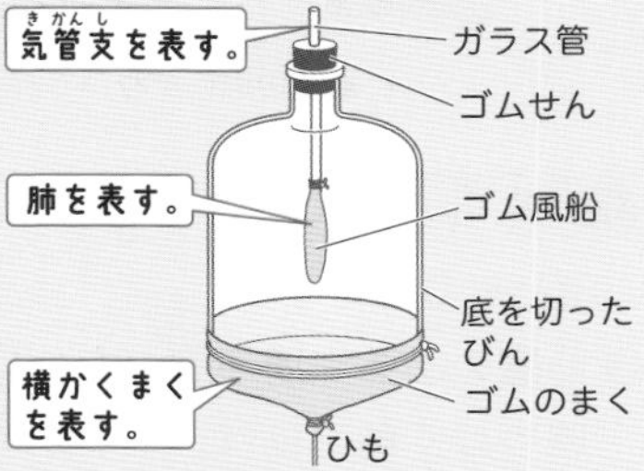

結　果　ゴムのまくのひもを下に引くと，びんの中の空気がうすくなって，外の空気がガラス管から入りゴム風船がふくらむ。

わかること　**肺に空気が入るのは，横かくまくが下がることで胸が広がるためである。このとき，ろっ骨が上がっている。**

●**えらを使った呼吸**……人と異なり，魚は**えら**で呼吸をしている。えらの中には毛細血管が通っていて，ここで酸素を吸収し，二酸化炭素を水の中に出している。えらはえらぶたの内側にある。

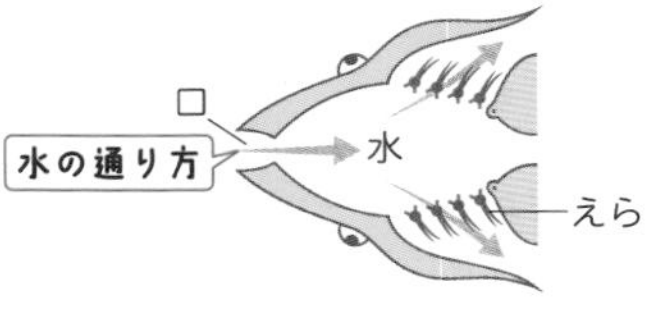

パワーアップ　クジラやイルカは水中で生活していますが，人と同じように肺で呼吸をしています。カエルは，おたまじゃくしのときはえらで呼吸をしますが，あしが生えそろうようになるとえらがなくなり肺ができます。

3 血液と心臓のはたらき

発展 6年 5年 4年 3年

1 血液のじゅんかん★

●血液のじゅんかん……血液は心臓から送り出され，全身をめぐりふたたび心臓へかえってくる。これを血液のじゅんかんという。

▶はく動…心臓の動きをはく動という。

▶脈はく…心臓の動きによっておこる血管の動きを脈はくという。

手首や首すじなどを指でおさえることで，脈はくを感じとることができる。

参考 血液の量
1分間に心臓から送り出される血液の量は，静かにしているときで約5Lである。

▲ 血液の流れがわかる所

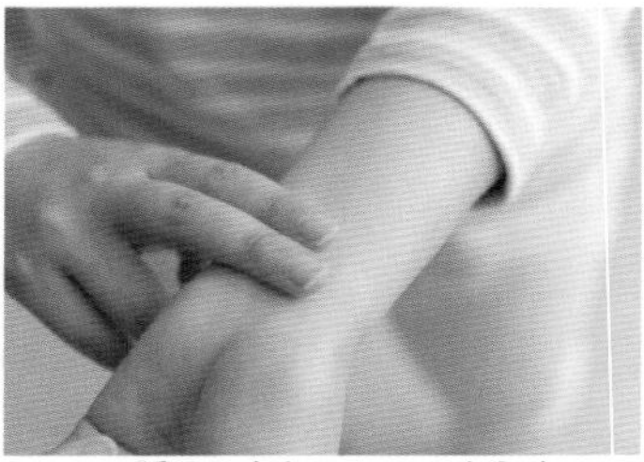

▲ 脈はくをとっているようす

2 心臓のつくり★★★

●心臓とそのつくり

❶ 心臓のある場所…胸の左側に手をあてると，心臓のはく動を感じることができる。心臓はおよそこの位置にあり，血液を送り出すために休みなく動いている。

❷ 心臓のつくり…にぎりこぶしほどの大きさで，厚い筋肉でできている。右心ぼう・右心室・左心ぼう・左心室の4つの部屋に分かれている。

▶心ぼう…血液が流れこむ部分。

▶心　室…血液を送り出すはたらきをしている。

心ぼうや心室，血管の間には弁があり，血液の逆流を防いでいる。

ことば 左心室
肺からもどってきた動脈血を全身に送り出すはたらきをしている。そのため，左心室のかべは，右心室のかべの約3倍の厚さになっている。

雑学ハカセ
脈はくの速さは，生き物によって大きく変わります。いっぱんに，ネズミなどの小さな生き物ははやく，ゾウなどの大きな生き物はゆっくりです。人はヒツジと同じ程度の速さだといわれています。

❸ **心臓の左右の表し方**…心臓の左右は，自分のからだで考える。からだの右側にあるのが，右心ぼう・右心室である。図では，向かって左側に右心ぼう・右心室があることになる。

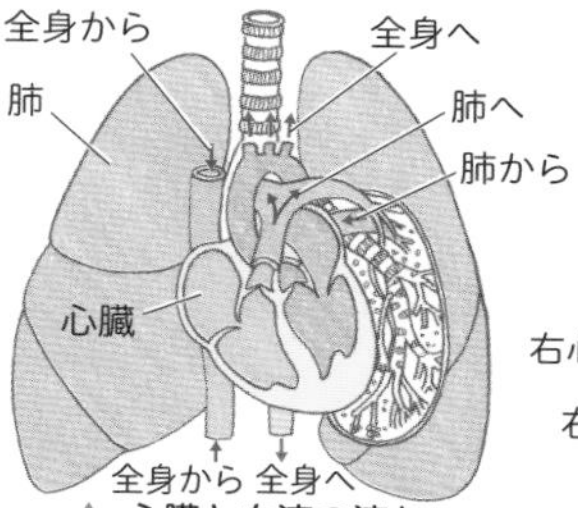

▲ 心臓と血液の流れ

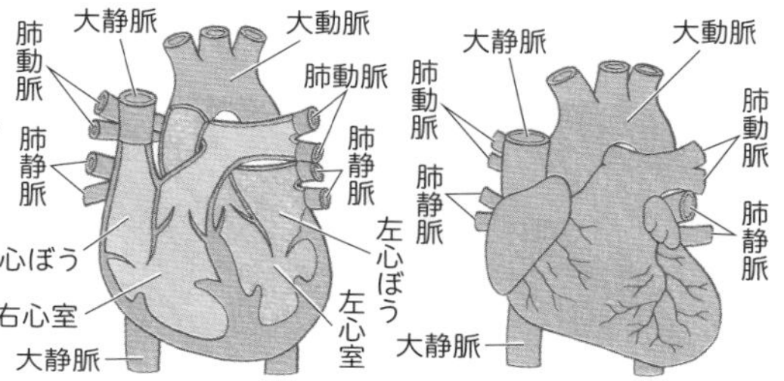

▲ 心臓のつくり

3 心臓のはたらきと血液の流れる道すじ★★

●**心臓のはたらき**……心臓ははく動という，縮んだりゆるんだりして全身に血液を送り続ける運動をしている。心臓は，右の図のような動きをすることで血液を送り出す。

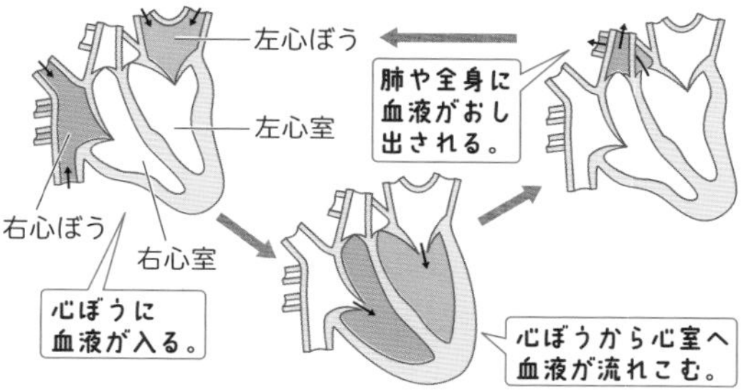

●**血液の流れる道すじ**……血液の流れには，心臓と肺とを結ぶ**肺じゅんかん**と，心臓から全身へ血液を送る**体じゅんかん**がある。

▶**肺じゅんかん**…血液は肺で酸素をとり入れ，二酸化炭素を放出する。

右心室→肺動脈（静脈血）→肺→肺静脈（動脈血）→左心ぼう

▶**体じゅんかん**…血液は全身の毛細血管で酸素を放出し，二酸化炭素をとりこむ。

左心室→大動脈→動脈（動脈血）→全身（毛細血管）→静脈（静脈血）→大静脈→右心ぼう

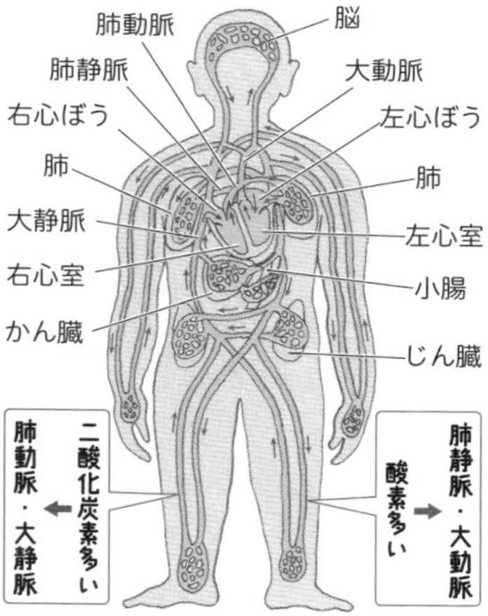

▲ 血液のじゅんかん

パワーアップ

肺動脈は，二酸化炭素を多くふくんだ静脈血を肺に送り，肺静脈は，肺で多くの酸素を受けとった動脈血を心臓に送っています。

●**動脈血と静脈血**……血液には，次の２種類がある。

▶**動脈血**…**酸素**を多くふくんだ血液。

▶**静脈血**…**二酸化炭素**を多くふくんだ血液。

肺に流れこんだ静脈血は，肺で酸素を受けとり，動脈血になる。

4 血管の種類とはたらき★★

●**動　脈**……心臓から送り出される血液が流れる血管のこと。心臓から肺へ行く**肺動脈**と，からだの各部分へ行く**大動脈**がある。動脈は血管のかべが厚く，多くはからだの深い部分を通っている。手首など，からだの表面近くに出ている所では，脈はくをはかることができる。

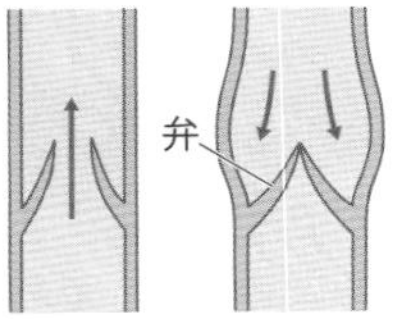

▲ 静脈の中の弁

●**静　脈**……心臓にかえってくる血液が流れる血管のこと。全身からかえってくる**大静脈**と，肺からかえってくる**肺静脈**がある。静脈はからだの表面近くを通っており，手の青すじとして見ることができる。また，静脈には血液の逆流を防ぐ**弁**がある。

●**毛細血管**……動脈と静脈の間をつなぐ，非常に細かい血管。ここでは，酸素と二酸化炭素のやりとりや，養分といらなくなったもの（不要物）のやりとりが行われる。

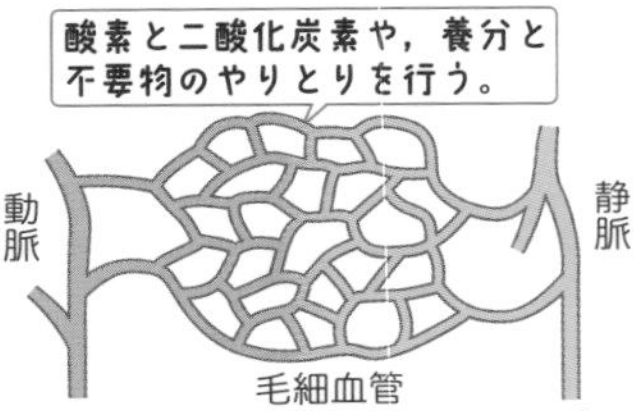

▲ 動脈や静脈と毛細血管のつながり

5 動物の血液の流れや血管の観察★★

人と同様，動物も血液が流れている。次のような方法で観察することができる。

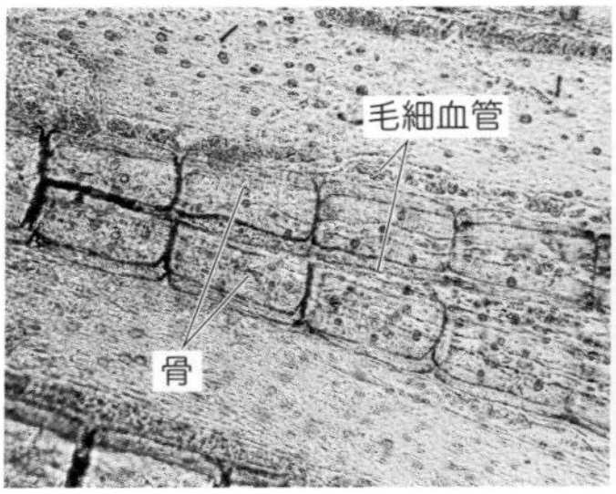

▶おびれの血流

ウサギの耳の内側でも血管を観察できる。

パワーアップ
動脈と静脈，動脈血と静脈血の区別をしておきましょう。動脈，静脈は血管ですが動脈血，静脈血は血液です。肺動脈には静脈血が，肺静脈には動脈血が流れるのも注意するべき点です。

4 消化・吸収とはい出

発展 6年 5年 4年 3年

1 食べ物の消化★★

●**食べ物**……食べ物にはいろいろな種類の養分がふくまれている。エネルギー源として使われる**でんぷん**や**しぼう**，からだをつくる材料となる**たんぱく質**は**栄養の三要素**ともよばれている。骨をつくる**カルシウム**や血液（赤血球）の成分となる**鉄**なども食べ物としてとり入れる。でんぷんやしぼうからエネルギーをとり出すために欠かせない**ビタミン**なども多くは食べ物からとり入れている。

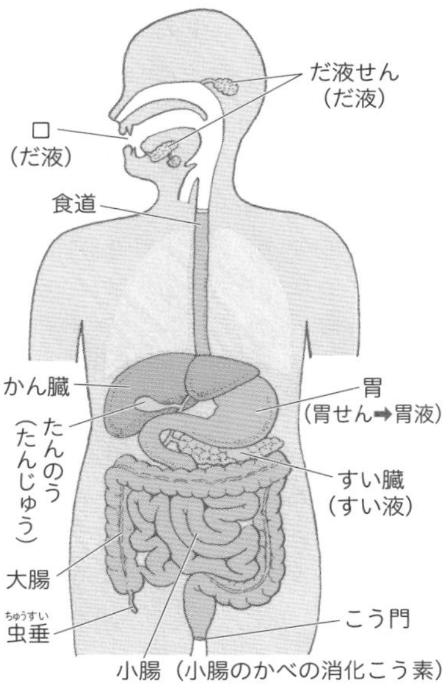

▲ 消化器官と消化液

●**消　化**……食べ物はそのままの形ではからだにとり入れることはできない。養分として吸収されるために，からだの中でどろどろしたかゆ状のものに変わり，水にとけるものになる。このことを**消化**という。

●**消化管と消化器官**

▶**消化管**……食べ物は食道・胃・十二指腸・小腸・大腸・こう門と，ひとつながりの管を通っていく。これを**消化管**という。

▶**消化器官**…消化のために必要な**消化こう素**をふくむ**消化液**を出す器官のこと。消化管と，だ液せん，すい臓などの器官とを合わせて**消化器官**という。

2 口と消化作用★

●**だ液とだ液せん**……口の中には**だ液せん**（└3種類ある）という**だ液**を出す器官がある。だ液は食べ物を消化するはたらきとともに，食べ物がのどから食道を通りやすくしている。

参考 歯のはたらき
口に入った食べ物は，まず歯でかみくだかれる。これにより，細かく，やわらかくなり，消化しやすくなる。

パワーアップ
消化管と消化器官はよく似たことばですが，漢字で書くときには注意が必要です。消化管は，口からこう門までの１つの管のことなので，竹かんむりがつきます。

実験・観察

だ液の消化作用

ねらい だ液(えき)にはどのようなはたらきがあるのかを調べる。

方　法 ①水にでんぷんを入れて加熱し，でんぷんのりをつくる。

②できたでんぷんのりを体温ぐらいの温度になるまで冷やす。

③冷やしたでんぷんのりを2本の試験管にとり，一方の試験管にだけ，だ液を入れてよくふる。もう一方の試験管はそのままにしておく。

④数分してから，両方の試験管にヨウ素液(そえき)を加える。

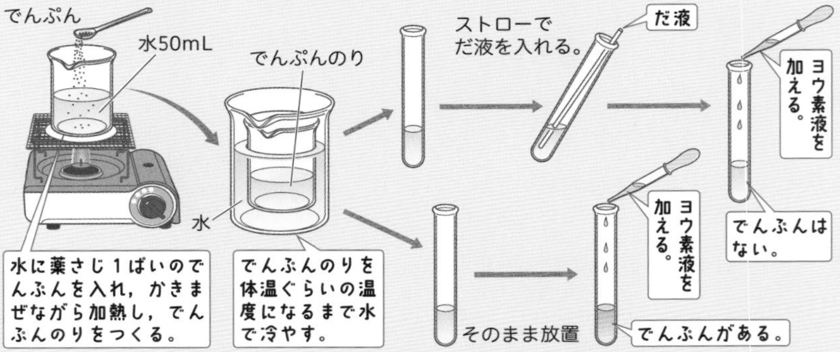

でんぷん
水50mL
でんぷんのり
ストローで
だ液を入れる。
だ液
ヨウ素液を加える。
水
でんぷんはない。
ヨウ素液を加える。
水に薬さじ1ぱいのでんぷんを入れ，かきまぜながら加熱し，でんぷんのりをつくる。
でんぷんのりを体温ぐらいの温度になるまで水で冷やす。
そのまま放置
でんぷんがある。

結　果 だ液を入れたほうの試験管は色が変わらないが，だ液を入れないほうは青むらさき色になる（ヨウ素でんぷん反応(はんのう)がおこる）。

わかること だ液はでんぷんをほかのものに変えるはたらきがある。

実験・観察

でんぷんが消化されてできたもの

ねらい でんぷんがだ液によって消化されたあと，糖(とう)に変わったかどうかを確(たし)かめる。

方　法 ①でんぷんのりを2本の試験管に入れ，一方の試験管には水を，もう一方の試験管にはだ液を入れる。

②それぞれの試験管にベネジクト液を加えて，試験管をふりながら加熱する。

③2つの試験管の色の変化を比(くら)べる。

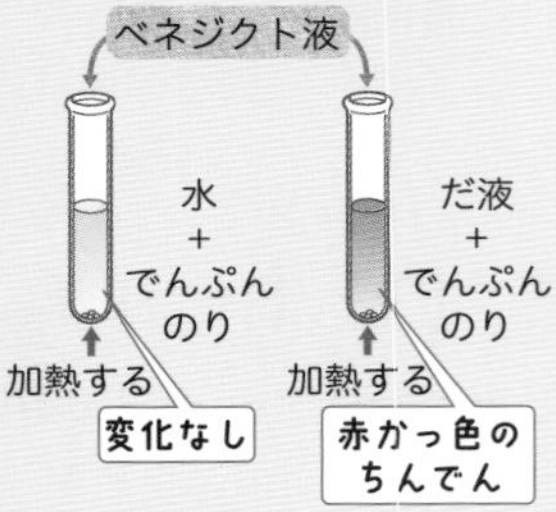

ベネジクト液
水
+
でんぷん
のり
だ液
+
でんぷん
のり
加熱する
加熱する
変化なし
赤かっ色の
ちんでん

結　果 でんぷんのりにだ液を入れたものは赤かっ色のちんでんができた。

パワーアップ 加熱をする実験では，安全のための注意がたいせつです。ベネジクト反応は加熱をします。このとき，とつ然のふっとうを防(ふせ)ぐために必ずふっとう石を入れておきます。

わかること だ液はでんぷんを糖に変えるはたらきがある。

▶**ベネジクト液**…ベネジクト液と糖をまぜたものを加熱すると，赤かっ色のちんでんができる。

3 食道のはたらき★

口である程度消化された食べ物は，のどから食道へと送られていく。食道は右の図のように縮んだり（収縮），ゆるんだりする**ぜん動運動**をくり返し，食べ物を胃へ送っていく。この運動は胃に向かって順におこるため，逆流することはない。

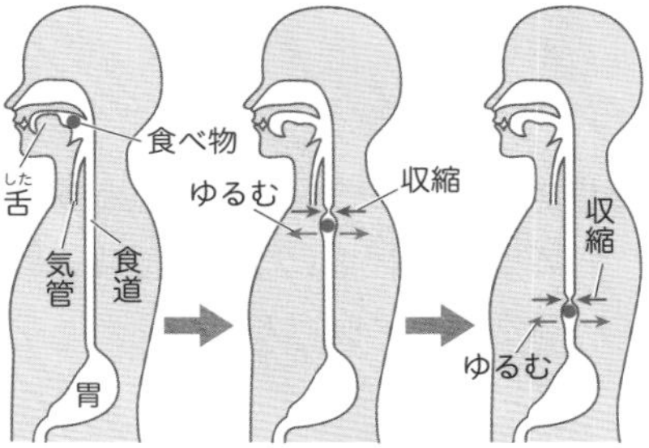

▲ 食道での食べ物の運ばれ方（ぜん動運動）

4 胃と消化作用★

●**胃のつくりとはたらき**……胃は，右の図のようなつくりをしている。容積は 1.6〜2 L くらいで，じょうぶな筋肉でできている。

▶**胃の運動**…胃に食べ物が入ると，くびれたりゆるんだりして，食べ物と消化液をまぜ合わせる。内側のかべの間には，**胃せん**という**胃液**を出す穴がある。食べ物が胃に入ると，でんぷん類で 2 〜 3 時間，たんぱく質やしぼうが多いものでは 5 〜 6 時間でやわらかくなり，小腸へ送られる。

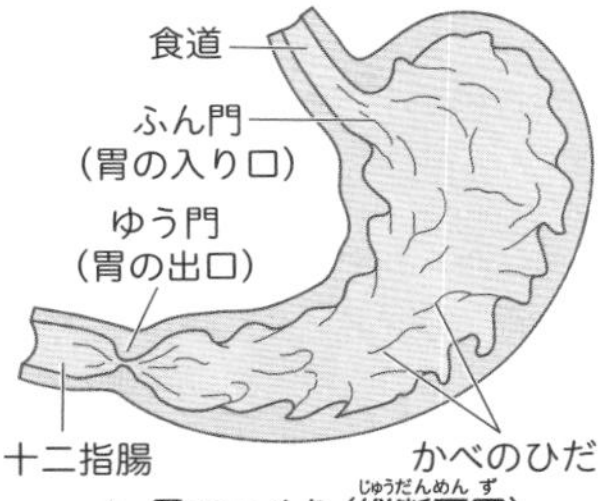

▲ 胃のつくり（縦断面図）

ズームアップ 塩 酸 ➡p.497

●**胃　液**……胃液には，**塩酸**と**ペプシン**という消化こう素がふくまれている。塩酸はペプシンがはたらきやすくするとともに，食べ物を殺きん消毒している。消化こう素のペプシンは，**たんぱく質**を**ペプトン**というたんぱく質の分解物に変えるはたらきをもっている。ペプトンは小腸でさらに**アミノ酸**へと分解される。

くわしい学習　消化こう素

でんぷんがだ液によって糖に変わるのは，だ液の中にふくまれる**アミラーゼ**という**消化こう素**のはたらきによる。消化こう素は，それぞれどの養分にはたらくか決まっている。口，胃，小腸などの消化器官ではそれぞれ決まった消化こう素が出されて，消化が進む。このとき，消化こう素自身は変化しない。

パワーアップ
筋肉は縮む，ゆるむという動きをします。のびるという動きはできません。食道や胃などの消化管も筋肉でできています。消化管の運動にも，のびるということばは使えません。

5 小腸，十二指腸と消化作用★★

●**小腸のつくり**……小腸は 4 ～ 6 m もある長い管で，胃から続く初めの部分を**十二指腸**という。

十二指腸には，**たんのう**から出る**たんじゅう**や**すい臓**から出る**すい液**などの**消化液**が出される。

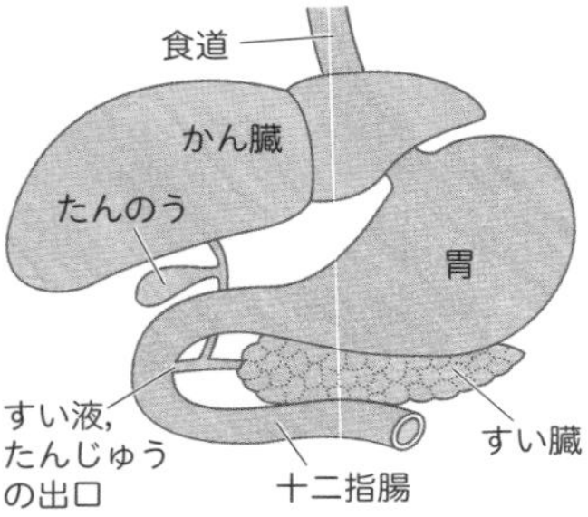

▲ 十二指腸とたんのう，すい臓

●**小腸のはたらき**……たんじゅうやすい液と，小腸のかべに存在している消化こう素によって食べ物を消化・吸収している。
└→口に入った水分の約 80 % も吸収される

❶ **たんじゅう**…**かん臓**でつくられ，**たんのう**にたくわえられる。十二指腸に食べ物が入ってくると少しずつ出され，しぼうを細かく分解し，水とまざりやすくして消化こう素のはたらきを助ける。たんじゅうは消化こう素をふくんでいない。

❷ **すい液**…**すい臓**でつくられる。たんじゅうとまざって十二指腸に出される。アミラーゼ，マルターゼ，トリプシン，リパーゼなどの消化こう素をふくんでいる。

消化こう素	消化前──→消化後の物質
アミラーゼ	デンプン──→麦芽糖
トリプシン	ペプトン──→ポリペプチド
リパーゼ	しぼう──→しぼう酸＋モノグリセリド

❸ **小腸のかべの消化こう素**…最終的な消化分解は，小腸のかべで行われる。

消化こう素	消化前──→消化後の物質
マルターゼ	麦芽糖──→ぶどう糖
ラクターゼ	乳糖──→ぶどう糖
ペプチダーゼ	ポリペプチド──→アミノ酸

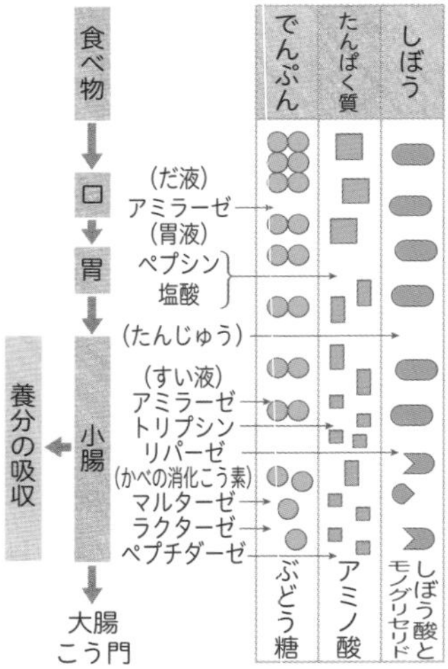

▲ 栄養分の消化と吸収

雑学ハカセ 炭水化物は，糖質と食物せんいからなっています。糖質とは，砂糖やでんぷんなど，効率よく消化されてエネルギーになるものです。食物せんいとは，人の消化こう素によって消化されない，食べ物にふくまれている成分の総しょうです。

6 大腸のはたらき★★

●**大腸のつくり**……小腸から続く太い管で，小腸より短く，1.5 m くらいである。

●**大腸のはたらき**……消化・吸収された食べ物の残りが大腸に送られてくる。ここでは消化は行われず，水分が吸収される。さらに残りかすを固めてこう門へと送っている。

↳小腸で吸収されなかった水分　　口から入って出てくるまでに約2日かかる↲

▶消化管と消化のまとめ

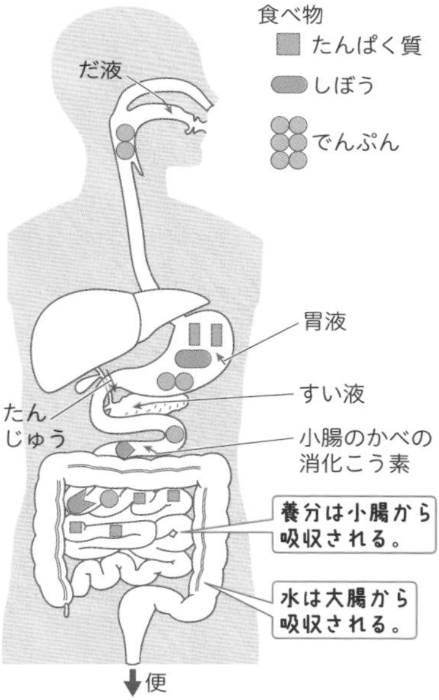

消化管	消化液など	消化こう素とそのはたらき
口	だ液	でんぷん →(アミラーゼ)→ 麦芽糖
胃	胃液	たんぱく質 →(ペプシン)→ ペプトン（たんぱく質）
	すい液	でんぷん →(アミラーゼ)→ 麦芽糖 麦芽糖 →(マルターゼ)→ ぶどう糖 ペプトン（たんぱく質） →(トリプシン)→ ポリペプチド（たんぱく質） しぼう →(リパーゼ)→ しぼう酸とモノグリセリド
	たんじゅう	しぼうを細かくし，消化こう素のはたらきを助ける
小腸	小腸のかべの消化こう素	麦芽糖 →(マルターゼ)→ ぶどう糖 乳糖 →(ラクターゼ)→ ぶどう糖 ポリペプチド（たんぱく質） →(ペプチダーゼ)→ アミノ酸 しぼう →(リパーゼ)→ しぼう酸とモノグリセリド
大腸	（なし）	消化は行われない

7 消化されたものの吸収★★

●**養分の吸収**……口から入った食べ物は胃，小腸へと送られる間に消化される。消化されたものは養分となって小腸から吸収される。

●**小腸での吸収**……小腸の内部は右の図のようになっている。かべには多くのひだがあり，ひだには**じゅう毛**（**柔突起**ともいう）がある。養分はじゅう毛の中にある毛細血管やリンパ管に吸収され，全身にゆきわたる。

↳表面積を大きくし，吸収しやすくする

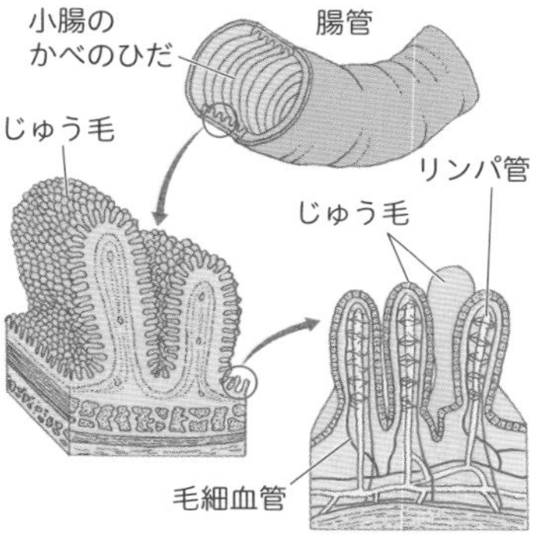

▲ 小腸の内部のつくり

雑学ハカセ 動物は，食べ物の種類によって，消化管のようすがちがっています。ウシなどの草食動物の腸は長く，ライオンなどの肉食動物の腸はそれほど長くありません。歯や目のようすもちがっています。

●**吸収された養分のゆくえ**……小腸の**じゅう毛**から吸収された**ぶどう糖**や**アミノ酸**などの養分は，おもにじゅう毛にある**毛細血管**に入り，次のような道すじで全身にゆきわたる。

養分⟶じゅう毛⟶毛細血管⟶かん臓⟶静脈⟶心臓⟶肺⟶心臓⟶動脈⟶全身

▶しぼうが分解されてできた**しぼう酸**と**モノグリセリド**は，小腸のじゅう毛から吸収されたあと，ふたたび**しぼう**になる。このしぼうはリンパ管に入り，首近くの太い血管まで運ばれる。

8 かん臓★

●**かん臓**……かん臓は，大人で1～1.5 kgの重さがあるとても大きな器官である。心臓から送り出される血液の約25％がかん臓を通る。

●**かん臓のおもなはたらき**

❶ しぼうの消化を助ける**たんじゅう**をつくる。たんじゅうは**たんのう**にたくわえられ，小腸に出される。

❷ 小腸で吸収したぶどう糖を**グリコーゲン**としてたくわえる。また，アミノ酸の一部をたんぱく質につくり変える。

❸ たんぱく質の分解でできた有害な**アンモニア**を無害な**にょう素**に変える。また，アルコールなどの有害物質を無害なものに変える（**解毒**）。

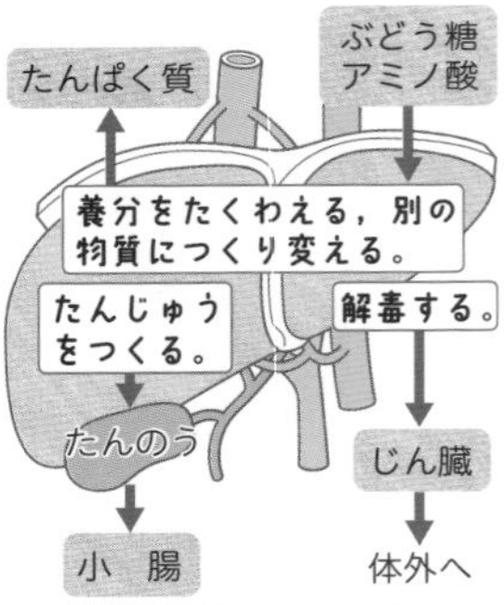

▲ かん臓のはたらき

参考 グリコーゲン
たくわえられているグリコーゲンはぶどう糖が不足すると分解され，血液に供給される。

9 いろいろな動物の消化管のつくり★

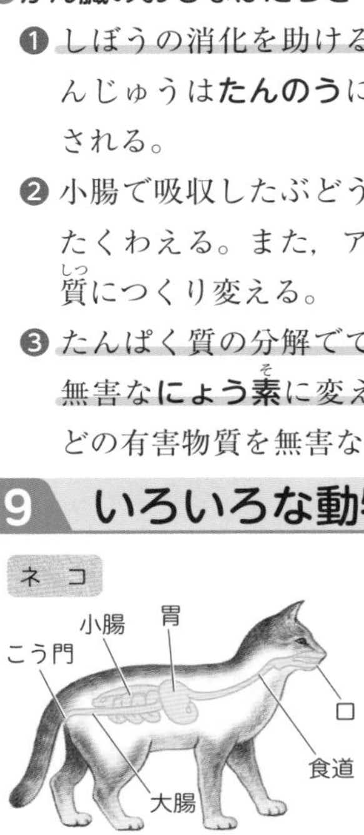

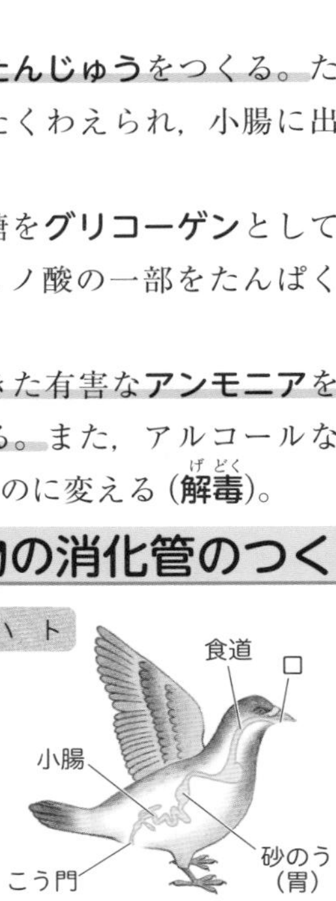

参考 いろいろな動物の消化管
動物の消化管も人と同じように，口からこう門まで一本の管のようになっている。

パワーアップ
じゅう毛の毛細血管を通して集められた養分をかん臓に運ぶ血管があります。この血管を門脈（かん門脈）といいます。

10 不要物のはい出★★

●**体内にできる不要物**……わたしたちが活動すると，からだの中には，**二酸化炭素**，**水**，**塩分**，**にょう素**などたくさんの不要物ができる。これらをからだの外に出すはたらきを**はい出**という。

▶**呼吸によるはい出**…二酸化炭素や水の一部は，呼吸のときにはく息にまじって体外に出される。

▶**その他の不要物のはい出**…その他の多くの不要物は，血液に入って**じん臓**や**皮ふ**に運ばれている。皮ふやじん臓のように，不要物を体外に出すための器官を**はい出器官**という。

●**血液で運ばれた不要物のはい出**

▶**じん臓のはたらきとにょう**…じん臓は，背中側のこしの少し上あたりに左右１つずつある。大きさはにぎりこぶしほどで，ソラマメのような形をしている。じん臓には太い血管がつながっていて，血液をろ過し，血液中の不要物をとりのぞいている。

不要物や水分は**にょう**として**ぼうこう**に送られる。ここで一時的にためられてから体外に出される。

（にょう：↳水分が大部分である）

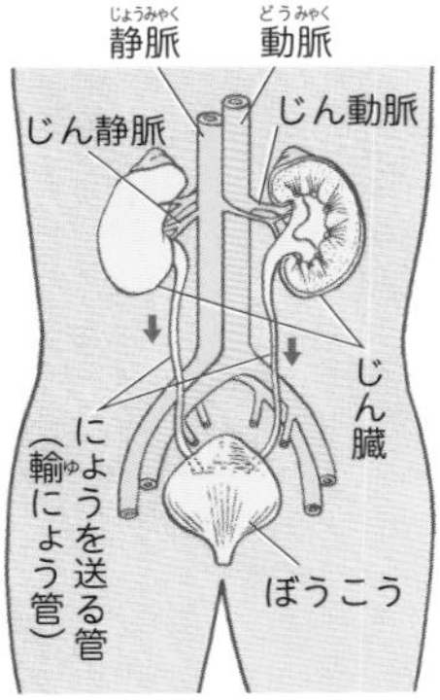

▲ じん臓とぼうこう

▶**皮ふのはたらき**…血液中の塩分などは，皮ふにある**かんせん**から**あせ**としてはい出される。あせのおもなはたらきは**体温調節**である。

皮ふは，からだに毒になるものや，病原きんが体内に入るのを防いでいる。また，外からのし激を感じたり，防いだりもしている。

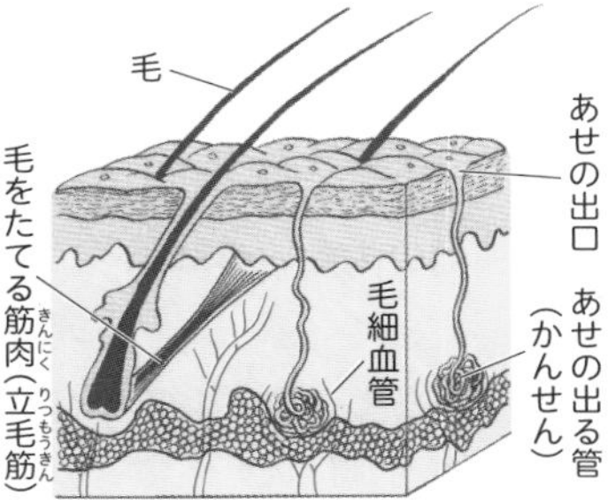

▲ 皮ふのしくみ

●**あせと体温調節**……運動したときや気温の高い夏など，体温が高くなるとあせがたくさん出てくる。このあせが蒸発するとき，からだの熱をうばい(**気化熱**)，体温は一定に保たれる。

ズームアップ 感覚器官 ➡p.151

雑学ハカセ 体温を調節するためにあせをかく動物はそれほど多くなく，人と馬くらいです。人の祖先はあせをかくことで体温の上しょうを防ぐことができるようになり，食べ物を求めて長いきょりを歩いたり，走りまわったりできるようになりました。

●**からだのいろいろな器官**……からだのいろいろな器官のはたらきは，呼吸器官，消化器官，じゅんかん器官，はい出器官に分けて考えることができる。

▶**呼吸器官**…呼吸にかかわる器官。

▶**消化器官**…消化にかかわる器官。

▶**じゅんかん器官**…血液や体液のじゅんかんにかかわる器官。

▶**はい出器官**…不要物のはい出にかかわる器官。

からだのいろいろな器官とはたらき（模式図）

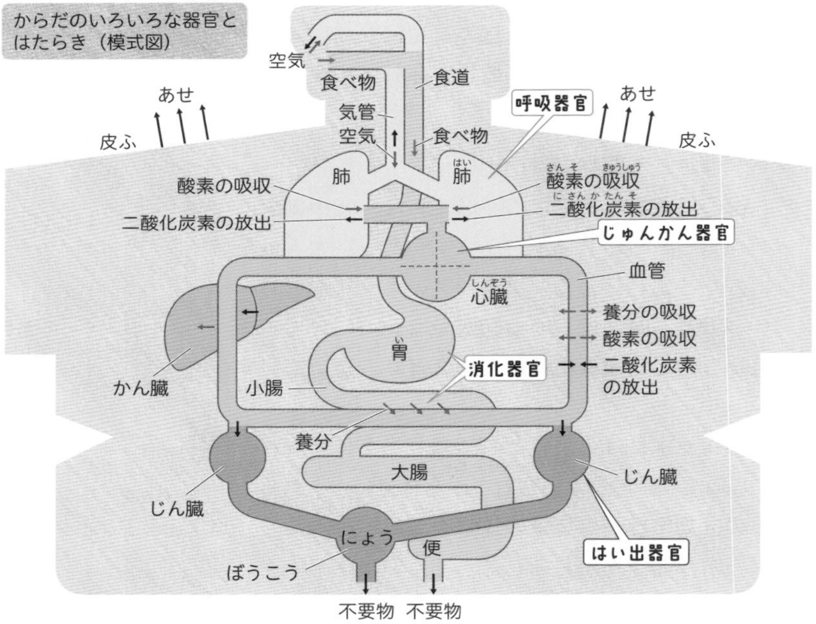

●**からだの内側と外側**……口からこう門までは１本の管でできている。この，消化管の中をからだの外側と考えると，食べ物を消化管のかべを通りぬけてからだの内側に入れることが必要となる。

消化は，食べ物を分解して消化管のかべを通りぬけられるような小さなつぶ（**養分**）にするはたらきである。消化管のかべを通りぬけると，からだの内側に入ったことになる。これを，**吸収**という。吸収された養分は血管を通って全身に運ばれる。

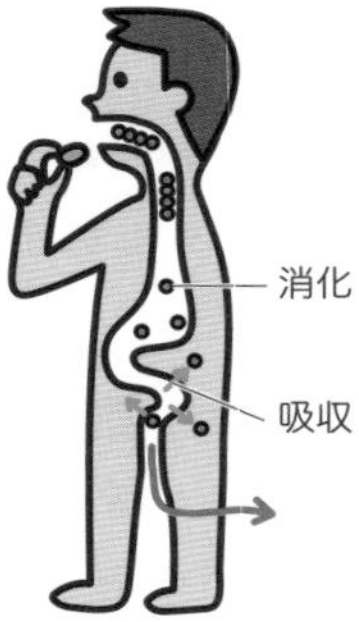

▲ 消化と呼吸

パワーアップ 血管や消化管には毛細血管やじゅう毛など細かなしくみがあります。これらのかべにはすきまがあり，ここから養分や酸素（をとかしている水）を移動させることはできますが，赤血球はせますぎて通りぬけることはできません。

5 感覚器官のはたらき

発展 6年 5年 4年 3年

●**感覚器官**……人は，自分のまわりのようすを，目，耳，鼻，舌，皮ふのはたらきを通して感じとっている。外の世界からのし激を受けとる器官を**感覚器官**という。

1 目とそのはたらき（視覚）★★

●**目のはたらき**

❶ 目は，明るさや形，色を見分ける。

❷ 両目で見ることで遠近を見分ける。

▶右の図のように，片方の目だけで見てえん筆の先を合わせることはむずかしいが，両方の目で見ると簡単にできる。

▲ 片方の目だけで遠近を調べる

●**明るさとひとみ**……明るい所では**ひとみ**は小さくなり，暗い所では大きくなる。これは，目に入る光の量が，できるだけ同じになるように調節しているためである。この調節は**こうさい**とよばれる部分で行われている。

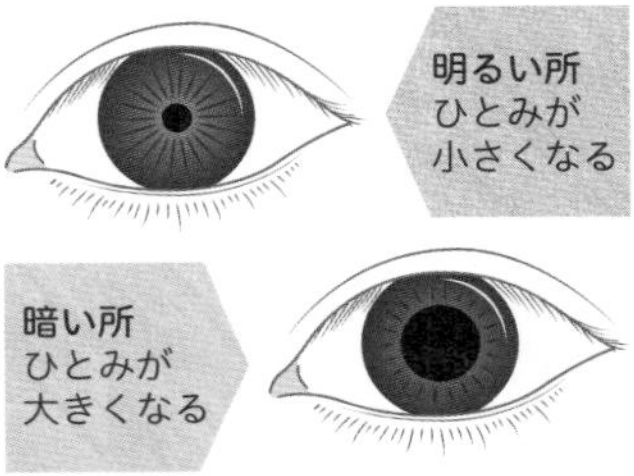
明るい所
ひとみが
小さくなる
暗い所
ひとみが
大きくなる

▲ 明るさと人のひとみ

明るい所では
ひとみが小さい。
暗い所では
ひとみが大きい。

▲ 明るさとネコのひとみ

2 耳とそのはたらき（ちょう覚）★★

●**耳のはたらき**

❶ 耳は音を集めて，音がよく聞こえるようなつくりになっている。

❷ 両方の耳で音を聞くと，音の出る方向を知ることができる。

雑学ハカセ ネコの目は人の目とちがい白い部分が見えません。この部分が外から見えると，どこを見ているのか気づかれてしまい，かりをするときや敵からにげるときに不便になるからです。しかし，人は目で気持ちを伝えるために，外から白目が見えるように変わってきました。

●ほかの動物の耳

▶ウサギやイヌの耳は大きく，自由に動かすことができる。そのため，いろいろな方向からの小さな音を聞き分けることができる。

▶バッタやセミの耳は**腹部**にあり，キリギリスやコオロギは**前あし**付近にある。魚は頭部に小さな耳があるが，**側線**も耳の役割をしている。カやハエは**しょっ角**が耳のはたらきをしている。

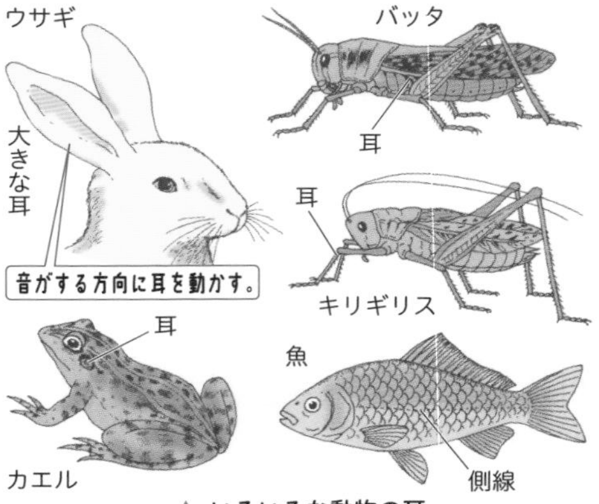

▲ いろいろな動物の耳

3 その他の感覚器官★

●皮　ふ……さわられた感じ（しょっ覚），おされた感じ（圧覚），痛み（痛覚），熱さ（温覚），冷たさ（冷覚）などを感じる。これらを感じるしくみは，からだの部分によってその数が異なる。

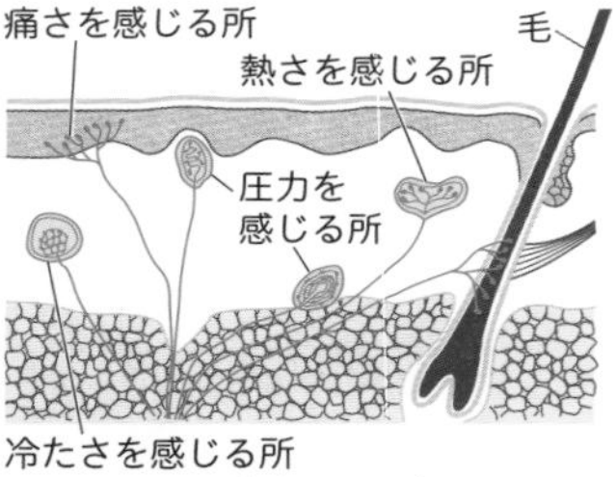

▲ 皮ふのつくり

●鼻……空気といっしょに吸いこまれてくる物質によって，**におい**（きゅう覚）を感じる。人は約 10000 種類のにおいを区別できるといわれるが，そのしくみはくわしくわかっていない。

●舌……**味**（味覚）を感じる。味覚は，あま味・うま味・にが味・塩味・酸味の5つに分けられる。から味やしぶ味も味の感覚の1つだが，感じるしくみがちがうため別のものとしてあつかわれている。

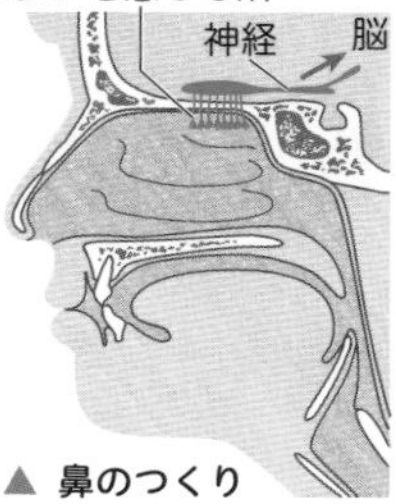

▲ 鼻のつくり

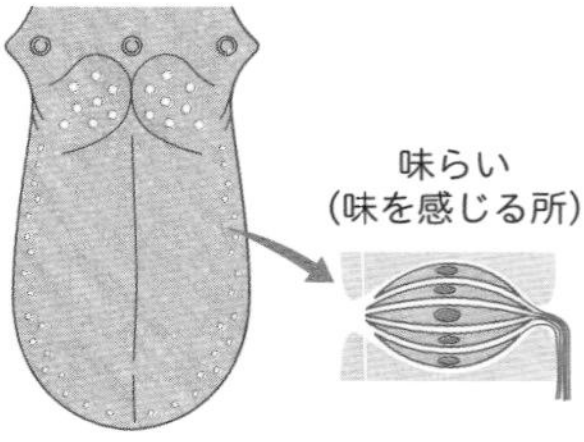

▲ 舌のつくり

　舌は，感覚器官としてだけでなく，食べ物をだ液とまぜ合わせて消化を助けたり，飲みこんだりするはたらきがある。

参考　五　感
　外界の状態を認識する，見る，聞く，におう，味わう，さわるの5つの感覚を五感という。

雑学ハカセ　味らいという味を感じる細ぼうが舌の上には5000個以上あります。以前は，味覚地図という，味を感じる舌の部分が決まっているという説が信じられていましたが，いまでは，味は舌全体で感じるということがわかってきました。

中学入試にフォーカス 目・耳のつくりとはたらき

❶目のつくりとはたらき

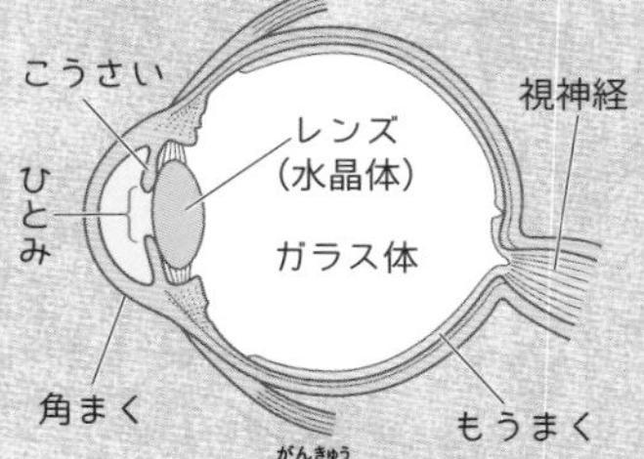

▲ 人の眼球のつくり

●角まく

黒目の部分をおおっているとう明なまく。

●こうさい

ひとみのまわりをリング状に囲む。入ってくる光の量を調節する。

●レンズ（水晶体）

角まくのうしろにあるとう明なレンズ。厚さを変化させながら入ってきた光のくっ折を調節する。

●もうまく

目に入った光が像になる場所。カメラでいえばフィルムのはたらきをする。

●視神経

目でとらえた情報を脳に伝えるはたらきをする。

❷耳のつくりとはたらき

▲ 人の耳のつくり

●耳のつくり

耳は，**外耳**，**中耳**，**内耳**の３つの部分からできている。

●耳のはたらき

音（空気のしん動）は，耳かくから外耳道を通って**こまく**をしん動させる。このしん動が中耳，内耳へと伝わって音を感じる。内耳のちょう神経は脳につながっている。

▶耳は，からだのバランスをとるはたらきもしている。耳のおくの**半規管**でからだが回転していることがわかる。

❸目のつき方と視野

草食動物と肉食動物とでは，目の位置と見えるはん囲（視野）にちがいがある。

▶**草食動物**…草食動物は見えるはん囲を広くすることで敵から身をまもっている。

▶**肉食動物**…肉食動物は立体的に見えるはん囲が広く，えものを追いかけるのにつごうがよくなっている。

草食動物（シマウマ）

肉食動物（ライオン）

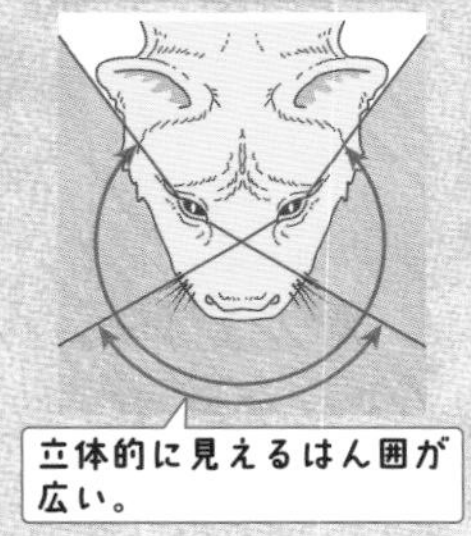

入試では 目や耳のつくりの図を見て，それぞれの部分の名まえやそのはたらきについて述べた文についての解説から，正しいものを選ぶような問題が出題されています。

6 人と動物のからだ

発展 6年 5年 4年 3年

1 人と動物の骨格★

●**人と動物の骨格**……人は背骨のある動物（せきつい動物）のなかまである。せきつい動物どうしは，骨の形や大きさはちがっているが，骨のつながり方など，よく似たところが多い。

参考 いろいろな動物の骨格
カエルやウサギはジャンプをするためうしろあしが発達し，ハトはつばさを動かす筋肉がある胸骨が発達している。

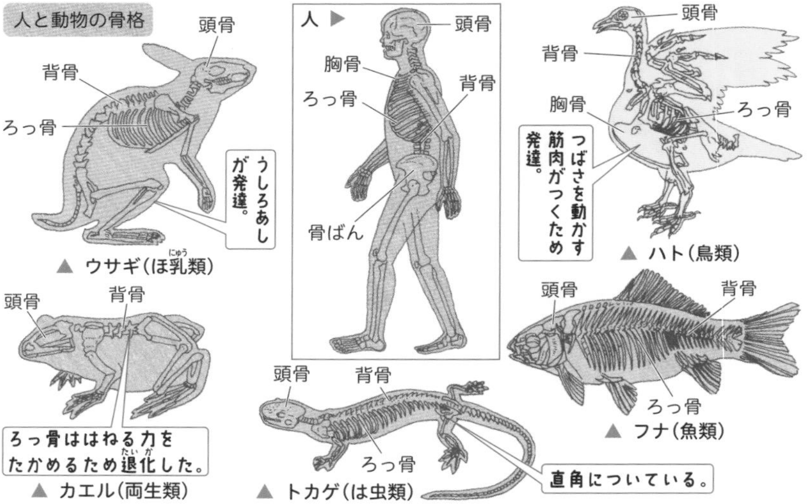

●**人とゴリラの骨格**……人とゴリラは遺伝的に近いなかまである。ところが，人は立って歩くようになったことで骨格のようすがちがってきた。

参考 れい長類
人もゴリラも，れい長類というなかまである。

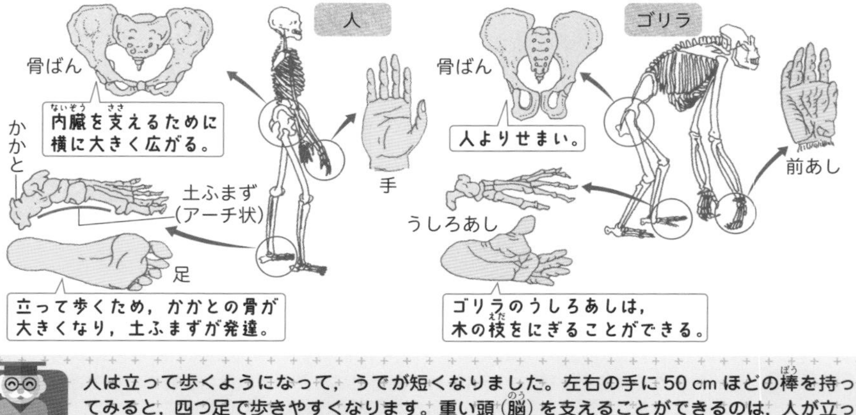

雑学ハカセ 人は立って歩くようになって，うでが短くなりました。左右の手に 50 cm ほどの棒を持ってみると，四つ足で歩きやすくなります。重い頭（脳）を支えることができるのは，人が立って歩くようになったからです。

2 人と動物のからだ★

背骨のある動物のからだのつくりやはたらきを人と比べると，それぞれの生活のしかたで同じ所とちがった所を見つけることができる。

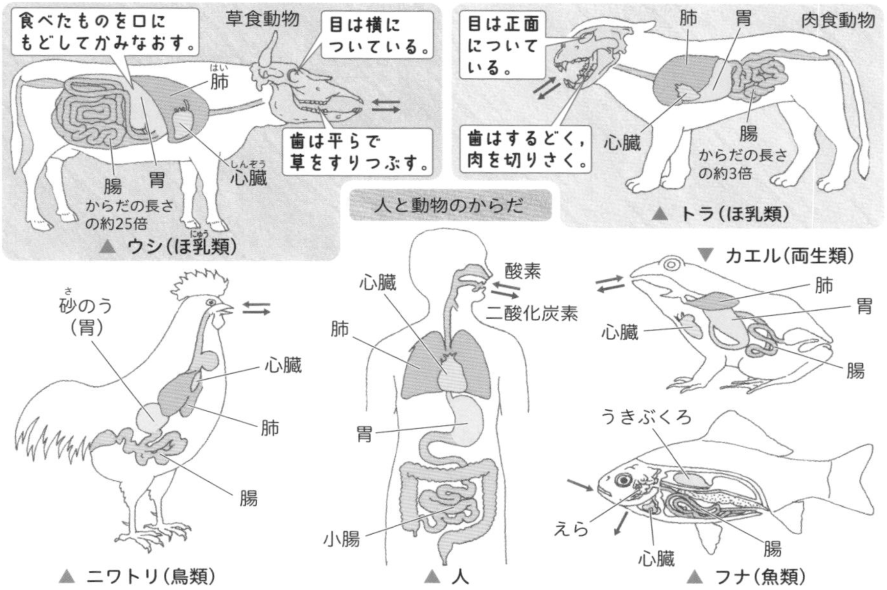

動物名	ウ　シ	ト　ラ	ニワトリ	カエル	フ　ナ
呼吸のしかた	肺呼吸	肺呼吸	肺呼吸	えら呼吸から肺呼吸へ	えら呼吸
消化のしくみ	腸が長い。しくみは人と似ている。	腸が短い。しくみは人と似ている。	砂のうでくだく。しくみは人と似ている。	しくみは人と似ている。	しくみは人と似ている。
心臓のつくり	2心ぼう 2心室	2心ぼう 2心室	2心ぼう 2心室	子は1心ぼう1心室，親は2心ぼう1心室	1心ぼう 1心室

▶ 2心ぼう2心室では，動脈血と静脈血がまざることなく血液のじゅんかんを行うことができる。

パワーアップ
動物は，受精卵が変化をくり返して成長します（発生）。初めのうちはどの動物も同じように変化していきます。消化や心臓のしくみが似ているのは，発生の最初のころにできる共通の器官だからと考えられます。

3 魚の消化管★

フナやアジなどの魚を解ぼうし，観察する。

実験・観察

フナの消化管を調べる

ねらい フナを解ぼうして，消化のようすを調べる。

方法 ①新せんなフナ，解ぼう用はさみを用意する。

②こう門からはさみのとがったほうをさしこみ，小さい切れこみを入れる。

③はさみのまるみのあるほうを魚の中に入れ，A～Cの順に切り開く。

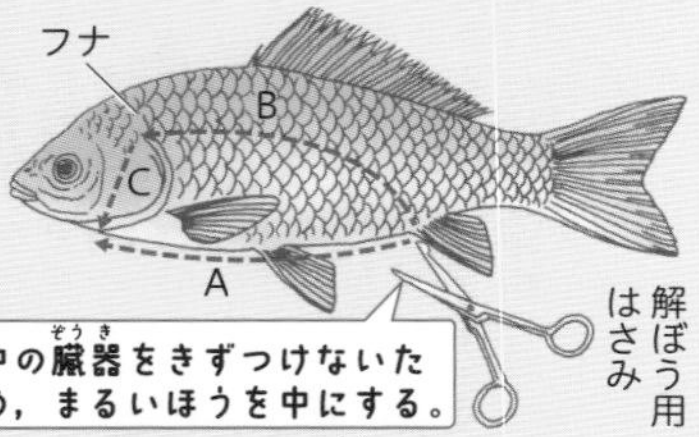

④口に近いほうの腸と，こう門に近いほうの腸を切り開いて，比べてみる。

結果 口に近いほうの腸では食べたものの形がわかるが，こう門に近いほうではどろどろで見分けられない。

わかること 人と同じように，魚の消化管でも，順次食べ物が消化されていく。

●**フナのからだの内部のつくり**……骨格でまもられた内部にいろいろなはたらきをする器官がある。

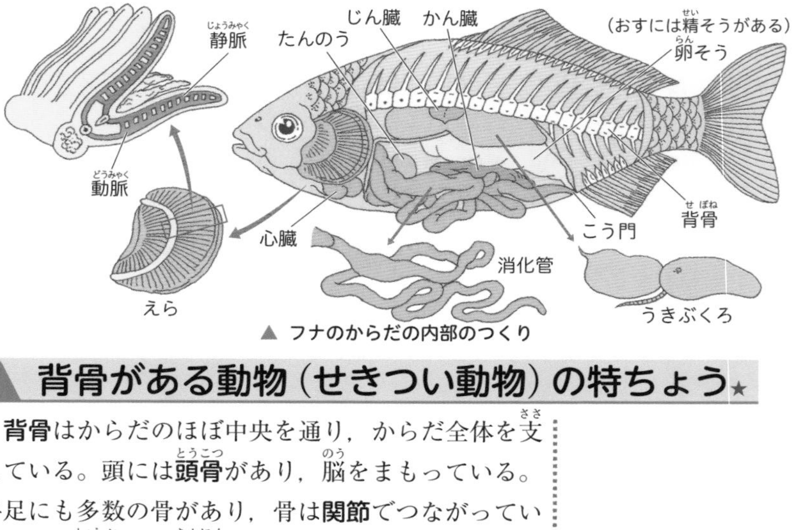

▲ フナのからだの内部のつくり

4 背骨がある動物（せきつい動物）の特ちょう★

背骨はからだのほぼ中央を通り，からだ全体を支えている。頭には**頭骨**があり，脳をまもっている。手足にも多数の骨があり，骨は**関節**でつながっている。骨の周囲には**筋肉**がついている。

雑学ハカセ 料理でだしをとるときに使うにぼしでも魚の解ぼうができます。指でほぐしていくと消化管のほかに，脳やえら，心臓，かん臓，筋肉，骨格や眼球なども観察できます。

7 動物のなかま分け

発展 6年 5年 4年 3年

1 動物の特ちょう★

●**植物と動物のちがい**……植物と動物の大きなちがいは，エネルギーのとり入れ方である。

植物は光合成によって自分で栄養分をつくり出すことができるが，動物は自分で栄養分をつくり出すことができない。

そのため，動物は植物やほかの動物を食べることによって，生きていくために必要なエネルギーをえている。

●**動物のなかま分け**……動物のもついろいろな特ちょうをもとに，なかま分けをすることができる。なかま分けをするときは，ひとつの特ちょうについて考えてみるとわかりやすい。

ズームアップ 生産者，消費者
➡p.172

2 背骨の有無★★

背骨の有無によって，動物を次のように分けることができる。

▶**せきつい動物**…背骨をもつ動物のなかま。

▶**無せきつい動物**…背骨をもたない動物のなかま。

参考 せきつい動物
せきつい動物は，魚類，両生類，は虫類，鳥類，ほ乳類の５種類に分けることができる。

●**せきつい動物と無せきつい動物**……人は，背骨をもっているのでせきつい動物のなかまである。魚のからだの頭から尾までのびる太い骨は背骨であるため，魚もせきつい動物のなかまである。

テントウムシやチョウなどのこん虫は背骨をもたないので無せきつい動物のなかまである。

このようにして動物のなかま分けをすると，人とメダカは同じなかまということになる。

無せきつい動物

せきつい動物

雑学ハカセ
両生類の両という字は，陸と水の両方という意味です。生はもともと棲という字を使っていました。この字には，すむ，生息するという意味があります。棲という文字が常用漢字からはずれたために，両棲類から両生類と書くようになりました。

3 動物の体温★★

動物は，体温の変わり方のようすから，次の2種類に分けることができる。

▶**変温動物**…まわりの温度にともなって体温が変化する動物のなかま。変温動物には冬眠(とうみん)をするものがある。

▶**こう温動物**…まわりの温度が変わっても，体温を一定のはん囲(い)に保(たも)つしくみをもっている動物のなかま。

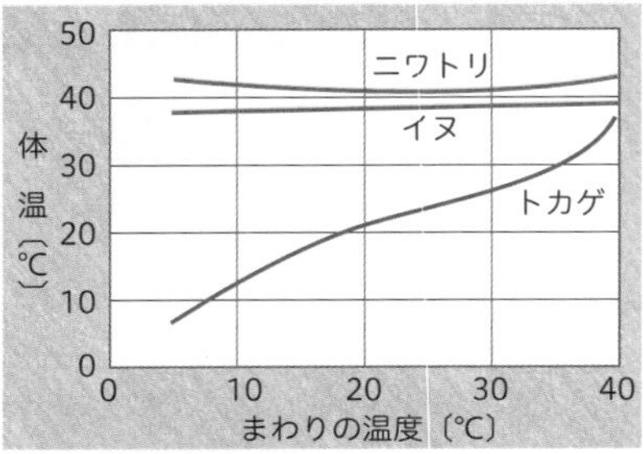

▲ 変温動物とこう温動物の体温

4 動物の呼吸★

動物の呼吸(こきゅう)方法は，生活の場に合わせて変わる。次の3種類に分けることができる。

▶**水中で生活する動物**…おもに**えら**で呼吸を行う。

▶**しめった場所で生活する動物**…おもに**肺**(はい)と**皮ふ**で呼吸を行う。

▶**陸上で生活する動物**…おもに**肺**で呼吸を行う。水中に比(くら)べ，空気中には酸素(さんそ)がたくさんあるため，陸上の生き物は空気中からたくさんの酸素を直接(ちょくせつ)からだにとりこむように，肺が発達してきた。

参考 クジラ・イルカ
クジラやイルカは水中で生活するが，肺で呼吸を行っている。動物はそれぞれ適(てき)した方法で呼吸を行っている。

5 動物の生まれ方★

動物の生まれ方は，たまごから生まれる卵生(らんせい)と，親と似(に)たすがたになって生まれる胎生(たいせい)の2種類に分けることができる。

▶**卵　生**…母親のからだの中でできた卵(らん)がたまごのまま生まれるものを卵生という。

▶**胎　生**…母親のからだの中で受精卵(じゅせいらん)が育ち，親に似たすがたになって生まれるものを胎生という。

●**たまごのから**……ニワトリのたまごのようにからがあるものと，魚のたまごのようにからのないものがある。陸上に産みつけられるたまごにはからがあり，水中に産みつけられるたまごにはからがない。

参考 卵胎生(らんたいせい)
サメ，マムシなどはたまごで生まれるが，そのたまごを母親の体内でふ化させてから生まれる卵胎生という生まれ方である。これは，体内でたまごをあたためているだけで母親のからだから養分をあたえているわけではない。

雑学ハカセ
生命は35億年以上の長い時間をかけてさまざまなかん境(きょう)に合わせてすがたを変え，植物や動物へと進化してきました。動物のなかま分けは，進化のようすを分類したものです。生きている種(しゅ)はすべて進化の最先たんであると考えられています。

6 せきつい動物のなかま分け★

せきつい動物のそれぞれの特ちょうをまとめたものを下の表に示す。

	魚　類	両生類	は虫類	鳥　類	ほ乳類
動物の例	メダカ・フナ・イワシなど	カエル・イモリなど	ヘビ・カメ・ヤモリ・ワニなど	スズメ・ハト・ペンギンなど	イヌ・サル・クジラなど
からだの表面のようす	うろこでおおわれる	ねんまくでおおわれる	うろこでおおわれる	羽毛でおおわれる	毛でおおわれる
体　温	変温動物	変温動物	変温動物	こう温動物	こう温動物
呼　吸	えら呼吸	子はえら呼吸 親は肺・皮ふ呼吸	肺呼吸	肺呼吸	肺呼吸
生まれ方	卵生(からがないたまご)	卵生(からがないたまご)	卵生(からがあるたまご)	卵生(からがあるたまご)	胎　生

●せきつい動物の骨格……せきつい動物の骨格は，下の図のようになっている。

▲ハト(鳥類)

▲トカゲ(は虫類)

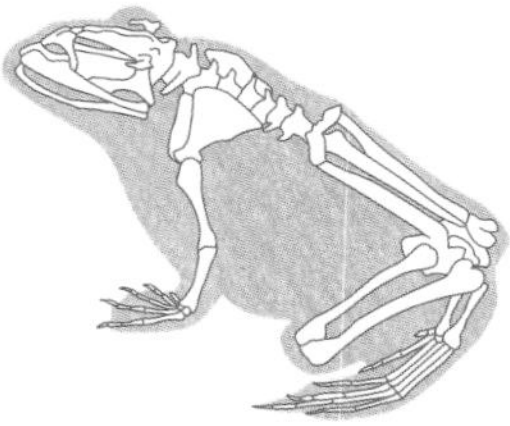
▲カエル(両生類)

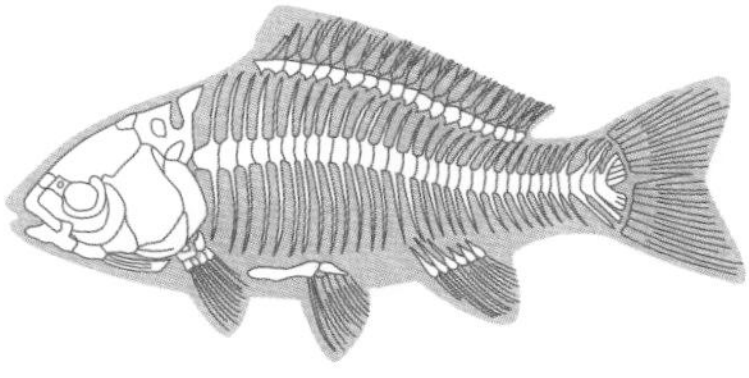
▲フナ(魚類)

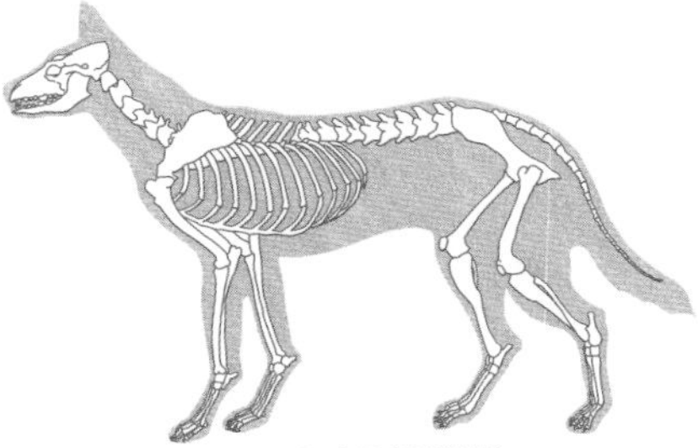
▲イヌ(ほ乳類)

雑学ハカセ　カエルの骨格を，ほかのせきつい動物のなかまと比べてみると，ろっ骨がないことに気づきます。カエルにろっ骨がないのは，それが発達しなかったのではなく，退化させたためです。はねるためにろっ骨をなくしていったと考えられています。

7 せきつい動物のすむ場所★

せきつい動物を，そのすむ場所ごとに分けて図にすると，下のようになる。

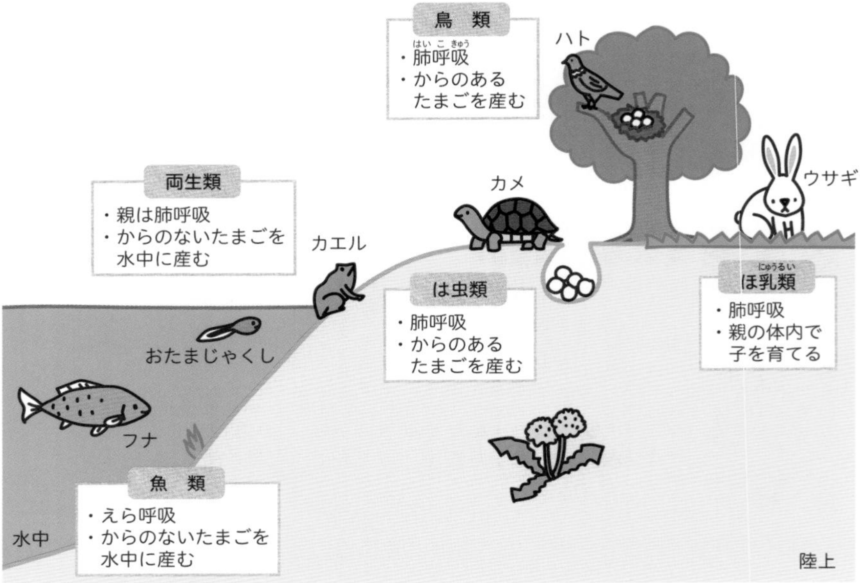

●**海にすむほ乳類**……ほ乳類は広く陸上に分布している。しかし，中には海にすんでいるほ乳類のなかまもいる。例として，クジラ・シャチ・イルカがあげられる。

いっぱんに，クジラ・シャチ・イルカは体長で区別されている。体長が 4～4.5 m 以下の小さいものをイルカ，6～9 m のイルカよりひとまわり大きいものをシャチ，それよりさらに大きいものをクジラという。

参考 クジラ・シャチ・イルカ
クジラ・シャチ・イルカのちがいについては，研究者によって見解が異なるため，明確に断定することはできない。左の区分は一例である。

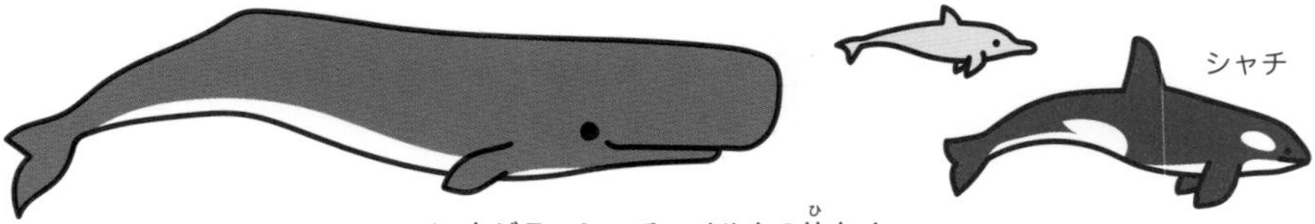

▲ クジラ・シャチ・イルカの比かく

雑学ハカセ イルカは，片目だけをつぶってねむります。このとき，イルカがウインクをしているように見えるそうです。これは，ねむっている間に敵におそわれないように，左右の脳を交代で休ませているためです。

8 無せきつい動物のなかま分け★

●**節足動物となん体動物**……無せきつい動物のうち，からだがかたいからでおおわれているなかまを**節足動物**という。また，からだをまもる骨格をもたないなかまを**なん体動物**という。無せきつい動物もせきつい動物と同じように，呼吸の方法などのさまざまな特ちょうでなかま分けをすることができる。

ズームアップ なん体動物 ➡p.162

9 節足動物のなかま★

●**節足動物**……からだの表面はかたい**外骨格**でおおわれている。成長してからだが大きくなるときには，古い外骨格をぬぎすてるようにだっ皮をして，ひとまわり大きい新しい外骨格をつくる。からだは，**体節**という節がつながるようにしてできている。体節の間は，ほ乳類の関節のように動くしくみをもつものが多い。

ズームアップ 外骨格 ➡p.23

節足動物は，こん虫類，こうかく類，クモ類，多足類に分けられる。

▶**こん虫類**…胸部に3対（6本）のあしをもつ。目は1対（2個）の複眼と3個の単眼をもつ（例外もある）。2対（4枚）のはねをもつが，もたないものもある。気管で呼吸をする。

アリ・バッタ・カブトムシなどたくさんの種類がいる。動物の中で最も種類が多いのはこん虫類である。

▲ こん虫類

▶**こうかく類**…頭胸部に5対（10本）のあしをもつものが多い。はねはもたない。複眼を1対（2個）もつが，単眼はない。えらや体表で呼吸をする。

カニやダンゴムシなどがこのなかまである。ミジンコもこうかく類である。

▲ こうかく類（ダンゴムシ）

雑学ハカセ サンヨウチュウという生き物の化石を見たことはありますか。古生代（約5億4000万年前～2億5000万年前）に生きていた節足動物のなかまです。化石を見ると，からだがたくさんの節（体節）でできていることがわかります。

▶**クモ類**…頭胸部に4対（8本）のあしをもつ。はねはもたない。複眼はなく，4対（8個）の単眼をもつ。クモ類にはしょっ角がない。書肺と気管で呼吸をする。

クモやダニ，サソリなどがこのなかまである。

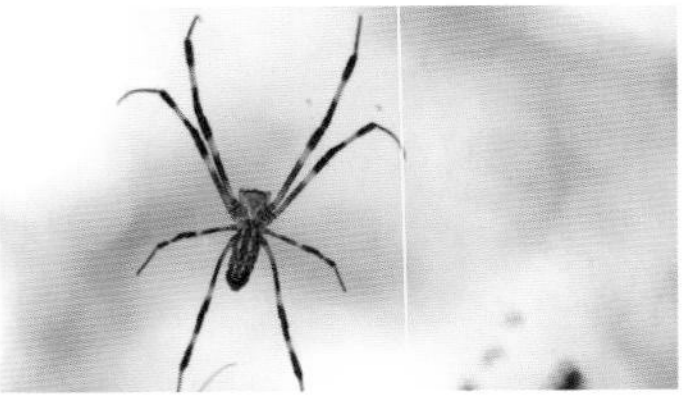

▲ クモ類（クモ）

▶**多足類**…節に1対（ムカデ）または2対（ヤスデ）のあしをもつ。はねはなく，1対（2本）のしょっ角をもつ。複眼はなく，数個の単眼をもつ。気管で呼吸をする。

ムカデやヤスデ，ゲジなどがこのなかまである。

▲ 多足類（ムカデ）

10 なん体動物のなかま★

●**なん体動物**……骨格がない動物で，体節もない。また，からをもつ動物と考えられているが，タコやナメクジのようにからをもたないものもいる。

なん体動物は，二枚貝類，頭足類，腹足類に分けられる。

▶**二枚貝類**…2枚の貝がらをもつなかまである。からだをかたいからで包み，外敵から身をまもっている。

アサリ・ハマグリ・ホタテなどがこのなかまである。

▲ 二枚貝類（アサリ）

▶**頭足類**…イカやタコ，オウムガイのなかまである。オウムガイ以外はからをもたない。コウイカはからだの中にかたいこうを，スルメイカはやわらかいこうをもつ。これらはからが変化したものである。タコのからは完全に退化している。

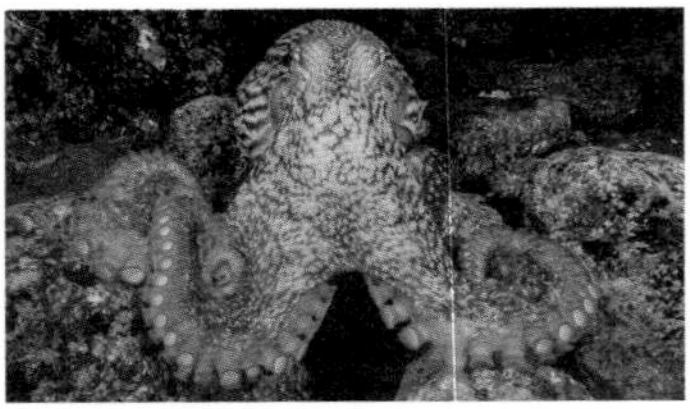

▲ 頭足類（タコ）

▶**腹足類**…マイマイなど，巻貝のなかまである。ナメクジもこのなかまであるが，からは退化している。

▲ 腹足類（マイマイ）

雑学ハカセ 二枚貝はからだをまもる貝がらをもっています。貝がらでからだを包んでいますが，そのからを酸でとかし歯舌でけずり，中の貝を食べてしまう貝のなかまがいます。食べられた貝には，数ミリの穴があいているのがわかります。

11 その他の無せきつい動物★

▶**キョク皮動物**…とげをもつものが多いが，もたないものもいる。

ウニ・ヒトデ・ナマコなど。

▶**かん形動物**…細長いからだをもつ。

ミミズなど。

▶**しほう動物**…しほう（毒針）をもつなかまである。

クラゲ・イソギンチャク・サンゴなど。

▶**へん形動物**…再生能力が高い動物である。

プラナリアなど。

▲ キョク皮動物（ウニ）　▲ かん形動物（ミミズ）

▲ しほう動物（クラゲ）▲ へん形動物（プラナリア）

12 生き物の種類★

地球上には数千万種以上の生き物がいると考えられている。このうち，約 180 万種に名まえがつけられている。その中の約 132 万種は動物である。

植物は約 29 万種で，キノコなどのきん類が約 9 万種，その他，アメーバ，バクテリアなどが約 10 万種ほど知られている。

参考 未発見の生き物

地球上の生き物のうち，人に発見され名まえがつけられているものはごくわずかである。毎年数多くの新種の生き物が発見されている。

生き物の種類とその数

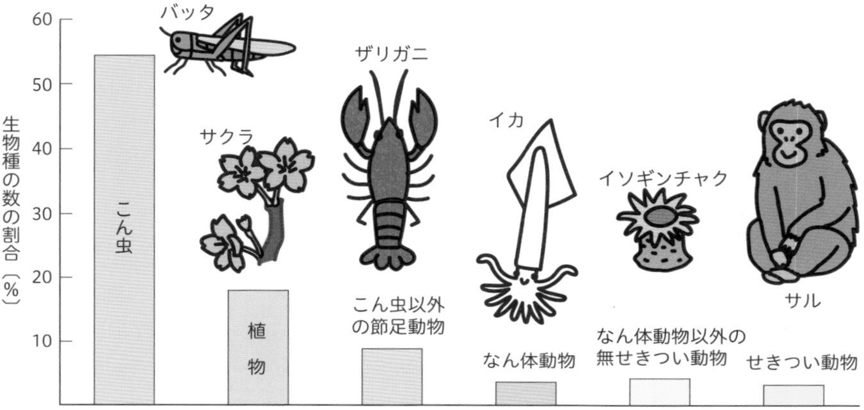

雑学ハカセ 宇宙から地球に来たかいじゅうをたおしてくれるウルトラマンですが，素手でかいじゅうをたおすからだはとてもかたそうなため，外骨格かもしれません。しかし，しなやかな動きをみると，内骨格ときたえられた筋肉かもしれません。どちらでしょうか。

入試のポイント

絶対暗記ベスト3

1位 筋肉のはたらき　筋肉は縮む(収縮)はたらきのみを行う。曲げたうでをのばすときは，縮んだ筋肉がゆるみ，別の筋肉が縮んでいる。

2位 血管と血液　心臓から出る血管を動脈，心臓にもどる血管を静脈という。心臓から肺に向かう血液を静脈血，肺から心臓にもどる血液を動脈血という。静脈血には二酸化炭素が多くふくまれ，動脈血には酸素が多くふくまれる。静脈血は肺で動脈血に変わる。

3位 消化管と消化器官　口から始まりこう門までの食べ物の通り道を消化管という。これは1本の管である。

かん臓やすい臓などは消化にかかわる器官であるが，消化管ではない。

1 消化・吸収とはい出のまとめ

消　化	食べ物をからだに吸収されやすい養分に変化させること。
消化管	口，食道，胃，十二指腸，小腸，大腸，こう門までのひと続きの管。
消化液と消化こう素	消化液には消化こう素がふくまれている。こう素はたんぱく質でできているため，熱に弱い。 ▶だ　液…アミラーゼ(でんぷんを分解する) ▶胃　液…ペプシン(たんぱく質を分解する) ▶すい液…トリプシン(たんぱく質を分解する)，リパーゼ(しぼうを分解する) ※すい液は十二指腸に分ぴつされる。
分解後の物質	▶でんぷん──→ぶどう糖 ▶たんぱく質──→アミノ酸 ▶しぼう──→しぼう酸とモノグリセリド
かん臓とじん臓	からだに有害なアンモニアはかん臓で無害なにょう素に変えられる。にょう素などの不要な物質は血液によってじん臓へ運ばれ，にょうとしてとりのぞかれる。にょうは輸にょう管を通ってぼうこうにためられたあと，体外へはい出される。

2 感覚器官

感覚器官	外からのし激を受けとる器官のこと。感覚器官で受けとったし激は，神経を通って脳に伝えられる。
感覚の種類と受けとる器官	視覚(目)，きゅう覚(鼻)，味覚(舌)， ちょう覚(耳)，しょっ覚(皮ふ)

重点チェック

□ ❶ 骨と筋肉(きんにく)とは［　　］によってつながっています。 ❶けん p.134

□ ❷ 骨(ほね)と骨のつなぎ目で，からだが曲がるところを［　　］といいます。 ❷関節 p.135

□ ❸ はく空気と吸(す)う空気の二酸化炭素(にさんかたんそ)の割合(わりあい)のちがいは，［　　］で調べることができます。 ❸気体検知管(きたいけんちかん) p.136

□ ❹ はく空気は二酸化炭素の割合が増(ふ)えるとともに，［　　］が多くふくまれます。 ❹水（水蒸気(すいじょうき)） p.136

□ ❺ 肺(はい)じゅんかんは［　　］から［　　］へ行ってかえる血液(けつえき)の流れです。 ❺心臓，肺 p.141

□ ❻ 体じゅんかんは［　　］から［　　］へ行ってかえる血液の流れです。 ❻心臓，全身 p.141

□ ❼ 心臓(しんぞう)から送り出される血液が流れる血管を［　　］といいます。 ❼動脈(どうみゃく) p.142

□ ❽ 心臓にかえってくる血液が流れる血管を［　　］といい，血管に［　　］があります。 ❽静脈(じょうみゃく)，弁(べん) p.142

□ ❾ 口から，食道，胃(い)，十二指腸(じゅうにしちょう)，小腸，大腸，こう門までのひと続きの管を［　　］といいます。 ❾消化管 p.143

□ ❿ 口から出る［　　］は，でんぷんを消化します。 ❿だ液 p.144

□ ⓫ 消化液としては，胃(い)から出る［　　］，すい臓から出る［　　］などがあります。 ⓫胃液，すい液 p.145, 146

□ ⓬ たんじゅうは［　　］を細かくして，水にとけやすくします。 ⓬しぼう p.146

□ ⓭ 消化された養分は小腸の［　　］の中にある毛細血(もうさいけっ)管(かん)や［　　］に吸収(きゅうしゅう)されます。 ⓭じゅう毛（柔突起(じゅうとっき)），リンパ管 p.147

□ ⓮ かん臓はからだに有害な［　　］を［　　］に変えるはたらきがあります。 ⓮アンモニア，にょう素(そ) p.148

□ ⓯ はい出器官として，にょうをつくる［　　］があります。 ⓯じん臓 p.149

□ ⓰ フナなどの魚は［　　］で呼吸(こきゅう)しています。 ⓰えら p.158, 159

□ ⓱ ウサギやイヌは［　　］で呼吸しています。 ⓱肺 p.158, 159

チャレンジ！ 思考力問題

レベル3 レベル2 レベル1

●図１は，人のじん臓と，そのまわりの器官のようすを表しています。じん臓ではにょうがつくられ，Ａを通ってＢに一時的にためられます。図２は，じん臓の一部を拡大しており，血液をろ過してにょうをつくる部分を簡単に表しています。Ｃを通った血液がＤでろ過され，Ｅの液体の中から必要なものだけをふたたびＦで血液中へもどし，最終的に残ったものがＧを通ってＡに送られます。

図1

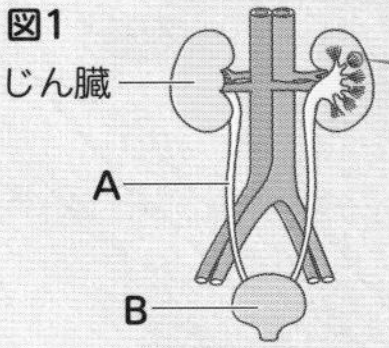

図2

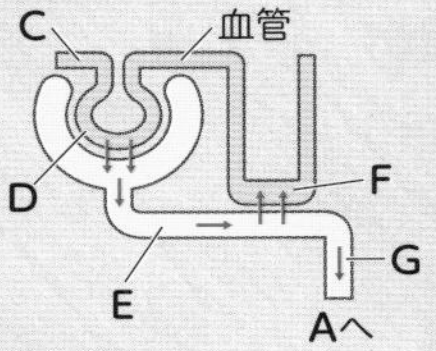

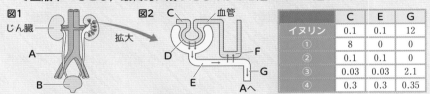

	C	E	G
イヌリン	0.1	0.1	12
①	8	0	0
②	0.1	0.1	0
③	0.03	0.03	2.1
④	0.3	0.3	0.35

表は，健康な人にイヌリンを注射したのち，図２のＣ，Ｅ，Ｇの液体１Ｌ中にふくまれるイヌリンおよび物質①～④の重さ〔mg〕を調べた結果です。イヌリンは正常な血液にはまったくふくまれておらず，Ｄですべてろ過されたあと，血液にもどることなくすべてにょうに出されます。なお，実験者の１日のにょう量は１Ｌでした。次の問いに答えなさい。 【国府台大女子学院中-改】

(1) 図１のＡとＢの名まえを答えなさい。

(2) 表の①～④で調べた物質の中にたんぱく質がありました。健康な人では，たんぱく質は血液からにょうにろ過されず，血液中に残ります。表の①～④のうち，たんぱく質はどれですか。

(3) じん臓で，１日に何Ｌの血液がＤでろ過されますか。イヌリンの重さの変化をもとに考えて答えなさい。

キーポイント

イヌリンは正常な血液にはふくまれていないため，血液量などを比かくする目印となる。

正答への道

- たんぱく質は血液からにょうにろ過されない，ということはＣにはあるがＥ，Ｇにはふくまれないということである。条件をよく読むこと。
- 注射によりからだに入ったイヌリンの量について，Ｃの血液とＧのにょうとを比かくする。12÷0.1＝120 から，にょうの量の 120 倍の血液がろ過されたと考えられる。

答え

(1) Ａ—輸にょう管（にょう管） Ｂ—ぼうこう (2) ① (3) 120Ｌ

チャレンジ！ 作図・記述問題

レベル3
レベル2
レベル1

●肺に空気が出入りするとき，いくつかの筋肉がかかわってきます。これについて，次の問いに答えなさい。 【聖光学院中-改】

(1) 肺の下にあって，肺の空気の出入りに関係する筋肉の名まえを書きなさい。

(2) (1)の筋肉が収縮するとき，この筋肉と肺の空気の出入りはどうなりますか。次のア～エから1つ選び，記号で答えなさい。

ア この筋肉が上がり，肺に空気が入る。

イ この筋肉が下がり，肺に空気が入る。

ウ この筋肉が上がり，肺から空気が出る。

エ この筋肉が下がり，肺から空気が出る。

(3) 肺をとりまく骨の間にある筋肉をろっ間筋といいます。この筋肉は2種類あり，このうちの片方が収縮することで，肺に空気が入ります。**図1**は息をはいたとき，**図2**は息を吸ったときの肺をとりまく骨の一部のようすを表しています。肺に空気を入れるときに収縮する筋肉を**図3**の図の中の骨と骨の間にかきなさい。ただし，筋肉は直線の矢印で表し，●につながるように3本をかき入れること。また，矢印の向きは筋肉の収縮する向きを表すものとします。

図1

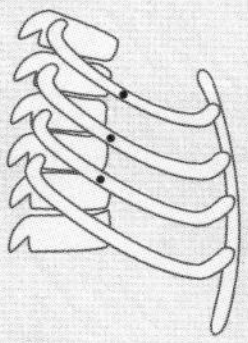

図2

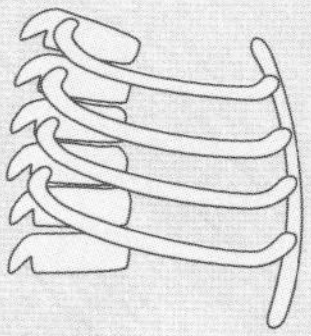

図3

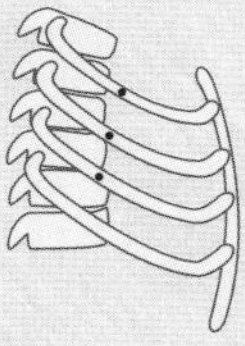

キーポイント

- 長い問題文には，その中に解答のヒントや手順がふくまれていることがある。
- 筋肉は2本の骨をつなぐようについていることを基本に考える。

正答への道

息をはいたときは，息を吸ったときより，ろっ骨の間かくがせばまっている。筋肉が縮むことにより，となり合ったろっ骨が引きよせられると考える。筋肉の両はし（この場合は1本の直線）が同じ骨を結ぶことがないよう気をつける。

解答例

(1) **横かくまく** (2) **イ** (3)

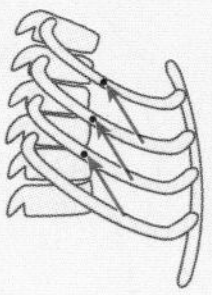

ここからスタート！

第1編

生き物

第8章 生き物とかん境

生き物とかん境の関係は？

地球上では数えきれないほどの生き物が，水や空気とのかかわりの中でバランスをとって生きています。それらの関係は，どのようになっているのでしょうか。

学習することがら

1. 生き物のくらしと水
2. 生き物のくらしと空気
3. 生き物のくらしと食物
4. 水の中の小さな生き物
5. 生き物のくらしとかん境（きょう）

1 生き物のくらしと水

発展 6年 5年 4年 3年

1 生き物のからだと水 入試重要度★

●**動物と水**……人をふくむ，多くの動物のからだの大部分は**水**でできている。

水は養分をとかして全身に運び，不要になったものは水にとけこんではい出器官へ運ばれる。水は不要物をはい出するためににょうとしてからだの外へ出される。

また，呼吸(こきゅう)をすると，はく息とともにたくさんの水分がからだの外へ出される。皮ふの表面からも，つねにたくさんの水分が出ている。

●**植物と水**……植物も，水がなければ発芽も成長もできない。根から養分をとり入れる，光合成(こうごうせい)でできた物質(ぶっしつ)を移動(いどう)させるといったことにも水がかかわっている。

人間	約70％
ヤギ	約70％
ジャガイモ	約80％
リンゴ	約90％

▲ ふくまれている水の割合(わりあい)

ズームアップ 光合成 ➡p.83

2 自然の中の水のじゅんかん★★

地球上の水は，海にも陸にもあり，地球上でさまざまなすがたに変わっている。

水蒸気をふくんだ空気の移動(風)
水蒸気は上空で雲となる。
水蒸気
降水(雨)
水蒸気
降水(雨)
降雪
雨や雪として地上にもどる水。
太陽の熱により蒸発。

▲ 自然の中の水のじゅんかん

雑学ハカセ

水蒸気は気体なので目に見えません。雲は目に見えることから，液体(えきたい)または固体です。上空の気温によって水か氷かが分かれることになります。その気温は，およそ0℃です。

2 生き物のくらしと空気

発展 6年 5年 4年 3年

1 酸素をつくり出す植物★★

●**生き物と酸素**……人をふくむ生き物は，呼吸によって空気中の酸素をとり入れ，二酸化炭素を出している。また人は，工場や自動車などで，多くの酸素を消費して二酸化炭素を出している。このように，多くの酸素が使われているが，地球をとりまく大気中の酸素がなくなることはない。

これは，植物による**光合成**でつくられる酸素の量と，生き物の呼吸や人の活動で使われる量とのバランスがほぼとれているからである。

ズームアップ 呼 吸 ➡p.137

2 植物のはたらきを調べる★

酸素をつくり出す植物のはたらきは，次のような実験で確かめることができる。

実験・観察

植物のはたらき

ねらい 植物に日光をあてる前とあとでは，酸素と二酸化炭素の量は，どのように変化するか調べる。

方 法 ①日かげで，はちに植えた植物をポリぶくろでおおい，息を2～3回ふきこむ。

②ふくろの中の酸素と二酸化炭素の量を，気体検知管を使って調べる。

③ふくろの中の植物に数時間日光をあてる。

④ふくろの中の酸素と二酸化炭素の量を，気体検知管ではかり，日光にあてる前と比べる。

注 意！ ふくろの中に外の空気が入らないように，きちんとふくろをとめる。

結 果 日光にあてる前と比べて二酸化炭素の割合は減り，酸素の割合は増えた。

わかること 日光にあたった植物は，空気中の二酸化炭素をとり入れて，酸素を出すという光合成を行っている。

雑学ハカセ 空気中に酸素は約 21 % ふくまれています。空気中の酸素の量は，植物が1年間につくる量の 2200 倍もあるので，その割合はほとんど変化しません。一方，二酸化炭素の空気中での割合は 0.04 % と少ないため，石油や石炭を燃やすことでそのバランスがくずれてきました。

3 生き物のくらしと食物

発展 6年 5年 4年 3年

1 生活と食物★

人をふくむ動物が生きていくためには，**空気**，**水**，**食物**などが必要である。

●**食物の特ちょう**……食物は，そのはたらきから大きく次の3つに分けられる。

ことば **無機物**
炭素をふくまない物質で，ナトリウム，カリウムなどの金属，水素，酸素などがある。

骨や筋肉，血液をつくるもの	たんぱく質など
からだの調子をととのえるもの	ビタミン，無機物など
からだを動かす力や体温のもとになるもの	炭水化物，しぼうなど

また，食物の材料によって，**動物性**と**植物性**とに分けることができる。

2 生き物と食物とのかかわり★

●**太陽の光と植物**……植物は根を通して水や水にとけた養分をとり入れ，日光のエネルギーを使って葉ででんぷんをつくり出している。これらは，植物が成長するために使われる。（└光合成による）水が不足したり日光のあたり方が悪かったりすると，光合成が行えず，育ちが悪くなったりかれてしまったりする。

●**動物と植物**……植物を食べる動物を**草食動物**，ほかの動物を食べて生きている動物を**肉食動物**，植物と動物のどちらも食べて生きている動物を**雑食動物**という。人は，植物も動物も食べて生きているので雑食動物のなかまである。

ズームアップ 草食動物・肉食動物
➡p.153

雑学ハカセ
生き物とかん境や，生き物どうしのつながりを研究する学問を生態学といいます。英語ではecology（エコロジー）です。最近は「エコ」というとかん境にやさしいという意味に使われることが多くなってきました。

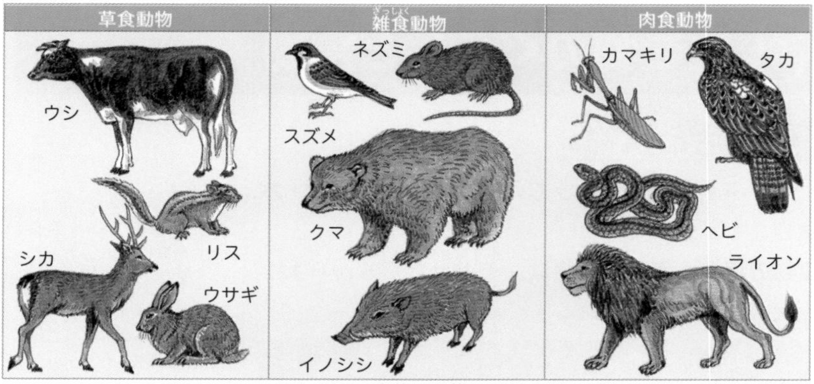

▲ 動物と食物

●**生き物のつながり**……人や動物の食物をたどっていくと，そのもとはみな植物である。植物のはたらきがすべての生き物の命の出発点になる。このような食べ物による生き物のつながりを**食物連鎖**という。

3 植物・動物・び生物★

●**生産者**……植物は，光のエネルギーと空気中の二酸化炭素（無機物）と水を使ってでんぷん（有機物）をつくり出す。水中の植物プランクトンも，水にとけている二酸化炭素を使ってでんぷんをつくり出す。このことから，植物は**生産者**とよばれる。

●**消費者**……草食動物は，生産者（植物）がつくったでんぷんを食べるため**消費者**とよばれる。草食動物を食べる肉食動物も，間接的に生産者がつくったでんぷんを食べているため消費者である。

●**分解者**……植物（生産者）も動物（消費者）も，その生活の中で落ち葉や死がい，ふんなどを残す。このような植物や動物の死がいやふんなど（有機物）を分解する役割をもつ生き物がいる。ミミズなど，土の中にすむ小さな生き物やび生物とよばれるきん類，細きん類である。これらを**分解者**という。

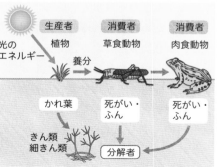

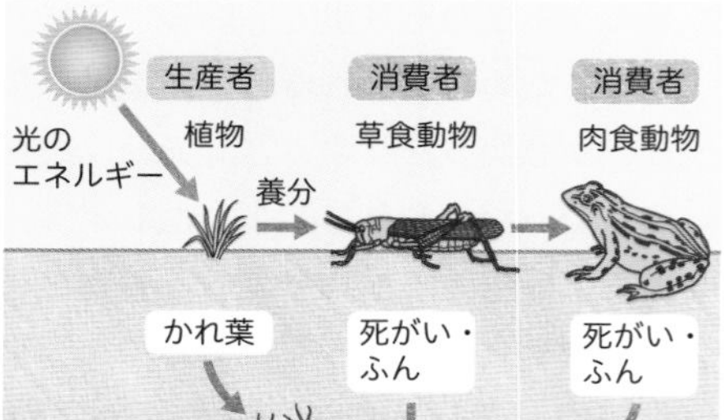

ことば 有機物
炭素をふくむ物質で，でんぷん，木，プラスチックなどがある。

ズームアップ 植物プランクトン
➡p.175

パワーアップ
分解者であるきん類や細きん類は，植物でも動物でもない別のなかまです。パンをつくるパンこう母や，ヨーグルトをつくる乳酸きんなども，このなかまです。

4 生き物とかん境★★

●**食物連鎖**……自然の中では，生き物が食べる・食べられるという関係でつながっている。このくさりのようにつながった関係を**食物連鎖**という。食物連鎖の始まりは，光合成をする植物である。

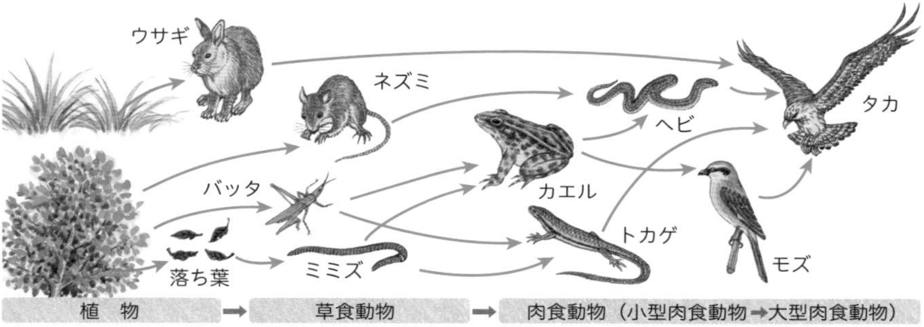

●**食物連鎖の中の生き物の数**……食べる・食べられるという関係にある生き物の数量(個体数や重さ)はたがいに密接な関係にある。食べる生き物は，食べられる生き物より数が少ない。

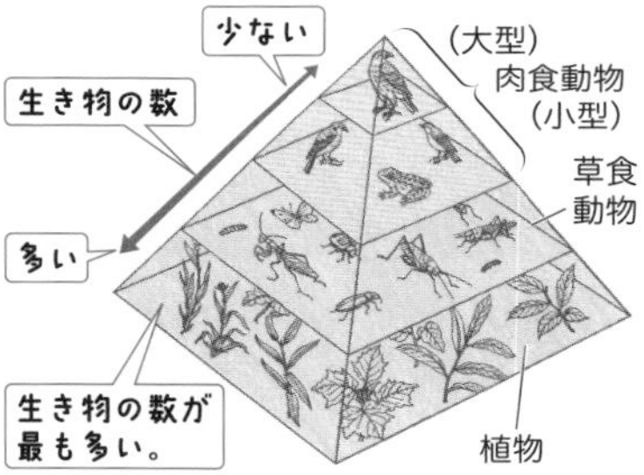

▶**生態ピラミッド**…食物連鎖に注目した数量の関係を，生き物の量が多い植物を底面とし，肉食動物を頂点とするピラミッドの形で表すことができる。これを**生態ピラミッド**という。

▶**生き物の数**…生き物の数量は，季節や気象の条件によって変わることがある。ある地域の食べる生き物と食べられる生き物の割合が一時的に増減することがあっても，長い時間をかけてほぼ一定になり，つりあいが保たれる。

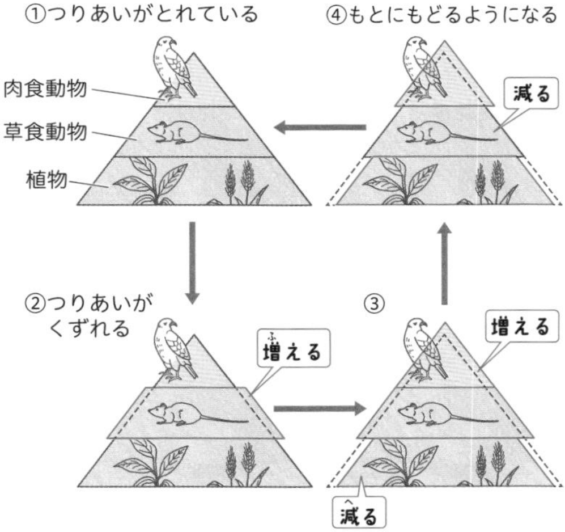

雑学ハカセ ある草食動物を保護する目的でその草食動物を食べる肉食動物を人の手で減らしたことがありました。草食動物は一時的には増えましたが，逆にえさとなる植物が減ってしまい，しだいに草食動物は減り始めてしまいました。

5 さまざまな食物連鎖★

生き物が食べたり食べられたりする関係は，陸の上だけでなく，水の中や土の中でも見られる。

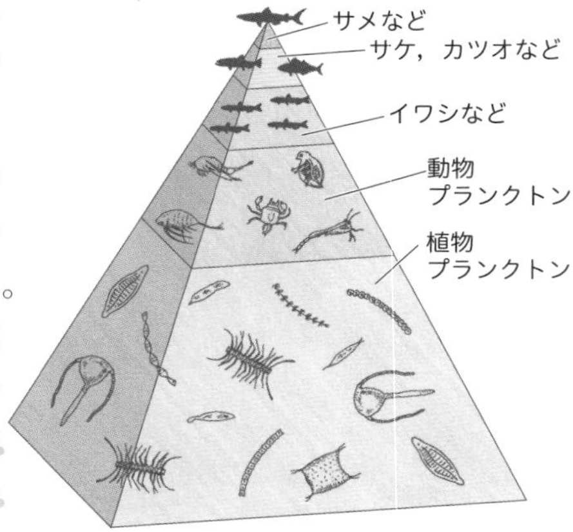

●**海の中の食物連鎖**(しょくもつれんさ)……**植物プランクトン**（↳光合成を行う）が育ち，これを**動物プランクトン**がえさにし，さらに小型(こがた)の魚が食べる。小型の魚は中型の魚に食べられ，中型の魚は大型の魚に食べられる。陸上の食物連鎖と同じように，食べるものは食べられるものより全体の数量は少ない。

●**土の中の食物連鎖**……落ち葉がたくさん積もる森林では，土の中にもたくさんの生き物がすんでいる。

落ち葉をヤスデやダンゴムシが食べ，それをモグラが食べるという食物連鎖ができているとともに，有機物(ゆうきぶつ)を無機物(むきぶつ)に分解(ぶんかい)するきん類や細きん類などのび生物もいっしょにすんでいる。

分解者が分解しているものは，落ち葉や生き物のふん，死がいなど，もとをたどれば生産者がつくり出したものである。

こうしてみると，分解者は消費者(しょうひしゃ)の立場もあわせもつと考えることができる。

ズームアップ 分解者 ➡p.172

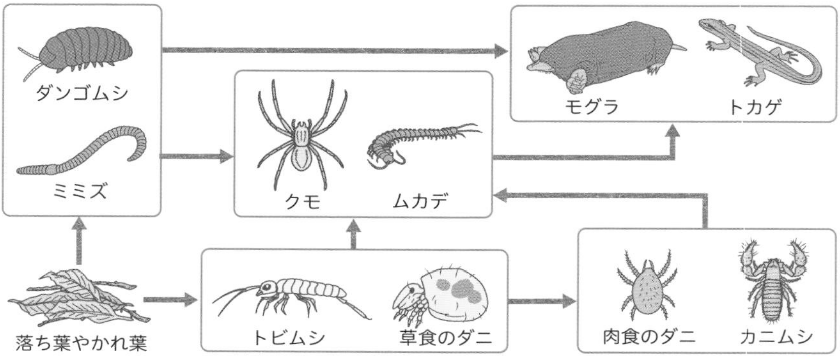

パワーアップ 工場のはい液(えき)にふくまれていた毒(どく)が海中のび生物のからだにとりこまれ，それを小さな魚が食べ，さらに大きな魚が食べると，毒がだんだんとこくなっていきます。さらに，その魚を食べ続けた人間が，病気になることがあります。これを生物濃縮(のうしゅく)といいます。

4 水の中の小さな生き物

発展 6年 5年 4年 3年

1 魚の食べ物★

池や小川には，魚のえさとなるような小さな生き物がいる。このことは，次のような方法で確(たし)かめることができる。

❶ 目の細かいあみで池のふち近くの水を何回もすくい，あみの中に残ったものをビーカーの中に洗(あら)い出す。

❷ ビーカーの中で動いているものをさがしてスポイトでとり，けんび鏡などで観察すると，小さな生き物を観察することができる。

これらは**プランクトン**（↳ふ遊生物ともいう）とよばれるもので，池や小川だけでなく，海水中にもすんでいる。

参考 プランクトンの観察
池や小川の水草や，水底の落ち葉などをとり，ビーカーの中で洗ったものを別のビーカーにとり出し，その中からプランクトンをさがす方法もある。

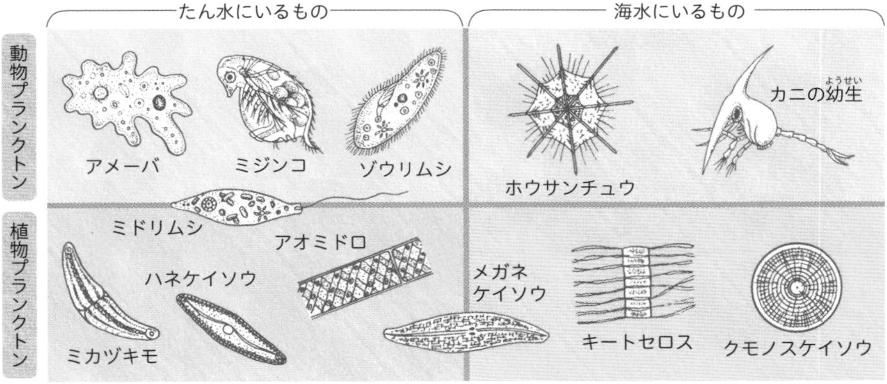

2 プランクトン★★

●**植物プランクトン**……葉緑体(ようりょくたい)をもっていて，日光のエネルギーを使い，光合成(こうごうせい)により生活をするための栄養分を自分でつくる。生態系(せいたいけい)では**生産者**(せいさんしゃ)の役割(やくわり)をもつ。

●**動物プランクトン**……植物プランクトンをえさとして生活している。生態系では**消費者**(しょうひしゃ)である。

雑学ハカセ プランクトンは，水面や水中をただよって生活している生き物をまとめてよぶことばです。ミジンコなどは自分の力で移動(いどう)できますが，水の流れにさからって動くほどの力はないので，プランクトンのなかまとしています。

3 双眼実体けんび鏡の使い方★★

●**双眼実体けんび鏡**……低倍率（20～40 倍）での観察に適している。両目で見るため，プランクトンやメダカのたまごのように，厚みのあるものを立体的に観察することができるけんび鏡である。
プレパラートは必要ない

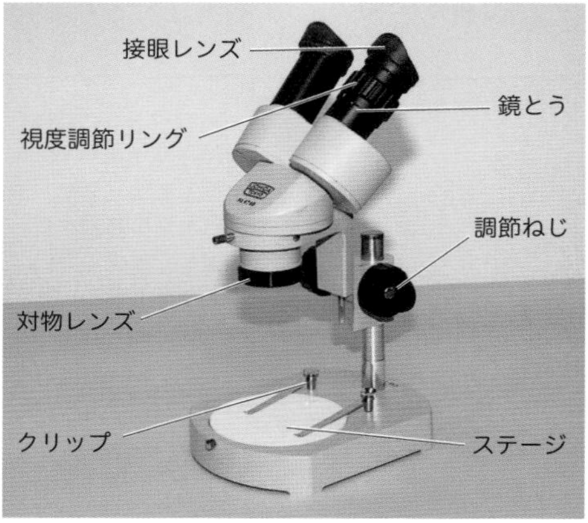

▲ 双眼実体けんび鏡

使い方
直射日光のあたらない水平な所に置く。
①両目でのぞき鏡とうの間かくを調整し，左右の視野が重なり１つに見えるようにする。
②調節ねじをゆるめて鏡とうを上下させ，両目でおよそのピントを合わせる。
③右目だけでのぞきながら，調節ねじを回してピントを合わせる。
④左目だけでのぞきながら，像がせん明でないときは視度調節リングを回して調節する。

▶**視度調節リング**…人の目の見え方（視力）は左右で異なっていることが多い。それでまず右目でピントを合わせ，その後左目で見えやすいように**視度調節リング**を使って調節をする。

▶**接眼レンズの使い方**…両目のはばは，人によって異なっている。接眼レンズを自分の目のはばに合わせることで，立体的に見ることができる。接眼レンズのはばを変えて，両目で見て視野が１つの円になるように調節する。

参考 解ぼうけんび鏡
解ぼうけんび鏡というけんび鏡もある。これも双眼実体けんび鏡と同じように厚みがあるものを観察するのに適している。接眼レンズだけでできているため使い方が簡単である。

パワーアップ 実験器具の名しょうは，漢字で正しく書くことができるようにしましょう。両目で見るから「双眼」，実物のように立体的に見えるから「実体」，小さなものを見るから「けんび鏡」というように，そのはたらきと合わせて理解したうえで覚えることがたいせつです。

4 池や小川，海などにいる小さな生き物★

●**動物プランクトン**……動き回ることができる。

❶ 池や小川にすむ動物プランクトン

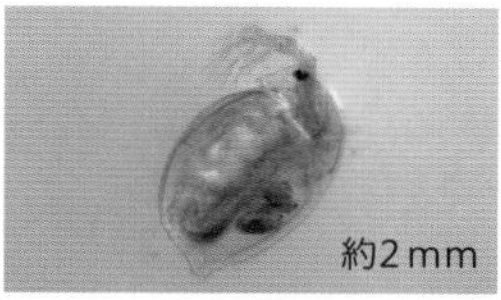

▲ ミジンコ

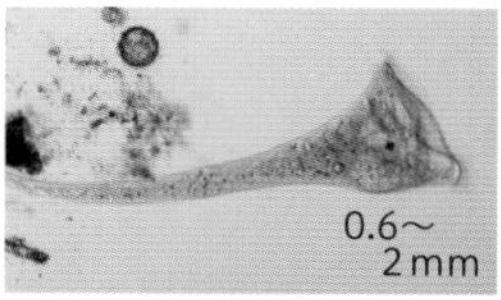

▲ ラッパムシ

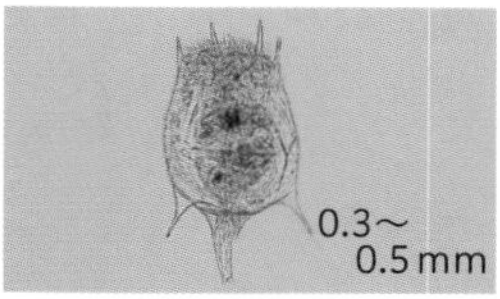

▲ ツボワムシ

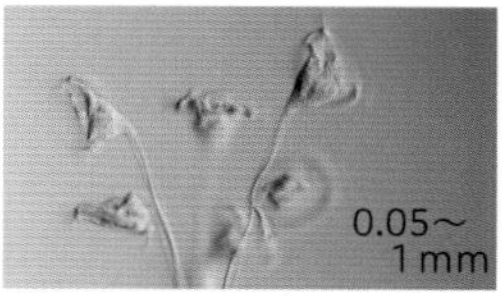

▲ ツリガネムシ

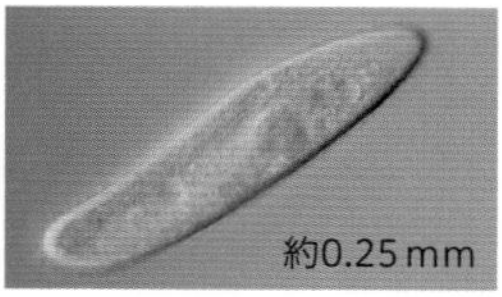

▲ ゾウリムシ

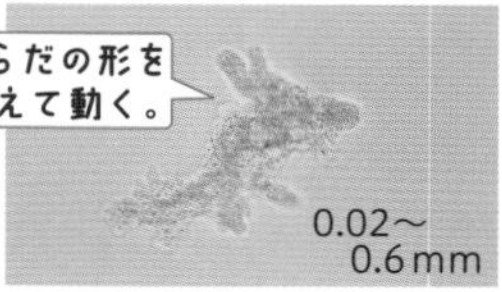

▲ アメーバ

❷ 海にすむ動物プランクトン

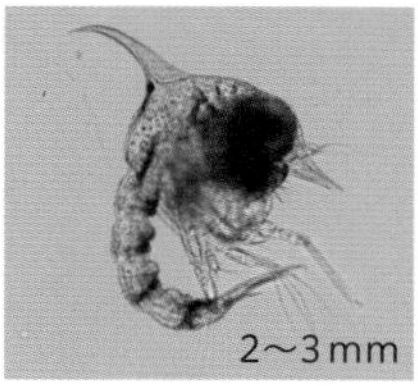

▲ カニの幼生

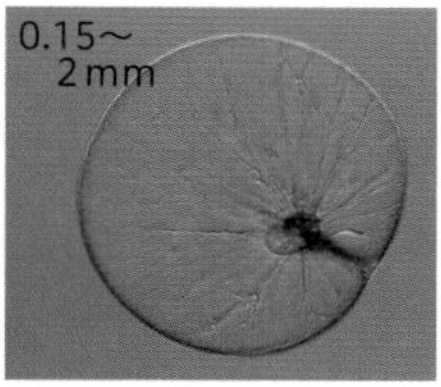

▲ ヤコウチュウ

参考 メダカとミジンコ

メダカとミジンコの大きさを比べたものが下の図である。

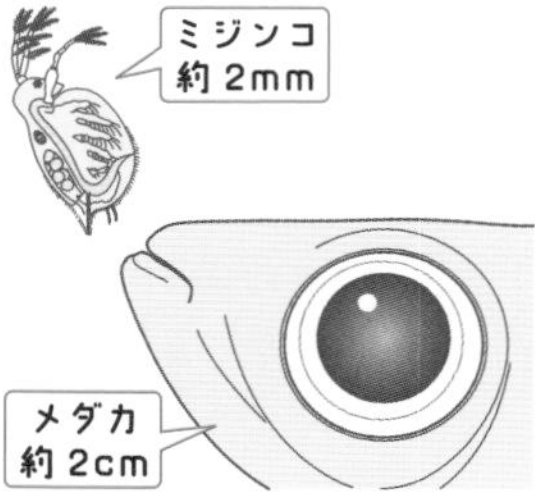

●**植物プランクトン**……葉緑体をもっているため，光合成を行う。

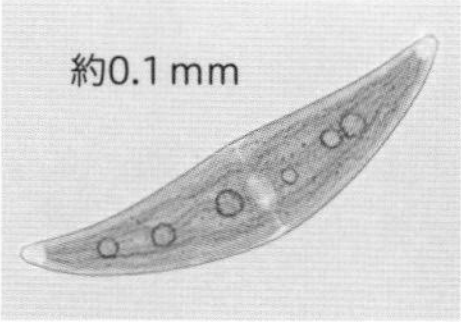

▲ ミカヅキモ

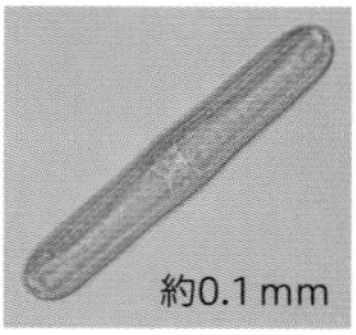

▲ ハネケイソウ

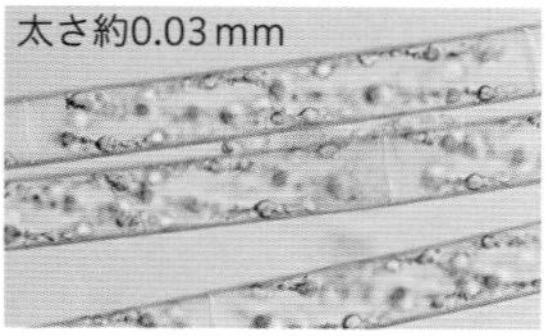

▲ アオミドロ

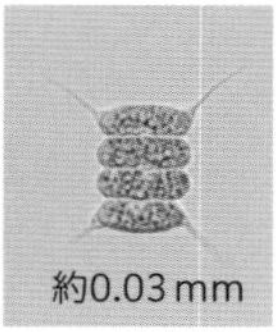

▲ イカダモ

●**葉緑体があり，動き回ることができるプランクトン**

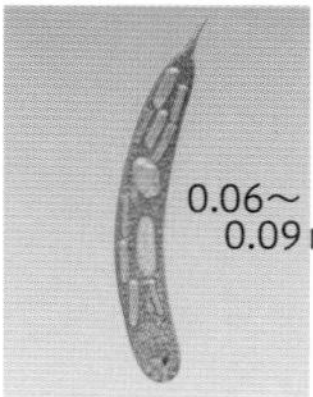

▲ ミドリムシ

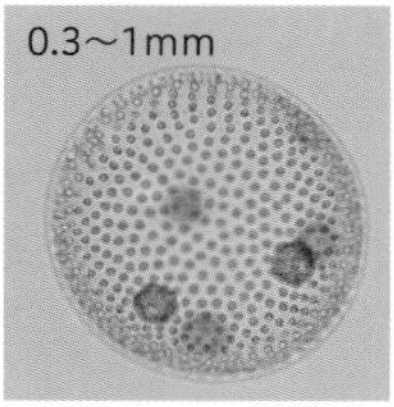

▲ ボルボックス

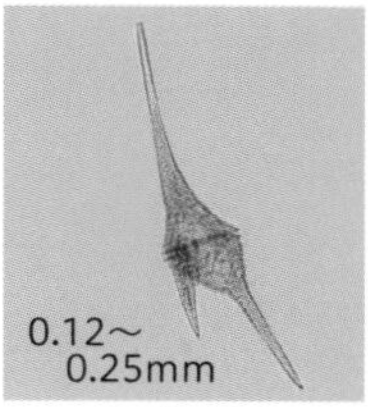

▲ ツノモ

雑学ハカセ ミジンコ，ツボワムシ，カニの幼生は，からだが多くの細ぼうからできているので，多細ぼう生物といいます。その他のプランクトンは，からだが1つの細ぼうからできているので，単細ぼう生物といいます。

中学入試にフォーカス 植物の分布・生き物の多様性

❶自然かん境と植物

自然の中では，さまざまな生き物がたがいにえいきょうしあいながら，つりあいを保っている。これらは一定なように見えるが，つねに変化している。

植物がほとんど見られない運動場や造成地などでも，草とりをしないでいるといつの間にか草でおおわれてしまう。そのままにしておくと，風や鳥などの動物が運んできた種子により植物の種類が増えていく。

また，右の図のように，長い時間をかけて，池や湖のようなところが陸地へと変化していくことがある。

①池や湖がしっ地へと変わる。

②しつ原が草原へと変わる。

③草原から森へと変わっていく。

●**池や湖が陸地に変わるようす**

①まわりの山から土砂が流れこんだり，かれた植物が水の底にたまったりして水の深さが浅くなってくる。池や湖がじょじょに**しっ地**へとすがたを変えてくる。

②水がなくなるにつれて，水辺の植物から，陸の植物へと植物の種類が変わり，**しつ原**から**草原**へと変わる。

③草が育ちやすくなった土地には，木が育つようになり，草原から**森**への変化が始まる。

▶植物の変化とともに，動物にも変化が見られる。しつ原には魚やび生物などがすんでいたが，草原には小型の**は虫類**や**ほ乳類**がすむようになる。かれ草や落ち葉がたまると土にすむ**び生物**がさかんに活動するようになり，植物の成長に適した土ができてくる。

▶しつ原の性質はさまざまで，時間の経過とともにすがたや形を変えていく。そのため，しつ原やしっ地の定義は，はっきりと決まっているわけではない。

しつ原は生き物にとってたいせつな場所なので，**ラムサール条約**などにより世界中で保護されている。
しっ地とそこに生息する動植物の保全のための条約←

❗自然かん境は，同じ地域に生活する動物や植物のかかわりの中で少しずつ変化していく。

入試では 長い時間をかけて，土地のようすがどのように変化して，どのような植物が育ってくるかという問題が出題されます。また，しっ地から草原へと変化したときに見られる動物の変化も出題されています。

❷植物の種類と分布

ある地域に育つ植物のまとまりについて表した代表的な図を下に示す。あたたかい地域，寒い地域，雨が多い地域，雨が少ない地域など，さまざまな地域ごとによく育つ植物の種類は異なる。

▶**図を読みとるときの注意点**…植物の分布を示す図を読みとるときには，図が示す条件を確かめることがたいせつである。植物の成長を左右する条件は，温度と水であるため，この点に注目して図を読みとるとよい。

●日本の森林分布

▶**水平分布**…北にいくほど(緯度が高くなるほど)，平均気温は低くなる。そのため，北ほど寒冷な気候で育つ樹木が森林をつくるようになる。これを，水平分布という。

▶**垂直分布**…山は，標高が高いほど平均気温が低くなる。南の地方でも，高い山では寒冷な気候で育つ落葉樹林が見られる。さらに高い所では，樹木が見られなくなる。これを，垂直分布という。

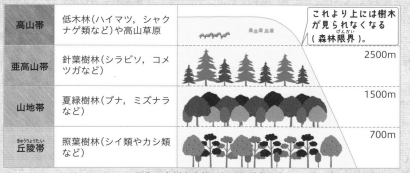

高山帯	低木林(ハイマツ，シャクナゲ類など)や高山草原	
亜高山帯	針葉樹林(シラビソ，コメツガなど)	2500m
山地帯	夏緑樹林(ブナ，ミズナラなど)	1500m
丘陵帯	照葉樹林(シイ類やカシ類など)	700m

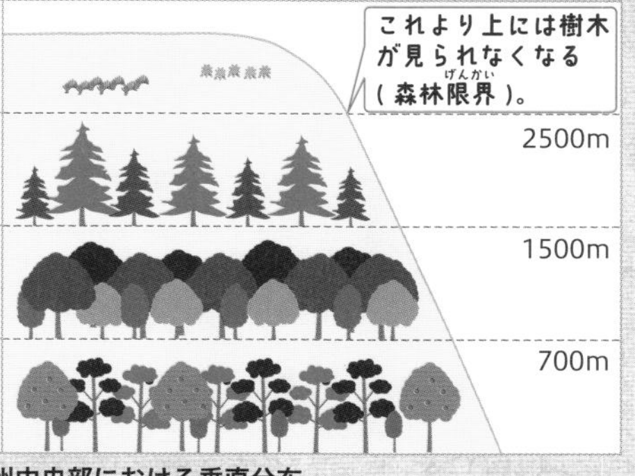

▲ 日本の本州中央部における垂直分布

入試では 観察結果の記録などから，高い土地に見られる植物と低い土地に見られる植物のちがいや，寒い土地に見られる植物とあたたかい土地に見られる植物のちがいなどが出題されています。

●世界の森林分布

世界中の植物のようすを見ても，平均気温と植物のつながりを見ることができる。赤道付近は熱帯の植物が広がり，北極・南極へ向かうほど（緯度が高くなるほど）寒冷な気候にたえる植物が分布している。高い山の上の地域では，アフリカの赤道付近でも寒冷な気候となるため，垂直分布により高い山に育つ植物が育っている。

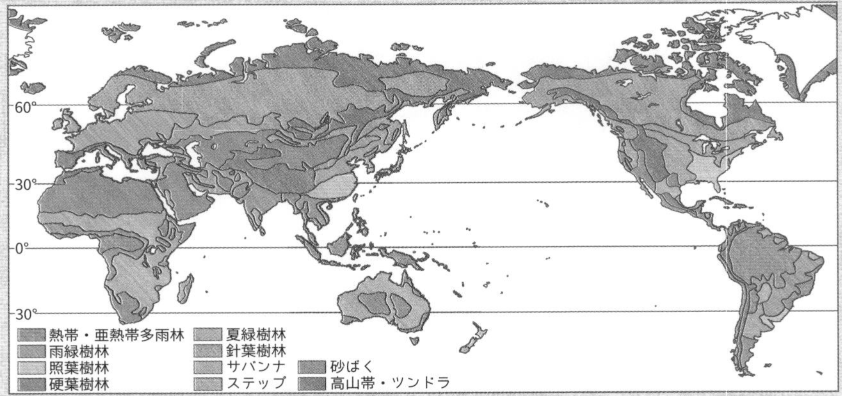

▶中緯度地方はかんそうした下降気流ができやすいため，砂ばくなどかんそうした土地が目立つ。日本も中緯度帯にあるが，豊富な水と植物がある特別な地域である。これは，四季の変化をもたらす季節風（モンスーン）などのえいきょうといわれている。複雑な大気のじゅんかんが世界の森林分布を形づくっている。

❸生き物の多様性

約 40 億年前に最初の生命が誕生してから，現在まで約 3000 万種ともいわれる多様な生き物が生まれた。これらはさまざまなかん境にあうように進化して，いまの多様なすがたになった。この多様性をまもり，これからも保護していくため，国際的には**生物多様性条約**が結ばれている。この中では，多様性を次の 3 種に分けている。

生態系の多様性	森林，里山，河川，しつ原，干潟，サンゴしょうなど。
種の多様性	動物，植物，細きんなど。
遺伝子の多様性	同じ種でも異なる遺伝子をもつことで形などが変わること。

ホタルやメダカを増やそうと，人の手で別の川にうつすことは遺伝子の多様性をこわすことにつながってしまう。このようなことにも配りょしながら自然かん境の保護につとめていくことが必要である。

入試では

植物や動物の図から，外来生物を選び出すような問題や，外来生物が増えることによって，かん境にどのような変化をおよぼすかといった問題が出題されています。

5 生き物のくらしとかん境

発展 6年 5年 4年 3年

1 わたしたちの地球★

●**地球のすがた**……地球は，空気の層に囲まれ，豊富な水をたくわえ，太陽の光をあびている。海と陸地におおわれた地表にはたくさんの生き物がたがいにかかわりながら生活している。

●**かん境問題を知ることの意味**……人は多くの生き物の一員にすぎないが，人類のつごうだけで自然をこわしたりよごしたりしてきた。これ以上自然をよごさないように，そして，少しずつ回復するために，自分にできることから行動していくためにも，いまの地球のようすを知る必要がある。

▲ 宇宙から見た地球

2 森林の破かい★

●**森林破かい**……地球上の森林の面積は約 40 億 ha で，陸地面積の約 31 % をしめる。しかし，焼畑農業や農耕地の開こん，森林のばっ採などにより，多くの森林が失われた。ブラジル，インドネシア，アフリカの熱帯諸国はとくに森林（熱帯林）の減少が目立つ。

▶**熱帯林**…熱帯林には，樹木だけでなくさまざまな種類の植物が育っている。そこに集まる動物も多様で，地球上にすむ動植物の種類の $\frac{2}{3}$ 以上が集まっているといわれている。これらの生き物はたがいにかかわりあい，ぜつみょうなバランスの上に生活している。

●**森林破かいのえいきょう**……森林の破かいは，そこに生活する生き物全体にかかわる問題である。さらに，大気中の**二酸化炭素の増加**，**地球の温暖化**やそれにともなう**異常気象**などの問題をもたらすといわれている。

ことば 焼畑農業
森林を焼き，その灰などを肥料として使う農業の手法のこと。

参考 森林の減少
1990 年から 2015 年の間に，1.29 億 ha もの森林が失われた。

雑学ハカセ 国産のわりばしは，丸太から四角く木材を切りとった残りの部分や間ばつ材からつくっています。日本ではわりばしをつくる目的で木がばっ採されることはまずありません。国産のわりばしを使うことは森林の破かいを防ぐことにもつながります。

3 オゾン層の破かい★

●**オゾン層**……太陽の光の中には，**紫外線**という生き物にとって有害な目に見えない光がふくまれている。オゾン層はこれを上空でさえぎって生き物をまもる役割をしている。

オゾンは，地上から 11〜50 km くらいまでの成層けんの下部にうっすらとただよっている。大気中のオゾンの 90 % 以上がここに集まっていて，ここを**オゾン層**とよんでいる。

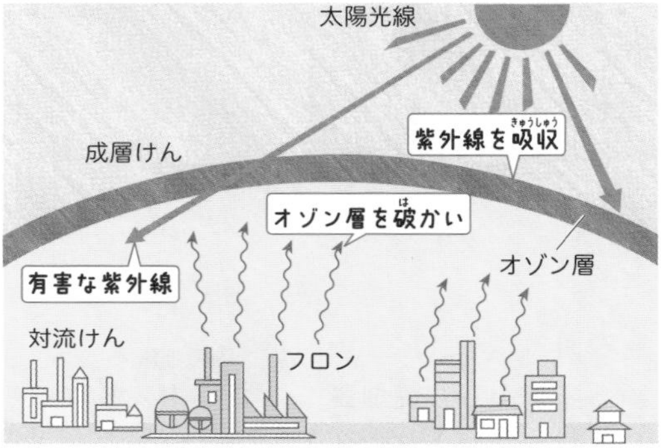

▲ オゾン層の破かい

●**オゾン層の破かい**……1970 年代なかば，人工的につくり出された物質である**フロン**がオゾン層を破かいすることがわかった。フロンは，かつてはエアコン，冷蔵庫，スプレーなどに使われ，大気中に大量に放出されていた。フロンは地上付近では分解しにくい性質をもっているが，大気の流れによって上空（成層けん）にまで達すると強い紫外線によって分解され，塩素が発生する。これがオゾンを分解する。

▶**オゾンホール**…1980 年代ごろから，南極上空のオゾンの量が減少していることが観測されるようになった。オゾン層に穴の空いたようなようすから**オゾンホール**とよばれている。現在はフロンの使用が規制されたこともあり，オゾン層はじょじょに回復しつつある。

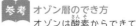

参考 オゾン層のでき方
オゾンは酸素からできている。オゾン層はいまから約 35 億年前，海の中で誕生した生き物が光合成をするようになったため，大気中の酸素濃度が高まり，成層けんまで達した酸素に太陽からの強い紫外線があたったためにつくられた。
オゾンの生成と分解のバランスによってオゾン層のオゾン濃度はほぼ決まっているが，人の活動によりそれがくずれ，オゾン層の破かいがおこっている。

ことば 紫外線
むらさき色より波長の短い光で，目には見えないが，太陽光にふくまれている。日焼けを引きおこすほか，殺きん作用をもっている。

パワーアップ
太陽の光であたためられた地面が空気をあたためます。空気は地表面に近い所であたためられ，上空へ向かいます。上層の冷たい空気は下層の空気と入れかわり，雲ができ，天気のさまざまな現象がおこります。ここを対流けんといい，これより上の層を成層けんといいます。

4 地球温暖化★★★

●**地球温暖化**……地球から出ていくはずの熱がにげられなくなり，地球の気温が上しょうしてしまう状態である。このまま地球の温暖化が続いていくと，50年後には地球の気温が約1.5°C～4.5°C上しょうするという予測がある。

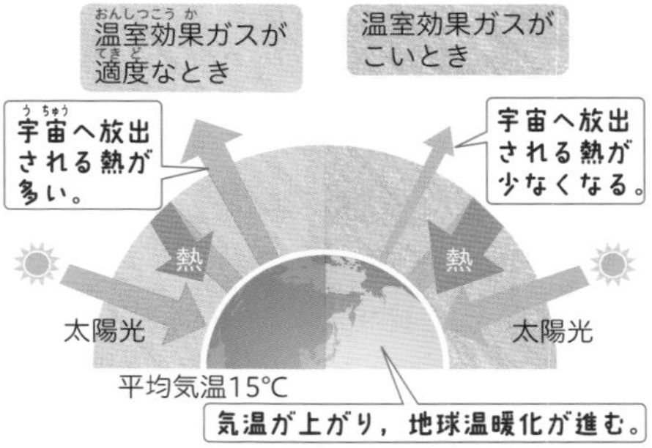

▶**地球温暖化のえいきょう**…南極などの氷がとけて海面が上しょうし，海の近くの土地や島がしずんでしまうことが心配されている。また，かんそう地帯では雨がより少なくなり農作物が育たなくなるおそれもある。

▲ 二酸化炭素の濃度(地球全体)と年平均気温の変化

▶**地球温暖化の原因**…大気中の二酸化炭素が増えすぎたことが原因の1つと考えられる。

二酸化炭素が増えたのは，石油や石炭などをエネルギーとして大量に燃やしているのがおもな原因である。光合成によって二酸化炭素をとりこんでいる森林が減少していることもえいきょうしている。

参考 温室効果ガス
地表から放射された熱を吸収するはたらきがある気体のこと。二酸化炭素やメタンなどがこれにあたる。

5 酸性雨★★

●**酸性雨**……酸性の物質が雨・雪などにとけこむことで，ふつうより強い酸性を示す雨や雪が降る現象である。酸性雨は，川や湖，土じょうを酸性にして生態系に悪えいきょうをあたえるほか，コンクリートをとかしたり，金属にさびを発生させたりして建物や文化財にひ害をあたえる。

▶**酸性雨の原因**…石炭や石油(**化石燃料**)の燃焼や火山活動などにより放出される**二酸化イオウやちっ素酸化物**が原因である。

参考 酸性雨にとけているもの
二酸化イオウやちっ素酸化物は，大気中で紫外線などのえいきょうで化学変化をおこし，リュウ酸やショウ酸となる。これがとけこんだものが酸性雨である。

パワーアップ
酸性，アルカリ性の強さを示すものさしのひとつにpHがあります。pH7を境に，数字が小さいと酸性，大きいとアルカリ性になります。純すいな水のpHは7です。pHを使うと，水よう液の性質をリトマス試験紙よりくわしく知ることができます。

6 赤潮と青潮★

●**赤　潮**……海などの水が赤く染まってしまうことを**赤潮**とよぶ。赤潮は，海や川のプランクトンが異常に大量発生することでおこる。魚のえらにプランクトンがつまってしまい呼吸ができなくなったり，プランクトンが大量に酸素を消費するため海水中の酸素が不足し，たくさんの魚が死んでしまうこともある。

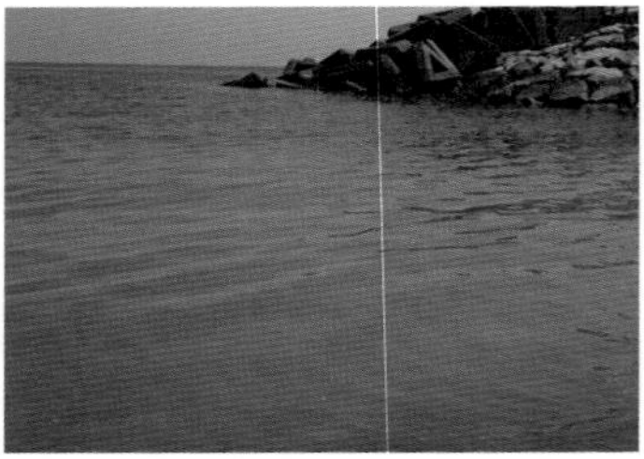

▲赤　潮

▶**赤潮の原因**…生活はい水や工場はい水などが海に流れていくことにより，海水中の養分が多くなり植物プランクトンが増えすぎることなどが原因である。赤潮は，陸に近く浅い海で，陸からよごれた水が流れこんでくるところでおきやすい。

●**青　潮**……海などの水が青く染まってしまうことを**青潮**とよぶ。青潮は，海や湖の中の酸素が不足することでおこるが，原因は赤潮と少し異なる。

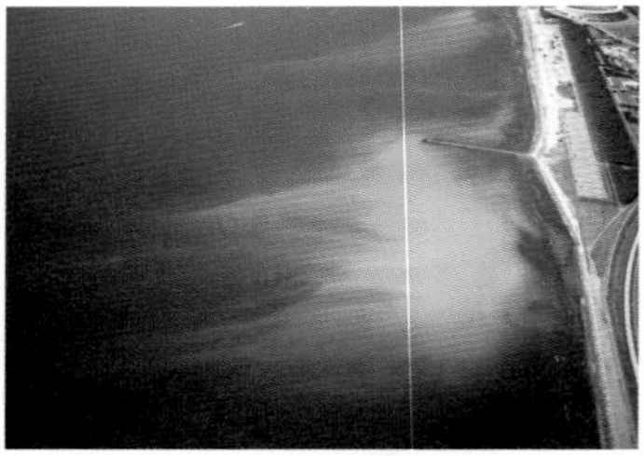

▲青　潮

▶**青潮の原因**…異常に増えたプランクトンが死んで海底にたまったものが小さな生き物（バクテリア）によって分解されるとき，多量の酸素が使われる。酸素の量が減った海水が強風などにより海面に上がってくると，酸素が少ない海水のため，そこに入ってしまった魚は死んでしまう。

7 日本の公害★★

●**公　害**……人の行動が原因となり，生態系や自然かん境などに大きなひ害をもたらすこと。

▶**四大公害病**…人間の活動によって人の健康を害した事例で，日本で大きな問題となった。**水俣病**，**第二水俣病**，**四日市ぜんそく**，**イタイイタイ病**がこれにあてはまる。

参考　水俣病
水俣病は，魚の食物連鎖が原因となっておこった。工場から出た物質によって汚染された魚や，その魚を食べた魚を食べることによって人体にひ害が出たのである。

パワーアップ
プランクトンが異常に増える原因の１つに，海や川が富栄養化することがあげられます。これは文字どおり，栄養が豊富になることです。豊富になると，海や川にとっては植物プランクトンが多くなりすぎ，そこにすむ生き物の種類や数のバランスをくずしてしまいます。

入試のポイント

絶対暗記ベスト3

1位 生態ピラミッド　食べる・食べられるの関係にある生き物の数量は，生き物の量が多い植物を底面として，肉食動物を頂点とするピラミッドの形で表すことができる。

2位 食物連鎖　生き物の，食べる・食べられるという関係のこと。陸上の生き物だけでなく，海の中や土の中の生き物にもこの関係がある。

3位 分解者　植物や動物の死がいなどの有機物を無機物に分解する生き物。ミミズなどの土の中にすむ生き物や，きん類・細きん類などのび生物がこれにあてはまる。分解者は消費者の立ち場もあわせもっている。

1 かん境問題とその原因

かん境問題の例	原　因
地球温暖化	石油などの化石燃料を燃やしたときに出る二酸化炭素。
酸性雨	石炭，石油などの化石燃料を燃やしたときや火山活動などにより出る，二酸化イオウやちっ素酸化物など。
オゾン層の破かい	長い間電化製品などで使われていたフロンが原因。
森林の破かい	農耕地の開こんや建築用木材のばっ採。

2 生き物の数量的な関係

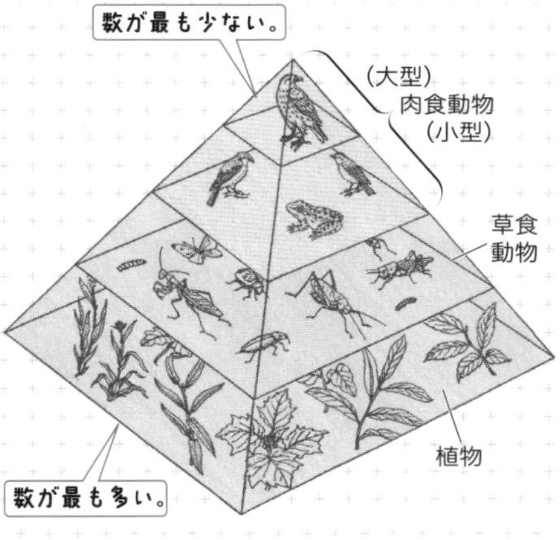

- 食物連鎖における生き物の数を，植物（生産者）を底面に，肉食動物（消費者）を頂点にして表すと，ピラミッドの形になる。海の中，土の中の生き物でも同様の形になる。
- 植物以外はほかの生き物を食べることでエネルギーをえている。
- 頂点の生き物は最も数が少なく，からだの大きさは大きくなる。
- どれかが増減しても長期的にみると生き物の数量の割合は一定に保たれている。

重点チェック

- □ ❶ 人のからだの中には約［　　］％の水がふくまれている。
  - ❶70　p.169
- □ ❷ 海や地表の水は，太陽の熱によって［　　］になる。これを蒸発という。
  - ❷水蒸気　p.169
- □ ❸ 人や動物が呼吸するのに必要な［　　］は，植物がつくり出している。
  - ❸酸　素　p.170
- □ ❹ 人や動物の食べもののもとをたどっていくと，みな［　　］にたどりつく。
  - ❹植　物　p.172
- □ ❺ 生き物の食べる・食べられるという関係を［　　］という。
  - ❺食物連鎖　p.172, 173
- □ ❻ 食物連鎖において，食べる動物は食べられる植物や動物よりも数が［　　］。
  - ❻少ない　p.173
- □ ❼ きん類や細きん類などのび生物は［　　］とよばれ，有機物を［　　］に変えるはたらきをもつ。
  - ❼分解者，無機物　p.172, 174
- □ ❽ 池や小川には，魚のえさになるとても小さな［　　］という生き物がいる。
  - ❽プランクトン　p.175
- □ ❾ 熱帯林には，地球上の約［　　］以上の種類の生き物がすんでいるといわれている。
  - ❾$\frac{2}{3}$　p.181
- □ ❿ 地球をとりまくように成層けんにただよっている層のことで，太陽光にふくまれる有害な［　　］のほとんどを吸収し，生き物をまもっている層を［　　］という。
  - ❿紫外線，オゾン層　p.182
- □ ⓫ 地球から出て行くはずの熱がにげられなくなり，地球の気温が上しょうしてしまう状態を［　　］という。原因として，大気中の［　　］が増えたことが考えられる。
  - ⓫地球温暖化，二酸化炭素　p.183
- □ ⓬ 森林の木がかれたり，湖や川の魚が死んだり，野外の大理石や金属でできたもののいたみが激しくなったのは，［　　］のえいきょうと考えられている。これは，石炭や［　　］などを燃やしたときに発生する二酸化イオウやちっ素酸化物などが原因である。
  - ⓬酸性雨，石油　p.183

チャレンジ！思考力問題

レベル3
レベル2
レベル1

●次の文章を読み，あとの問いに答えなさい。　【獨協埼玉中－改】

自然界で，生き物どうしがたがいに「食べる・食べられる」の関係でつながっている関係を［　A　］という。これを「食べられる生き物」から「食べる生き物」へ向けた矢印（⟶）でつなぐと一直線にはならず，複雑なあみ目状になる（図1）。［　A　］の関係にある生き物を「食べられる」生き物から「食べる」生き物の順に積み上げていくと，「食べられる」生き物のほうが「食べる」生き物よりも個体数が［　B　］ので，底辺が広がるピラミッド型になる（図2）。自然界では生き物の数量関係は多少の増減があってもやがてもとの状態にもどっていく。

図1

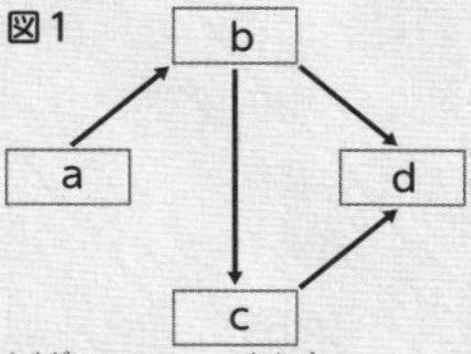

図2

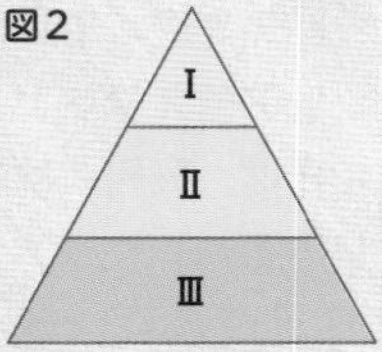

⑴ 文中のA，Bに入ることばを答えなさい。

⑵ 図1のa～dには，タカ，イネ，ヘビ，ネズミのいずれかが１つずつ入ります。aとbにあてはまる生き物として最も適当なものはどれですか。

⑶ 何らかの理由により，図2のⅡが増加し，その後もとの状態にもどった場合，生き物の数量はその間どのように変化したか考えました。図2が最後になるように変化していく順に図をならべたとき，図2の直前にくる図を，次のア～エの記号で答えなさい。ただし，ア～エのうち，１つだけ変化していく順に入らないものがあります。

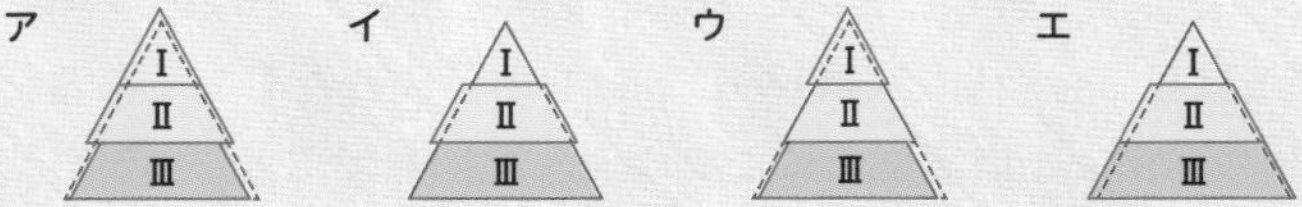

キーポイント

植物は生産者である。生態系では，生き物の割合はほぼ一定に保たれている。

正答への道

生き物の数量は，食べるもの（えさ）が増えれば増える，捕食されなければ（えさにならなければ）増える，反対に食べ物が少なくなれば減る，食べられれば減る，と考える。実際にはさまざまな条件が関係しているが，ここから考えるとよい。

答え

⑴ A－食物連鎖　B－多い　⑵ a－イネ　b－ネズミ　⑶ ウ

チャレンジ！ 作図・記述問題

レベル3 レベル2 レベル1

●図は，ある森林の土の中で生活する生き物の関係を表しています。これについて，次の問いに答えなさい。ただし，図の生き物の大きさは，実際とは異なっています。

【女子美術大付中－改】

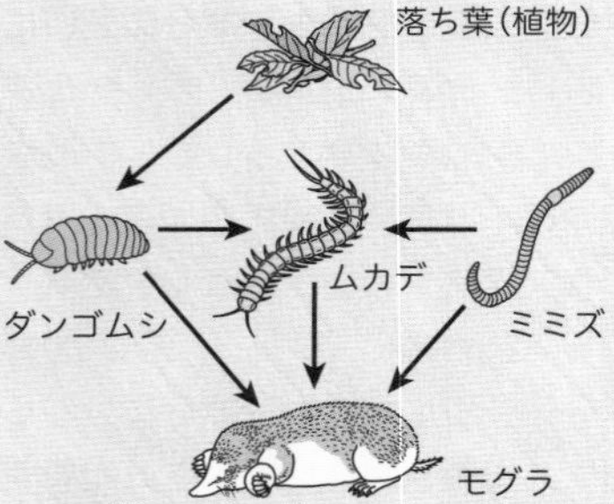

(1) 図の矢印（⟶）は生き物のどのような関係を表しているか，説明しなさい。

(2) 図の矢印（⟶）が１か所，不足しているところがあります。どの場所に矢印を入れるとよいか，図の中にかき入れなさい。

(3) 図のダンゴムシやムカデは，こん虫ではありません。その理由を１つ説明しなさい。

(4) 図の生き物のうち，個体数（生き物の数）が最も少ないと考えられるものはどれですか。図の生き物の名まえで答えなさい。

(5) この森林に，外来種（もともとその地域にいなかったが，人間の活動によってもちこまれて定着した生き物）が入りこんだとします。すると，ここに生活していた生き物（在来種）が絶めつしてしまうことがあります。外来種によってほかの生き物が絶めつしてしまう理由を説明しなさい。

キーポイント

- 生産者，消費者，分解者などのことばの意味を理解しておく。生産者や消費者ということばは，社会科（経済）のことばをとり入れたものである。
- (1)は，「～の関係」という文末になるような説明をする。「このような関係を何というか」と問われたときは「食物連鎖」と答える。

正答への道

「天敵」ということばを知っているか知らないかで(5)の説明のしやすさが変わってくる。ことばの使い方を，このような問題を通して身につけておきたい。

解答例

(1) 食べる・食べられるの関係　(2) 右図

(3) あしが６本ではない，からだが３つに分かれていない（などから１つ）

(4) モグラ　(5) 外来種には天敵がいないため，数が増えて在来種の食べ物やすむ場所がうばわれてしまうから。

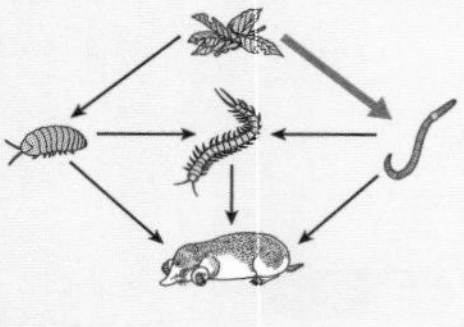

第2編

地　球

ここから
スタート！

第2編
地球

第1章 天気のようす

天気のようすを調べるには？

今日は天気がよくて気持ちがいいね，とあいさつすることがあります。天気がよいとは，どういうことでしょう。正しく天気のようすを伝えるためには，天気のようすを調べ，だれにもわかりやすく表すことが必要です。

学習することがら

1．太陽の動き
2．気温・風の調べ方
3．気温の変化
4．風のふき方
5．空気中の水蒸気(すいじょうき)
6．自然の中の水のじゅんかん

今日はいい天気だね！
でもだいぶ暑いよ，雨が上がったばかりだから空気も重い感じ…。
天気のようすを表すにはどうしたらいいと思う？
じゃーん！気象観測(きしょうかんそく)にはこれを使うといいよ！
あっ！百葉箱！
中はどうなってるの？
百葉箱の中身
気温やしつ度がわかるようになっているのよ。
天気のようすを表すにはどちらも必要なんだね。
暑かったけど，風がふくとすずしくなるね。
バタバタ
風も天気を知るためには調べなきゃだね。
ところで今日のタロはすごくがんばってるね〜。
タロはお天気屋だね…。
一日一善(いちにちいちぜん)！

1 太陽の動き

発展 6年 5年 4年 3年

1 太陽の動き 入試重要度★★

●**太陽の1日の動き**……太陽の動きを調べるとき，目標物のない空の中で太陽の位置を決めなければいけない。太陽の位置を示すときには，方位と太陽の高度を使って表す。

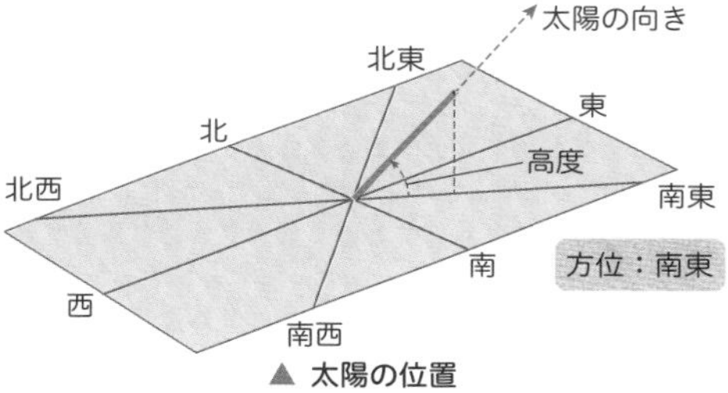

▲ 太陽の位置

ことば
- **方　位**
  東，西，南，北の水平の向きを基準にする。4方位の間の向きは南東，北西のように表す。
- **太陽の高度**
  太陽の方向と地面がつくる角度。

実験・観察

太陽の1日の動き

ねらい　太陽が1日でどのように動くのか調べる。

方　法　①一日中かげにならない所に水平な台を置き，その台の真ん中にねんどを置く。

②20 cm くらいの長さの竹ひごを用意し，竹ひごのかげが消える向きをさがし，ねんどに竹ひごをさす。

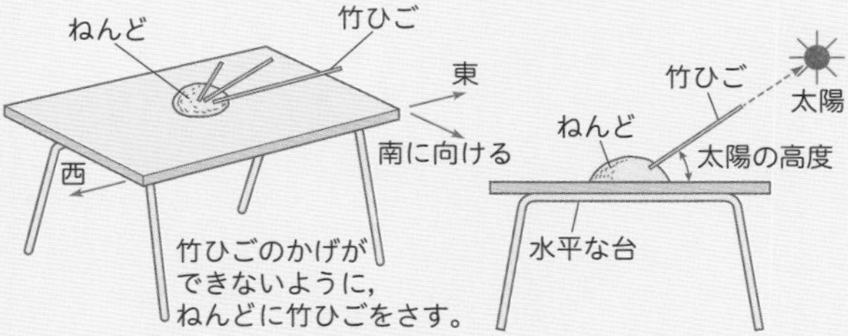

③1時間ごとの竹ひごの方位と太陽の高度を調べる。

結　果　太陽の1日の動きを調べた結果を，方位と角度の目盛りのついたグラフにかくと，右のようになる。

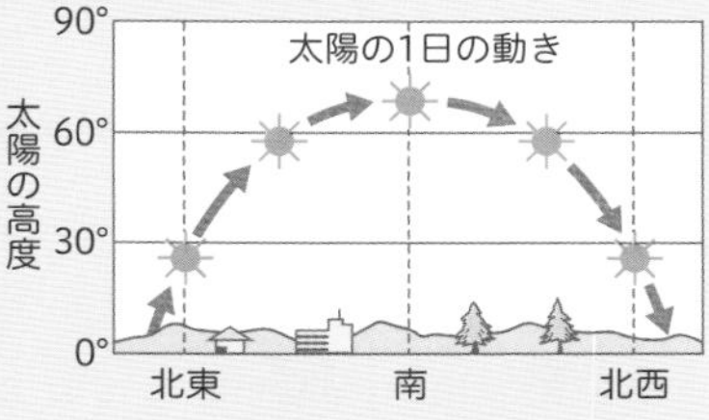

パワーアップ
太陽はとても遠くにあるので，校庭のどこで調べても，太陽の方位や高度は同じになります。実際にいろいろな場所で太陽の方位や高度を同時に調べてみるとわかります。

わかること ①太陽は，東からのぼって，南の空を通り，西にしずむ。
②真南にきたときの高度がいちばん高い。

●**季節と太陽の動き**……太陽の通る道すじは，季節によってちがっている。

❶ **春分・秋分のころ**…太陽は真東からのぼって，真西にしずむ。昼と夜の長さは同じになる。

❷ **夏至のころ**…太陽は真東より北によった所からのぼって，真西より北によった所にしずむ。

太陽の通り道は最も長くなり，昼の時間が最も長くなる。また，南中のときの太陽の高度も最も高くなる。

❸ **冬至のころ**…太陽は真東より南によった所からのぼり，真西より南によったところにしずむ。

太陽の通り道は最も短くなり，昼の時間が最も短くなる。また，南中のときの太陽の高度も最も低くなる。

ことば •太陽の南中

太陽は高度をあげながら少しずつ東からのぼり，真南にきたときにいちばん高度が高くなる。太陽が真南にきたときを太陽の南中といい，そのときの高さを南中高度，そのときの時刻を**南中時刻**という。

•南　中

天体が南北と空の真上を結ぶ線（子午線という）上にきたときを南中という。

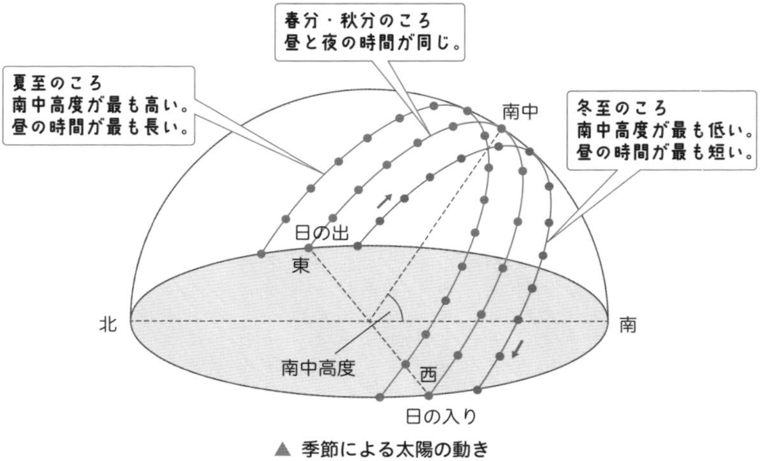

▲ 季節による太陽の動き

❹ **太陽の南中高度の求め方**

▶**春分・秋分**　南中高度＝90°－その土地の緯度

▶**夏至**　南中高度＝90°－その土地の緯度 ＋23.4°

▶**冬至**　南中高度＝90°－その土地の緯度 －23.4°（地軸のかたむき）

参考 春分，夏至，秋分，冬至

春分は3月21日ごろ，夏至は6月22日ごろ，秋分は9月23日ごろ，冬至は12月22日ごろになる。

パワーアップ

南半球では，北半球とは反対に，太陽の高度は冬至のころに最も高くなり，夏至のころに最も低くなります。

●棒のかげと太陽の１日の動き……太陽の１日の動きは，垂直にたてた棒のかげを使って調べることもできる。一日中かげにならない平らな地面に，右の図のような長さ１ｍの棒を垂直にたて，太陽の光によってできるかげの先たんの動きを記録する。

❶ 棒のかげのできる方位…朝，太陽が東からのぼってくるとき，かげは棒を中心に，西のほうにのびる。太陽の１日の動き（東→南→西）にたいして，かげは西→北→東と動く。

❷ 棒のかげの長さ…棒のかげは，太陽の高度が高いほど短く，太陽の高度が低いほど長い。したがって，太陽が南中するときのかげがいちばん短くなる。

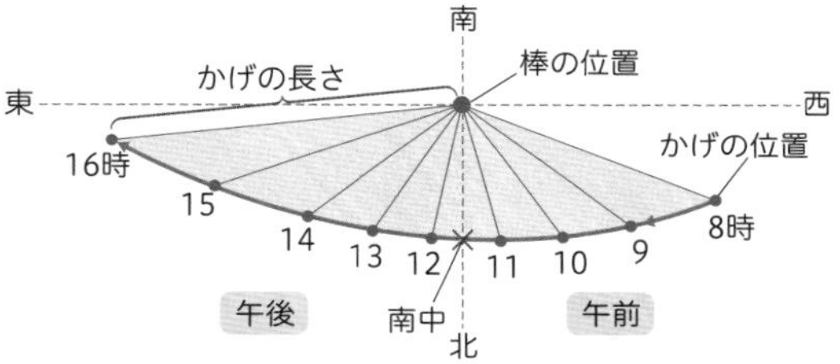

▲ 棒のかげの長さの変化

❸ 棒のかげのでき方の１年の変化…季節によって太陽の通り道がちがうので，かげのでき方も季節によってちがう。

それぞれの季節でのかげのでき方は，下の図のようになる。

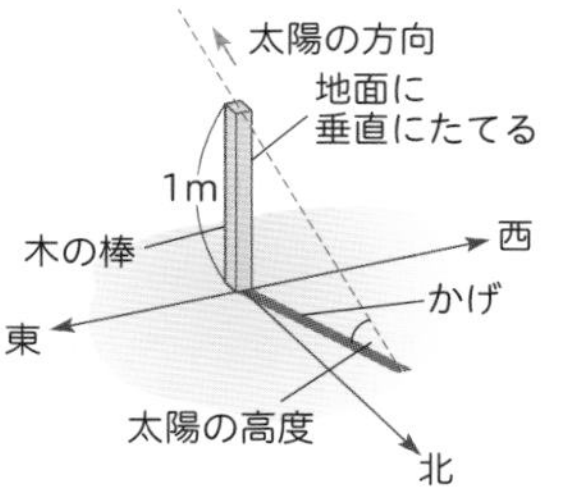

▲ 太陽の１日の動きを棒のかげで調べる

参考
・**太陽の方位**
かげは光線と逆向きにできる。このため，かげと逆の方向が太陽の方位となる。
・**太陽の高度**
かげの先たんと棒の先たんを結んだ線が地面とつくる角度が，太陽の高度である。

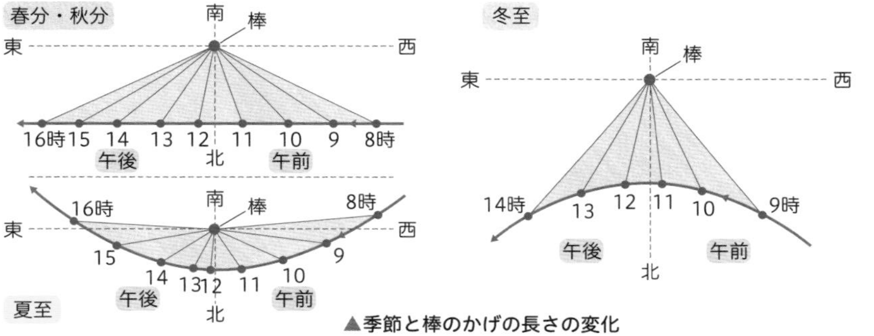

▲季節と棒のかげの長さの変化

雑学ハカセ
日時計は5000年以上前からあったといわれています。アナログ時計の針の回る向きは，日時計のかげの回る向きと同じになっています。

●**南中時刻のちがい**……太陽は東からのぼるので，東にある地域のほうが南中する時刻ははやくなる。地域によって時刻がちがうと困るので，日本では**東経135°**の兵庫県明石市で太陽が南中した時刻を正午(12時)と定めている。これを**日本標準時**という。
世界時は経度0°のイギリスのグリニッジ

参考 南中と南中時刻
太陽の動きは1年を通して一定ではないため，実際には，明石市でも毎日12時に南中しているわけではなく，多少前後している。

2 日なたと日かげ★

●**日なたと日かげ**……太陽の光があたっている所を日なた，太陽の光があたっていない所を日かげという。

❶ **日なたの地面のようす**…太陽の光があたっているため明るく，地面はあたたかくかわいている。

❷ **日かげの地面のようす**…太陽の光があたっていないためうす暗く，地面はひんやりとしていてしめっている。

❸ **地面の温度**…日なたと日かげの地面のようすのちがいは温度を調べることで示すことができる。

▲ 日なたと日かげ

実験・観察

日なたと日かげでの地面の温度

ねらい 日なたと日かげで，地面の温度にどのようなちがいがあるのかを調べる。

方　法 ①日なたと日かげの地面に少し穴をほり，下の図のように棒温度計の液だめがうまるようにし，棒温度計が直接太陽であたためられないように，おおいをする。
②しばらくしてから，棒温度計の目盛りを読む。

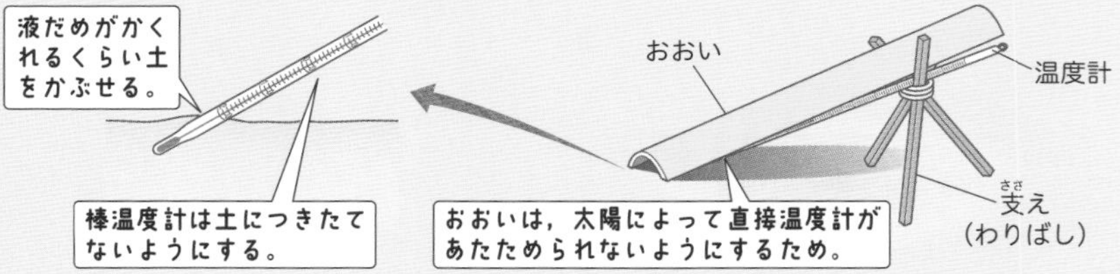
液だめがかくれるくらい土をかぶせる。
棒温度計は土につきたてないようにする。
おおい
温度計
おおいは，太陽によって直接温度計があたためられないようにするため。
支え
(わりばし)
▲ 地面の温度のはかり方

結　果 調べた結果をグラフに表すと，次ページの図のようになる。

雑学ハカセ 太陽がつくるかげの境目がはっきりしないのは，太陽に大きさがあるからです。かげのぼんやりした部分では，太陽の一部がかくされた状態になっています。これは，部分日食と同じです。

わかること ①日なたの地面のほうが日かげの地面よりも温度が高く，温度の上がり方も大きい。
②太陽の光によって，明るさだけではなく，あたたかさ（熱）も届(とど)けられる。

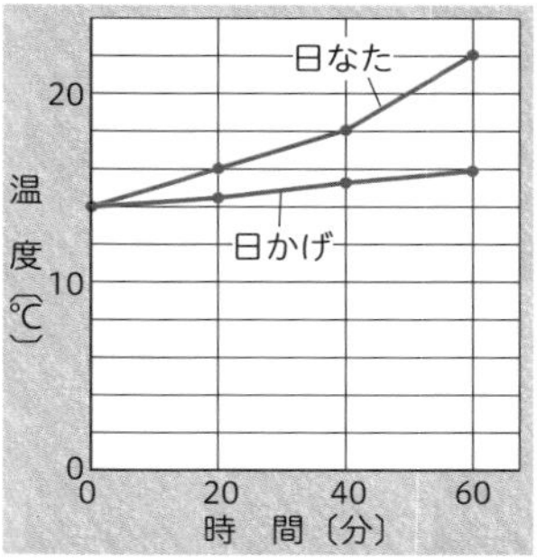

▲ 日なたと日かげの地面の温度

❹ **地面の温度の変わり方**…太陽の光がよくあたる場所を選んで，１日の地面の温度の変化を調べると，右下のグラフのようになる。

▶**温度の変わり方**…右下のグラフからもわかるように，朝は温度が低く，しだいに上がっていって13時（午後１時）ごろに最も高くなる。（気温は14時ごろ最も高い）１日の最高気温は，太陽が南中する時刻(じこく)より，少しおくれる。これは，地面が太陽から受ける熱の量と地面からにげていく熱の量が関係している。

▶**地面の温度と太陽**…太陽の動きと地面の温度変化との関係を調べると，太陽の光があたっている時間が長い所ほど，地面の温度が高くなっている。したがって，太陽の光が地面をあたためていることがわかる。このため，晴れている日の地面の温度は高くなるが，くもりの日の地面の温度はそれほど高くはならない。

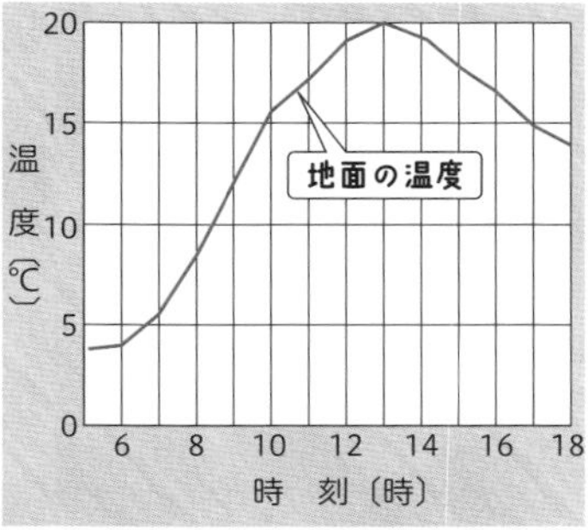

▲ １日の地面の温度の変化

くわしい学習 季節による地面の温度のちがい

季節によって地面の温度の上がり方がちがうのは，太陽の高度がちがうからである。同じ量の光が太陽から届いていても，地面にあたる角度によって，同じ面積にあたる太陽の光の量がちがってくる。南中高度が高ければ，太陽の光がせまいはん囲にあたることになり，地面の温度は高くなる。逆(ぎゃく)に，南中高度が低ければ，太陽の光が広いはん囲(い)にあたることになり，地面の温度は低くなる。

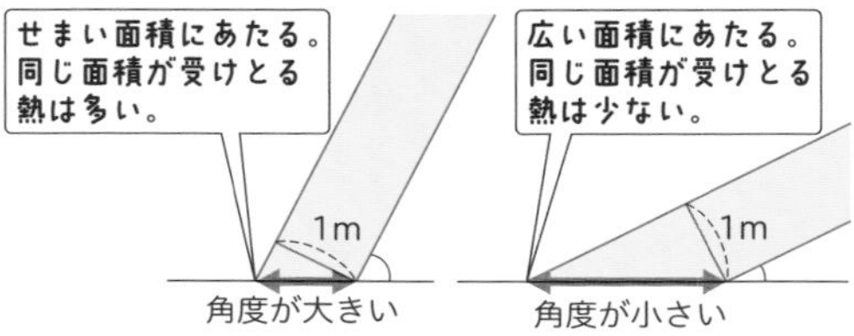

パワーアップ １日の太陽の高度と地面の温度のグラフからわかるように，２つのグラフの変化の関係は，１年のうちの太陽の高度と気温の関係と同じようになります。

2 気温・風の調べ方

発展 6年 5年 4年 3年

1 気温のはかり方★★

身近な天気の変化は，気温，しつ度，風の向きや強さ，雲の種類や量などによって調べることができる。

●**場所による空気の温度**……場所によって空気の温度はちがっている。

❶ **日なたと日かげ**…日なたは空気の温度が高く，日かげは日なたより空気の温度が低い。

❷ **地面のようすと気温**…アスファルトやコンクリートの上より，しばふの上のほうがすずしく感じるように，地面のようすによっても空気の温度はちがってくる。

❸ **高さと気温**…地面は，太陽の熱で熱くなっているので，空気の温度は地面に近いほど高い。

●**気温のはかり方**

❶ **気温とは**…上のように，場所によって空気の温度はちがい，風のふき方によってもちがってくる。このため，気温は次のように決められている。

風通しのよい日かげで，地上からの高さが1.2～1.5 m ぐらいの所の空気の温度。

❷ **気温のはかり方**…気温は，上のような場所で，温度計を使ってはかる。

❸ **温度計の使い方**…温度計には，ガラス管の中に油やアルコールなどの液体(えきたい)を入れてその液体が熱でふくらむことを利用しているものなど，いろいろなものがある。液体を使った温度計では，中に液体がたまっている所を液だめ，上下する所を液柱という。使うときには，次のようなことに注意する。

ズームアップ 雲 量 ➡p.218

参考 いろいろな温度計

• **スティックデジタル温度計**
液体やものにさして中の温度をはかるのに便利な温度計。

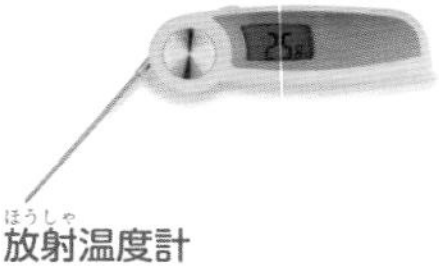

• **放射(ほうしゃ)温度計**
ものの表面の温度をはなれた場所からはかることができる温度計。

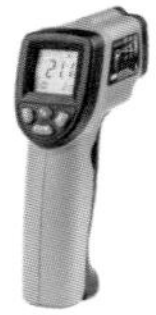

パワーアップ 1日の気温の変化のようすをグラフに表すと，晴れたおだやかな日には山型(やまがた)のグラフになり，くもりや雨の日には高低差の小さいグラフになります。

▶液だめにさわったり，息をふきかけたりしない。
▶直接太陽の光があたらないようにする。
▶20 cm〜30 cm はなれて，目を液面の高さと同じにして目盛りを読む。

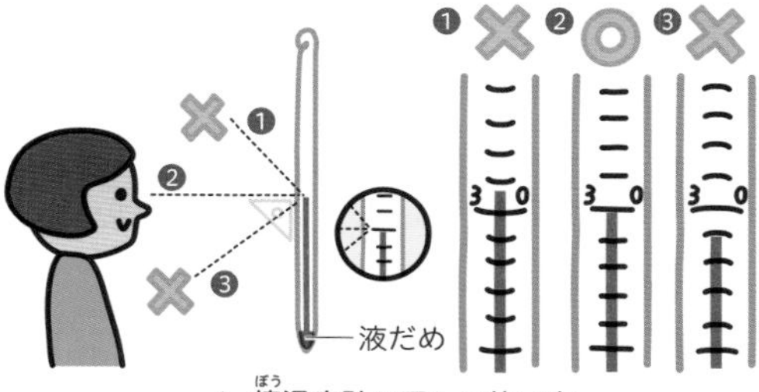

▲ 棒温度計の正しい使い方

2 百葉箱★★

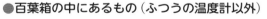

決められた条件で気温をはかるために，百葉箱が使われる。
↳気象庁では使用していない

●百葉箱のくふう

❶ **屋　根**…直射日光をさえぎり，雨を防ぐ。
❷ **よろい戸**…すきまがあり，風通しがよく，直射日光や雨が入らない。
❸ **とびら**…北向きについていて，とびらをあけても日光がさしこまない。
❹ **色**…全体が白い色にぬられて，日光を反射するので，中が熱くならない。
❺ **高　さ**…中の温度計の液だめが地上1.2〜1.5 mぐらいになっている。
❻ **しばふ**…地面からの熱の反射を防ぐ。
❼ **場　所**…まわりのえいきょうを受けないように，ひらけたところに立てられている。

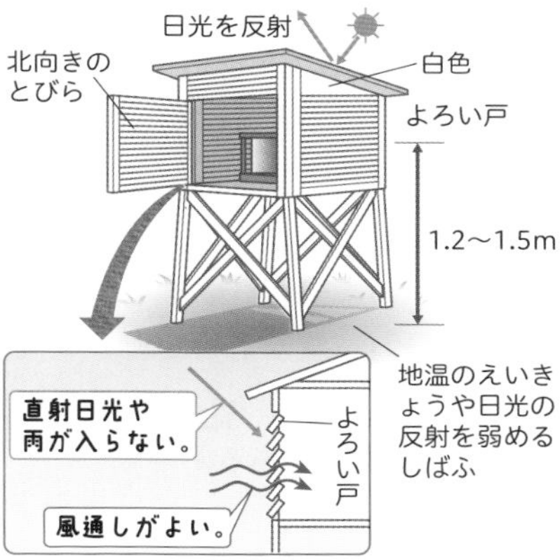

▲ 百葉箱

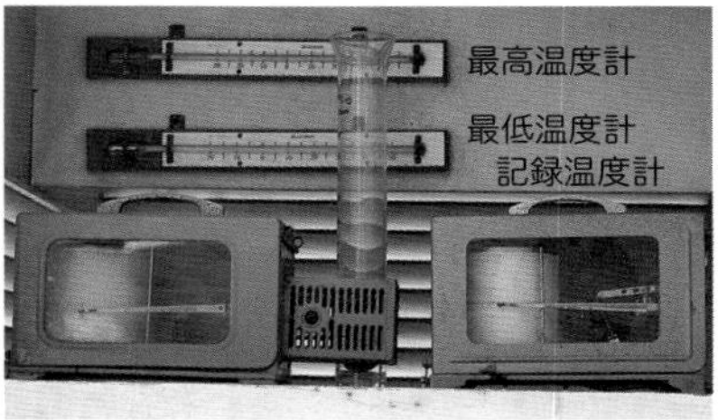

▲ 百葉箱の中

●百葉箱の中にあるもの（ふつうの温度計以外）

❶ **記録温度計（自記温度計）**…記録用紙が回転し，1日や1週間，1か月間の気温の変化を自動的に記録する温度計。
❷ **最高温度計**…いったん上がった温度表示が下がらないようにくふうされた温度計。前日のいちばん高い気温を調べる。

雑学ハカセ アルコールは 80°C ほどでふっとうします。ふつうのアルコール温度計がはかることができるのは −80〜70°C です。これ以上の温度をはかるには，いろいろなくふうがされています。

❸ **最低温度計**…液の中に目印がついていて，最も低い温度の所で目印がとまるようになっている温度計。その日の最も低い気温を調べる。

❹ **かんしつ計**…空気のしつ度をはかる。

❺ **気圧計**…大気の圧力をはかる。

▲ 気圧計

3 風の向きと強さ★★

風は，ふいてくる向きと強さを調べる。

▼ 風向風速計

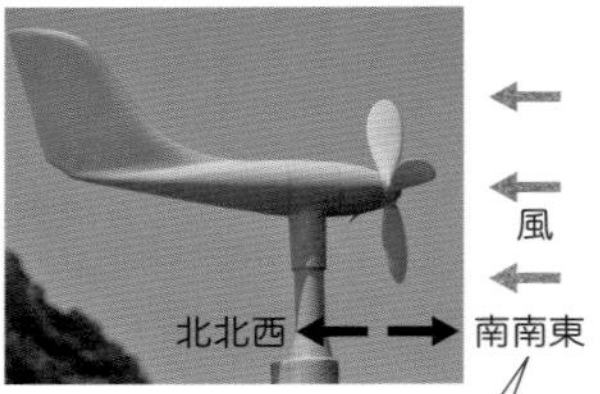

風向は風がふいてくる方角で表す。

▼ 16方位

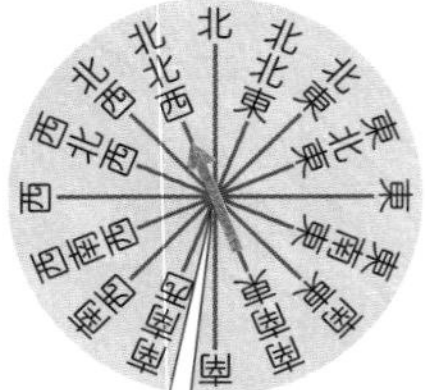

南南東の風

❶ **風　向**…風がふいてくる向きのことを**風向**といい，ふいてくる方位(16 方位)で表す。

❷ **風　速**…風がふく速さ。
1 秒間に空気が移動するきょりで表す。
└→m/秒（メートル毎秒）で表す

❸ **風　力**…風がものを動かす力を**風力**という。その強さは，空気がはやく動くほど強い。0 ～12 の 13 階級がある。

参考 風力階級
風力とは風がもつエネルギーを表すが，気象庁風力階級は風の速さ（風速）によって区分けしている。

風力0

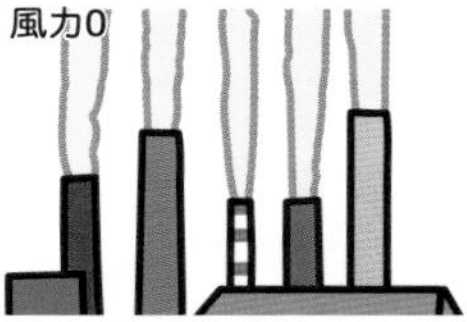

けむりは真っすぐにのぼる。

風力1

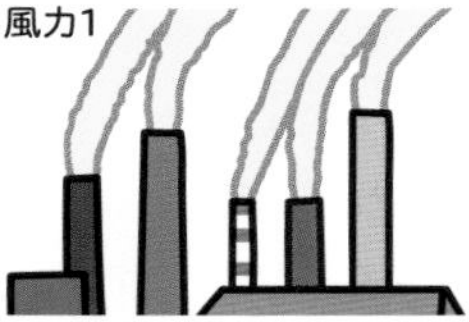

けむりはなびくが，風向計は動かない。

風力2

木の葉が動き，顔にも風を感じる。

風力3

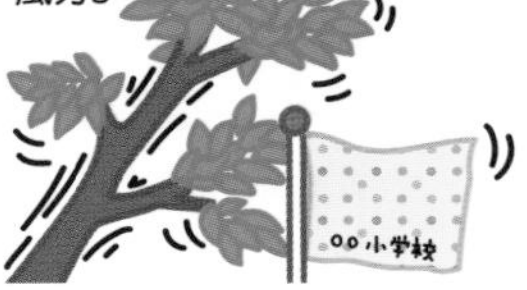

細かい小枝がたえず動き，軽い旗が開く。

風力4

砂ぼこりがたち，紙片がまい上がる。

風力5

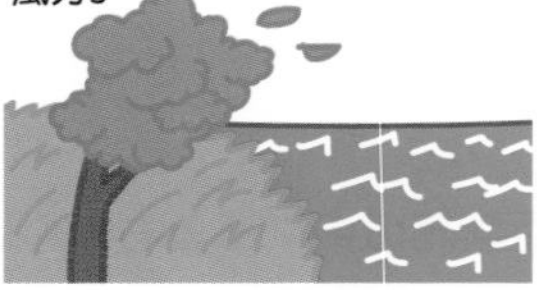

葉のある低木がゆれ，水面に波がしらがたつ。

❹ **場所による風向・風力のちがい**…風向や風力は場所によってもちがう。例えば，高いビルがたくさん建っているような所では，場所によって，とても強い風がふくことがある。
└→ビル風という

風　力	風速〔m/秒〕
0	0～0.3
2	1.6～3.4
4	5.5～8.0
6	10.8～13.9

▲ 風力と風速

雑学ハカセ ある地域や季節にふく風の中には，特別な名まえをもつものがあります。六甲おろしや赤城おろしは，六甲山や赤城山からふきおろす強風です。やませは，東北地方の太平洋側で春から夏にふく冷たくしめった東よりの風です。

3 気温の変化

1 1日の気温の変化★★

1日の気温の変化は，太陽の動きや地面の温度と関係する。

太陽の高さ（太陽の高度），地面の温度（地温），気温の1日の変化をグラフにまとめると右の図のようになる。

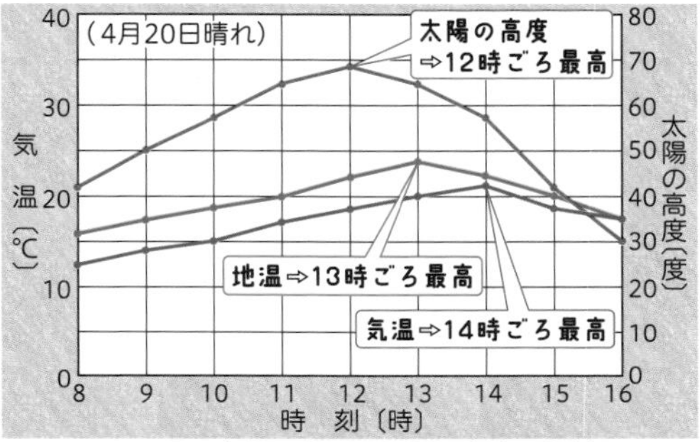

▲ 1日の気温・地温・太陽の高度の関係

夜の間は日光があたらないため，地面の温度が下がる。それにつれて気温も下がっていき，日の出前に最低になる。太陽がのぼるとともに，気温は上がっていくが，太陽の高さが最高になる12時より，気温が最高になる時刻（じこく）は2時間ぐらいおくれて，14時（午後2時）ごろになる。これは，日光がまず地面をあたため，地面の温度がじゅうぶんに上がったあと，地面の熱が空気に伝わって気温が上がっていくためである。地面の温度は，13時（午後1時）ごろ最高になる。

参考 地面の温度

地面が太陽光から受ける熱のほうが，地面から空気などににげていく熱より多ければ地面の温度は上がり，逆（ぎゃく）の場合に地面の温度は下がる。

2 季節と気温の変化★★

4月と12月の1日の気温の変化をグラフにまとめたのが右の図である。12月になると，太陽の高度はあまり高くならず，気温も4月ほど高くはならない。

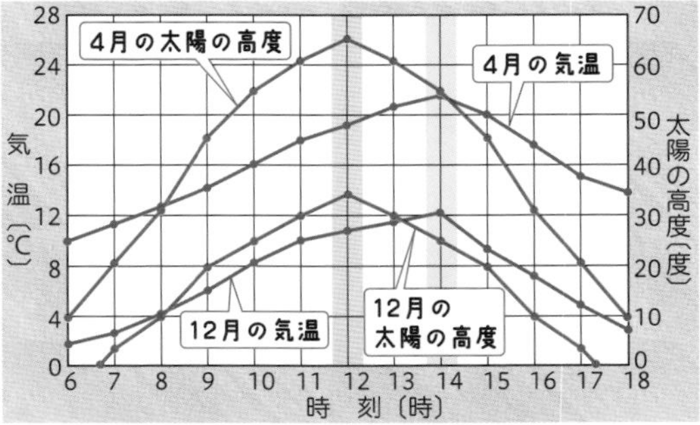

▲ 4月・12月の気温・太陽の高度

気温は3月ごろからしだいに高くなり，8月上じゅんに最も高くなる。9月になるとしだいに下がり始め，1月，2月ごろに最も低くなる。

雑学ハカセ 地面の温度は，ふつう昼は気温より高く，夜は気温より低くなります。地中の温度は，昼は気温より低く，夜は気温より高く，地下深くなるほど変化が小さくなります。

このように季節によって気温の高さにちがいはあるが，1日の変化のようすはよく似ており，14時(午後2時)ごろ最高になり，日の出前が最低になる。

3 天気と気温の変化★★

記録温度計で気温の変化を調べると，天気によって気温の変化にちがいがあることがわかる。晴れの日やくもりの日，雨の日の1日の気温の変化を記録温度計で記録したのが下の図である。

●**晴れの日**……14時(午後2時)ごろ最高になり，日の出前が最低になる。最高気温と最低気温の差が大きい。

●**くもり・雨の日**……日光が雲にさえぎられるため，地面があたたまらず，気温も上がりにくい。また，地面から出る熱も雲でさえぎられ，夜でも気温は下がらず，1日の気温の差は小さくなる。

くもりの日のグラフは，晴れの日よりも変化の少ないゆるやかな山型になり，気温は14時(午後2時)ごろが最も高くなる。

雨の日は，全体的に気温が低く，ほぼ水平なグラフになり気温の差はさらに小さくなる。

ことば 気温に関する用語

- 冬　日…最低気温が0°Cより低い日。
- 真冬日…最高気温が0°Cより低い日。
- 夏　日…最高気温が25°Cかそれより高い日。
- 真夏日…最高気温が30°Cかそれより高い日。
- もう暑日…最高気温が35°Cかそれより高い日。
- 熱帯夜…最低気温が25°Cかそれより低くならない夜。

参考 気温の上がり下がり

記録温度計の記録を見ると，たえず気温は上がったり下がったりしている。これは，日光が雲にさえぎられたり，風が強くなったり弱くなったりするため，一時的に気温が変わるからである。また，1日の中でも，「晴れのちくもり」「くもり一時雨」などと天気は変化する。気温もそれに合わせて，複雑な動きをする。

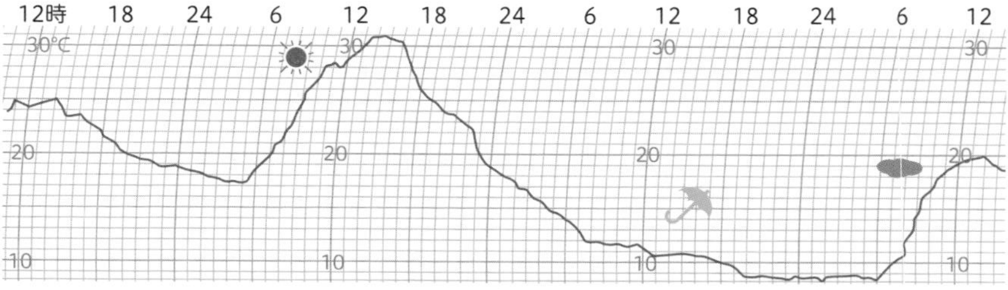

▲ 記録温度計の記録例

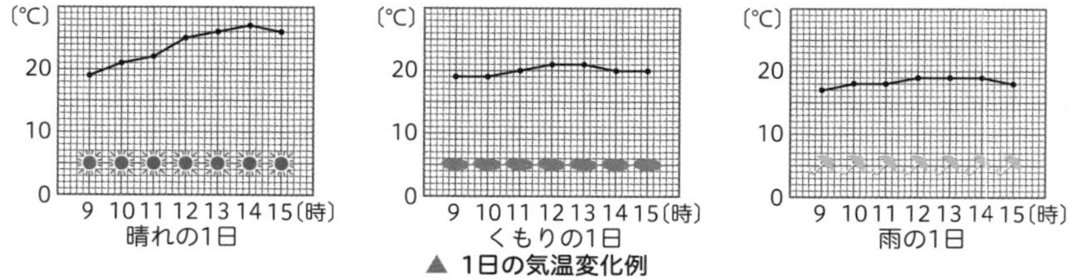

▲ 1日の気温変化例

雑学ハカセ よく晴れた夜は，昼間にあたためられた地面から赤外線という光の一種が宇宙に向かってにげ，もどってこないのでよく冷えます。これを放射冷きゃくといいます。

4 風のふき方

発展 6年 5年 4年 3年

1 風がふくしくみ★★★

●**気　圧**……地球を包む空気は地球に引かれている（↳重力による）。これによる空気の重さを受けて，地表のあらゆるものには空気の圧力が加わる。この圧力を**気圧**といい，同じ場所なら，あらゆる方向から同じ大きさの気圧が加わっている。気圧は，**気圧計**ではかる。

地上の気圧は，ふつうは1 cm² の面積に重さ約1 kgのものがのっているのと同じ圧力である。上空に行くほどその上にのっている空気の量が少ないので，気圧は低くなる。

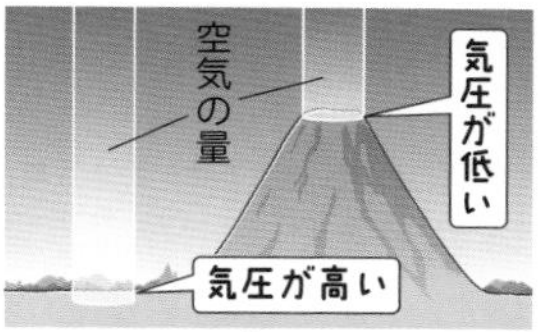

▲ 気　圧

●**風がふくしくみ**……気圧は，地上でも気温や時刻，場所によって変化する。気圧にちがいがあると，気圧が高い所から低い所に空気が移動し，同じ気圧になろうとする。この空気の移動が**風**である。

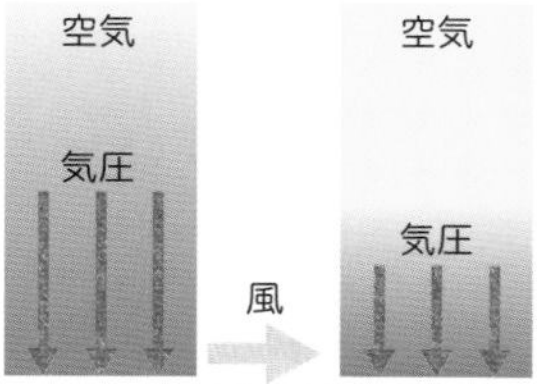

▲ 風がふくしくみ

●**等圧線**……天気図で，同じ時刻に観測した気圧の等しい地点をなめらかにむすんだ曲線を**等圧線**とよぶ。等圧線は，1000 hPa を基準に 4 hPa ごとにひいてある。等圧線の間かくがせまい（気圧の変化が大きい）ほど風が強くふく。風は気圧の高い所から低い所に向かってふくが，地球の自転のえいきょうを受けて，北半球では，等圧線と垂直な方向（図の⇨）よりも右にそれてふく（図の➡）。

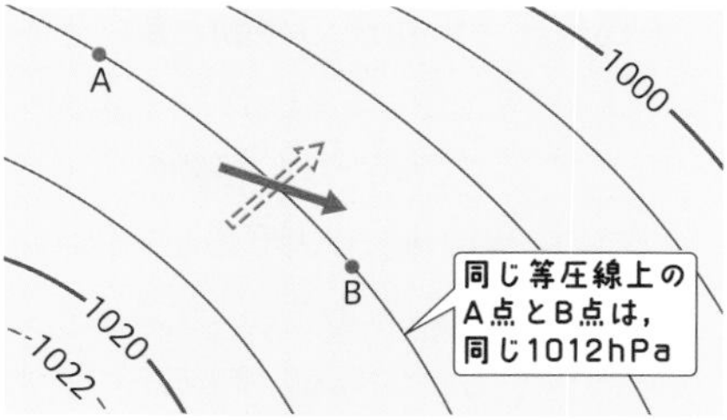

▲ 等圧線と風の向き

参考 気圧の表し方
圧力は，一定の面積の面を垂直におす力で表す。
天気予報では，気圧を hPa（ヘクトパスカル）という単位で表す。地上の標準の気圧を1気圧といい，1013 hPa になる。富士山頂の気圧は約 630 hPa である。

参考 水の流れ方

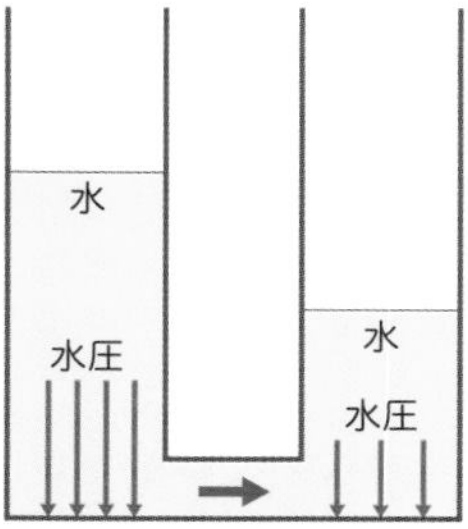

上の図で水は水圧（水の圧力）の大きいほうから小さいほうに流れている。風もこの水の流れと同じように，圧力のちがいで生まれる。

雑学ハカセ 地上の気圧 1013 hPa は，1 m² の上におよそ 10000 kg の空気がのっていることになります。地球の表面積は約 500 兆 m² なので，地球の空気の重さは全部で 10000 kg の 500 兆倍になります。

2 高気圧と低気圧★★★

●**高気圧**……等圧線が輪のように閉じていて，まわりより気圧が高い所を高気圧という。地上付近では高気圧の中心からまわりに向かって**右まわり**（**時計まわり**）（→北半球の場合）に風がふき出す。中心付近では下降気流となる。高気圧の中心付近は雲ができにくく，天気は晴れとなることが多い。

●**低気圧**……等圧線が輪のように閉じていて，まわりより気圧が低い所を低気圧という。地上付近では，まわりから低気圧の中心に向かって**左まわり**（**反時計まわり**）（→北半球の場合）に風がふきこむ。中心付近では，ふきこんだ風は上しょう気流となる。しめった空気が上しょうすると，冷やされて雲ができやすいので，低気圧の中心付近はくもりや雨の天気になることが多い。

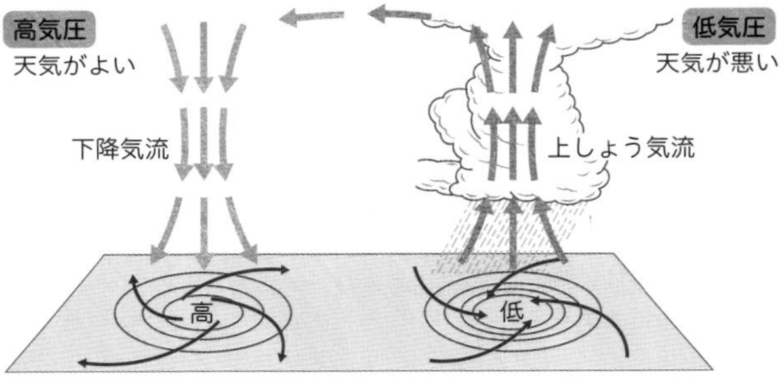

▲ 高気圧と低気圧

▶**高気圧・低気圧の移動と風**…高気圧や低気圧は，まわりと比べて気圧が異なる空気のかたまりで，とどまっていたり，移動したりする。移動にともない，風の向きや天気も変化する。低気圧のまわりの等圧線の間かくはせまいことが多く，強い風がふくことがある。高気圧のまわりの等圧線の間かくは広いことが多く，風はおだやかである。

高気圧や低気圧自体に進む力はなく，熱帯低気圧，温帯低気圧，移動性高気圧などは周辺の風（日本付近では偏西風など）により移動する。

参考 地上付近の風
地上付近の風は，気圧の高い所から低い所にまっすぐにふくのではなく，うずを巻くように曲がってふく。これには地球の自転のえいきょうがある。

ズームアップ 熱帯低気圧
➡p.225

ことば 温帯低気圧
中緯度の温帯にできる低気圧で，前線をともなう。

パワーアップ
高気圧・低気圧は，標準の気圧（1013 hPa）より高いか低いかではなく，まわりをとり囲む空気より気圧が高いか低いかで決まります。空気がつくる山やくぼ地のようなイメージです。

3 海風と陸風★★

海岸付近では，昼間は海から陸に向かって風がふき，夜は陸から海に向かって風がふく。この原因(げんいん)は，陸地が海水に比(くら)べてあたたまりやすく冷えやすいことにある。

空気は，あたためられると体積が大きくなり，軽くなって上しょうする。冷やされると体積が小さくなり，重くなって下降(かこう)する。そのため，気温が高い所は，気温の低い所に比べて気圧(きあつ)が低くなる。風は，気圧の高い所から低い所に向かってふく。

参考 風と気温の変化
風がふくことで，温度差が小さくなる。このため，内陸よりも海岸近くでは気温の変化が小さい。

●**海風（うみかぜ・かいふう）**……よく晴れた昼間，陸地は海水よりも温度が上がる。陸上の空気は海上の空気より温度が上がり，陸上の気圧は海上の気圧よりも低くなる。このため，海から陸に向かって風がふく。この風を**海風**という。このとき，上空では陸から海に向かって風がふいている。

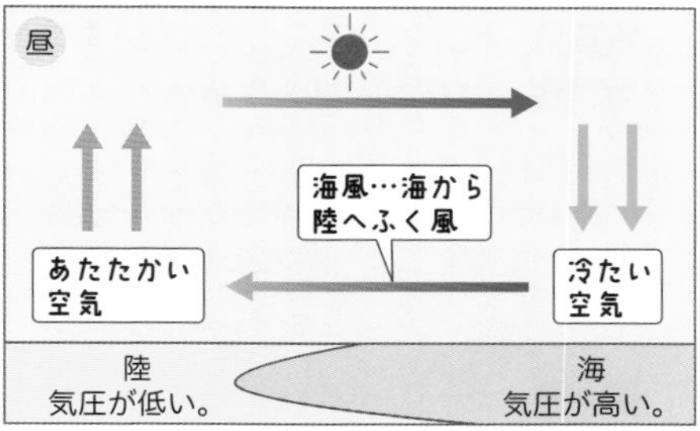

▲ 海　風

●**陸風（りくかぜ・りくふう）**……夜間，陸地のほうが海水より温度が下がりやすい。海上の空気は陸上の空気より温度が高くなり，海上の気圧は陸上の気圧より低くなる。このため，陸から海に向かって風がふく。この風を**陸風**という。このとき，上空では海から陸に向かって風がふいている。

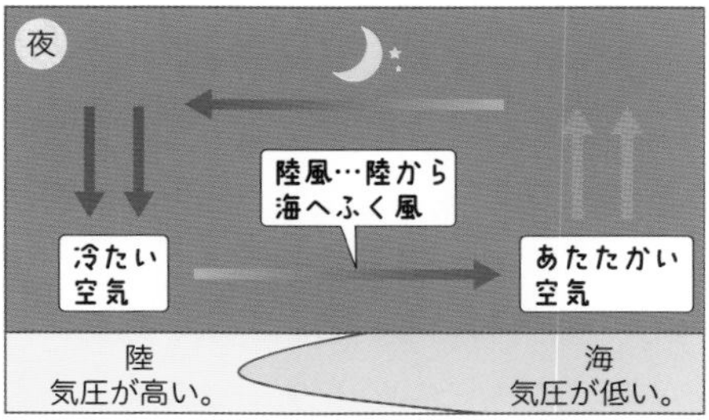

▲ 陸　風

●**な　ぎ**……朝方と夕方には，陸上の空気と海上の空気の温度がほぼ同じになる。すると，陸上と海上の気圧もほぼ同じになり，海風も陸風もふかない時間がある。これをなぎとよぶ。

ことば 朝なぎと夕なぎ
朝方に陸風がやむことを朝なぎ，夕方に海風がやむことを夕なぎという。

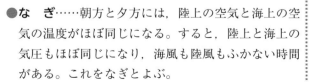

雑学ハカセ 日本の上空 8 km〜13 km付近には，西から東に向かう強い風（偏西風(へんせいふう)）がふいています。季節によってその位置や速さは異(こと)なりますが，時速 100 km 以上にもなり，飛行機の速さにもえいきょうします。

5 空気中の水蒸気

発展 6年 5年 4年 3年

1 空気中の水蒸気★★

●**水の蒸発**……雨が降ると，地面にしみこんだり，表面を流れていったりするが，雨がやむと，いつのまにか地面はかわく。雨は，しみこんだり流れたりするだけでなく，空気中へ**蒸発**するものもある。

実験・観察

運動場の水分のゆくえ

ねらい 地面にしみこんだ雨が，蒸発しているのかどうか確かめてみる。

方　法 ①とう明な大きめのシートを用意する。

②晴れた日に，運動場にシートを広げ，風で飛ばないようにとめる。

③１時間後，シートの裏側を調べる。

結　果 シートの裏側には，たくさんの細かい水てきがついている。

わかること 地面の中の水分は，少しずつ水蒸気となって，空気中へ出ていく。

▶**蒸　発**…上の実験のような現象を，**水の蒸発**という。水は高い温度でふっとうしなくても，少しずつ空気中に蒸発する。

●**水の蒸発のいろいろ**……水の蒸発は，雨水ばかりではなく，いろいろな所でも知ることができる。

水たまりの
水がなくなる。
あせがかわく。
洗たく物が
かわく。
水そうの水が減ってくる。

パワーアップ 水は100℃でふっとうします。ふっとうは，蒸発とは異なり，水の表面だけでなく，水中からも水蒸気が生じる現象のことをいいます。

●**空気中の水蒸気**……空気中には，地面などから蒸発していった水蒸気がたくさんふくまれている。それらの水蒸気は，空気を冷やすと液体になって目に見えるようになる。

参考 水，水蒸気，氷
水蒸気は，水が目に見えない気体になった状態。氷は水が固体になった状態。

実験・観察

空気中の水蒸気

ねらい 空気中に水蒸気がふくまれているかどうかを確かめる。

方　法 ①右の図のように，ガラスのコップに氷水を入れて，ガラスの板でふたをする。
②しばらくおいて，コップのまわりに水てきがついたときの温度をはかる。

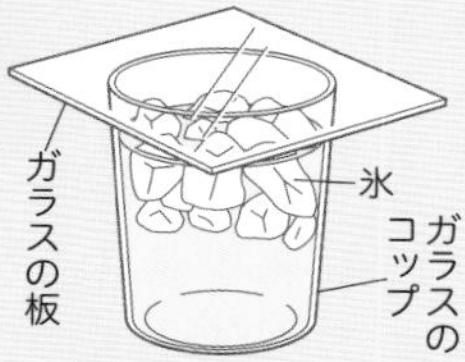

注　意！ 気温が高いときに観察をすると，よい結果がえられる。水のかわりにジュースを入れてもよい。

結　果 しばらく置いておいたコップのまわりには，水てきがたくさんついている。ふたをしていたのでこぼれたわけではない。ジュースを入れた場合は，コップについた水てきをティッシュペーパーでふいてみると，ジュースがしみ出てきたのではないことがわかる。これは，氷水によってコップのまわりの空気が冷やされて，空気中の水蒸気が水てきとなって出てきたためと考えられる。

▲ ガラスのコップについた水てき

わかること 空気中には，蒸発した水が水蒸気となってふくまれている。水蒸気が冷やされると水になる。

●**空気を冷やすと水てきが出てくるわけ**……気温が高いほど空気中にふくむことができる水蒸気の量は多くなる。また，その量は気温により決まっている。

気温が高く，多くの水蒸気をふくんでいる空気の温度が下がると，ふくむことのできる水蒸気の量が減り，液体の水となって出てくる。

上の実験では，冷えたコップのまわりの空気は冷たいので，空気中にふくむことができなくなった水蒸気が水てきとなってコップの表面につく。

ことば 湯気と水蒸気
白い湯気は小さな水てきである。やかんの口と湯気の間には水蒸気があるが，見えない。湯気もやがて水蒸気として空気中に広がり，見えなくなる。

雑学ハカセ 雲から降ってくる氷には，雪，ひょう，あられがあります。あられは直径 5 mm 未満の小さな氷の集まりです。ダイヤモンドダストは，地上近くの空気中の水蒸気が直接氷になったものです。

2 空気中の水蒸気の変化★★

空気中の水蒸気は，まわりの状きょうによって，いろいろな形に変化する。

●**つゆ**（**露**）……氷水を入れたコップのまわりに水てきがつくのと同じ現象である。

夜，地面が冷えると，それによって空気が冷やされ，空気中の水蒸気が草木の葉などに水てきとなってついたものを**つゆ**（**露**）という。よく晴れて風のない夜ほどできやすい。

▲ 葉についたつゆ

●**しも**（**霜**）

地面や地面近くの温度が0°C以下に下がったとき，空気中の水蒸気がこおって，小さな氷となって地面やものにくっつく現象を**しも**（**霜**）という。冬の朝などによく見られる。

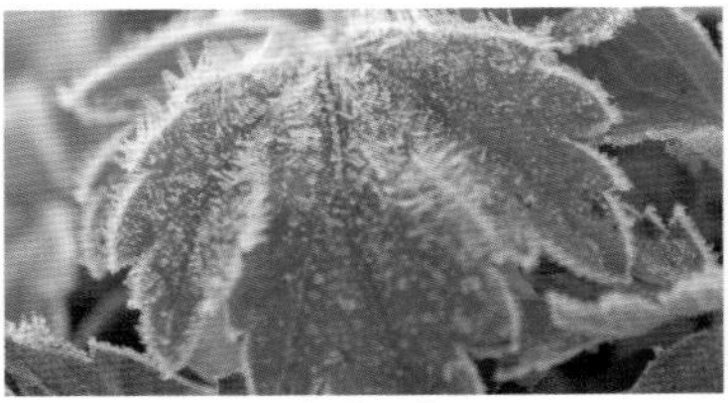

▲ し も

●**きり**（**霧**）

地面近くで空気が冷やされて，空気中の水蒸気が小さな水のつぶになり，雲のような状態になる現象を**きり**（**霧**）という。きりが出ると，まわりが白くかすんで見通しが悪くなる。

▲ き り

●**雲**……あたたかくしめった空気が急に冷やされたり，あたたかい空気と冷たい空気がぶつかり合ったりすると，空気中の水蒸気が細かい水てきや氷となって

ことば しも柱
地中の水分がこおりながら柱のように上にのびて，土をもち上げたもので，しもとは異なる。

参考 しもをつくる
氷水を入れたコップに塩（寒ざいという）をまぜ，温度を0°C以下に下げると，コップのまわりにしもができる。

ことば も や
きりと同様の現象だが，きりよりもうすく，1 km以上向こうが見通せるときは「**もや**」という。

雑学ハカセ
トマトやイチゴなどの葉のへりに水のつぶが点々とついていることがありますが，つゆとはちがうこともあります。これには，植物が根から吸い上げてあまった水を外へ出したものもあります。

雲となる。
↳かくとなるものが必要

雲をつくっているこれらの細かい水のつぶが落ちながら大きくなると，雨になる。一方，氷のつぶが成長して，とけないで地上に落ちてくると，雪になる。

●**雪**……空気中の水蒸気(すいじょうき)が規則(きそく)正しくつながりあって，美しい結しょうとなったもの。空からひらひらまい降(お)りてくる小さな氷の結しょうを**雪**や**雪の結しょう**という。雪の結しょうにはいろいろな形がある。

角板結しょう　広幅(ひろはば)六花　樹枝状(じゅしじょう)六花

▲ いろいろな雪の結しょう

●**天からの手紙**……世界で初めて人工で雪の結しょうをつくるのに成功したのは，日本の中谷宇吉郎(なかやうきちろう)である。かれは，美しい雪の結しょうができるまでのメカニズムを解明(かいめい)した。雪は上空の大気のようすを表していることから「雪は天から送られた手紙である」ということばを残した。

参考 ひょう（雹）

かみなりとともに激(はげ)しい雨が降(ふ)るときに，氷のかたまりが降ってくることがある。このうち直径5mm以上の氷のつぶをひょうという。

ことば 結しょう

物質をつくっている小さなつぶが，規則正しく結合したもの。

くわしい学習　雨が降るまで

雨が降るためには，空気の上しょう（**上しょう気流**）がおこり，大きな雨つぶに成長することが必要である。雲が成長するとき，雲の上のほうでは氷のつぶ（**氷しょう**）ができる。その氷しょうが上しょう気流にさからえるほど大きくなったとき雨になる（**冷たい雨**）。一方，氷しょうに成長しないままに，落下しながら雨つぶが成長していく降り方（**あたたかい雨**）もある。

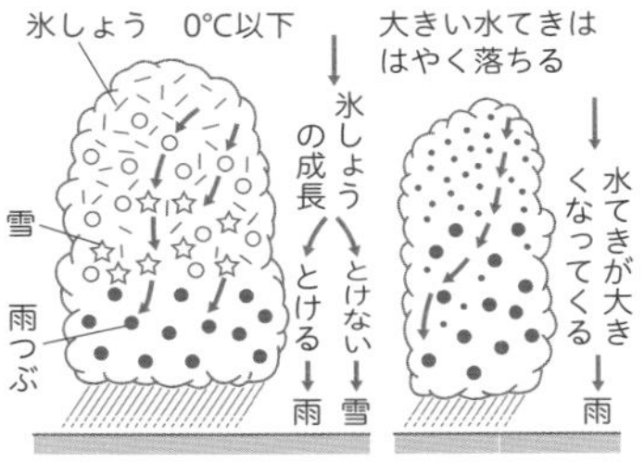

▲ 冷たい雨　▲ あたたかい雨

冷たい雨とあたたかい雨のちがいは，温度ではなく，いったん氷になってから降ってくるか，降ってくるまで水てきのままかのちがいである。

雑学ハカセ 雨つぶの大きさは，直径0.1mm〜5mmくらいです。雨つぶが大きいほど落ちる速さがはやくなります。大きな雨つぶでは，時速50kmほどにもなります。

くわしい学習 雲のでき方

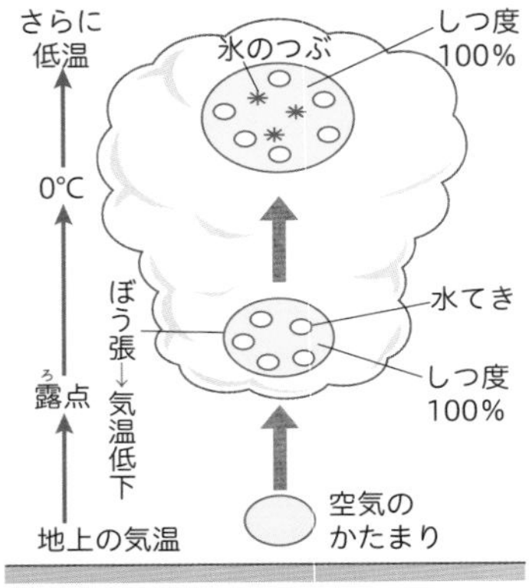

▲ 雲のでき方

大気中の水蒸気が，上空で小さな水てきや氷のつぶ（氷しょう）になって，空気中にういているのが**雲**である。雲は次のようにしてできると考えられている。

①地上付近の空気があたためられる。

②あたためられた空気のかたまりがぼう張して，周囲の空気より軽くなり，上しょうする。

③上空の気圧は低いので，ぼう張はさらに進む。

④空気がぼう張すると温度が低くなるので，空気がふくむことのできる水蒸気量が限界になり（このときの状態を，しつ度 100％ という），水てきや氷しょうになって雲のもとになる。

このように，空気が上しょうすること（**上しょう気流**）によって雲ができる。また，上しょう気流は，次の①～④のような場合にもおこると考えられている。

①高い山に風があたり，山のしゃ面を風がのぼるとき。

②台風や低気圧があると，そこでは気圧が低いため，まわりの空気がその中心に向かってふきこみ，その後うずをまきながら上しょうする。

③あたたかい空気が冷たい空気にぶつかったとき，あたたかい空気は冷たい空気の上にはい上がる。

④冷たい空気があたたかい空気にぶつかると，冷たい空気があたたかい空気の下にもぐりこむため，あたたかい空気は上しょうする。

①風が高い山にあたって上しょうする。

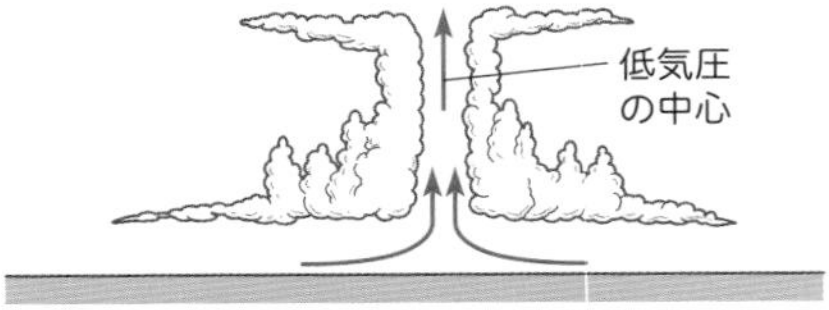

②低気圧の中心に空気が流れこみ上しょうする。

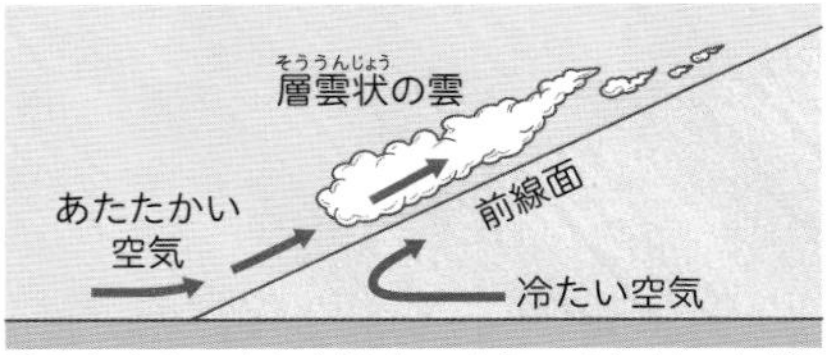

③あたたかい空気が冷たい空気の上にはい上がる。

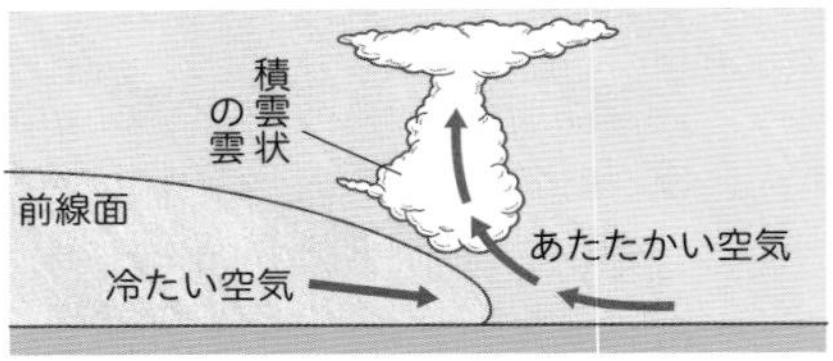

④冷たい空気があたたかい空気の下にもぐりこんでおし上げる。

パワーアップ

しめった空気が風で山にふき上げられ雲ができて雨が降り，山をこえてふもとにふきおろすと，かんそうした空気が圧縮されて気温が上がります。これをフェーン現象といいます。

中学入試にフォーカス しつ度の計算

❶ほう和水蒸気量

ある温度で，それ以上空気中に水蒸気をふくむことができなくなった状態を**ほう和**という。例えば，ふろ場で湯気が立ちこめているのは，空気中にふくむことができなくなった水蒸気が水のつぶとなって見えているためで，ほう和状態になっている。ふくむことができる最大の水蒸気の量を**ほう和水蒸気量**という。ほう和水蒸気量は，1 m^3 の空気がふくむことができる水蒸気の量で表す。ほう和水蒸気量は，気温が高いほど大きくなる。気温10°C の空気 1 m^3 には 9.4 g の水蒸気をふくむことができるが，気温 30°C の空気 1 m^3 には 30.4 g の水蒸気をふくむことができる。

気　温〔°C〕	0	4	8	10	14	16	18	20	22	24	26	30
水蒸気量〔g〕	4.8	6.4	8.3	9.4	12.1	13.6	15.4	17.3	19.4	21.8	24.4	30.4

▲ 1 m^3 の空気中にふくむことのできる水蒸気の量

❷露　点

空気中の水蒸気量がほう和水蒸気量と同じになる気温を露点という。

例　気温30°C の空気 1 m^3 に 17.0 g の水蒸気がふくまれているとする。このときのほう和水蒸気量は 30.4 g なので，まだ 13 g 以上の水蒸気をふくむことができる。一方，17.0 g の水蒸気がほう和水蒸気量となる気温は，右のグラフから約 20°C である。つまり，この空気を冷やしていくと，約 20°C で露点となり，ほう和状態になる。さらにこの空気を10°C まで冷やすと，ほう和水蒸気量はグラフから，9.4 g なので，7.6 g (17.0 g−9.4 g =7.6 g) が空気にふくまれることができず，あまって水てきとなって出てくる。

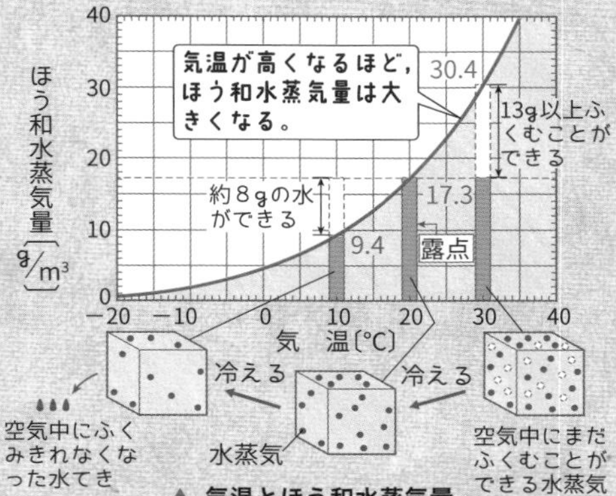

▲ 気温とほう和水蒸気量

❸かんそう（乾燥）

空気中の水蒸気量がほう和水蒸気量より少ないと，しめった地面や洗たく物から蒸発した水蒸気は空気にふくまれていく。風がないと，地面や洗たく物の近くの空気の水蒸気量がふえていくので，蒸発しにくくなる。しかし，風がふけば蒸発した水蒸気が飛ばされるので，引き続き蒸発していく。このようにして，地面や洗たく物がかんそうしていく。

入試では　ほう和水蒸気量を表すグラフをもとにして，露点を求める問題や，1 m^3 の空気中に何 g の水てきができるかを答えるような計算問題が出題されています。

❹しつ度

空気のしめりぐあいを数値で表したものである。その空気 1 m³ にふくまれている水蒸気量が，その気温でのほう和水蒸気量にたいしてどれくらいの割合かを百分率（%：パーセント）で表したものをしつ度という。

しつ度〔%〕$=\dfrac{\textbf{空気 1 m}^3\textbf{ 中にふくまれている水蒸気量〔g〕}}{\textbf{そのときの気温でのほう和水蒸気量〔g〕}}\times100$

空気が露点以下になると，ふくむことができない水蒸気は水てきとなって出てきて，しつ度は 100% のままに保たれる。

いっぱんにしつ度が高いときには，洗たく物やあせがかわきにくくなる。あせがかわきにくいと体温を下げにくいので，同じ気温でも蒸し暑く感じる。気温もしつ度も高いと人は不快に感じたり，熱中しょうになったりする。

❺しつ度のはかり方

しつ度はかんしつ計ではかることができる。かん球温度計（気温をはかる温度計）としっ球温度計（しめらせたガーゼに包まれた温度計）を使って，しつ度表から求めることができる。

かん球の示度 ℃	かん球としっ球の示度の差						
	0	1	2	3	4	5	6	…
22	100	91	82	74	66	58	50	…
21	100	91	82	73	65	57	49	…
20	100	91	81	73	64	56	48	…
19	100	90	81	72	63	54	46	…
18	100	90	80	71	62	53	44	…
17	100	90	80	70	61	51	43	…
⋮	⋮	⋮	⋮	⋮	⋮	⋮	⋮	

▲ しつ度表

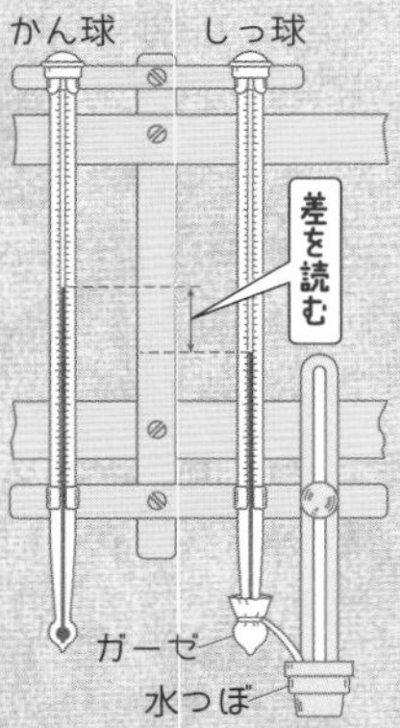

▲ かんしつ計

例えば，かん球示度が 20℃ で，しっ球示度が 15℃ の場合，温度差が 5℃ なので，しつ度表からしつ度 56 % であることがわかる。

気温 20℃ のほう和水蒸気量は 209 ページのグラフから 17.3 g なので，この空気にふくまれる水蒸気量は，

水蒸気量〔g〕＝17.3×0.56＝9.68… より，約 9.7 g と求めることができる。

❻水蒸気量とほう和水蒸気量からしつ度を求める

例えば，209 ページのグラフを使って，気温 30℃ の空気 1 m³ に 23 g の水蒸気がふくまれている場合のしつ度を求めてみる。グラフから，気温 30℃ のほう和水蒸気量は約 30.4 g だから，しつ度〔%〕$=\dfrac{23}{30.4}\times100=75.6\cdots\rightarrow76$% より，しつ度は約 76% となる。

しかし，もともと 30℃ の空気に何 g の水蒸気がふくまれていたかをあらかじめ知ることはむずかしく，これを知るには，空気中に金属などを置き，ゆっくり冷やしていって，これに水てきがつき始める温度をはかればよい。この温度が露点なので，露点でのほう和水蒸気量を 209 ページのグラフから読みとれば，それが 30℃ の空気 1 m³ にふくまれていた水蒸気量とわかる。

入試では　かんしつ計の示度の差からしつ度を求める問題や，1 m³ の空気中にふくまれている水蒸気量からしつ度を百分率で求めるような問題が出題されています。

6 自然の中の水のじゅんかん

1 水のじゅんかん★★

雨や雪によって地上に降った水は，地表，生き物，地中，川，海などから空にもどる。

●地上の水

❶ **地中にしみこんだ水**…地面は，砂や小石などのつぶによってできている。それらのつぶの間に水がしみこんでいく。いったんしみこんだ水は，すぐには流れていかず，**地下水**となって地中にたくわえられながら少しずつ移動する。地下水は地中で水を通しにくい地層の上を流れ，がけなどでわき水などとして地上にふたたび現れる。このわき水の始まりが，川の始まりにもなる。

↳山から海まで流れている

❷ **地面を流れる水**…地面に降った雨は，高い所から低い所へと流れていき，流れが合わさって川をつくり，海や湖へと流れていく。この水の動きは，地下水に比べてはやいので，土地をけずったり，土砂を運んだり，平野をつくったりする。

❸ **空気中に蒸発する水**…水の蒸発は，地面と水面から行われる。地面に降った雨だけでなく，地面にたくわえられている水分も少しずつ蒸発している。さらに，植物による蒸散によっても，水は蒸発している。もちろん，流れている川や海や湖からも，水は蒸発している。人をふくむ動物や植物は，この地上にある水をいろいろな方法で生活に利用している。

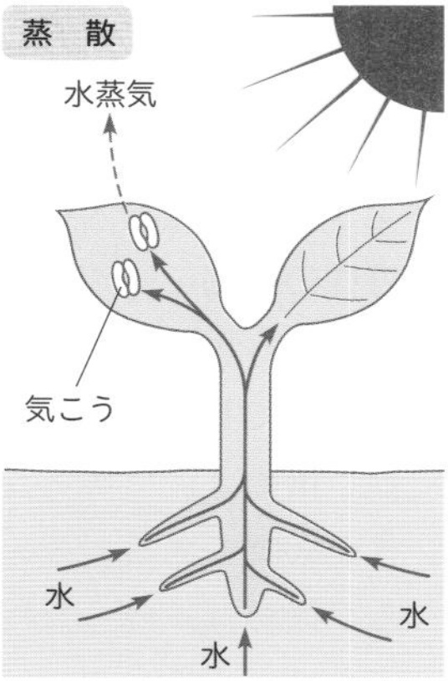

●空気中の水

……地面や海から蒸発した水は，水蒸気となって空気中にたくわえられるが，冷やされることによって雲をつくり，地面や海に雨や雪を降らせ，地上にもどっていく。

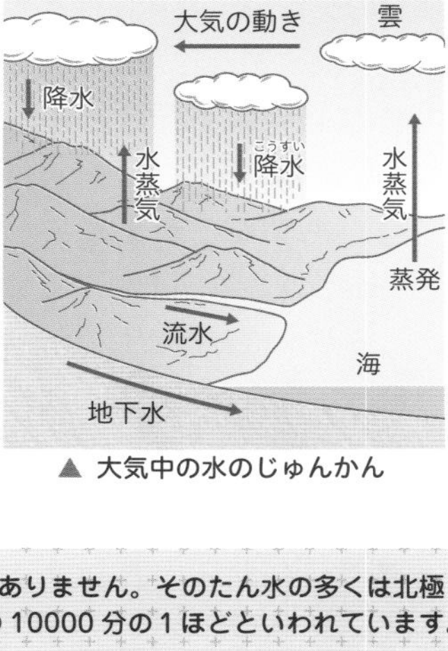

▲ 大気中の水のじゅんかん

雑学ハカセ 地球上の水の 97.5 % は海水で，たん水はわずかしかありません。そのたん水の多くは北極や南極の氷で，人が実際に使える水は，地球上の水の 10000 分の 1 ほどといわれています。

●水のじゅんかんと太陽の熱……地球上の水は，およそ前ページの図のような道すじをたどって，じゅんかんしている。地上や海の水は，太陽の熱によって蒸発し，空気中に水蒸気となってたくわえられる。空気中の水蒸気は，雲をつくり地上に雨や雪を降らせる。地面や海に降った雨や雪は，ふたたび太陽の熱によって蒸発し，空気中に水蒸気としてふくまれていく。このように，地球上の水は，**太陽の熱（エネルギー）**によって，蒸発と降水をくり返している。

参考 蒸発と降水
水の蒸発と降水のバランスがうまく保たれていないと，水不足や砂ばく化，異常気象といった現象がおきてくる。

2 水と生き物★★

●生き物に必要な水……地球上のすべての生き物は，生きていくために水を必要としている。地上の水を消費し続けているだけでは，地上の水はなくなってしまうが，水は地球上をじゅんかんしているので，生き物は何度も水を使うことができる。

●森林の役割……地上に降った雨がすべて川に流れ出てしまうと，雨が少しでも降らないとすぐに川が干あがってしまう。川にいつも水が流れているためには，川の上流で降った雨水をたくわえておくはたらきが必要である。そのはたらきをするのが森林である。森林は，降った雨水を一度に流さない**ダム**のようなはたらきをする。

●緑のダム……森林には次のようなはたらきがあるため，緑のダムともいわれる。

❶ 植物が雨を受けとめ，地面に届ける。
❷ 落ち葉などがまざった土に雨がしみこみ，土にふくまれた養分が水にとけこむ。
❸ 土，砂，小石などの間を通るうちに地下水となって流れ，わき水となり川になる。
❹ 森林の土からの養分が川や海に流れこむ。

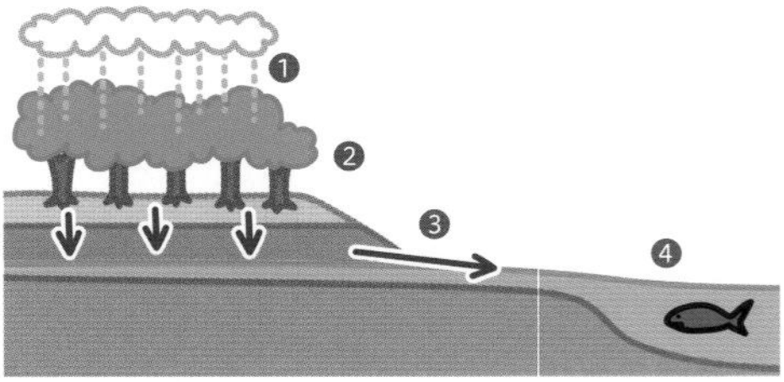

参考 水をきれいにする理由
地球上の水はじゅんかんするが，ごみやよごれはじゅんかんしないので，地上の水の流れこむ先である海へとたまっていく。川をきれいにしたり，下水をきれいにすることは，海だけでなく，地上の生き物をまもるためにもたいせつである。

▲ 森林は緑のダムである

パワーアップ
雲ができ，雨が降り，風がふくのは，太陽の熱がエネルギーとなっているからです。太陽の光で植物が育ち，緑のダムをつくり，おだやかな水のじゅんかんができています。

入試のポイント

絶対暗記ベスト3

1位 **季節と太陽の動き**　夏至のころの日の出と日の入りは最も北よりになり，太陽の南中高度が高い。冬至のころの日の出と日の入りは最も南よりになり，太陽の南中高度が低い。

2位 **気圧と風**　気圧が高い所から低い所に空気が移動し，同じ気圧になろうとする空気の移動が風である。

3位 **雲のでき方**　空気が上しょうすると上空で気温が下がるため，ふくみきれなくなった水蒸気が水てきや氷のつぶとなり，雲ができる。

1 気温や風，太陽の動き

気温・風の調べ方	百葉箱の中の温度計は，風通しのよい日かげで地上 1.2〜1.5 m ぐらいの所にある。風向は風がふいてくる方位で表し，風力は 0 〜12 の 13 階級で風の強さのめやすを表す。
太陽の動きと気温	1 日の太陽の動きを棒のかげのようすなどから調べ，方位と高度で表す。1 日のうちで太陽の高度が高くなると，少しおくれて気温が上がる。季節によって太陽の南中高度が変化し，南中高度が低い冬は寒くなる。

2 高気圧・低気圧での天気と風のふき方

高気圧と低気圧での天気	高気圧では，中心からふき出すように右まわり（時計まわり）に風がふき，中心部の下降気流により雲ができにくい。低気圧では，中心にふきこむように左まわり（反時計まわり）に風がふき，中心部の上しょう気流により雲ができやすい。
高気圧と低気圧での風	高気圧の等圧線の間かくは広いことが多く，風はおだやかである。低気圧の等圧線の間かくはせまいことが多く，強い風がふくことがある。

3 空気中の水蒸気量としつ度

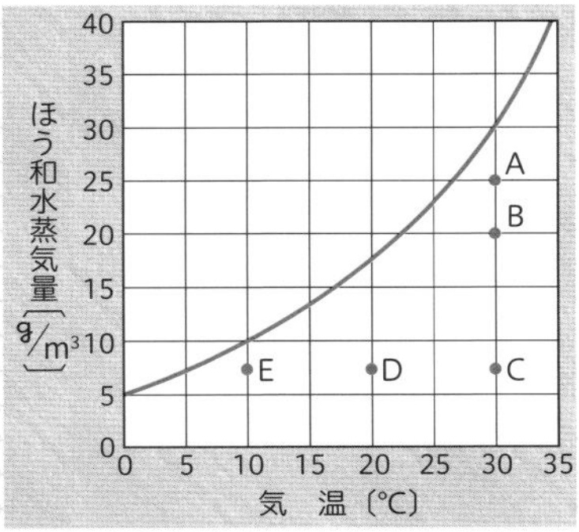

- 1 m^3 の空気がふくむことのできる最大の水蒸気量をほう和水蒸気量という。
- ほう和水蒸気量は気温が高いほど大きい。
- B の空気の水蒸気量はまだほう和していない。
- A の空気を 20 ℃まで冷やすと，空気 1 m^3 あたり，約 7 g の水蒸気が水てきになる。
- E の空気のしつ度は，約 75 % である。

重点チェック

□ ❶ 太陽が真南にきたときを［　　］といいます。太陽が真南にきたときの高度を［　　］，そのときの時刻(じこく)を［　　］といいます。

❶南中，南中高度，南中時刻 p.191，192

□ ❷ 太陽の通り道は，季節によってちがっています。［　　］・［　　］のときは，真東からのぼって真西にしずみますが，［　　］のときは最も北よりを，［　　］のときは最も南よりを通ります。

❷春分，秋分，夏至(げし)，冬至(とうじ) p.192

□ ❸ 日本では，東経(とうけい)［　　］の兵庫(ひょうご)県［　　］で太陽が南中した時刻を正午と定めています。

❸135°，明石(あかし)市 p.194

□ ❹ 気温は，風通しのよい［　　］で，地上から高さ1.2～［　　］m ぐらいの所ではかります。

❹日かげ，1.5 p.196

□ ❺ 風は［　　］と［　　］で調べます。風向は，風が［　　］方位です。

❺風向，風力，ふいてくる p.198

□ ❻ 1日の気温の変化は，太陽の動きや地面の温度と関係しています。太陽の高度が上がると，日光がまず［　　］をあたためます。その熱が空気に伝わって，［　　］が上がります。

❻地面，気温 p.199

□ ❼ 空気の重さを受けて，地表のあらゆるものに空気の圧力(あつりょく)が加わっています。この圧力を［　　］といいます。気圧の単位には［　　］が使われます。

❼気圧，hPa p.201

□ ❽ まわりより気圧の高い所を［　　］，気圧が低い所を［　　］といいます。

❽高気圧，低気圧 p.202

□ ❾ 空気が上しょうして冷やされると，水蒸気(すいじょうき)が小さな［　　］や氷のつぶとなり［　　］ができます。

❾水てき，雲 p.208

□ ❿ しつ度は，空気［　　］にふくまれている［　　］が，その気温での［　　］にたいしてどれくらいの割合(わりあい)かを百分率(ひゃくぶんりつ)で表したものです。

❿1 m^3，水蒸気量，ほう和水蒸気量 p.210

□ ⓫ 地球上の水は［　　］の熱で蒸発して水蒸気となり，雨となって降(ふ)るというように，地上や海と空気中を［　　］しています。このとき森林は，雨水をたくわえておく自然の［　　］のはたらきをしています。

⓫太陽，じゅんかん，ダム p.211，212

チャレンジ！ 思考力問題

レベル3　レベル2　レベル1

●積乱雲(せきらんうん)について考えます。地上からの高さと気温の関係を表1と折れ線グラフに示(しめ)しました。

地上の気温が上しょうするとき，1 km 上しょうするごとにその温度は，雲ができないときは 10°C が下がり，雲ができるときは 5°C 下がります。

表1

高さ〔km〕	気温〔°C〕
0	20
1	9
2	0
12	−35

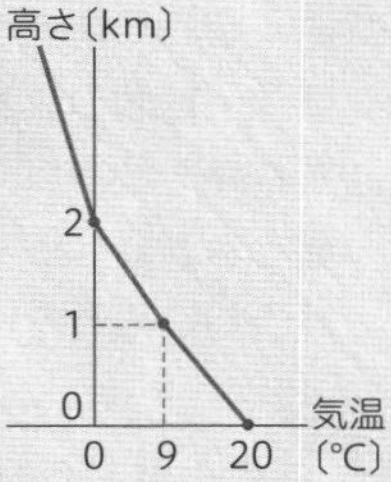

表2は，地上で気温 20°C，しつ度 60 % の空気のかたまりXが上しょうしていくときの高さとXの温度の関係を示しており，Xは 12°C まで温度を下げると水てきが生じます。次の問いに答えなさい。　【灘中-改】

(1) 地面で 20°C の空気のかたまりが風などで地上 0.5 km にふき上げられたとき，まだ雲ができないとすると，この空気のかたまりの温度は何 °C になりますか。

(2) 雲ができ始める高さはいくらですか。(表2中のア)

表2

高さ〔km〕	Xの温度〔°C〕
0	20
ア	12

キーポイント

- 空気が上しょうするとその温度が下がる。
- 温度が下がって，ほう和水蒸気(すいじょうき)量に達すると雲（水てき）が生じる。

正答への道

問題を解(と)くために必要な条件(じょうけん)は，すべて問題文中にあたえられている。

(1) 条件から，温度が 5°C 下がる。グラフからまわりの気温と比(くら)べると，この空気の温度が高く，この空気はさらに上しょうすることがわかる。

(2) 雲ができるのは，空気中の水蒸気が冷やされてほう和水蒸気量が小さくなり，それまで空気にふくまれていた水蒸気の一部が水てきになるためである。あたえられた条件から，この空気の露点(ろてん)は 12°C である。雲ができないまま空気Xの温度が 12°C まで 8°C 下がる高さを先の条件から求める。問われているのは，上空の気温が 12°C となる高さではない。上空の気温が 12°C となるのは，グラフから地上およそ 0.7 km あたりで，このとき空気Xの温度はまだ 13°C ほどあり，雲もできず空気Xは上しょうを続ける。

答え

(1) 15°C　(2) 0.8 km

チャレンジ！ 作図・記述問題

レベル3
レベル2
レベル1

●よく晴れた初夏の日に，日なたと日かげで，地上から 1.5 m の気温・地面付近の気温・地面の温度を測定しました。測定の結果は図 1 と図 2 に，●・■・▲のいずれかで表されています。図 2 の■と▲の測定結果は，ほぼ同じ値だったので，■と▲が重なって見えます。日なたの地面はかわいていましたが，日かげの地面は少ししめっていました。次の問いに答えなさい。 【桐朋中-改】

(1) 日なたでは，温度計におおいをかけて測定するのはなぜですか。

(2) 地上から 1.5 m の気温・地面付近の気温・地面の温度は，●・■・▲のうちどれですか。図 1 からそう判断した理由も答えなさい。

図 1

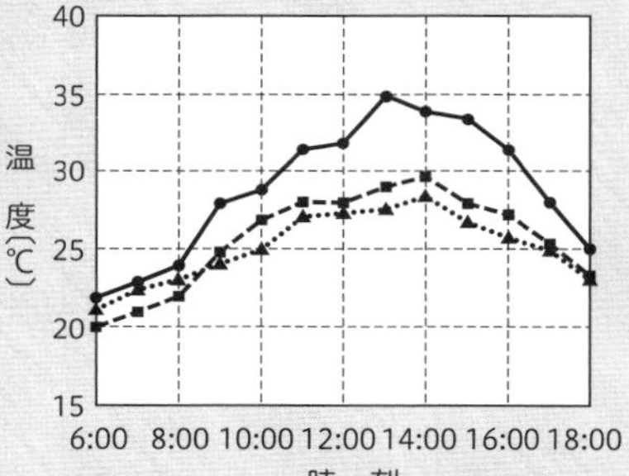

図 2

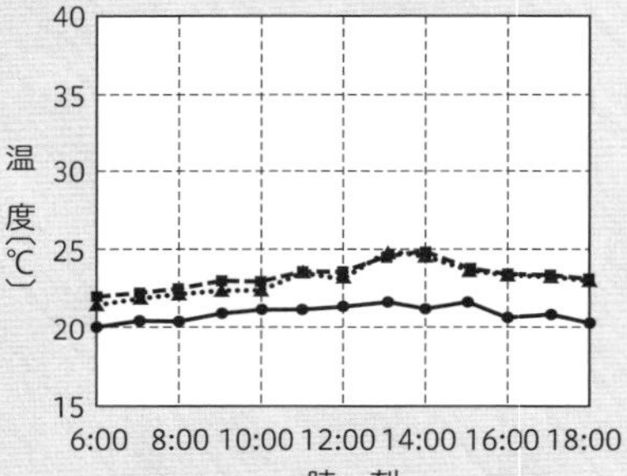

キーポイント

- 日なたと日かげの温度や 1 日の気温の変化を実際に測定し，結果がそうなる理由を理解しておく。
- 太陽の光が地面の温度を上げ，やがて地面がその上の空気の温度を上げる。

正答への道

(1) 温度計に空気や地面以外から熱が伝わらないようにする。

(2) 日なたでは，太陽の高度のえいきょうで地面の温度のグラフは大きな山型になる。その熱が地面付近の空気に伝わって地面より少しおくれて気温が上がる。しめった日かげの地面の温度は上がりにくい。

解答例

(1) 温度計に日光があたると，空気や地面の温度以上に温度が上がるから。

(2) 日光があたると，地面，地面近くの空気，その上の空気の順に少しずつおくれて温度が上がり，変化は山型になる。以上より，●は地面の温度，■は地面付近の気温，▲は地上から 1.5 m の気温である。

ここから
スタート！

第2編

地　球

第2章 天気の変化

雲の形や量と天気の変化の関係は？

もうすぐ雨が降(ふ)り出しそうだなと思ったことはありませんか？こんなとき，雲の量や風のようすとこれまでの天気の関係を思い出して，自分で天気予報(てんきよほう)をしているのです。天気が変化するしくみをもっとくわしく知れば，より正確(せいかく)な天気予報ができるのでしょうか？

学習することがら

1．天気の変化
2．日本の天気
3．台　風

1 天気の変化

発展
6年
5年
4年
3年

1 雲の量（雲量） 入試重要度★★

「晴れ」や「くもり」という天気は，空をおおう雲の量で決まる。その区別は，空全体の広さを 10 として，雲 1 つないときは雲量 0，雲がいっぱいに広がっているときを雲量 10 と表す。

ことば 雲　量
空全体を 10 としたときに，雲がしめる面積の割合。雲量に関係なく，雨が降ったときの天気は，雨となる。

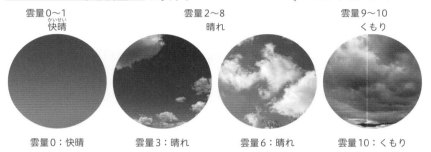

雲量0〜1　快晴　　雲量2〜8　晴れ　　雲量9〜10　くもり

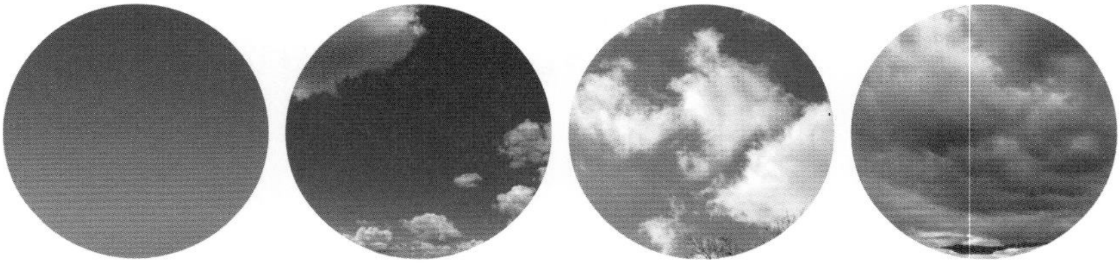

雲量0：快晴　　雲量3：晴れ　　雲量6：晴れ　　雲量10：くもり

●**雲の特ちょう**……さまざまな形をとる雲も，いくつかのグループに分けることができ，天気の変化と関係する。

●**雲ができる原因**……空気中にふくむことができる水蒸気の量は，気温によって最大値が決まっている。同じ気温でも水蒸気が多すぎたり，同じ水蒸気量でも空気が上しょうして気温が下がったりすると，水蒸気は水てきや氷のつぶになる。これが上空の空気にうかんだものが雲である。
かくとなるものが必要↵

日本のような温帯地方では，上層の雲は地上から 5 〜13 km，中層の雲は 2〜7 km，下層の雲は 2 km 以下の所にできる。上層の雲は低温のためほとんどが氷のつぶでできていて，りんかくがぼやけている。水てきでできている雲はりんかくがはっきりしている。

参考 雲の名まえ
雲の名まえは，「巻」・「高」・「積」・「層」・「乱」の 5 個の漢字からできている。「積」は，かたまりのような雲につき，「層」は，層のようになった雲につく。「巻」は，上層にできる雲につく。「高」は，中層にできる雲につくが，「巻・高」がつかない雲は，下層にできる。「乱」は，雨を降らせる雲につく。積乱雲，乱層雲はいくつかの層にまたがって発生することがある。

	積	層	
巻（上層）	巻積雲	巻層雲	巻雲
高（中層）	高積雲	高層雲	
（下層）	積雲	層積雲	層雲
乱	積乱雲	乱層雲	

雑学ハカセ
雲が白いのは，とう明な水てきや氷のつぶが太陽の光を吸収せずに，さまざまな方向に反射しているからです。とう明なものをこなごなにくだくと白く見えるのと同じです。

●**十種雲形**……雲を高さや形から，下の 10 種類に分類したものを十種雲形という。

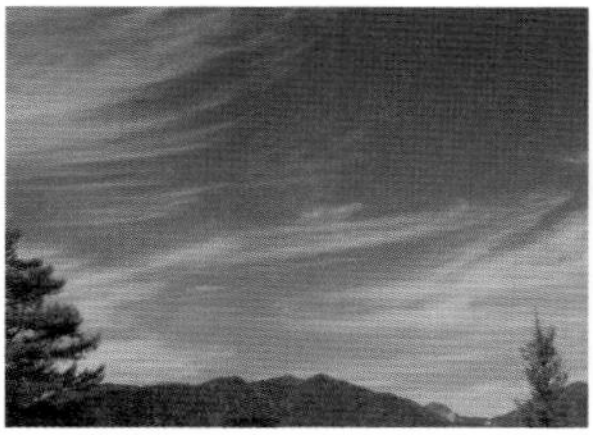

▲**巻雲(すじ雲)**　ふえてくると2,3日後に雨が降ることが多い。

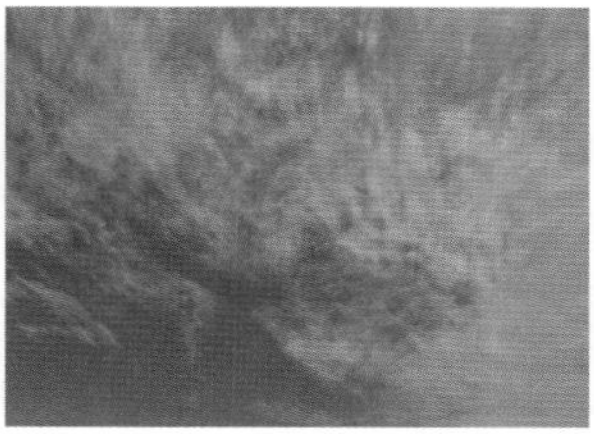

▲**巻層雲(うす雲)**　西から広がってくると天気は下り坂になる。

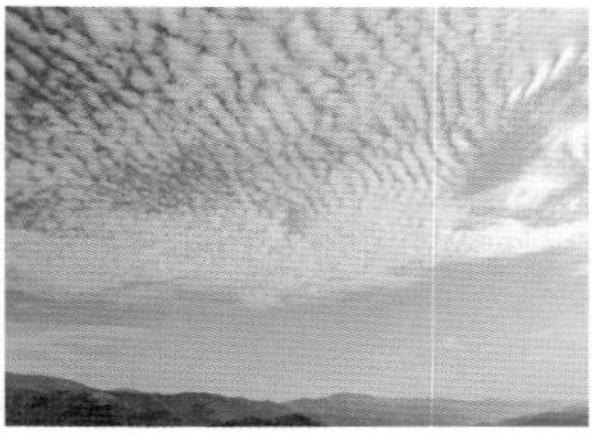

▲**巻積雲(うろこ雲)**　巻層雲に変わって厚くなると雨になることが多い。

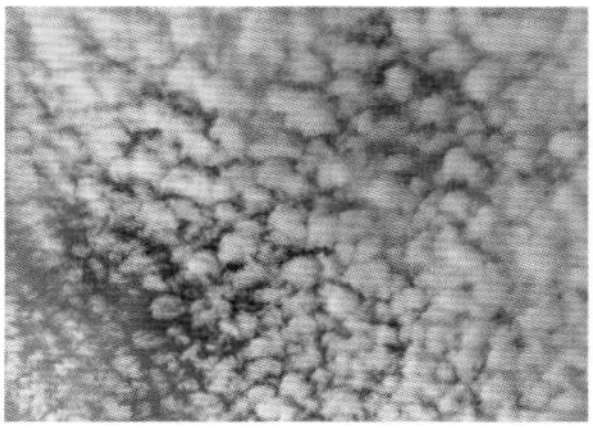

▲**高積雲(ひつじ雲)**　厚くなると雨になることが多い。

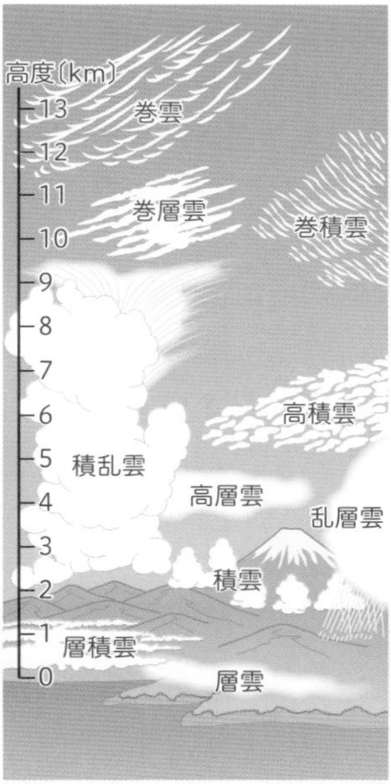

▲**積乱雲(入道雲)**　せまいはん囲に激しい雨を降らせる。かみなりやひょうをともなうこともある。

▲**高層雲(おぼろ雲)**　巻層雲より雨になりやすい。

▲**乱層雲(雨雲)**　広いはん囲におだやかな雨や雪を降らせる。

▲**層雲(きり雲)**　底面が地上に届くときりやきりさめになる。

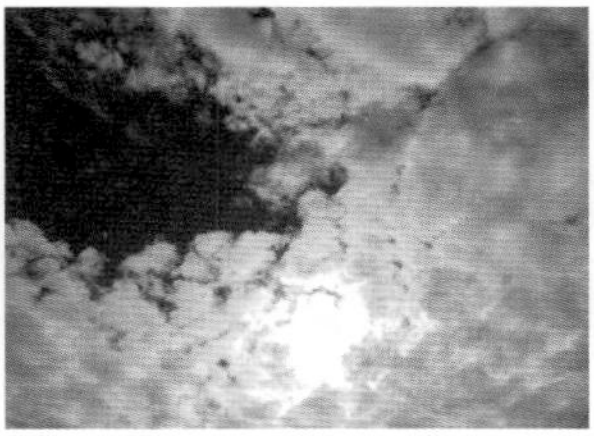

▲**層積雲(うね雲)**　白色や灰色の雲で，大きなかたまりが群れをなしている。

▲**積雲(わた雲)**　そのままなら晴れ，発達すると積乱雲になる。

雑学ハカセ　赤道周辺では，水てきが大きくなって雨となって降ってきます。中・高緯度地方では水てきは小さな氷のつぶとなり，これが成長して落ちてくるとちゅうでとけて雨になります。

2 天気予報★★

●天気の予想……明日の天気は，雲の量や動きなどから経験的におおまかな予想ができる。これを**観天望気**といい，科学的に説明できるすぐれたものもある。また，もっと広いはん囲で長い期間の天気を予想するには，天気を決める原因と天気との関係を知ればよい。このためには，気温，しつ度，気圧，風の向きや強さなどの気象情報を知ることがたいせつである。

ことば 観天望気
夕焼けの翌日は晴れ。日がさ月がさは雨。つばめが低く飛ぶと雨…など，それぞれの土地ならではの天気に関するいいならわしもある。

●天気予報……テレビや新聞，インターネットなどで毎日の天気予報が出され，それによって明日の天気を知ることができる。その天気予報は，**気象衛星**からの画像や，**地域気象観測システム（アメダス）**などの情報をもとに予想されている。

ことば 特別地域気象観測所
測候所の多くが，機械化・無人化された。

❶ **気象台や特別地域気象観測所による観測**…その地域の気象を観測するために，全国各地に**気象台**や**特別地域気象観測所**が配置されている。目視や自動観測によってデータ（気温，しつ度，気圧，風など）を収集している。

❷ **気象衛星による観測**…人工衛星によって，地球上のようすを宇宙から観測することで，広いはん囲の雲などのようすとその変化を一度に観測することができる。

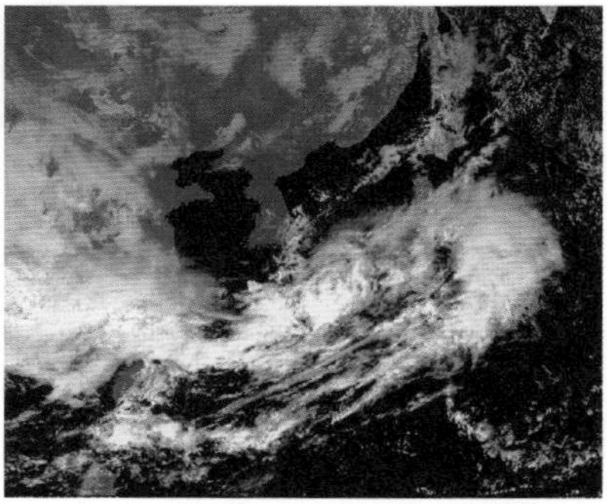
▲ インターネットでのひまわり画像

これによって雲の動きなどを調べていけば，毎日の天気予報だけでなく，長期予報にも役に

参考 気象衛星（静止地球かん境観測衛星）
世界中でデータを共有することで地球全体を観測する衛星で，地球から見て静止しているように見える。

パワーアップ 気象衛星のような静止衛星とよばれる人工衛星は，赤道上空 36000 km で地球の自転といっしょに地球のまわりを公転しているため，地上からはとまって見えます。

たつ。日本付近のようすは気象衛星「ひまわり」が観測しており，その映像は，テレビ，新聞，インターネットなどで見ることができる。

❸ 地域気象観測システム

それぞれの地域にあったより細かい天気予報をするために，自動的に気象観測をする装置が全国に設置されている。これを**地域気象観測システム**（アメダス）という。そこでえられた情報は気象庁に集められ，天気予報などに活用される。特に**集中ごう雨**などせまいはん囲の気象を知るのに役立っている。

↳直径 10 km 以内のはん囲

▲ 設置されたアメダス

❹ その他の観測…上記のもの以外にも，気球やウィンドプロファイラによる高層気象観測，海洋気象観測船や気象ブイによる海洋・海上気象観測，気象レーダー観測などが行われており，天気予報に役立てられている。

↳上空の風向き・風速をはかる

●天気の変わり方……天気は，上空の空気の状態で決まる。例えば高気圧が近づくと，天気は安定して晴れの日になりやすい。逆に低気圧が近づくと，天気は不安定になり，風が強くなったり雨が降りやすくなったりする。日本付近上空には，**偏西風**という強い風が西から東へふいており，雨を降らせる雲も西から東に動くので，日本の天気も西から東へと移っていくことが多い。

このように，毎日の気象情報から低気圧や雲の動きを考え，自分が住んでいる地域より西のほうの天気を調べると，ある程度の天気の予測ができる。

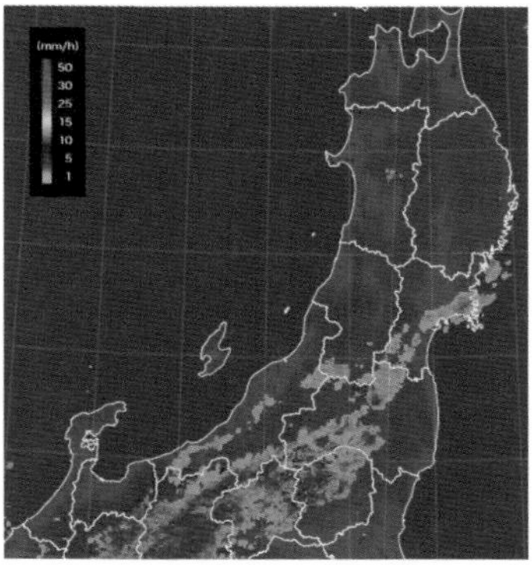

出典：日本気象協会　tenki.jp

▲ 気象レーダーによる画像

参考 ひまわり
この愛しょうは，いつも地球を同じ方向から見ており，1日に1回地球を回るという意味で名づけられた。

ことば アメダス（AMeDAS）
Automated Meteorological Data Acquisition System の略で，降水量の観測所は全国に約 1300 か所ある。このうち約 840 か所では降水量のほか，風速，気温，気圧なども観測している。

ことば 気象レーダー
電波の反射を利用して，半径数百 km のはん囲に存在する雨や雪を観測する。雨や雪が降っている所までのきょり，雨や雪の動きや強さを観測できる。全国をカバーして，インターネットなどの雨雲レーダー画像で地域の雨雲の移動を見ることができる。

パワーアップ
20 か所に設置された気象レーダーは，ほぼ日本全国を観測しています。電波がもどってくるまでの時間，強さのほかに，運動する雨つぶが電波を反射するときに生じる周波数の変化などから，雨雲の動きの予測もしています。

中学入試にフォーカス 天気図と気団

❶天気図

各地の天気と気圧，風のようすなどを表す天気図記号を使ってかかれた，空気の状態を１つの図に表したもの。天気図の変化から，これからの天気を予測することもできる。

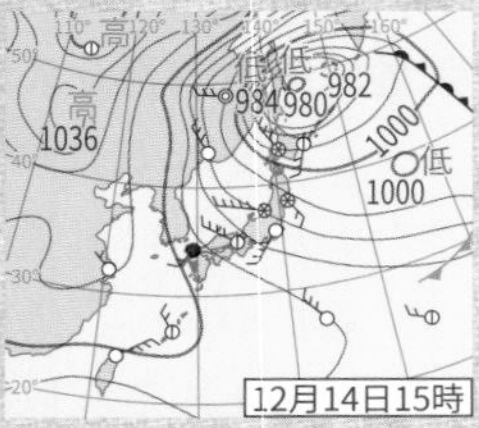

▲ 天気図

●天気図記号

天気や風向・風力などを表す。

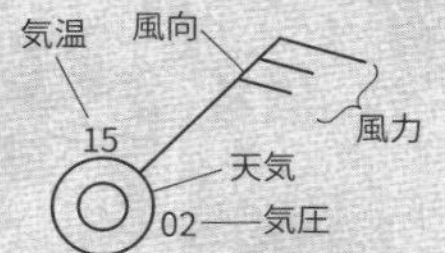

北東の風
風力3
天気…くもり
気温…15
気圧…1002hPa

天気記号	天気	天気記号	天気
○	快晴	⦶	晴れ
●	雨	◎	くもり
⊛	雪		

●等圧線

同時刻に観測した気圧の等しい地点をむすんだ曲線。間かくがせまいほど強い風がふく。

●高気圧

等圧線で囲まれて，まわりより気圧が高い所。中心部では上空から地上に向かって空気が移動するため雲がなくなることが多い。高気圧の中心は「高」や「H」と表される。

●低気圧

等圧線で囲まれて，まわりより気圧が低い所。中心部では地上から上空に向かって空気が移動するため雲ができやすく，雨が降りやすい。低気圧の中心は「低」や「L」と表される。

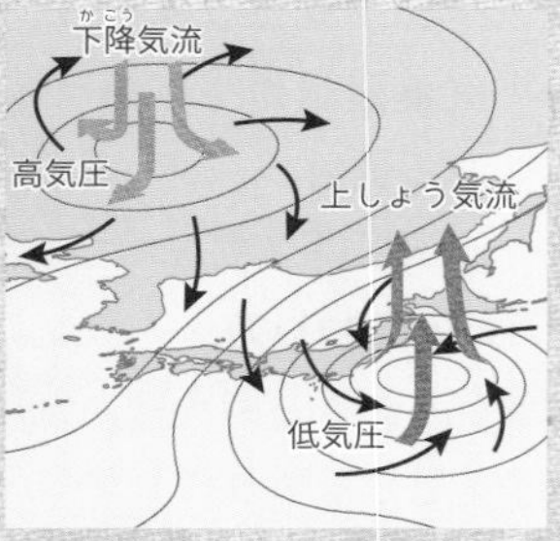

▲ 高気圧・低気圧と風のふき方

●前　線

気温やしつ度など，性質のちがう空気の境が地表と接した所。付近では雲ができやすい。

▲ 前線付近のようす（寒冷前線）

❷気　団

空気が大陸上や海洋上などに長期間とどまると，気温やしつ度が広いはん囲でほぼ同じかたまりになる。この空気のかたまりを気団という。日本付近には右の図のような気団があり，これらの気団のえいきょうは季節ごとに異なる。

▲ 日本付近のおもな気団

入試では 天気図を見て，どの季節のようすを表しているかを考えたり，ある地域の天気や風のようすを問う問題が出題されています。

2 日本の天気

発展 6年 5年 4年 3年

1 日本の天気★★

●**季節風**……日本では，夏と冬にそれぞれ決まった向きの風がふく。これを**季節風**といい，季節ごとの気候にえいきょうする。

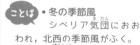

●季節ごとの天気

❶ **冬の天気**…大陸からふく冬の季節風のえいきょうで，日本海側と太平洋側の天気が異なる。日本海側は，しめった冷たい季節風がふきつけるため，雪が降りやすくなる。太平洋側は，日本海側で雪を降らせてしめり気を失ったかわいた風がふくため，かんそうした晴れの日が続く。

関東地方のからっ風↵

ことば ・冬の季節風
シベリア気団におおわれ，北西の季節風がふく。
・フェーン現象
風で空気が山をのぼり，山をこえて下ると，気温が高くなる現象。これは，雪や雨を降らせながら上しょうする空気の温度低下より，かんそうした空気が下降するときの温度上しょうのほうが大きいことが原因となる。

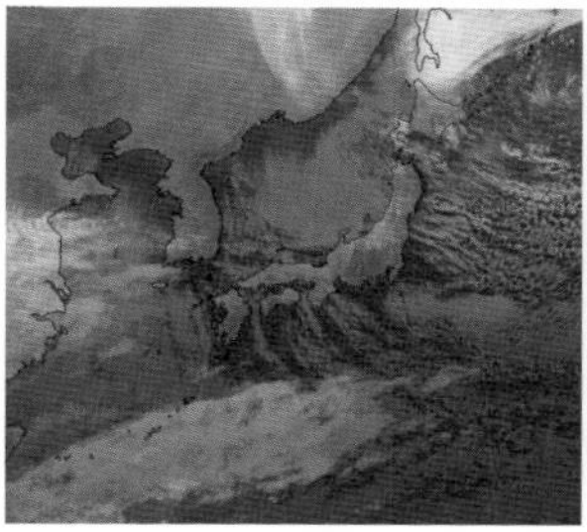

▲ 冬の気象衛星写真

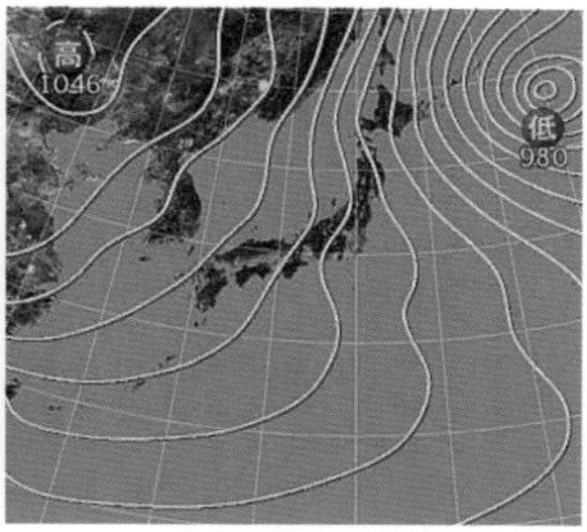

出典：日本気象協会　tenki.jp

▲ 冬の天気図

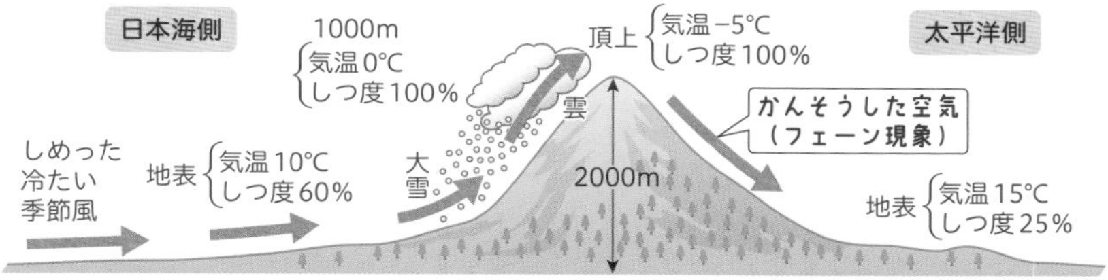

▲ 冬の天気

❷ **春の天気**…「春一番」という南風がふき始める。移動性高気圧と低気圧が次々と日本付近を通るため，天気が変わりやすくなる。

ことば 春一番
立春から春分の間に，その年にはじめてふく南よりの強い風。

パワーアップ 大陸上に冷たい高気圧があり，太平洋側の気圧が低い気圧配置を西高東低とよびます。冬，日本列島に間かくのせまい等圧線が南北にかかると，強い北西の季節風がふきます。

❸ **夏の天気**…6月ごろ，北の**オホーツク海気団**(かいきだん)（冷たい）が強い所へ，南の**小笠原気団**(おがさわら)（あたたかい）が勢力(せいりょく)をのばす。このため，冷たい空気とあたたかい空気が日本付近でぶつかり合い，雲をつくって長雨が続く。これを**つゆ**（**梅雨**）という。

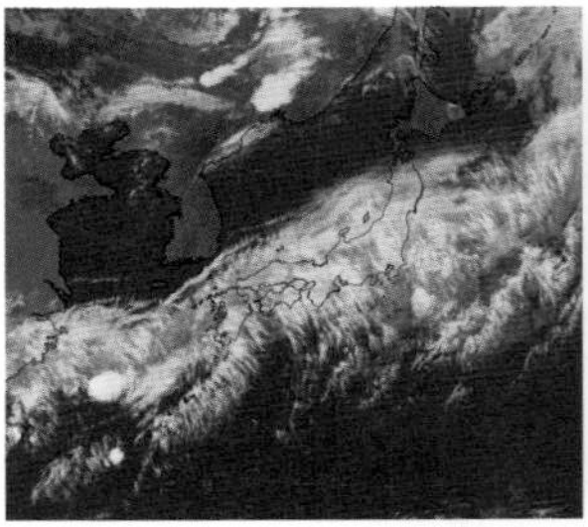

▲ つゆの気象衛星写真

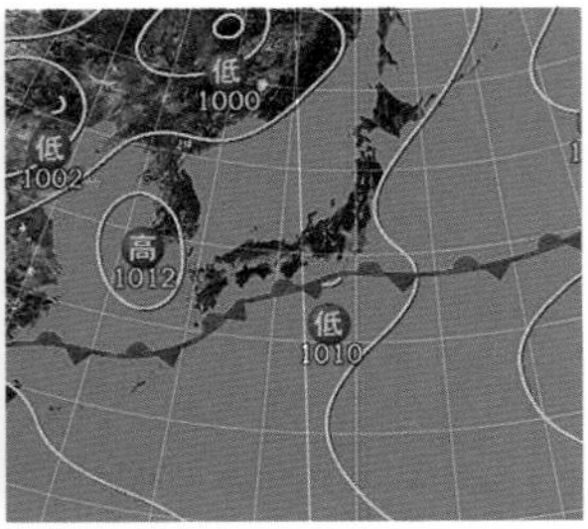

出典：日本気象協会　tenki.jp

▲ つゆの天気図

ことば 入梅（にゅうばい）
つゆの時期が始まると，気象(きしょう)学上は春の終わりになる。

▶**梅雨前線**(ばいうぜんせん)…オホーツク海気団も小笠原気団も，広いはん囲をおおう大きな気団である。この2つの気団は細長い線を境(さかい)にしてぶつかり合う。2つの性質(せいしつ)がちがう空気のかたまりがぶつかり合ってできる前線面と地表が接(せっ)する所を**前線**といい，つゆをもたらす前線を**梅雨前線**という。つゆの終わりごろには**集中ごう雨**(う)がおこり，ひ害をもたらすことがある。
↳はばをもっている

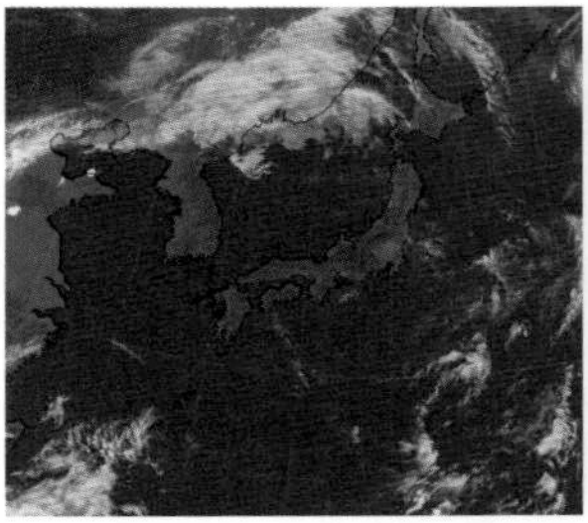

▲ 夏の気象衛星写真

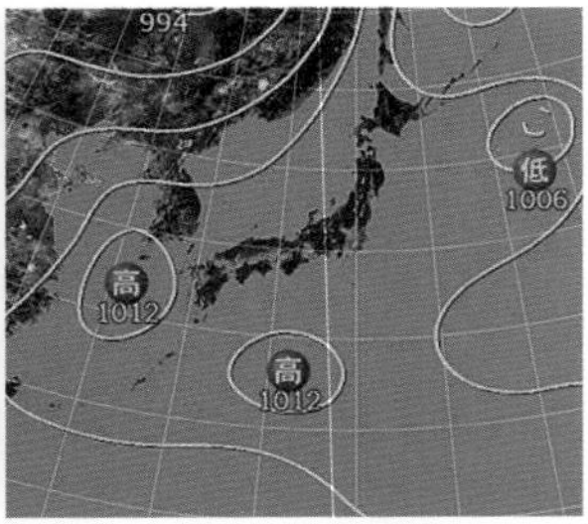

出典：日本気象協会　tenki.jp

▲ 夏の天気図

ことば 夏の季節風
南東の太平洋のほうからふく風で，太平洋のしめり気(け)をふくむため，蒸(む)し暑くなる。小笠原気団の高気圧におおわれ，暑い晴天となる。

小笠原気団がオホーツク海気団を北へおし上げるとつゆが明ける。暑い夏空が続くようになると，地面の熱であたためられた空気が上空にのぼって急に冷やされ，**積乱雲**(せきらんうん)（**入道雲**(にゅうどうぐも)）をつくって**夕立**がおこったり，**かみなり**が鳴ったりする。

❹ **秋の天気**…夏の終わりには，つゆに似(に)た状態(じょうたい)になり長雨（**秋りん**(しゅう)）が続くことがある。このころ，南の太平洋上で発生した**台風**が日本にやってくるようになり，強い風や雨でひ害をもたらすことがある。

パワーアップ
つゆと同じように，夏から秋に変わるとき，大陸と太平洋の気団の勢力がふたたび逆転(ぎゃくてん)するときにも長雨が降(ふ)ります。これを秋りん，秋雨(あきさめ)などとよびます。

3 台 風

発展 6年 5年 4年 3年

1 台 風★★

●**台風の始まり**……熱帯の太平洋上では，太陽の強い日ざしを受けて，海面から大量の水蒸気が蒸発する。水蒸気は上空にのぼっていき（**上しょう気流**），そこに積乱雲ができる。積乱雲がいくつか集まってうず（北半球では左まわり）を巻くようになり，熱帯低気圧になる。さらに水蒸気をふくんだ空気が流れこんで発達し，中心の気圧が下がり，強い風がふくようになる。

熱帯低気圧が発達して，中心付近の風速（風の速さ）が **17.2 m/秒** をこえるものを**台風**という。

ことば 熱帯低気圧
熱帯特有の現象で，水温が高い海洋上で発生し，同心円状に気圧が分布する。

出典：日本気象協会　tenki.jp
▲ 台風の気象衛星写真

●**台風のしくみ**……台風の中心（目）に向かって強い風が**左まわり**（└→北半球）（**反時計まわり**）にふきこんでいる。台風の目では風も弱く，青空が見えることもある。気象衛星画像では強い台風ほど目がはっきりとしている。

▲ 台風を上から見たもの

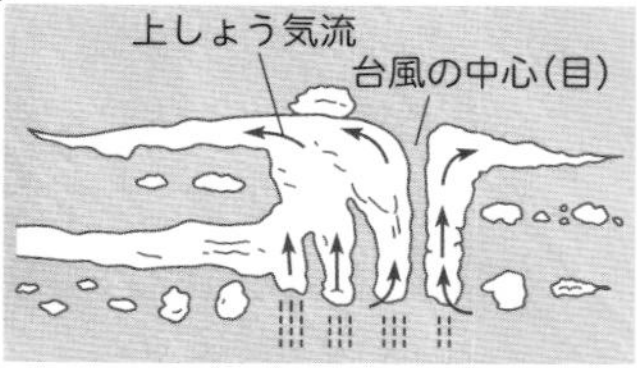

▲ 台風を横から見たもの

●**台風の大きさと強さ**……気象庁では，台風の大きさと強さを右の図のように分類し表現している。台風の大きさは，平均風速が 15 m/秒 以上の風がふく半径（強風域）で表し，台風の強さは最大風速で示している。

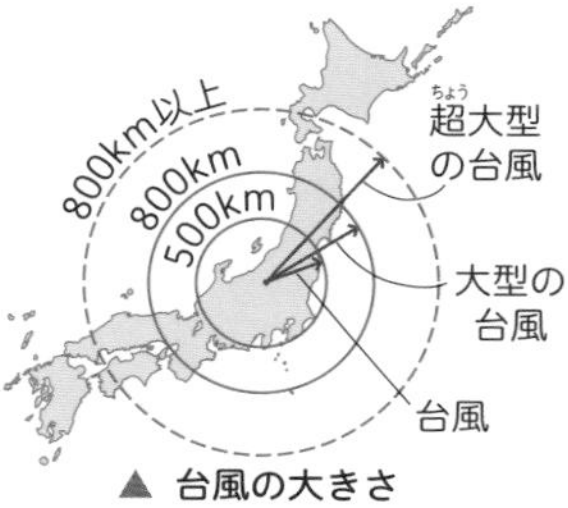

▲ 台風の大きさ

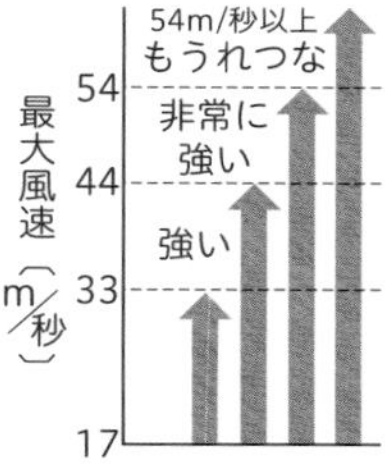

▲ 台風の強さ

パワーアップ
気圧が低くても台風とはかぎりません。台風は熱帯で発達し前線をともないません。温帯低気圧は寒気と暖気の境となる中緯度で発達し，前線をともない，台風なみに発達することもあります。

●台風の進路……台風は周辺の風に流されて進む。発生したあたりでは強い東風(**貿易風**)がふいており，これに流されながら右まわりにふき出す太平洋高気圧の風におされて北西に進む。さらに北上し**偏西風**がふいているあたりまでくるとこれに流されて北東に進路を変える。台風はさらに速度を上げながら日本付近を通過したり，上陸したりする。

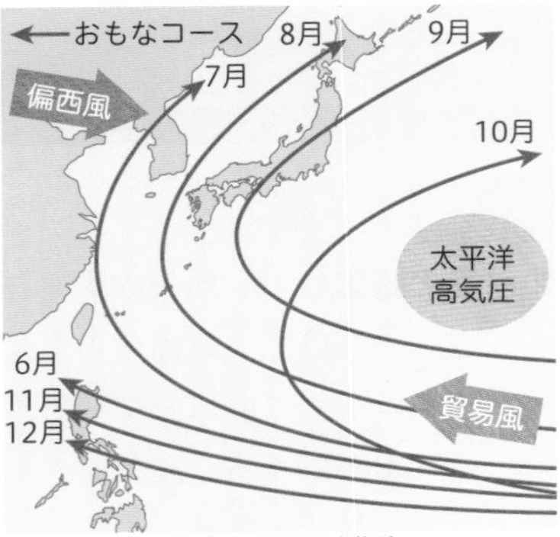

▲台風の月別進路

●台風によるひ害……台風は強い風だけでなく，大量の雨も降らせる。その両方によって大きな災害がおこることもある。いっぱんに台風の進路の東側では風が強くなる。風によるひ害が大きい台風を「**風台風**」という。また，うずの中心付近(目よりは外)は雲が厚く雨が強く降るが，雨によるひ害が大きい台風を「**雨台風**」という。台風によって海面がもちあげられ，異常に高くなる高潮というひ害もある。

▲ 台風のひ害

過去に大きなひ害をもたらした台風には，室戸台風(1934年9月21日，おもに風のひ害，死者・ゆくえ不明者3000人以上)，枕崎台風(1945年9月17日，おもに雨のひ害，死者・ゆくえ不明者3700人以上)，伊勢湾台風(1959年9月26日，おもに高潮のひ害，死者・ゆくえ不明者5000人以上)などがある。

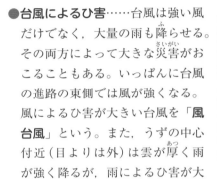

●世界の台風……世界の各地でも台風と同じ現象が見られる。北大西洋や北東太平洋では「**ハリケーン**」，インド洋では「**サイクロン**」などとよばれている。これらの性質は台風とまったく同じである。

雑学ハカセ 台風の直径はおよそ1000 km，高さは10 km程度です。これを1000万分の1にすると，ちょうどCDくらいの直径と厚さになります。台風はとてもうすいのです。

入試のポイント

絶対暗記ベスト3

1位 天気の変わり方　偏西風のえいきょうにより，日本の天気は西から東へと移る。

2位 季節ごとの天気　日本では，北西にある大陸の冷たくかわいた気団と，南東海上にあるしめってあたたかな気団が季節風を生み，季節ごとの天気が変化する。

3位 台　風　中心に向かって，左まわり（反時計まわり）の強い風がふきこむ。強い雨をともない，災害がおこることもある。

1 天気予報と天気の変化

天気予報	天気予報には，気象台，気象衛星「ひまわり」，アメダス，気象レーダーなどの観測情報が使われている。天気図は，空気の状態を表す地図で，天気予報に用いられている。
天気図のならび	天気図を日付順にならび変える問題では，天気図上の低気圧や高気圧，衛星写真の雲などが西から東に移っていくことに注意する。

2 日本の天気

天気図から季節を読む	大陸に強い高気圧があれば冬，梅雨前線があれば夏のはじめ，太平洋高気圧におおわれていれば夏を表す。
天気図と衛星写真	天気図と衛星写真から，ある地点の雨，風向，季節などを読みとり，天気のようすや変化を知る。

3 台　風

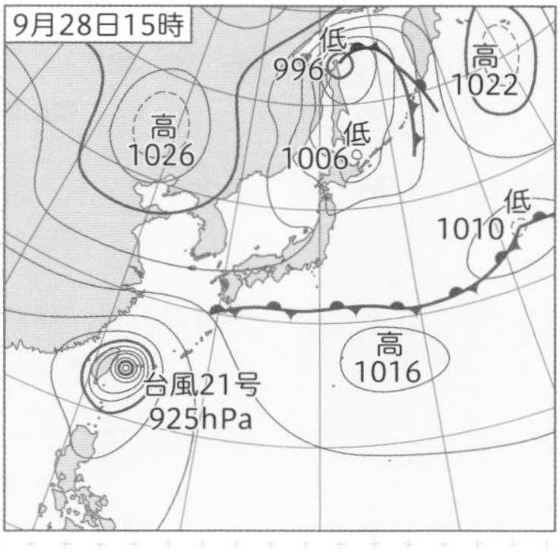

- 台風は熱帯の太平洋上で生まれ，等圧線が同心円状の低気圧で，前線をともなわない。
- 地上では左まわりに，中心に向かって風がふきこむ。
- 台風の進路は，複数の天気図や衛星写真から動きを推測する。
- 台風の進路の東側では風が強くなることが多い。

重点チェック

□ ❶ 快晴，晴れ，くもりの天気は，空をおおう雲の量を 0 ～ 10 で示す［　　］で決まります。	❶雲　量　p.218
□ ❷ 雲や風のようすを見て，おおまかな天気の変化を予想することを［　　］といいます。	❷観天望気　p.220
□ ❸ 天気予報は，全国の気象台での観測結果，［　　］，［　　］の情報をもとに出されています。	❸気象衛星，地域気象観測システム（アメダス）　p.220
□ ❹ 日本付近の雲のようすは，宇宙から気象衛星「［　　］」が観測しており，その映像はテレビや新聞，［　　］で見ることができます。	❹ひまわり，インターネット　p.220, 221
□ ❺ より細かい天気予報をするための，自動的に気象観測をする地域気象観測システムのことを［　　］といい，降水量を観測する所は全国に約［　　］か所設置されています。降水量のほかに，気温，風速，日照時間などを観測している所もあります。	❺アメダス，1300　p.221
□ ❻ 日本の天気は，［　　］から［　　］へ変わっていきます。これは，［　　］のえいきょうによります。	❻西，東，偏西風　p.221
□ ❼ ちがう性質の空気のかたまりがぶつかった所の地表には［　　］ができます。	❼前　線　p.222
□ ❽ 日本では，夏と冬に決まった方角から風がふくけい向があります。この風を［　　］といい，夏は［　　］の風，冬は［　　］の風がふきます。	❽季節風，南東，北西　p.223
□ ❾ 冬は，北西の季節風のえいきょうで日本海側は［　　］が降り，太平洋側は［　　］して晴れが続きます。	❾雪，かんそう　p.223
□ ❿ 6 月ごろ，オホーツク海気団と小笠原気団がぶつかって前線をつくり，［　　］になります。	❿つゆ（梅雨）　p.224
□ ⓫ 台風は南のあたたかい［　　］の上で発生し，強い［　　］や［　　］をもたらします。	⓫太平洋，風，雨　p.225
□ ⓬ 台風の中心を［　　］といいます。気象庁では台風の大きさと［　　］で台風を分類しています。	⓬台風の目，強さ　p.225
□ ⓭ 台風では，中心に向って［　　］に風がふきこんでいます。	⓭左（反時計）まわり　p.225

チャレンジ！ 思考力問題

レベル3
レベル2
レベル1

●右の図のA～Dは1月，6月，8月，10月のある日の9時の天気図です。順番は適当にならべかえてあります。天気図A，Dの東京の天気について，最も適当なものを次のア～オから選びなさい。

【青陵中-改】

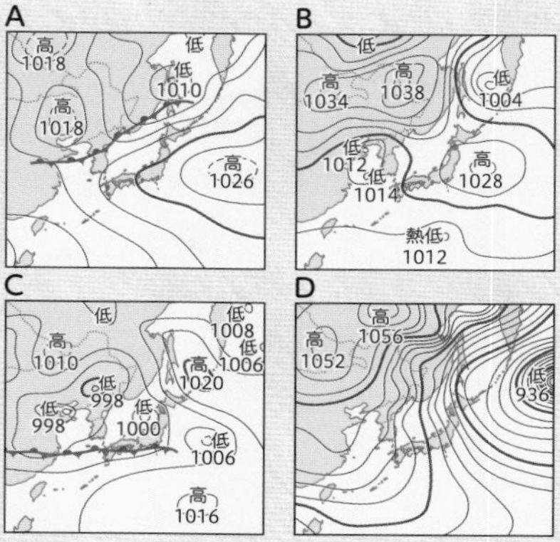

ア　晴れていたが冷たい北西の風がふき，とても寒い一日だった。

イ　一日中どんよりとした雲におおわれて，弱い雨が降ったりやんだりした。

ウ　強い南風がふいて雨も強く降り，あれた天気となった。

エ　朝からよく晴れて，昼間の気温は30°Cをこえて暑かったが，夕立があった。

オ　おだやかに晴れて昼間は20°Cをこえたが，朝は気温が下がり霜がおりていた。

キーポイント

- 季節ごとの典型的な気圧配置や前線，台風などを問題文中と図から読みとる。
- 気圧配置と前線から天気や風を，季節や天気から気温を推論していく。

正答への道

日本周辺の季節ごとの，典型的な天気図と天気の知識に基づいて，実際の天気を読みとることがたいせつである。夏は，強い太平洋高気圧の勢力に日本列島がおおわれる。秋は，太平洋高気圧と大陸の高気圧の勢力が同じくらいで，移動性高気圧や台風もある。春から夏になるとき，小笠原気団とオホーツク海気団の勢力が同じくらいになり，梅雨前線が横たわる。冬は，西高東低とよばれる気圧配置で，等圧線に沿って強い北風がふく。これらの知識を実際の天気図や天気との関連で理解しておく必要がある。

以上から，A：8月　B：10月　C：6月　D：1月　と判断できる。

東京で雨が降っていると天気図から判断できるのはCのみである。Aの天気図からだけでは，東京で夕立があったかどうかはわからないが，よく晴れていることは読みとれるので，夕立が生じることは予想できる。Dは冬なので，右上にある強い低気圧は台風ではない。温帯低気圧が北上すると強く発達することもある。

答え

A―エ　D―ア

チャレンジ！作図・記述問題

レベル3 レベル2 レベル1

●台風について，次の問いに答えなさい。　【桜美林中，学習院中-改】

(1) 次の①，②について，日本周辺の台風による風の向きを矢印で表しなさい。

① 上から見た，地表付近を水平方向にふく風

② 台風の目付近を横から見た上下方向にふく風

(2) **図1**はある台風の中心の進路と，その周辺での雨量を表しています。また，**図2**は別の台風の衛星画像です。これらの図から，台風の進路と合計の雨量が多い地域との関係について考えられることを答えなさい。

図1

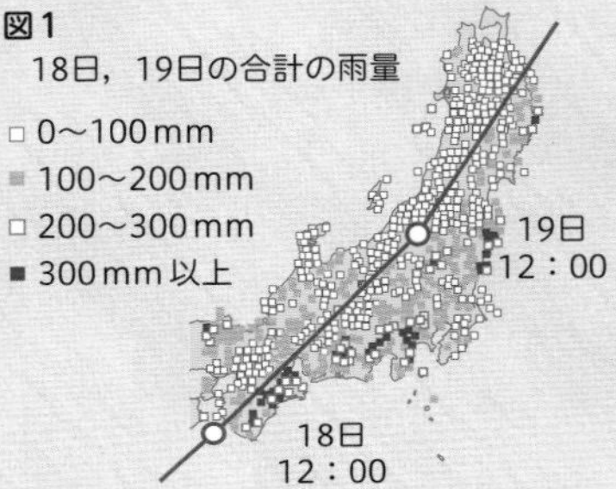

図2

(3) (2)のように考えた理由を説明しなさい。

キーポイント

台風は，同心円状の低気圧で，日本付近の地上では左（反時計）まわりの風がふく。中心部から広いはん囲で強い上しょう気流があるので，雨雲が発達する。台風の雨雲は広いはん囲にわたっており，台風が上陸する前から通過後まで，台風の進路しだいで雨が長く続くことがある。

正答への道

ふだんの天気予報や天気図，身近な天気と雲や風のようすに関心をもつようにする。

解答例

(1) ①

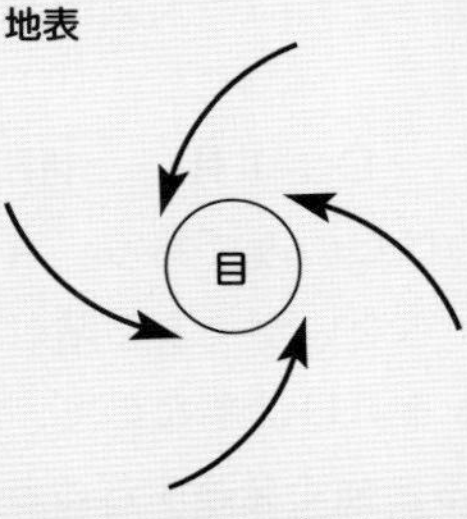

②

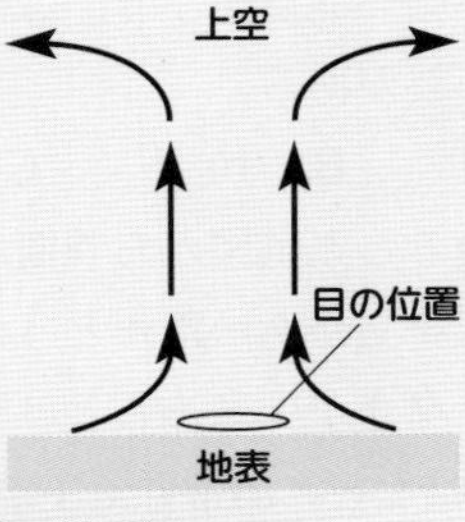

(2) 台風の進路の右（東）側のほうが雨量が多い。

(3) 進路の右側の雲のはん囲が広く，長い時間雨が降ったから。

ここからスタート！

第2編

地球

第3章 流水のはたらき

たくさんの水は，地形を変える？

平野をおだやかに流れる川を見ると，その流れが地形を変えてしまうなどとても信じられません。でも，流れがはやくなり，また水量が多くなるとどうでしょうか？

学習することがら

1. 雨水のゆくえと地面のようす
2. 雨水の流れとはたらき
3. 川の水のはたらき
4. 増水による土地の変化

1 雨水のゆくえと地面のようす

発展
6年
5年
4年
3年

1 雨水のゆくえと地面のようす 入試重要度★

●**雨と地面のようすの変化**……かわいた運動場などに雨が降(ふ)ると，地面のようすは次のように変化していく。

❶ **雨の降り始め**…雨でぬれた所は，土の色が変わり，雨水は地面にしみこんでいく。

このとき，雨水のしみこみ方は，地面のようすによってちがってくる。

❷ **水たまりができる**…地面がじゅうぶんにぬれると，土の中にしみこみきれない水が，地面の低い所に**水たまり**をつくる。

❸ **雨水の流れができる**…さらに雨が降り続くと，水たまりどうしがつながったりして小さな川のようになり，地面の高いほうから低いほうへと流れる。

❶雨の降り始め

❷水たまりができる

❸雨水の流れができる

実験・観察

水のしみこみとつぶの大きさ

ねらい 土のつぶの大きさと水のしみこみ方の関係を調べる。

方 法 ①大きめのメスシリンダーの上から5cmの所にウレタンスポンジを切ったものをつめる。

②同様にメラミンスポンジを切ったものをつめる。

③同じ量の水をメスシリンダーに同時に注ぎ，スポンジを通して下に落ちる量のちがいを見る。ウレタンスポンジがつぶが大きくすきまが多い土を，メラミンスポンジがつぶが小さくすきまが少ない土を表している。

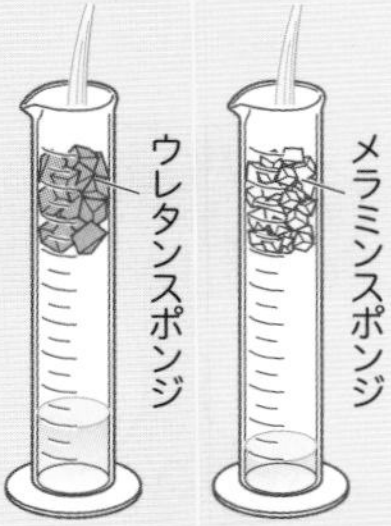

結 果 すきまが多いウレタンスポンジのほうが水がはやくしみこむ(下に落ちる)。

わかること つぶが小さくすきまが少ない土の所は水たまりができやすい。

雑学ハカセ 雨水は高い所から低い所へ流れていき，そこに水たまりはできやすくなります。また，土や砂(すな)のつぶの大きさによって水たまりのでき方がちがうのは，水のしみこみ方がちがうからです。つぶの大きさによってどろ，砂，れきなどとよび名が変わります。

2 雨水の流れとはたらき

1 雨水の流れ★

●**雨水の流れ**……雨水の流れは，はやく流れている所と，おそく流れている所がある。

❶ **はやい流れ**…かたむきの急な所や，曲がった流れの外側など。

❷ **おそい流れ**…かたむきのゆるやかな所や，曲がった流れの内側など。

2 雨水のはたらき★

●**雨水のはたらき**……雨水の流れは，地面のようすを変える。はやい流れは，地面をけずったり，けずった土を運ぶはたらきがある。流れがおそくなると，運んできた土を積もらせるはたらきをする。

実験・観察

雨が降る前後の地面のちがい

ねらい 雨が降ることにより地面にどのようなちがいができるかを調べる。

方 法 ①雨が降る前に運動場や砂場，川原や公園の遊歩道など，土の地面をデジタルカメラでさつえいしておく。

平らだった遊歩道の大雨の翌日のようす。水路が1つできている。

②雨が降ったあと，同じ場所をさつえいし，①とのちがいを調べる。

注 意！ 川やため池のしゃ面など，危険な場所では行わない。

結 果 •雨が降った直後では，地面の低い場所や，水はけが悪い所に水たまりができている。

•雨が降る前は平らだった場所に，細くけずられたようなあとができている。

わかること **①雨水は高い所から低い所に流れる。**

②雨水が流れることで，地面がけずられたり，土が運ばれる。

雑学ハカセ 水はけのよい野球のグラウンドなどでは，土の下にはい水用のパイプを通したり，やや大きめの岩をしいたりすることで，はい水こうに雨水を導き，水たまりができにくいようにくふうをしている所があります。

3 雨水の流れのはたらき★★

雨水の流れには，砂や土をけずり（**しん食作用**），おし流して運び（**運ぱん作用**），積もらせるはたらき（**たい積作用**）がある。

また，砂や石は流れがはやいほどよく運ばれ，流れがゆるやかになると積もる。

ズームアップ しん食作用・運ぱん作用・たい積作用 ➡p.235

実験・観察

流れる雨水のはたらき

ねらい 雨水のはたらきを実験で確かめる。

方 法 ①大きめのプラスチックトレイに土または砂をしきつめる。

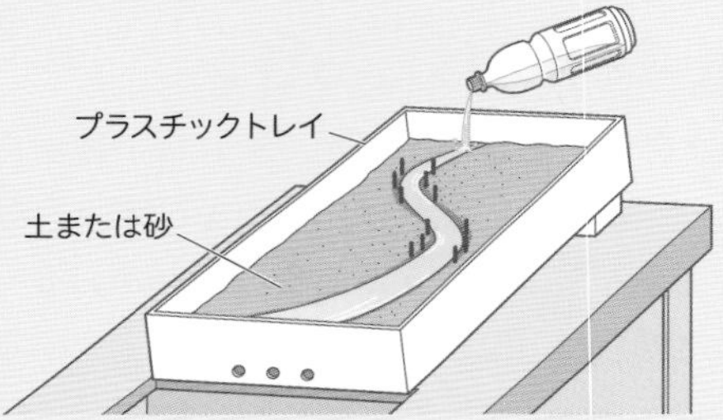

②トレイにかたむきをつけ，上から雨水に見立てた水を流し，流れる水のようすや土がけずられるようすを観察する。

③トレイのかたむきや流す水の量を変え，同じように観察する。

④あらかじめ曲がった水の通り道をつくっておき，そこに水を流す。

結 果 • トレイのかたむきが大きいほど水の流れがはやく，しん食作用も運ぱん作用も大きい。

• 流す水の量が多いほど，しん食作用も運ぱん作用も大きい。

• 曲がった部分に水が流れると，流れの外側ほど大きくしん食され，流れの内側に土砂がたい積するようすが見られる。

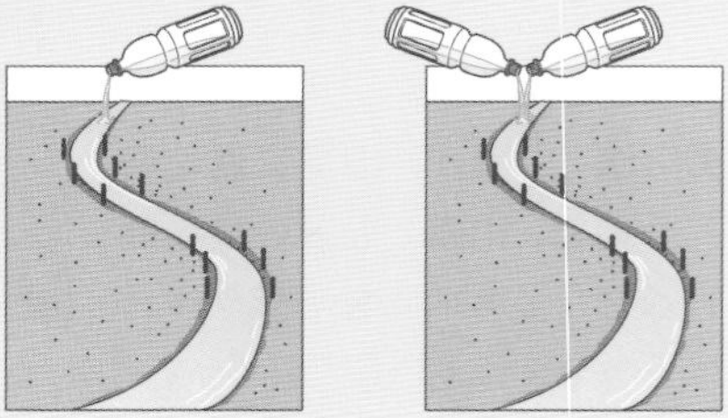

わかること ①流れる雨水には，しん食作用，運ぱん作用，たい積作用がある。

②雨水の通り道が曲がっている場合，流れの外側ではしん食作用が大きく，内側ではたい積作用が大きい。

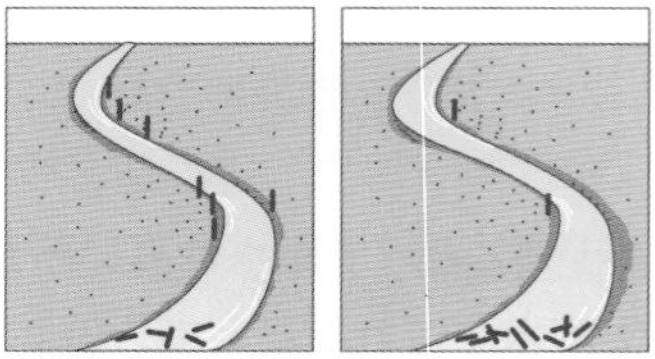

パワーアップ しん食を漢字で書くと「侵食」ですが，いっぱんに流水で土地がけずられるときには「浸食」という字も使います。理科では土地が流水以外でけずられる場合もふくめ，「しみこむ」という意味がなく「けずりとる」という意味が強い「侵食」を使っています。

③ 川の水のはたらき

発展 6年 5年 4年 3年

1 川の流れの速さ★

●**川のかたむきによるちがい**……かたむきが急なほどはやく，ゆるやかになるほどゆっくり流れる。

●**水の量によるちがい**……同じ場所でも，水量が多いときほどはやく流れる。

●**まっすぐに流れている所**……川の中ほどのほうが流れがはやく，川岸の近くは少しおそくなる。

●**曲がって流れている所**……流れの曲がっている外側のほうがはやく流れ，内側ほどおそく流れる。

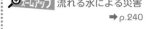

ズームアップ 流れる水による災害
➡p.240

2 流れる水の３つのはたらき★★★

●**けずるはたらき（しん食作用）**……川の流れは，川底や川岸をけずりとって，谷やがけをつくるはたらきがある。このはたらきを**しん食作用**という。しん食作用は，流れの速さがはやいほど大きい。

●**運ぶはたらき（運ぱん作用）**……川の流れには，しん食作用によってけずりとられた石や砂を運ぶはたらきがある。このはたらきを**運ぱん作用**という。

① **つぶの大きさと流され方**…つぶが小さく軽いものほど流されやすい。同じ川の流れの中では，次の順で流されやすくなる。

どろ➡砂➡小石➡**大きな石**
└よくかわいたものを使用する

② **流れの速さと運ぱん作用**……小石，砂，どろをのせた板を流れの速さのちがう所に入れて，流れの速さによって流され方にちがいがあるか比べてみる。

▶**流れのおそい所**…どろはよく流され，砂もころがっていくが，小石はほとんど動かない。

▶**流れのはやい所**…どろ，砂はすぐに流され，小石もころがっていく。運ぱん作用は，流

▲ 流れのおそい所

▲ 流れのはやい所

雑学ハカセ 実際の川でも運ぱん作用を調べることができますが，流れがはやいときは，実験する人自身も運ぱんされる（流される）危険があることを忘れてはいけません。おだやかな流れの川でもひざより上の水深のときは実験をしないようにしましょう。

れの速さがはやいほど大きい。

●**積もらせるはたらき（たい積作用）**……川の流れには，運んできた石や砂(すな)などを川底や河口(かこう)に積もらせるはたらきがある。このようなはたらきを**たい積作用**という。

たい積作用は，水の流れがゆるやかになり，しん食・運ぱん作用が小さくなるほど大きくなる。たい積作用は，流れの速さがおそいほど大きい。

●**曲がって流れる川のようす**……曲がっている川では，曲がっている外側ほど流れがはやいため，外側はけずられてがけになり，川底も深くなっている。逆(ぎゃく)に内側ほど流れがおそいため，石や砂が積もって広い川原(かわら)ができる。

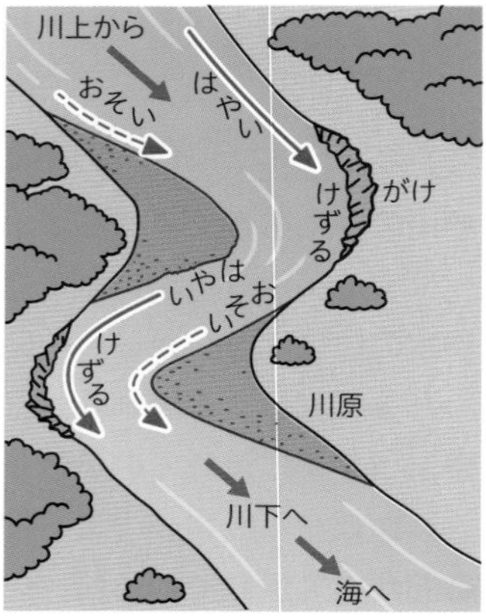

▲ 川原のでき方

3 川の上流・中流・下流★★

川は，その流れ方やまわりの土地のようすのちがいによって，上流・中流・下流の3つの部分に分けることができる。

●**上流のようす**……山地のため，川のかたむきが急で流れもはやい。しん食・運ぱん作用が大きくはたらいて深い谷をつくったり，大きな石を運んだりする。上流に見られる石は，大きく角ばったものが多い。

▲ 川の上流のようす

▶上流に見られる地形（V字谷(ブイじこく)）

川のかたむきが急で流れがはやいため，しん食作用が大きくはたらいて，川底をけずり，断面(だんめん)がV字形をした深い谷をつくる。

▲ 上流の石

▲ V字谷

雑学ハカセ 富山県を流れる常願寺(じょうがんじ)川は「日本一の暴(あば)れ川」ともいわれ，急な流れとともに大きなこう水や鉄ぽう水が過(か)去に何度もあったことで知られています。中～下流の川原には「大転石」とよばれる直径4ｍ～7ｍもあるきょ石を多数見ることができます。

このような深い谷をV字谷という。
↳黒部川など

●**中流のようす**……川は上流より少し広い所を流れるようになり，流れもゆるやかになる。しん食・運ぱん作用も上流ほど大きくはなく，場所によってはたい積作用も見られるようになる。大きく曲がった川の内側には広い川原もできる。川原に見られる石は，少し小さくなりまるみをおびてくる。

▲ 川の中流のようす

▶中流に見られる地形（扇状地）

上流の山地から平らな土地に流れが出た所では，急にたい積作用が大きくなり，運んできた石や砂を扇形に積もらせる。このような地形を**扇状地**という。扇状地では，つぶの大きな石や砂が積もっているので水がしみこみやすい。そのような水は地下水となって流れ，扇状地の境目付近でわき水となって現れることがある。

▲ 中流の石

▲ 扇状地

くわしい学習 ねざめの床

長野県の木曽川上流に見られるねざめの床は，かつては急流であり，川底のしん食も激しかった。しかし，上流にダムができたために水の流れがおだやかになり，また水位も下がったため，それまでにしん食されていた川底が水面上に現れた。川の流れによるしん食のようすや，運ぱん作用によって上流から運ばれた大きな石などを観察できる貴重な場所になっている。

▲ ねざめの床

雑学ハカセ 中〜下流で上流から流れてきた小石を採集して調べることで，上流の山地をつくっている火成岩などを推測することができます。しかし，近年，人工物（コンクリートやレンガ，ガラスなど）のまるみをおびた小石も見られるようになっています。

●**下流のようす**……川のかたむきが小さくなり，広い所を流れるので，流れもゆるやかになる。たい積作用が大きくはたらき，河口には**三角州**（デルタともいう）ができたり，川底が浅くなったりする。川原には，上流から流されてきた砂やどろが多く見られ，石も小さくまるいものが多い。

▲ 川の下流のようす

▶下流に見られる地形（三角州）

川が海に出る所では，流れが急にゆるやかになるためにたい積作用が大きくはたらく。その結果，上流側を頂点とする三角形のたい積地ができる。このような地形を**三角州**という。

▲ 下流の石

▲ 三角州

4 川の水のはたらきのまとめ★★

流れる水には，けずるはたらき（しん食作用），運ぶはたらき（運ぱん作用），積もらせるはたらき（たい積作用）の３つのはたらきがある。このはたらきは川の上流・中流・下流で大きさが異なる。

川の水のはたらきをまとめると次のようになる。

	上流	中流	下流
しん食作用	大	←→	小
運ぱん作用	大	←→	小
たい積作用	小	←→	大
川岸のようす	がけが多い	←→	平野が広がる
川底のようす	深い	←→	浅い
川のはば	せまい	←→	広い
川底のかたむき	急	←→	ゆるやか
流れの速さ	はやい	←→	おそい
川底の石の形	角ばっている	←→	まるいものが多い
水量	少ない	←→	多い

雑学ハカセ

三角州を「デルタ」ということがありますが，これは三角州の形がギリシャ文字のデルタ（Δ）に似ているからです。常願寺川のように山地から河口までのきょりが短い急流では，扇状地と三角州を合わせたような地形になることがあります。

中学入試にフォーカス 三日月湖，河岸段きゅうのでき方

❶三日月湖のでき方

曲がって流れている川では，外側はけずられ，内側は土砂が積もるので，川の曲がり方はだんだん大きくなる。このような流れ方を**蛇行**という。さらに，このはたらきが続くと，下の図のように川の曲がっている所どうしがつながって新しい流れができ，残された川のあとは下の図のような**三日月湖**になる。

三日月湖はこう水などで川の流れが変わることでできるが，こう水を防ぐために河川工事を行ってできたものもある。

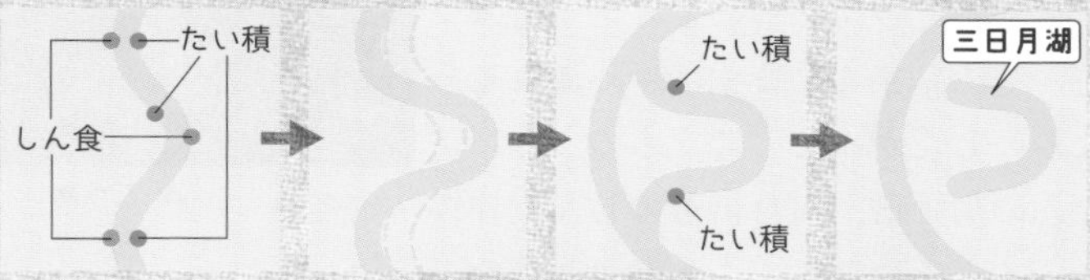
たい積
しん食
たい積
たい積
三日月湖

▲ 三日月湖のでき方

❷河岸段きゅうのでき方

川岸にできる，階段状の地形のことを河岸段きゅうという。次のようにしてできる。

① 川の運ぱん・たい積作用で平らな川原ができる。
② (地しんなどによる) 土地のりゅう起により川のけいしゃが増し，しん食作用が増加する。
③ もとの河しょう (川底) を低くほり下げ以前より低い所を川が流れる。
④ 新しい川原ができ，もとの川原は階段の上の平らな面 (段きゅう) となる。

▲ 河岸段きゅう

このくり返しで何段もの階段状の地形 (段きゅう) ができる。(りゅう起だけでなく海水面の低下でもおこる。)

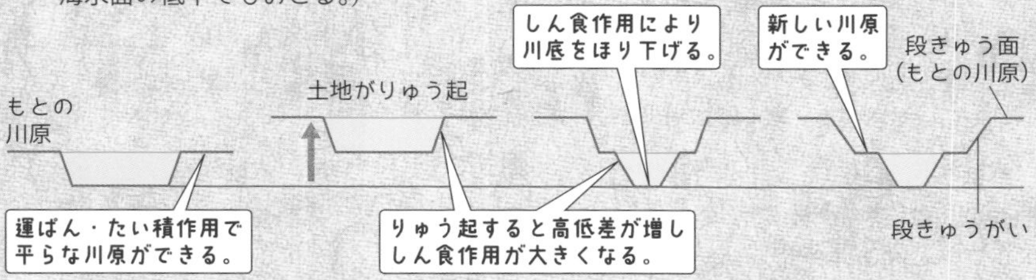
しん食作用により川底をほり下げる。
新しい川原ができる。
段きゅう面 (もとの川原)
土地がりゅう起
もとの川原
運ぱん・たい積作用で平らな川原ができる。
りゅう起すると高低差が増ししん食作用が大きくなる。
段きゅうがい

▶**河岸段きゅうの利用**…川に近い下のほうの段きゅう面は水をとり入れやすいため人家や水田が多いが，上のほうの段きゅう面は畑や果樹園として利用されることが多い。

入試では 曲がっている川の断面を示した図から，たい積作用やしん食作用がはたらいている場所を求める問題や，石の大きさなどを答える問題が出題されています。また，河岸段きゅうや海岸段きゅうのでき方についての問題も見られます。

発展
6年
5年
4年
3年

4 増水による土地の変化

1 こう水による災害★★★

流れる水のしん食作用や運ぱん作用は，流れの速さがはやいほど大きくはたらく。そのはたらきが大きくはたらくと，**こう水**がおこることがある。

川は，雨がたくさん降（ふ）ることによって水量を増（ま）し，その結果ますますはやく流れるようになる。したがって，こう水のときには，ふだんの何十倍，何百倍ものしん食作用がはたらくようになる。このとき，てい防（ぼう）がこわされたり，川の水があふれたりすることがある。

また，こう水によって運ぱん作用が大きくはたらくと，けずられた岩や土を多量におし流す。流されてきた岩や土は，家や橋を流してしまったり，田畑をつぶしてしまったりすることもある。

▲ こう水

▲ ダ　ム

2 災害を防ぐくふう★★★

災害（さいがい）を防（ふせ）ぐいろいろなくふうがされている。

●**ダ　ム**……ダムは，深い谷を利用して川の水をせきとめ，その水を発電や農業用水に使うだけでなく，川に流れる水の量の調節も行っている。山地に大雨が降ったとき，その水が一度に下流に流れていかないように，いったんダムに水をためて調節する。

●**砂防（さぼう）ダム**……砂防ダムは，上流の谷につくるダムで，大雨などで岩や土砂（どしゃ）が流れ出すのを防ぐはたらきをしている。また，水の勢（いきお）いを弱めるはたらきもしている。

▲ 砂防ダム

雑学ハカセ

砂防ダムは，大雨などによる山くずれのときに，直径 10 m をこえるような大きな石をくいとめることもあります。もし，これらの大きな石が川や山のしゃ面に沿（そ）って下流に進むと，橋や集落の破（は）かいなど，深刻（しんこく）なひ害となります。

●てい防……大雨が降ると川の水量がふえ，さらに上流からおし流されてきた石や砂によって川底がうまると，川の水位はふだんより数メートルも上がることがある。その水があふれ出ないように，川の両岸を高くして，てい防をつくる。曲がって流れている川では，内側より外側のてい防をより高くじょうぶにつくる。

▲ てい防

●水制工……石やブロックをならべて大雨で増した水の勢いを弱め，てい防が水によってけずられないようにすること。曲がって流れている川の外側に使われることが多い。
（↳護岸ブロックともいう）

▲ 水制工

●貯木池……大雨で山くずれがおこると大量の流木が川に流れこむことがある。流木が橋の橋きゃく（橋を支えるあしの部分）でとめられると橋がダム化し，橋の両側の地域に水があふれる。橋が水を支えきれなくなり決かいすると下流に大水害をもたらす。これをさけるために川のとちゅうに流木を分散させるさくをつくったり，貯木池をつくったりして流木にそなえている。貯木池とは，流木を流しこむための人口的な池である。

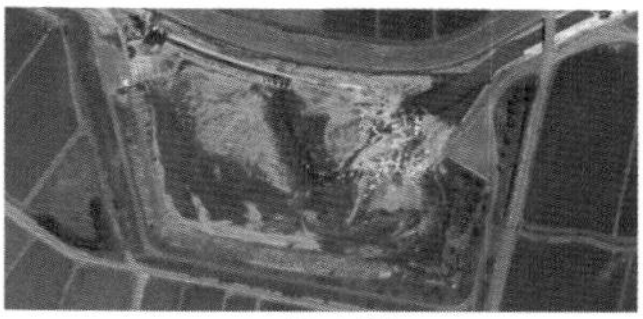
▲ 貯木池

くわしい学習　生き物を育てる川

人は，飲料水・生活用水・農業用水などに川の水を活用している。生き物がすめない川は，人にとっても生活に使えない川になってしまう。そのような考えから，最近では，生き物がたくさんすめる川にしようと，さまざまなとり組みがされている。

▲ 川原の公園

▲ 下水道設備

雑学ハカセ
山くずれのときに大きな木が大量に河川に流入し，橋きゃくでとめられダムのような状態になることがあります。これが水圧にたえられずにくずれると，急激に水が流れ出て，川の水が一気に増加します。これを鉄ぽう水といいます。

入試のポイント

絶対暗記ベスト3

1位 流れる水のはたらき　流れのはやい所では，地面がけずられて，小石や土が運ばれていく。逆(ぎゃく)に，流れのおそい所では運ぶはたらきが弱くなって，小石や土が積もっていく。

2位 川の水のはたらき　川の上流，中流，下流（河口(かこう)をふくむ）では，川のかたむきの差などにより，川原(かわら)に見られる石の形や大きさ，まわりの土地のようすなどがちがっている。

3位 こう水　大雨などで川の水量が多くなると，こう水がおこることがある。こう水のときは，流れる水のしん食作用や運ぱん作用が大きくなる。

1 流れる水のはたらき

- **しん食作用**……川の流れがはやく，水量が多いほど大きな作用になる。
- **運ぱん作用**……川の流れがはやく，水量が多いほど大きな作用になるが，運ばれるものの大きさや重さなどによって，運ばれ方にちがいがある。
- **たい積作用**……川の流れがおそい所で運ばれてきたものがたい積するため，流れがおそいほど大きな作用になる。川の流れが曲がっている所では，川の内側のほうが外側より流れがおそいため，流れの内側にたい積物が多くなる。
- **三日月湖(みかづきこ)**……曲がって流れる川では，流れる水のはたらきのため川の蛇行(だこう)が進み，三日月湖ができることがある。
- **河岸段きゅう(かがんだん)**……平らな川原がりゅう起すると，低い所に新しい川原ができ，前の川原は段きゅうとなる。

2 川の上流，中流，下流の特ちょう

	石の特ちょう	周辺に見られる土地の例
上　流	角ばった大きなものが多い。	V字谷(ブイじこく)
中　流	少しまるみをおび，小さくなってくる。	扇状地(せんじょうち)
下　流	まるい小さな石が多い。	三角州(さんかくす)

3 砂防(さぼう)ダムのはたらき

ふつうのダムが水をせきとめるはたらきをするのにたいし，砂防ダムは大量の土砂(どしゃ)や流木，大きな岩石などが下流に流れて大きなひ害をおよぼすのを防(ふせ)いでいる。水は通すつくりになっているが，流れの勢(いきお)いを弱めることができる。流れが急な川の山間部には複数(ふくすう)の砂防ダムが見られる所がある。

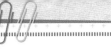

重点チェック

□	❶ 雨水が流れたあとには土が［　　］所と，土が運ばれ，［　　］所が見られます。	❶けずられた，積もった　p.233
□	❷ 砂(すな)や石は流れが［　　］ほどよく運ばれ，それらは流れが［　　］になった所に積もっていきます。	❷はやい，ゆるやか　p.234
□	❸ 流水には［　　］作用，［　　］作用，［　　］作用という 3 つのはたらきがあります。	❸しん食，運ぱん，たい積　p.235, 236
□	❹ しん食作用，運ぱん作用は，川の［　　］が多く，流れが［　　］ほど大きくはたらきます。	❹水量，はやい　p.235, 236
□	❺ たい積作用は，川の流れが［　　］ほど大きくはたらきます。	❺おそい　p.236
□	❻ 曲がっている川では，曲がっている外側ほど流れが［　　］ため，外側はけずられてがけになり，川底も［　　］なっています。	❻はやい，深く　p.236
□	❼ 曲がっている川では，曲がっている内側ほど流れが［　　］ため，砂や石が積もって広い［　　］ができます。	❼おそい，川原　p.236
□	❽ 川の上流には［　　］，中流には［　　］，河口(かこう)付近には［　　］という地形が見られます。	❽V字谷(ブイじこく)，扇状地(せんじょうち)，三角州(さんかくす)　p.236, 237, 238
□	❾ 川の上流の川原(かわら)には［　　］大きな石が見られます。	❾角ばった　p.236
□	❿ 川の中流の川原の石は少し［　　］をおび，小さくなっています。	❿まるみ　p.237
□	⓫ 川の下流の川原には［　　］石が多く見られます。	⓫まるい小さな　p.238
□	⓬ 川の上流付近に大雨が降(ふ)ると，川の周囲(しゅうい)の地域(ちいき)に［　　］などのひ害をおよぼすことがあります。	⓬こう水　p.240
□	⓭ 山地に大雨が降ると山がくずれ，大量の土砂(どしゃ)や木，大きな石などが下流に向かって流れることがあります。これらを防(ふせ)ぐために［　　］がつくられています。	⓭砂防(さぼう)ダム　p.240
□	⓮ こう水対策(たいさく)として，中流，下流の地域では川の両側に［　　］をつくったり，川の流れの勢(いきお)いを弱めるために石や［　　］をならべるなどしています。	⓮てい防，ブロック　p.241

チャレンジ！思考力問題

レベル3
レベル2
レベル1

●川の流れのはたらきについて，次の問いに答えなさい。　【聖心学園中-改】

(1) 図1の川のA点とB点に，砂(すな)をのせた板をそれぞれしずめました。しばらくしてから板を引き上げたときのようすはどのようになりますか。次から1つ選び，記号で答えなさい。

図1

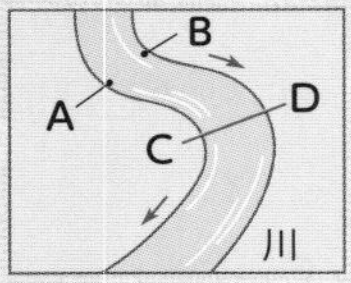

ア　A点の砂のほうが多く流されていた。
イ　B点の砂のほうが多く流されていた。
ウ　A点とB点の砂はどちらも同じように流されていた。

(2) 図1の川をCDの直線にそって切り，川下から見た川底の断面のようすと川底の石のようすを模式的(もしきてき)に表すとどのようになりますか。次から1つ選び，記号で答えなさい。

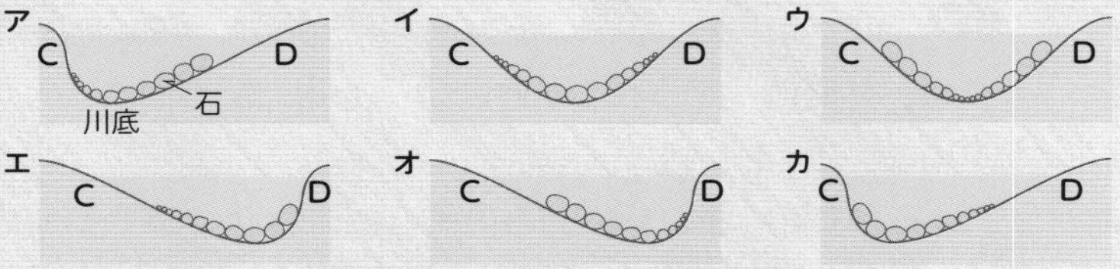

(3) 図2は，図1のA点，B点付近の川の形を模式的に表したものです。両岸の土の性質(せいしつ)が同じであった場合，このような形の川は，ふつうどのような形に変化していきますか。次から1つ選び，記号で答えなさい。

図2

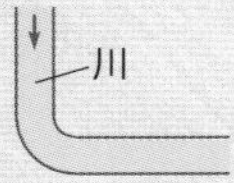

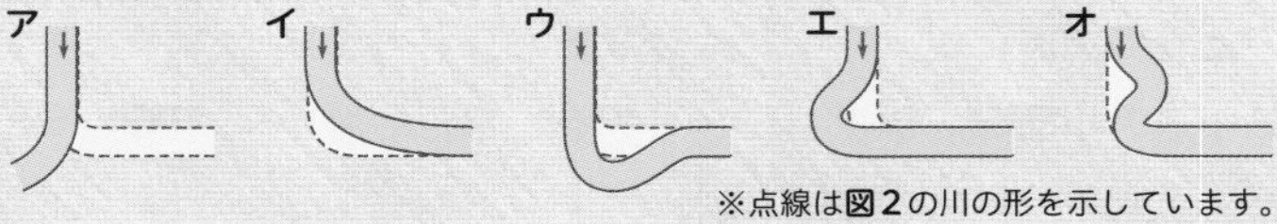

※点線は図2の川の形を示しています。

キーポイント

曲がっている川では，曲がっている外側ほど流れがはやく，内側ほど流れがおそい。

正答への道

(1)(2)は曲がった川の流れの特ちょうを理解しておく必要がある。(3)は，曲がって流れる川の外側はけずられ，内側には土砂(どしゃ)が積もっていくことから，だんだん大きく曲がっていくと考えられる。

答え

(1) ア　(2) エ　(3) ウ

チャレンジ！ 作図・記述問題

レベル3
レベル2
レベル1

●右の図は，ある川の中流付近にある場所を表しています。これについて，次の問いに答えなさい。　　【京都市立西京高校附属中】

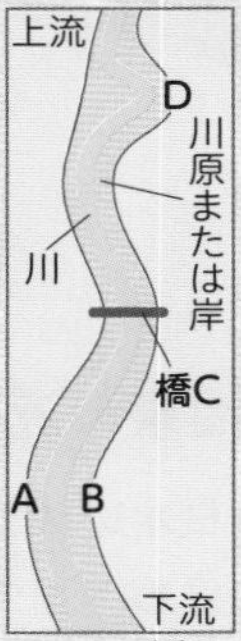

⑴ 大雨により上流にある山の表面がくずれ落ちると，大量の土砂や流木が中流から下流までおしよせます。そのとき，**橋C**の橋きゃく(橋を支えるあしの部分)に流木がたまり，ダムのように大量の水を受けとめてしまうことがあります。そして，最終的には水の重さなどにたえきれずに橋全体がこわれ，いっきに大量の水や流木がおしよせるため，**A**や**B**の周辺の町や，さらに下流の町にひ害をもたらすことがあります。

　このような流木が原因となる橋の流失およびそれにともなうこう水などを防ぐための対策として，現実的であり，すぐに効果が期待できるものとして，適するものはどれですか。次の**ア**～**エ**から２つ選び，記号で答えなさい。

ア 山のしゃ面にある木をすべて残らず切っておく。

イ 山に植える木を，根を深くはる(深くまでのびる)種類に変える。

ウ (図の**D**のような川が蛇行し川原が広くなっている場所に)流木をためることができる場所をつくる。

エ 橋より上流に流木をくいとめるさくやくいを設置し流木を分散させる。

⑵ ⑴の流木によるこう水対策として，「橋がこわれないように，橋きゃくの数をもっと増やしたじょうぶな橋につくりかえる。」というアイデアを思いつきました。これについて，こう水対策という観点からどう思うか，あなたの考えを書きなさい。

キーポイント

流水のはたらきや，大雨によるひ害などをまとめておく。

正答への道

⑴**ア**は「すべて残らず」という部分が現実的でない。**イ**もすぐには効果が期待できない。**ウ**や**エ**はすでに行われている流木対策で，効果を上げている。⑵は「橋がこわれないようにするには」という問題ではないことに注意する。

解答例

⑴ **ウ，エ**

⑵ **橋きゃくが増えると，橋きゃくの間がせまくなるため流木がひっかかりやすくなる。そのため橋でのダム化が以前よりおこりやすくなり，ダムからあふれた水や流木が橋の左右の下流地域にこう水のひ害をもたらすことになる。したがって，こう水対策としては良いアイデアとはいえない。**

ここからスタート！

第2編

地　球

第4章 土地のつくりと変化

温泉の近くには火山がある？

日本には多くの温泉地があります。温泉の中にはわき出す湯の温度が 90℃ をこえるところもあります。なぜそんなに熱い湯がわき出すのでしょうか？

学習することがら

1．地層のようす
2．地層のでき方
3．たい積岩と火成岩
4．火山と地しん
5．大地の変化

1 地層のようす

1 地層のようす 入試重要度★★

●**地　層**……表面からは見えない大地のようすを切り通し（がけ）などで観察すると，いろいろな土砂が積み重なってしま模様に見える所がある。よく観察すると，１つ１つのしま模様の層にふくまれているもの（小石，砂，どろ）がちがっていることがわかる。
（↳小石：れきともいう）

　このように，小石や砂，どろが積み重なっているしま模様を**地層**という。地層は，いくつかの層によってできている。

▲ 切り通し

●**地層の広がり**……右の図のように，切り通しの曲がり角で地層を見ると，両方に同じしま模様が見える。このことから，1つ1つの層はおくのほうまで広いはん囲に広がっていることがわかる。

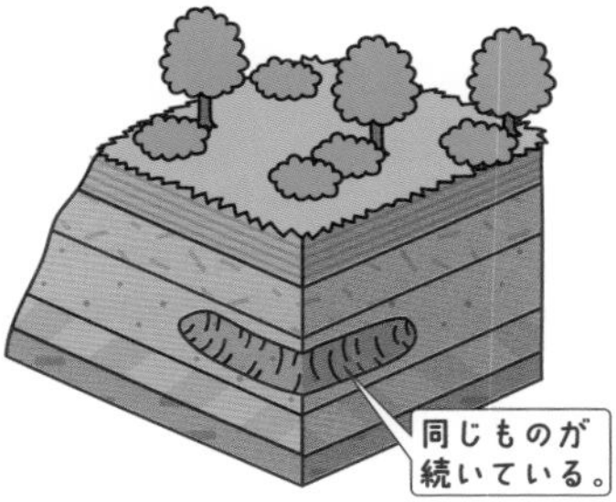

2 地層のつくり★★

●**地層をつくっているもの**……地層は，おもにどろ，砂，れき，火山灰などからできている。
（↳れき：つぶの直径が 2 mm 以下）

　１つ１つの層をつくっているつぶの色や大きさがちがうので，しま模様に見える。地層をつくっているものを調べることで，その地層のでき方を知ることができる。

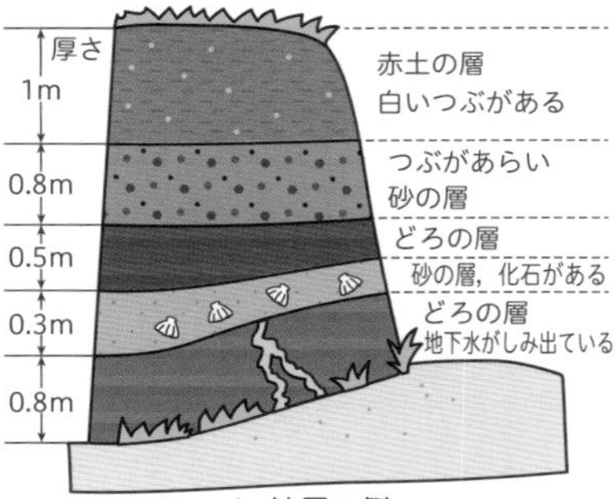

▲ 地層の例

●**地層の厚さ**……１つ１つの層の厚さはちがう。

●**地層と地下水**……地層の層と層の間から**地下水**がしみ出ている所もある。

パワーアップ

露頭は，地層がむき出しになっている場所で，地層の観察に適しています。山間部のがけや海岸沿いの岸へきなどに自然に見られるものもありますが，造成工事などで人工的にできる場合もあります。

●地層の見え方……地層は水平なものばかりではなく，ななめになっていたり，曲がっていたり（**しゅう曲**），くいちがっていたり（**断層**）するものがある。

●地層にふくまれているもの……地層には，れきや砂，どろにまじって，大昔の生き物の死がいや生活のあとなどがふくまれていることがある。これらを**化石**という。

（生こん化石という）

ズームアップ
• しゅう曲・断層 ➡p.250
• 化　石 ➡p.251

▲ 地　層

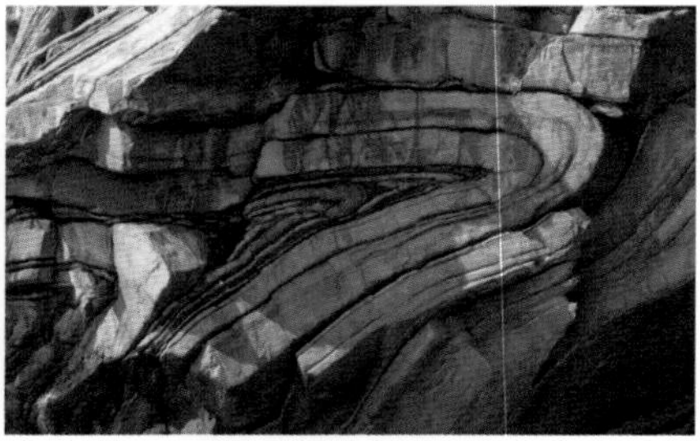
▲ 曲がっている地層（しゅう曲）

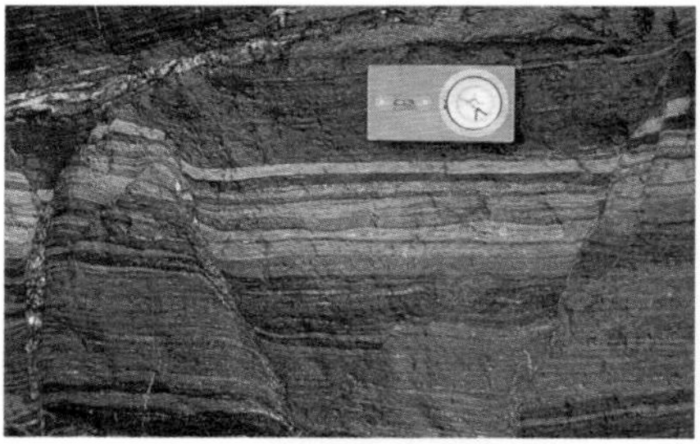
▲ 層がくいちがっている（断層）

▲ 二枚貝の化石

●地層をつくるつぶ……地層をつくるつぶは，岩石がもとになっているものが多い。岩石は，流水のはたらきや風化作用（岩石が太陽の光や風水などのえいきょうによってくずれる作用）などのため，小さなつぶになっていく。

地層をつくるつぶには，これら以外にも火山灰などがある。火山灰にはいろいろな鉱物やガラス質のものがふくまれるため，ざらざらとした手ざわりになる。

ことば
• れき…つぶの直径が 2 mm 以上のもの。
• 砂…つぶの直径が $\frac{1}{16}$ mm～2 mm のもの。
• どろ…つぶの直径が $\frac{1}{16}$ mm（約 0.063 mm）以下のもの。ねんどもこの中にふくまれる。

パワーアップ
地層ができた年代を知るには示準化石が，地層ができた当時のその付近のようすを知るには示相化石が重要ですが（p251 参照），地層の年代決定には，かぎ層といわれるほかの地層とはちがった特ちょうをもった層も利用されます。火山灰の層はかぎ層として用いられます。

② 地層のでき方

1 流水のはたらきと地層★★

●**地層**(ちそう)**の積もり方**……地層をよく観察すると，次のような点に気づく。

▶地層にふくまれる石は，角がとれてまるいものが多い。

▶大昔の貝や魚などの死がい（**化石**）がふくまれていることがある。

このようなことから，地層は，流水のはたらきによって水の中でできたものではないかと考えられる。

ズームアップ 流れる水のはたらき ➡p.235, 236

実験・観察

水中でのどろや砂の積もり方

ねらい 水の中で，地層のできるようすを観察する。

方　法 ①水の入った細長いガラスの容器(ようき)（円とう容器），砂(すな)やどろ，小石のまじった土，ビーカーを用意する。

②ビーカーに土と水を入れてよくかきまぜてから，静かに円とう容器の中に入れる。

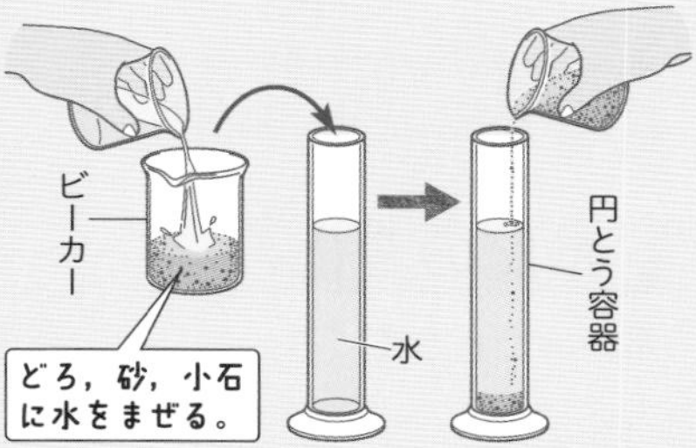

③土が円とう容器の底にしずむようすを観察する。

④①，②を１～２回くり返し，底に積もるようすを観察する。

結　果 右下の図のように，小石→砂→どろの順に水平な層をつくりながら積もっていく。

わかること ①土はつぶの大きいものからしずんでいく。

②水の中では，それぞれの層は水平に積もっていく。

③最初のもの（古いもの）ほど下にあり，あとのもの（新しいもの）ほど上に積もる。

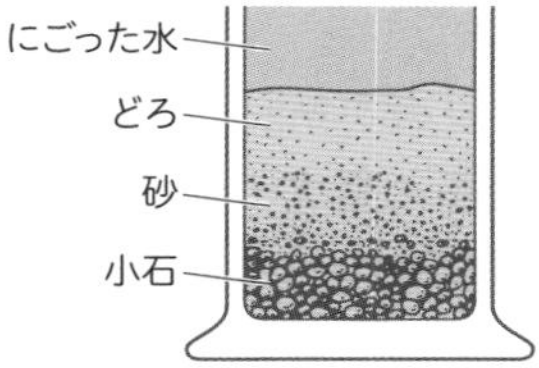

雑学ハカセ 上の観察では，数分～数時間の間に土がしずんで層になるようすが見られますが，実際(じっさい)の地層は数年～数万年（あるいはそれ以上）など，気の遠くなるような時間をかけて土や砂などがたい積していきます。

●**地層をつくるはたらき**……地層は，流水の3つのはたらき（しん食作用・運ぱん作用・たい積作用）によってつくられる。

しん食作用・運ぱん作用によって，海や湖まで運ばれてきた土砂は，たい積作用によって底にしずみ，たい積していく。

●**運ぶ力とたい積**……土砂を運ぱんする流水の力が同じであれば，同じ場所に同じつぶが積もっていく。しかし，こう水などがあって運ぱん作用が大きくなると，大きなつぶのものも遠くまで運ばれて積もる。

ズームアップ こう水 ➡p.240

●**地層のでき方と新旧**……同じ場所でできた地層でも，それぞれの層にふくまれるつぶの種類がちがう。これは，川の流れ方が変わったり，地層ができた海や湖の深さなど，まわりのかん境が変わったからである。

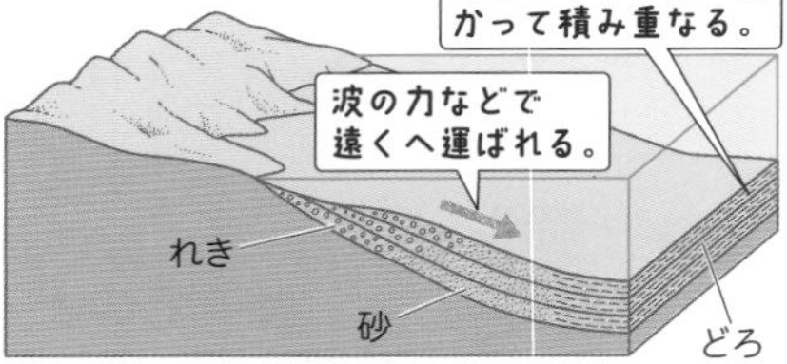

地層は下から上に向かって積み重なる。
波の力などで遠くへ運ばれる。
れき
砂
どろ

▲ 地層のでき方

また，地層は必ず下のほうからたい積するため，下にある地層ほど古い地層である。

2 地層の変化★★

水のはたらきでできた地層は，できたときは海や湖の底にあったものである。どうして陸上で見ることができるのだろうか。

●**りゅう起**……地しんや火山の活動などにより，地面が上がり，海水面に対して土地が上しょうすること。海水面が下がる場合もある。

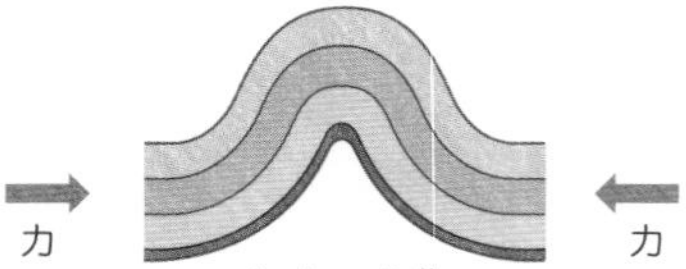

▲ しゅう曲

●**しゅう曲**……地層が横からの大きな力を受けて曲がっているもの。古い地層（下にある地層）ほど，長い間力を受けているので，曲がり方が激しい。

●**断　層**……地層が急激に上下や横からの力を受けて，切れてずれてしまったもの。横から引っ張られるような力がはたらくと**正断層**，

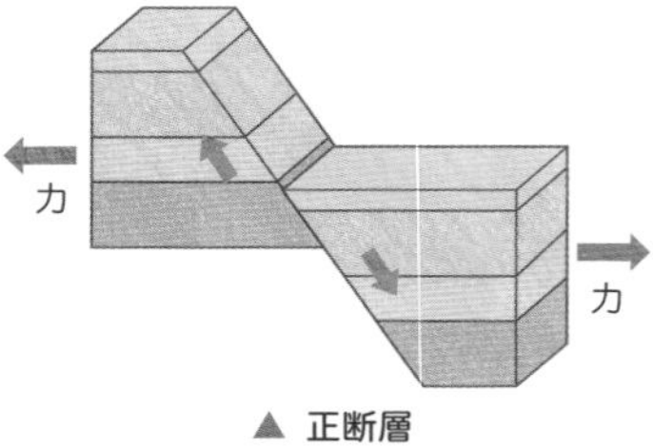

▲ 正断層

雑学ハカセ　しゅう曲や断層は，それらの地層をふくむ地面に大きな力がかかった結果ですが，大地しんにより短時間でできたものと，岩ばん（プレート）の移動などで非常に長い時間をかけて，ゆっくりできたものがあります。

横からおされるような力がはたらくと**逆断層**になることが多い。また，断層面が水平方向にずれるものを**横ずれ断層**という。大きな地しんのあとには，地表にも地面のずれ（断層）が見られることがある。特にしま模様のはっきりしている地層が断層によってずれると，ずれのようすがよくわかる。

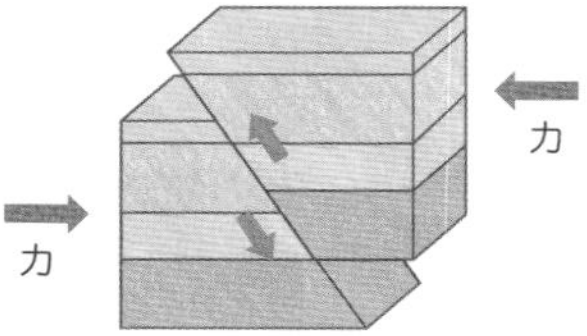

▲ 逆断層

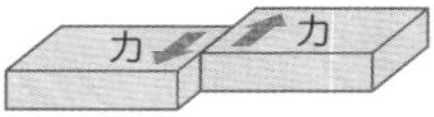

▲ 横ずれ断層

しゅう曲や断層がおこると，地層の新旧（↳上下）の関係が逆転する場合もある。

3 化石★★

●**化石のでき方**……大昔にすんでいた生き物（動物・植物）や，すんでいたあと（すみか・あしあとなど）が地層の中に長い間うもれて，石のようになってできる。

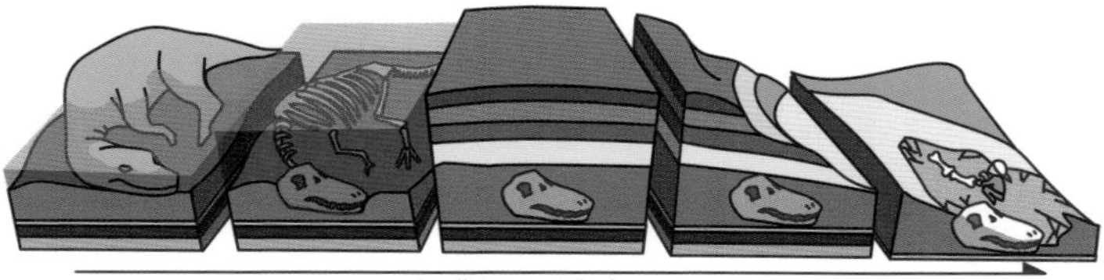
▲ 化石のでき方

●**化石によってわかること**

❶ **示相化石**…その化石をふくむ地層がたい積したときのかん境がわかる。特定のかん境をもつはん囲にすみ，その場所で化石になることが必要である。

▶**気候のようす**…見つかった化石を調べて，その生き物のすむ場所があたたかい地方なのか，寒い地方なのかがわかれば，当時の気候のようすがわかる。

▶**土地のようす**…見つかった化石が海にすむ生き物であれば，当時は海底であったことがわかる。

❷ **示準化石**…その化石をふくむ地層がたい積した年代がわかる。その生き物が生存した期間が短く，広い地域にわたって分布することが必要である。

▲ サンゴ（示相化石・あたたかい海）

▲ アンモナイト（示準化石・中生代）

雑学ハカセ 化石の中にはとても貴重なものもあり，実物を手に入れることがむずかしいものもあります。そういう場合には本物の化石から型をとってつくった「レプリカ」という物が役にたちます。博物館などでもレプリカはふつうに見られます。

▶**地球の歴史**…化石を順にたどっていくと，地球全体の歴史がわかる。

▶**生き物の歴史・進化のようす**…化石と現在の生き物とを比かくすることによって，生き物が変化してきたようすなどがわかる。

参考
- 示相化石
  ホタテ（冷たい海），シジミ（河口や湖）など
- 示準化石
  サンヨウチュウ（古生代），ビカリア（新生代）など

4 火山のはたらきでできた地層★★

ズームアップ 鉱物 ➡p.256

●**地層をつくっているもの**

小さな穴のたくさんあいた**軽石**（ガスがぬけてできた）や，きらきらとガラスのように光る**鉱物**をふくんでいる火山灰などでできていることが多い。

▲ 軽石

●**地層のようす**……地層は，もともと水の中で水平にたい積してできたものが多いが，火山のはたらきでできた地層は，地上にたい積してできたものが多く，地形をそのままおおって層をつくる。見た目には水のはたらきでできた地層と似ているが，よく観察すると地層にふくまれているつぶは，水の流れのえいきょうを受けていないので角ばっている。

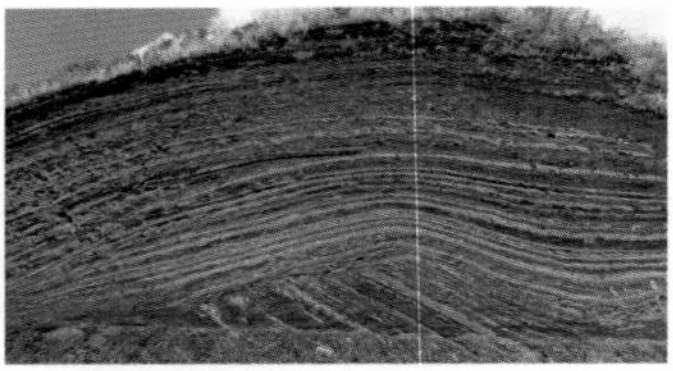

▲ 火山灰でできた地層

●**大ふん火による火山灰層**……過去には，とても大きな規模の火山の大ふん火がおこっている。例えば，いまから約２万数千年前に南九州の姶良カルデラで大ふん火があり，その火山灰は九州から東北地方までをおおったと確認されている。

参考 カルデラ
火山の中心にできたほぼ円形の大きなくぼ地で，ふん火口よりはるかに大きい。

くわしい学習 ヒマラヤ山脈に地層？

世界で最も高い山のあるヒマラヤ山脈は，中生代に海底でできたインド大陸の岩ばんが，ユーラシア大陸の岩ばんにぶつかったことにより，もり上がってできたしゅう曲山脈である。エベレスト山（ヒマラヤ山脈の最高ほう）の高い所にしま模様の地層が見られたり，アンモナイトの化石も見つかっている。

▲ エベレスト山

雑学ハカセ

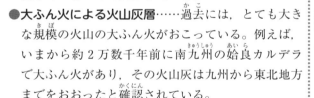

地球上で最も高い場所であるエベレスト山の山頂が４億6000万年前は海底だったということはたいへん興味深いことです。頂上のやや下には石灰岩がもとになった「イエローバンド」という有名な黄色地層帯があり，登山の難所の１つになっています。

中学入試にフォーカス 地層の読みとり

❶地層の読みとり

地層は，流水のはたらきなどで運ばれたたい積物や，ふん火により広いはん囲に降り積もった火山灰，大量の海の生き物が海底に積もったものなどがもとになった層状の地形である。地層を調べると，地層ができた年代や，地層ができた場所の当時のようすなどを知ることができる。

●**地層の読みとりのための基そ知識**……地層が地表やがけなどに現れている所を露頭という。露頭の地層をスケッチしたり写真にとったりして記録すると，地層の読みとりがしやすい。

地層のうち，砂やどろなどの層は，流水のはたらきでできたと考えられ，火山灰の層は，直接上から降り積もったと考えられる。火山灰の層は流水のはたらきを受けていないので，層をつくる鉱物のつぶには角ばったものがふくまれている。

地層が横から大きな力を受けて曲がったものをしゅう曲といい，地層が切れてくいちがったものを断層という。また，地層の中には層のまわりのようすなどがわかる示相化石や，層ができた年代がわかる示準化石がふくまれることがある。

●**地層の新旧**……地層のでき方を考えると，地層は上にあるほど新しい。これを「地層るい重の法則」というが，断層やしゅう曲のために，この法則がくずれ，地層ができた年代と上下の関係が入れかわることがある。上下が入れかわったかどうかは（断層やしゅう曲のえいきょうがなかった）周辺の地域の地層と比べることなどによってわかることがある。

●**整合・不整合**……地層は海底などでほぼ規則正しく水平にたい積する。このようにしてたい積することを整合という。

その土地が上しょうしたり，しゅう曲，しん食などの変化を受け，ふたたびしずんで海底となり，その上に新たな地層がたい積すると，その境界は上下の規則性が見られない不連続な面になる。このような上下の地層の関係を不整合といい，上下の境界を不整合面という。

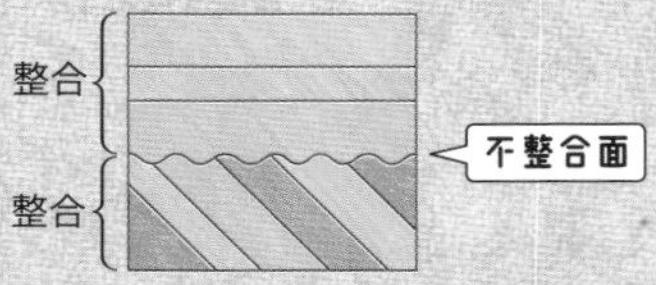
整合
整合
不整合面
▲ 不整合

不整合の上下の地層の年代を調べることで，土地に大きな変化（大地しんや土地の上しょう，しゅう曲など）がおこった年代を知ることができる。

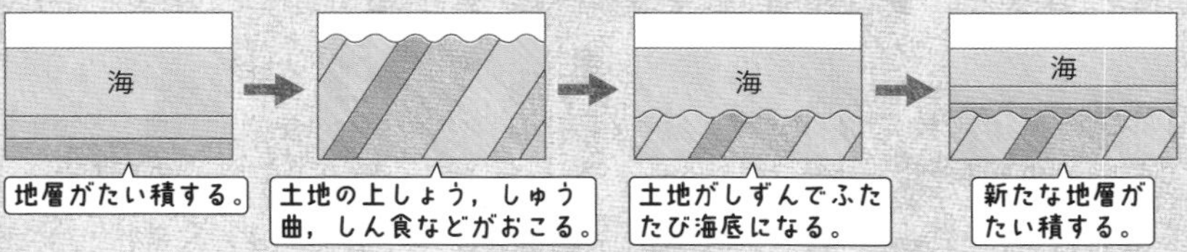
海
地層がたい積する。
土地の上しょう，しゅう曲，しん食などがおこる。
海
土地がしずんでふたたび海底になる。
海
新たな地層がたい積する。
▲ 不整合のでき方

入試では 地層の断面のスケッチから，地層がたい積したときに海面（水面）の深さがどのように変化したか，しゅう曲や断層は地層がたい積していったときのどの時期におこったかなどの問題が出題されています。

❷地層の広がり

露頭からえられた地層のようす（どのようなつぶでできているか，どのような化石をふくむか，どれくらいの厚さか，など）を柱状に表したものを柱状図という。露頭がない場所でもボーリング調査により地層をとり出すことができると，その試料からその地点の柱状図をつくることができる。いくつかの地点の柱状図を比かくすることにより，その地層がどこまで続いているかなど，地層の広がりを考えることができる。

▲ 露　頭

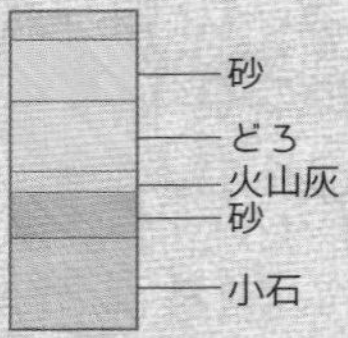

▲ 露頭の地層を柱状図に表したもの

●柱状図の比かく……上の露頭から遠くはなれた場所でボーリング調査をすると，右の図のような試料がとれた。これは上の露頭とはちがう地層（つながっていない）のように見えるが，火山灰の層などの比かくしやすい層をもとにして高さを合わせ，柱状図を比べてみると，2つのはなれた場所は，同じ積もり方をした同じ地層であることがわかる。このように，露頭やボーリング調査でえられた試料を柱状図に表し，比かくすることで，地層の広がりを知ることができる。

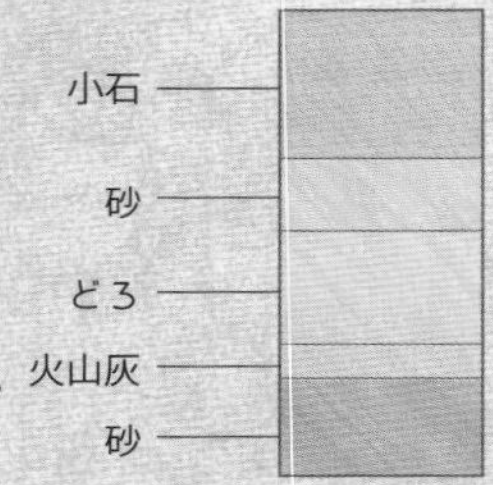

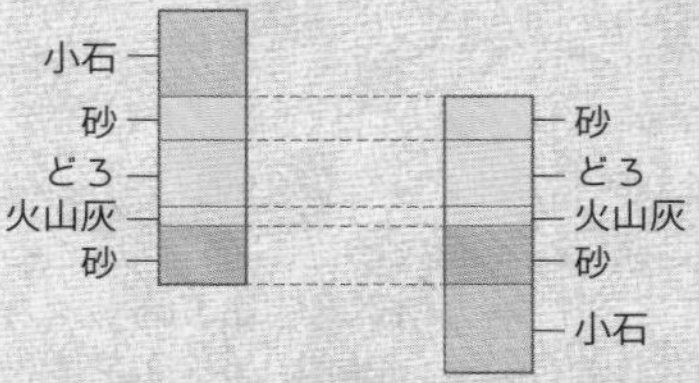

▲ 柱状図の比かく

●かぎ層……地層の広がりを調べるうえで重要になるのが「かぎ層」といわれる地層である。上の場合は火山灰層を用いるのがわかりやすい。火山のふん火では広いはん囲に火山灰が降りそそぎ，また，火山灰にふくまれる鉱物の種類により，同じ火山灰層であるかどうかを調べやすいからである。火山灰以外では，特ちょうのある化石やたい積物などをふくむ層などがかぎ層として用いられる。

❸地層の読みとりの利用

ボーリング調査や柱状図の比かくでは，地層の広がりがわかるだけではなく，その地域の地ばんのようす（住宅地に向いているかどうかなど）や地かく変動（地しんにともなう土地のりゅう起やちん降，断層，しゅう曲など）の規模の大きさやおこった年代などを知ることができる。これらは次の地しんがおこる時期の予想や，防災対策にも利用されている。

入試では　地層のようすのスケッチから地層がたい積した順番がどのようになっているか，化石がふくまれていた地層からどのような場所でたい積したか，火山灰の地層からどのような活動があったかなどが出題されています。

3 たい積岩と火成岩

発展 6年 5年 4年 3年

1 岩石★

土地をつくっている岩石には，大きく分けて，たい積岩と火成岩がある。

●**たい積岩**……地層が長い年月の間に，その上に積み重なったものの重みでおし固められ，岩石になったもの。流水のはたらきでできた，たい積岩をつくっている小石や砂は，角がけずられつぶがそろっていて，まるみがある。

地下からの熱もはたらく

ズームアップ たい積岩 ➡p.530

●**火成岩**……地球の内部にあるどろどろにとけたマグマや，火山から出たよう岩が固まってできた岩石。

ズームアップ 火成岩 ➡p.529

2 たい積岩の種類★★

種類	でき方	性質	利用
れき岩	**れきがどろ**といっしょに固まってできる。	つぶはあらく，コンクリートの割れ目とよく似ている。	建築，土木用
砂岩	**砂**が固まってできる。	黄色，茶色，白っぽい色などをしている。ざらざらした手ざわり。	といし（あらと），石がき
でい岩	**どろ**が固まってできる。	黒，茶，灰色をしている。割れやすく，くぎでたやすくきずがつく。	といしなど
チャート	**生き物**（ホウサンチュウなどケイ酸をふくむもの）**のたい積**によってできる。	ちみつでかたく，ガラスに似ているが，ふくまれる不純物により黒や赤などの色のものがある。	火打石，ガラスの原料
石灰岩	**生き物**（貝がら，骨など）**の石灰分**や，水にとけた石灰分が固まってできる。	灰色や白色のつるつるした手ざわりできめが細かく，つぶは見えない。やわらかくてくぎできずがつく。割れると角ばる。うすい塩酸にとけて，二酸化炭素を出す。	石灰，セメント，ガラス，そのほかいろいろなものの原料になる。
ぎょう灰岩	**火山灰**や**火山砂**などが固まってできる。	色は青みがかったものや灰色のものが多く，もろくてやわらかい。熱に強い。	すずり，といし，へい，石がきなど

雑学ハカセ ちみつでかたいチャートは火打石にも用いられますが，石どうしをぶつけても火花はおこりません。火打石に火打金をぶつけ，はがれた金属が火花となることで火がつくのです。チャート以外でもかたい岩石であれば火打石になります。

3 火成岩★★

●**火成岩の種類**……火成岩は，**マグマ**（岩石がとけた高温の物質）の冷え方や固まった場所によって，次のような種類に分かれる。

❶ **深成岩**…マグマが地下の深い所でゆっくり冷えて固まってできた岩石。

例 花こう岩・せん緑岩・はんれい岩など
└→みかげ石ともいわれる

❷ **火山岩**…火山がふん火したときなどに，マグマがよう岩としてふき出て地表で急に冷えて固まったり，地表近くで冷えて固まってできた岩石。

例 流もん岩・安山岩・げん武岩など

参考 **マグマの温度**
マグマの温度はねばりけに関係し，ねばりけの大きいマグマがふん出するときの温度は約 900°C，ねばりけの小さいマグマがふん出するときの温度は約 1200°C に達する。

▶花こう岩

▶安山岩

▶げん武岩

●**火成岩の特ちょう**

❶ **深成岩**…ゆっくりと冷えて固まってできたので，岩石の中の１つ１つの鉱物が大きく成長している。これを**等りゅう状組織**という。

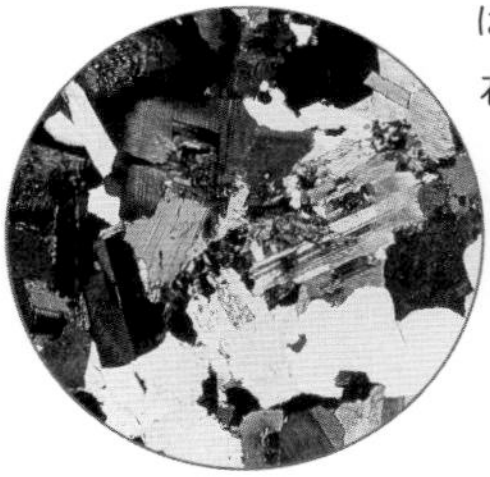
（等りゅう状組織）
▲ 深成岩（花こう岩）

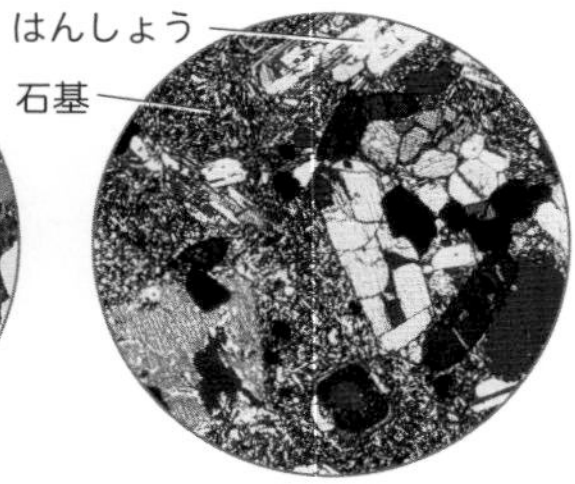

（はん状組織）
▲ 火山岩（安山岩）

❷ **火山岩**…急に冷やされて固まってできたので，岩石の中のつぶがじゅうぶん大きく成長しなかった部分がある。これを**はん状組織**という。

くわしい学習　火成岩をつくる鉱物

岩石は，何種類かの鉱物からできている。この岩石をつくっている鉱物を造岩鉱物という。おもな造岩鉱物には，セキエイ・チョウ石・クロウンモ・カクセン石・キ石・カンラン石などがある。この６種類は主要造岩鉱物という。

パワーアップ
火山岩は急に冷やされ，深成岩はゆっくり冷やされたものですが，「急」や「ゆっくり」は，わたしたちの時間感覚とは大きく異なっています。例外もありますが，「急」とは数日～数年，「ゆっくり」とは数十万年～数百万年であるといわれています。

4 火山と地しん

1 火　山★★

●**火山の分布**……日本は，国土の広さにたいして，数多くの火山がある。その数は世界の活火山の約7％にあたり，世界有数の火山国といわれている。

●**火山のふん火**……火山地域の地下には，岩石がどろどろにとけたマグマがあり，それが地表にふきだしてくる所が火山である。火山がふん火することによって，次のようなさまざまなものが地表へ出てくる。

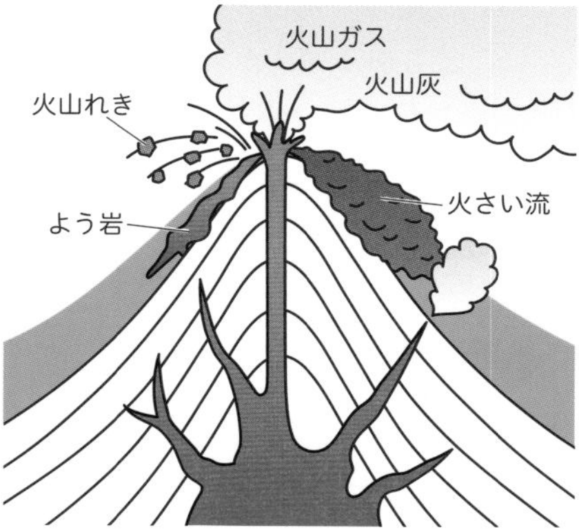

▲ 火山のふん火

❶ **よう岩**…マグマが地表へ出てきたもの。出てきたときは液体だが，しだいに冷やされて固体へと変わる。

❷ **火山ガス**

大部分は水蒸気であるが，二酸化炭素，二酸化硫黄，硫化水素，塩化水素などもふくまれる。

▲ 火山のふん火

▲ 雲仙普賢岳の火さい流

❸ **火山さいせつ物**…ふん火のときに出される固形の物質（よう岩以外の物）。大きさなどにより**火山れき**（↳直径2～64 mm），**火山灰**などに分けられる。特に大型のもので空中に飛び出すものを**火山だん**というが，なかには空中を数百 m～数 km 以上飛行するものもある。

雑学ハカセ ふん火の際，火山だんなどが近くに飛んできてもさわってはいけません。もともとよう岩がちぎれて飛び出したものであり，空中で冷えて固まったといっても数百 °C 以上の高温の場合があります。住宅火災を引きおこした記録もあります。

④ **よう岩ドームと火さい流**…ねばりけが大きいよう岩がゆっくり火口などにせり出し，流れ降りることなく大きく成長していくものを**よう岩ドーム**という。よう岩ドームの内部は1000℃近くの場合もあり，そのままゆっくり冷え固まることもあるが，くずれると高温のよう岩，火山灰，火山ガスが一体となり高速でしゃ面を下る**火さい流**となる。

ズームアップ よう岩ドーム ➡p.260

●**火山灰にふくまれるもの**……火山灰にふくまれているものは，次の方法で調べることができる。

実験・観察

火山灰にふくまれるもの

ねらい 火山灰の中にどのようなものがふくまれているのか調べる。

方　法 ①火山灰を蒸発皿に少量入れて，数回水洗いをして比かく的大きなつぶだけを残すようにする。

②残ったつぶを双眼実体けんび鏡で観察する。

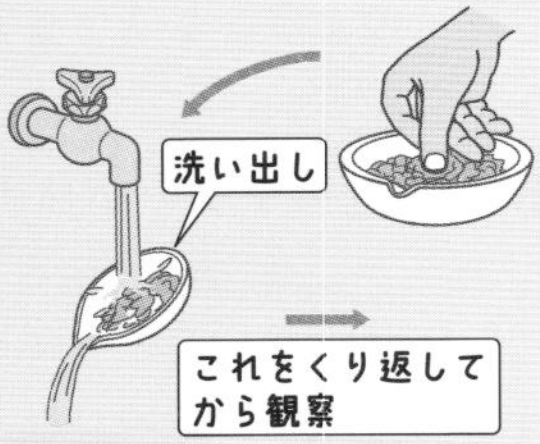

結　果 さまざまな色や形をした鉱物の結しょうやガラスのようなものが見られる。

わかること ①**火山灰にも火成岩をつくっている鉱物と同じような鉱物がふくまれている。**

②**勢いよくふき出されているので，角ばっていて気ほうのようなものをふくんでいるものもある。**

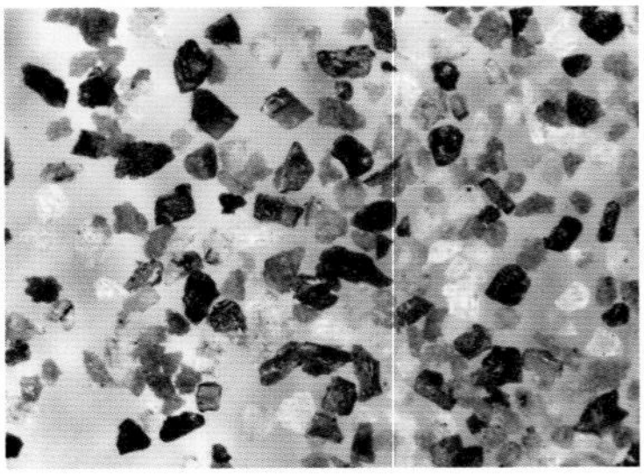

▲ 火山灰の中の鉱物

2 造岩鉱物★★

●**造岩鉱物**……岩石をつくっている鉱物のことで，火成岩にはセキエイなどの**無色鉱物**とクロウンモなどの**有色鉱物**がふくまれている。

パワーアップ 姶良カルデラのふん火による火山灰のように，広い地域で地層になったものを「広域火山灰」といいます。火山灰にふくまれる鉱物は，ふん火により特ちょうがあり区別しやすいため，広域火山灰は重要なかぎ層となっています。

❶ **無色鉱物**…火成岩をつくる鉱物のうち，セキエイやチョウ石など，二酸化ケイ素やアルミニウムを多くふくみ，とう明や白色をしたもの。

❷ **有色鉱物**…火成岩をつくる鉱物のうち，クロウンモ，カクセン石など，鉄やマグネシウムを多くふくみ，こい色をしたもの。

火山灰の中には**火山ガラス**も見られる。これはマグマが急に冷やされ，結しょうにならないままガラス状に固まったもので，流もん岩質で黒色系のものは**黒よう石**とよばれる。

	鉱物名	形	色
無色鉱物	セキエイ	不規則	無色・白色
	チョウ石	柱状・短ざく状	無色～白色，うすもも色
有色鉱物	クロウンモ	板状・六角形	黒～かっ色
	カクセン石	長柱状・針状	こい緑～黒色
	キ石	短柱・短ざく状	緑～かっ色
	カンラン石	まるみ・短柱状	黄緑～かっ色
	磁鉄鉱	不規則	黒

▲ セキエイ

▲ クロウンモ

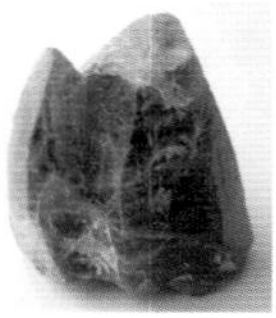
▲ カンラン石

3 火山の分類★★

火山は，マグマのねばりけのちがいなどにより形が異なる。

ねばりけが弱い → たて状火山
ねばりけが中間 → 成層火山
ねばりけが強い → よう岩円頂丘（よう岩ドーム）

●**たて状火山**……おだやかにかたむいたしゃ面をもち，底面積の広い火山である。ねばりけが弱く流れやすい，げん武岩質よう岩（黒色系）のふん出，流動，たい積により形づくられる。たて状火山ではマグマのねばりけが弱く，火山ガスがぬけやすいため，おだやかによう岩を流し出すようなふん火になる。

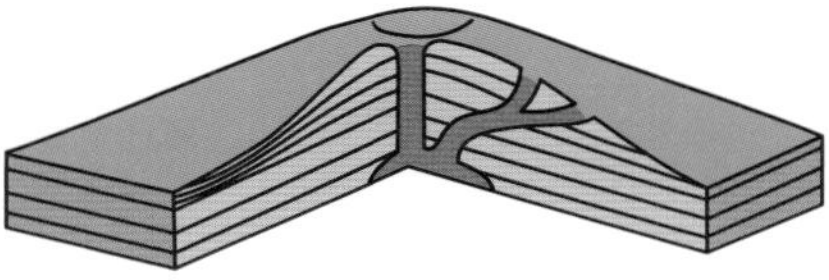
▲ たて状火山

参考 マグマのねばりけ
マグマのねばりけは，マグマにふくまれる二酸化ケイ素の量により異なる。量が少ないとねばりけが弱く，ふん出するよう岩はげん武岩質になり，量が多いとねばりけが強く，よう岩は流もん岩質になる。

参考 たて状火山
海洋地域の火山島で多く見られる。西洋のたてをふせたような，なだらかな形をしていることからこのようによばれる。

雑学ハカセ 火さい流は人家に大きなひ害をもたらします。数百 ℃ 以上にもなる流れは，発生するガスのためにややういた状態になり，山のしゃ面を時速数十 km 以上でふもとまでいっきに進みます。1991 年の雲仙普賢岳の火さい流では 43 人がぎせいになりました。

●**成層火山**……ほぼ同一の火口からの複数回のふん火により，よう岩や火山さいせつ物などが層状に積み重なり形づくられた円すい状の火山。

マグマのねばりけは，たて状火山とよう岩円頂丘の中間で，ばく発的なふん火になる。

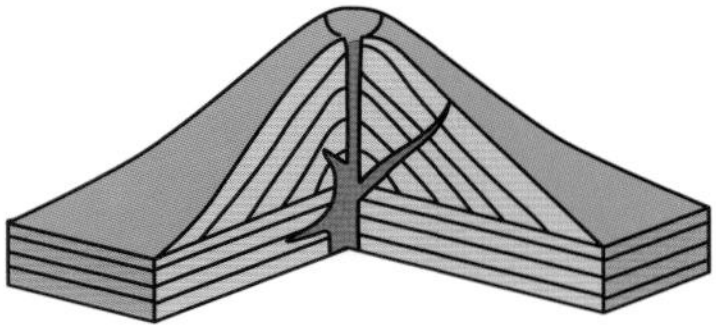

▲ 成層火山

参考 成層火山
火山だんや火山灰をふん出する。すそ野の広い火山が多い。

●**よう岩円頂丘**……ねばりけが強く，流れにくいよう岩（白色系）が火口上にもり上がったドーム状の火山。よう岩ドームともいう。

激しいばく発をともなうふん火となり，よう岩は火口からかたまりとなっておし出され，流れにくく，おわんをふせたような形になる。

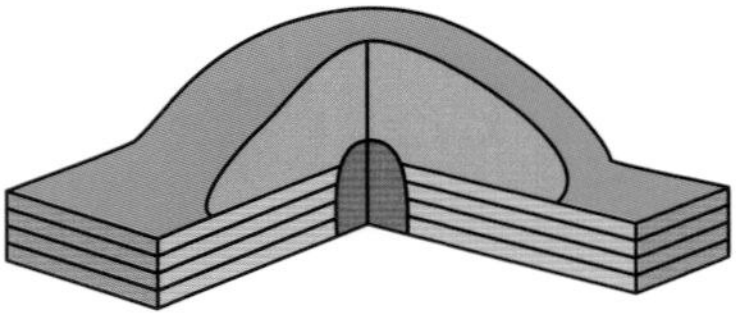

▲ よう岩円頂丘

参考 よう岩円頂丘
よう岩の流出は少なく，火さい流をともなうことがある。

●**火山の分類**

火山の分類	マグマのねばりけ	ふん火	よう岩や岩石の色	代表的な火山
たて状火山	弱い	おだやかなよう岩流出	黒色	マウナロア キラウエア
成層火山	↕	ばく発的なふん火	↕	桜島 富士山 浅間山
よう岩円頂丘	強い	激しいばく発をともなう	白色	雲仙普賢岳 有珠山 昭和新山

雑学ハカセ 「よう岩ドーム」と「よう岩円頂丘」には科学的に明確なちがいはありません。ただ，よう岩ドームという名まえは成長しているときにも使われますが，よう岩円頂丘はそれらの活動がおさまって，ある程度の大きさになったものをよぶことが多いようです。

くわしい学習　ミマツダイヤグラム

北海道にある昭和新山は，昭和19年(1944年)に有珠山の近くの畑の中からふん火をくり返し，ふん火がおさまった後も，よう岩ドームが成長してできた火山である。当時，郵便局長だった三松正夫はこの成長のようすをくわしくスケッチしたが，それらの記録はミマツダイヤグラムとよばれ，世界的に貴重な資料になっている。

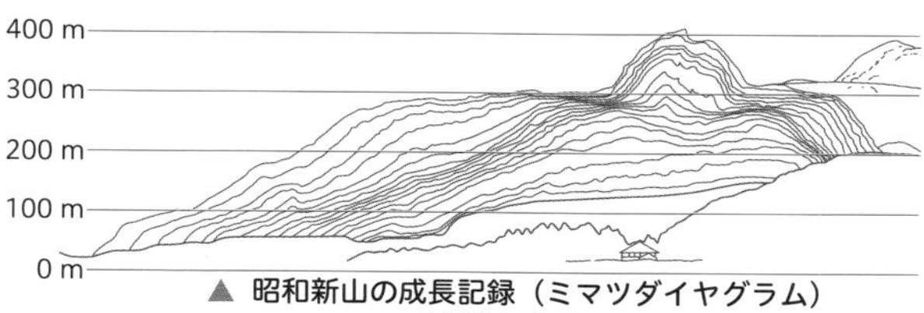

▲ 昭和新山の成長記録（ミマツダイヤグラム）

4 地しん★★★

地しんとは，大地が動いたときにおこるゆれのことである。地しんが発生した所を**しん源**といい，しん源の真上の地表を**しん央**という。

地しんには火山の活動と関係するものや，海底の岩ばんの動きと関係するものなどがある。

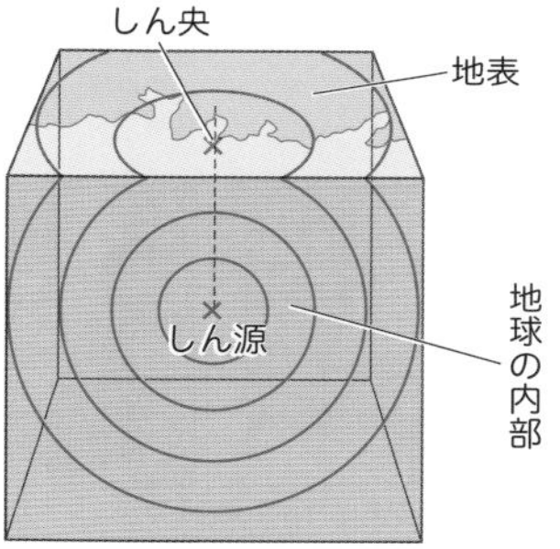

▲ しん源としん央

●**地しんの原因**……大陸を動かす力として，海底の岩ばん（プレート）の動きがある。海底の岩ばんは大陸の岩ばんをおしながら下にしずみこみ，ひきずりこむことで大陸を動かしている。このような大きな力がはたらくと，大陸の岩ばんの一部にゆがみができる。そのゆがみが限界に達してくずれたり，もとにもどろうとしてはねあがったりするときに地しんが発生する。

地しんのしん源に近い所ほどゆれが大きくなり，大きなひ害をもたらす。しん源から遠くなればなるほどゆれは小さくなるが，実際は地下のようす（かたいかやわらかいかによる）などによって変わる。

また，大きな地しんがおこったあとに，そのゆれによるゆがみをもとにもどそうとして，引き続き地しんがおこることが多い。この地しんのことを**余しん**という。

ズームアップ　プレート　➡p.265

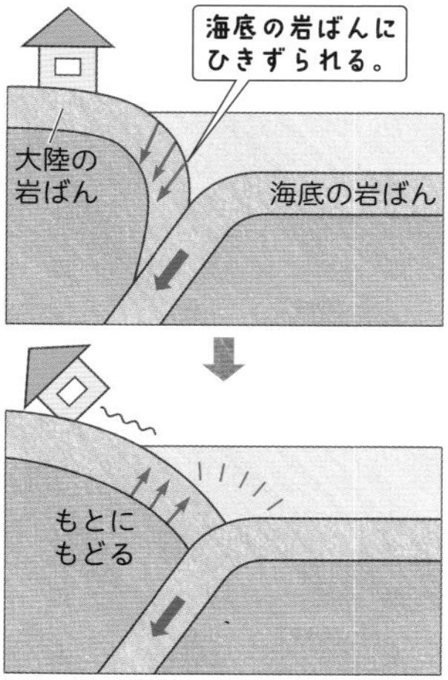

▲ 地しんの発生

●**地しんの大きさ**……地しんの大きさは，マグニチ

パワーアップ
マグニチュードが1大きくなると，地しんのエネルギーは約32倍になり，2大きくなると，32×32より約1000倍になります。

第2編 地球
第1章 天気のようす
第2章 天気の変化
第3章 流水のはたらき
第4章 土地のつくりと変化
第5章 星とその動き
第6章 太陽・月・地球

ュードやしん度で表す。

❶ **マグニチュード**…地しんが発生した場所(しん源)で，地しんが放出したエネルギーの大きさ。地しんそのものの規模の大きさを示す。

❷ **しん度**…その場所(地面)での，地しんのゆれの強さ。下の表の0～7の10階級に分けられたしん度が用いられ，しん度計によってはかられる。

0	1	2	3	4
人はゆれを感じない。	室内で静かにしている人の中には，ゆれをわずかに感じる人がいる。	電灯などのつり下げものがわずかにゆれる。室内で静かにいる人の大半がゆれを感じる。	たなにある食器類が，音をたてることがある。室内にいる人のほとんどがゆれを感じる。	ほとんどの人がおどろく。つり下げものは大きくゆれ，たなにある食器類は，音をたてる。

5弱	5強	6弱	6強	7
大半の人がきょうふを覚え，ものにつかまりたいと感じる。たなの食器類や本が落ちることがある。	ものにつかまらないと歩くことがむずかしい。たなの食器類や本など，落ちるものが多くなる。	たっていることが困難になる。かべのタイルや窓ガラスが破損，落下することがある。	人ははわないと動けない。たいしん性の低い木造建物は，かたむくものや，たおれるものが多くなる。	たいしん性の高い木造建物でも，まれにかたむくことがある。大きな地割れが生じることがある。

▲ しん度階級とゆれやひ害のようす

●**地しんと土地の変化**……地しんによって，大地に断層や地割れができたり，がけがくずれたり，土地がもり上がったりしずんだりして，土地のようすが変化することがある。

ズームアップ 断層 ➡p.250

▲ 地しんによる地割れ

5 地しんのひ害★★★

地しんがおこって土地が変化することにより，さまざまな災害がおこることがある。

●**建物などがたおれる**……地しんのゆれにたえられなくなった建物が，こわれたりたおれたりする。建物以外でも，ブロックべいなどもたおれることがある。

雑学ハカセ 大きな地しんにたえる高層ビルも進歩しています。昔はビルをやわらかいつくりにすることも考えられましたが，高層階ではものすごいゆれになるために危険です。現在は地しんのゆれそのものをおさえる，めんしん構造や制しん構造が主流です。

●**火災のひ害**……地しんによってどこかで火事がおこると，周囲に広がり大きな火災事故につながる。地しんによる停電の後，時間がたって電気が復旧するときに，暖ぼう器具のスイッチの切り忘れや，断線部分の火花放電などから火災が発生することもある。

参考 地しんによる火災
1995年の兵庫県南部地しんのときには，地しんによる大規模な火災が発生した。

●**液状化現象**……地しんのゆれにより水をふくんだ地層が弱くなり，その上にある建物がたおれることがある。これは，地下水などをふくんだ土や砂がゆすられると，重い土や砂は下に，水は上に上がり，重い建造物（住宅など）がしずんでしまうからである。軽いもの（下水管やマンホールなど）がうき上がってきたり，土をふくんだ地下水がふき出すこともある。

▲ 液状化現象

●**津　波**……海底にある大陸の岩ばんが大きくはね上がるときに海面がもち上がり，大きな津波を引きおこすことがある。
（↳国際用語として tsunami が用いられている）

津波は入りえなどに進入することで勢いを増したり，高くなったりすることがあり，海岸地域では大きなひ害となる。

くわしい学習　津波にそなえる

2011年に東北地方太平洋沖地しんがおこったとき，大きな津波が発生した。その後，日本の各地で津波へのそなえが行われるようになった。特に近い将来おこることが予想されている東海地しん，東南海地しん，南海地しんによる津波ひ害が心配される地域では，土地の低い場所にひ難用のタワーやシェルターなどの津波ひ難し設をつくったり，近くの高台へのひ難経路やひ難に要するきょりなどが書かれた案内板を設置したりするなどの対策がとられている。

津波ひ難し設や案内板の写真 ▶
高台にひ難するためにつくられた階段やスロープと案内板
（和歌山県那智勝浦町）

雑学ハカセ
大きな津波によるひ害はとても深刻です。「たかが海水の流れじゃないか」などとあなどってはいけません。水は1 m^3 で1 t（トン）もあり，それらが大量におしよせてきます。車やコンテナだけでなく，つくりが弱い住宅などはひとたまりもありません。

中学入試にフォーカス 地しんの波の速さ

❶地しんのゆれ

地しんのゆれは波のように，しん源からほぼ同心円状に周囲に伝わっていく。

地しんには，初期び動と主要動という2種類のゆれがある。

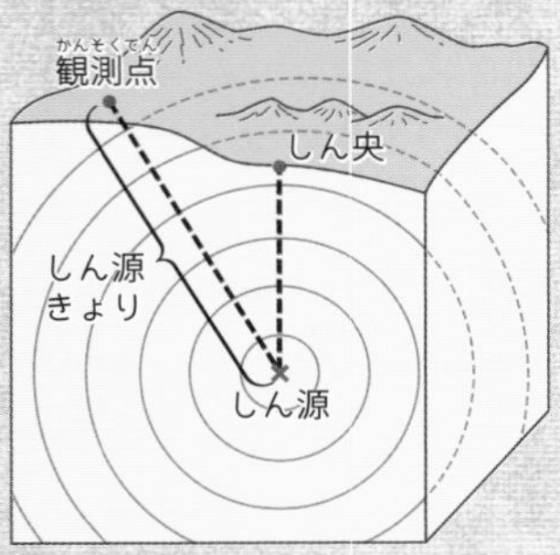

▲ しん源としん央

●初期び動

はじめにくる，小さくこきざみなゆれである。波の進む向きに水平にゆれが伝わっていく（縦波という）ため，波の進む速さは主要動よりはやく，地表付近で毎秒5～7 km程度の速さで伝わる。P波という波によっておこる。

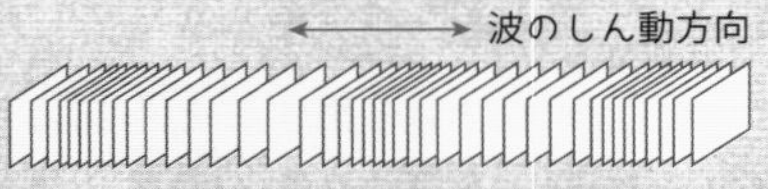

▲ P波（縦波）によるゆれの伝わり

●主要動

あとからくる大きなゆれである。波の進む向きと直角のゆれが伝わっていく（横波という）ため，波の進む速さは初期び動よりおそく，地表付近で毎秒3～4 km程度の速さであるが，ゆれは初期び動よりも大きい。S波という波によっておこる。

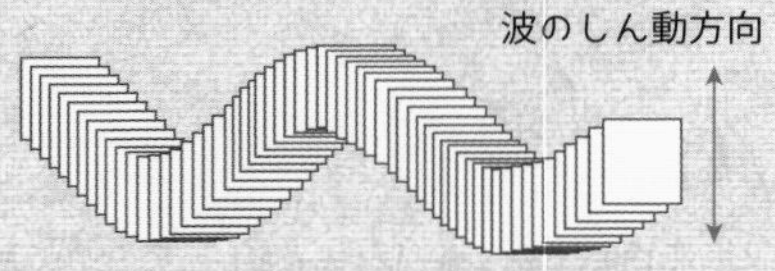

▲ S波（横波）によるゆれの伝わり

❷ゆれ始めるまでの時間

「しん源きょり（観測地からしん源までのきょり）」と「ゆれはじめるまでの時間」はほぼ比例する。しん源に近いほどゆれははやく伝わり，遠くなるほどゆれはおそく伝わる。

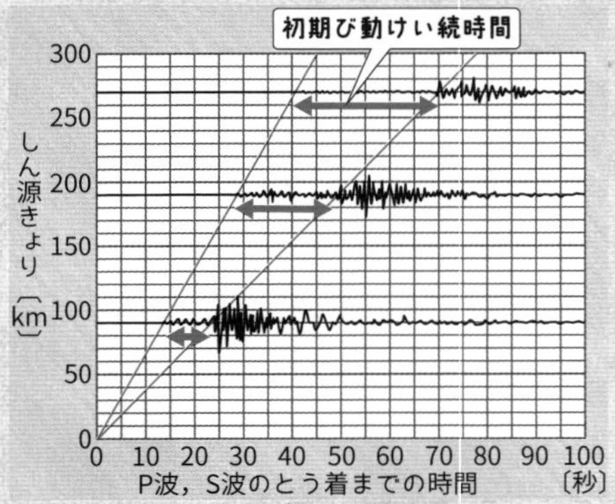

▲ 初期び動けい続時間

❸初期び動けい続時間

P波がとう着してからS波がとう着するまでの時間を初期び動けい続時間という。しん源から遠くなるほど，初期び動けい続時間は長くなる。しん源きょりと初期び動けい続時間は比例する。また，観測地点での初期び動けい続時間〔秒〕に7～8をかけると，およそのしん源きょり〔km〕を知ることができる。

入試では 各地点での初期び動，主要動のとう着時刻からP波・S波の速さを求める問題や地しんの発生時刻を求める問題，しん源からのきょりから初期び動けい続時間の長さを求める問題が出題されています。

5 大地の変化

1 プレート★★

プレートは地球表面をおおう固い岩ばんで，地球上に十数枚（14～15 枚とされる）ある。そのうち日本付近には 4 枚のプレートがある。プレートは年間数 cm ほどの速さで動いていることが，観測衛星による測定などでわかっている。

海底の下にあるプレートを**海洋プレート**，陸地の下にあるプレートを**大陸プレート**という。

参考 プレートの運動と土地の変化
神奈川県の丹沢山地は太平洋にあった火山島がフィリピン海プレートの移動とともに移動し，日本列島にぶつかり土地をおし上げてできた山地である。いまもりゅう起を続けている。

▲ 地球上のプレート

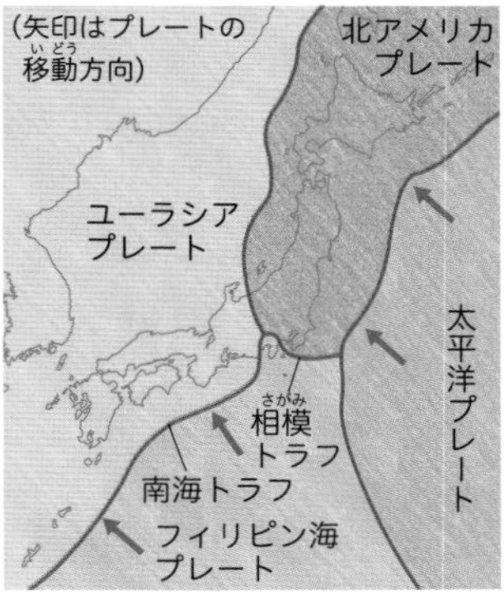

▲ 日本付近のプレートの境界

●**プレート境界型地しん**……日本付近にある 4 枚のプレートが動いていることで，日本は世界有数の地しん国となっている。プレートの境界付近ではプレート境界型という大きな地しんがおこる。

日本でおこる地しんのしん源の深さは，太平洋側の沿岸および内陸部では浅く，日本海側では深いことが多い。これはプレートが日本海側では深くしずみこんでいるからである。

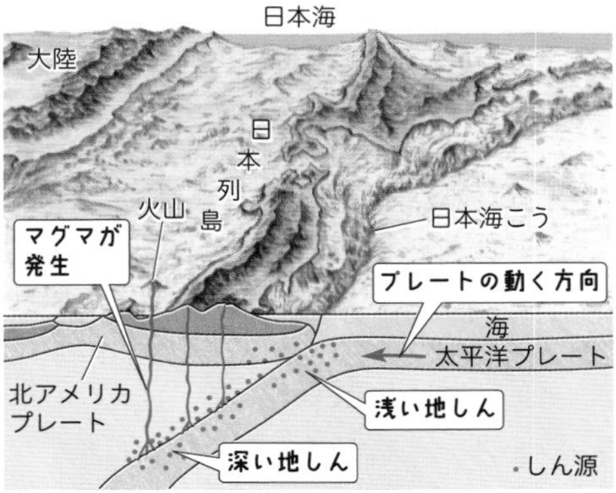

▲ しん源とプレートの関係

雑学ハカセ トラフは海こうに似ていますが，6000 m より浅いものをいいます。また，必ずしもプレートがしずみこんでいる所とはかぎりません。将来，大地しんをひきおこすといわれている「南海トラフ」はプレートがしずみこんでいる所です。

●**プレートと火山**……日本の火山はトラフ・海こうから100～300 km以上はなれて分布している。これは，プレートがある深さまでしずみこんだ所でマグマができるためである。

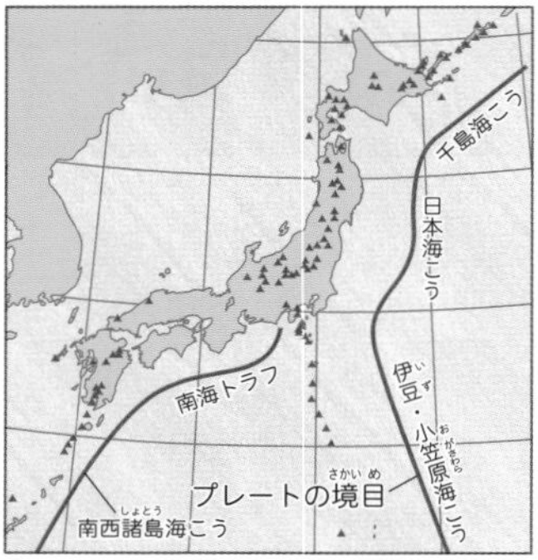

▲ 日本の火山分布

●**海れい**……海底にある大山脈。海洋プレートがつくられ，海底火山がある。

●**海こう**……海底のみぞ状の地形で，深さは6000～10000 mある。海洋プレートがしずみこむ場所である。

●**ホットスポット**……プレート内の海れいや海こうからはなれた場所で，マグマの上しょうや火山活動が見られる所。ハワイやアイスランドが有名である。

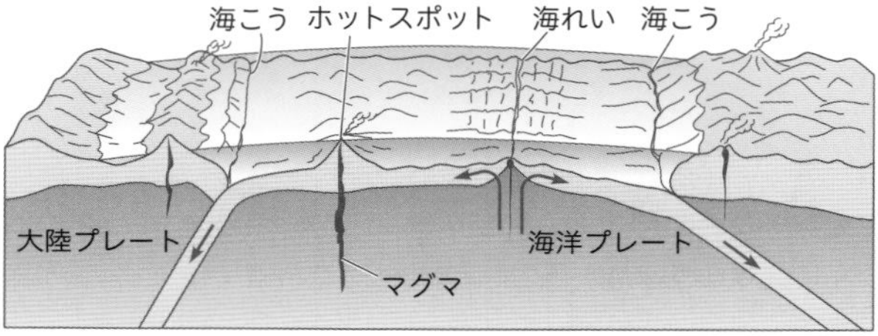

▲ プレートの動きと火山

2 プレートテクトニクス★★

●**プレートテクトニクス**……火山活動や地しん，大陸の移動など，地球のさまざまな変動を，プレートの運動から説明する理論のこと。

●**地球の内部のつくり**……地球の中心にはかく（コア）といわれる高温の金属からなる部分がある。その外側をマントルがおおっている。さらにその外側に地かくがあり，上部をプレート（岩ばん）がおおっている。

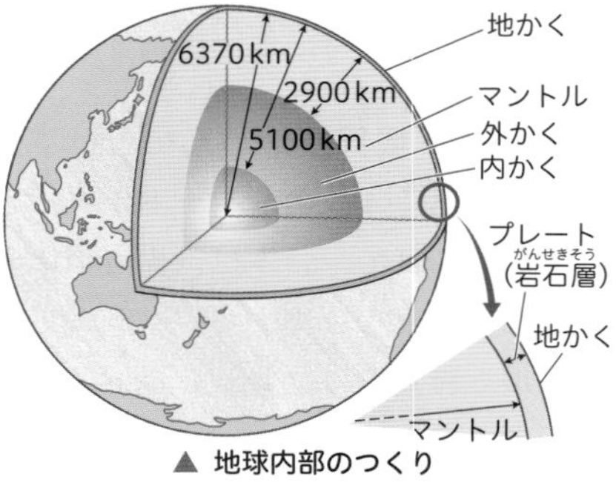

▲ 地球内部のつくり

●**マントル**……岩石質のものからできており，これがゆっくり対流することでプレートが移動すると考えられている。

雑学ハカセ
ウェーゲナーは1912年に大陸移動説を発表しましたが，大陸を動かす力が説明できず，受けいれられませんでした。しかしその後，プレートテクトニクス理論の発達とともに評価されるようになりました。現在は観測衛星により大陸の移動が実測されています。

入試のポイント

絶対暗記ベスト3

1位 **地層のでき方**　地層には，流水のはたらきでたい積したものや，火山灰が降り積もったものなどがある。

2位 **たい積岩と火成岩**　岩石は大きく分けると，たい積物からできたたい積岩と，マグマやよう岩がもとになった火成岩とに分けられる。

3位 **地しんがおこる原因**　陸のプレートが海のプレートによって引きずりこまれ，岩ばんがくずれたり，岩ばんがもとにもどろうとしてはね上がったりしたときに地しんがおこる。

1 地層の重なり

地層は上に積み重なるため，上にあるものほど新しい年代のものと考えられるが，次の場合には地層の上下関係（新旧の関係）が逆転することがある。

- **しゅう曲**……地層が横からの力を受けて曲がったもの。下にある地層ほど大きく曲がっている。
- **断　層**……地層に上下や横からの大きな力がはたらき，切れて土地にくいちがいができたもの。

2 岩石の種類

おもにたい積岩と火成岩に分けられる。

たい積岩		地層がおし固められた	れき岩，砂岩，でい岩，石灰岩，チャート，ぎょう灰岩
火成岩	火山岩	地表付近で急に固まった	流もん岩，安山岩，げん武岩
	深成岩	地下深くでゆっくり固まった	花こう岩，せん緑岩，はんれい岩

3 地しんによる災害

地しんによるゆれそのもののひ害だけでなく，ゆれにともなう現象でも大きなひ害がおこることがある。

- **津　波**……しん源が海の下にある地しんでは，陸のプレートのはね返りにより海水がおし上げられ，大きな津波をひきおこすことがある。
- **液状化現象**……地しんによるゆれで，地中の土砂と水が分かれ，重い建造物などがしずみ，軽いマンホールなどがうかび上がるといったひ害がおこる。三角州などでおこりやすい。
- **火　災**……ゆれによるストーブの転とうや電線の切断による火花などだけでなく，停電からの復活時，切り忘れた暖ぼう器具などから出火することもある。

重点チェック

□	❶ 地層が横から大きな力を受けて曲がったものを［　　］といい，地層が切れてくいちがったものを［　　］といいます。	❶しゅう曲，断層 p.250, 251
□	❷ 地層の中には，地層ができた年代がわかる［　　］化石や，地層のまわりのようすがわかる［　　］化石がふくまれていることがあります。	❷示準，示相 p.251
□	❸ 地層のうち，［　　］の層は，直接降り積もり，［　　］のはたらきを受けていないので，層をつくる鉱物のつぶには［　　］ものがふくまれています。	❸火山灰，流水，角ばった p.252
□	❹ いっぱんに地層は新しい層ほど［　　］にありますが，［　　］や［　　］が見られる所では，層の上下関係が逆転していることがあります。	❹上，しゅう曲，断層 p.253
□	❺ 広域火山灰の層など，地層の広がりを知るうえで重要となる層を［　　］といいます。	❺かぎ層 p.254
□	❻ たい積物が固まってできた岩石を［　　］，マグマやよう岩が冷えて固まってできた岩石を［　　］といいます。	❻たい積岩，火成岩 p.255
□	❼ 火成岩のうち，マグマが地表付近で急に冷えて固まったものを［　　］，地下深くでゆっくり冷えて固まったものを［　　］といいます。	❼火山岩，深成岩 p.256
□	❽ 火山のふん火では水蒸気をふくむ［　　］がふき出したり，火山さいせつ物のうち大型の［　　］が遠くまで飛んだり，広いはん囲に［　　］が降り積もったりします。	❽火山ガス，火山だん，火山灰 p.257
□	❾ プレートのひずみにより岩ばんがくずれたり，ひずみをもどそうとしてプレートがはね上がるとき，［　　］が発生します。	❾地しん p.261
□	❿ 地しんがおこると土地がくいちがう［　　］ができたり，沿岸部に海水がおしよせる［　　］や，三角州などでマンホールなどがうき上がる［　　］が発生することがあります。	❿断層，津波，液状化現象 p.262, 263

チャレンジ! 思考力問題

レベル3 **レベル2** レベル1

●地しんがおこると同時に２つの波が発生します。しん源(げん)から遠くはなれた所では，はじめに小さなゆれがおこったあと，しばらくしてから大きなゆれがおこります。図１は，小さなゆれと大きなゆれの，しん源からのきょりととう達時間の関係をグラフに表したものです。これについて次の問いに答えなさい。ただし，地しんのゆれが伝わる速さは一定とします。　【箕面自由学園中-改】

(1) 図１から，しん源から 240 km はなれた所で，小さなゆれが届(とど)いたのは，地しんが発生してから何秒後ですか。

(2) 大きなゆれの速さは毎秒何 km ですか。

(3) しん源から 360 km はなれた地点では，小さなゆれがとう着してから何秒後に大きなゆれがきますか。

(4) 図２は，地しん計のつくりを簡単(かんたん)に表したものです。地しんが発生したときに，ほとんど動かない部分はどこですか。次の**ア**～**エ**から選び，記号で答えなさい。

ア ばね　**イ** おもり　**ウ** 支柱(しちゅう)
エ 記録用紙

図１

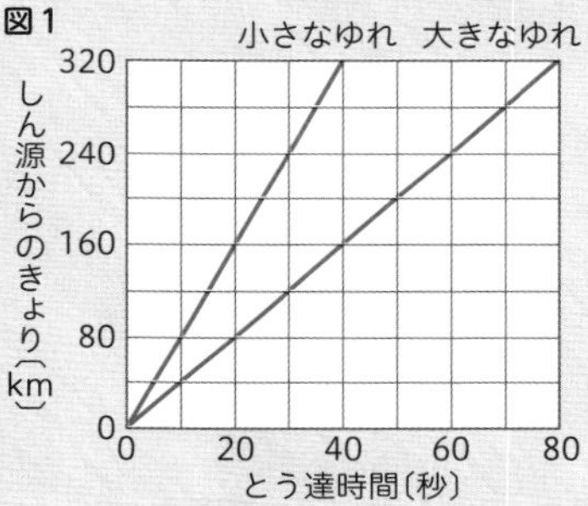

図２

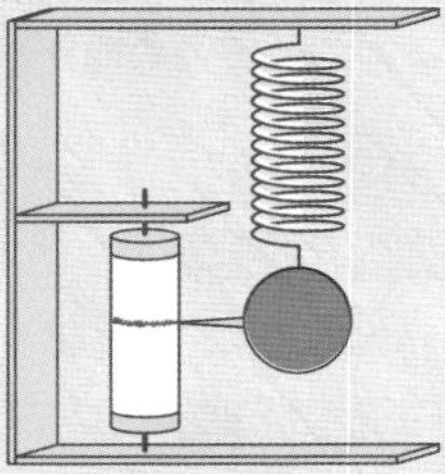

キーポイント

(3) 初期び動けい続時間は，しん源からのきょりに比例(ひれい)していることから考える。

正答への道

(2)・(3)は，それぞれ比例の関係式を利用して求めていけばよい。

(2) グラフから，大きなゆれは地しんが発生してから 40 秒で 160 km はなれた所まで届いている。速さは，160÷40＝4 より，毎秒 4 km となる。

(3) 240 km はなれた所では初期び動けい続時間は 30 秒だから，360 km はなれた所での時間は比例の関係を利用して求める。

答え

(1) 30 秒後　(2) 毎秒 4 km　(3) 45 秒　(4) イ

チャレンジ! 作図・記述問題

レベル3
レベル2
レベル1

●図1は，学校の校舎や運動場の配置を表しています。地点A～Dは，この学校を建設する際，土地を調べるためにボーリング調査をした場所を表しています。この学校は平地にあるため，地点A～Dの海面からの高さの差はありません。図2は，地点A～Dのそれぞれの位置関係を表しています。図3は，地点A～Cのボーリング調査の結果を表しています。

図1

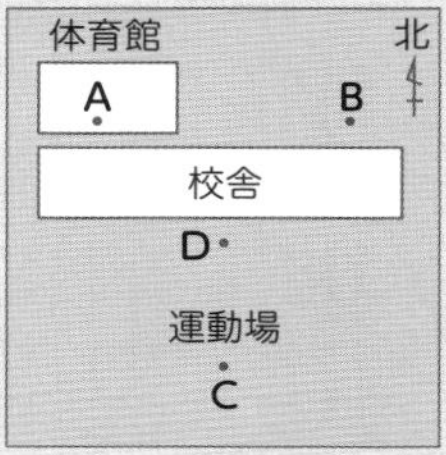

図2

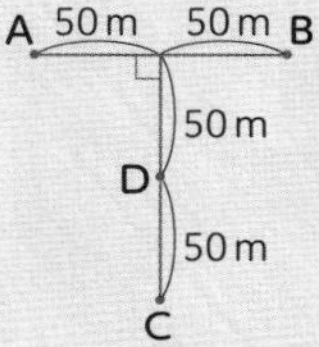

図3

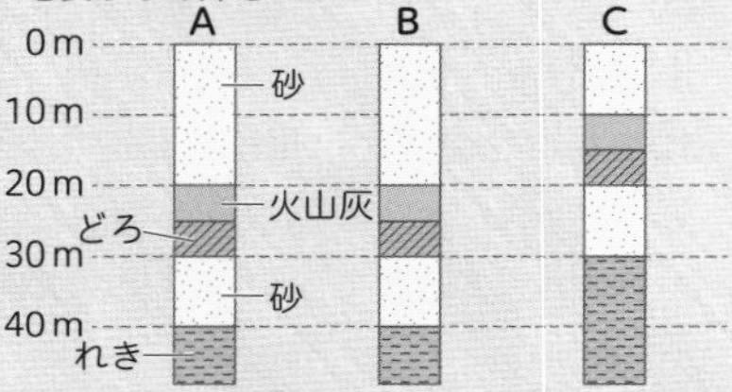

図1の地点Dのボーリング調査の結果はどうなりますか。下の記号を使い，図3にならって図示しなさい。なお，この地域の地層には，曲がりやずれ，上下の逆転，厚さの変化などはないものとします。【奈良教育大附中-改】

キーポイント

柱状図による地層の比かくができることがポイントになる。

正答への道

地表が水平であるからといって，地中の層が水平とはかぎらないことに注意する。かぎ層になる火山灰の層が，B地点では地表面から20mの深さに，C地点では地表面から10mの深さにあることから，D地点では地表面から何mの深さにあるかに目をつければよい。

答え

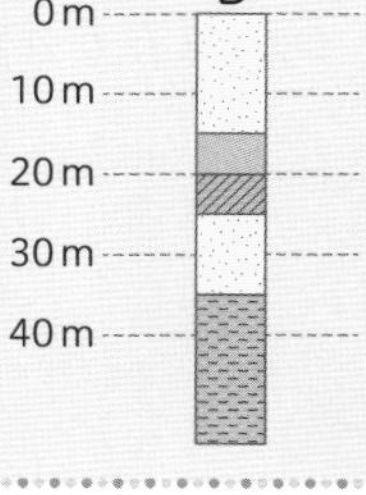

ここからスタート！

第2編

地　球

第5章 星とその動き

星はどんな動きをしているの？

夕方に見えた星は，真夜中にはどこに見えるのでしょう。季節によって見える星がちがうのはなぜでしょう。時間や季節の変化とともに，星はどのような動きをしているのでしょうか？

学習することがら

1．星のすがた
2．四季の星座
3．星の動き

1 星のすがた

発展 6年 5年 4年 3年

1 いろいろな星 入試重要度★★

●**こう星とわく星**……夜空に見える星の中には，同じように光って見えていても種類のちがう星がある。

❶ **自分自身が光っている星**…太陽は，自分自身で光や熱を出している。このように，星自身が光を出しているものを**こう星**という。こう星の中には，太陽よりも大きく，強い光や熱を出しているものがある。これらの星から地球に届く光が少ないのは，どの星も非常に遠くにあるためである。

❷ **太陽の光を反射して光っている星**…太陽のまわりをまわる地球のなかまの星は，自身で光や熱を出さず，太陽の光を反射して光っている。

ことば こう星
いつも変わらない星という意味で，同じ星座の決まった位置にある。明るさもほとんど変化しない。

▲ 天の川

▲ わく星（金星）

▶**わく星**…地球のように太陽のまわりを回る星。太陽に近い順に，**水星，金星，地球，火星，木星，土星，天王星，海王星**の8個である。

ズームアップ 太陽系 ➡p.304

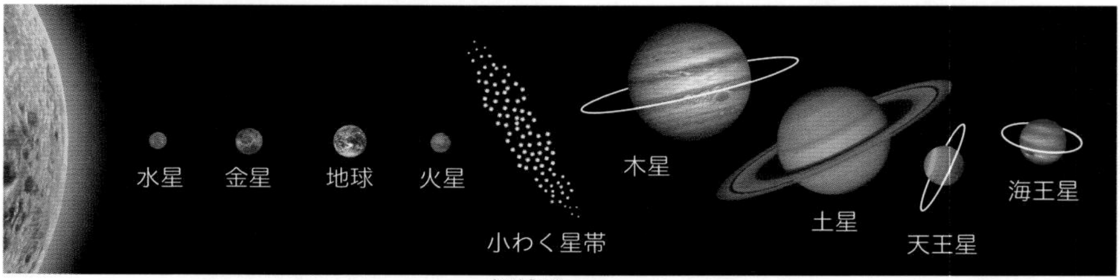

▲ 太陽系のわく星

パワーアップ
わく星は，星座の間を行ったり来たり動き回るように見えるので，まどわす星や，遊星とよばれていました。こう星とちがい，明るさも大きく変化するものがあります。

▶**衛　星**…わく星のまわりを回る星。地球の月と同じように，他のわく星にも発見されている。
↳木星，土星に特に多く見られる

▶**すい星**…太陽に何度ももどってくるものと，一度しか見られないものとがある。
ハレーすい星など↵

▲ ハレーすい星

●**星までのきょり**……月までのきょりは，平均で約 38 万km である。しかし，太陽以外のこう星までのきょりは非常に遠く，ふつうの単位では表しにくいので，**光年**という単位が使用されている。

▶**光　年**…星までのきょりは，1 秒間に約 30 万km 進む光が 1 年間に進むきょり（**1 光年**）を単位として表す。例えば現在，地球から 25 光年のきょりにあるベガという星を見るとき，その星から 25 年前に出た光を見ている。

ことば すい星
太陽に近づくと長い尾を引くことがあり，ほうき星ともよばれる。

参考 肉眼で見える星の数
肉眼で見える星の数は，全天で約 6000 個といわれている（8600 個ともいわれる）。しかし，半分は地平線の下にあるので，日本で見られる星は約 3000 個ほどである。

参考 地球から月までのきょり
月はだ円き道をえがいていて地球のまわりを公転している。月までのきょりは，地球に近いときでおよそ 34 万km，遠いときはおよそ 41万km になる。

ことば 光　年
1 光年＝約 9.5 兆km
太陽の光が地球に届くのに約 8 分かかる。

星までのきょり

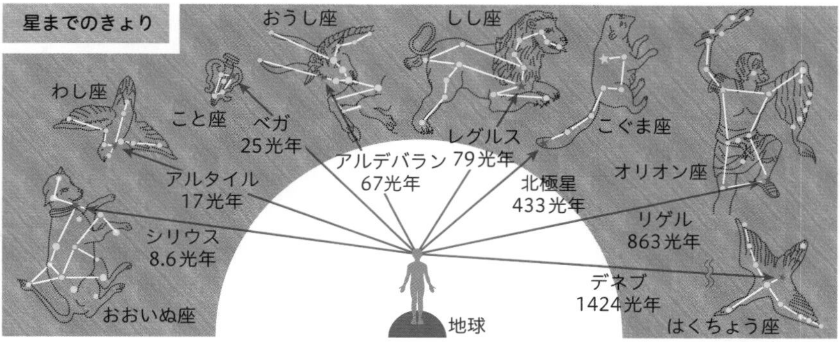

くわしい学習　星　雲

星雲とは，雲のように見える天体で，ガスやちりの集まりである。近くのこう星の光を反射したり，背後のこう星の光をさえぎったりして見える。星のばく発で飛び散ったものや，ガスの中で星が生まれている星雲もある。

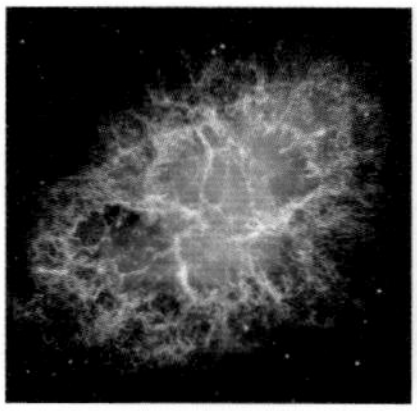

▲ かに星雲

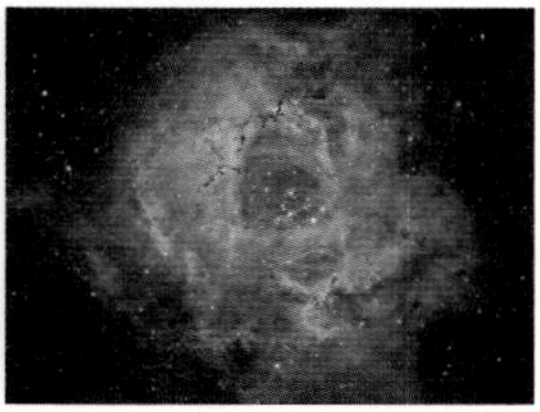

▲ いっかくじゅう座のバラ星雲

雑学ハカセ 1054 年に，昼間でも見える星が急に現れました。これは，こう星の最後に生じる超新星ばく発でした。現在は，おうし座の角の近くにある，かに星雲として知られています。

第2編 地球　第1章 天気のようす　第2章 天気の変化　第3章 流水のはたらき　第4章 土地のつくりと変化　第5章 星とその動き　第6章 太陽・月・地球

くわしい学習 銀河

私たちの太陽は，銀河系という1000億～2000億のこう星が集まった銀河の中の1つのこう星にすぎない。帯状の川のように見える天の川は，この銀河系の中心方向で，非常に多くのこう星が重なって見えている。

銀河系以外にも，さまざまな形の多くの銀河が見つかっている。無数の銀河が集まっていたり，しょうとつしていたりするすがたも見られる。アンドロメダ銀河は，夏の夜ふけから秋の空に肉眼や双眼鏡で見ることができる。

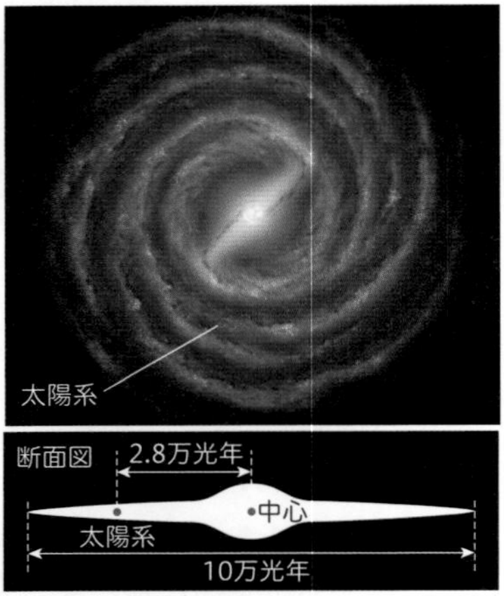

▲ 銀河系のつくり

▲ りょうけん座の銀河

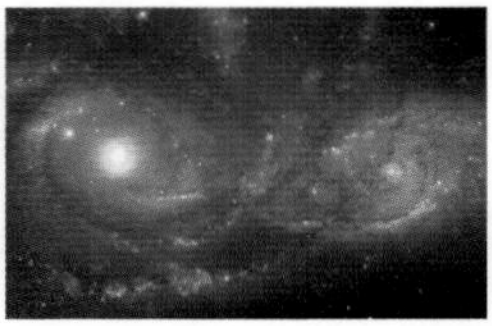

▲ しょうとつする銀河

▲ アンドロメダ銀河

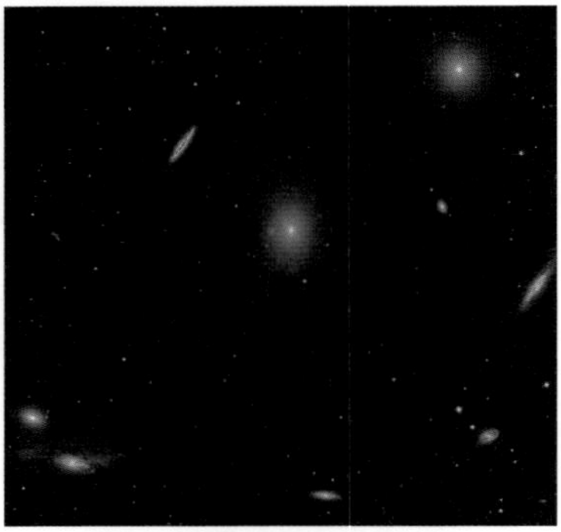

▲ 銀河の集まり（おとめ座）

2 星の色と明るさ★

●**星の明るさ**……星は，1つ1つの明るさがちがって見える。星には，それぞれ大きさや明るさにちがいがある。また，実際には非常に明るくても，地球とのきょりが非常に遠いときには暗く見える。

星の明るさは，地球から見える見かけの明るさによって，いちばん明るく見える星を**1等星**，肉眼で見えるいちばん暗い星を**6等星**として，6段階に分けられている。

参考 1等星より明るい星
1等星には，実際には1等星よりも明るい星もふくまれている。そのような星の明るさは，0等星，−1等星というように表される。

パワーアップ
オリオン座のベテルギウスは，人類がはじめてその大きさをはかることができたこう星で，太陽の位置に置くと，半径が木星のき道近くまで達する大きさといわれています。

❶ **1等星**…夜空に特に明るくかがやく星で，明るい都市の夜空でも見ることができる。

例 おとめ座（ざ）のスピカ，ふたご座のポルックス，さそり座のアンタレス，しし座のレグルスなど。

❷ **2等星**…1等星につぐ明るさの星で，北極星（こぐま座のα星，ポラリスともいう）などがある。

●**星の色**……星は，1つ1つ明るさがちがうように，色もちがって見える。これは，星（こう星）の**表面の温度**がちがうためである。表面の温度が高い星ほど青白く見え，温度が低いものほど赤っぽく見える。

オリオン座右下のリゲルは青白く見え，左上のベテルギウスは赤く見える。

表面温度	3000	4500	6000	7500	10000	15000〔℃〕
星の色	赤	だいだい	黄	うす黄	白	青白
星の例	アンタレス ベテルギウス	アークトゥルス アルデバラン	太陽 カペラ	カノープス プロキオン	ベガ シリウス デネブ アルタイル	スピカ レグルス リゲル

▲ 星の色と表面の温度

参考 ベガ

こと座のベガは，天体望遠鏡（てんたいぼうえんきょう）を使うと昼間でも見ることができる。

参考 色から温度がわかる理由

金属（きんぞく）の温度と色の関係より，星の色から星の表面の温度がわかる。

▲ オリオン座

くわしい学習 星の明るさの表し方

大昔のギリシャで，最も明るくかがやく星約20個（こ）を1等星，肉眼（にくがん）でようやく見える星を6等星とし，その間を6段階（だんかい）に分けた。しかし，1等星といわれているものの中にも特に明るい星があったり，肉眼では見えないが6等星よりも暗い星があったりする。このような場合，6等星よりも暗い星は，**7等星**，**8等星**などとよんでいる。また，よりくわしく表すときは，表のように，小数点をつけていうときもある。

名まえ	明るさ〔等星〕
アルタイル	0.8
ベガ	0.0
デネブ	1.3
北極星	2.0
太陽	−26.7
満月	−12.6（最大）
金星	−4.7（最大）

▲ おもな天体の明るさ

1等星は6等星の明るさのちょうど100倍である。したがって，段階が1つちがうと約2.5倍明るさがちがい，1等星は2等星より約2.5倍明るいことになる。

雑学ハカセ 目立つ星には名まえがついていますが，星座の中で明るい順に，α星（アルファ星），β星（ベータ星），γ星（ガンマ星）…とギリシャ文字の順番もつけられて区別されています。

2 四季の星座

1 星　座★★

●**星　座**……昔の人が星をいくつか結んで，神話に出てくる人物や動物の形を想像したのが始まりとされる。現在は，星の集まりや位置を表すのに使われる。
（ギリシャ神話など）

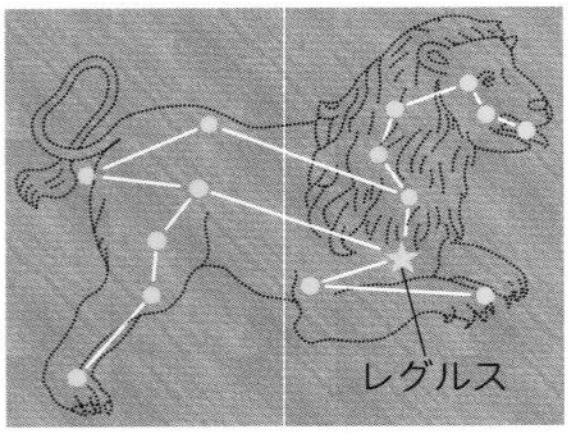

▲ しし座

●**季節による星座の見え方**……星座を形づくっている星はどれも非常に遠くにあり，地球との位置をほとんど変えないので星座の形は変わらない。

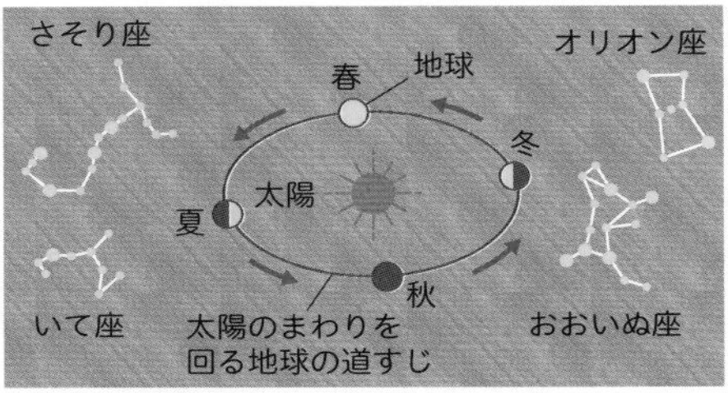

しかし，地球が1年で太陽のまわりを1周することで，毎日の同じ時刻に見える星座の位置は少しずつ動いて見える。これは，上の図のように，太陽と反対側が夜になるので，夜に見える星空の方向が変わっていくからである。このため，季節によって夜に見える星座がちがってくる。

参考

• **星座の数**

星座は大きなものや小さなものまでさまざまであるが，全天で88の星座がある。日本ではそのうち約60の星座を見ることができる。

• **星までのきょり**

星座を形づくっている星は，位置は変わらないが，同じきょりにあるわけではない。例えば，オリオン座のリゲルまでは860光年くらいであるが，同じオリオン座のベテルギウスまでは640光年くらいで，1700兆km以上もはなれていることになる。

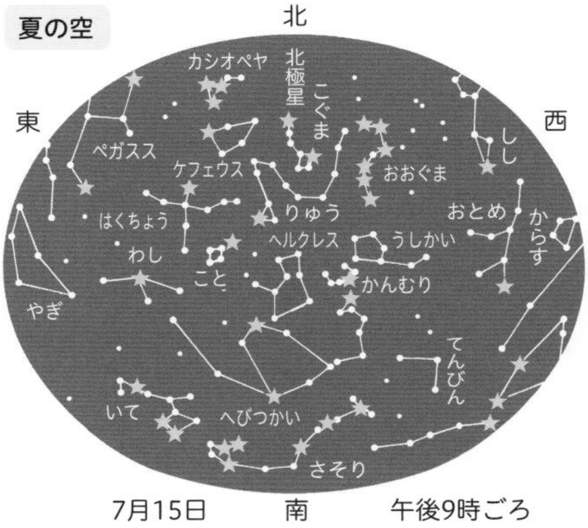

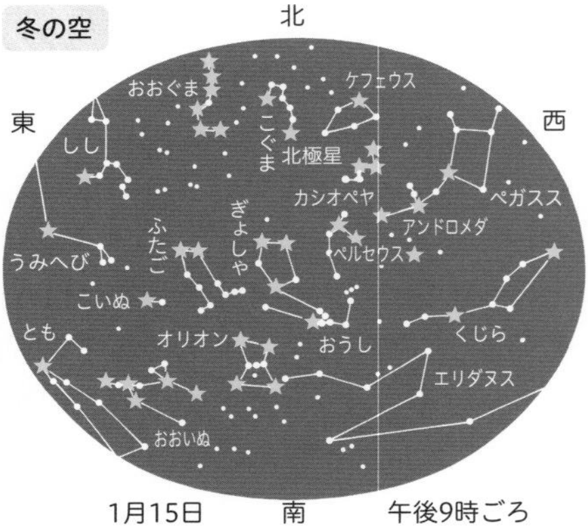

雑学ハカセ

星うらないの生まれ月の星座は，昔，生まれた月に太陽が位置していた星座としたので，生まれ月にその星座は見えません。現在では，太陽と星座の関係もずれています。

2 星座のさがし方★★★

●**星の位置の表し方**……星は，何も目印のない空にあるので，目的の星を見つけることはむずかしい。そこで，太陽や月と同じように，星の位置を方位と高度で表す。

ことば 高　度
地面からの高さを表す角度のこと。

●星座早見

❶ **星座早見のしくみ**…星座早見は，大小２枚の円盤でできており，片方の円盤には星図（星の地図）と１年間の月日の目盛り，もう片方の円盤には時刻の目盛りと窓のような穴があいている。２枚の円盤は軸（北極星が軸になっている）でつながっており，それぞれを回すことができる。窓の周囲には東西南北の方位がかかれている。頭上にかざして見るため，南北に対して東西が逆になっている。

北の方角にある

窓からは，もう１枚の円盤にかかれた星図が見え，その日，その時刻に見える星が，窓に示される。窓のふちは，地平線にあたる。

❷ **星座早見の使い方**…まず，２枚の円盤のまわりにある，１年間の月日の目盛りと，時刻の目盛りを右の図のように合わせる。

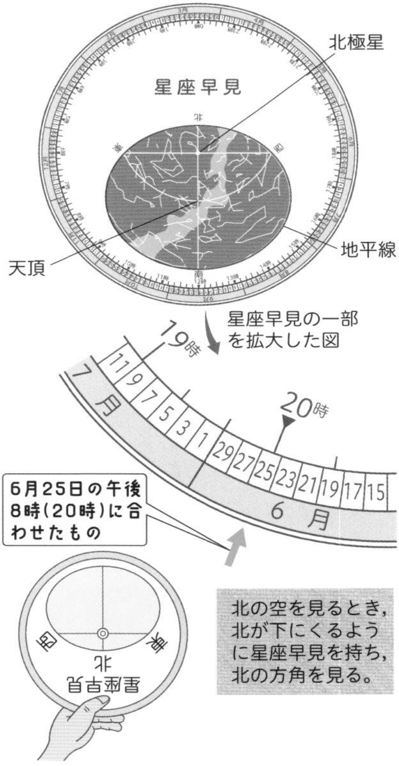

▲ 星座早見のしくみと使い方

次に，星座早見の窓のまわりに書いてある方位を確かめて，その方角の空を見る。例えば，北の空の星が見たいときは，北の文字が下にくるように星座早見を持ち，北の方角を見る。また，窓の真ん中は，**天頂**（頭の真上）になっているので，そこから，目的の星のおおよその高度を知ることもできる。

参考 星座早見の使い方の例
6月25日の20時（午後8時）の星空を見たいときは，6月25日の日付と20時の時刻の目盛りを合わせる。これで，窓からそのときの星が出る。

パワーアップ 星座早見は，実際に星空を見ながら使うことがたいせつです。時刻や季節によって見える星の位置のちがいを，自分と星の位置との関係として実際に観察してみましょう。星空の理解は，時間と空間の理解につながります。

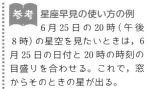

3 北の空の星★★★

北極星を中心とする北の空の星は，１年を通じて見えるものが多い。

● **北極星**……**北極星**は，**こぐま座**という星座をつくる星の１つであり，いつも北の方角にあって動かない。（昔から方角を知るための手がかりとして使われてきた）これは，地球が**自転**する中心の地軸の方向がちょうど北極星あたりにあるためである。

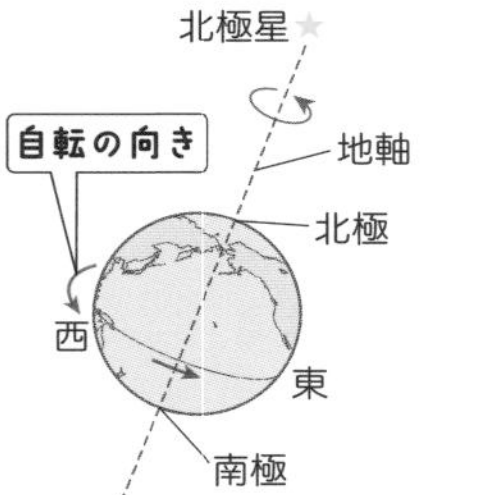

▲ 地球の自転と北極星

● **北極星の見つけ方**……北極星をさがすときには，ほかの星座を手がかりにしてさがす。

❶ **おおぐま座から見つける**…おおぐま座のしっぽにあたる部分を**北と七星**といい，ひしゃくの形をしている。下の図の北と七星のＡを５倍にのばした所に北極星がある。秋ごろには，北と七星が見えにくくなるので，カシオペヤ座からさがす。

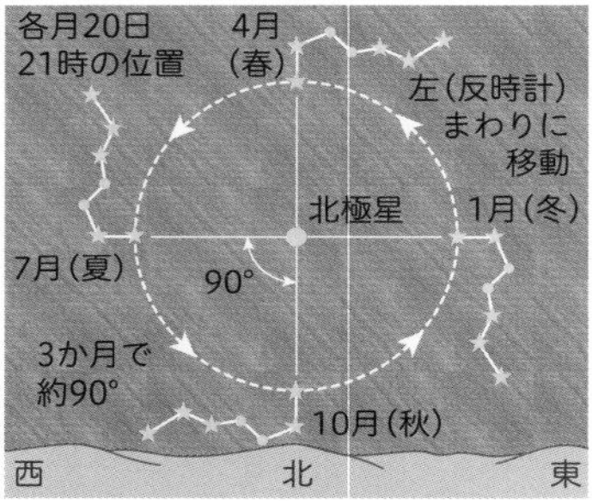

▲ 季節と北と七星の位置

❷ **カシオペヤ座から見つける**…カシオペヤ座は，北極星をはさんでおおぐま座のほぼ反対側にあるＷの形をした星座である。下の図のカシオペヤ座のＢを５倍にのばした所に北極星がある。春ごろにはカシオペヤ座が見えにくくなるので，北と七星からさがす。

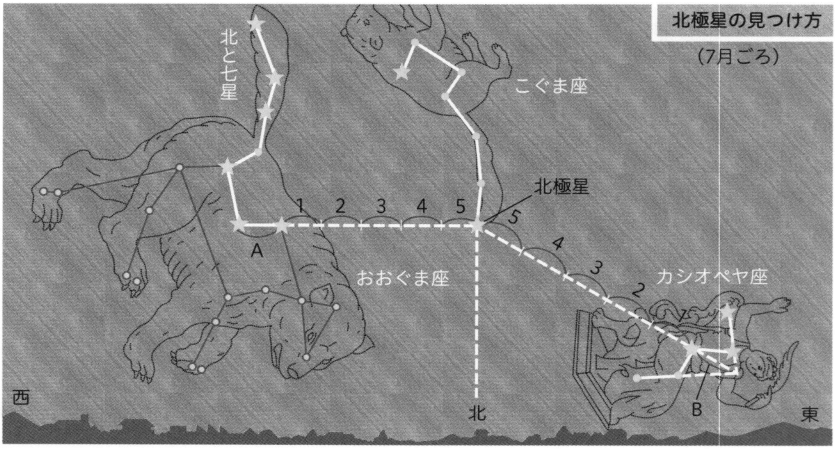

雑学ハカセ
北と七星のえのはし（おおぐまのしっぽの先）の星から２つ目の星をミザールとよびます。この星のすぐ近くにある星は，昔，視力検査に使われました。

●**北極星の見える高さ**……北極星の見える高さは，見る場所によってちがう。北極星は地球の自転の軸の方向にあるので，北極点（北緯 90°）で北極星を見るとちょうど真上に見え，赤道付近（緯度 0°）で見ると地平線ぎりぎりに見える。つまり，北極星の見える角度は，見ている場所の**緯度に等しい**。
└→航海に利用されていた

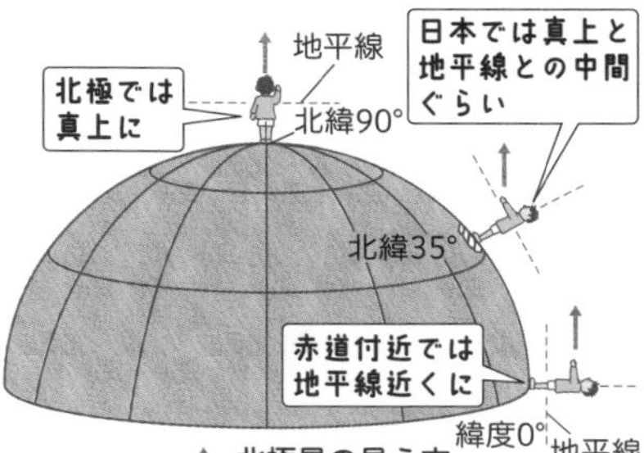

▲ 北極星の見え方

4 四季の南の空の星★★★

日本では，北の空に見える星とちがい，南に見える星は季節によって特色がある。
└→北の空の星は１年を通じてあまり変わらない

●**夏の星座**

❶ **さそり座**…南の空の低い所に見えるＳ字の形をした星座。赤くかがやく１等星は**アンタレス**である。

❷ **はくちょう座**…北十字ともいわれる十字型をした大きな星座。１等星は**デネブ**である。はくちょう座の中を，天の川が通っている。

❸ **こと座**…天頂付近に見え，明るくかがやく**ベガ**を中心とした小さな星座。ベガは，七夕伝説の織姫星として知られている。

❹ **わし座**…はくちょう座のデネブとこと座のベガとで大きな三角形をつくる位置にあるのがわし座の**アルタイル**である。アルタイルは，七夕伝説のひこ星として知られている。

❺ **夏の大三角**…はくちょう座のデネブ，こと座のベガ，わし座のアルタイルがつくる大きな三角形を**夏の大三角**とよんでいる。

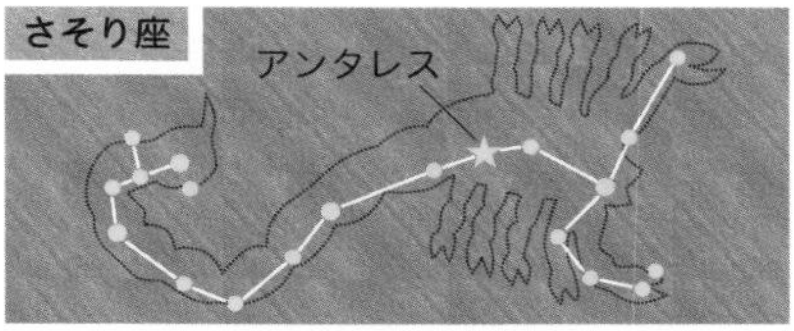

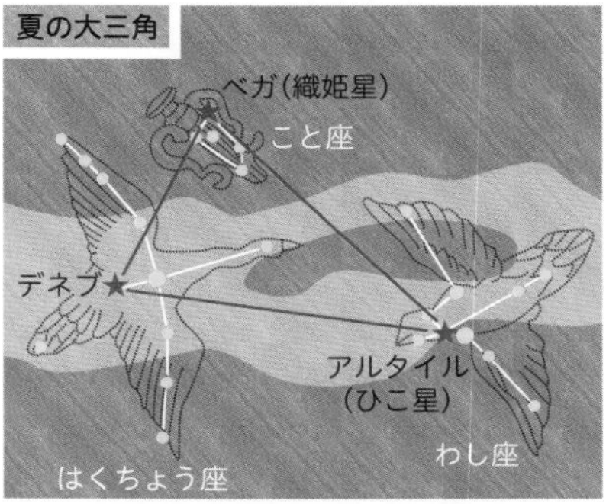

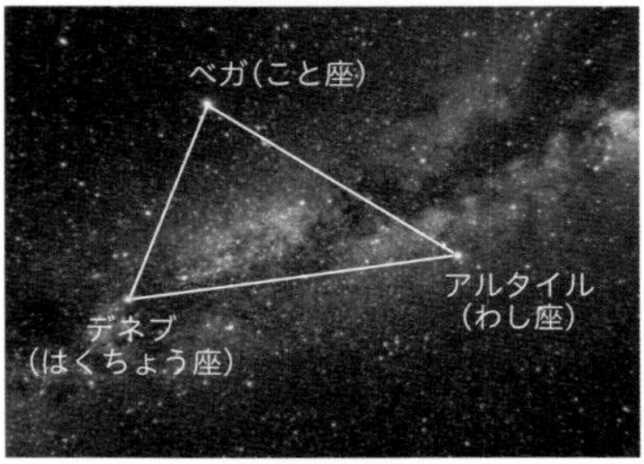

▲ 夏の大三角

雑学ハカセ 七夕伝説のひこ星（わし座のα星アルタイル）と織姫星（こと座のα星ベガ）のきょりは，14光年以上といわれます。光の速さで進んでも，会うのに14年以上かかります。

●冬の星座

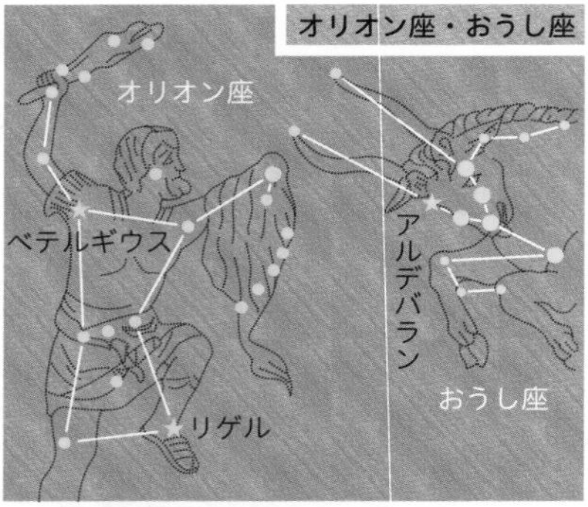

❶ **オリオン座**…夕方，ほぼ真東からのぼる，明るい 4 つの星に囲まれた 3 つならんだ 2 等星が特ちょうの星座。**リゲル**，**ベテルギウス**という 2 つの明るい 1 等星がある。

❷ **おうし座**…牛の顔の位置に**アルデバラン**という 1 等星がある星座。いくつかの若い星が集まって見える**プレアデス星団**(日本では「**すばる**」ともよばれる)もこの星座にある。

▶**プレアデス星団**…肉眼で，3 等星～5 等星が 5 ～ 7 個集まっているのが観測できる。

▲ プレアデス星団

❸ **おおいぬ座**…全天でいちばん明るい星である 1 等星の**シリウス**がある星座。南の空のやや低い位置で見られる。

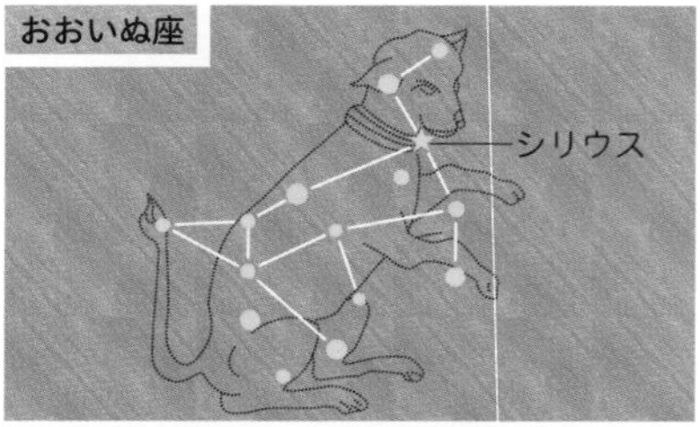

❹ **こいぬ座**…冬の夜，南の空高くかがやいている星座。小さな星座だが，1 等星の**プロキオン**がよく目につく星座である。

❺ **冬の大三角**…おおいぬ座のシリウスとオリオン座のベテルギウス，こいぬ座のプロキオンを結んでできる大きな三角形を**冬の大三角**とよんでいる。

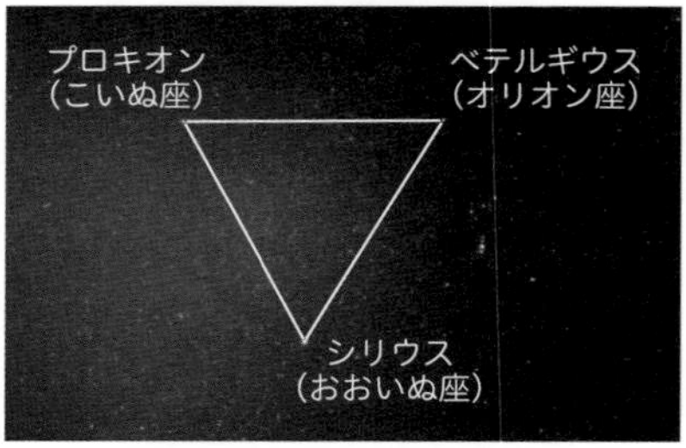

▲ 冬の大三角

❻ **ふたご座**…細長い六角形の形をした星座。1 等星の**ポルックス**と 2 等星のカストルがならんで見える。

❼ **おひつじ座**…12 月ごろに南の空に見える星座。最も明るい星は 2 等星のハマルである。

雑学ハカセ シリウスが南天にくるころ，南の地平線付近にカノープスという全天で2番目に明るい星が見えることがあります。ただし，北日本では地平線の上に出てこないため，見ることができません。

3 星の動き

1 星の１日の動き★★

時間をおいて星を見ていると，見えていた星がしずんでしまったり，いままで見えていなかった星が出ていたりする。太陽や月と同じように星も少しずつ動いている。

●**北の空の星の動き**……カメラを北極星に向けて動かないように固定し，シャッターを長時間あけたままにしておくと，右のような写真がとれる。シャッターを開けておいた時間に，星が動いたあとが線になってうつっている。

写真のほぼ中央のほとんど動いていない星が北極星で，まわりの星は北極星を中心にして円をえがくように回っていることがわかる。また，その動き方は，左まわり（反時計まわり）になっている。

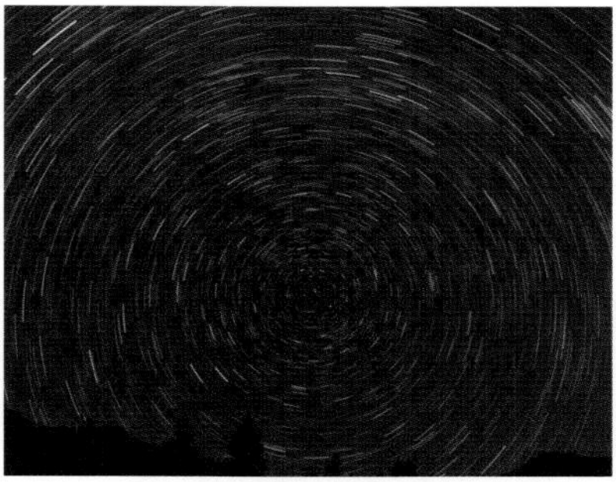

▲ 北の空の星の動き

●**星の動く速さ**……星は動いており，次の日の同じ時刻にはほぼ同じ所に見える。これは，太陽の動きと同じように，地球が１日に１回自転していることによって，見かけ上動いて見えるからである。

地球は１日（24時間）で約１回転（360°）していることから，１時間に動く星の角度は，360÷24＝15° となり，**１時間に15°** 動いていることになる。

また，星が動く速さを角度ではなく，きょりで考えてみる。上のような写真で見ると，北極星は中心にあってほとんど動かないが，北極星からはなれるほど動き（見かけの動き）は大きくなることがわかる。

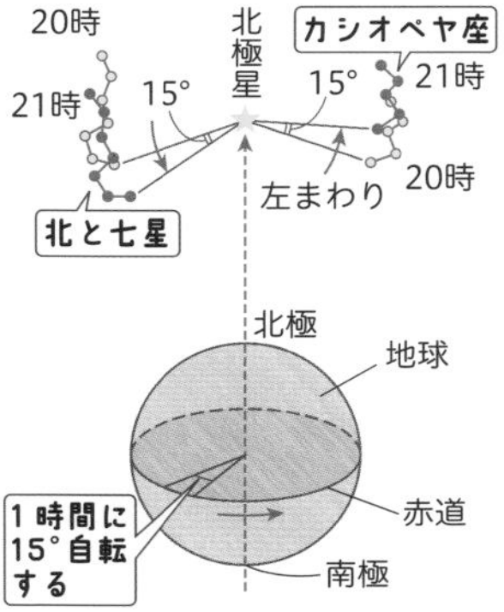

▲ 地球の自転と北の空の星の動き

雑学ハカセ 北極星は地軸と少しずれているため，正確にいうととまってはいません。さらに，地軸は長い年月でその向きが変化していくため，１万２千年後にはベガが北極星の位置にきます。

●ほかの空の星の動き（日本付近で見た場合）

❶ **南の空の星の動き**…太陽と同じように東から西へ動いている。

❷ **東の空の星の動き**…東からのぼる星は，太陽と同じように**右ななめ上**に動く。

❸ **西の空の星の動き**…西にしずむ星は，太陽と同じように**右ななめ下**に動く。

ことば 地球の自転

地球は，1日のうちに西から東に回転している。これは，星や太陽が，東の空から上がってくることからわかる。北極上空の宇宙（うちゅう）から見ると，地球は左まわり（反時計まわり）に回転している。

●空全体の星の動き……空全体の星の1日の動きを右のような丸天じょう（**天球**という）（↳かりにこのように考える）にまとめて考えると，どの星も，北極星を中心にして同じ向き（東から西）に動いているのがわかる。

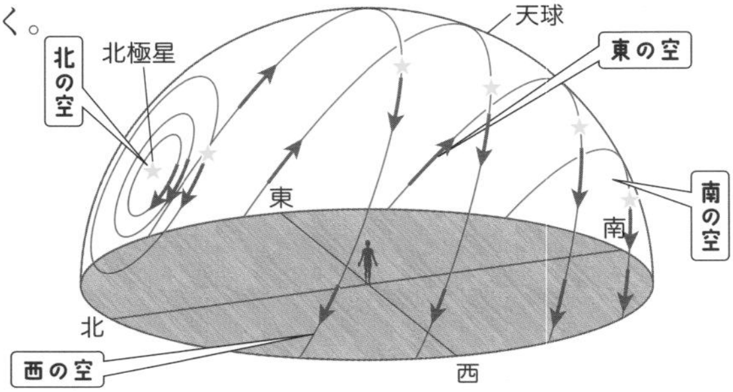

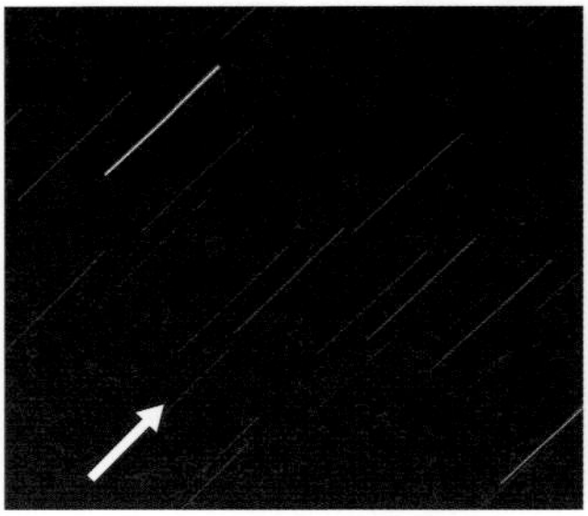

▲ 東の空の星の動き

▲ 南の空の星の動き

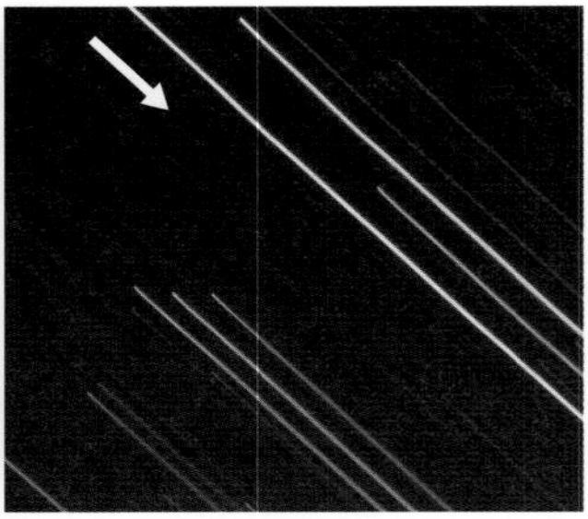

▲ 西の空の星の動き

くわしい学習　星の動きを写真にうつそう

右の図のような器具を用いて写真にうつす。カメラは，シャッターを長い時間開けたまま（バルブ）にできるものを使う。手で持ってうつすとカメラが動くので，三きゃくなどで固定する。レリーズは，シャッターをおしたときにカメラがゆれるのを防（ふせ）ぐ。また，リモコンを使うのもよい。さつえいするときは，デジタルカメラの感度をある程度（ていど）上げておいたほうがよい。ピントは無限遠（むげんえん）（∞）にし，少ししぼりをしぼると全体の明るさがほぼ同じになる。

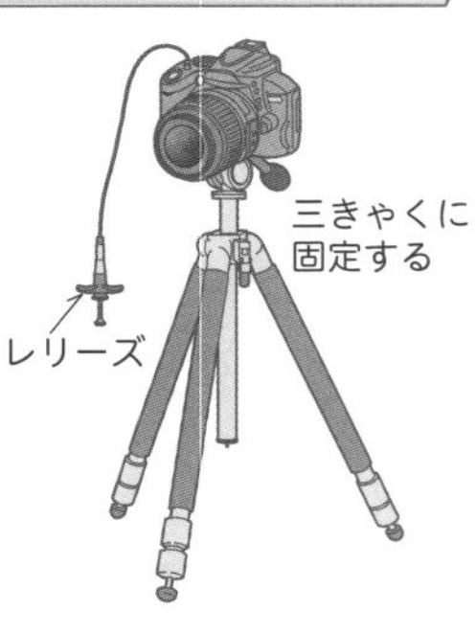

パワーアップ

地球が1回自転する時間はおよそ23時間56分で，24時間ではありません。地球が太陽のまわりを回っていることが原因で，次の日の同じ時刻（じこく）に星は1°進んで見えます。そのため，星が前の日と同じ位置に見える時刻は4分はやくなります。

中学入試にフォーカス　場所による星の見え方

❶天　球　地球ぎを日本を真上にし，北極が北に向くように置く。この日本の上で空を観察すると考える。このとき，自分を中心に，大きなドーム（丸天じょう）を想像し，星はこのドームとともに東から西へ回転していると考える。このドームを**天球**という。

❷日本での星の見え方　日本では，北極星は地平線から約 35° の高さに見える。星は天球上の位置によって見え方や動き方がちがってくる。Aの星は一晩中地平線の上にあり，いつでも見ることができる。B，C，Dの星は，夜の間でも地平線の下に移動してしまう時間があり，見えない時間は星の位置による。南の星ほど見える時間が短く，北の星ほど見える時間が長い。Eの星は，いつも地平線の下にあって見ることができない。

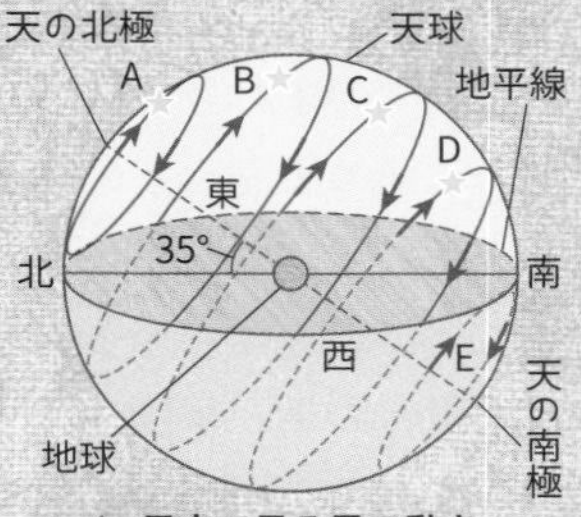

▲ 日本で見る星の動き

❸北極での星の見え方　北極星はその土地の緯度と同じ高さに見える。したがって，北緯 90° の北極点では，北極星を**真上**に見ることになる。ほかの星は北極星を中心にして左（反時計）まわりに回る。どの星も地平線と平行に東から西に向かって動きしずまない。
→地平線下にしずまない星を周極星という

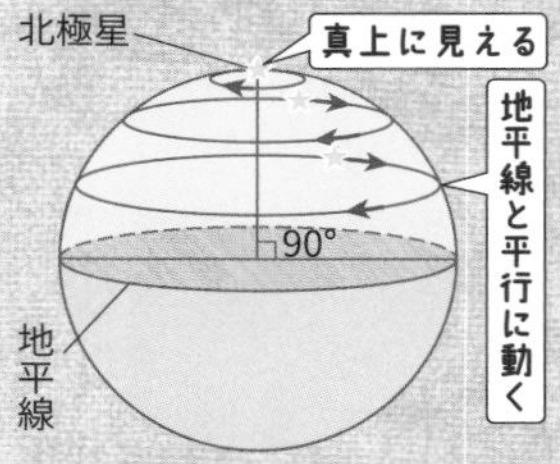

▲ 北極で見る星の動き

❹赤道付近での星の見え方　赤道付近では，北極星が地平線近くにあるため，ほかの星は東から**地平線に垂直**にのぼり，西に垂直にしずむ。

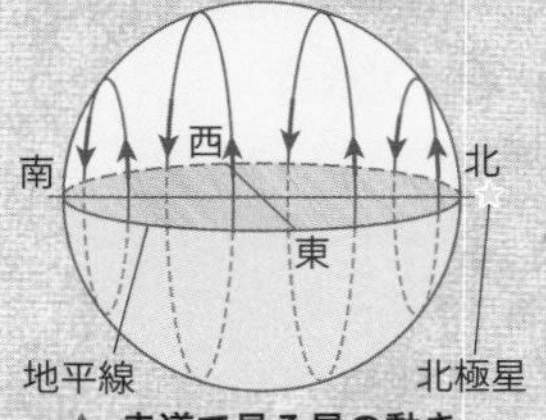

▲ 赤道で見る星の動き

❺南半球での星の見え方　南半球では，北極星は地平線の下にあり見えない。星は，天の南極を中心に右まわり（時計まわり）に回り，北半球と同じように，東からのぼって西にしずむ。ただし，南極星にあたる星はない。

南緯 90° の南極点では，北極星はあしの真下，地球の裏側にあることになり，見ることはできない。星は，真上にある天の南極を中心に右まわり（時計まわり）に回る。どの星も地平線と平行に東から西に向かって動きしずまない。

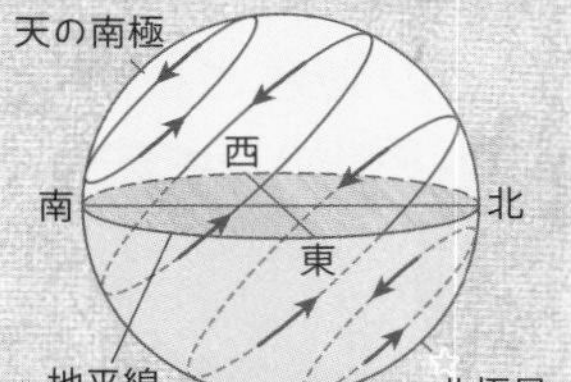

▲ 南半球で見る星の動き

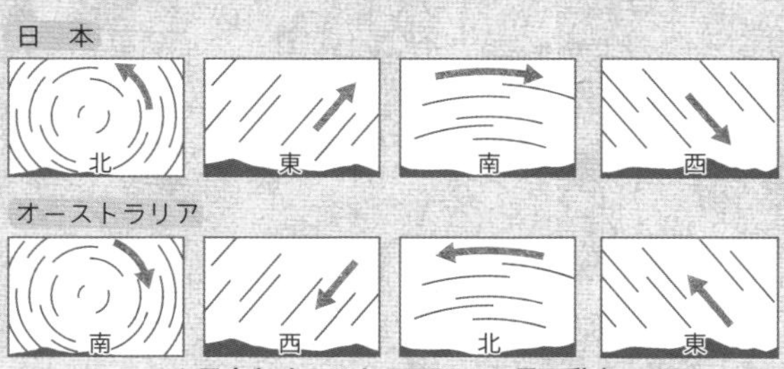

▲日本とオーストラリアでの星の動き

入試では　北極星の高度からその地点の緯度を求める問題，星の回転した図から時間を求める問題はよく出題されています。また，北半球と南半球での星の動き方のちがいについての問題も見られます。

入試のポイント

絶対暗記ベスト3

1位 こう星とわく星　こう星は自分自身で光っていて，光が地球に届くまで何年もかかるほど遠くにある。わく星は，太陽の光の反射で光っていて，太陽のまわりを回っている。

2位 季節の星座　北の空には年間を通じてこぐま座やカシオペヤ座が見える。南の空には，夏は，はくちょう座・さそり座など，冬は，おうし座・オリオン座などが見られる。

3位 星の動き　星は，北極星を中心に回転しながら，時間とともに東から西に向けて天球上を移動する。1年間を通じて同じ時刻に星を見ると，毎日少しずつ西にずれる。

1 星のすがた

わく星	太陽系には，内側から水星，金星，地球，火星，木星，土星，天王星，海王星があり，天球上の位置が固定されていない。
こう星の明るさと色	昔，肉眼で見える星を1～6等星に区別した。ベガは1等星，北極星は2等星である。赤いアンタレスは表面温度が低く，青白いスピカは表面温度が高い。

2 星の動き

星の動きを写真にとる	長い時間シャッターを開けて星の写真をとると，動いたあとが線としてうつる。この線のようすから，うつした空の向きがわかる。
地球上の位置による星の動き	星は時間とともに，北極点では真上（ほぼ北極星）を中心として左（反時計）まわり，南極点では真上を中心として右（時計）まわりに回る。赤道では，どの星も地平線と垂直にのぼる。

3 星の動きと星座早見

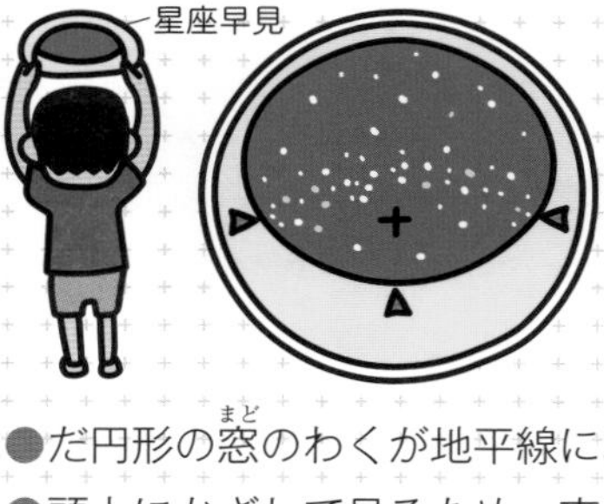

●観察したい月日，時刻に，どの星座がどの位置に見えるのかをおよそ知るための器具。
●観察する場所の緯度に合わせてつくられている。
●北半球では，ほぼ北極星の位置に2枚の円盤の回転の軸（図の＋の位置）がある。
●だ円形の窓のわくが地平線にあたる。
●頭上にかざして見るため，南北に対して東西が逆になっている。
●星は東から西へ1時間に約15°動いて見える。

重点チェック

□ ❶ 星には，自分自身が光や熱を出している［　　］や，太陽のまわりを回っている［　　］などがあります。

❶こう星，わく星 p.272

□ ❷ わく星には，太陽に近い順に，水星，［　　］，地球，［　　］，木星，［　　］，天王星，海王星の8個があります。

❷金星，火星，土星 p.272

□ ❸ こう星までのきょりはたいへん遠いので，光が［　　］かかって進むきょり［　　］を単位として表します。

❸1年間，1光年 p.273

□ ❹ 雲のように見える天体を［　　］といい，ガスやちりが集まっています。わたしたちの太陽は，多数のこう星が集まった［　　］の中のこう星の1つで，宇宙にはたくさんの銀河があります。

❹星雲，銀河系 p.273, 274

□ ❺ 星の明るさは，地球から見る見かけの明るさによって，［　　］から［　　］に分けられています。

❺1等星，6等星 p.274

□ ❻ こう星の色は，その星の表面の［　　］によって決まり，温度が［　　］星ほど青白く，温度が低い星ほど［　　］見えます。

❻温度，高い，赤く p.275

□ ❼ ［　　］は，こぐま座という星座の中の1つの星で，いつも［　　］の方角にあって，ほとんど動きません。

❼北極星，北 p.278

□ ❽ 北極星は［　　］座と［　　］を手がかりにさがします。北極星の見える高さは，見ている場所の［　　］と等しくなっています。

❽カシオペヤ，北と七星，緯度 p.278, 279

□ ❾ はくちょう座の［　　］と，こと座の［　　］，わし座の［　　］を結んでできる大きな三角形を夏の大三角といいます。

❾デネブ，ベガ，アルタイル p.279

□ ❿ 冬の星座の［　　］には，［　　］とリゲルという2つの1等星があります。

❿オリオン座，ベテルギウス p.280

□ ⓫ 星は1時間に［　　］°，動いて見えます。

⓫15 p.281

□ ⓬ 北の空の星は［　　］を中心に［　　］に回っています。南の空の星は，太陽と同じように［　　］から［　　］に動いて見えます。

⓬北極星，左（反時計）まわり，東，西 p.281, 282

チャレンジ! 思考力問題

レベル3 レベル2 レベル1

●次の問いに答えなさい。　【早稲田中-改】

(1) 日本で売られているいっぱん的な星座早見の東を示す位置としてふさわしいものを**図1**の**ア**～**ク**から選びなさい。

図1

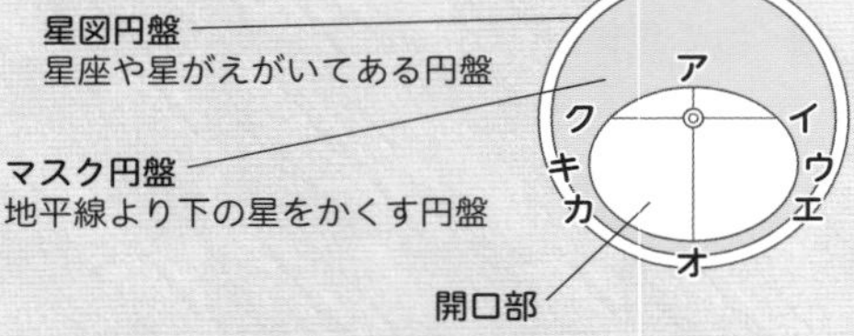

(2) この星座早見を用いて，東経125° の地点でさそり座を観察しました。すると，星座早見のアンタレスの位置が，実際の位置と方位も高度も異なっていました。方位について，実際のアンタレスの位置に近づけるには，**図2**の星座早見の星図円盤をどのように操作すればよいか，次の空らんにふさわしい記号と数値を答えなさい。

図2

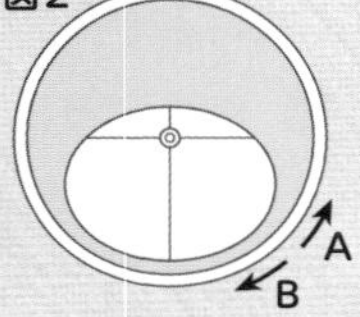

星図円盤を［　X　］の方向に［　Y　］度回転させる。

キーポイント

- 星座早見を使って実際の星をさがし，そのしくみを理解しておく。
- 日本の時刻は東経 135° を基準としており，星座早見の南北を結ぶ線上の星が，その日の正午に東経 135° で南中する。
- 開口部のへりが地平線，開口部の中央が空の真上 (天頂)，回転の軸が北極星の位置 (天の北極) である。

正答への道

(1) 北極星の高度は，その場所の北緯と同じ高度であり，日本では北の空の地平線から 30°～40° ぐらいとなる。このことから**ア**が北，**オ**が南である。星座早見は空を見上げるようにして使うので，南北に対して東西が逆になっている。天の赤道と地平線が交わる位置が東と西で，それは**ク**と**イ**である。

(2) 星は時間とともに東から西に移動していくので，星座早見の星座も東から西に向かって移動する。これは，星図円盤を**A**の方向に回すことになる。ところが，同じ時刻で東経 135° より西へ 10° の場所では，星の出が標準時よりも星が回転する角度で 10° だけおそくなる。標準時に見える星は，東経 125° では東のほうに 10° ずれた所にあるので，星図円盤を**B**の方向に 10° 回す。

答え

(1) **ク**　(2) **X—B，Y—10**

チャレンジ! 作図・記述問題

レベル3 レベル2 レベル1

●20時からカメラのシャッターを開いたまま星座の写真をうつしました。このとき，星座Aと星座の一部であるBが図のように移動して線のようにうつりました。ほかの星座の線は省略しています。次の問いに答えなさい。【捜真女学校中-改】

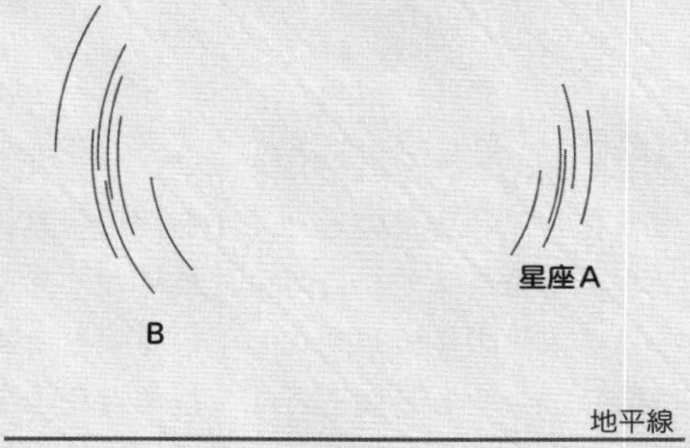

(1) 星座Aの名まえを答えなさい。

(2) Bの星のならびは日本では特別なよび方をして親しまれています。写真をうつしはじめた時刻のBの星を線でつないで，特別なよび方の形をかきなさい。

(3) 北極星の位置を作図で求め，★印をかきなさい。

(4) この写真は，およそ何時までシャッターを開けてうつしましたか。さつえい中はずっと星が見えており，夜が明けることもありませんでした。

ア 22時　**イ** 24時　**ウ** 翌日の午前2時　**エ** 翌日の午前4時

キーポイント

- 北半球で星は，時間とともに北極星を中心に左（反時計）まわりに回転する。
- 北極星を見つけるには，カシオペヤ座か北と七星が使われる。

正答への道

(1) 星座Aの各線の下のはしを結ぶとWの形であることがわかる。

(2) 星の線が7つあることから，北と七星と見当がつく。

(3) それぞれの円の一部の中心を求めれば，ほぼそこに北極星がある。どのようにして中心を見つけ出したのかがわかるように補助線を残しておく。

(4) 回転した角度はおよそ30°であるから，2時間のさつえいである。

答え

(1) カシオペヤ座

(2)・(3) 右図参照

(4) ア

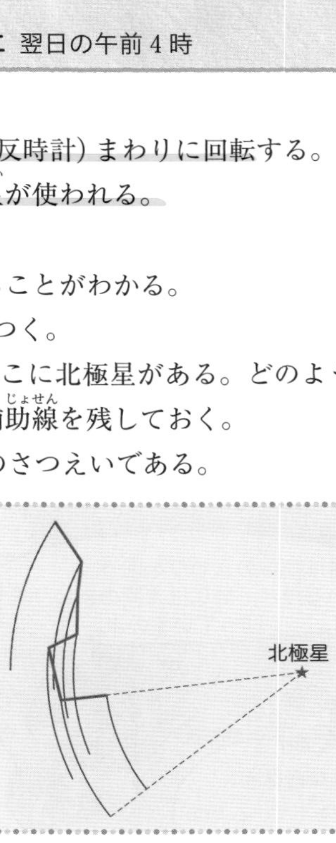

ここからスタート！

第2編

地 球

第6章 太陽・月・地球

月の形が変わるのはどうしてかな？

今日見えている月の形と，1週間後の月の形はちがって見えます。これは，地球から見たときの月と太陽の位置が変化しているからです。この関係のしくみを知ると，今後の月のようすがわかります。

学習することがら

1. 太陽のすがた
2. 月の表面のようすと動き
3. 地球のようすと動き
4. 太陽系と宇宙の広がり

1 太陽のすがた

発展 6年 5年 4年 3年

1 太陽の大きさと太陽までのきょり 入試重要度★

● **太陽の大きさ**……太陽は直径が**約140万km**で，地球の直径の約109倍，月の直径の約400倍である。地球から太陽までのきょりが，地球から月までのきょりの約400倍なので，太陽と月はほぼ同じ大きさに見える。

● **太陽までのきょり**……地球から太陽までのきょりは，**約1億5000万km**ある。光は1秒間に約30万km進むので，太陽の光が地球に届(とど)くまでに約8分20秒かかる。

参考 地球の直径
地球の直径は約13000kmである。

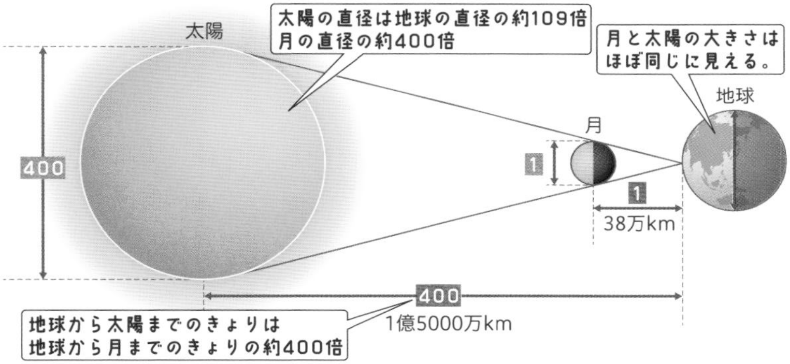

● **太陽のつくり**……太陽は高温のガス（気体）でできており，はっきりした表面はないが，目で見える表面（まるくかがやいている表面）を光球(こうきゅう)とよぶ。光球の外側にはうすい気体からできた彩層(さいそう)，さらにその外側には，太陽から流れ出したガスからなる高温の**コロナ**が広がっている。彩層やコロナは**皆既日食**(かいきにっしょく)のときに観察できる。光球の表面からほのおのようなものがコロナの中にふき出していることがあり，これを**プロミネンス（紅(こう)えん）**とよぶ。

ズームアップ 皆既日食 ➡p.299

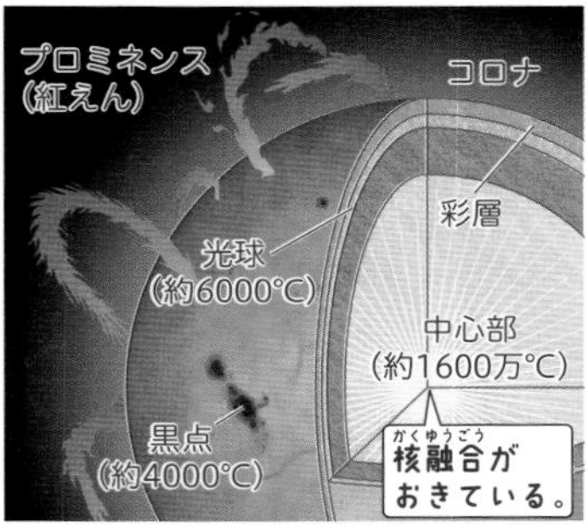

▲ 太陽のつくり

雑学ハカセ
太陽の表面（光球）の温度は約6000°Cです。コロナは太陽のエネルギーをうみだしている中心部からいちばん遠いにもかかわらず，100万°C以上の温度になっています。そのエネルギー源(げん)はまだよくわかっていません。

2 太陽の温度と黒点★

●**太陽のエネルギー源**……太陽をつくる気体はおもに水素とヘリウムであり，中心部では，水素がヘリウムに変わる**核融合**がおきている。これが太陽のエネルギー源である。

▶**太陽の温度と黒点**…太陽の表面温度は約6000℃である。また，まわりより温度が低い(**約4000℃**)ため，黒い点のように見える部分を**黒点**とよぶ。黒点が多いほど太陽の活動は活発だとされる。太陽も自転しているため，黒点は自転とともに移動する。

▶**太陽フレア**…太陽表面でばく発がおこり，とつぜん明るくかがやくことがある。このばく発を**フレア**という。フレアがおこると放射線や電子などの電気を帯びたつぶが発生し，それが地球にとう達すると**オーロラ**が活発になったり，電波が届きにくくなる。また，人工衛星や宇宙飛行士に危険をおよぼすおそれがあるため，太陽活動を予報する「宇宙天気予報」が進められている。

▲ オーロラ

参考 核融合
水素の原子2つが合体して，ヘリウムの原子ができること。このときに放出されるエネルギーが太陽の熱や光となっている。

ことば オーロラ
天体の極付近で見られる，大気が光る現象。太陽フレアと関係がある。

3 太陽の観察★

太陽の光はとても強いため，肉眼で直接見てはいけない。太陽を観察するには，次の2つの方法がある。

❶**しゃこう板(太陽観測めがね)を使う**…しゃこう板(太陽観測めがね)は太陽を見るための専用のめがねで，太陽の光を弱めるはたらきがある。太陽を見るときには必ず使うが，しゃこう板を使う場合でも，長い時間，太陽を見続けてはいけない。

ことば しゃこう板
太陽の光を弱め，紫外線など目に害のある光を通さない道具。特別な色ガラスでできている。プラスチックの下じきやサングラスは目に害のある光を通してしまうので，太陽観察のときには必ずしゃこう板を使う。

雑学ハカセ 核融合で放出されるエネルギーは，同じ重さの石油を燃やしたときの8000万倍もあり，とても大きいものです。そのため，核融合を地球上でおこすことができれば夢のエネルギー源になると期待されています。

❷天体望遠鏡とうえい板を使う

実験・観察

天体望遠鏡による太陽の観察

ねらい　天体望遠鏡により太陽の黒点を観察する。

方　法　①ファインダーはとりはずしておく。

②望遠鏡を太陽に向ける。地面にできるとうえい板のかげがいちばん小さくなったときに望遠鏡はちょうど太陽に向いている。

③太陽の像が観測用紙の円の大きさになるようにとうえい板を上下させる。

④観測用紙にうつった太陽の黒点の位置と形をスケッチする。

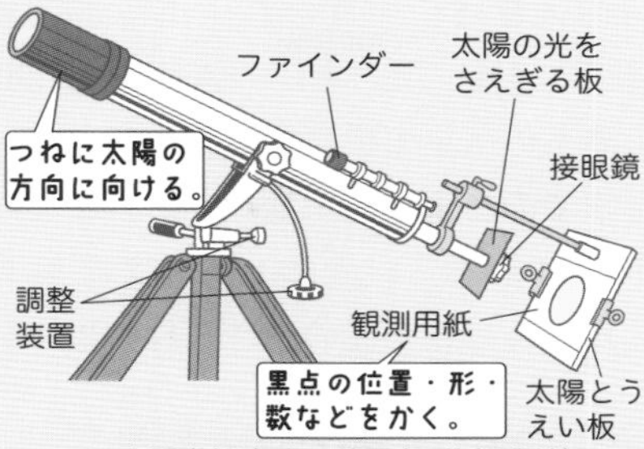

▲ 太陽を観察する装置(天体望遠鏡)

注　意！　失明する危険があるので，絶対に望遠鏡で太陽を見てはいけない。

わかること　毎日見ていると，黒点の位置が少しずつ右から左へと動くのがわかる。これは太陽が自転しているため，それにともなって黒点も動くためである。

●**太陽の自転の向き**……とうえい板にうつった太陽の像は，実際とは左右が逆になる。実際の太陽では黒点は左(東)から右(西)へ動いている。これが太陽の自転の向きである。

参考　太陽の形と黒点
太陽の周辺部で黒点の移動がおそく，つぶれて見えるのは，太陽が球体だからである。

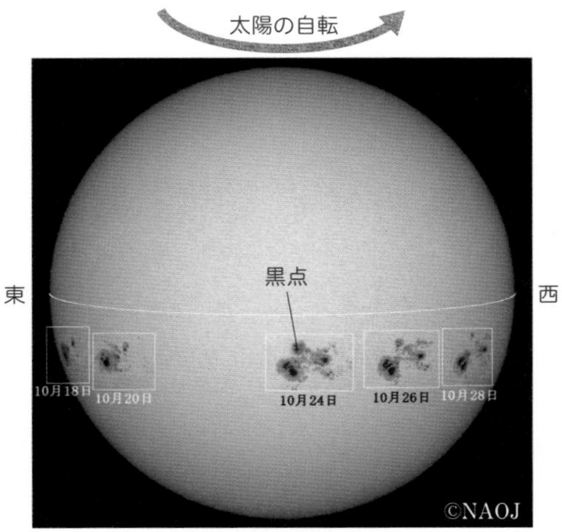

▲ 太陽を観測したようす

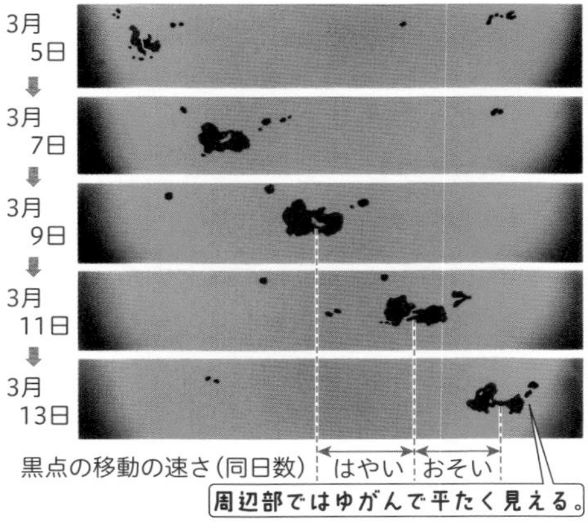

▲ 太陽の黒点の移動のようす

パワーアップ
人が太陽を見るとき，向かって左側が東(太陽がのぼる方向)，右側が西(太陽がしずむ方向)なので，太陽の東西は上の図のようになります。

2 月の表面のようすと動き

発展 6年 5年 4年 3年

1 月の大きさと月までのきょり★

●**月の大きさ**……月の直径は約 3500 km で地球の直径の約 4 分の 1，太陽の直径の約 400 分の 1 である。太陽系の衛星の中で 5 番目に大きい。

●**月までのきょり**……地球から月までのきょりは，**約 38 万 km** ある。光は 1 秒間に約 30 万 km 進むので，地球から月まで光の速さで約 1.3 秒かかる。

参考 わく星と衛星
地球のように太陽のまわりを回る天体をわく星といい，月のようにわく星のまわりを回る天体を衛星とよぶ。

2 月の表面のようす★★

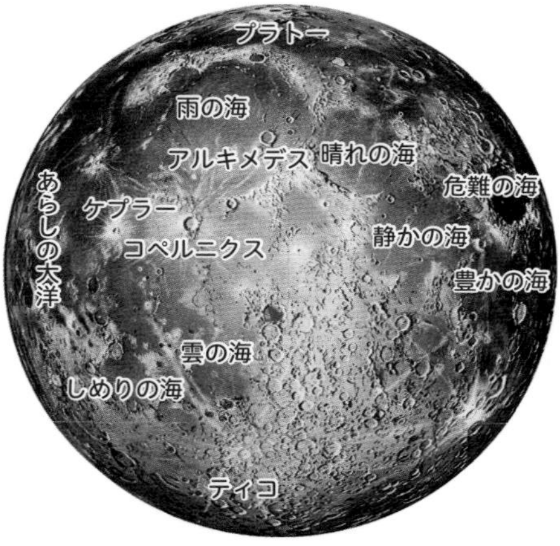

▲ 月の表面のようす

●**月の表面のようす**……月の表面の目立つ地形は，丸い穴（**クレーター**）と黒く見える部分（**海**）である。クレーターはいん石が落ちたあとであり，大きなものは直径が 500 km 以上ある。地球にクレーターができても，水や空気のはたらきで長い間には消されてしまうが，月では水も空気もないため，いん石のあとが残っている。海は，月のほかの部分に比べ，おうとつが少なく，なめらかに見える。色が黒いのは，げん武岩という黒っぽい岩石が多いからである。

↳ぶつかったときの放出物が放射状に広がっている

ことば いん石
わく星とわく星の間にある小さな天体が，わく星や衛星に落ちてくることがある。そのような天体をいん石とよぶ。

ズームアップ げん武岩 ➡p.256

雑学ハカセ
月のでき方にはいろいろな説がありますが，現在，いちばんよく信じられているのは，地球に火星ぐらいの大きさの天体がしょうとつし，そのときに飛び散ったかけらが集まって月をつくったというきょ大しょうとつ説です。

●月の表側……地球から見る月の模様(もよう)は，いつも変わらない。これは月がいつも同じ面(表側)を地球に向けているためである。月の自転周期と公転周期はどちらも27.3日であるため，月が地球のまわりを1回公転すると1回自転していることになる。そのため，いつも同じ面を地球に向けている。

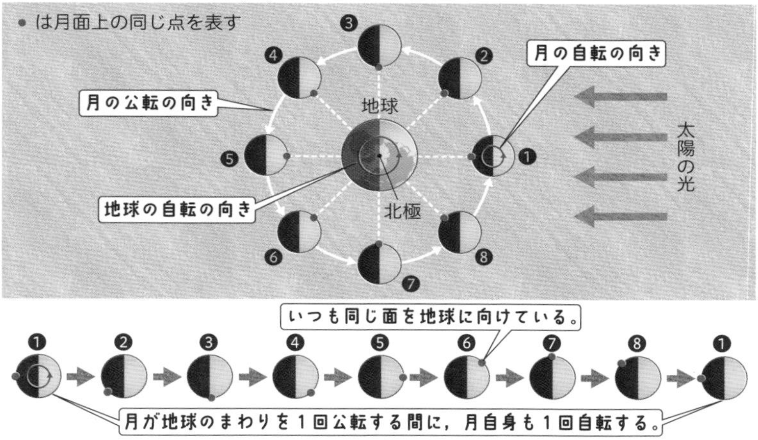

▲ 月の公転と自転

3 月の動き★★★

●月の1日の動き……月は，太陽や星と同じように東からのぼり，南の空を通って西にしずむ。これは地球が西から東へと自転しているからである。

●月の1か月の動き……月はおよそ1か月かけて地球のまわりを1回，回っている(**公転**)。

ズームアップ 公 転 ➡p.301

4 月の満ち欠け★★★

●月の満ち欠け……月は太陽のように自分で光を出さず，太陽の光を受けて光っているので，太陽・月・地球の位置関係で形が変わって見える。

新月から新月まで(満ち欠けの周期)は平均29.5日かかる。

パワーアップ
潮(しお)の満ち引きは月と太陽からの引力によっておきますが，おもに月からの引力でおこります。地球の月に面した面と，その反対側の面でいつも満ち潮になります。

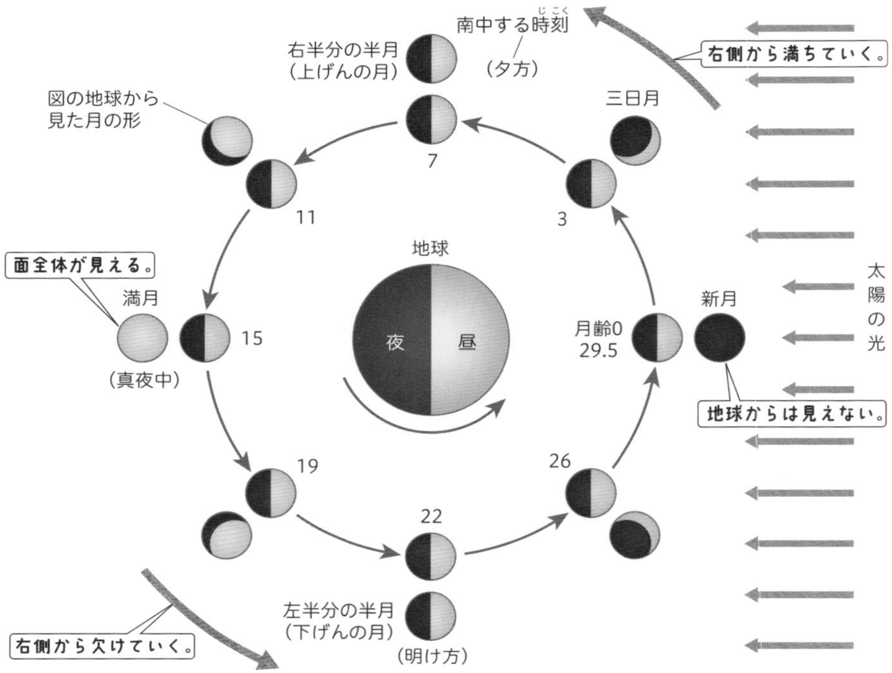

▲ 月の満ち欠け—太陽・月・地球の位置関係

●**月齢**……月の形を新月からの日数でいい表すことがあり，これを**月齢**という。例えば新月は月齢 0，満月は月齢でいうと 14 か 15 の月である。

●**地球からの月の見え方**……満月の後，地球から見て，月は右側が欠けていく。そのため，上の図の月齢 22 の月は，実際は下の図（下げんの月）のように見える。

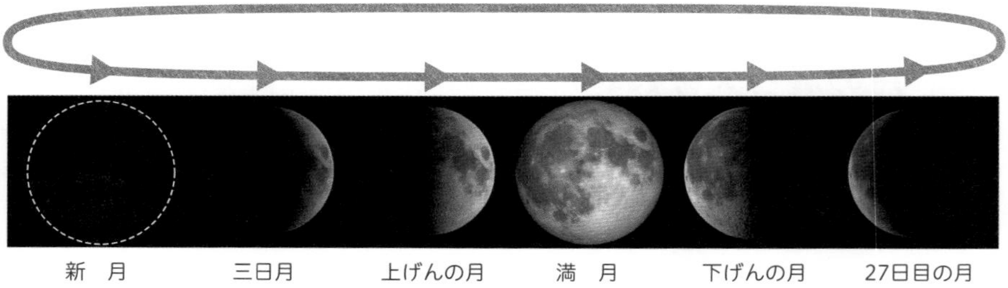

▲ 月の満ち欠け

雑学ハカセ　**満月は，地球をはさんで太陽と正反対の位置に月があるので，地球から見ると太陽が西にあるとき，月は東にあります。与謝蕪村がよんだ『菜の花や月は東に日は西に』という俳句は，太陽が西にしずみ，東から満月がのぼるようすをよんだものです。**

5 月の形と太陽★★★

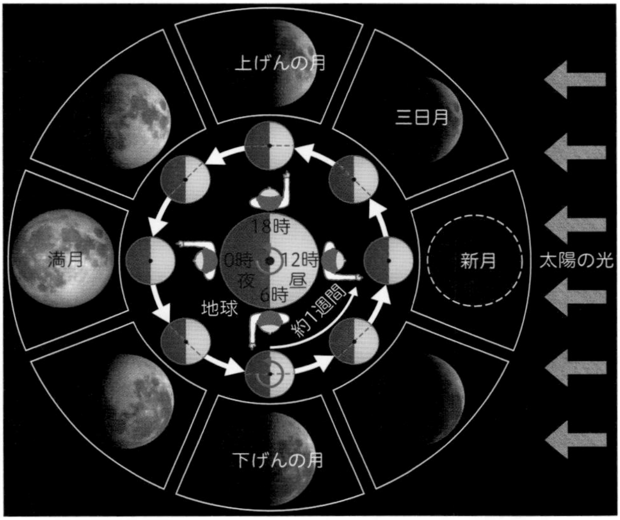

●月の動きと太陽の動き

月は南中から南中まで平均24時間50分かかる。太陽は南中から南中までが平均24時間なので，月の出，月の入りの時刻は，1日に**約50分**，角度にして**約12°**太陽におくれる。

▶**新月と太陽**…新月のとき，月は地球から見て太陽と同じ方向にあるので，太陽と同じように朝に東からのぼり，夕方に西の空にしずむ(地球にはかげの面をむけているので実際には見えない)。

▶**上げんの月と太陽**…新月から7日ほどたつと，月は太陽から約6時間，角度にして約90°おくれる(太陽から90°東側)。このとき，地球から見て太陽は月の90°西側(右手側が西)に位置するので，月の西半分(右半分)が照らされる。これが上げんの月で，6時間おくれなので月は昼に東からのぼり，真夜中に西の空にしずむ。

▶**満月と太陽**…満月のとき，地球から見て太陽と月は180°(12時間分)はなれているので月は太陽か

参考 西と東

上の図中の人にとっての東西南北は，地球の自転で人が動くとそれにくっついて動いていく。図中の人の右方向が西，左方向が東，手をあげ顔を向けている方向が南である。

▲ 新月のとき

▲ 上げんの月のとき

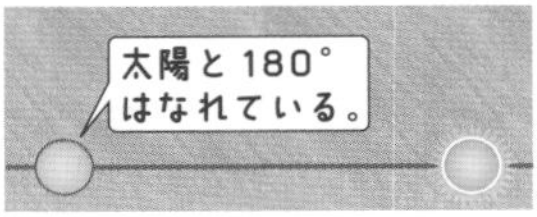

▲ 満月のとき

パワーアップ
1日の24時間で地球は360°回転するので，角度を時間におきかえることができます。360°＝24時間，180°＝12時間，90°＝6時間になります。90°はなれると，時間でいうと6時間はなれることになります。

ら 12 時間おくれで動き，夕方東からのぼって朝に西の空にしずむ。

▶**下げんの月と太陽**…下げんの月では，月が太陽より 18 時間おくれるので月は真夜中に東からのぼり，昼に西の空にしずむ。地球から見て太陽は月の 270° 西，つまり 90° 東に位置するので，月の東半分（左半分）が照らされる。

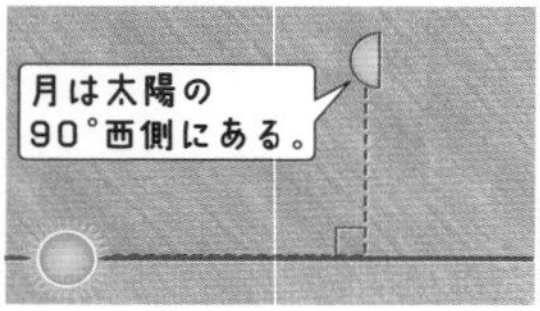

▲ 下げんの月のとき

6 月の形と動き★★★

●**三日月の動き**……三日月は地球から見て太陽よりも少し東にあるので，朝，太陽がのぼってからしばらくするとのぼってくるが，昼間は太陽の光のため，ほとんど見えない。夕方，太陽がしずむと西の空に見えるが，すぐにしずむ。

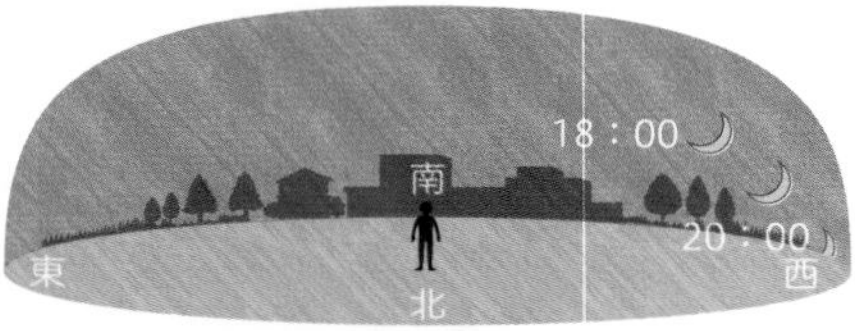

▲ 三日月

●**上げんの月の動き**……上げんの月は地球から見て太陽より 90° 東にあるので，太陽より 6 時間おくれで動く。昼に東の空からのぼり，夕方に南の空に見え，真夜中に西の空にしずむ。

▲ 上げんの月

●**満月の動き**……満月は地球から見て太陽より 180° はなれている。つまり太陽と反対側にあるので，夕方に東からのぼり，真夜中に南の空に見え，朝に西の空にしずむ。

▲ 満　月

●**下げんの月の動き**……下げんの月は地球から見て太陽より 90° 西にあるので，太陽より 6 時間進んで動く。真夜中に東からのぼり，朝に南の空に見える。朝に空高く見えるのは下げんの月である。その後は太陽の光のため，見えなくなるが，昼に西の空にしずむ。

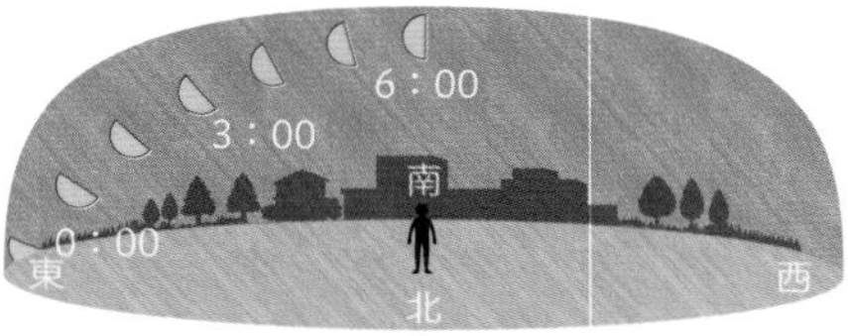

▲ 下げんの月

以上をまとめると次ページの表のようになる。

パワーアップ 月の欠けて暗くなっている部分がうっすらと見えることがあります。これは地球で反射（はんしゃ）した太陽の光が月を照らすことによります。このように地球からの照り返しで月の欠けている部分が見えることを地球照とよんでいます。

	月の出(東)	月の南中(南)	月の入り(西)
新　月	6：00	12：00	18：00
上げんの月	12：00	18：00	0：00
満　月	18：00	0：00	6：00
下げんの月	0：00	6：00	12：00

7 月の公転周期と満ち欠けの周期のずれ★★

月が地球のまわりを回る(公転する)周期は 27.3 日であるのに対して，満ち欠けの周期は 29.5 日で，ずれがある。これは右下の図のように地球が太陽のまわりを公転しているためである。

この図で，地球が地球A，月が月Aの位置にあるときは，太陽，地球，月が一直線にならび，地球から見て満月になる。

地球が動かなければ，27.3 日でまた満月になるが，地球が太陽のまわりを回っているため，月が地球のまわりを1回公転して月Bの位置にくる間に，地球は地球Bの位置に動いてしまう。このとき，太陽，地球，月が一直線にならず，満月にならない。

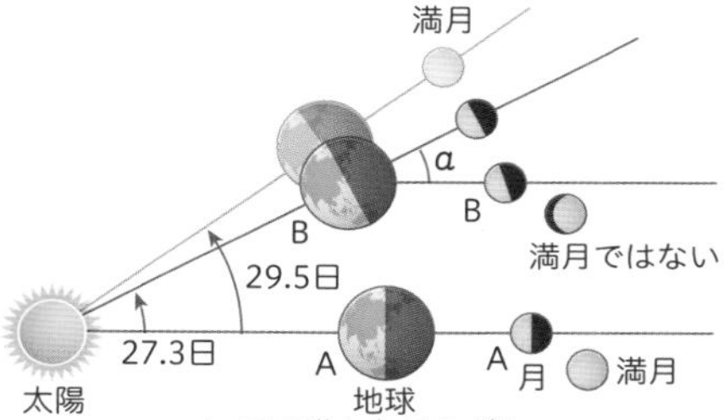

▲ 月の満ち欠けのずれ

満月になるためには，月が a の角度分(2.2 日)だけ回らなければならない。そのため，月の満ち欠けの周期のほうが月の公転の周期より長くなる。

8 月から見た地球★

図のように，月がAの位置(満月)のときに月から地球を見ると，地球のかげの部分が月に向いているので，地球は見えない。月がBの位置(下げんの月)のときに月から地球を見ると，右半分が見える。月がCの位置(新月)のときに月から地球を見ると，満月のようにまるく見える。月がDの位置(上げんの月)のときに月から地球を見ると，左側が光って見える。

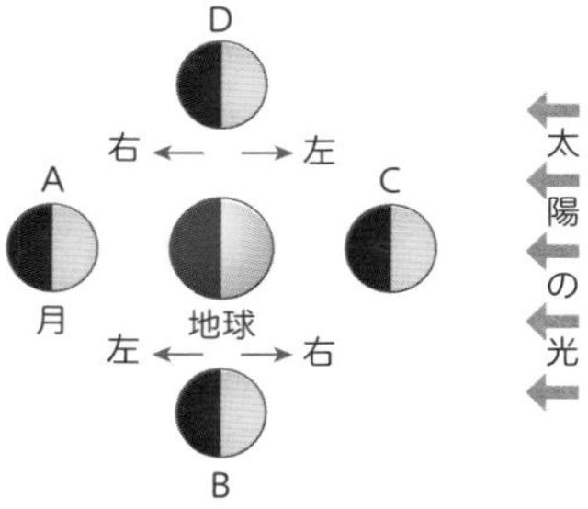

▲ 月から見た地球

雑学ハカセ 地球から見る月は，いつも同じ面しか見えませんが，月のまわりを回る人工衛星(えいせい)からの写真さつえいの結果，月の裏側(うらがわ)には海が少なく，クレーターのある地形が大部分をしめていることがわかっています。

中学入試にフォーカス 月食・日食

❶月　食

月食のときは，太陽―地球―月の順に一直線にならんで，地球のかげの中に月が入る。そのため，月が地球のかげでかくされてしまう。

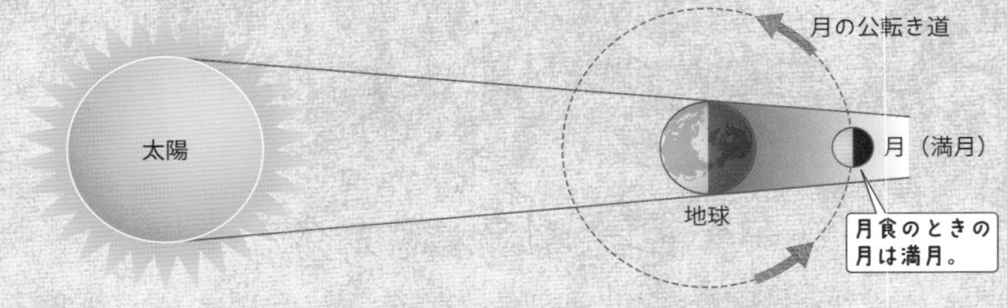

▲ 月　食

ただし，満月のたびに月食がおこるわけではない。下の図のように，月が地球のまわりを回っている面（月の公転面）は，地球が太陽のまわりを回っている面（地球の公転面）にたいしてかたむいているため，満月であっても，地球がAの位置では太陽―地球―月が一直線にならばず，月食にならない。地球がBの位置では月食になる。

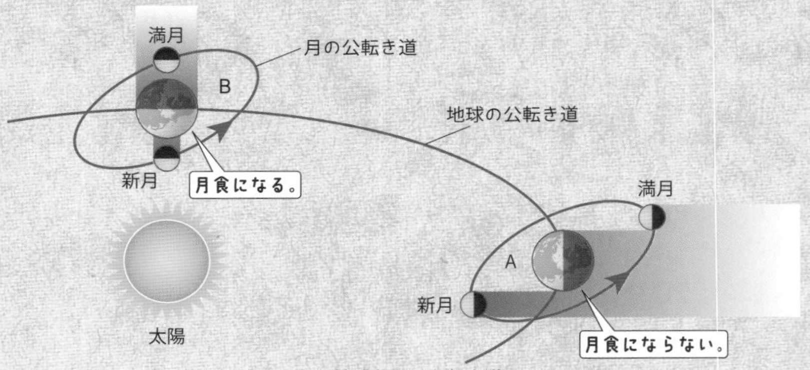

▲ 地球と月の公転き道

●**月食のときの月の色**……月が地球のかげの中に入ってしまっても，月は真っ暗にはならない。これは太陽からの光が地球の大気の中を横切るときに曲げられ（くっ折（せつ）），地球のかげの中に太陽の光が入りこむためである。このとき，大気がレンズのようなはたらきをしている。大気の中を通るときに青い光はほとんど消えてしまい，赤い光が残るので，月は暗い赤色（赤銅色（しゃくどういろ））に見える。

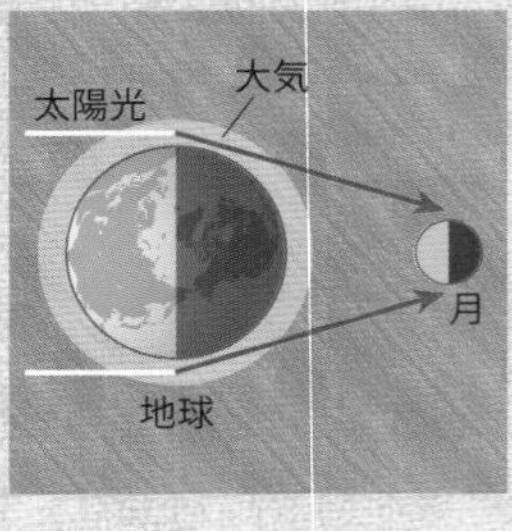

入試では 地球・月・太陽を北極側から見て，どのような順にならんだときに月食がおこるか，また月が上下左右のどちらの方向から地球のかげに入っていくかといった問題が出題されています。

月が地球のかげに完全にかくれることを**皆既月食**，一部がかくれることを**部分月食**という。図のAとCは部分月食，Bは皆既月食である。月は地球にいる人から見て左側（東側）から地球のかげに入っていくので，左側から欠けていく。

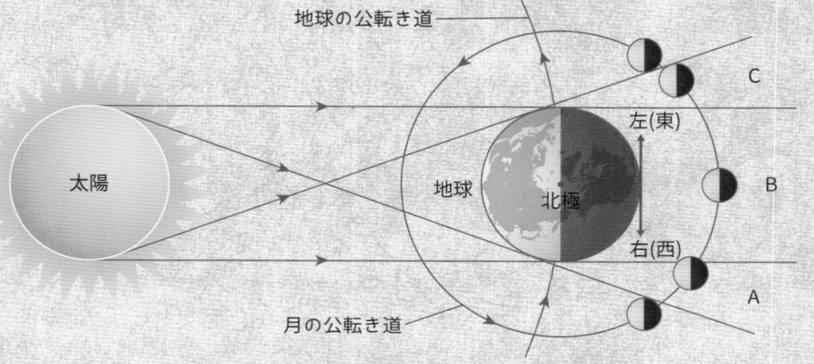

▲ 月食のしくみ

月食のときの月は左側（東側）から欠けていく。

❷日　食

日食のときは，太陽―月―地球の順に一直線にならんで，太陽が月にかくされてしまう。太陽が完全に月にかくされることを**皆既日食**，一部だけかくされることを**部分日食**，太陽のほうが月よりも大きく見えるため，月のまわりから太陽がはみ出して見えることを**金環食**（**金環日食**）という。月の公転面と地球の公転面はかたむいているので，日食はまれにしかおこらない。太陽は地球にいる人から見て右側（西側）からかくされていくので，右側（西側）から欠けていく。

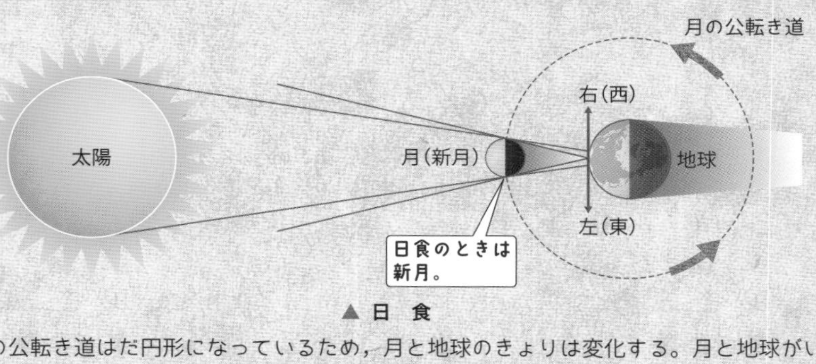

▲ 日　食

月の公転き道はだ円形になっているため，月と地球のきょりは変化する。月と地球がいちばん近づいたときといちばんはなれたときでは5万 km ほどの差があり，地球から見たときの月の見かけの大きさが変化する。そのため，月が地球に近いときに日食がおこると，太陽はすべてかくされて，皆既日食となる。逆に，月が地球から遠いときに日食がおこると，月の見かけの大きさが太陽の見かけの大きさより小さくなるため，金環食（金環日食）になる。

入試では 日食はどのようにしておこるか，また太陽が欠けていく理由についての説明のほか，見かけの大きさが等しいことから，日食を利用して地球から月までのきょりを求める計算問題も出題されています。

3 地球のようすと動き

発展 6年 5年 4年 3年

1 地球上での位置の表し方★

地球上での位置は**緯度**と**経度**で表すことができる。

●**緯　度**……地球を南北に分ける角度のこと。赤道は緯度0°である。赤道より北を北緯，赤道より南を南緯という。北緯90°が**北極点**，南緯90°が**南極点**である。

●**経　度**……地球を東西に分ける角度。北極点，南極点，イギリスの旧グリニッジ天文台（ロンドン）を結ぶ線を経度0°の経線（本初子午線）とする。この線より東側を東経，西側を西経という。

東京は北緯36°，東経140°である。

地球は球形であるため，緯線どうしの間かくは緯度1°につき約111 kmと一定だが，経線どうしの間かくは，赤道から南北に遠ざかるにしたがってせまくなる。赤道で約111 km，東京で約91 kmである。
↳経度1°あたりのきょより

参考 日付変更線
ほぼ経度180°の地点を結ぶ線に定められている，時差による日付のずれをなくすために考え出された線のこと。

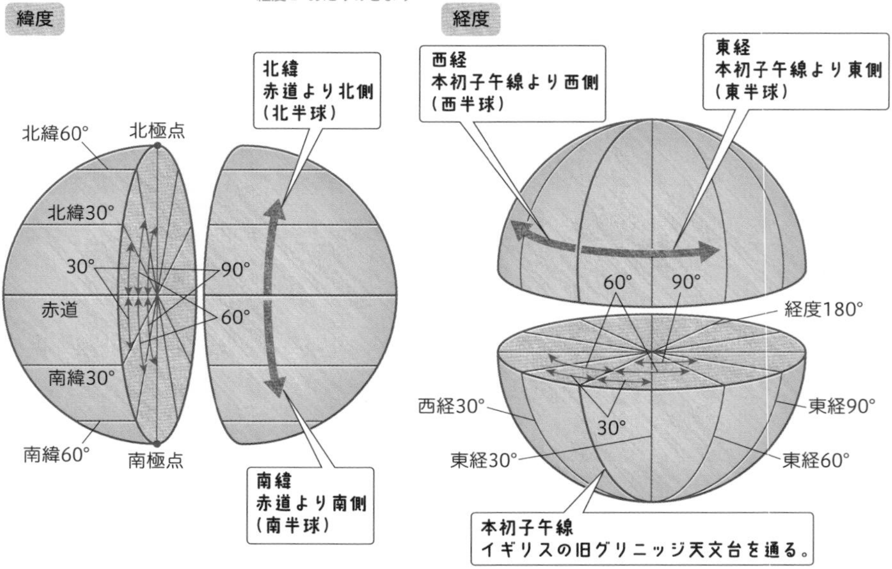

▲ 緯度と経度

雑学ハカセ 旧グリニッジ天文台を通る経線を経度0°と決めたのは19世紀です。当時のイギリスは世界でいちばん強くて栄えていた国だったため，世界のいろいろな基準を決める力をもっていました。

2 時　差★

地球上では，ある地点で真昼（午前 12 時）でも，180° はなれた地球の反対側では真夜中（午前 0 時）であるというように，場所によって時刻がちがう。このように 2 地点間では時間のずれがあり，これを**時差**という。

180° で 12 時間ちがうので，経度 15° が 1 時間の時差（180°÷12＝15°）になる。

▶**時差の求め方の例**…イギリスのロンドンと日本の明石（日本では東経135° の経線が通る明石を時間の基準としている）は 135° はなれているので，135°÷15°＝9 より，9 時間の時差がある。

日本のほうが東にあるので，日本（明石）が午前 12 時のとき，ロンドンは 9 時間おそい午前 3 時である。

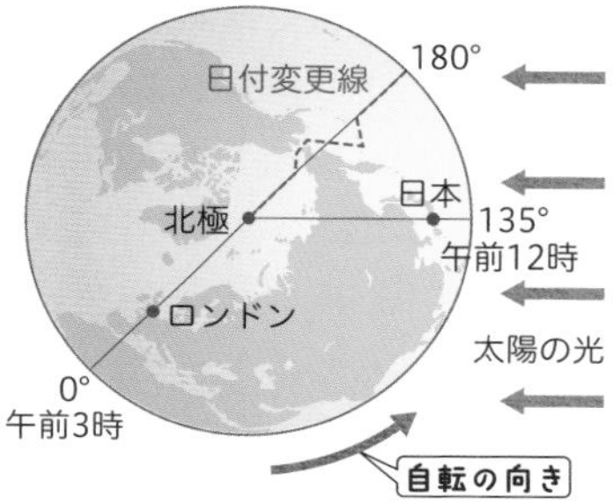

▲ 時　差

3 地球の自転★

地球は 1 日に 1 回，地軸を中心に西から東（北極側から見て左まわり）に向かって回転している。これを地球の**自転**という。1 日 24 時間（正確にいえば 23 時間 56 分 4 秒）で 1 回転（角度では 360°）するので，1 時間では 15°（360°÷24＝15°）回転する。地球が西から東へ回っているので，星や太陽は東から西に動くように見える。

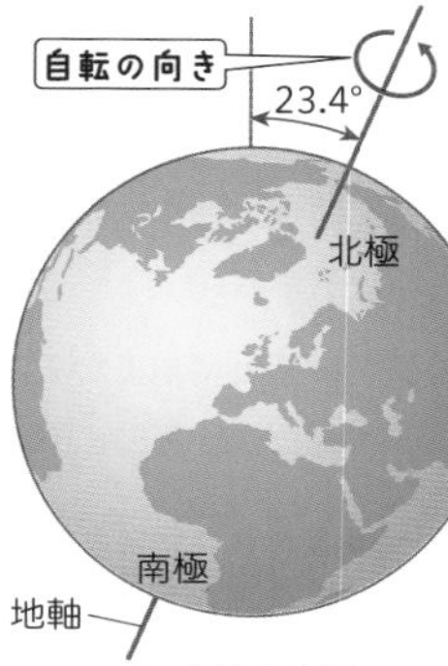

▲ 地球の自転

4 地球の公転★★

天体がほかの天体のまわりを回ることを**公転**といい，地球は太陽のまわりを 1 年間かけて公転している。地球が公転していく通り道を公転き道といい，公転き道がつくる面を公転面（公転き動面）という。

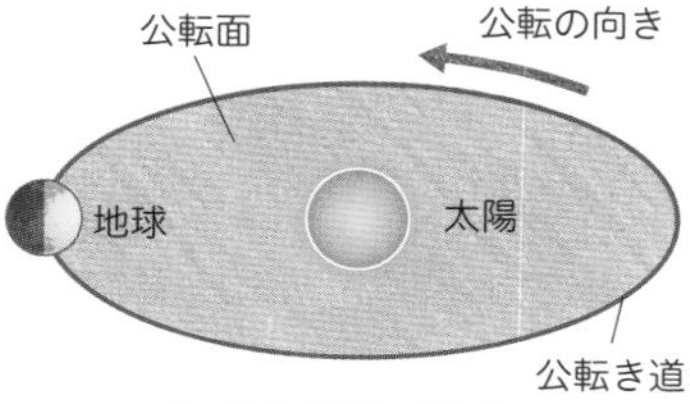

▲ 公転き道と公転面

雑学ハカセ
地球は太陽のまわりを，約 1 年かけて公転しています。これは，日数にすると約 365.2422 日となります。1 年を 365 日とすると 0.2422 日分のずれが生じてしまうため，4 年に一度うるう年を設けています。

5 季節の変化と太陽の南中高度★★★

地球は地軸をかたむけたまま太陽のまわりを公転しているので，1年を通して太陽の南中高度や昼の長さが変化する。そのため日光の量（熱の量）が変わって気温が変化する。それが季節の変化の原因である。

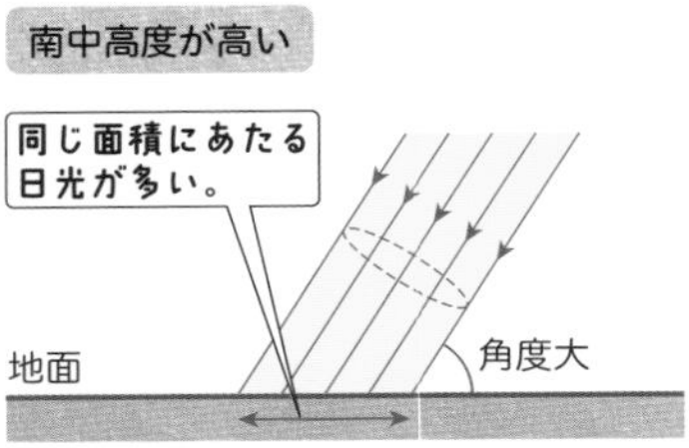

6 太陽の高度と気温★★

日光によって地面があたためられ，地面からの熱により空気があたためられて気温が上がる。同じ面積でも太陽高度が高い（垂直に近い）ほどたくさんの日光があたるため，太陽の南中高度の高い夏のほうが低い冬よりも気温は高くなる。

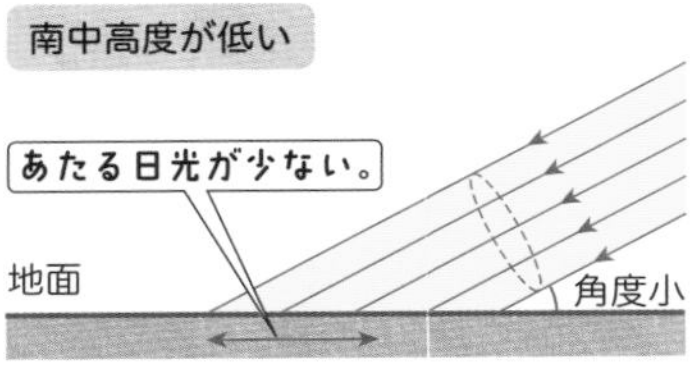

▲ 南中高度と受ける熱

7 季節による太陽の南中高度のちがい★★★

北半球では，夏は地軸の北側が太陽のほうにかたむくので太陽の南中高度が高くなる。南中高度がいちばん大きくなるのが**夏至**の日である。逆に冬は，地軸の北側が太陽と反対側にかたむくので，太陽の南中高度は低くなる。南中高度がいちばん小さくなるのが**冬至**の日である。**春分**の日と**秋分**の日は太陽に対して地軸はかたむいていない。

※地軸は公転面と垂直な線にたいして23.4°かたむいている。

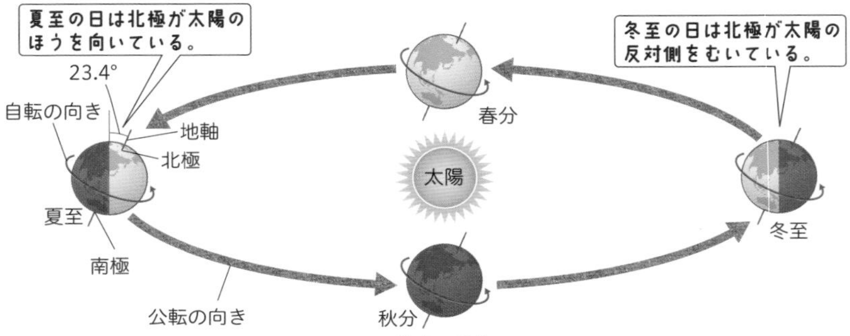

▲ 地球の動き

パワーアップ
南半球は北半球とは日光のあたり方が逆になるので，北半球が夏のとき南半球では冬になり，北半球が冬のとき南半球では夏になります。

❶太陽の南中高度……北半球では，夏は高く（夏至の日が最も高い），冬は低い（冬至の日が最も低い）。春・秋はその中間になる。

ズームアップ 季節と気温の変化 ➡p.199

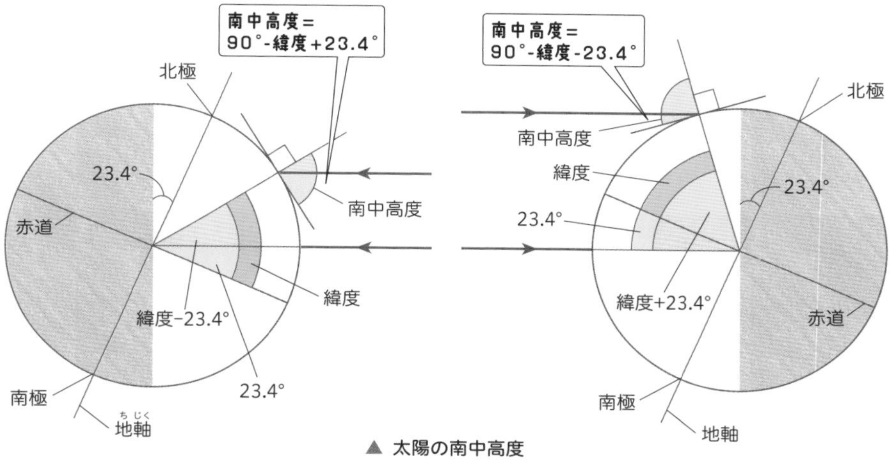

▲ 太陽の南中高度

❷季節と昼の長さ……夏至の日は，日の出がはやく，日の入りがおそいため，昼が長い。北極けんでは1日中太陽がしずまない白夜になり，南極けんでは1日中太陽が出てこない極夜になる。冬至の日は，日の出がおそく，日の入りがはやいため，昼が短い。北極けんでは極夜に，南極けんでは白夜になる。春分・秋分の日は昼と夜の長さが同じになる。

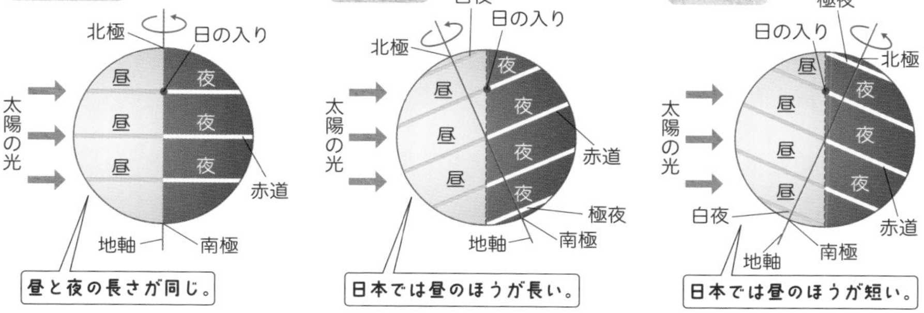

▲ 季節と昼の長さ

雑学ハカセ 季節の変化は地軸が公転面に対して垂直ではなく，かたむいているためにおこります。地球の地軸が水星や金星のように公転面に対して垂直であるならば，季節の変化はおこりません。

4 太陽系と宇宙の広がり

発展 6年 5年 4年 3年

1 太陽系★

●**太陽系**(たいようけい)……**太陽**(こう星である)とそのまわりを回っている天体を合わせて**太陽系**とよぶ。太陽系は内側から順に**水星**，**金星**，**地球**，**火星**，**木星**，**土星**，**天王星**，**海王星**という8つのわく星と，**小わく星**，**衛星**(えいせい)，**すい星**からなる。

ズームアップ
• こう星とわく星 ➡p.272
• 小わく星 ➡p.310
• すい星 ➡p.273, 310

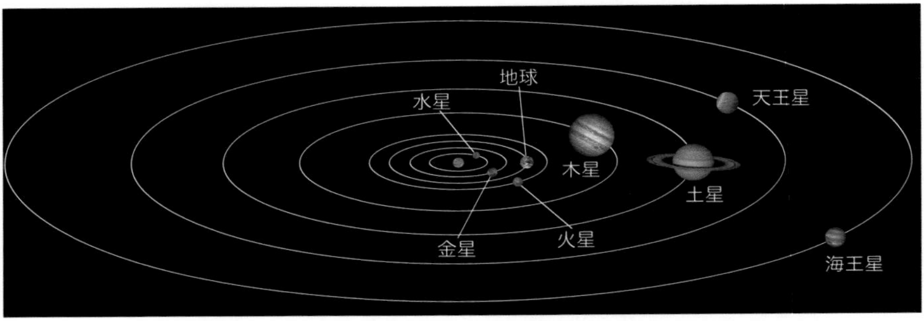

▲ 太陽系のわく星

●**わく星の公転**(こうてん)**とその周期**……太陽系のわく星はすべて，北極側から見て左(反時計)まわりに公転している。

　また，地球の公転周期は約1年であるが，ほかの太陽系のわく星の公転周期は異(こと)なる。太陽に近い所を公転しているわく星ほど公転周期は短くなり，太陽から遠い所を公転しているわく星ほど公転周期は長くなる。例えば，水星の公転周期は約88日であるが，海王星の公転周期は約165年である。

ことば **公転周期**
わく星が太陽のまわりを回るのにかかる時間，または衛星がわく星のまわりを回るのにかかる時間。

●**内わく星と外わく星**……地球よりも太陽に近いき道を公転している水星と金星を**内わく星**，地球よりも太陽から遠いき道を公転している火星，木星，土星，天王星，海王星を**外わく星**とよぶ。内わく星は，地球からは太陽の近くに見ることができる。

雑学ハカセ
小わく星は地球に近づいてくることもあります。6600万年前に恐竜(きょうりゅう)が絶(ぜつ)めつしたのは小わく星のしょうとつによるものとされています。

2 金 星★★★

金星は月と同じように満ち欠けをする。下の図は地球から見た金星の動きと見え方を示している。地球からのきょりが近いほど大きく欠けて見え，遠いほど小さく見え，欠け方も小さい。

●**内合と外合**……太陽—金星—地球の順でならんだときを**内合**という。このときは，金星のかげの面が地球に向いているため，暗くて見えない。地球—太陽—金星の順でならんだときを**外合**という。このときも，太陽が明るくて見えない。内合から外合までの間は，日の出よりはやく東の空からのぼるので「**明けの明星**」として東の空にかがやく。外合から内合までの間は，日の入りよりもおそく西の空にしずむので，「**よいの明星**」として西の空にかがやく。

参考 金星の見え方
金星は地球より内側（太陽側）を公転しているため，太陽の反対側となる真夜中には見ることができない。最も明るく見えるときは約 −4.6 等星という，太陽，月についで明るく見える天体である。

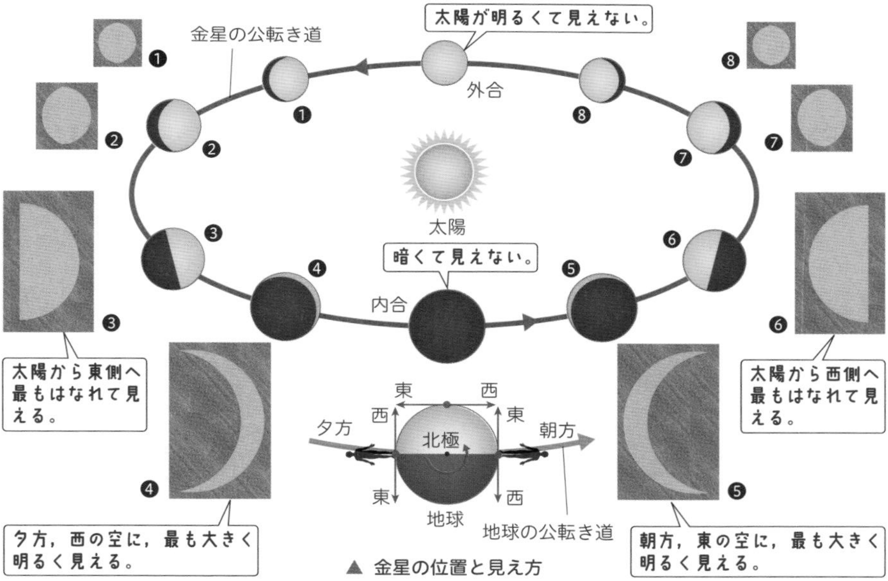
太陽が明るくて見えない。
金星の公転き道
外合
太陽
暗くて見えない。
内合
太陽から東側へ最もはなれて見える。
太陽から西側へ最もはなれて見える。
東
西
夕方
朝方
北極
地球
地球の公転き道
夕方，西の空に，最も大きく明るく見える。
朝方，東の空に，最も大きく明るく見える。

▲ 金星の位置と見え方

明けの明星
東
西
よいの明星

▲ 地球にいる人から見た明けの明星とよいの明星

雑学ハカセ
金星は白く美しいため，美の女神であるビーナスという名まえでよばれています。その白さはリュウ酸という強い酸の雲におおわれているためです。

●**金星の特ちょう**……金星の大気は二酸化炭素がおもであり，大気圧が約 90 気圧（地球の水深 900 m にあたる）と非常に高い。また大気の上層には厚いリュウ酸の雲があり，それが太陽の光により白くかがやいて見える。二酸化炭素は熱をにがしにくい温室効果があるため，金星の表面の温度は 460 ℃ に達する。

ことば リュウ酸
強い酸で，鉄やあえんをとかすことができる。

3 火　星★★

地球のすぐ外側を公転するわく星で，金星のように満ち欠けはしない。

●**しょうと合**……太陽―地球―火星の順にならんだときを**しょう**といい，このとき，火星は最も地球に近づくので，明るく大きく見える。しょうのときの火星は夕方に東の空からのぼり，真夜中に南中し，朝に西の空にしずむ。地球―太陽―火星の順にならんだときを**合**といい，このとき太陽の光にかくされて火星は見えない。

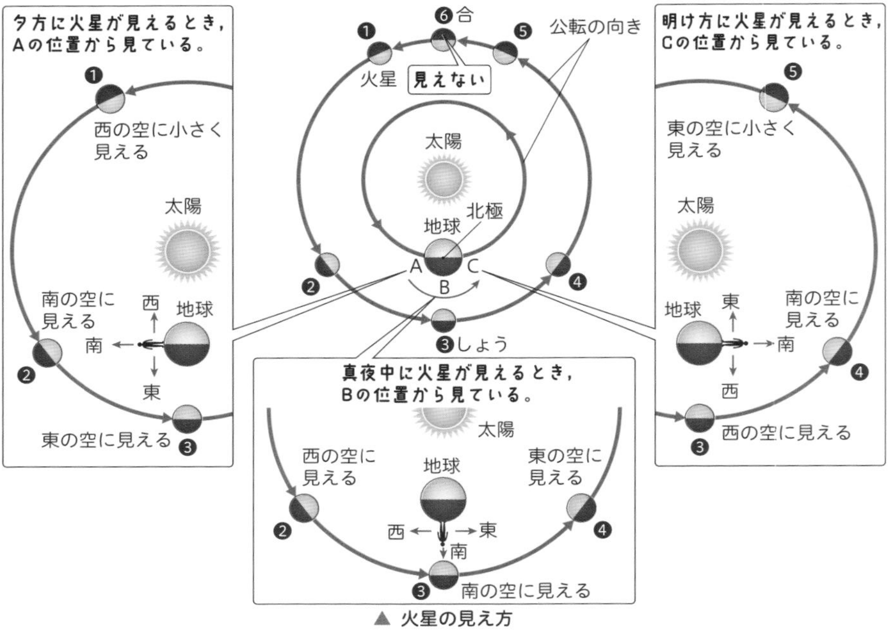

▲ 火星の見え方

雑学ハカセ
火星は，赤く血の色に見えるため，マーズ（戦いの神）とよばれます。これは表面の岩石の酸化鉄（鉄がさびたもの）が赤いからです。

●**火星の動きと見え方**……下の図は地球から見た火星の位置を示している。

地球が公転き道の❶の位置にあり，火星が火星の公転き道上の❶の位置にあるとすると，地球から見た火星の位置は，天球上の❶の位置にあるように見える。(天球を，火星の位置をうつすスクリーンと考えるとよい。) 地球も火星も同じ向きに公転しているので，地球の位置が❶→❷→❸，火星の位置が❶→❷→❸と移動していくと，天球上では火星が西から東へと移動していくように見える(地球から見て右手側が西，左手側が東)。このような動きを**順行**という。しかし，地球は火星を追いこしていくので，❹，❺，❻の位置では逆に東から西へと火星が天球上を動くように見える。このような動きを**逆行**という。

順行と逆行は火星だけではなく，木星，土星などすべての外わく星で観測できる。

参考 **留**
わく星の運動がとまっているように見えるときのこと。順行と逆行の間におこる。

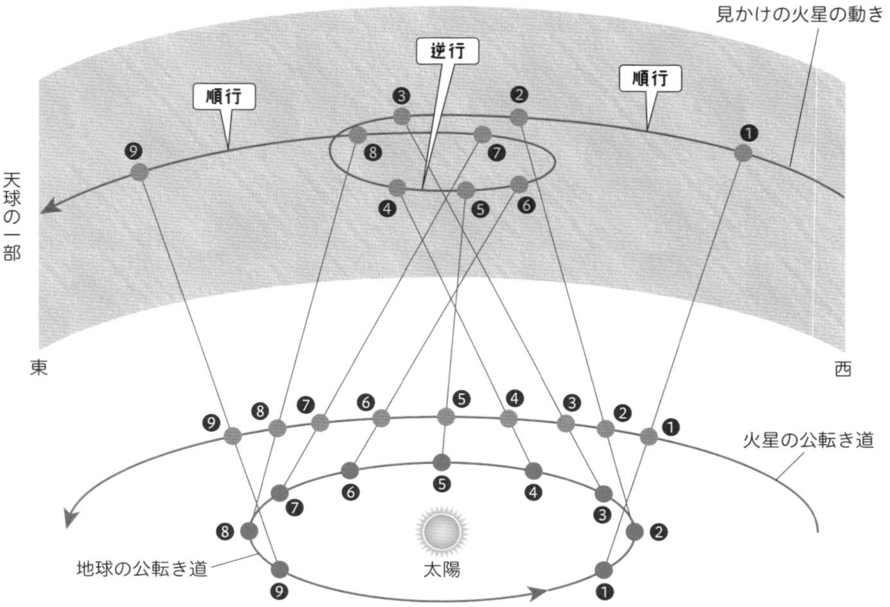

▲ 火星の動きと見え方

雑学ハカセ わく星は英語でplanetといいます。このことばの語源は，ギリシャ語の「さまようもの」です。わく星はこう星とちがい，天球上を移動し，逆行のような複雑な動きをするためです。

●火星の特ちょう……火星の大気は二酸化炭素がおもである。また，極は二酸化炭素の氷でおおわれているため，白く見える。表面の多くは酸化鉄（鉄がさびたもの）を多くふくむ岩石のため，赤く見える。地表には水の流れでできたと思われる谷があり，過去には液体の水が豊富にあったと考えられている。

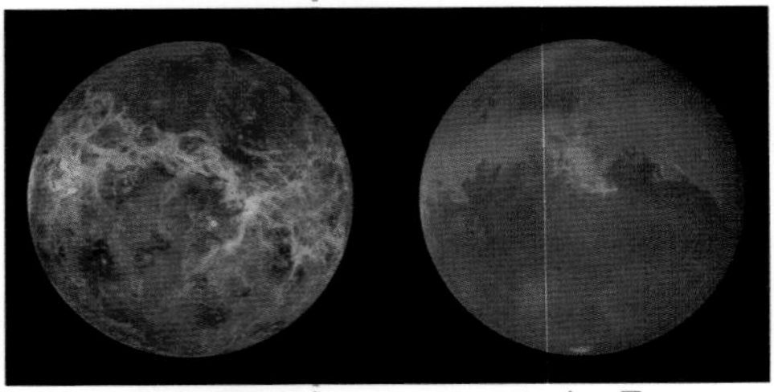

▲金　星　　▲火　星

4 わく星の種類★

●地球型わく星……中心部に鉄とニッケルをおもな成分とする**かく**があり，そのまわりが岩石からなるマントル，いちばん外側（表面）がやはり岩石からなる地かくでおおわれており，うすい大気をもつ。半径や質量が小さく，密度が大きい。衛星は少なく，地球は月のみで，火星は2個，金星と水星には衛星はない。太陽系の内側にある**水星**，**金星**，**地球**，**火星**がふくまれる。

●木星型わく星（きょ大ガスわく星）……中心部が岩石・鉄・ニッケルからなるかく，そのまわりが液体金属水素，そのまわりが液体水素，いちばん外側が水素とヘリウムのガスからなる大気でおおわれている。半径や質量は大きいが，水素やヘリウムが多いため，密度は小さい。多数の衛星（木星は79，土星は65）をもつ。**木星**と**土星**がふくまれる。

●天王星型わく星（きょ大氷わく星）……中心部が岩石・鉄・ニッケルからなるかく，そのまわりがメタンや水，アンモニアの氷，いちばん外側が水素とヘリウムのガスからなる大気でおおわれている。木星・土星と同じく半径や質量は大きいが，密度は小さい。多数の衛星（天王星は27，海王星は14）をもつ。**天王星**と**海王星**がふくまれる。

参考　かく・マントル・地かく
地球を例にとると，中心部に重い（密度の大きい）金属からなるかくがあり，表面には軽い（密度の小さい）花こう岩やげん武岩をおもとした地かくがある。その中間にはカンラン岩をおもとした，かくよりも密度が小さく，地かくよりも密度が大きいマントルがある。これは，わく星の形成初期に重いものが中心にしずみ，軽いものが表面にうき上がることによってできた構造である。

参考　液体水素・液体金属水素
水素は地球上ではガスだが，木星や土星では，高い圧力のため，地表面から約100 kmより深い所では液体になっている。約2万kmより深くなると非常に高い圧力のため電気を通すことができる液体金属水素になる。

雑学ハカセ　めい王星は，2006年まで太陽系の第9番わく星とされていましたが，めい王星と同じような大きさの天体が多く見つかったことから，現在は準わく星とされています。

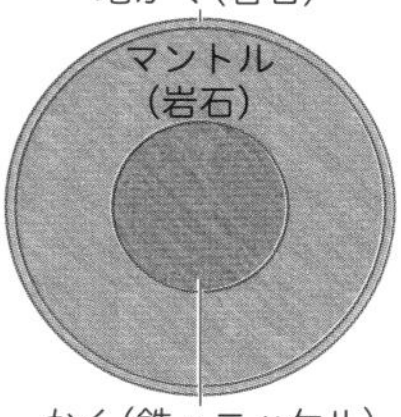

▲ 地球型わく星

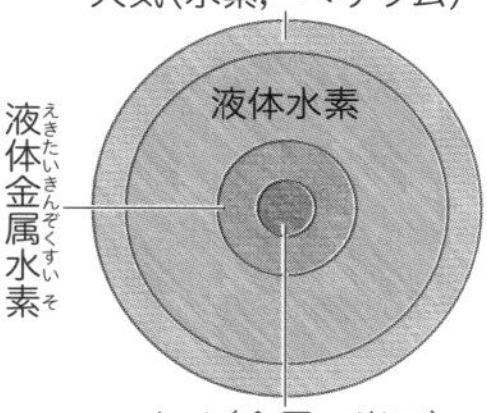

▲ 木星型わく星

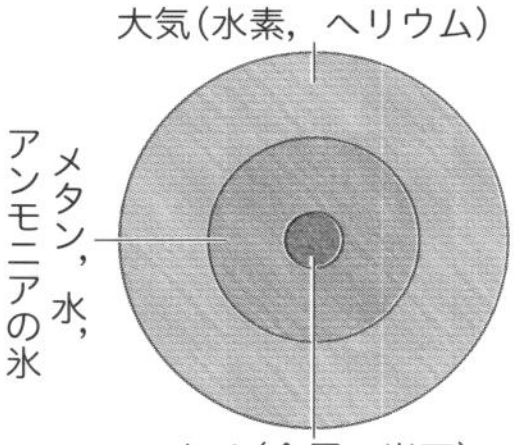

▲ 天王星型わく星

5 その他のわく星★

●**水　星**……わく星の中で最も小さく，太陽に近いわく星。表面は多数のクレーターでおおわれている。重力が小さいため，大気を重力によって引きつけることがほとんどできず，ごくうすい大気しかない。そのため，表面の温度は太陽に向いた側で約 400 °C，太陽と反対側で約 −200 °C と温度差が大きい。

●**木　星**……わく星の中で最も大きく，体積は地球の約 1320 倍だが，ガスわく星で密度は小さいため，質量は地球の約 318 倍になる。大気の表面にはしま模様があり，**大赤斑**が見られる。

●**土　星**……太陽系の中でいちばん密度が小さい。岩石や氷のつぶからなるリング(環)を持つ。

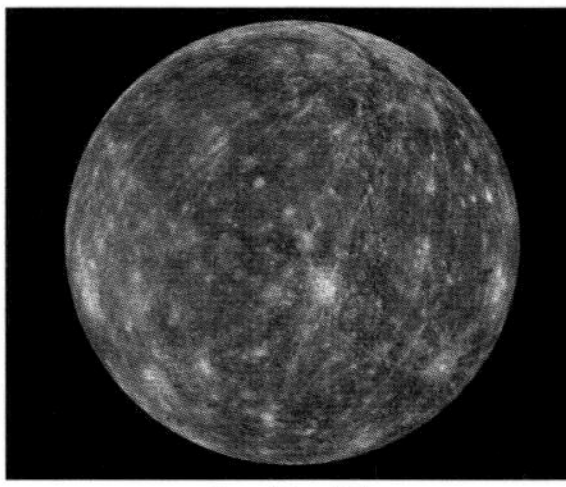
▲ 水　星

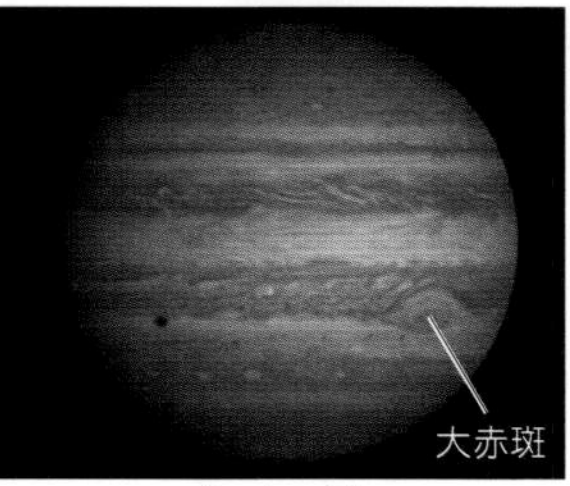

▲ 木　星

▲ 土　星

ことば
• クレーター
いん石などの天体がしょうとつしてつくられる地形。
円形のくぼ地とそれを囲む山からなることが多い。月や水星には多数のクレーターが見られる。

• 大赤斑
2 万 km くらいの大きさのきょ大なうずまき。赤い色をしていることから，大きな赤い斑点という意味で大赤斑と名づけられた。

パワーアップ
水星や月にクレーターがたくさんあるのに，地球ではあまり見られないのは，水や空気(風)によってけずられてしまうことと，火山や断層運動などによる地形の変化によってクレーターがなくなってしまうことが理由です。

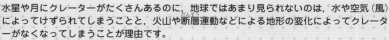

●**天王星**……天王星の最大の特ちょうは，横だおしになっていることである。つまり，自転軸と公転面がほぼ平行になっている。これは初期の天王星に地球ほどの大きさの天体がしょうとつし，そのしょうげきで横だおしになったのだと考えられている。大気にふくまれるメタンにより青みがかった色をしている。複数のリング（環）をもっている。

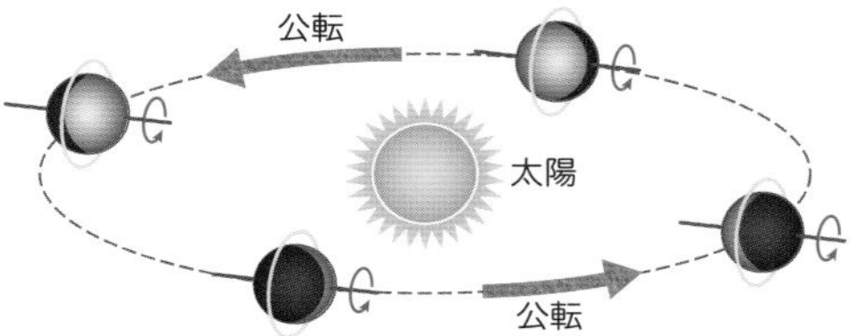

▲ 天王星の公転

●**海王星**……太陽から最も遠いわく星。天王星と同じように，大気にふくまれるメタンにより青みがかった色をしている。複数のリング（環）をもっている。

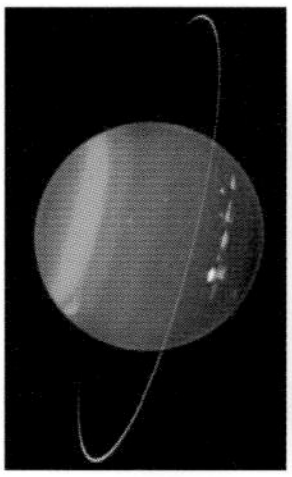
▲ 天王星

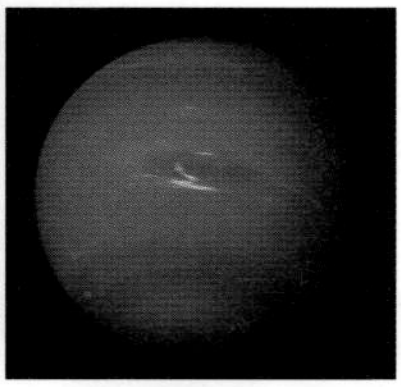
▲ 海王星

●**小わく星**……太陽のまわりを回る小天体で，30 万個以上発見されている。おもに火星と木星の間に存在するが，地球に近づくものもあり，恐竜の絶めつは小わく星が地球にしょうとつしたためとされている。

●**すい星**……太陽のまわりを回る小天体で，水やメタンなどの氷を多くふくむため，太陽に近づいたときに氷が熱せられ，気体になってかく（すい星の本体）をおおう大気となる。これをコマとよぶ。コマは，太陽から流れてくるりゅうし（太陽風）や光の圧力によって太陽と反対側になびく。これを尾とよぶ。

ズームアップ 公転面 ➡p.301

参考 準わく星
準わく星は，①太陽の周囲を公転し，②じゅうぶん大きいため自分の重力でほぼ球形をし，③自分のき道からほかの天体を掃き出すことができなかった天体だと定められている。めい王星やエリス，ケレスなどがふくまれる。

パワーアップ
約 6600 万年前の恐竜の絶めつをもたらしたのは，メキシコの沖合でおこった直径約 10 km の小わく星のしょうとつで，しょうとつで巻き上げられたちりが地球をおおって，寒冷化がおこったとされています。

入試のポイント

絶対暗記ベスト3

1位 **月の満ち欠け**　月は地球のまわりを公転しているため，月の明るい面(太陽の光があたっている面)の見え方が変わる。新月から始まり，右側から満ちていって三日月→上げんの月(右半分の半月)→満月となり，右側から欠けていって下げんの月(左半分の半月)→新月と約 29.5 日でもとにもどる。

2位 **月の出と月の入り**　月の形によって，月の出と月の入りの時刻がちがう。

3位 **金　星**　金星は，地球より内側で太陽のまわりを公転している内わく星で，太陽よりも西にあるときは「明けの明星」，東にあるときは「よいの明星」となる。

1 月の満ち欠けと月の出・月の入り

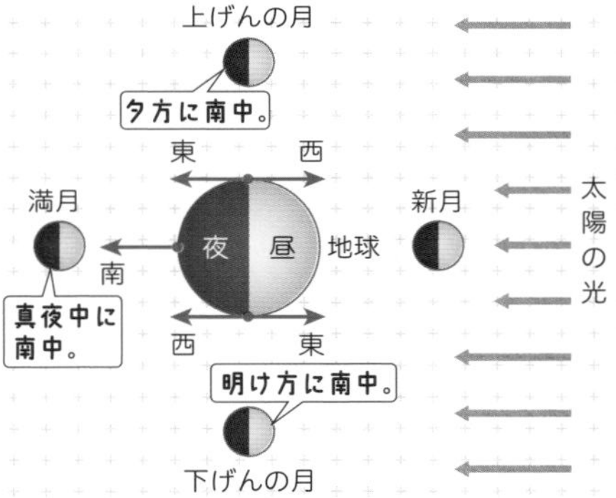

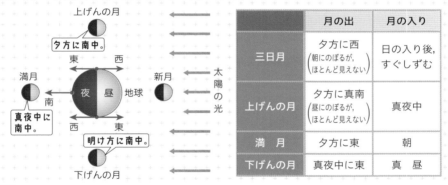

	月の出	月の入り
三日月	夕方に西 (朝にのぼるが，ほとんど見えない)	日の入り後，すぐしずむ
上げんの月	夕方に真南 (昼にのぼるが，ほとんど見えない)	真夜中
満　月	夕方に東	朝
下げんの月	真夜中に東	真　昼

2 金　星

金星が太陽より西にあるときは，明け方，太陽よりはやくのぼるので，「明けの明星」，金星が太陽より東にあるときは，夕方，太陽よりおそくしずむので，「よいの明星」となる。

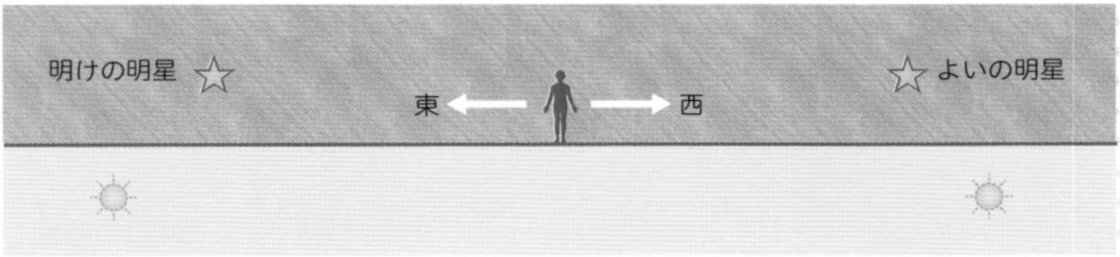

重点チェック

□	❶ 太陽はおもに［　　］とヘリウムのガスでできています。	❶水　素　p.290
□	❷ 太陽の表面に見られる黒いしみのようなものを［　　］といい，その動きによって太陽が［　　］していることがわかります。	❷黒点，自転　p.290, 291
□	❸ 月の表面には，［　　］のしょうとつによりできた丸い穴(あな)である［　　］がたくさん見られます。	❸いん石，クレーター　p.292
□	❹ 月の表面の黒く見える部分を［　　］といいます。	❹海　p.292
□	❺ 満月は［　　］側から欠けていき，約1週間で下げんの月になります。	❺右　p.294
□	❻ 太陽と同じ方向にあるため，見えない状態(じょうたい)の月を［　　］といい，月齢(げつれい)は［　　］です。	❻新月，0　p.294
□	❼ 同じ時刻(じこく)の月の位置は約12°ずつ［　　］へずれていきます。	❼東　p.295
□	❽ 満月は［　　］に南中します。	❽真夜中　p.296
□	❾ 地球が太陽と月の間にきて，月が地球のかげにかくされることを［　　］といいます。このときの月は［　　］です。	❾月食，満月　p.298
□	❿ 月が太陽と地球の間にきて，太陽が月にかくされることを日食といいます。このときの月は［　　］です。	❿新　月　p.299
□	⓫ 北半球で太陽の南中高度がいちばん低いのは［　　］の日で，このときの南中高度の求め方は，90°－その土地の緯度(いど)－［　　］°です。	⓫冬至(とうじ)，23.4　p.302, 303
□	⓬ 火星や木星のように，地球のき道よりも外側のき道を回っているわく星を［　　］といい，金星や水星のように，内側のき道を回っているわく星を［　　］といいます。	⓬外わく星，内わく星　p.304
□	⓭ 金星が太陽より西にあるときは明け方に見えるので［　　］といい，東にあるときは夕方に見えるので［　　］といいます。	⓭明けの明星，よいの明星　p.305

チャレンジ！ 思考力問題

レベル3　レベル2　**レベル1**

●図は，ある冬の日の午後９時に千葉県で観察した半月のようすをスケッチしたものです。次の問いに答えなさい。

【東邦大付属東邦中-改】

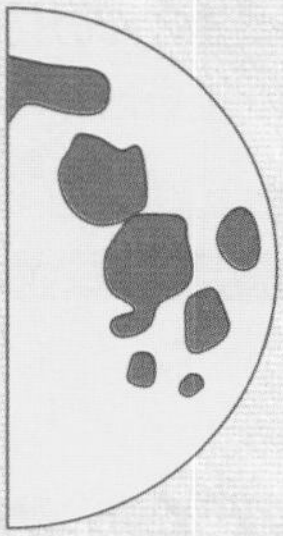

⑴ この半月はどの方位の空に見えましたか。最も適切なものを次の**ア**～**エ**から１つ選び，記号で答えなさい。

ア 北　東　**イ** 北　西　**ウ** 南　東　**エ** 南　西

⑵ オーストラリアのシドニーで同じ日の午後９時（現地での時間）に月を観察しました。この月について，見える方位を**ア**～**エ**から，明るい部分の形を**オ**，**カ**から選び，記号で答えなさい。

【方位】

ア 北　東　**イ** 北　西　**ウ** 南　東　**エ** 南　西

【明るい部分の形】

オ

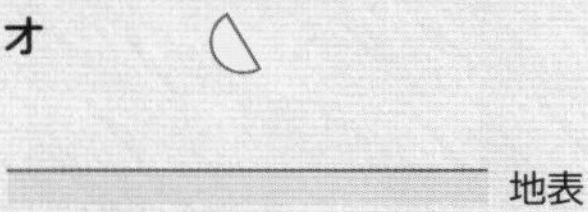

カ

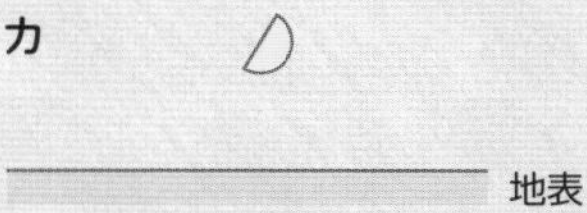

キーポイント

- この半月は上げんの月である。上げんの月は，太陽から６時間おくれて動く。
- 南半球では，月も太陽も東から出て北の空にのぼり，西の空にしずむ。月の見え方は上下左右が逆(ぎゃく)になる。

正答への道

- 上げんの月は，昼に東からのぼり，夕方に南中し，真夜中に西の空にしずむ。午後９時は夕方と真夜中の中間なので，月は南西に見える。
- 南半球では，月も太陽も東からのぼり，北の空を通って西の空にしずむ。上げんの月は北半球では問題の図の**カ**のように右側が光って見え，右側を下にしてしずんでいくが，南半球では，図のように人の立っている方向が北半球と逆(ぎゃく)であるため，上下左右が逆転して見え，月の左側が光って見え，左側を下にしてしずんでいく。

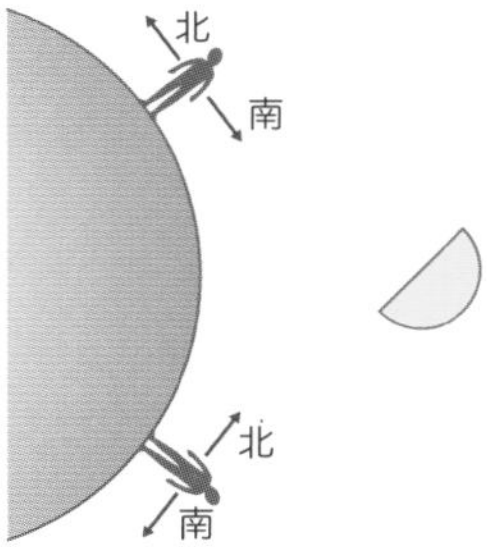

答え

⑴ エ　⑵ 方位―イ　形―オ

チャレンジ！ 作図・記述問題

レベル3
レベル2
レベル1

●上げんの月のとき，月から地球を見るとどのような形に見えると考えられますか。その地球の形を図に示(しめ)しなさい。図をかくとき，図のかたむきは問いません。

【桐蔭学園中】

キーポイント

- 上げんの月のときの，地球—太陽—月の位置関係をまず図に表す。
- 次に月から地球を見たとき，太陽の光がどの方向から地球を照らすかを考える。

正答への道

月と地球の位置関係を図にすることが基本で，図は北極側から見た図である。

図のように月が②の位置にきたときが上げんの月である。上げんの月のAの位置から地球を見ると，地球の左半分が太陽に照らされているので，月でいうと下げんの月のように見える。満月の位置（③の位置）から地球を見ると，地球のかげの面が向いているので，地球は見えない。これは月でいうと新月にあたる。下げんの月（④の位置）から地球を見ると，地球の右半分が太陽に照らされているので，月でいうと上げんの月のように見える。新月の月（①の位置）から地球を見ると，地球の太陽に向いた面が見えるので，地球は円形に見える。これは月でいうと満月にあたる。

また，月の公転周期と自転周期は等しいため，Aの位置から見た地球はいつも西の地平線に見えることになる。

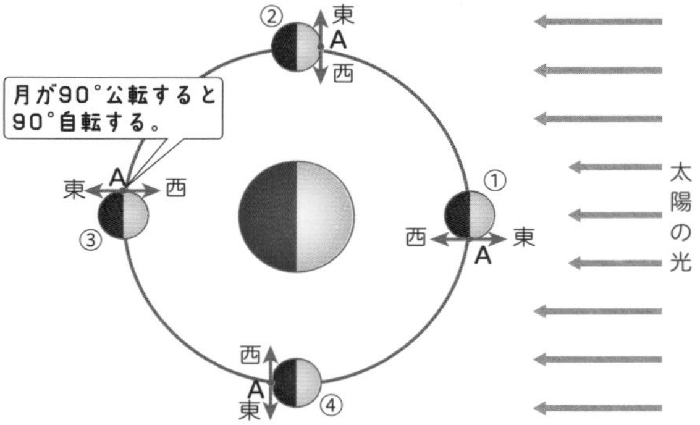

答え

第3編

エネルギー

ここからスタート！

第3編

エネルギー

第1章 光と音

光によってだまされる？

光がなければ，ものを見ることはできません。ものが見えるのは，光を直接見たり，ものにあたってはね返った光を見ているからです。また，光は折れ曲がることもあります。このため実際とはちがう位置にものがあるように見えることもあります。

学習することがら

1. 光の進み方
2. 光のあたり方と明るさ・温度
3. とつレンズ
4. 音の伝わり方
5. 音の反射と吸収

1 光の進み方

1 光の直進 入試重要度★★

●**光の直進**……雲の切れ間から，まっすぐに差しこむ日光が見られることがある。このように，光は空気中や水中をまっすぐに進む性質をもっている。これを**光の直進**という。

2 光の反射★★★

●**光の反射**……光は，鏡やアルミニウムの板などにあたるとはね返り，進む向きが変わる。これを**光の反射**という。

光の反射を利用して，次のようなせん望鏡をつくることができる。

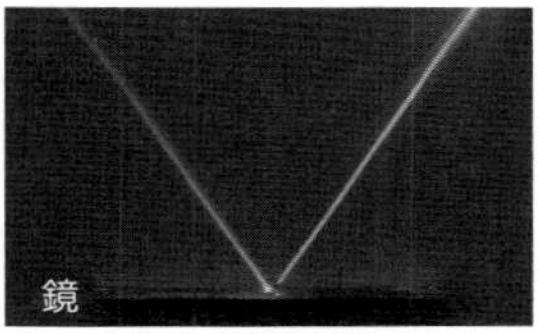

▲ 光の反射

実験・観察

鏡2枚でせん望鏡づくり

ねらい 鏡を利用して，光の反射のようすを調べる。

方 法 ①画用紙で，底面の1辺の長さが5 cmで高さが30 cmの四角柱をつくる。

②図のように四角柱の上下に光の出入り口をつくる。

③光の入り口と出口のおくに鏡をセロテープでとりつける。

④2枚の鏡の角度が何度のときに，外の景色が見えるか調べる。

注 意！ 四角柱を机の上にねかせて，光の出口からのぞいたとき，光の入り口の景色がよく見えるようになる角度にして2枚の鏡をセロテープでしっかりととめる。

結 果 2枚の鏡の角度は，光の方向にたいして45°になる。

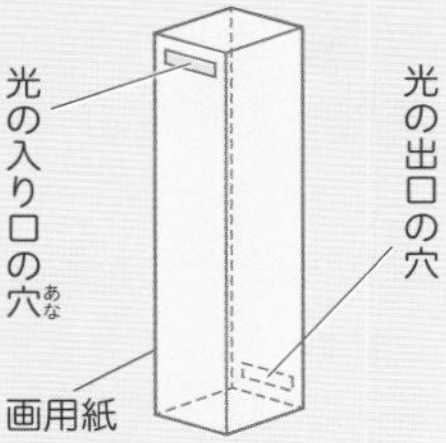

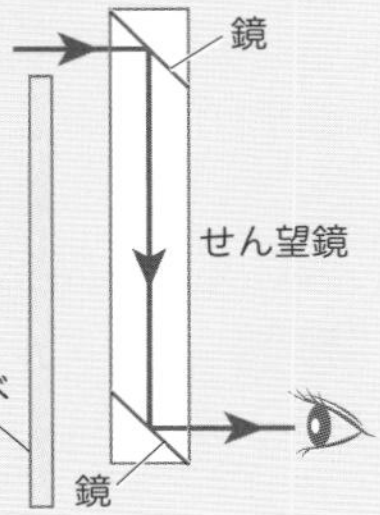

わかること 光は規則にしたがって反射する。

雑学ハカセ 鏡の歴史は古く，かつては金属の表面をみがいたものが使われていました。現在は，ガラスやプラスチックの表面にアルミニウムや銀などの金属をふきかけて鏡にしています。高級な鏡は銀のうすいまくが使われています。

●**光の反射の規則**……鏡などにあたる光（**入射光**）と反射する光（**反射光**）は，鏡と垂直な面にたいしていつも同じ角度である。

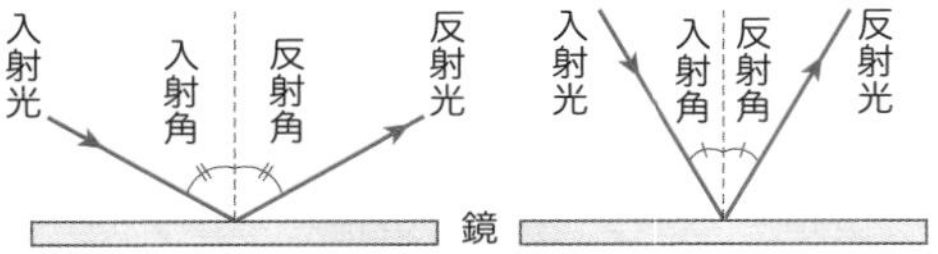

▲ 光の反射

3 光のくっ折★★★

●**光のくっ折**……光は，空気中や水中のようにいちような（→同じ質のもの）ものの中を進むとき直進する。しかし，空気中からガラス中，または水中へというように，質のちがうものへななめに出入りするときは，折れ曲がって進む。これを光のくっ折という。

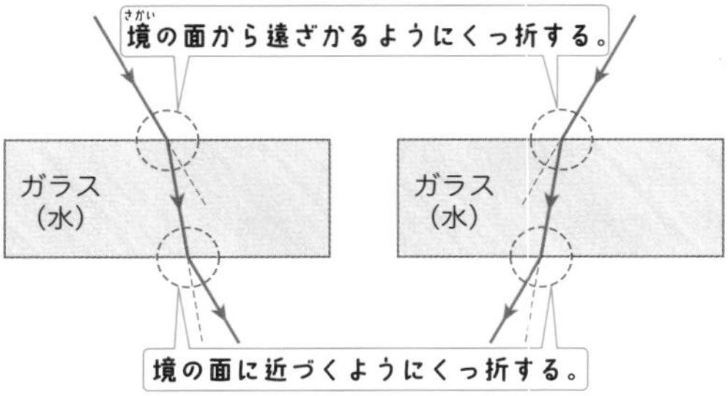

実験・観察

ガラス板を通る光のくっ折

ねらい 光のくっ折のようすを調べる。

準　備 台形ガラス，えん筆，方眼紙

方　法 ①台形ガラスを方眼紙の上に置き，その形を紙にうつしとる。

②図のように，台形ガラスの上の面よりおくにえん筆を置く。台形ガラスの下の面からえん筆をのぞき，えん筆があるように見えた場所に印をつける。また，そのときにのぞきこんだ場所にも印をつける。

③台形ガラスをとり，のぞきこんだ場所とえん筆があるように見えた場所を線で結ぶ。また，実際にえん筆があった場所からどう光が折れ曲がったか結んでみる。

結　果 えん筆からの光は，台形ガラスの所でくっ折している。

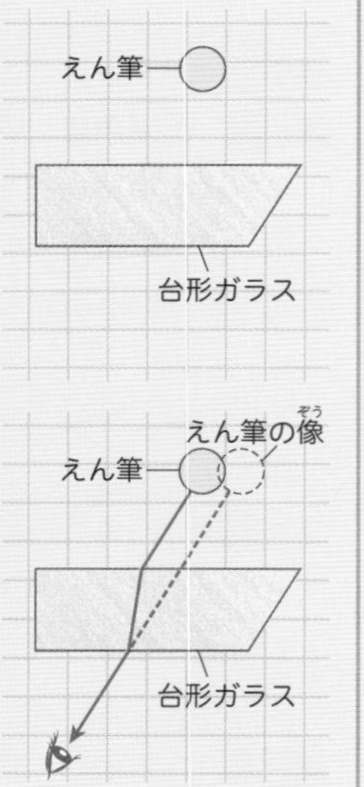

わかること 光は空気中からガラス中，またガラス中から空気中のように質のちがうものへななめに出入りするとき，折れ曲がって進む。

パワーアップ きれいな小川を上から見ると水底が浅いように感じます。1 m の深さの小川では，見かけの水深は約 77 cm になります。そのため，浅いように見える川でも実際にはとても深いことがあります。

▶**コインのうき上がり**……右の図のように，水の入っていない容器の底にコインを置いても見えないが，容器に水を入れると光がくっ折してコインがうき上がって見えるようになる。

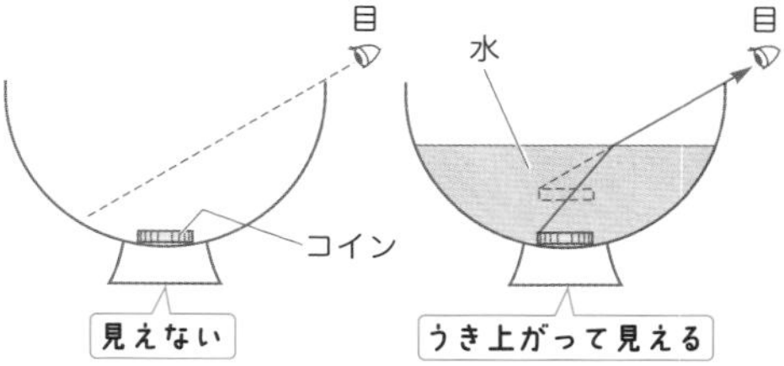

4 全反射★★

●**全反射**……光が水中から空気中へと進むとき，一部は反射され水中にもどり，また一部はくっ折して空気中に出る。入射角を大きくして約 49° 以上になると，光はすべて反射され空気中には出なくなる。このような反射を**全反射**という。光が空気中から水中に進むときは，全反射はおこらない。

▲ 全反射

全反射がおこる	光が水中から空気中に進む。
全反射がおこらない	光が空気中から水中に進む。

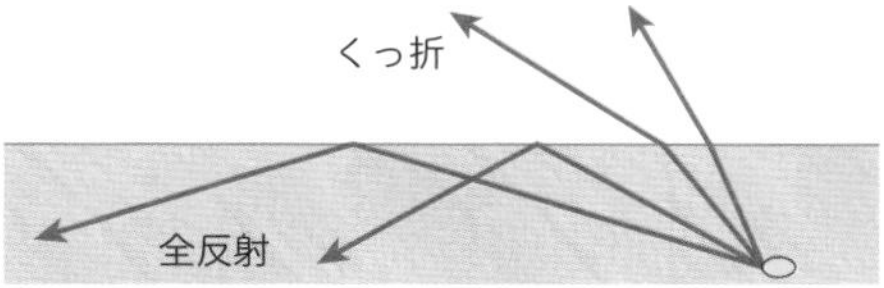

●**全反射の利用**……光ファイバーケーブルや胃カメラは全反射を利用している。全反射を利用すると，曲がりくねった線の中でも光を通すことができる。

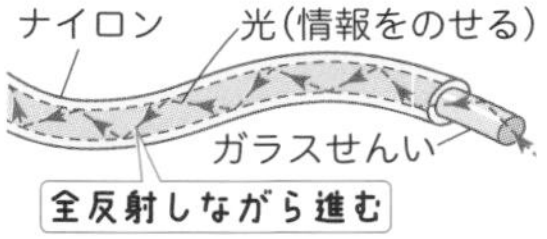

▲ 光ファイバーのしくみ

❶ **光ファイバーケーブル**…光ファイバーケーブルとは，１本のケーブルで同時にたくさんの情報を伝えることができるもので，光通信や LAN（ローカルエリアネットワーク）などで使用されている。光ファイバーケーブルに入った光は，ケーブルの中で反射（全反射）をくり返しながら進む。

▶ペットボトルに穴を開け，水が飛び出すようにしておき，飛び出る水のうしろからレーザー光をあてると水の中を光が全反射して進む。
└→光ファイバーはこれと同じしくみ

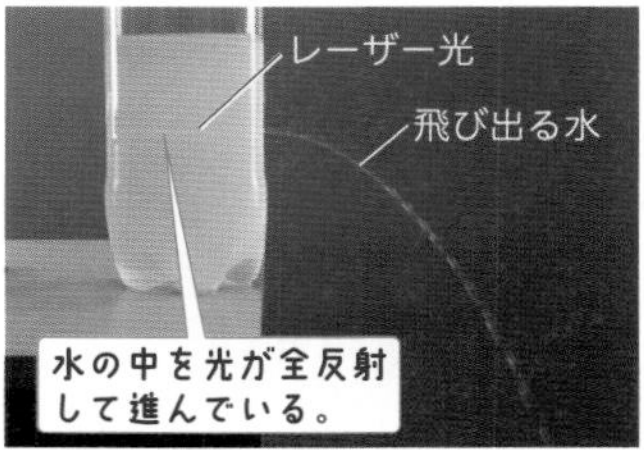

雑学ハカセ プールや海にもぐって，水中から空を見上げようとしても，全く見えないことがあります。これも，全反射によって水中から空気中に光が進まなくなったためにおこっている現象です。同じように，魚が入っている水そうを下から見上げると，水面に魚がうつることがあります。

❷ **胃カメラ**…光が細い管の中を全反射しながら進むことを利用した医りょう器具である。

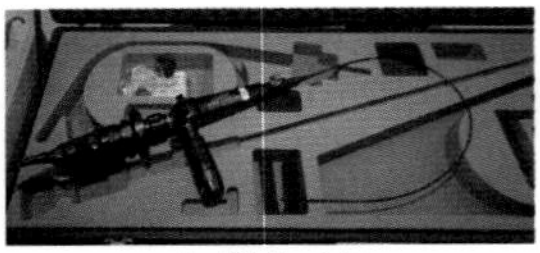
▲ 胃カメラ

5 鏡にうつる像★★★

●**像**……物体から出た光は，鏡で反射して目に届く。そのため，鏡にうつった物体は，鏡のおくにあるように見える。これを物体の像という。

実験・観察

鏡にうつった像

ねらい 光の反射から，鏡にうつった像を調べる。

準　備 鏡，ろうそく，人形，方眼紙，定規

方　法 ①方眼紙に線をひき，その上に鏡をまっすぐたてる。鏡から 10 cm はなれた所にろうそくを置く。

②ろうそくに火をつけ，鏡にうつった像の位置にえん筆を置き，その場所を方眼紙に記録する。

③目の位置を変えて，鏡にうつった像の位置にえん筆を置き，その場所を方眼紙に記録する。

④ろうそくを人形に変え，鏡にうつった人形のようすを調べる。

結　果 鏡にうつった像は，鏡にたいして線対称の位置にできる。

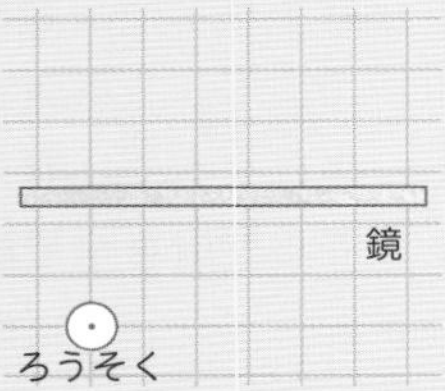

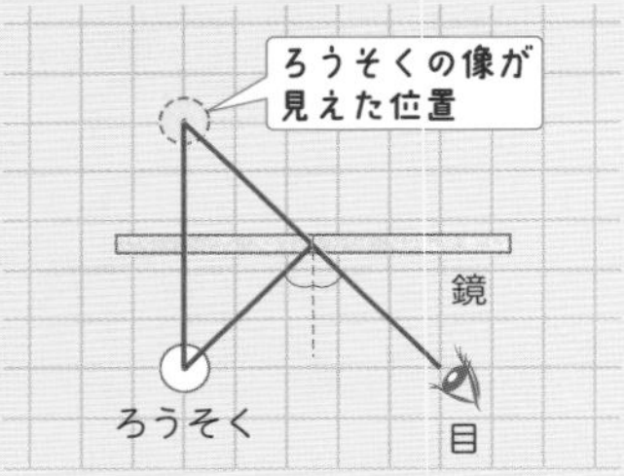

わかること ろうそくの像は，ろうそくから出た光が鏡に反射してできる。

●**鏡にうつる像の作図**……ろうそくから出た光は，鏡で反射して，その反射光が見ている人の目に届く。このとき，入射光と反射光は，入射角＝反射角 という反射の規則にしたがう。

▶ろうそくの像ができるようすは，次のようになる。

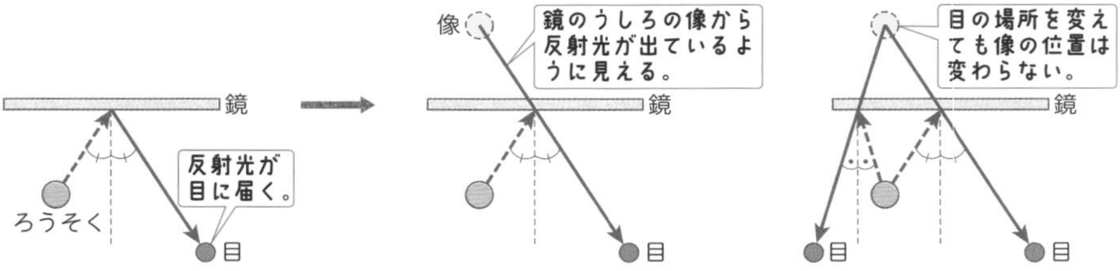

パワーアップ
鏡にうつる像は，物体から鏡までのきょりと鏡から像までのきょりが等しい位置にできます。うつる像は左右が反対になって見えます。鏡に向かって右手をあげると左手をあげているように見えるのはそのためです。

●**全身をうつす鏡の長さ**……鏡を使って全身をうつすために必要な鏡の長さは，身長の半分である。例えば，身長が160 cmなら，その半分の80 cmの鏡があれば全身をうつすことができる。このことは，鏡とうつす人のきょりが変わってもなりたつ。

この鏡の長さについて，算数で学習する図形の性質(せいしつ)「三角形の合同(ごうどう)」を使って調べてみる。

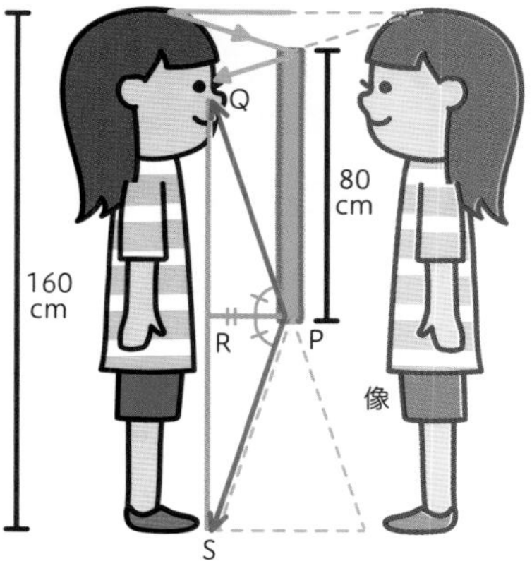

❶ 目から下の部分について，足のつま先（S点）から出た光が図の鏡のいちばん下（P点）で反射(はんしゃ)して目（Q点）に入っている。

❷ このときできる2つの三角形△PQRと△PSRは合同な三角形である。

以上のことから，SRの長さとQRの長さは等しいため，目からつま先までは，その長さの半分の鏡で見ることができる。

目から頭の先までについても，同じように2つの三角形の合同から，目から頭までの長さの半分の鏡で見ることができる。よって，全身をうつすためには身長の半分の長さの鏡が必要なことがわかる。

くわしい学習　三角形の合同

2つの三角形で，次の3つの条件(じょうけん)のうち，どれか1つがあてはまれば，これら2つの三角形は合同（ぴったりと重ね合わせることができる）である。

三角形の合同条件

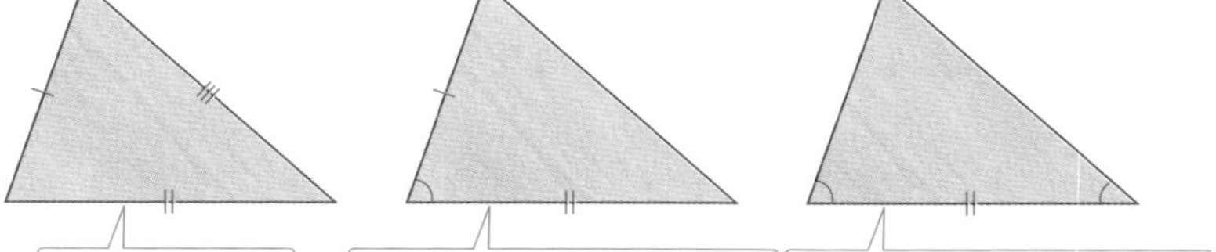

3つの辺の長さがそれぞれ等しい。

2つの辺の長さとその間の角の大きさがそれぞれ等しい。

1つの辺の長さとその両はしの角の大きさがそれぞれ等しい。

雑学ハカセ　紙や木材など，表面がでこぼこしている物体に光があたると，光はあらゆる方向に反射します。これを乱反射(らんはんしゃ)といい，乱反射することで，人の目にとらえられて物体が見えることになります。

2 光のあたり方と明るさ・温度

発展 6年 5年 4年 3年

1 鏡によって集められた光★

3枚の鏡を使って，日光を右の図のように反射させ重ね合わせると，Cの部分はA，Bの部分よりも明るくなる。また，温度もCの部分はA，Bよりも高く，あたたかい。

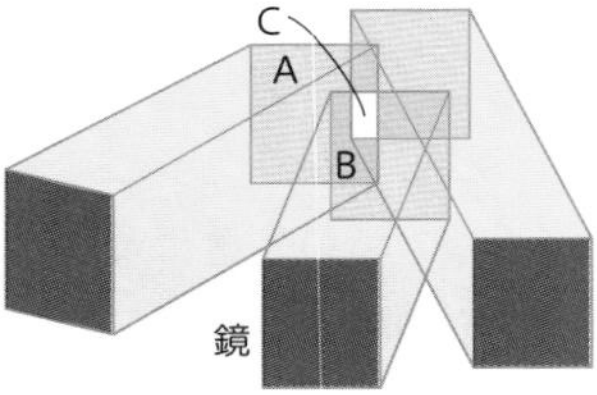

▲ 光の重ね合わせ

▶**ソーラークッカー**…ソーラークッカーとは，太陽の熱によって調理をする器具である。太陽の光をできるだけ一点に重ね合わせるようにアルミニウムの板や鏡を張り合わせている。

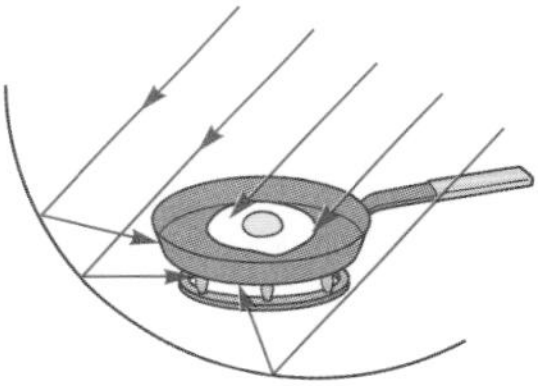
▲ ソーラークッカー

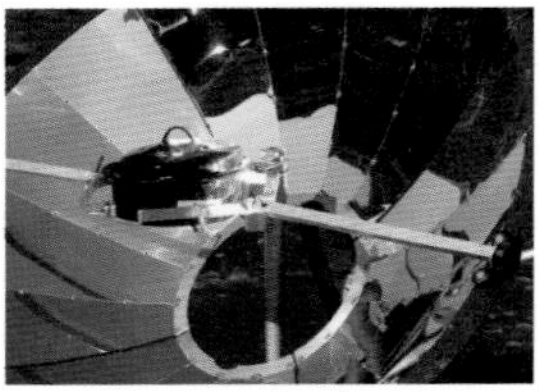
▲ ソーラークッカーを使っているようす

2 とつレンズによって集められた光★

●**とつレンズ**……中央の部分が厚くなっているレンズのこと。虫めがねなどに使われている。

●**光を集める**……とつレンズには光を一点に集めるはたらきがある。とつレンズを紙にかざして光を集めるとき，紙とのきょりを変えると，集められる光の面積も変わる。とつレンズにあたる光の量は一定なので，集められる光の面積が小さいほど明るくなり，温度も高い。

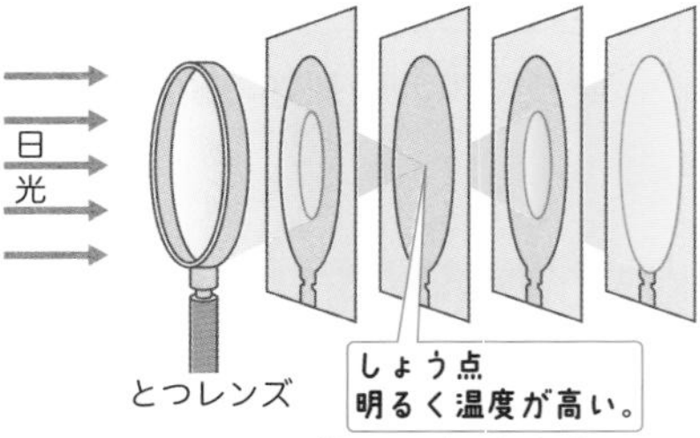

▲ とつレンズからのきょりと光

また，面積の大きなとつレンズは，面積の小さなとつレンズよりも集まる光の量が多いため，同じ面積の紙で光を集めた場合，明るく，温度も高くなる。

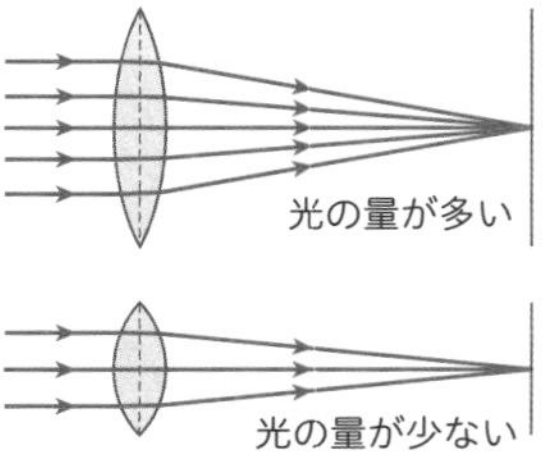

雑学ハカセ オリンピックの聖火は，太陽の光を利用してつけられています。古代オリンピックが行われていたオリンピアで，ソーラークッカーのように太陽の光を一点に集めるおう面鏡にトーチをかざすことで着火しています。

3 もののあたたまり方★★

とう明な窓ガラスに日光があたっても，窓ガラスそのものが熱くなることはない。これは，光がほとんど窓ガラスを通りぬけてしまうからである。

実験・観察

もののあたたまり方

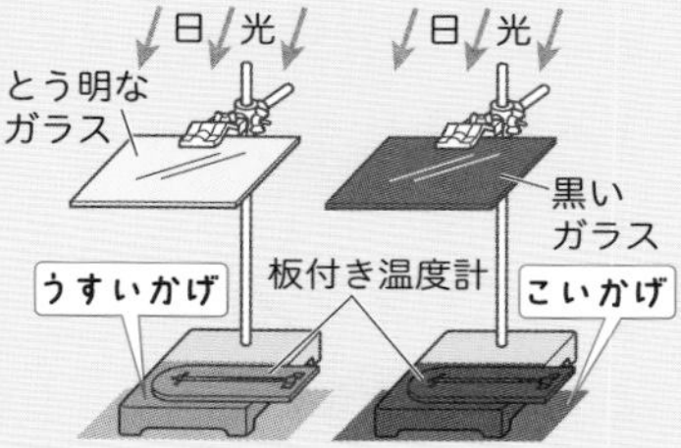

ねらい　とう明なガラスと黒いガラスでは，あたたまり方がどのようにちがうか，また，それぞれのかげの部分のあたたまり方はどのようにちがうかを調べる。さらに，とつレンズ（虫めがね）で白い紙と黒い紙をこがしてみる。

方　法　①右上の図のように，2つのスタンドにとう明なガラス板と黒いガラス板をとりつけ，それぞれのかげの部分に温度計を置く。

②しばらく日光にあてたあと，それぞれのガラス板に手をふれ，あたたかさを比べてみる。また，それぞれのかげの部分の温度を比べてみる。

③虫めがね（とつレンズ）で紙をこがすとき，白い紙と黒い紙ではどちらのほうがよくこげるかを調べてみる。

注　意！　虫めがねで太陽を見たり，集めた光をからだにあててはいけない。

結　果　• とう明なガラス板よりも黒いガラス板のほうがあたたかい。

• 黒いガラス板よりも，とう明なガラス板のかげの部分のほうが温度が高い。

• 虫めがねで紙をこがすとき，白い紙より黒い紙のほうがこげやすい。

わかること　①とう明なものは光を通しやすく，あたたまりにくい。

②黒いものは光を吸収しやすく，あたたまりやすい。

③白いものは光を反射しやすく，あたたまりにくい。

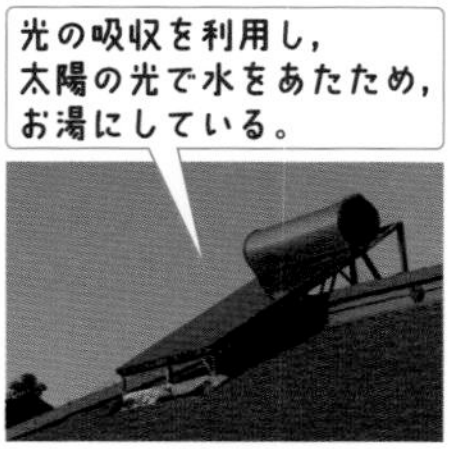

光の吸収を利用し，
太陽の光で水をあたため，
お湯にしている。

▲ 太陽熱温水器

▶**光の吸収・反射の利用**…黒い服は光を吸収し，白い服は光を反射する。そのため黒い服はあたたかく，白い服はすずしく感じられる。

パワーアップ　色は，いろいろな色の波長がまじった光の中で，その色の光を反射し残りの色の光を吸収することでその色に見えます。白はほとんどの光を反射するために白に見え，黒はほとんどの光を吸収するため黒に見えます。

3 とつレンズ

発展 6年 5年 4年 3年

1 とつレンズ★★★

光は空気中からガラス中に入るときくっ折(せつ)した。このことを利用して，光を中央に集めるようにしたレンズがとつレンズである。

光を集めるのに使った虫めがねのレンズも，とつレンズである。

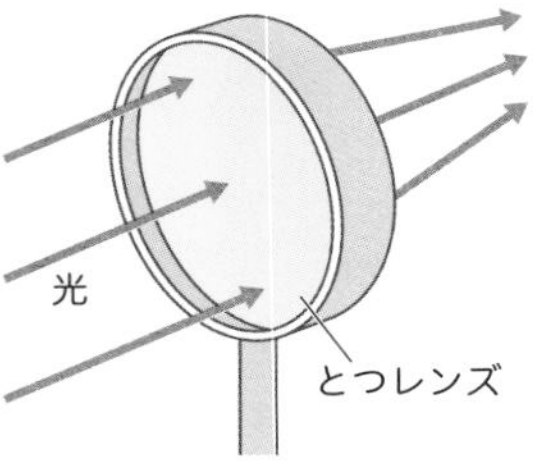

2 とつレンズの形★

とつレンズををさわってみると，真ん中がふくらんでおり，まわりがうすくなっていることがわかる。

真ん中のふくらみ方で，光のくっ折のようすが変わり，ものの見え方も変わってくる。

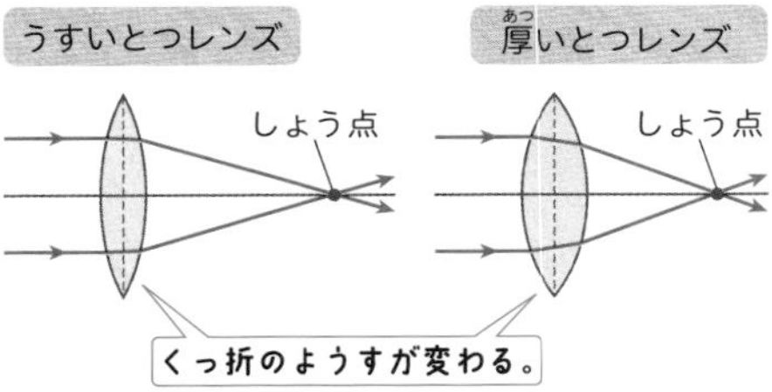

3 とつレンズを通る光★★

とつレンズで光を集めることができるのは，図のように，光がレンズの厚いほうにくっ折して，一点に集まるようにつくられているためである。とつレンズに垂直(すいちょく)に入ってきた光が集まる点を**しょう点**という。とつレンズはうら返しても同じはたらきをするので，しょう点は，とつレンズの両側にある。

ことば しょう点きょり
とつレンズの中心からしょう点までのきょりをしょう点きょりという。

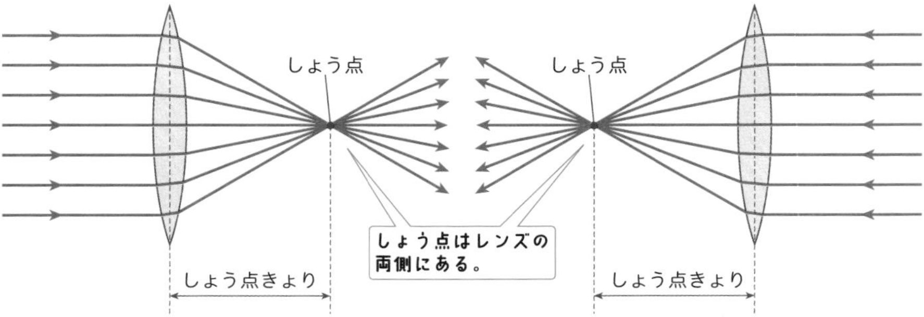

パワーアップ うすいとつレンズと厚いとつレンズでは，しょう点きょりがちがいます。とつレンズを球の一部と考えると，うすいとつレンズほど半径が大きく，しょう点きょりは長くなります。厚いとつレンズほど，レンズの近くにしょう点があります。

実験・観察

とつレンズを通る光

ねらい とつレンズを通る光を調べる。

準　備 とつレンズ，ペンライト，方眼紙(ほうがんし)

方　法 ①図のように，方眼紙の上にとつレンズを置く。レンズの中心を通り，とつレンズに垂直(すいちょく)な線(レンズの軸(じく)という)をひいておく。

②とつレンズの軸に平行な光をとつレンズにあてたとき，レンズを通ったあとの光の進み方を方眼紙に記録する。

③とつレンズの中心に光をあてたとき，レンズを通ったあとの光の進み方を方眼紙に記録する。

④とつレンズの手前のしょう点を通るような光をとつレンズにあてたとき，レンズを通ったあとの光の進み方を方眼紙に記録する。

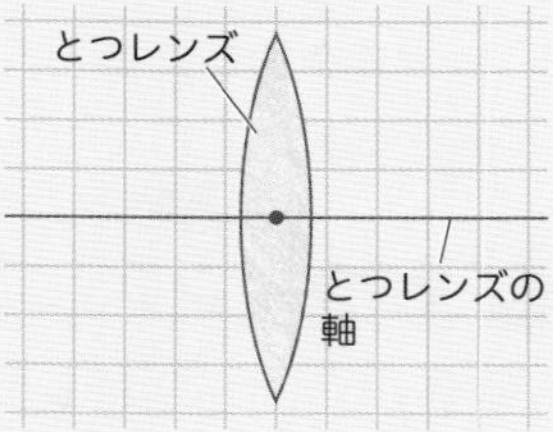

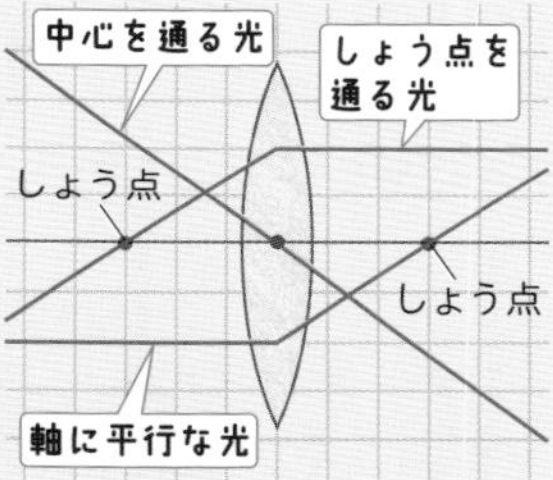

結　果 とつレンズの軸に平行な光はしょう点を通り，中心にあてた光はまっすぐに進み，手前のしょう点を通る光はとつレンズの軸に平行に進む。

わかること とつレンズを通る光の進み方にはきまりがある。

●**とつレンズを通る光の進み方**……とつレンズを通る光は，次のように進む。

❶ とつレンズの軸に平行な光の進み方

太陽の光を虫めがねで集めると，一点に集まる。この光が集まる点が虫めがね(とつレンズ)の**しょう点**である。このように，とつレンズの軸に平行な光は，レンズを通ったあと，とつレンズのうしろのしょう点を通る。

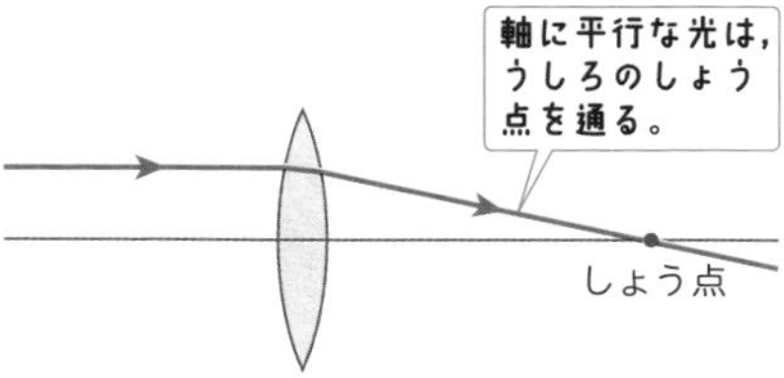

❷ とつレンズの中心を通る光の進み方

図のように，とつレンズの中心を通った光は，レンズを通ったあと，くっ折(せつ)しないでそのまま直進する。

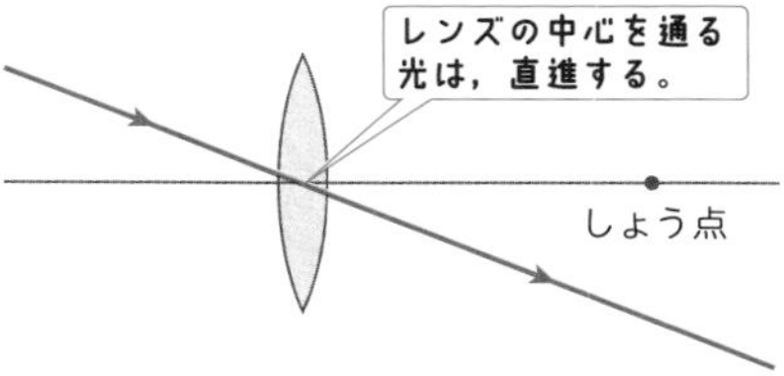

雑学ハカセ

レンズにはとつレンズのほか，右の図のような真ん中がへこんだおうレンズというものもあります。遠くのものが見づらい近視(きんし)の人がかけているめがねは，おうレンズです。

③ とつレンズの手前のしょう点を通る光の進み方…図のように，とつレンズの手前のしょう点を通った光は，レンズを通ったあと，レンズの軸(じく)に平行に進む。

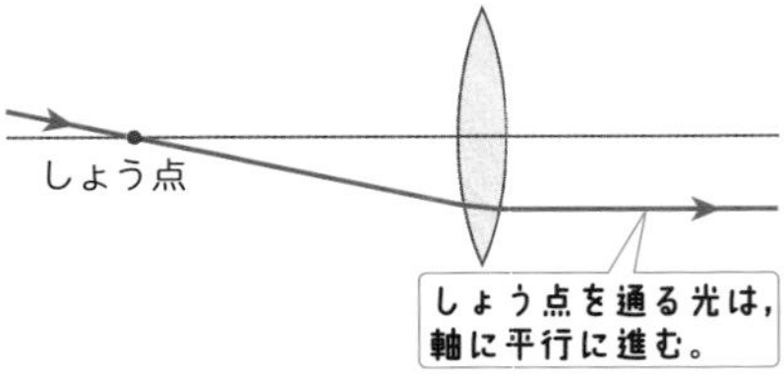

4 とつレンズによってできる像★★

物体（ろうそく）から出た光は，右の図のように，とつレンズを通ったあと，集まってスクリーン上に**像**(ぞう)をつくる。像がどの場所にできるかは，次の3つの光の進み方のきまりを使って求める。

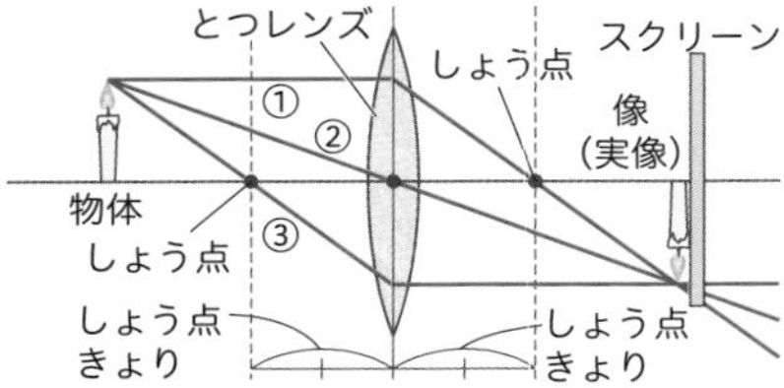

① 軸に平行な光は，しょう点を通る。
② レンズの中心を通る光は直進する。
③ レンズの手前のしょう点を通る光は軸に平行に進む。

実験・観察

とつレンズによってできる像

ねらい 物体の位置と像の関係を調べる。

準　備 とつレンズ，光学台，物体（ろうそく），スクリーン

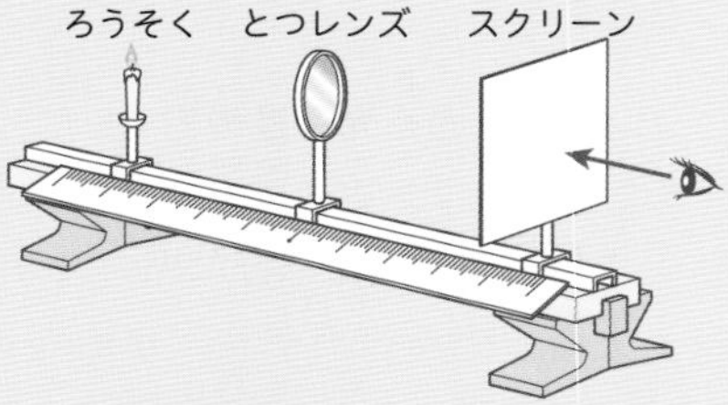

方　法 ①図のように，とつレンズ，スクリーン，物体をとりつける。
②物体をとつレンズから遠ざけておきゆっくりと近づける。
③スクリーンを動かして物体の像がはっきりとうつるところをさがす。
④スクリーンにうつった像の大きさや向きについて記録する。

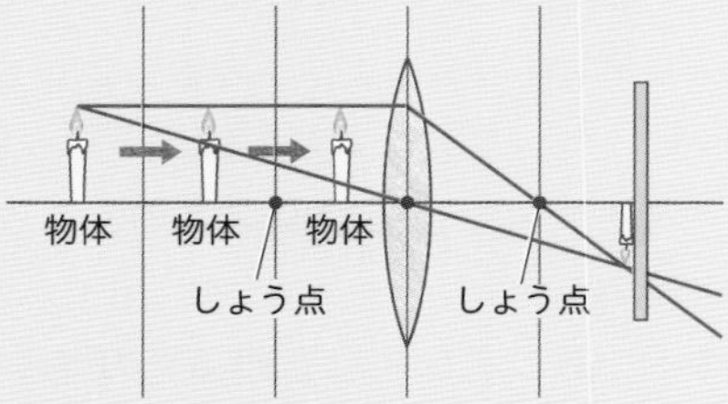

注　意！ スクリーンを動かしても像がうつらないときは，スクリーンをはずしてスクリーン側からレンズを見る。

結　果 物体がとつレンズに近づくにつれて，像の大きさが大きくなる。

パワーアップ とつレンズを通ったあとの光がどのように進むかは，上にあげた3つが代表的なものです。この3つの光以外の光の進み方は，代表的な3つの光を使って像の場所を求めておき，その場所へ向かうように光を曲げればよいのです。

わかること 物体がしょう点の外側にあるか内側にあるかで，できる像が変わる。

●**実　像**……物体がとつレンズのしょう点よりも遠い所にあるとき，スクリーン上には物体の上下・左右がさかさまの像ができる。このような，光が集まってできる像を**実像**という。物体がしょう点に近づくにつれて，スクリーン上にできる像の大きさは大きくなる。

しょう点から遠いとき

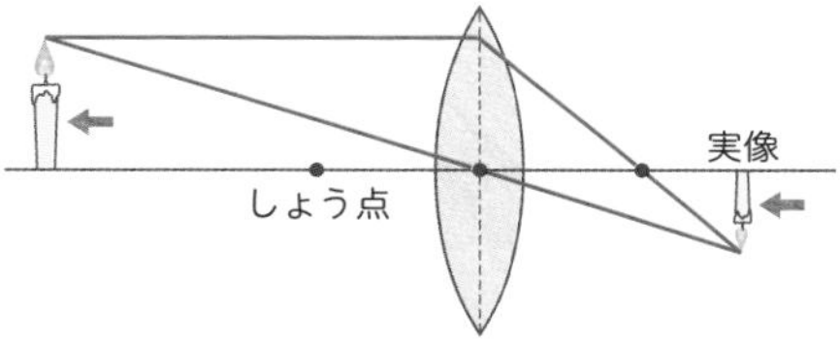

しょう点に近いとき

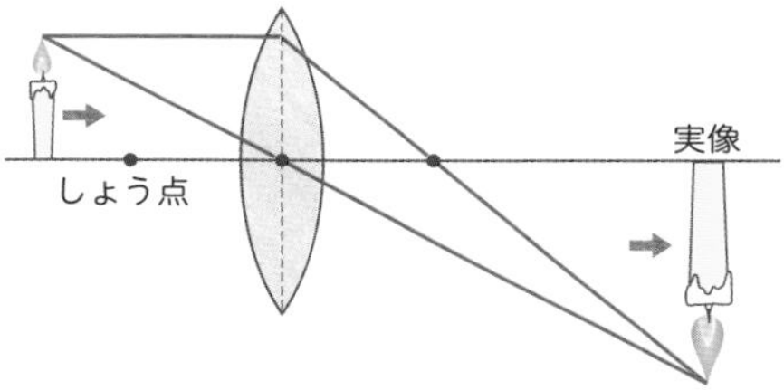

●**きょ像**……物体がしょう点の上にあると像はできない。物体がとつレンズのしょう点の内側にあるときは，光はとつレンズを通りすぎても集まらない。とつレンズを通して見ると，右の図のように，物体が大きくなったような像が見える。これは光が集まってできた像ではなく，そこから光が出ているかのように見えるだけである。このような像を**きょ像**という。きょ像は実像のように上下・左右がさかさまにならない。

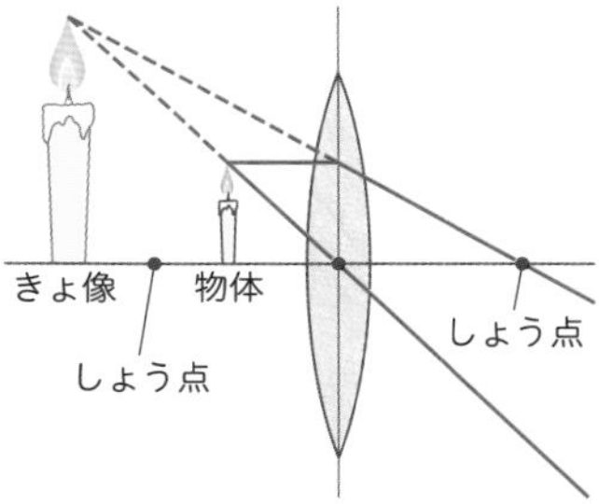

くわしい学習　虫めがねで見える像

虫めがねを使うと，小さなものを大きくして見ることができる。実像は，上下・左右がさかさまの向きになる。虫めがねで見ている像は，上下・左右がさかさまでないので，きょ像である。虫めがね（とつレンズ）のしょう点の内側に物体がくるようにして見ると，拡大された物体と同じ向きのきょ像ができる。

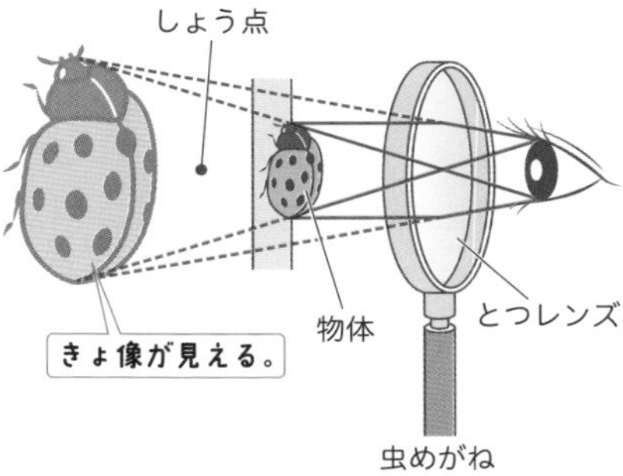

雑学ハカセ 実像は物体から出た光がとつレンズによって曲げられ光が集まってできる像で，スクリーンにうつすことができます。きょ像はそこから光が出たように見えるだけでスクリーンにうつすことはできません。鏡にうつる像もきょ像です。

4 音の伝わり方

発展 6年 5年 4年 3年

1 音としん動★★

●**しん動**……たいこやトライアングルなどをたたくと音が出る。音が出ているものをよく見ると，激しくふるえているのがわかる。これを**しん動**しているという。

●**音源（発音体）**……音を出すものを音源（発音体）という。

▶ものがしん動すると音が出る。また，もののしん動がとまると音は消える。

2 音を伝えるもの★★

たいこをたたくと，そのまわりにたてたろうそくのほのおがゆれる。これは，たいこの皮のしん動が空気をしん動させているからである。

たいこから遠くはなれたろうそくのほのおは，あまりゆれない。音は空気のしん動によってまわりに広がっていくが，遠くなるほど空気のしん動は弱くなる。

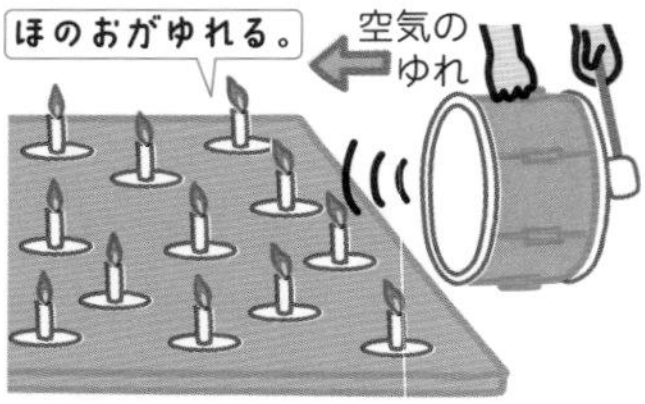

▲ 空気中での音の伝わり方

●**音を伝えるものを調べる実験**

右の図のようにすると，フラスコの中の空気が水蒸気によって追い出されてなくなり（真空になり），すずの音は聞こえなくなる。

▲ 真空中での音の伝わり方

●**音を伝えるもの**……音は，真空中では伝わらないが，空気以外でもしん動を伝えるものがあれば伝わっていく。

例えば，アーティスティックスイミングの競技が行われるプールには，水中スピーカーがあり，水のしん動を伝えているため，水中で競技する選手は音楽を聞くことができる。

雑学ハカセ イルカは，目で見るよりも音を使うことでえさを探したりしています。音を発し，その音の反射で水中のようすがわかるといわれています。

3 音の大小★★

たいこなどを強くたたくと大きい音が出て，弱くたたくと小さい音が出る。大きい音が出ているときと小さい音が出ているときとでは，下の図のように**しんぷく**(しん動のふれはば)がちがう。しんぷくのちがいは，右の図のような**モノコード**(げんを張り，しん動により音を出す器具)のげんをはじいて調べることができる。

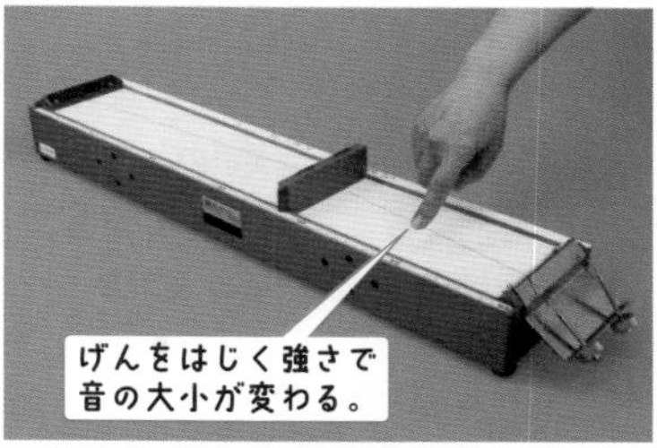
げんをはじく強さで
音の大小が変わる。
▲ モノコード

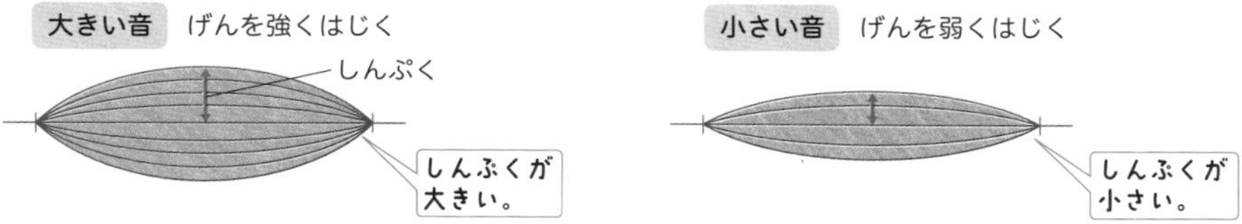
大きい音 げんを強くはじく
しんぷく
しんぷくが大きい。
小さい音 げんを弱くはじく
しんぷくが小さい。
▲ 音の大小としんぷく

4 音の高低★★

たいこをたたく強さやモノコードをはじく強さを変えても，音の高さを変えることはできない。音の高低は，しんぷくに関係がなく，**しん動数**(どうすう)(一定の時間内にしん動する回数)の大小によって決まるからである。しん動数が多いほど，音は高くなる。

モノコードのげんでは，細いげんを張(は)ったとき，短いげんを張ったとき，強く張ったとき，高い音が出る。

●**しん動数**……しん動数は，1秒間に何回しん動しているかを示(しめ)したものである。ふつう，**ヘルツ**(記号 Hz)または回/秒という単位が使われる。すなわち，1秒間に100回しん動するとき，しん動数は100 Hzまたは100回/秒と表す。人の耳に音として聞こえるしん動数は16 Hz～2万Hzであるが，コウモリやイルカは，12万Hzまで感じとることができる。

	高い音	低い音
げんの長さ	短くする	長くする
げんの太さ	細くする	太くする
げんの張り方	強くする	弱くする

▶**超音波**(ちょうおんぱ)…人の耳に聞こえない2万Hz以上の音を超音波という。

雑学ハカセ 人は年をとるにつれて，聞きとれる音のしん動数の上限(じょうげん)が下がっていきます。これを利用したモスキートという機器は，年れいが低い人にたいしては耳ざわりな高い音が聞こえますが，ある程度(ていど)の大人はあまり気にならないというもので，防犯目的(ぼうはんもくてき)などに使用されています。

中学入試にフォーカス 音の伝わり方と速さ

❶音の伝わり方

音は，人の声（声帯）のような音源のしん動によって，そのまわりの媒質（空気や水，ガラスなど音を伝える物質）がおされたり，引かれたりしてしん動し，そのしん動がまわりに伝わっていく現象である。音を伝える媒質がない真空中では音は伝わらない。

音を聞くことができるのは，伝わってきたしん動がこまくという耳の中のまくをしん動させ，そのしん動を感じているからである。

❷音の速さと光の速さ

花火やかみなりの音は，光が目に入ってからずいぶんとおくれて耳に届く。これは，音の伝わり方が光よりもずっとおそいからである。光は 1 秒間に約 30 万 km（地球を 7 周半）進むのにたいして，音は空気中を 1 秒間に約 340 m しか伝わらない。

音は，水中だと 1 秒間に約 1500 m，ガラス中だと 5400 m 進む。このように，音の伝わる速さは媒質によって異なり，気体よりも液体，液体よりも固体のほうがはやい。

●気温と空気中を伝わる音の速さ（音速）

空気中を伝わる音の速さは，気温によって変化する。気温 t〔°C〕のときに，1 秒間に V m 進む速さで音が伝わるとすると，

$$\text{音速}(V)=331.5+0.6\times\text{気温}(t)$$

と表される。気温 15°C のときに音速が 1 秒間に約 340 m となる。

※m/秒は，1 秒間に進むきょりを表す速さの単位。

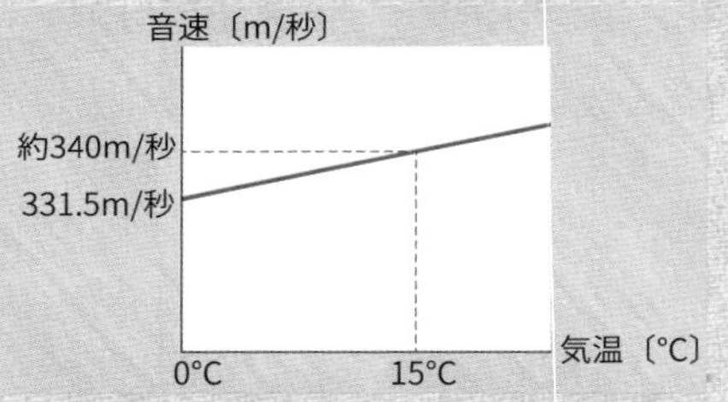

▲気温と音速の変化

❸音の高さの変化（ドップラー効果）

救急車などの音源が音を出しながら近づいてくるとき，その音は高く聞こえる。逆にはなれていくとき，その音は低く聞こえる。この現象を**ドップラー効果**という。1 秒間にしん動する音の回数であるしん動数が多いほど，音は高くなる。

●音源が近づいてくるときの音の波のようす

音源が音を出しながら近づくとき，音源が静止しているときと比べ，音の波の間かくはせまくなる。間かくのせまい音ほどしん動数は多い。そのため，救急車がサイレンを鳴らしながら近づいてくるとき，サイレンの音は高くなる。

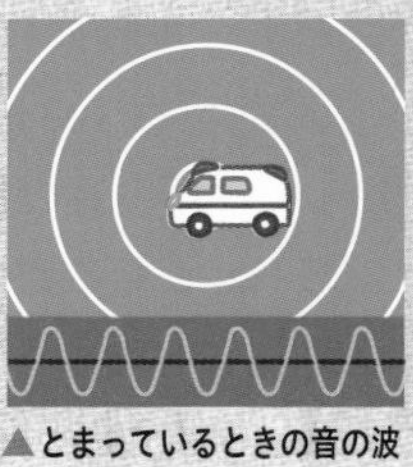

▲とまっているときの音の波

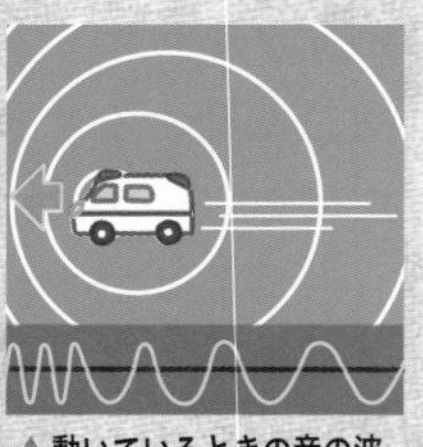

▲動いているときの音の波

入試では 救急車が近づいてくるとき，そのサイレンの音は大きくなり，より高い音に聞こえます。このように，音の大きさや高さ，また音色について問う問題が出題されています。

5 音の反射と吸収

1 音の反射★★

●**音の反射**……山でさけぶと返ってくる山びこは，音が山ではね返っておこる。これを**音の反射**という。

実験・観察

音の反射の角度

ねらい 音は，ものにあたるとどのような向きに反射するか調べる。

方 法 ①右の図のように，机の上に下じきをたて，時計を入れたつつの口が下じきにななめにあたるように置く。

②もう１本のつつに耳をあて，つつの角度を変えながら，時計の音がいちばんよく聞こえる所をさがす。

注 意！ 時計を入れたつつは動かさない。

結 果 下の図で，つつの角度A（入射角）とB（反射角）が同じとき，時計の音はいちばんよく聞こえる。

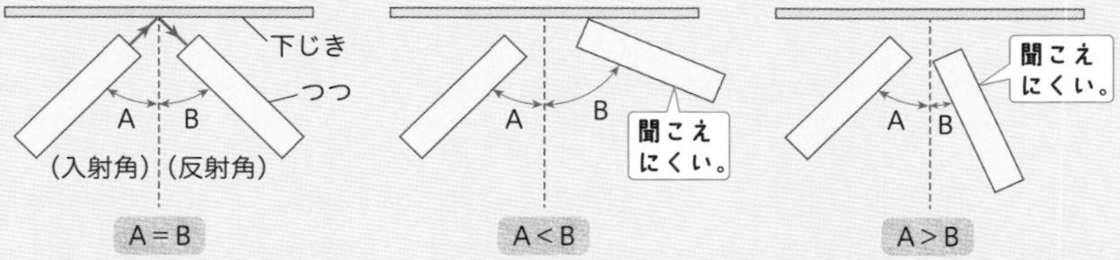

わかること 音が反射するときのきまりは，**入射角＝反射角** である。

▶**海の深さの測定**…音の反射を利用して，海の深さを測定することができる。船から海底に向けて超音波を短い時間出し，それが海底で反射して返ってくるまでの時間をはかり，海の深さを計算する。

例えば測定した値が４秒だと，海水中の音が伝わる速さは秒速約1500 m だから，海の深さは，1500×4÷2＝3000〔m〕となる。

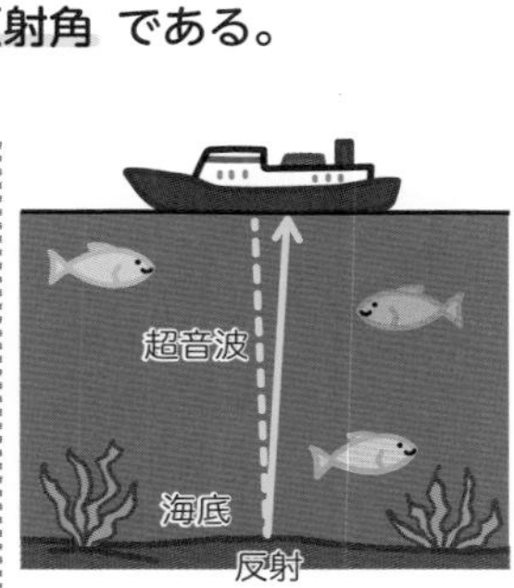

入試では 音が伝わる速さと，音が反射する性質を利用して，反射した音が聞こえてくるまでの時間や，音を反射させる物体までのきょりを求める問題が出題されています。

2 音の吸収★

●**音の吸収**……放送室のかべには，多くの小さなまるい穴のあいた板が使われたり，厚いカーテンがかけられたりしている。放送室のような場所では，音を反射させずに，吸いとってしまうようなくふうが必要とされるからである。このように，音がものにあたって吸いとられることを**音の吸収**という。

実験・観察

音を吸収しやすいもの

ねらい　どのようなものが音を吸収しやすいか調べる。

方　法　①音の反射の実験と同じように，机の上に下じきをたて，時計の音がいちばんよく聞こえるように2本のつつを置く。

②下じきをとりはずし，その位置に木の板，ガラス板，金属板，布，綿，スポンジなどを順にたてて，時計の音の聞こえ方を比べる。

注　意！　つつとのきょりと角度がいつも一定になるように注意する。

結　果　木の板，ガラス板，金属板の場合は，下じきと同じくらいの大きさの音が聞こえるが，布，綿，スポンジは，小さな音しか聞こえない。

わかること　**表面がかたくなめらかなもの（ガラス，金属など）は音を反射しやすく，表面がやわらかくでこぼこしたもの（布，綿など）は音を吸収しやすい。**

●**光と音の比かく**……光の性質と音の性質を比べると，次のようになる。

	光	音
同じ点	▶四方八方に広がり，進行をじゃまするものがあると届かない。 ▶反射し，入射角＝反射角 となる。 ▶集めることができる。	
異なる点	1秒間に約30万km進む。	空気中を，1秒間に約340m進む。

参考　音を集める
とつレンズで光を集めることができるように，音も集めることができる。これは，音も光と同様に，くっ折するためである。

雑学ハカセ　お風呂で声がよくひびくのも，音の反射です。反射してきた音と新たに発した音がひびきあうため，お風呂で歌うとうまくなったように感じます。

入試のポイント

絶対暗記ベスト3

1位 光の反射とくっ折

▶**反　射**…光は鏡などにあたると反射する。入射角と反射角は等しくなる。

▶**くっ折**…光は質のちがうものへななめに出入りするとき，くっ折する。空気中からガラス中では，境の面から遠ざかるようにくっ折する。ガラス中から空気中では，境の面に近づくようにくっ折する。

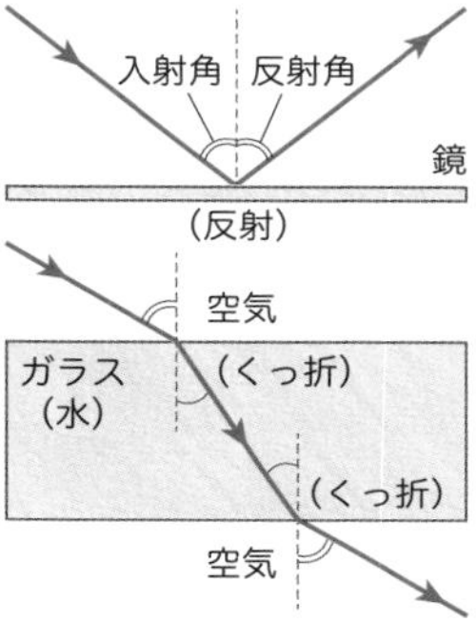

▲ 光の反射とくっ折

2位 光の全反射　水中から空気中に光が進むとき，入射角が大きくなると，光はすべて反射され空気中に出て行かなくなる。

3位 しんぷく　しんぷくが大きいほど，音は大きくなる。

1 とつレンズによる像

とつレンズで像をつくるときのたいせつな光は，右の 3 つである。

① 軸に平行な光はとつレンズのしょう点を通る。

② とつレンズの中心を通る光は直進する。

③ 手前のしょう点を通る光は，とつレンズの軸に平行に進む。

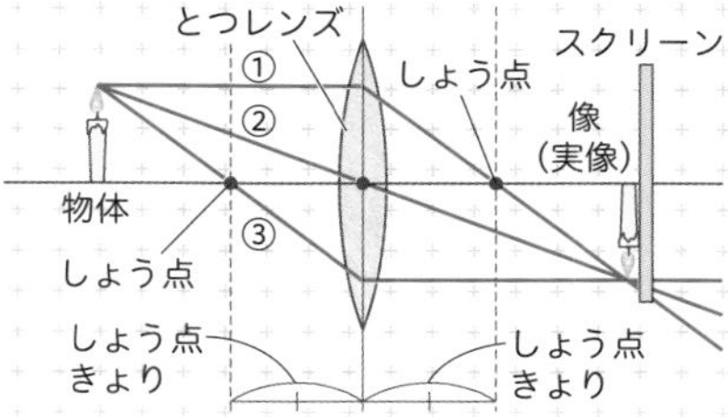

●**実　像**……物体がしょう点より遠いところにあるときにできる。

●**きょ像**……物体がしょう点の内側にあるときに見える。

2 音の反射ときょり

船がとまっているとき，船から出た音が岸ぺきに達する時間と，岸ぺきで反射した音が船に達する時間とは等しい。

船から音を発して 3 秒後に返ってくるとき，空気中の音は 1 秒間に 340 m 進むことから，岸ぺきとは

340×3÷2＝510〔m〕はなれている。

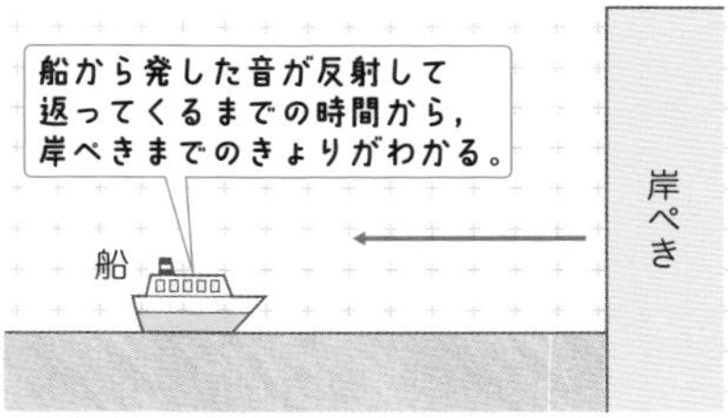

船から発した音が反射して返ってくるまでの時間から，岸ぺきまでのきょりがわかる。
船
岸ぺき

重点チェック

- [ ] ❶ 光は，空気中や水中など質の同じものの中を進むときは［　　］します。
- [ ] ❷ 光は，鏡などにあたると［　　］します。このとき，入射角と［　　］は等しくなります。
- [ ] ❸ 光は，質のちがうものへななめに出入りするときは［　　］します。光が空気中からガラス中（水中）へ入るときは，境の面から［　　］ように折れ曲がって進みますが，ガラス中（水中）から空気中へ出るときは，境の面に［　　］ようにくっ折します。
- [ ] ❹ とう明なものは光を通しやすくあたたまりにくいですが，黒いものは光を［　　］しやすくあたたまりやすいです。
- [ ] ❺ とつレンズを通った日光が一点に集められる点のことを［　　］といいます。
- [ ] ❻ 物体の位置がとつレンズの手前のしょう点より外側にあるとき，［　　］像ができ，内側にあるとき［　　］像ができます。スクリーンにうつすことができるのは［　　］像です。
- [ ] ❼ 音が出ているとき，そのものは［　　］していますが，［　　］がとまると，音は聞こえなくなります。
- [ ] ❽ たいこなどの音が耳に届くのは，たいこの皮のしん動が［　　］をしん動させて伝わるからです。一方，［　　］では音は伝わりません。
- [ ] ❾ しんぷくが大きいと［　　］音が出て，しんぷくが小さいと［　　］音が出ます。
- [ ] ❿ 音は，かたいものにあたると［　　］します。このとき，入射角と［　　］は等しくなります。
- [ ] ⓫ ガラスなど表面がかたいものは音を［　　］しますが，布など表面がやわらかいものは音を［　　］します。

❶直　進　p.317

❷反射，反射角　p.317, 318

❸くっ折，遠ざかる，近づく　p.318

❹吸　収　p.323

❺しょう点　p.324, 325

❻実，きょ，実　p.327

❼しん動，しん動　p.328

❽空気，真空中　p.328

❾大きい，小さい　p.329

❿反射，反射角　p.331

⓫反射，吸収　p.331, 332

チャレンジ！思考力問題

レベル3

●鏡を使って，下の図１～４のような装置をつくり，滝という字をこれらの装置を使って見ました。図１では，滝という字が下のオのように見えました。図２～図４では滝という字がどのように見えますか。下のア～クから選んで記号で答えなさい。ただし，Ｍは鏡を示します。 【滝中】

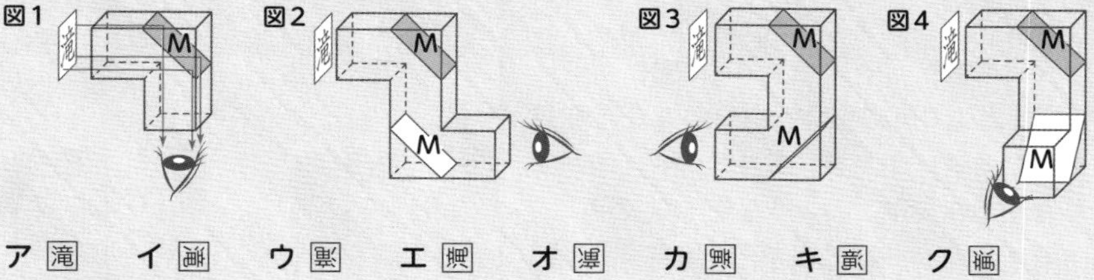

キーポイント

漢字の見え方は，鏡に２回反射することで上下・左右がどのように入れかわって見えるかを考える。このとき，例としてあがっている**図１**の光の進み方にならって，**図２**～**図４**にも光の線をかきこんで考えるとよい。

正答への道

① **鏡１**にうつった物体の像（きょ像）を**鏡１**にはりつけ，それを新しい物体と考える。

② 新たな物体（**鏡１**にうつった物体の像）の，**鏡２**にうつる像を目で見る。

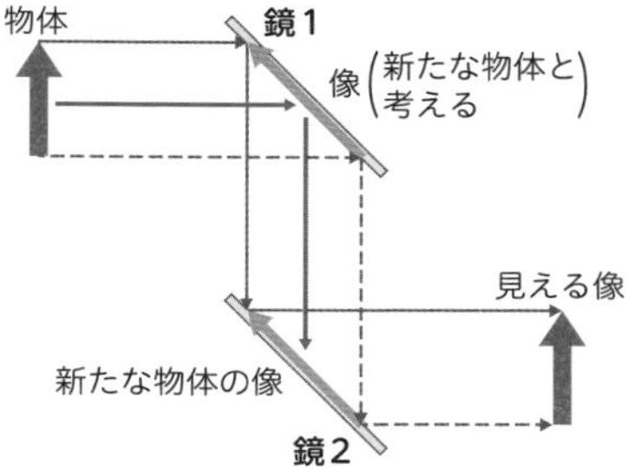

このように２段階で考えるとわかりやすくなる。

図２の場合，２枚の鏡での反射の結果，見える矢印の像はもとの矢印と同じになることがわかる。

この２段階で**図４**の場合を考えてみると，右図のように，矢印を反時計まわりに90°横にたおしたように見えることになる。最後に確認のため，物体から出た光が**鏡１**，**鏡２**でどのように反射され目に届くかをかいておくとよい。

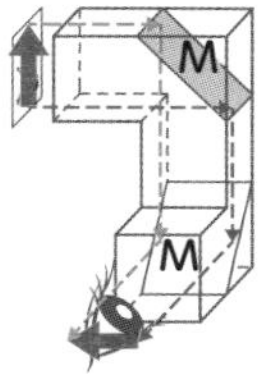

答え

図２―ア　図３―ウ　図４―エ

チャレンジ！ 作図・記述問題

レベル3 レベル2 レベル1

●鏡について，次の各問いに答えなさい。 【広島大附属東雲中，開明中-改】

(1) 図1は，部屋の中に鏡を置き，それを真上から見たものです。いま，A点に人がたって鏡を見ています。部屋のどのはん囲(い)が，鏡にうつって見えますか。作図をし，見えるはん囲をしゃ線で示(しめ)しなさい。

図1

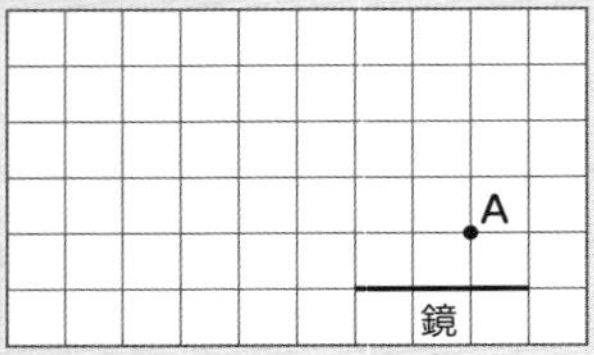

(2) 図2は，鏡にうつる自分のすがたを見ているようすです。くつの先や，頭の先から出た光はどのような道すじで目に入りますか。それぞれ，・を始点にして図3にかき入れなさい。

図2

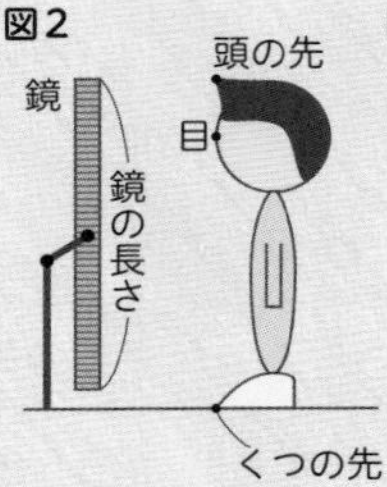

図3

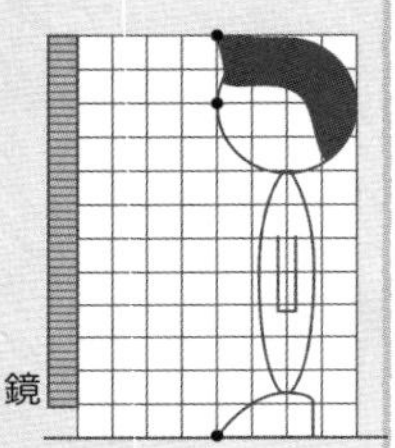

(3) (2)の人の身長は120 cmでした。この人が自分の全身をうつすためには，鏡の長さは最低何cm必要ですか。ただし，鏡は上下自由に動かすことができるものとします。

キーポイント

- 光の作図では，定規(じょうぎ)を使っててていねいにかくようにする。
- (1)では，鏡のはしのところに反射(はんしゃ)の規則(きそく)をあてはめる。

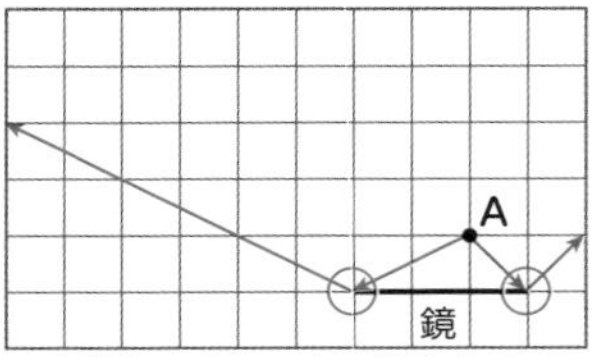

正答への道

(1) Aの位置から出た光が，鏡を使ったときに届(とど)く場所を探(さが)すようにする。

鏡の左のはし，右のはしそれぞれで反射した光が，部屋のどこまで届くかを考える。鏡のはしで反射した光が届く場所の間は，鏡にうつる。

また，部屋のどこか1点を考え，そこから出た光が鏡のどこで反射して目に届くかを考えてもよい。

答え

(1)

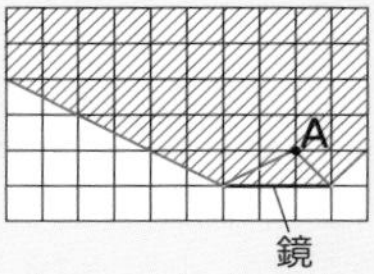

(2)

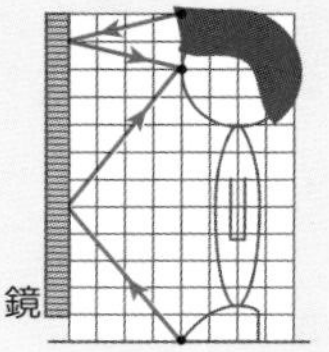

(3) 60 cm

ここからスタート！

第3編

エネルギー

第2章 磁石

地球は大きな磁石？

方位磁針の針は，いつも南北をさしています。だからこそ，道に迷っても方位磁針があると，それをたよりに目的地にたどり着けます。大海原でも迷うことなく目的地に案内してくれるらしんばんも方位磁針です。なぜ方位磁針の針は北や南をさすのでしょうか。

学習することがら

1．磁石につくもの，つかないもの
2．磁石の性質

1 磁石につくもの，つかないもの

発展 6年 5年 4年 3年

1 磁石につくもの，つかないもの 入試重要度★★

物質には，電気を通すもの・通さないものや，磁石につくもの・つかないものがある。

●**磁石につくもの**……金属はいっぱんに電気を通すが，すべての金属が磁石につくわけではない。金属の中で磁石につくものは，鉄，ニッケル，コバルトである。

●**磁石につかないもの**……上にあげた以外の金属（銅やアルミニウムなど）や，金属以外のもの（木やプラスチックなど）は磁石につかない。

▲ 磁石につくクリップ（鉄）

実験・観察

磁石につくもの，つかないもの

ねらい 磁石につくものとつかないものを分類する。

準　備 折り紙（金紙，銀紙など），こう貨（1円，5円，10円，50円，100円，500円），アルミホイル，ラップ，空きかん，クリップ，鉄くぎなどの調べるもの，磁石

方　法 ①準備したものを磁石に近づけ，磁石につくか調べる。

②磁石につくもの，つかないものを分類する。

結　果 こう貨はすべて磁石につかない。鉄でできた空きかん（スチールかん）や鉄くぎは磁石につく。金属（光っているもの）でも，鉄やニッケルでできているもの以外は磁石につかない。

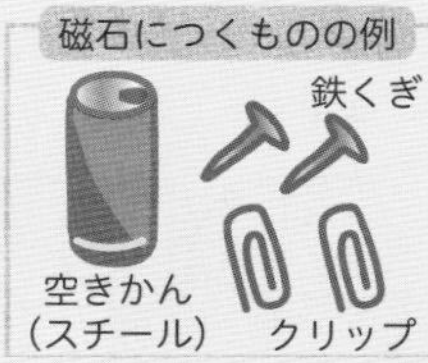

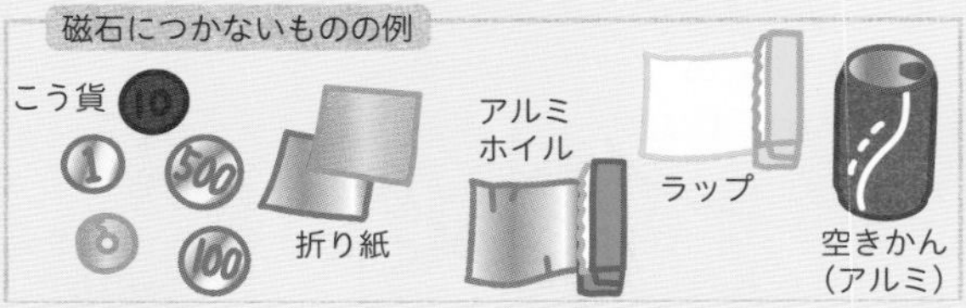

わかること 磁石につくものは鉄，ニッケル，コバルトなどかぎられた金属である。

雑学ハカセ インクの中には，鉄の成分がふくまれているものがあります。このようなインクを使って印刷をした紙は，たとえ紙であっても強い磁石につきます。日本の紙へいにもそのようなインクが使われているため，ネオジム磁石という強力な磁石を近づけると引きつけられます。

2 磁石になるもの，ならないもの★★

●**磁　化**……ぬい針を磁石で一方向にこすると，こすったあともぬい針には磁石の性質が残る。このように，磁石でこするなどして物質が磁石になることを**磁化**という。すべての物質が磁化されることはなく，鉄くぎやぬい針などの鋼鉄（かたい鉄）は磁化されやすい。

磁石でこすったスプーン
磁化したスプーンにクリップが引きつけられる。

▶**磁化と磁石の極**…磁石でぬい針などを一方向にこすって磁化した場合，こすった先にこすりつけた極とは逆の極ができる。磁石につけて磁化した場合は，磁石についている極と逆の極ができる。

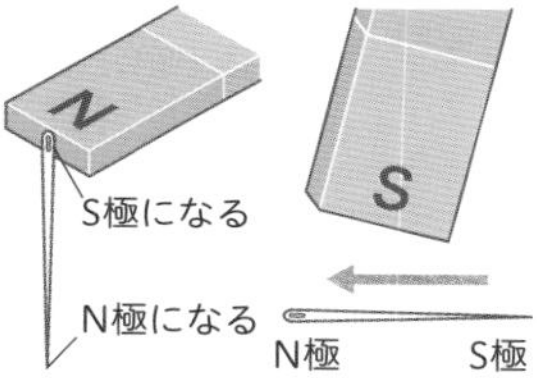
N
S
S極になる
N極になる
N極
S極

▶**強磁性体**…鉄やニッケル，またコバルトなど強い磁化がおこる物質を**強磁性体**という。

▶**磁化がおこる理由**…強磁性体は，物質の中に磁石の性質をもった小さなつぶがたくさんふくまれる。ふだんはこれらのつぶがいろいろな向きを向いているため，物質全体では磁石の性質をもっていない。しかし，外から磁石でこすることで，ばらばらの向きを向いていたつぶの向き（N極の向き）がそろい，物質全体として磁石になる。

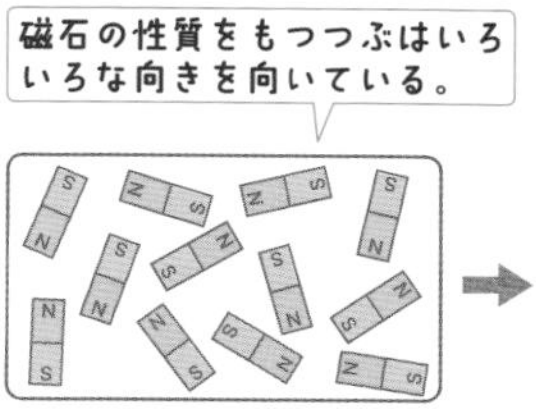
磁石の性質をもつつぶはいろいろな向きを向いている。
▲ 磁化する前

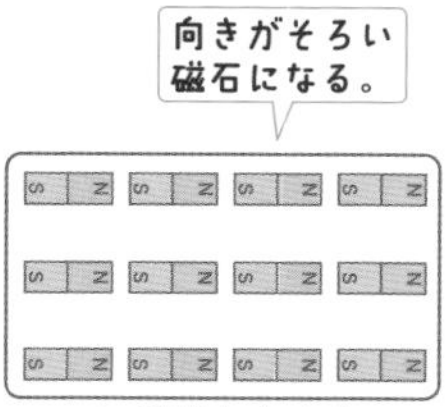
向きがそろい磁石になる。
▲ 磁化したあと

くわしい学習　反磁性体

物質の中には，磁石でこすると反対の極が現れるものがある。このような物質を**反磁性体**という。反磁性体のなかまには水がある。磁石のN極を近づけると，強磁性体ではS極が現れるが，反磁性体の水ではN極が現れ，おたがい反発して磁石から水が遠ざかるようになる。

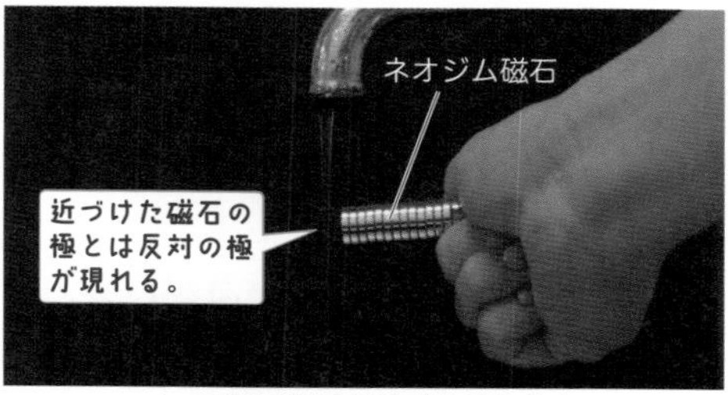
ネオジム磁石
近づけた磁石の極とは反対の極が現れる。
▲ 水流に磁石を近づけるようす

雑学ハカセ　磁石には，電流を流したときにだけ磁石になる電磁石や一度磁化すると長い間磁気をおびている永久磁石があります。また磁石は，その形によって棒磁石，U字型磁石などがあり，材質の種類によって，アルニコ磁石，フェライト磁石，ネオジム磁石などがあります。

2 磁石の性質

1 磁石の強さ★★

●**磁力**……磁石が鉄などを引きつける力を**磁力**といい，磁石の両はしほど大きくなる。棒磁石では中央に近づくほど小さく，中央では磁力はなくなる。

実験・観察

磁石の磁力

ねらい 磁力の大きさを調べる。

準備 棒磁石，クリップ（小さいもの），鉄くぎ（小さいもの），方位磁針

方法 ①棒磁石のいろいろな場所にクリップや鉄くぎを続けてつけ，その個数を数える。

②棒磁石のN極の側に，方位磁針を置く。方位磁針を棒磁石のN極からじょじょに遠ざけていったとき，方位磁針の針のふれ方を記録する。

結果 • 棒磁石の両はしほど，クリップや鉄くぎの個数は多くつく。両はしから遠ざかるにつれて，その個数は少なくなり，棒磁石の中央にはまったくつかない。

• 方位磁針の針のふれ方は，磁石から遠ざかるほど小さくなる。

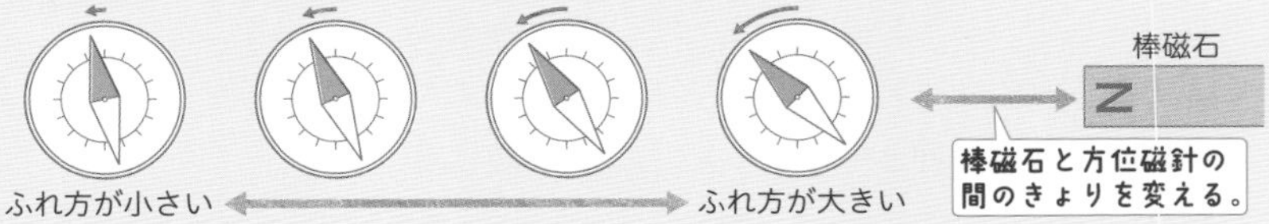

わかること ①**磁力は，磁石の両はしほど大きく，中央に近づくほど小さくなる。磁石の中央では，磁力はなくなる。**

②**磁力は磁石からはなれるほどじょじょに小さくなる。**

●**磁石の極**……磁石の両はしにある磁力の最も大きい部分を**磁極**という。磁極には，N極とS極があり，これらには次の性質がある。

▶異なった極（N極とS極）どうしは，たがいに引き合う。

ことば N極とS極
磁石の極は，地球の北（北極の向き）をさすほうの磁極をN極（North Pole），南をさすほうの磁極をS極（South Pole）と決められている。

パワーアップ
磁石について初めて科学的に研究されたのは16世紀のことで，イギリスのウィリアム・ギルバートという人によってなされました。医師として仕事をしながら，磁石の研究を行い，地球が大きな磁石であることを解き明かしました。

▶同じ極（N極とN極，S極とS極）どうしは，たがいに反発する。

実験・観察

磁力の性質

ねらい　磁力の性質を調べる。

準　備　棒磁石，U字型磁石，鉄片，鉄板，下じき（プラスチック製）

方　法　①2本の棒磁石のN極どうし，またS極どうしを重ねて，クリップを続けてつけ，その個数を数える。

②2本の棒磁石のN極とS極を重ねて，クリップを続けてつけ，その個数を数える。

③U字型磁石の極に鉄片や鉄板をつけたり，下じき（プラスチック）を置いたとき，クリップを引きつけるかどうか調べる。

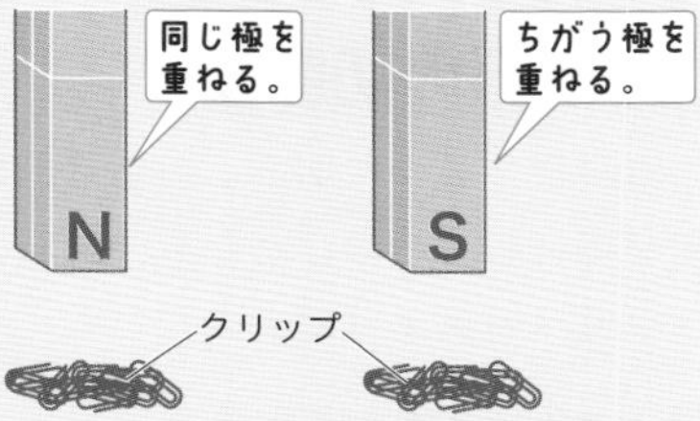

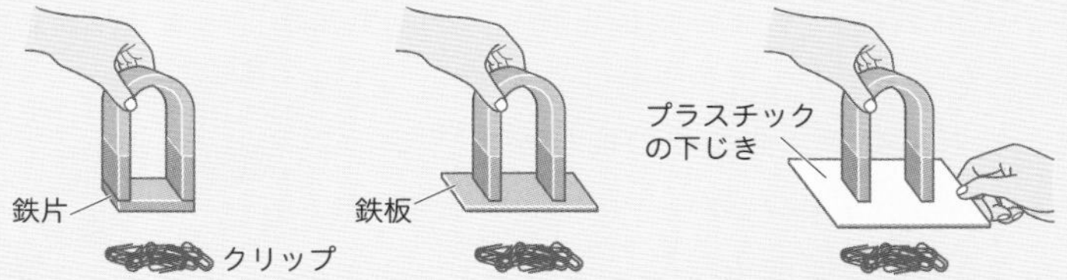

結　果　•同じ極どうしを重ねたとき，クリップの数は重ねないときよりも多く（約2倍）なるが，異なった極を重ねたとき，クリップは少ししかつかない。

•鉄片や鉄板をつけたとき，クリップを引きつけないが，下じきを置いたときは，引きつけられるクリップの数は磁石だけのときと変わらない。

わかること　①同じ極どうしを重ねると磁力は大きくなり，異なる極を重ねると磁力は小さくなる。同じ磁力のN極とS極を重ねると磁力は0になる。
②磁石のN極とS極を鉄片や鉄板でつなぐと磁力は小さくなる。

くわしい学習　磁力の性質

磁極の強さを表す量を**磁気量**といい，磁気量が多いほど磁力は大きい。N極の磁気量を＋で表すとS極の磁気量は－になる。

同じ強さの2本の棒磁石のN極どうしを重ねると，磁気量が1本のときの2倍になり，磁力もまた2倍になる。N極とS極を重ねると，磁気量の＋と－とが打ち消しあって0になり，磁力は生まれない。

パワーアップ　上の実験・観察で，2本の棒磁石のN極どうしを重ねたとき，磁石についたクリップの数が棒磁石1本のときの2倍にならなかった場合，同じ極どうしでも磁気量が同じでなかったり，クリップの重さや大きさがびみょうに異なっているなどの原因が考えらます。

2 磁石の方位★★★

●**方位磁針**……**方位磁針**を使うと，東西南北の方位を知ることができる。方位磁針のＮ極は地球の北（磁石のＳ極）をさし，反対にＳ極は地球の南（磁石のＮ極）をさす。方位磁針の針は，軽くて細い磁石からできている。

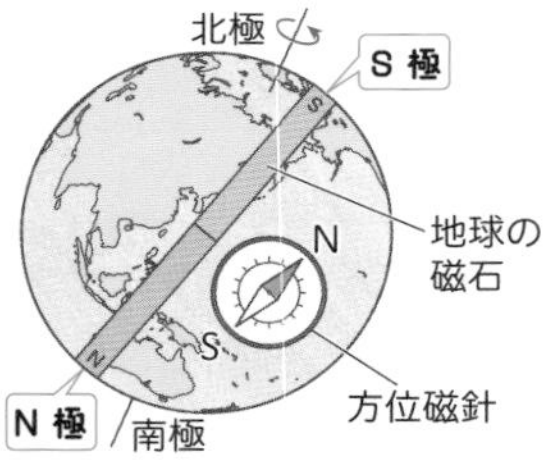

3 磁石の切断★

棒磁石を２つに切ると，切り口には反対の極が現れる。（↳どの部分で切っても同じ）このことから，磁石は非常に小さな磁石の集まったものだと考えられる。

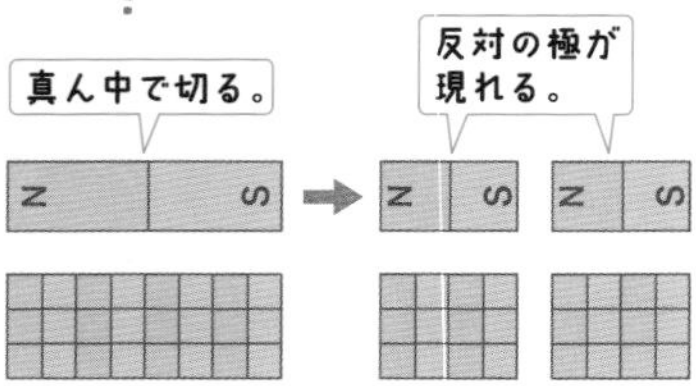

4 磁　界★★★

●**磁力線**……棒磁石の上にガラス板を置き，その上に鉄粉や砂鉄をまいてガラス板を軽くたたくと，鉄粉や砂鉄が磁力を受け，曲線状の模様ができる。この模様は，鉄の小さなつぶが磁力を受け，その力のはたらく向きに沿ってならんだものである。この曲線を**磁力線**という。

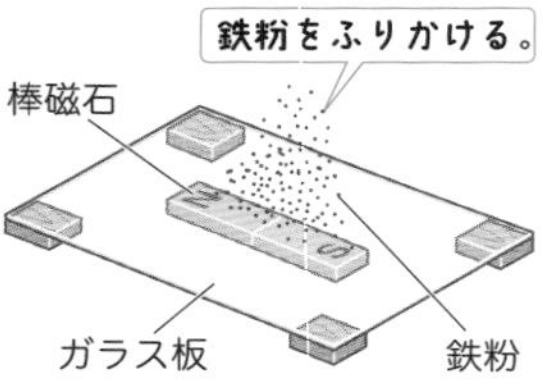

方位磁針を棒磁石のまわりに置いて，針のさす向きを調べることによっても，棒磁石のまわりの磁力のはたらく向きを知ることができる。

●**磁　界**……磁石のまわりの磁力のはたらく空間を磁界という。磁界のようすは鉄粉の模様や，この模様を線でかいた磁力線で表される。

❶ **磁界の強さ**…磁界のある点に強さの基準になる磁石のＮ極を置いたとき，そのＮ極が受ける磁力の大きさで磁界の強さを表す。磁極のように，磁力線が多く集まっている所ほど磁界は強い。

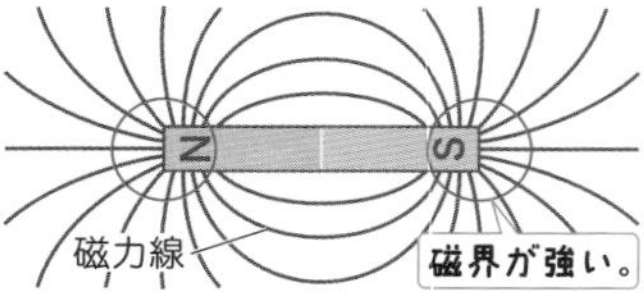

❷ **磁界の向き**…磁界中のある点に方位磁針を置いたとき，そのＮ極がさす向きがその点での磁界の向きである。

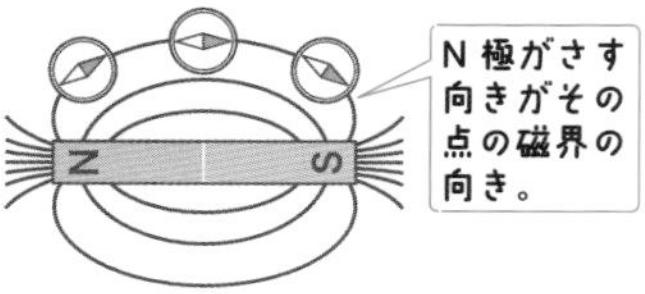

雑学ハカセ　方位磁針がさすＮ極の方向のことを，磁北といいます。これは，地図上の北（北極点の方向）とは少しずれています。現在の磁北の極点はカナダの北あたりにありますが，この磁北点はだんだんずれていくことがわかっています。

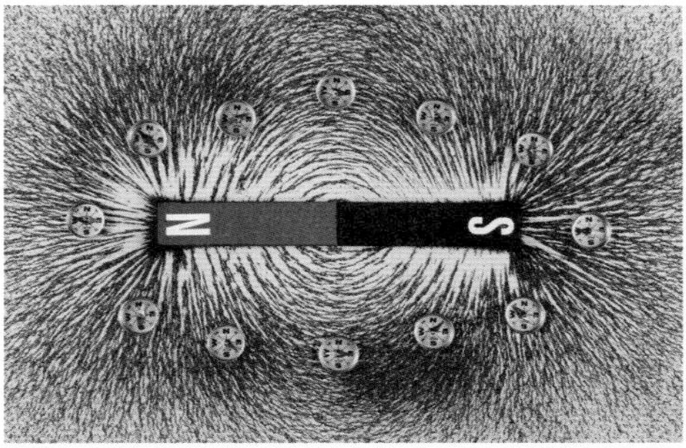

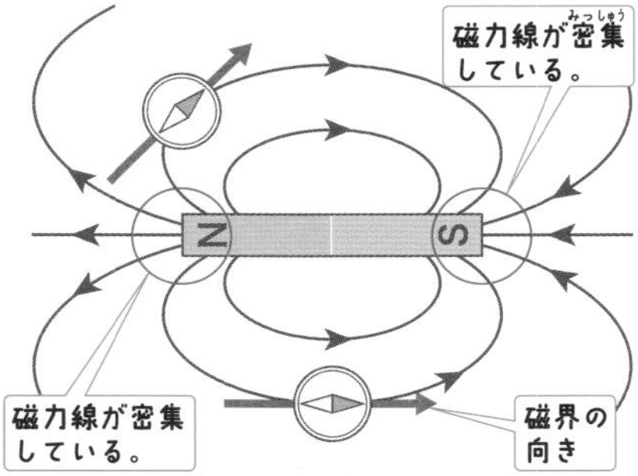

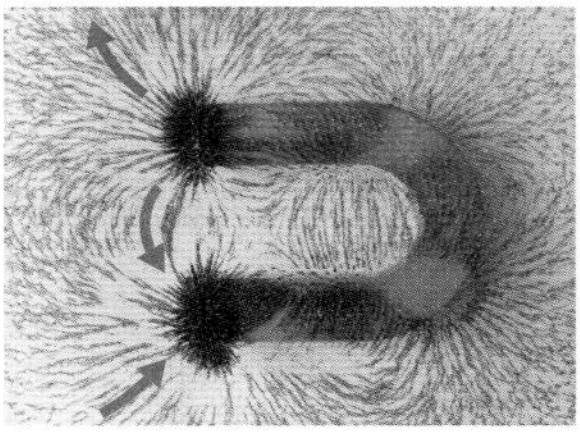

▲ U字型磁石の磁界のようす

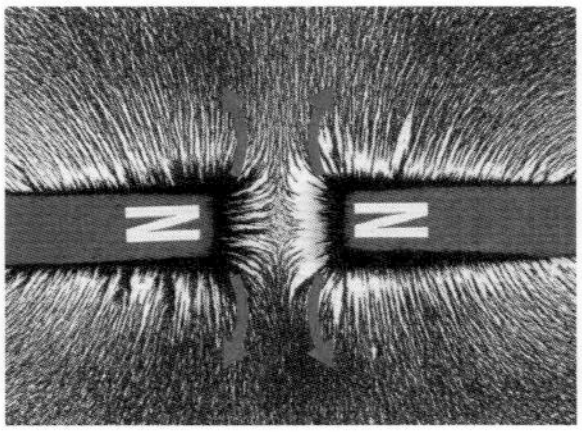

▲ 同じ極どうしの間の磁界のようす

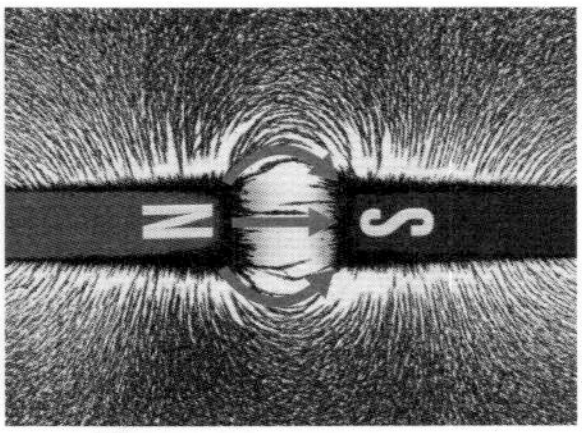

▲ 異なる極どうしの間の磁界のようす

❸ 磁力線と磁界の向き

磁界中の各点に方位磁針を置いたとき，

▶方位磁針のN極がさす向きが，その点での磁界の向きである。

▶各点の磁界の向きを曲線で結んだ線が磁力線である。

このことから，ある点での磁界の向きを知りたいときは，磁力線に接する線の方向を調べると，それがその点での磁界の向きになる。磁石の磁極から磁力線という線が実際に出ているわけではないことに注意する。

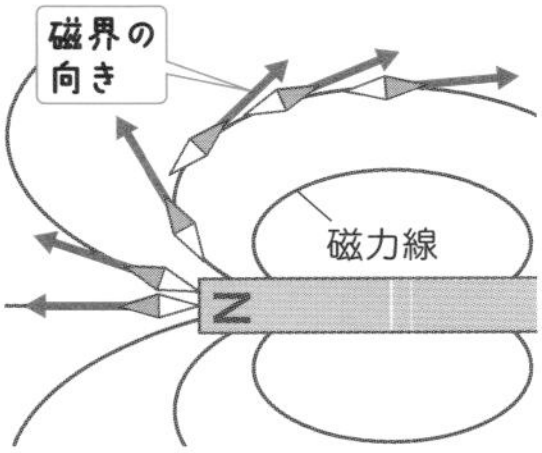

くわしい学習 磁力線のきまり

磁力線には，次のようなきまりがある。

❶ 磁力線はN極から出てS極に入る。

❷ 磁力線はとちゅうで生まれたり，消えたりしない。

❸ 磁力線はたがいに交わったり，枝わかれしたりしない。

❹ 磁力線の密なところほど磁力が大きい。

入試では 棒磁石のまわりにできる鉄粉のもようや，また方位磁針を棒磁石のまわりのいろいろな場所に置いたときの針のさす向きを求める問題が出題されています。

中学入試にフォーカス 磁石の利用（リニアモーターカー）

❶リニアモーターカー

リニアモーターカー（超伝導リニア）は，モーターで車輪を動かすのではなく，磁石の性質である，

▶同極どうしは反発する
▶異極どうしは引き合う

を利用した乗り物である。

▲ リニアモーターカー

❷磁石の利用とリニアモーターカー

磁石の性質は，次のように利用されている。

●磁石の反発の利用

同極どうしの磁石が反発する力を利用して，高速で走行しているときは車体を約10 cmうかすようにしている。これは，車輪と線路とのまさつやしん動をなくすためである。

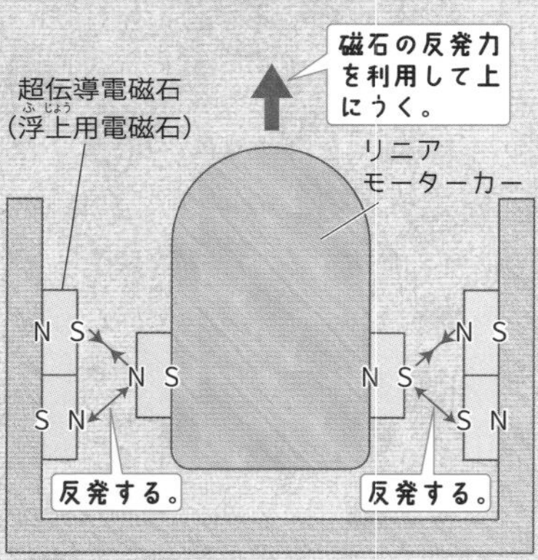

●推進力としての磁石のはたらき

車両の左右にあるかべ（ガイドウェイ）には，推進コイルとよばれる電磁石がとりつけられている。この電磁石と車両のなかにある磁石との間にはたらく引き合う力や反発する力のため，列車が進む。推進コイルに流す電流の向きや大きさを変えることで，加速や後退，停車など列車の進行状況を自在に変えることができる。

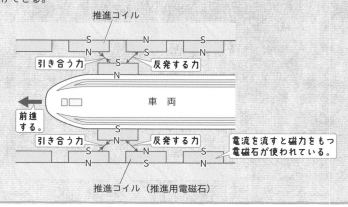

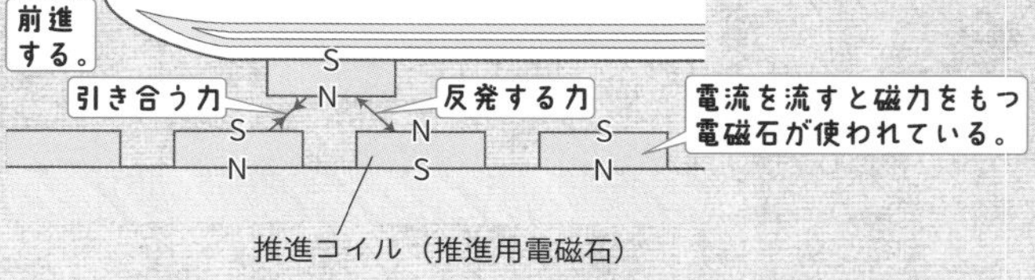

入試では リニアモーターカーのしくみや，あるしゅん間におけるリニアモーターカーとそのまわりのかべの極との関係を答える問題が出題されています。

入試のポイント

絶対暗記ベスト3

1位 磁石の性質　磁石には，N極とS極の2つの極があり，磁石の両はしにある極の部分（磁極）の磁力が最も大きい。棒磁石の場合，中央には磁力がはたらかない。

2位 磁力の特ちょう　N極，S極にはたらく磁力には次の特ちょうがある。

▶異なった極（N極とS極）どうしは，たがいに引き合う。

▶同じ極（N極とN極，S極とS極）どうしは，たがいに反発する。

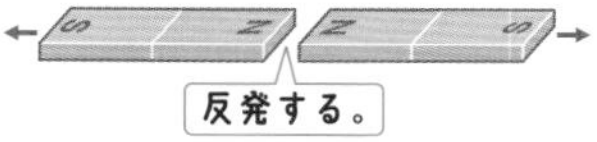

▶N極とN極を重ねると磁力は大きくなり，N極とS極を重ねると磁力は小さくなる。

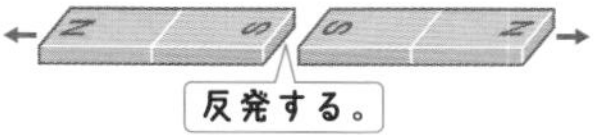

3位 磁　界　磁石のまわりの磁力がはたらく空間を磁界という。磁界は磁力線で表す。磁界の強さは方位磁針のN極が受ける磁力の大きさで表し，磁界の向きは方位磁針のN極がさす向きで表す。

1 磁石の切断と考え方

磁石を切断すると，N極の反対側にはS極が，S極の反対側にはN極が現れる。これは，磁石にはこれ以上分けられない最小単位があると考えるとわかりやすい。棒磁石を縦に切ったときの切り口や，横に切ったときの切り口のようすは，この最小単位をもとに考えるとよい。

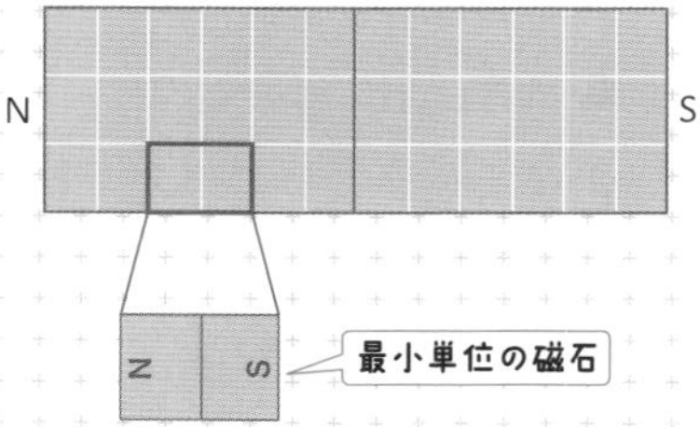

2 磁界を表す鉄粉の模様（磁力線）

磁力線と磁界の強さ，磁界の向きは以下のようになる。

▶磁力線はN極から出てS極に入る。

▶磁力線の密なところほど磁力が大きい。

▶磁力線上のある点に方位磁針を置いたとき，そのN極がさす向きがその点での磁界の向きである。

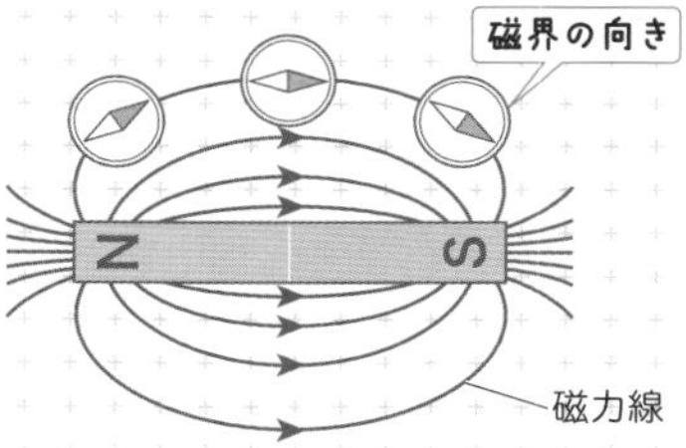

重点チェック

□ ❶ 磁石（じしゃく）につく金属（きんぞく）は［　　］やニッケル，コバルトです。アルミニウムは磁石に［　　］。

❶鉄，つきません　p.338

□ ❷ 針（はり）を磁石でこすると［　　］になります。磁石のN極で，針の先のほうに向かってこすったとき，針の先は［　　］極になります。

❷磁石，S　p.339

□ ❸ 棒（ぼう）磁石は，両はしにある［　　］の所の磁力（じりょく）が最も［　　］なります。

❸磁極，大きく　p.340

□ ❹ 磁石の極（磁極（じきょく））には［　　］極と［　　］極があります。地球の北極のほうに引かれる磁極は［　　］極です。

❹N(S)，S(N)，N　p.340, 342

□ ❺ 2本の棒磁石のN極を重ねると，その磁力は1本のときよりも［　　］なります。また，N極とS極を重ねると磁力の大きさは［　　］なります。

❺大きく，小さく　p.341

□ ❻ 棒磁石を2つに切断（せつだん）すると，切り口には［　　］が現（あらわ）れます。はしの極がS極のとき，切り口には［　　］極が現れます。

❻磁極，N　p.342

□ ❼ 北極付近には磁石の［　　］極があります。

❼S　p.342

□ ❽ 磁石のまわりの磁力をおよぼす空間を［　　］といいます。

❽磁　界　p.342

□ ❾ 磁力線（じりょくせん）は磁石の［　　］極から出て，［　　］極に向かう曲線です。磁力線が多く集まっている所ほど磁力が［　　］なります。

❾N，S，大きく　p.342, 343

□ ❿ 方位磁針（ほういじしん）を棒磁石のまわりのA～Dの位置においたとき，方位磁針の針が

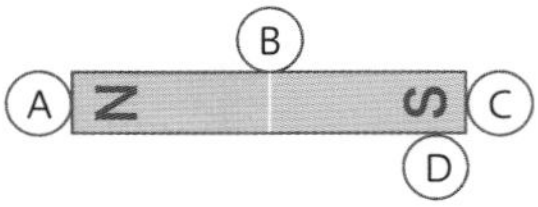

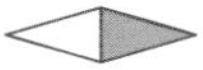のようになるのは，［　　］の位置に置いたときです。

❿B　p.342, 343

□ ⓫ リニアモーターカーは，［　　］の力で車体がうき上がり，同じ極どうしは［　　］し，異（こと）なる極どうしは［　　］という性質（せいしつ）を使って進みます。

⓫磁石，反発，引き合う　p.344

チャレンジ！ 思考力問題

レベル3 レベル2 レベル1

●棒磁石について，次の各問いに答えなさい。　　**【早稲田大高等学院中，白百合学園中】**

(1) 棒磁石の内部はどのようになっていますか。磁石の内部のようすを説明している図として最も適当なものを次の**ア**～**エ**から１つ選び，記号で答えなさい。

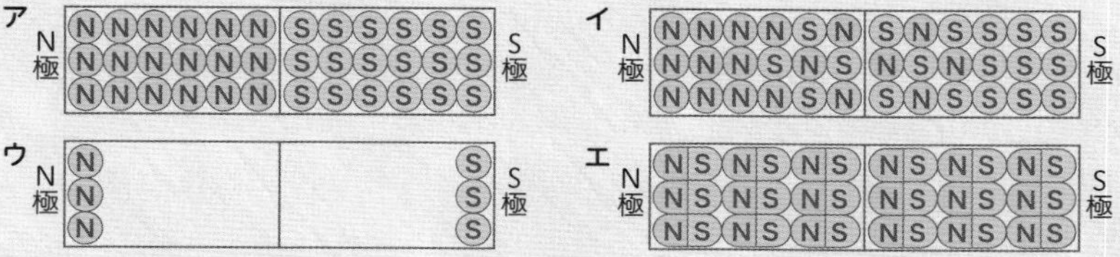

(2) ① 棒磁石を**図１**，**図２**のように点線部分で２つに分けると，極はそれぞれどうなりますか。**図３**中の図の正しい所にNまたはSを書きなさい。図に書かれているN，Sは２つに分ける前の極を表しています。

② 分けた磁石はそのままの向きでもとのようにつきますか。**図１**，**図２**について答えなさい。

図１

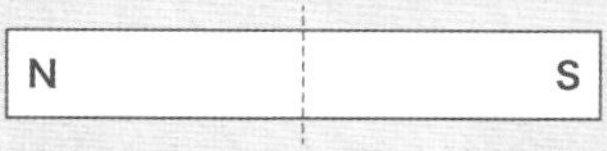

図２

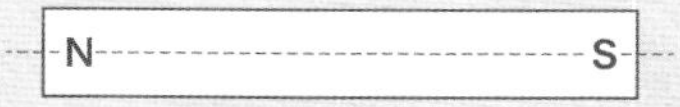

図３

キーポイント

棒磁石を適当な場所で縦に２つに切ると，切り口には，はしがＮ極ならばＳ極が，Ｓ極ならばＮ極が現れる。これは磁石の内部が小さな磁石でできていると考えるとよい。このことから，磁石を横に切ったときの切り口もイメージできる。

正答への道

(1) 棒磁石は切った場所によらず，切り口には，はしとは反対の極が現れることから，磁石は小さな磁石でうめつくされていると予想がつく。

(2) 棒磁石を横に切ると，小さな磁石のならび方から，切ったあとの極のようすがわかる。小さな磁石とは磁石の最小単位で，これ以上小さくできない。

答え

(1) **エ**

(2) ① **右図**

② **図１ーつく**　　**図２ーつかない（反発する）**

図１

図２

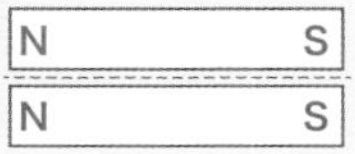

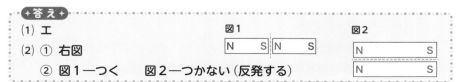

チャレンジ！ 作図・記述問題

レベル3 レベル2 レベル1

●磁石（じしゃく）について，次の各問いに答えなさい。　【麻布中，早稲田大高等学院中】

(1) 磁石や磁石になりうるものは，「小さな磁石」が集まってできていると考えられます。この小さな磁石には，次のような特（とく）ちょうがあります。

・「小さな磁石」の磁力（じりょく）はそれぞれ同じ大きさで，その大きさは変化しない。

・「小さな磁石」はそれぞれ回転することができ，そのとき磁石や磁石になりうるもの自体の形や向きは変化しない。

次の①，②について，「小さな磁石」ということばを用いて説明しなさい。

① 磁石を近づけた鉄くぎは，なぜ磁石になるのですか。

② 磁石になった鉄くぎは，時間が経過（けいか）するとなぜ磁石でなくなるのですか。

(2) 棒（ぼう）Aと棒Bは，一方が棒磁石で，もう一方は鉄の棒ですが，見ただけではわかりません。1回の操作（そうさ）でどちらが磁石かを判別（はんべつ）する方法を考えて実験したところ，棒Aが磁石であることがわかりました。その方法を60文字以内で説明しなさい。ただし，棒A，棒B以外のものは使用しません。

キーポイント

磁石の性質（せいしつ）を保（たも）った最小のものが小さな磁石である。この小さな磁石の特ちょうを使って，(1)の①，②を説明する。(2)では，磁石の性質を使って見分ければよい。

正答への道

(1) 鉄くぎ（鉄など磁石につくもの）には次のような性質がある。

A　鉄くぎもまた，小さな磁石からできている。

B　鉄くぎが磁石ではないのは，小さな磁石がいろいろな方向を向いており，おたがいの磁力が打ち消されているからである。

C　鉄くぎの中の小さな磁石の向きがそろうと，鉄くぎは磁石になる。

①で鉄くぎはBからCになり，②で鉄くぎはふたたびCからBにもどる。

(2) 鉄や方位磁針（ほういじしん）を使わずに磁石かどうかを見分けるときは，物体を自由に動けるようにしておき，北や南をさすかどうかを調べればよい。

解答例

(1) ① 磁石によって，鉄くぎの中の小さな磁石の向きがそろうから。

② 向きのそろった小さな磁石が，ふたたび向きのそろっていないもとの状態（じょうたい）にもどるから。

(2)（例）棒A，Bを自由に動けるようにすると，磁石Aは南北の方向を向くが，磁石ではない棒Bは南北の方向を向くとはかぎらない。（57字）

ここからスタート！

第3編

エネルギー

第3章 電池のはたらき

家の電気はどうつながっているの？

冷蔵庫(れいぞうこ)，テレビ，エアコンなど，家庭にはたくさんの電化製品(でんかせいひん)があります。テレビのスイッチを切ったらエアコンも消える，そんなことはありません。だとすると，家庭の電気の配線は，どのようにつながっているのでしょうか？

学習することがら

1. 電気の通り道
2. かん電池のつなぎ方とはたらき

1 電気の通り道

発展 6年 5年 4年 3年

1 電気の通り道 入試重要度★★

かん電池に**豆電球**や**モーター**をつなぎスイッチを入れると，豆電球が点灯したり，モーターが回転したりする。これは，かん電池から**導線**を通って，豆電球やモーターに電気が流れたからである。

●**電気の通り道**……かん電池の＋極を出て導線を流れ，豆電球やモーターの中を通り，ふたたび導線を通ってかん電池の－極にかえる電気の通り道を**回路**という。電気の流れを**電流**という。

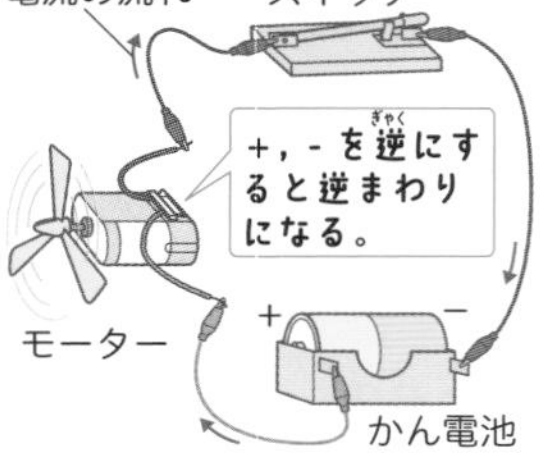

▲ 電気の通り道

2 導体と不導体★★★

金属のように電気を通すものを**導体**，ガラスやプラスチックのように電気を通さないものを**不導体**（**絶えん体**）という。

実験・観察

導体と不導体

ねらい テスターを使って，身のまわりのものを導体と不導体に分類する。

方　法 ①右の図のような，導線の間に電気を通す導体をはさむと豆電球が点灯する「テスター」をつくる。

②導線の間に，くぎ，はさみ，クリップ，消しゴム，ノート，色紙（金紙・銀紙）など，身のまわりのものをはさんでみる。

③いろいろなものをはさんだとき，豆電球が点灯するものと点灯しないものに分類する。

結　果 豆電球が点灯するものには，くぎ，はさみ（金属の部分），クリップ，銀紙などがある。金紙は電気を通さないが，その表面の黄色をけずり落とすと銀紙が表れ，電気を通す。

わかること 金属はよく電気を通す。

雑学ハカセ 電気の流れやすさが導体と不導体の中間くらいの物質のことを半導体（セミコンダクター）とよんでいます。半導体として知られている物質には，シリコンやゲルマニウムがあります。

●**導体と不導体**……いっぱんに，電流は金属にはよく流れるが，金属以外のものにはほとんど流れない。
↳えん筆のしんに使われる黒えんは金属ではないが電流を通す

金属のような導体には，自由に移動できる**電流の素**（**自由電子**という）が多くふくまれており，これが金属の中を移動することにより電流が流れる。同じ導体でも，ふくまれる自由電子の数によって，電流のよく通るものと通りにくいものがある。不導体には，自由電子はふくまれていない。

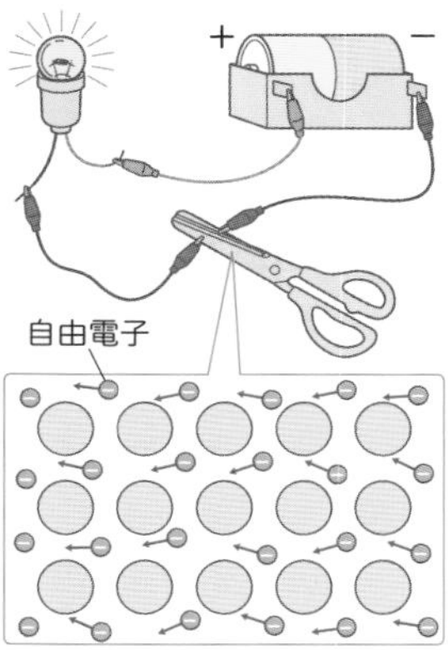

●**回路図**……電気回路は，下の図のような記号を使って，簡単な図として表すことができる。下の図は，これらの記号を用いて回路を表したものである。このような図を回路図という。
電気用図記号という↵

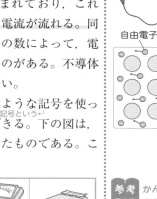

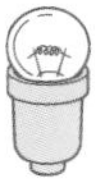	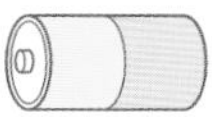			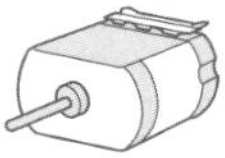
豆電球	かん電池	スイッチ	検流計（電流計）	モーター
⊗	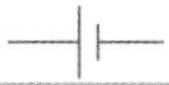		Ⓐ	Ⓜ

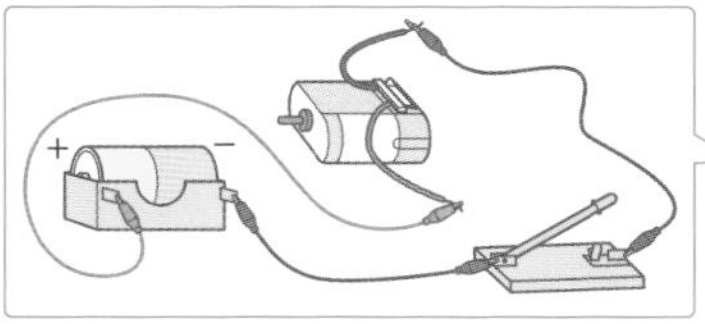

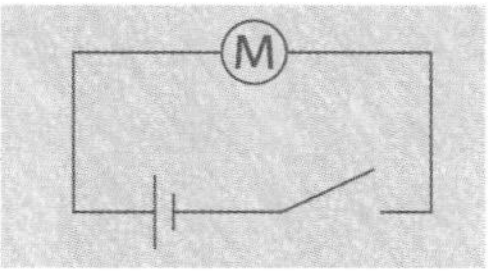

▲ 回路図

参考 かん電池を表す記号
かん電池を表す電気用図記号の2本線のうち，長いほうが＋極を表している。

3 豆電球のしくみ★★

●**豆電球**……小型の白熱電球で，電流を光に変えるはたらきがある。電流は，豆電球の中の**フィラメント**とよばれる非常に細い金属線を通ることで2000℃～3000℃の高温になり，白くかがやき白色光を発する。

●**豆電球の内部**……高温でもフィラメントが燃えないように，内部は真空になっていたり，アルゴンという燃えないガス（不活性ガスという）が入れてあったりする。フィラメントには**タングステン**という金属が用いられる。

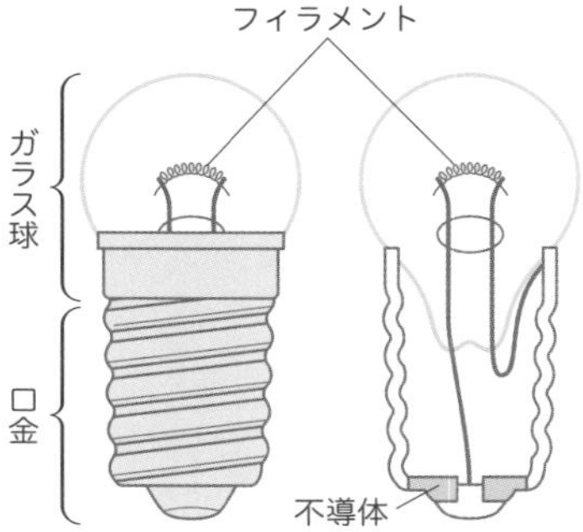

▲ 豆電球のつくり

パワーアップ
導体内の自由電子は，電流が流れると電源の＋極のほうに向かって移動します。これが電子の流れであり，電流の流れる向きとは逆になっています。電流の流れる向きは，＋極から－極に向かって流れると決められています。

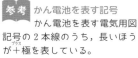

2 かん電池のつなぎ方とはたらき

発展 6年 5年 4年 3年

1 かん電池の直列つなぎ★★★

かん電池の＋極に，ほかのかん電池の－極を順につないでいくつなぎ方を，かん電池の**直列つなぎ**という。モーターや豆電球は，一方のかん電池の＋極と，もう一方のかん電池の－極につながっている。電気の通り道（回路）は枝分かれせず１本である。

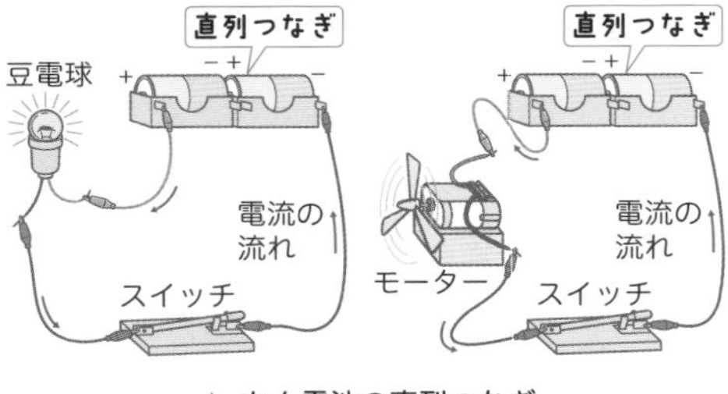

▲ かん電池の直列つなぎ

実験・観察

かん電池の直列つなぎと電流の大きさ

ねらい かん電池を直列につないだときの電流の大きさを調べる。

方 法 ①かん電池２個を，下の図２のようにつなぎ，豆電球の明るさをかん電池１個の場合（図１）と比べる。（かん電池がはたらかなくなるまでの時間も比べる。）

②モーターを図３のようにつなぎ，まわる速さをかん電池１個の場合と比べる。

図1

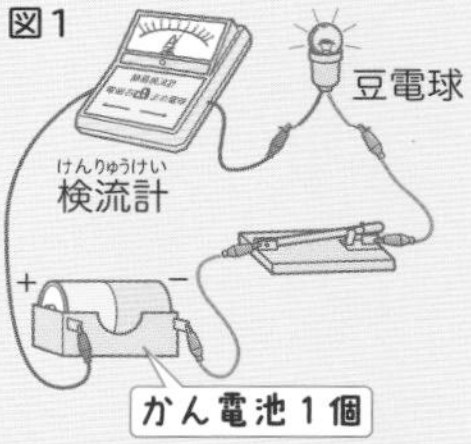

図2

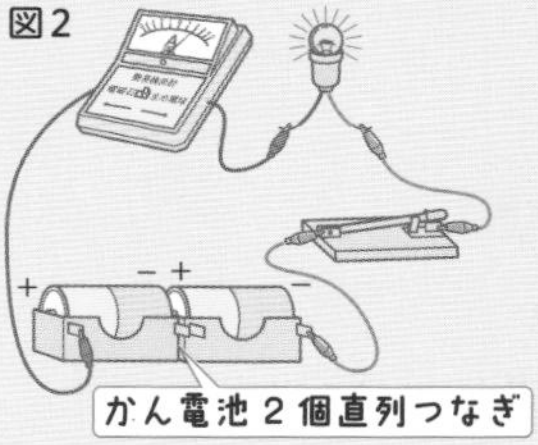

図3

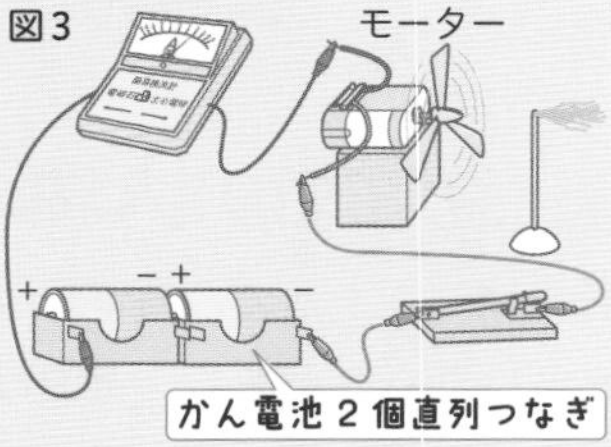

結 果 • かん電池１個のときより電流が大きいため，豆電球は明るくつく。

• モーターの場合も，かん電池１個のときより電流が大きいため，はやく回転する。

• かん電池がはたらかなくなるまでの時間は，かん電池２個を直列にすると，いっぱんに（同じ条件のもとでは），かん電池１個の場合より短い。

わかること かん電池を２個，３個と直列につないでいくと，電流を流すはたらき（電圧という）が大きくなる。そのため豆電球は明るくつき，モーターははやく回転する。

パワーアップ 電流を流すはたらきを電圧といい，大きさはボルト〔V〕という単位で表します。ふつう，かん電池は1.5Ｖです。かん電池を直列につなぐと，全体の電圧は，それぞれの電圧をたしたものになります。

2 かん電池の並列つなぎ★★★

かん電池の＋極どうしと，かん電池の－極どうしをつなぎ，それぞれのかん電池が平行になるようにつなぐ方法を，かん電池の**並列つなぎ**という。

電気の通り道（回路）はかん電池のところで枝分かれして２本になる。

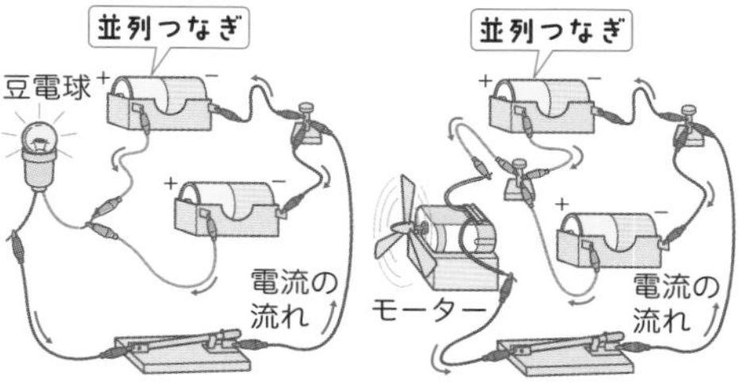

▲ かん電池の並列つなぎ

実験・観察

かん電池の並列つなぎと電流の大きさ

ねらい　かん電池を並列につないだときの電流の大きさを調べる。

方　法　①かん電池２個を，下の図２のようにつなぎ，豆電球の明るさをかん電池１個の場合（図１）と比べる。（かん電池がはたらかなくなるまでの時間も比べる。）

②モーターを図３のようにつなぎ，モーターのまわる速さをかん電池１個の場合と比べる。

図１

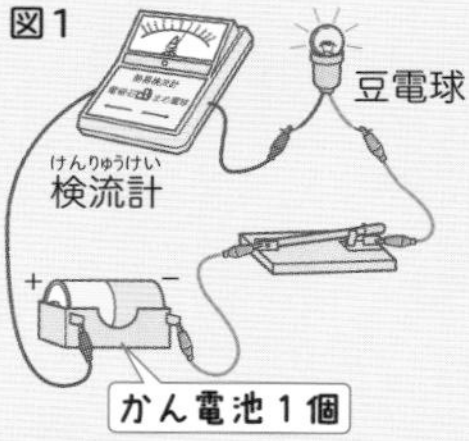

図２

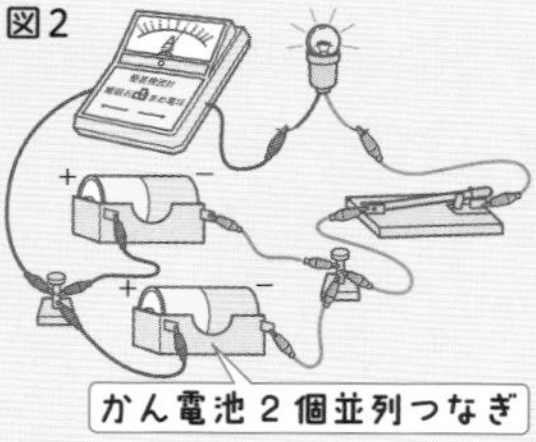

図３

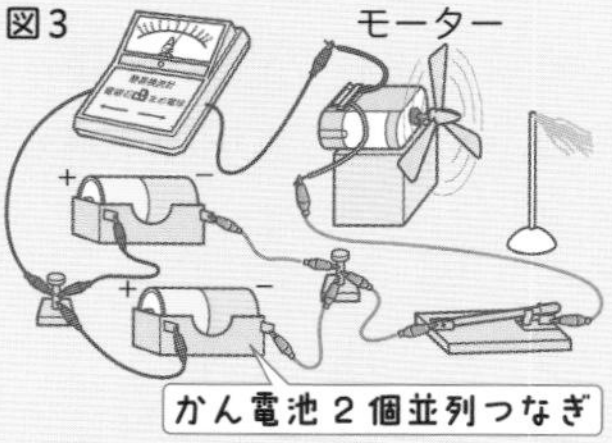

結　果　• かん電池１個のときと電流の大きさは同じで，豆電球は同じ明るさである。

• モーターの場合も，かん電池１個のときと電流の大きさは同じで，かん電池１個のときと同じ速さで回転する。

• かん電池の数が多いほど，かん電池を長時間使うことができる。

わかること　かん電池の並列つなぎでは，かん電池の数を増やしても，電流の大きさはかん電池１個のときと同じで，豆電球の明るさやモーターの回転する速さは，かん電池１個のときと変わらない。

パワーアップ　かん電池の並列つなぎでは，それぞれのかん電池から出る電流の大きさをたしたものが，全体の電流の大きさになっています。また，かん電池全体の電圧はかん電池１個のときと変わりません。かん電池の直列つなぎとのちがいをよく理解しておきましょう。

3 検流計の使い方★

電気の通り道(回路)にどれくらいの電流が流れているかを調べるとき，右のような**検流計**(**簡易検流計**)を使う。

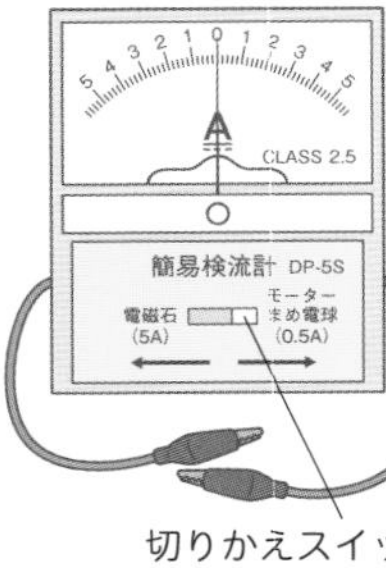

切りかえスイッチ
▲ 検流計

●**検流計のつなぎ方**……検流計は，電池と豆電球のとちゅうに1本の回路となるようにつなぐ。最初は，切りかえスイッチの「電磁石(5A)」と「モーター・豆電球(0.5A)」のうち，はかることのできる電流の大きさが大きい電磁石のほうにする。

注　意！　検流計に電池を直接つないではいけない。回路には必ず豆電球やモーターなどをつないで測定する。

●**目盛りの読みとりと針のふれる向き**……切りかえスイッチを電磁石のほうにして，目盛り「2」のところに針がふれたとき，検流計に2A(アンペア)の電流が流れている。あまり針がふれないときには，切りかえスイッチをモーター(豆電球)のほうにする。このとき針が目盛り「2」をさせば，検流計に0.2Aの電流が流れている。針のふれる向きは電流が流れる向きを示している。そのため，回路へのつなぎ方を逆にしたときは，針のふれる向きが逆になる。

参考　切りかえスイッチ
はじめに「電磁石(5A)」にするのは，「豆電球(0.5A)」を選んだとき，はかることができる大きさよりも大きな電流が流れると故障するおそれがあるためである。

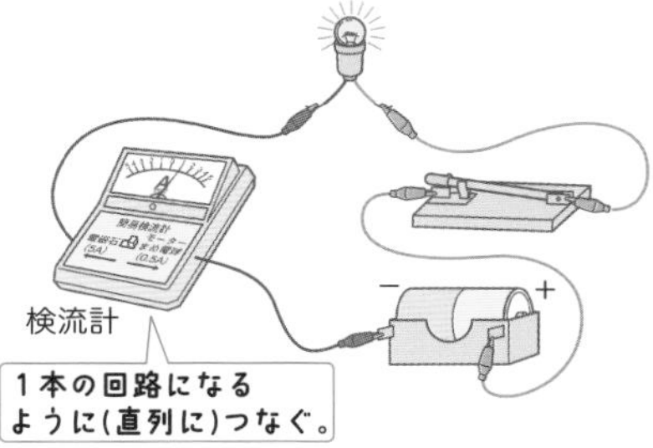

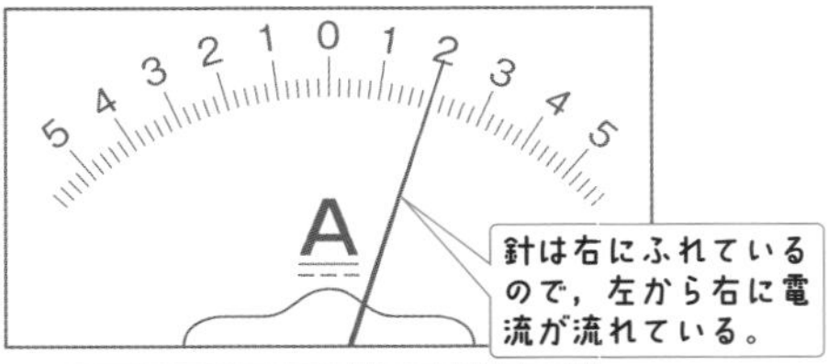

➡スイッチが「電磁石」…2A
➡スイッチが「豆電球」…0.2A

●**電流の表し方**……回路に流れる電気の量を電流といい，**アンペア**(記号A)という単位で表す。小さい電流は1Aの1000分の1の**ミリアンペア**(記号mA)の単位で表す。

パワーアップ
電流の大きさを調べるときには，電流計を使います。検流計とはちがい，電流計ではどちら向きに電流が流れているかを調べることはできません。そのため，つなぐ向きが決まっています。検流計も電流計も回路に直列につなぐことは同じです。

中学入試にフォーカス 豆電球のつなぎ方と明るさ

❶豆電球の直列つなぎ

いくつかの豆電球が，図のように1つの導線につながれて回路になっているつなぎ方を，豆電球の**直列つなぎ**という。

豆電球をソケットから1個はずしたり，どれか1個の豆電球のフィラメントが切れたりすると，電気の通り道がそこで切れ，ほかの豆電球もつかなくなる。

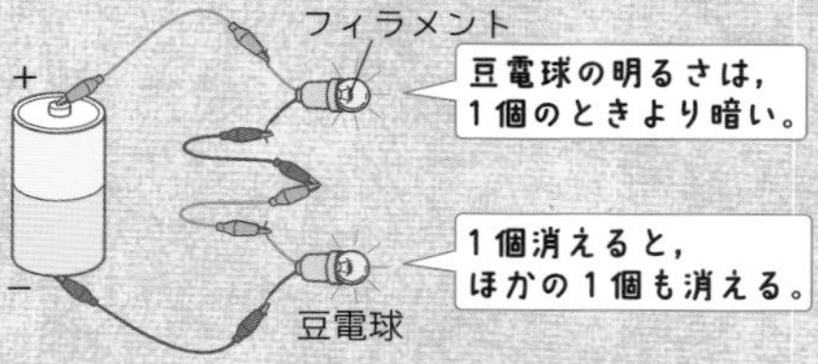
フィラメント
＋
－
豆電球の明るさは，
1個のときより暗い。
1個消えると，
ほかの1個も消える。
豆電球

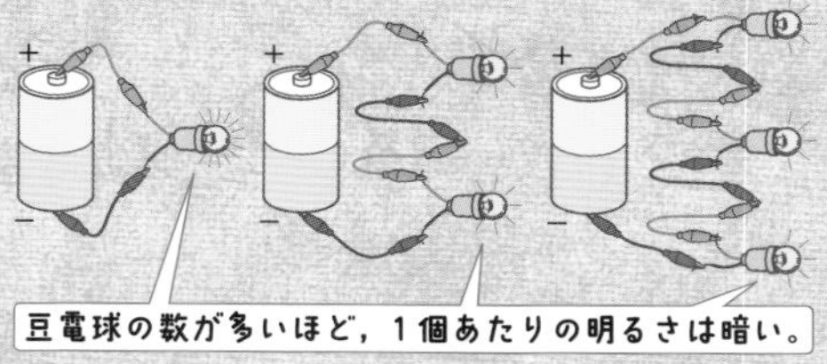
＋
－
豆電球の数が多いほど，1個あたりの明るさは暗い。

●豆電球の直列つなぎの明るさ

かん電池に豆電球を1個つないだときの明るさに比べ，同じ豆電球を2個直列につなぐと，1個あたりの明るさは暗くなる（かん電池に豆電球を1個つないだときの4分の1の明るさになる）。さらに3個直列につなぐと，1個あたりの明るさはさらに暗くなる（かん電池に豆電球を1個つけたときの9分の1の明るさになる）。

❷豆電球の並列つなぎ

2個の豆電球が，図のようにそれぞれ別々の導線につながっているつなぎ方を，豆電球の**並列つなぎ**という。豆電球をソケットから1個はずしたり，どれか1個の豆電球のフィラメントが切れても，残りの豆電球は消えず，明るさは変わらない。

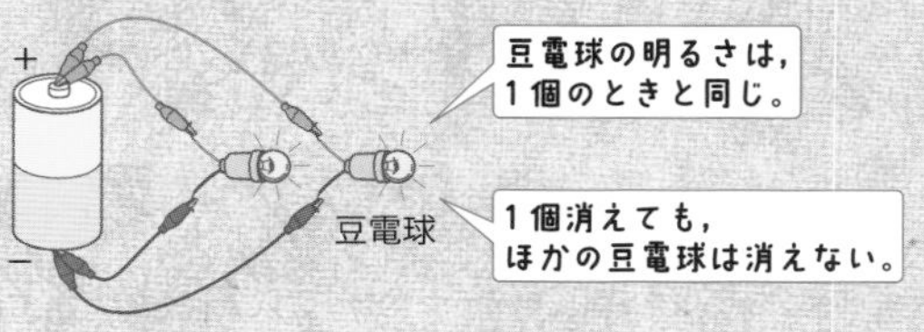
＋
－
豆電球の明るさは，
1個のときと同じ。
豆電球
1個消えても，
ほかの豆電球は消えない。

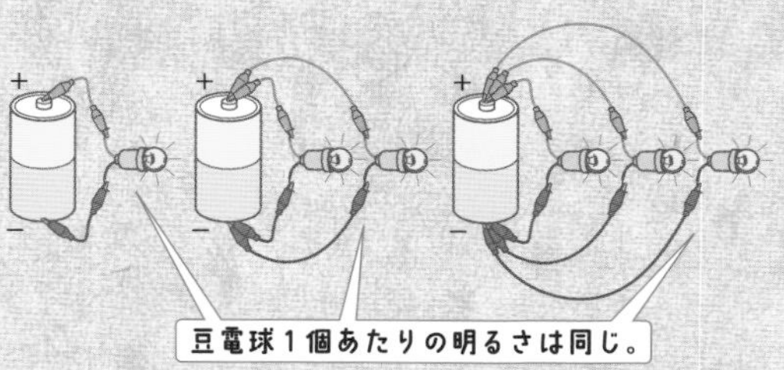
＋
－
豆電球1個あたりの明るさは同じ。

●豆電球の並列つなぎの明るさ

かん電池に，豆電球を1個つないだときの明るさも，同じ豆電球を2個並列につないだときの明るさも，1個あたりの明るさは変わらない。3個の豆電球を並列につなげば，全体としての明るさは，1個のときの3倍になる。しかし，かん電池がはたらかなくなるまでの時間は，豆電球1個をつないだ場合より短くなる。

入試では 豆電球のつなぎ方にも直列つなぎと並列つなぎがあります。回路にどのようにつなぐかで，豆電球の明るさが変わります。それぞれ2個のかん電池と豆電球について，そのつなぎ方を考えるような問題がよく出題されます。

❸豆電球の直列つなぎと並列つなぎを流れる電流

●豆電球の直列つなぎを流れる電流の大きさと明るさ

2個の豆電球を直列につないだとき，最初の豆電球を流れる電流が，そのまま2個目の豆電球にも流れる。このように，直列につないだ回路では，2個の豆電球に流れる電流の大きさは変わらない。

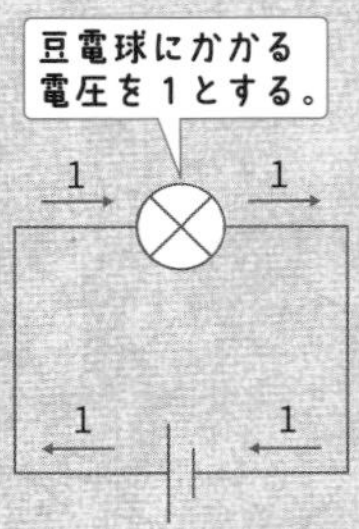

豆電球，かん電池がそれぞれ1個のとき，流れる電流を1とする。

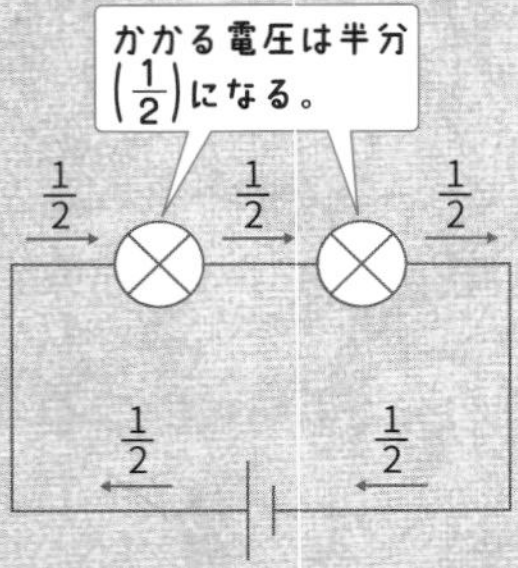

流れる電流の大きさは半分$\left(\frac{1}{2}\right)$になる。

豆電球のフィラメントには電流を流れにくくするはたらきがある（抵抗または電気抵抗という）。豆電球を2個直列につなぐと抵抗は2倍になるため，回路に流れる電流の大きさは豆電球1個のときの半分になる。2個の豆電球を直列につないだとき，豆電球1個あたりは次のようになる。

> ▶流れる電流の大きさは，豆電球1個のときの半分になる。
> ▶かかる電圧（電流を流すはたらき）の大きさも，豆電球1個のときの半分になる。

豆電球の明るさは，電流と電圧のかけ算で求められる。2個の豆電球を直列につなぐと，1個あたりの明るさは，豆電球1個のときと比べて，$\frac{1}{2}\times\frac{1}{2}=\frac{1}{4}$ になる。

●豆電球の並列つなぎを流れる電流の大きさと明るさ

2個の豆電球を並列につないだとき，かん電池1個がそれぞれの豆電球に電流を流す。それぞれの豆電球に流れる電流は，豆電球が1個のときと同じだから，豆電球1個の明るさは，かん電池に1個の豆電球をつないだときと変わらない。かん電池が回路に流す電流の大きさは，豆電球1個をつないだときの2倍になる。

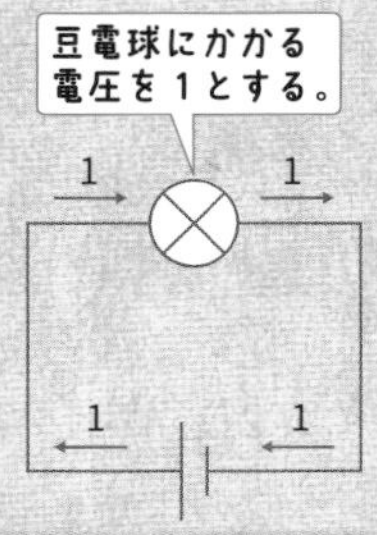

豆電球，かん電池がそれぞれ1個のとき，流れる電流を1とする。

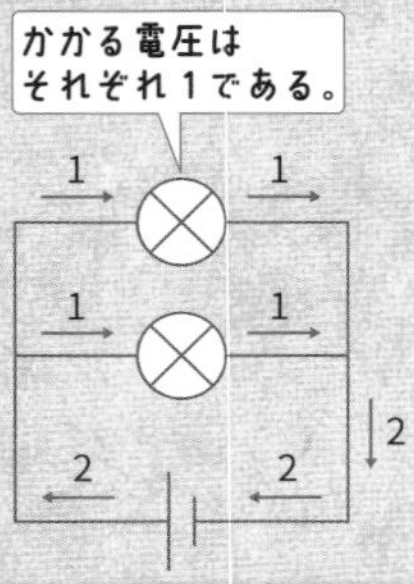

豆電球を流れる電流は1で変わらない。かん電池から流れる電流は2倍(2)になる。

2個の豆電球を並列につないだとき，豆電球1個あたりは次のようになる。

> ▶流れる電流の大きさは，豆電球1個のときと同じである。
> ▶かかる電圧の大きさも，豆電球1個のときと同じである。

入試では かん電池を直列つなぎや並列つなぎにしたときに流れる電流の大きさを求める問題や，豆電球を直列つなぎや並列つなぎにしたときの明るさを問う問題が出題されています。

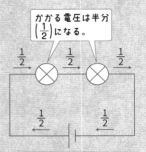

入試のポイント

絶対暗記ベスト3

1位 かん電池の直列(ちょくれつ)つなぎ かん電池の＋(プラス)極と－(マイナス)極を順につなぐつなぎ方。

かん電池2個(こ)を直列につなぐと，かん電池1個をつないだときより流れる電流(でんりゅう)は大きくなり，豆電球やモーターにつなぐと，かん電池1個のときより明るくついたりはやく回転する。

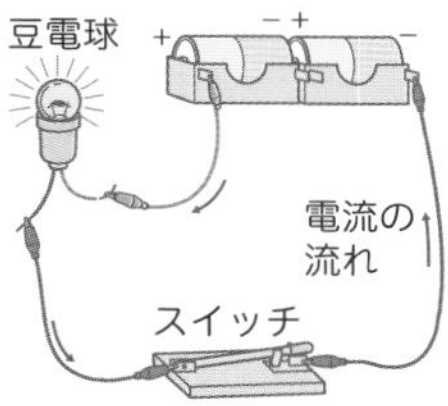

▲ かん電池の直列つなぎ

2位 かん電池の並列(へいれつ)つなぎ かん電池の＋極どうし，－極どうしをつなぎ，かん電池が平行になるようにつなぐつなぎ方。

かん電池2個を並列につなぐと，かん電池1個をつないだときと同じ大きさの電流が流れ，豆電球やモーターにつなぐと，かん電池1個と同じ明るさ，同じ速さで回転する。

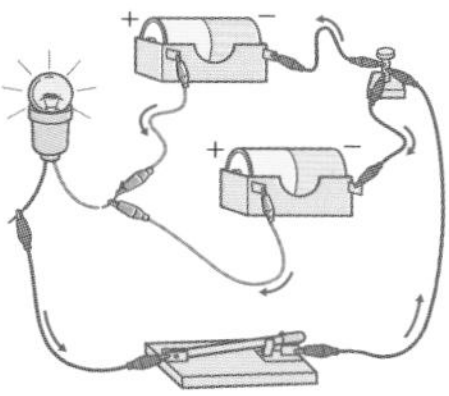
▲ かん電池の並列つなぎ

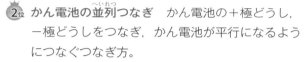

	かん電池の直列つなぎ		かん電池の並列つなぎ	
かん電池の数	2個	3個	2個	3個
電流の大きさ	2倍	3倍	変化なし	変化なし

（かん電池1個のときとの比(ひ)かく）

3位 豆電球のつなぎ方と明るさ

▶ 2個の豆電球を直列につないだとき，豆電球1個あたりの明るさは，豆電球1個のときより暗くなる。

▶ 2個の豆電球を並列につないだとき，豆電球1個あたりの明るさは，豆電球1個のときと変わらない。

1 回路図(かいろず)

電気の流れを電流といい，電流がかん電池の＋極から出て，－極へかえる道を回路という。決められた記号を使って，回路を表した図を回路図という。

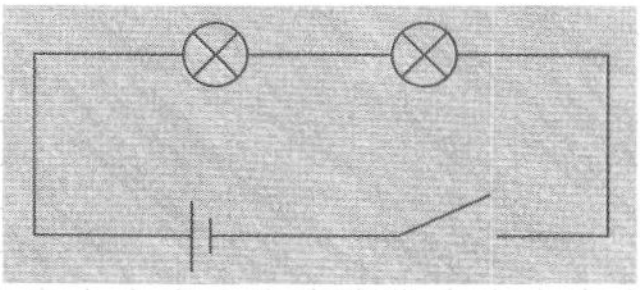
▲ 回路図

2 導体(どうたい)と不導体(ふどうたい)（絶(ぜつ)えん体(たい)）

▶**導　体**…電気を通すもの。

▶**不導体（絶えん体）**…電気を通さないもの。

重点チェック

□ ❶ かん電池の＋(プラス)極と－(マイナス)極を逆(ぎゃく)につなぐと，モーターは［　　］まわりになります。	❶逆 ➡p.350
□ ❷ 電気の流れを［　　］といい，電流(でんりゅう)が＋極から出て，－極へかえる道を［　　］といいます。	❷電流，回路 ➡p.350
□ ❸ 電気を通すものを［　　］といい，通さないものを［　　］といいます。	❸導体(どうたい)，不導体（絶(ぜつ)えん体(たい)） ➡p.350, 351
□ ❹ 豆電球の，電気が流れると明るく光る部分のことを［　　］といいます。	❹フィラメント ➡p.351
□ ❺ かん電池の＋極と－極を次々とつなぐつなぎ方をかん電池の［　　］といい，豆電球やモーターにつなぐとかん電池1個(こ)のときより豆電球が［　　］ついたり，モーターが［　　］回転したりします。	❺直列つなぎ，明るく，はやく ➡p.352
□ ❻ かん電池2個を［　　］につないだ場合は，かん電池1個のときより流れる電流は大きくなります。	❻直　列 ➡p.352
□ ❼ かん電池の［　　］どうし，［　　］どうしをつなぐつなぎ方をかん電池の［　　］といい，豆電球やモーターにつなぐと，かん電池1個のときと比(くら)べ，［　　］明るさ，［　　］速さで回転します。	❼＋極，－極，並列つなぎ，同じ，同じ ➡p.353
□ ❽ かん電池2個を並列(へいれつ)につないだ場合は，かん電池1個のときと［　　］大きさの電流が流れます。	❽同　じ ➡p.353
□ ❾ 検流計(けんりゅうけい)の針(はり)が左にふれたとき，電流は回路(かいろ)を［　　］から［　　］に向かって流れています。	❾右，左 ➡p.354
□ ❿ 何個かの豆電球が，1本の電気の通り道になっているつなぎ方を，豆電球の［　　］といいます。豆電球2個をかん電池に直列につなぐと，1個のときと比べ，豆電球1個あたりの明るさは［　　］なります。	❿直列つなぎ，暗く ➡p.355
□ ⓫ 2個の豆電球が，それぞれ別々の電気の通り道につながっているつなぎ方を，豆電球の［　　］といいます。豆電球をかん電池に並列につなぐと，1個つないだときと［　　］明るさになります。	⓫並列つなぎ，同じ ➡p.355

チャレンジ！ 思考力問題

レベル3 レベル2 **レベル1**

●**同じかん電池と同じ豆電球を使って，いろいろな回路をつくり，電気器具について考えてみました。これについて，次の各問いに答えなさい。** 【甲南女子中】

回路1

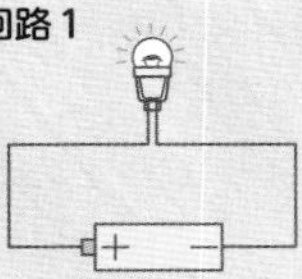

(1) かん電池２個と豆電球１個を使って，①～④の回路をつくりました。それぞれの回路で豆電球の光り方などはどのようになりましたか。下の**ア～オ**からそれぞれ１つ選び，記号で答えなさい。

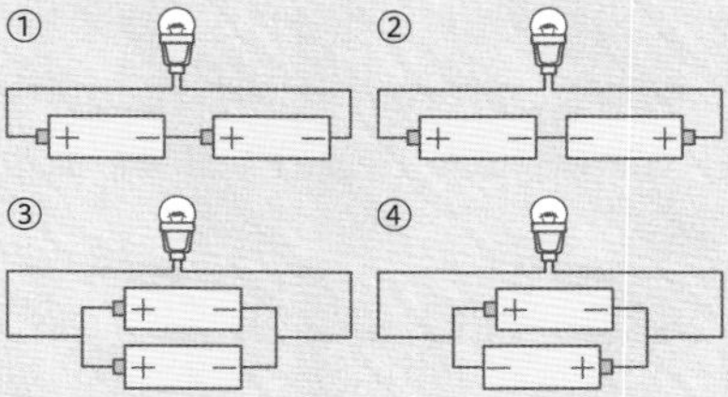

ア 回路１のときと同じ明るさで光る。
イ 回路１のときより明るく光る。
ウ 回路１のときより暗く光る。
エ 光らないで，かん電池から電流が流れない。
オ 光らないが，かん電池から大きな電流が流れる。

(2) (1)の①～④の回路の中で，つくってはいけない回路を１つ選び，番号で答えなさい。

キーポイント

問題の①～④の４つの回路図で，どの回路が直列つなぎで，どの回路が並列つなぎかを見きわめることがたいせつである。

かん電池の＋極と－極を直接つなぐつなぎ方は，ショート回路といって，かん電池の＋極から－極へ直接大きな電流が流れる危険な回路であるので，つくってはいけない。

正答への道

①は直列つなぎになっており，かん電池１個のときよりも豆電球は明るく光る。

③は並列つなぎになっており，かん電池１個のときと同じ明るさで豆電球は光る。

②は，かん電池の＋極と－極とが順につながっていないので直列つなぎではない。このときは，回路には電流は流れないため，豆電球は光らない。

④は，かん電池の＋極と－極とが直接つながっている，ショート回路になっている。かん電池の＋極から－極へ大きな電流が流れるが，豆電球に電流は流れないため，豆電球は光らない。

答え

(1) ① **イ** ② **エ** ③ **ア** ④ **オ**　(2) ④

チャレンジ！ 作図・記述問題

レベル3

●図1のように，かん電池が1個入っている箱があります。箱の外には3つの導線のはしA，B，Cが出ています。箱の中ではかん電池が3本の導線とつながっていて，そのうち1本はどのようにつながっているかがわかっています。

導線のはしA，B，Cから2つを選び，それぞれに図2の導線のはしa，bをつないで豆電球の明るさを観察すると表のような結果になりました。aとbを直接つないだときと同じ明るさの場合は○，○より明るい場合は◎，豆電球がつかない場合は×で表しています。あとの問いに答えなさい。 【光塩女子学院中】

図1

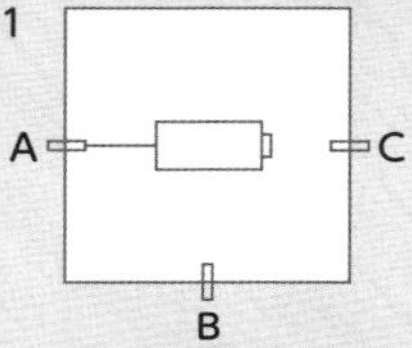

図2

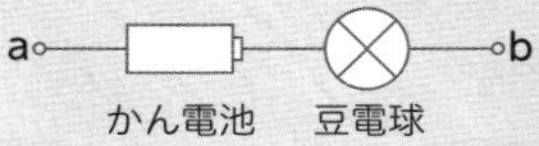

a＼b	A	B	C
A		ア	○
B	◎		イ
C	○	×	

(1) 表と同じ結果になるように，あとの2本の導線を**図1**にかき入れなさい。

(2) 表の**ア**と**イ**はどのような結果になりますか。◎，○，×の中から1つずつ選び，それぞれ記号で答えなさい。

キーポイント

表より，「導線のはしBをaに，またAをbにつないだときの豆電球の明るさは，かん電池2個分になる」ので，**図1**と**図2**のかん電池は直列つなぎになっている。

次に，「導線のはしCをaに，Aをbにつないだとき」，また「導線のはしAをaに，Cをbにつないだとき」，いずれもかん電池1個と同じ明るさのため，箱の中のかん電池と**図2**のかん電池はつながっていない。

さらに，「導線のはしCをaに，Bをbにつないだとき豆電球が消えた」ことから，箱の中のかん電池の向きと，**図2**のかん電池の向きが逆になっている。

正答への道

導線のはしBが箱の中のかん電池の＋極と，導線のはしCが－極とつながっている。

答え

(1) 右図　(2) ア―×　イ―◎

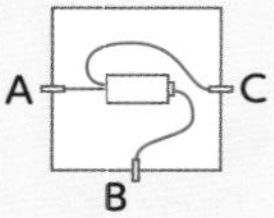

ここからスタート！

第3編

エネルギー

第4章 電流のはたらき

電流を流すと磁石になる？

電流を流したときだけ磁石の性質をもつ，電磁石というものがあります。必要なときだけ磁石として鉄を引きつけ，はなしたいときは電流を流さなくするだけなのでとても便利です。電流と磁石の力にはどのような関係があるのでしょうか？

学習することがら

1. 導線に流れる電流と磁力
2. 電磁石の性質

1 導線に流れる電流と磁力

発展 6年 5年 4年 3年

1 1本の導線のまわりにはたらく力 入試重要度★★★

方位磁針（コンパス）の上に導線を置き，図の向きに電流を流すと，方位磁針のN極は電流の向きにたいして左にふれる。導線を方位磁針の下に置くと，方位磁針のN極は右にふれる。電流が流れている導線のまわりの空間には，磁石が鉄を引きつける力である，**磁力**がはたらく。

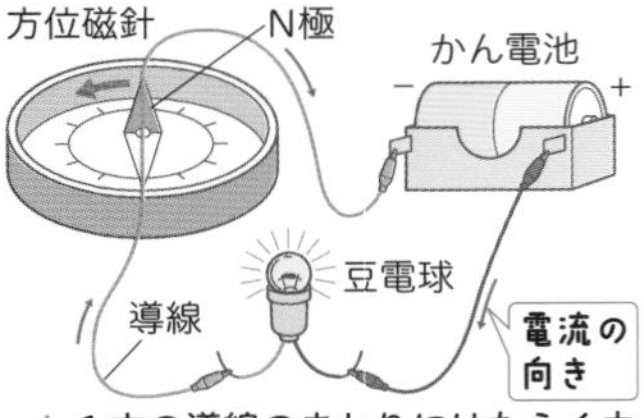

▲１本の導線のまわりにはたらく力

実験・観察

方位磁針のふれ方

ねらい 電流の流れる向きにたいする方位磁針のN極のふれ方を調べる。

準　備 ①図のように，方位磁針の上に導線を南北の方向に置き，電流をそれぞれ下から上（南から北）に，また上から下（北から南）に流す。

②方位磁針の下に導線を南北の方向に置き，電流をそれぞれ下から上（南から北）に，また上から下（北から南）に流す。

③①，②で，方位磁針のN極が左にふれるのは電流がどの向きに流れたときかを調べる。

結　果 ①では下から上，②では上から下に電流が流れたとき，方位磁針のN極は左にふれる。

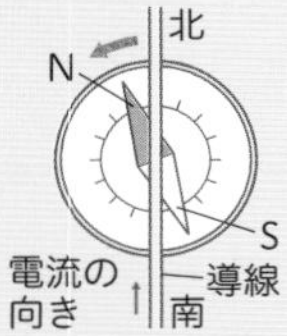

わかること 電流の流れ方と磁力の向きには関係がある。

● **導線のまわりにはたらく磁力の向き**……方位磁針の上に導線をのせ，図のように下から上（南から北）に向かって電流を流す。（かん電池を方位磁針の横に置いたとき，かん電池の＋極側が南側，－極側が北側になるようにする）。

右手の中指の向きを電流の向きと同じにして，親指を導線にたいして直角に開いたときの親指の向きが，方位磁針のN極がふれる向きを示す。このよう

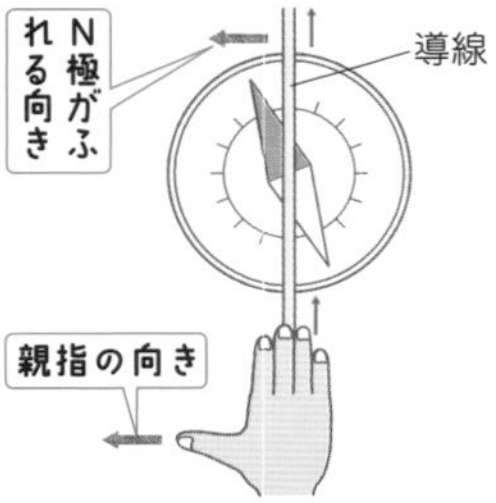

▲導線のまわりにはたらく力の向き

パワーアップ 直線電流や円電流，またコイルのまわりにできる磁力の向きについては，中学校，高等学校でも学習します。これらは，右ねじの法則によって求めることができます。

に，電流の流れる向きと方位磁針のN極にはたらく力（磁力）の向きは，右手で表すことができる。

●**方位磁針のふれ方**……方位磁針のN極のふれ方は次のようになる。

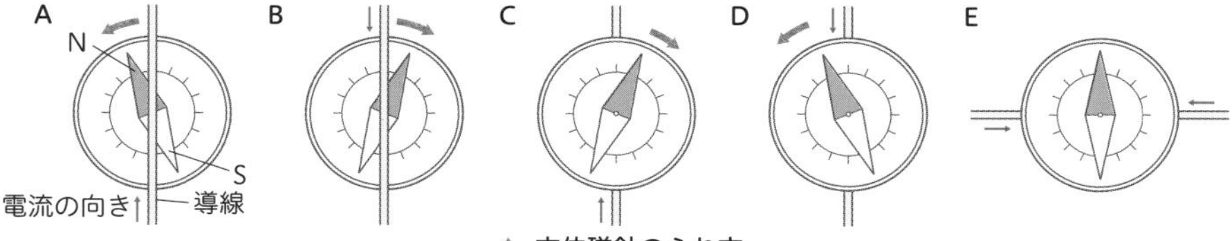

▲ 方位磁針のふれ方

▶ A…N極が左にふれる。

▶ B…電流の向きが反対なので，N極が右にふれる。

▶ C…導線の位置がAとは反対なので，手のひらが上に向き，N極は右にふれる。

▶ D…電流の向きと導線の位置のどちらもAとは反対なので，N極が左にふれる。

▶ E…導線を東西方向に置いたとき，方位磁針は左右にはふれない。

●**電流の大きさと磁力**……電池の数を増やして流す電流を大きくすると，導線のまわりの磁力が大きくなり，方位磁針も大きくふれる。

参考 導線を東西方向に置いたとき

上の図のEのとき，方位磁針と電流の向きは直角になっている。左から電流を流したとき，N極がふれる向きを右手で表すと下の図のようになる。

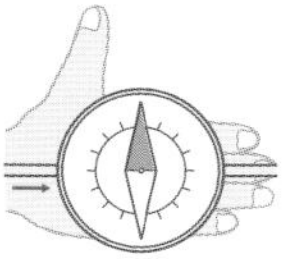

2 導線をコイルにしたときの磁力★★★

導線を何重にも巻いて電流を流すと，より大きい磁力となり，方位磁針は大きくふれる。

コイルに電流を流したとき，下の図のように磁石の極ができ，電流の向きを逆にすると両はしの極が変わる。このように，コイルに電流を流すことで，永久磁石と同じはたらきをする磁石を**電磁石**という。

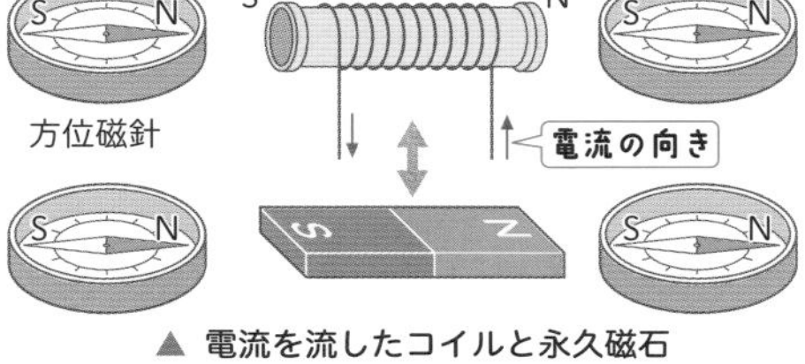

▲ 電流を流したコイルと永久磁石

ことば コイル

導線を丸いつつに同じ向きに何重にも巻いたもの。特に，丸いつつにらせん状に巻いたコイルをソレノイドという。二重，三重に巻くことで一巻きの2倍，3倍の電流が流れる効果がある。

パワーアップ

電流が流れている導線のまわりの磁界のようすは，磁石（永久磁石）と同じように，磁力によって引きつけられた鉄粉の模様でわかります。

2 電磁石の性質

1 電磁石のつくり★★★

電磁石は，導線を巻いたコイルの中に**鉄しん**を入れたものである。ふつう，鉄しんには，**なん鉄**が用いられる。はがねを用いると，電流を流すのをとめても磁石の性質が残ってしまうため，電磁石として使いにくい。

なん鉄：炭素をほとんどふくまない鉄

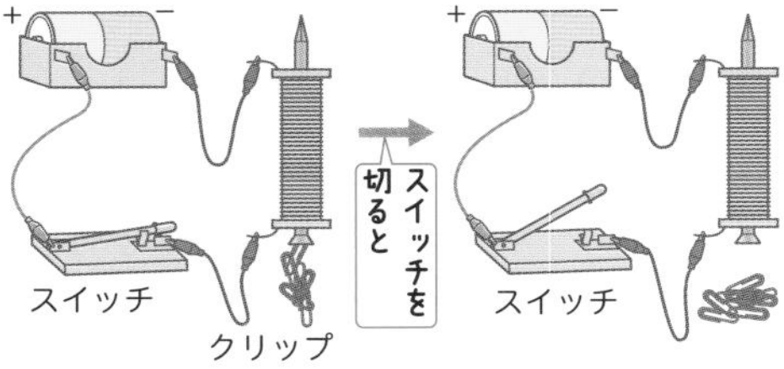

▲ 電磁石

実験・観察

電磁石のしんの材質

ねらい　電磁石のしんとして，何が適しているか調べる。

準　備　コイル，銅の棒，アルミニウムの棒，ガラスの棒，木の棒，なん鉄（くぎ），小さなクリップ

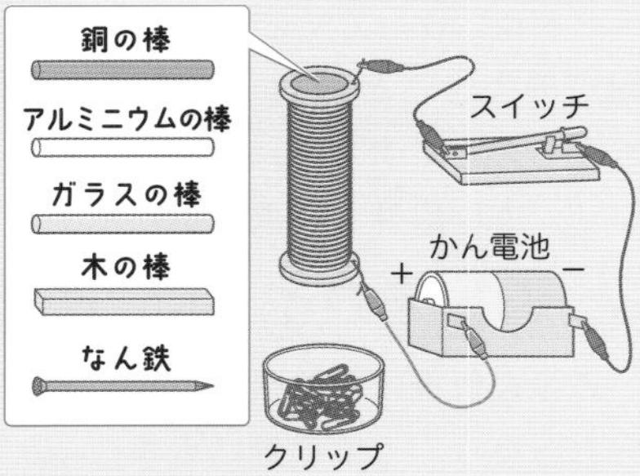

方　法　①コイルにかん電池をつなぎ，電磁石をつくる。コイルのしんの部分を次のA～Fに変化させて，図のように小さなクリップが入った容器の中に入れる。

A：何も入れない場合

B：銅の棒を入れた場合

C：アルミニウムの棒を入れた場合

D：ガラスの棒を入れた場合

E：木の棒を入れた場合　　F：なん鉄（くぎ）を入れた場合

②A～Fのそれぞれの場合について，電磁石についたクリップの数を数える。

結　果　なん鉄（くぎ）を入れた場合，最も多くのクリップが電磁石につく。

わかること　しんとしてなん鉄（くぎ）をいれた場合が，最も多くのクリップを引きつけたことから，電磁石の磁力が大きくなったことがわかる。

雑学ハカセ　非常に低い温度では，回路の抵抗がゼロに近づいていきます。この現象を超伝導とよんでいます。弱い電池でも大きな電流が回路に流れることになり，強い電磁石にすることができます。超電導は，リニアモーターカーに利用されています。

●**しんの材質**……コイルの中になん鉄の棒(ぼう)を入れると，コイルだけのときよりも磁力(じりょく)は大きくなる。しかし，なん鉄のかわりに，銅(どう)，アルミニウム，ガラス，木の棒をそれぞれ入れても，磁力は大きくならない。

●**鉄しんのはたらき**……コイルの中に鉄しんを入れると強い磁石のはたらきをするのは，コイル内の鉄しんがコイルの磁力によって磁石となるからである。これを鉄しんが**磁化**(じか)されたという。

コイル自身の磁力，そして磁石となった鉄しんの磁力の２つの磁力が合わさるため，鉄しんが入ったコイルの磁力は大きくなる。

参考 磁 化
磁石にくっついた鉄くぎは磁石になる。このように外からの磁力によって物質(ぶっしつ)が磁石になることを磁化という。鉄やニッケルなどは強い磁化がおこるので強磁性体(きょうじせいたい)とよばれている。

2 電磁石と永久磁石のちがい★★

電磁石(でんじしゃく)と永久磁石(えいきゅうじしゃく)（天然磁石）を比(くら)べたものが，下の表である。それぞれの特ちょうをいかしていろいろな方面に使用される。

	電磁石	永久磁石
共通点	▶N極，S極がある。 ▶鉄やニッケルなどを引きつける。 ▶同じ極どうしはしりぞけ合い，ちがう極どうしは引き合う。 ▶自由に動けるようにすると，N極はいつも北をさす。	
ちがう点	▶自由に磁石にすることができる。 ▶磁石の極を自由に変えることができる。 ▶磁石の強さを自由に変えることができる。	▶いつも磁石になっており，極の場所も決まっている。 ▶磁石の強さを変えることができない。

3 電磁石の極★★★

電磁石にもN極，S極がある。そのため，同じ極どうしはしりぞけ合い，ちがう極どうしは引き合う。

●**電磁石の極の確**(たし)**かめ**……右の図のように，発ぽうポリスチレン（発ぽうスチロール）の板の上にかん電池につないだ電磁石を置いて，水にうかべると電磁石は南北をさす。このように，電磁石を自由に動けるようにすると，N極は北を，S極は南をさす。

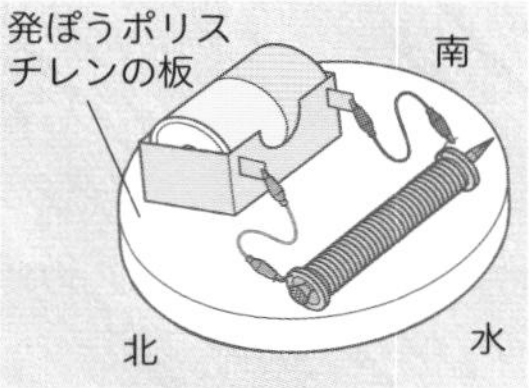

▲ 電磁石の極の性質

パワーアップ
地球の磁界のことを地磁気といいます。地球の内部の，外かくとよばれる部分はおもに鉄やニッケルなどの金属(きんぞく)の液体(えきたい)でできています。この液体が動くことで電気が発生し，その電気により地磁気ができています。

実験・観察

電磁石の極

ねらい　電磁石の極と電流の向き，導線の巻き方との関係を調べる。

方　法　①電磁石に電流を流し，図のように，方位磁針のふれ方から電磁石の極を調べる。また，かん電池の向きを変えて，電磁石の極を調べる。

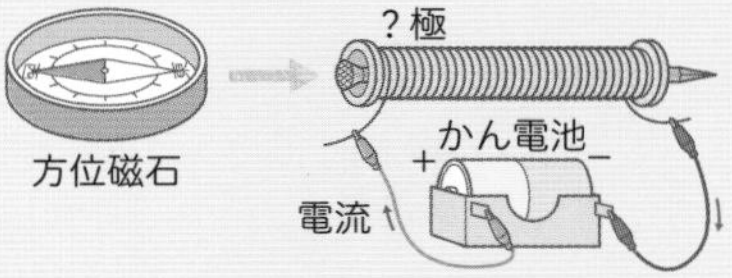

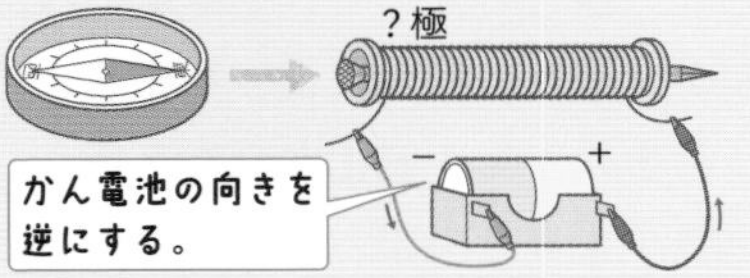

②コイルの巻く向きを変えて，①と同じように，電磁石の極を調べる。

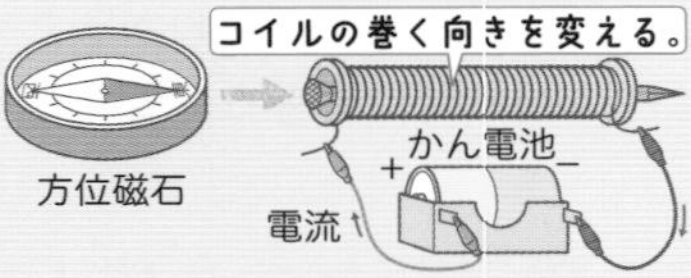

結　果　•電磁石のはしに方位磁針を近づけると，方位磁針のN極が引きつけられることから，電磁石のS極が現れたことがわかる。かん電池の向きを変えると，方位磁針のS極が引きつけられることから，電磁石のN極が現れたことがわかる。

•コイルの巻く向きのちがう電磁石では，逆の結果になる。

わかること　電磁石にできる極は，コイルに流れる電流の向きや導線の巻き方で自由に変えることができる。

くわしい学習　電磁石の極の見つけ方

●**右手でコイルをにぎる方法**……右手の4本の指を電流の流れる向きに合わせてコイルをにぎる。親指を開いたとき，親指の向きがN極で，その反対側がS極になる。

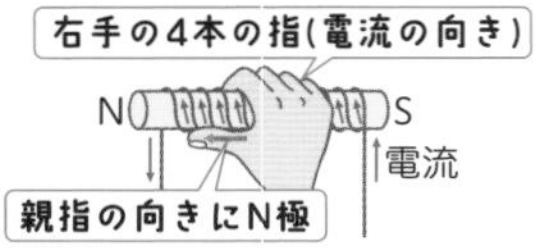

▲ 右手でコイルをにぎる方法

●**n，sの文字による方法**……電磁石のいずれかの極の正面を向いて，電流の流れが右の図のようにⓝの文字になっているのがN極で，Ⓢの文字になっているのがS極である。(または，右の図のように，「ⓚ(北)」，「ⓜ(南)」のようにしてもよい。)

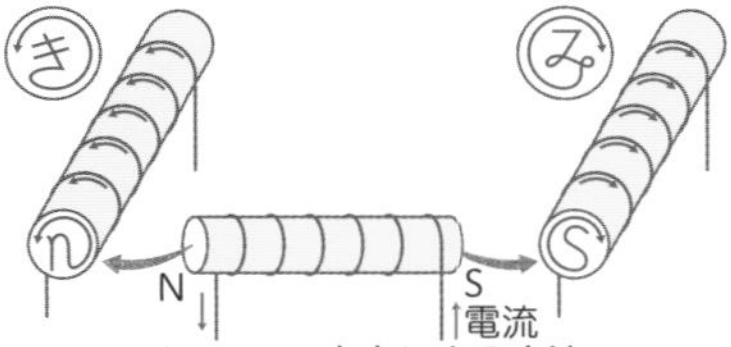

▲ n，sの文字による方法

●**右ねじによる方法**……右ねじを電流の向きに回したとき，ねじの進む向きがコイルのN極になる。(これを**右ねじの法則**という。)

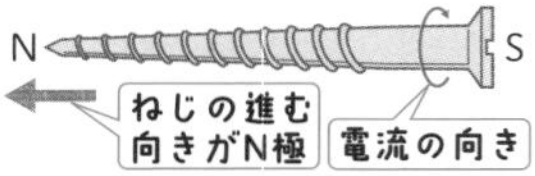

▲ 右ねじによる方法

雑学ハカセ　直線状の導線を流れる電流に生じる磁界の向きを確かめるには，電流の向きに右ねじの進む向きを合わせると，右ねじを回す向きが磁界の向きになります。これも右ねじの法則の1つです。

4 電磁石の磁力★★★

電磁石に大きな電流を流したり，コイルの巻き数を多くしたり，太い導線を使ったりすると，磁力は大きくなる。

実験・観察

電流の大きさと磁力

ねらい 電流の大きさを変えて，電磁石の磁力の大きさとの関係を調べる。

方法① ①電磁石，スイッチ，電流計，かん電池を右の図のようにつなぐ。

②かん電池１個をつないだときの電流計の目盛りを読みとり，クリップの引きつけ方を調べる。

③かん電池２個を直列につないだときの電流計の目盛りを読みとり，クリップの引きつけ方を調べる。

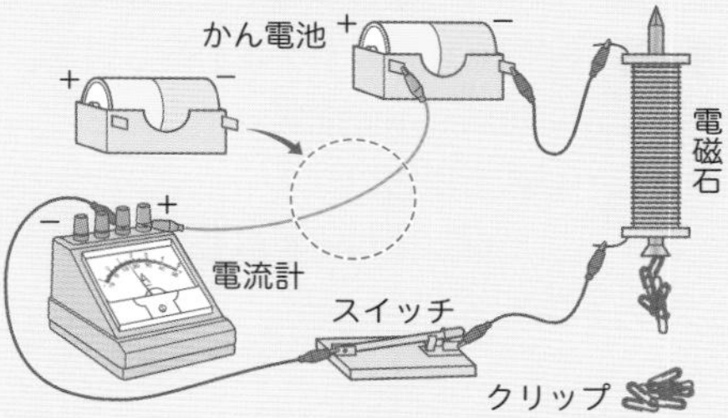

方法② ①同じ長さの細い導線と太い導線でつくった電磁石を用意し，方法①の装置にこの電磁石をつなぐ。

②細い導線の電磁石のときと，太い導線の電磁石のときの電流計の目盛りを読みとり，クリップの引きつけ方を調べる。

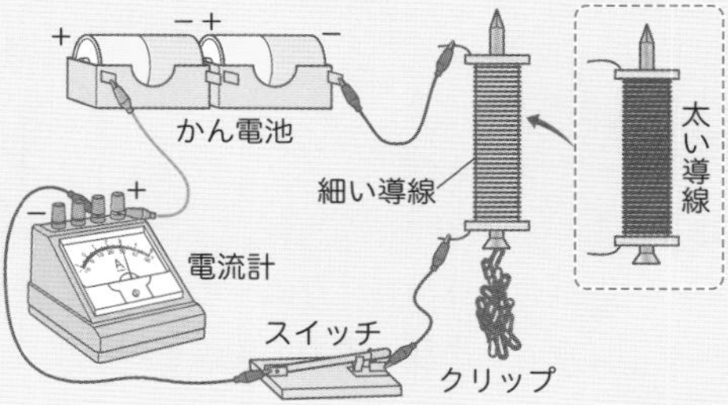

注意！ この実験では，コイルの巻き数を一定にしておくことがたいせつである。

結果 • かん電池１個と２個のときを比べると，２個のときのほうが１個のときよりも電流計の針のふれ方が大きく（電流が大きく），クリップをたくさん引きつける。

• 巻き数が同じで導線の太さがちがう電磁石では，太い導線のほうが細い導線よりも大きな電流が流れて，クリップをたくさん引きつける。

わかること 電流の大きさを変えることで，電磁石の磁力の大きさを自由に変えることができる。

パワーアップ 導線が太いほど流れる電流は大きくなります。導線の太さを変えずにかん電池の個数をふやしたり，かん電池の数は変えないで導線を太くすることは，ともに流れる電流を大きくすることなのです。

●**電流の大きさと磁力**……コイルに流れる電流は，かん電池の数や導線の太さを変えることによって大きくすることができる。かん電池の数が多いほど，また導線が太いほど大きな電流が流れ，電磁石の磁力は大きくなる。

実験・観察

コイルの巻き数と磁力

ねらい コイルの巻き数と電磁石の磁力の大きさとの関係を調べる。

方　法 ①同じ鉄しんを2本，同じ長さ，同じ太さの導線を2本用意する。

②鉄しんに導線を100回巻いた電磁石と，50回巻いた電磁石をつくる。

③それぞれの電磁石に，スイッチ，電流計，かん電池2個（直列つなぎ）を下の図のようにつないで電流を流し，電流計の目盛りを読みとり，クリップの引きつけ方を調べる。

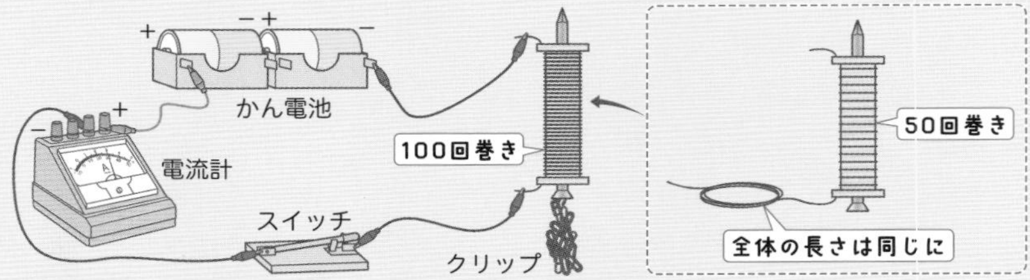

注　意！ 50回巻きの電磁石のあまった導線は切らずにそのままにしておくこと。導線の全体の長さが同じでないと，流れる電流の大きさがちがうことになり，導線の巻き数と磁力の関係を調べたことにならない。

結　果 導線を100回巻いた電磁石のほうがたくさんのクリップを引きつける。

わかること **電流の大きさが同じなら，コイルの巻き数が多いほど磁力は大きい。**

●**コイルの巻き数と磁力**……電磁石の磁力は，コイルの巻き数を多くすると大きくなる。

●**鉄しんの太さと磁力**……コイルの中に太い鉄しんと細い鉄しんをそれぞれ入れて，クリップの引きつけ方を比べると，太い鉄しんのほうが多くのクリップを引きつける。このように，コイルの巻き数と電流の大きさが同じときには，太い鉄しんのほうが磁力は大きい。

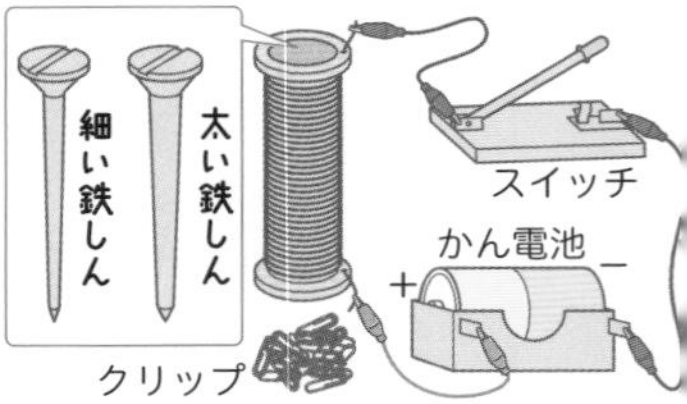

▲ 鉄しんの太さと磁力

パワーアップ 何かと何かを比べる実験を行うときは，調べたい条件だけを変えて，その他の条件は同じにしなくてはなりません。上の実験では，コイルの巻き数だけを変え，導線の長さや鉄しんの太さ，電流の大きさは同じにします。

5 U字型電磁石★★

●**U字型電磁石**……U字型の鉄しんに導線をコイル状に巻いたものを**U字型電磁石**という。

U字型電磁石と棒状の電磁石では，コイルの巻き数や電流の大きさが同じであれば，磁力の大きさにはちがいはない。ただし，棒状の電磁石はたがいに両極が逆の向きにあるのに対して，U字型電磁石は，右の図のように両極が同じ向きにあるので，鉄を引きつける力は棒状のものより大きくなる。

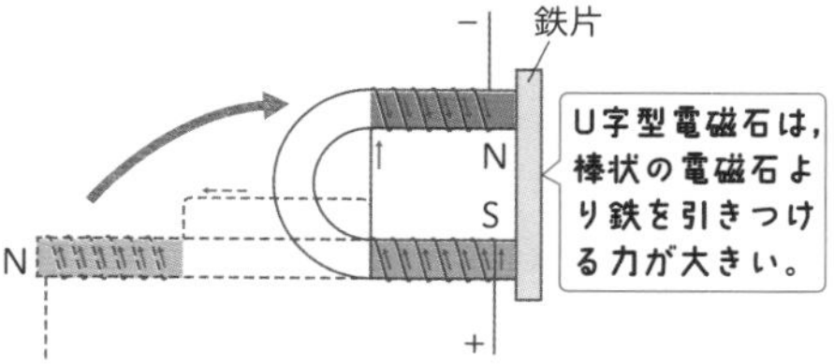

▲ U字型電磁石

くわしい学習　磁力の大きさの調べ方

電磁石の磁力の大きさの測定は，電磁石に反応するものの重さを比べたり（❶），電磁石を近づけていき，そのえいきょうが出はじめる（ものが動き出す）きょりを比べたり（❷）して行う。また，磁力の大きさをより正確に測定するには，ばねばかりの目盛りを読みとる方法がある（❸）。

❶ **引きつけるものの量（重さ）を比べる方法**……量の多いほうが磁力は大きい。

❷ **電磁石を近づけていき，ものを引きつけるきょりをはかる方法**……きょりが大きいほど磁力は大きい。

❸ **ばねばかりの目盛りをはかる方法**……ばねばかりにつり下げてある鉄片を，電磁石で引きつけてゆっくりと引っ張り，はなれる直前の目盛りを読む。目盛りが大きいほど磁力は大きい。

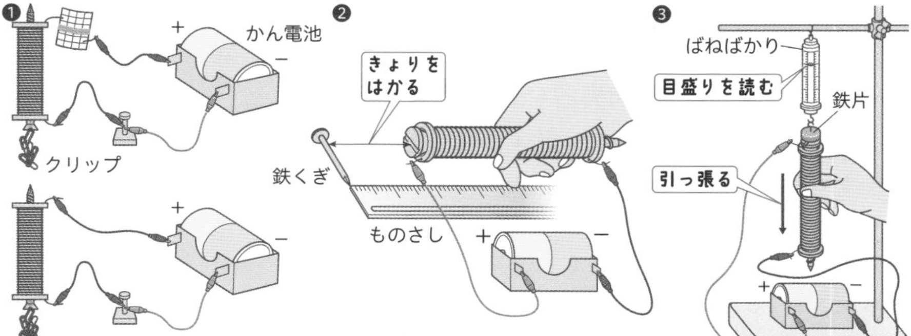

▲ 磁力の大きさの調べ方

パワーアップ　ばねばかりとは，ばねののびる長さがばねを引く力の大きさに比例することを利用して，ものの重さなどを調べることができるものです。

6 電磁石の利用★★

電磁石は，磁力や極（磁極）を自由に変えることができ，電流を切れば磁石でなくなるので，いろいろなものに利用されている。

●**ベ　ル**……電流を流すと電磁石のはたらきにより鉄片を引きつけ，つちがベルを打つ。そのとき，鉄片が接点からはなれるので電流が切れる。その後，鉄片がばねの力でもとに返り，接点とくっつき，ふたたび電流が流れてつちがベルを打つ。スイッチをおしている間，このことがくり返されるので，ベルは鳴り続ける。

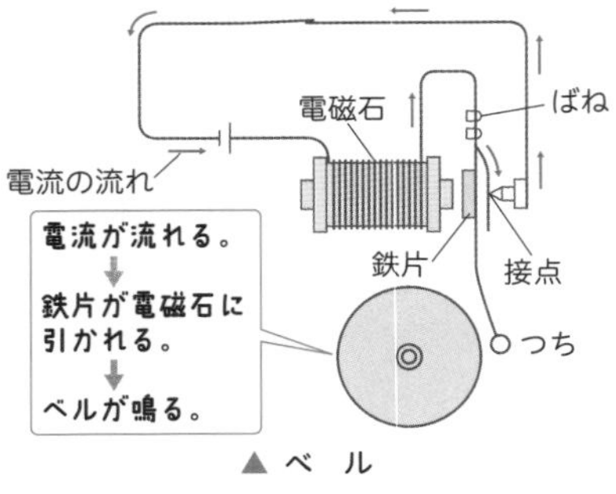
電磁石
ばね
電流の流れ
電流が流れる。
鉄片が電磁石に引かれる。
ベルが鳴る。
鉄片
接点
つち
▲ベ　ル

●**ブレーカー（電磁スイッチ）**……電流がある決まった大きさよりも大きく流れる（回路がショートしたときなど，多量の電流が流れる）と，電磁石の磁力が強くなり，スイッチの鉄片を引きつける。それによって，図の「切」の状態となって電流が切れる。

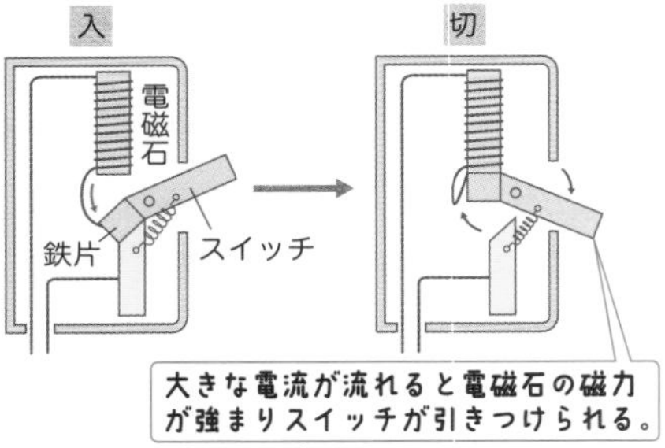
入
切
電磁石
鉄片
スイッチ
大きな電流が流れると電磁石の磁力が強まりスイッチが引きつけられる。
▲ブレーカー

●**スピーカー**……スピーカーにはコイル（電磁石）と永久磁石，そしてしん動を伝えるしん動板（コーン）が入っている。マイクによって音が電流に変えられ，音の大小は電流の大小となってコイルに流れる。大きさの変化する電流がコイルに流れると，音の大きさに合わせて電磁石がしん動し，そのしん動がしん動板であるコーンに伝えられ，大きなしん動に変えられる。このコーンの大きなしん動がまわりの空気に伝わり，それが耳に届く。

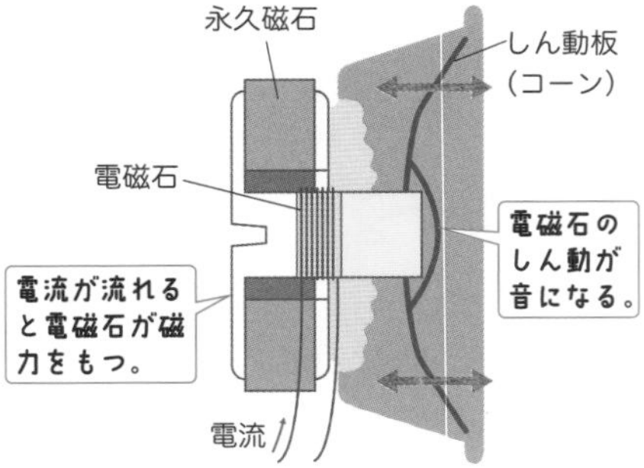
永久磁石
しん動板（コーン）
電磁石
電磁石のしん動が音になる。
電流が流れると電磁石が磁力をもつ。
電流

雑学ハカセ　電磁石を利用したものはほかにもたくさんあります。モーターが使われているものは，すべて電磁石を利用しているといえます。

中学入試にフォーカス モーター

❶モーターが回転する原理

界磁石（永久磁石）と電機子（電磁石）の2つの磁石がそれぞれ引き合ったり，しりぞけ合ったりしながら電機子が回転する。

回転する理由は，整流子（丸いつつを半分に割った形のもの）とかん電池につながれたブラシのふれ方が半回転ごとに変わるので，電機子に流れる電流の向きが変化し電機子の極が入れ変わるからである。この極の入れ変わりがくり返されて，電機子が回転を続ける。

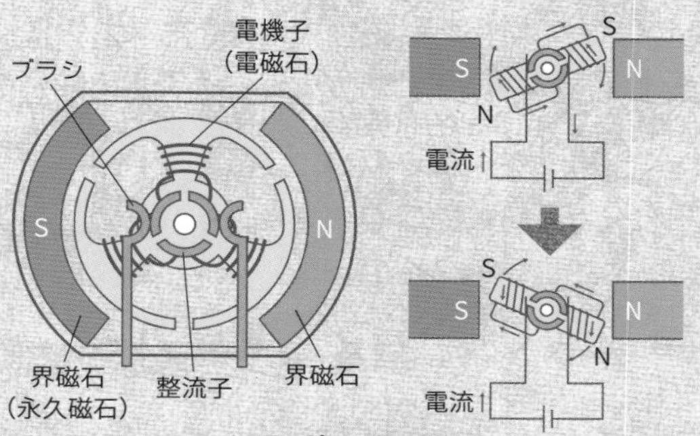

▲ モーターのつくり

❷コイルモーター

この原理を利用して，右の図のような簡単なコイルモーターをつくることができる。

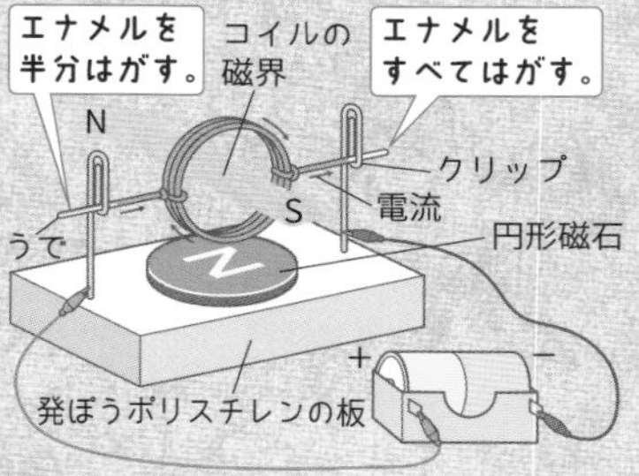

●コイルモーターのつくり方

① エナメル線を5回巻いたコイルをつくる。このとき，コイルの直径方向にうでをのばしておく。

② かた方のうでのエナメルはすべてはがし，もうかた方のうでのエナメルは上半分だけはがす。（コイルが回り続けるポイントとなる。）

③ 板にクリップをとめ，コイルのうでを通し，下に円形磁石を置く。

④ かん電池とクリップを導線でつなぎ電流を流す。

●かた方のうでのエナメルのみを上半分だけはがす理由

▶両方のうでのエナメルをすべてはがした場合…コイルにはいつも電流が流れるのでつねに磁石になっており，下の円形磁石の力を受けてコイルはすぐに水平になってとまってしまう。

▶かた方のうでのエナメルを上半分だけはがした場合…エナメルには電流が流れないので，コイルは半回転ごとに電流が流れたり流れなかったりする。電流が流れるとコイルは磁石になり，円形磁石から力を受けて回転する。電流が流れないとコイルは磁石にはならないが，それまでの勢いのためコイルは回る。このように，コイルは半回転ごとに円形磁石からの力を受けながら回り続けることになる。

入試では コイルモーターについては中学入試，高校入試，そして大学入試にもたびたび出題されています。特に，両方のうでのエナメルをすべてはがした場合，なぜコイルはすぐに止まってしまうのか，その理由が問われています。

中学入試にフォーカス 電磁誘導と誘導電流

❶電磁誘導

導線に電流を流すと，導線のまわりには磁界（磁力がはたらく空間）ができた。例えば電流の流れているコイルは棒磁石と同じはたらきをもつ電磁石になる。

S
N
棒磁石を入れる
検流計の針が
左にふれる。
S
N
棒磁石を出す
検流計の針が
右にふれる。

これとは逆に，右の図のようにコイルにたいして棒磁石を出し入れして，コイルの中の磁界を変化させるとコイルに電流が流れる。

この現象を**電磁誘導**といい，流れる電流を**誘導電流**という。

●磁界の変化と誘導電流の向き

磁界の変化とコイルに流れる誘導電流には次のような性質がある。

① 導線を巻く向きが上の図のとき，磁石のN極を近づける（S極を遠ざける）と左向きに電流が流れる。

② 導線を巻く向きが上の図のとき，磁石のN極を遠ざける（S極を近づける）と右向きに電流が流れる。

③ 磁石をコイルの中で静止させるとコイルには電流は流れない。

④ 磁石を静止させ，コイルのほうを磁石に近づけても電流は流れる。

⑤ 磁石の強さを大きくしても，コイルを動かさなければ電流は流れない。

❷手回し発電機のしくみ

手回し発電機の中にはモーターが入っている。ハンドルはコイルにつながっており，ハンドルをまわすことで，コイルが磁石の中で回転し，コイルを横切る磁界が変化する。コイルの中の磁界が変化すれば，電磁誘導によってコイルには誘導電流が流れる。

水力発電所や火力発電所は，コイルの回転を手回し発電機のような手ではなく，次のような方法で行っている。
（└磁石を回転させる方法もある）

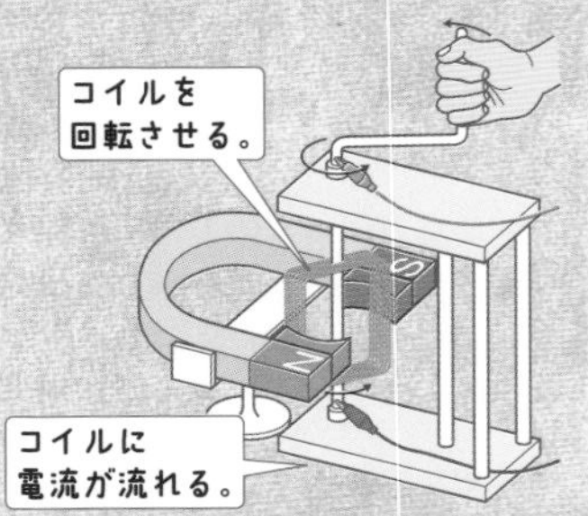
コイルを
回転させる。
S
N
コイルに
電流が流れる。
▲ コイルを回転させる発電

▶**水力発電**…ダムを使って水の落下の勢いでタービンを回転させ，コイルをまわす。

▶**火力発電**…石油を燃やしたときの熱で水を水蒸気に変え，その水蒸気の勢いでタービンを回転させ，コイルをまわす。

入試では コイルの中の磁界の変化に着目すると，N極がコイルに近づくときと，S極がコイルからはなれるときは同じ向きの誘導電流が流れます。また，棒磁石をすばやく動かしたほうがコイルには大きな誘導電流が流れます。

入試のポイント

絶対暗記ベスト3

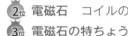

1位 導線に流れる電流と磁力　導線に電流を流すと，導線のまわりに磁力がはたらく。

▶電流の向きによって，方位磁針の動く向きも変わる。

▶電流が大きいほど，方位磁針は大きくふれる。

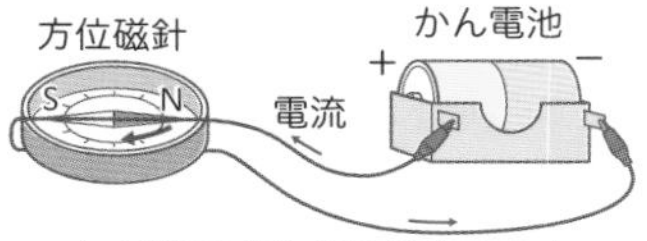

▲ 導線のまわりにはたらく力

2位 電磁石　コイルの中に鉄しんを入れて，電流を流すと電磁石になる。

3位 電磁石の特ちょう

▶電流が流れているときだけ磁石になる。

▶磁力の強さを自由に変えることができる。

▶電流の向きを変えると，極を変えることができる。

1 電磁石の極の見つけ方

●右の図のように，右手の４本指を電流の流れる向きに合わせて電磁石をにぎると，開いた親指の向きがＮ極になる。

●右ねじを電流の向きにまわしたとき，ねじの進む向きがコイルのＮ極になる（右ねじの法則）。

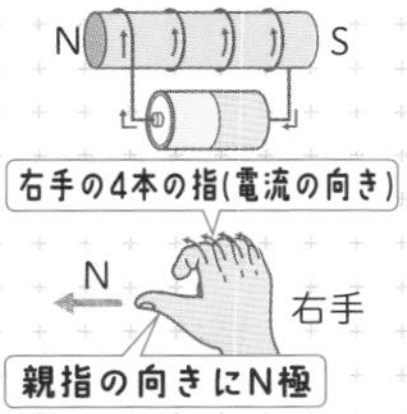

2 電磁石の力を大きくする方法

●導線に流れる電流を大きくする。

▶使用するかん電池の数を増やし，直列につなぐ。

▶使用する導線を太くする。

●コイルの巻き数を多くする（電流の大きさは同じ）。

●コイルに鉄しんを入れる（太い鉄しんがよい）。

3 クリップモーターでコイルをはやく回す方法

コイルの回転をはやくするには次のような方法がある。

▶コイルの巻き数を多くする。

▶永久磁石を磁力が大きいものにする。

▶永久磁石をコイルに近づける。

▶かん電池を直列つなぎにして，コイルに流れる電流を大きくする。

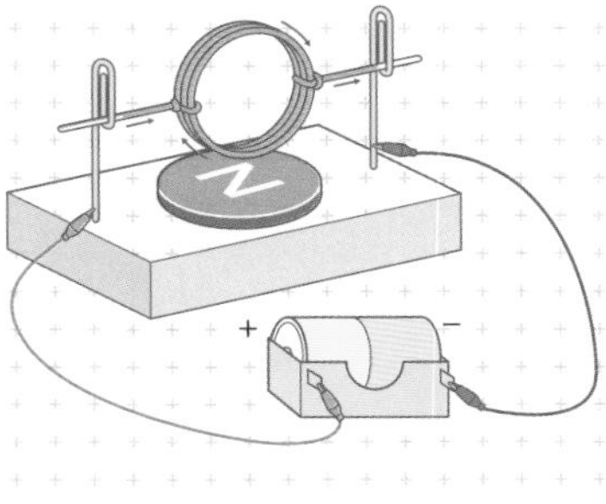

重点チェック

□ ❶ 右の図のように，南北をさしている方位磁針の上に導線を置いて，矢印の向きに電流を流すと，磁針は［　　］にふれます。流す電流の大きさを大きくすると，ふれ方は［　　］なります。

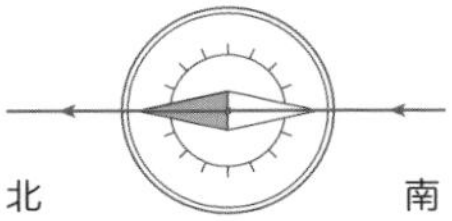

❶西，大きく p.362, 363

□ ❷ 電流を流した導線のまわりには磁力が生まれますが，コイルのように同じ向きに導線を巻くと，導線が1本のときと比べて磁力が［　　］なります。

❷大きく p.363

□ ❸ コイルの中に鉄くぎ（なん鉄）を入れて電流を流すと，鉄くぎは［　　］となってクリップを引きつけたり，ほかの［　　］と引きつけ合ったり，しりぞけ合ったりします。［　　］を切ると磁力はなくなります。

❸磁石，磁石，電流 p.364, 365

□ ❹ 電磁石も永久磁石も，自由に動けるようにすると，N極はいつも［　　］をさします。

❹北 p.365

□ ❺ 電磁石の極（磁極）は，コイルの巻き方や電流の流れる向きによって決まります。のように巻き，電流を流すと，左が［　　］極で，反対側が［　　］極となります。また，電磁石の極は，電流の［　　］を反対にすると逆になります。

❺S，N，向き p.366

□ ❻ 電磁石に流れる電流が大きくなるようにかん電池をつなぐと，電磁石の力は［　　］なります。

❻大きく p.367, 368

□ ❼ 電磁石のコイルの導線の太さだけを変えると，磁力は［　　］ます。導線が太いほど磁力は［　　］なります。

❼変わり，大きく p.367, 368

□ ❽ 電磁石のコイルの巻き数だけを変えると，磁力の大きさは［　　］ます。巻き数が多いほど磁力は［　　］なります。

❽変わり，大きく p.368

□ ❾ U字型電磁石は，両極が同じ向きにあるので，棒状のものと比べて鉄を引きつける力は［　　］なります。

❾大きく p.369

□ ❿ ベルは，［　　］のはたらきにより鉄片を引きつけ，つちがベルを打つことで音が鳴ります。

❿電磁石 p.370

□ ⓫ スピーカーでは，電流が［　　］に変えられます。

⓫音 p.370

チャレンジ！思考力問題

レベル3 レベル2 レベル1

●図のように，エナメル線のコイルと磁石(じしゃく)を組み合わせて回転するモーターをつくりました。

コイルの両たんのエナメル線のエナメルを両方すべてはがした場合，コイルはある位置で動かなくなります。そのときのようすを正しく表している図を次のア～エから選びなさい。【甲南中-改】

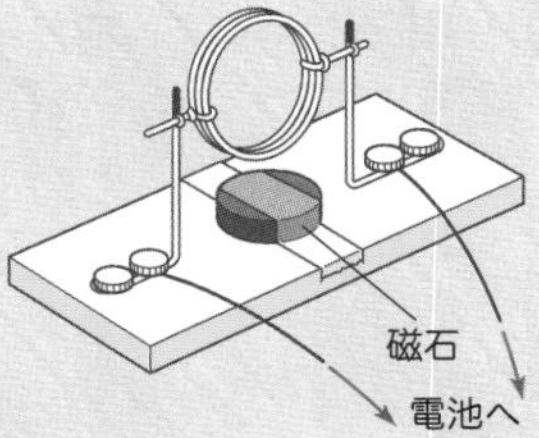

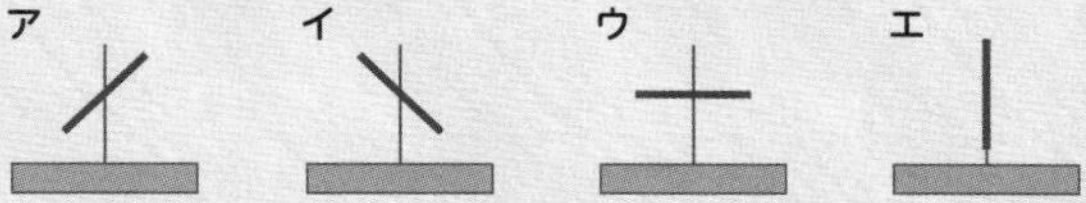

キーポイント

エナメルは電気を通さない。エナメルをすべてはがすと，つねに電流が流れている状態(じょうたい)になってしまう。

正答への道

コイルの両たんのエナメル線をすべてはがした場合を考える。このとき，コイルには電流(でんりゅう)が流れ続けるので，コイルの面AはつねにN極（●印），面BはS極（●印）になり，磁石（N極を上にしたもの）から次のような磁力がはたらく。

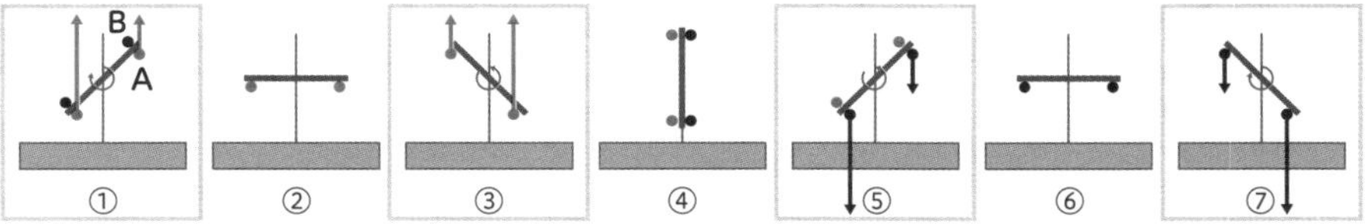

①では，コイルのN極（●印）には磁石のN極から右まわりの磁力がはたらく。
③では，コイルのN極（●印）には磁石のN極から左まわりの磁力がはたらく。
⑤では，コイルのS極（●印）には磁石のN極から左まわりの磁力がはたらく。
⑦では，コイルのS極（●印）には磁石のN極から右まわりの磁力がはたらく。

このように，②～⑥（半回転）の間でコイルに電流が流れていると，①で右まわりに回ろうしていたコイルには磁石から回転をとめるような左まわりの磁力がはたらいてしまう（回転にブレーキがかかる）。これをさけるには，②～⑥（半回転）でコイルに電流を流さないようにすればよい。

答え

ウ

レベル3
レベル2
レベル1

チャレンジ! 作図・記述問題

●電磁石(でんじしゃく)について，次の問いに答えなさい。　【白百合学園中-改】

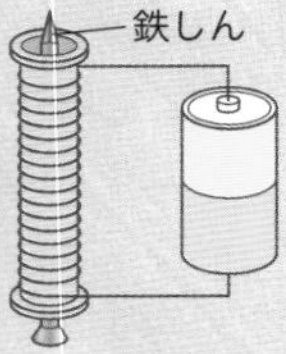

(1) 電磁石の性質(せいしつ)で，磁石とはちがう点を1つ答えなさい。

(2) 表は，コイルの巻(ま)き数や直列につなぐかん電池の数を変えて実験したとき，図の電磁石の下側にくぎが何本つくかを調べた結果です。コイルの巻き数と電磁石につくくぎの本数の関係を調べるのに必要なデータを，**ア**～**カ**からすべて選び，記号で答えなさい。

	ア	イ	ウ	エ	オ	カ
コイルの巻き数〔回〕	50	100	150	100	100	200
かん電池の個数〔個〕	1	1	4	2	3	1
くぎの本数〔本〕	8	14	54	22	34	23

(3) コイルの巻き数を変化させたとき，電磁石につくくぎの本数がどうなるか知るために横軸(じく)をコイルの巻き数としたグラフをかきます。右のグラフに縦軸(たて)，横軸の見出しをかき，グラフがわかりやすくなるように目盛(めも)りをふり，単位もかきなさい。また，コイルの巻き数が0回のとき電磁石につくくぎの本数は0本でした。このデータと(2)で選んだデータのところに●印をかきなさい。

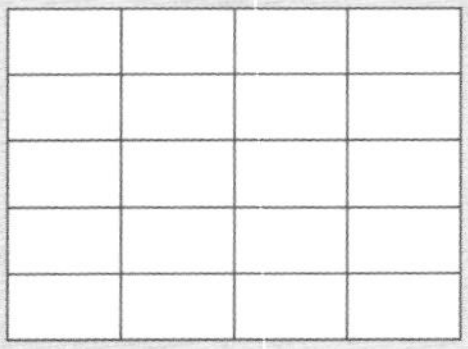

キーポイント

電磁石につくくぎの本数で電磁石の強さがわかる。コイルの巻き数と電磁石の強さの関係を調べるときは，ほかの条件(じょうけん)（かん電池の数や鉄しんの有無）は変えてはならない。

正答への道

(2) コイルの巻き数のえいきょうを調べるため，かん電池が1個(こ)のものを選ぶ。

(3) グラフの見出しは，横軸はコイルの巻き数，縦軸はくぎの本数となる。縦軸の目盛りは8本から23本がグラフ全体を使って入るようにする。

解答例

(1) (例) 磁石の極を自由に変えることができる。

(2) ア，イ，カ

(3) 右図

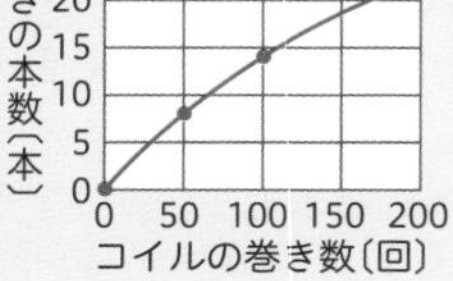

ここからスタート！

第3編

エネルギー

第5章 電気の利用

電気って便利で大切だね！

私たちの生活は電気なしには成立しません。遊びに行くために電車を使ったり，テレビやインターネットで情報を入手したりと，電気はいたるところで利用されています。第４章で電磁誘導を学びましたが，どうして発電ができるのでしょうか？

学習することがら

1．発電と蓄電
2．光電池のはたらき
3．電気と光・音・熱
4．電流による発熱
5．身のまわりの電気の利用

1 発電と蓄電

発展 6年 5年 4年 3年

1 発電 入試重要度★★

モーターは，電流を流すと回転する。逆に，モーターの回転軸を回すと**発電**する。
↳電気をつくること

●**手回し発電機**……モーターの軸を回すことで，発電することができるもの。手回し発電機のハンドルを回すと，中に入っているモーターの軸がまわり，電気をつくる。

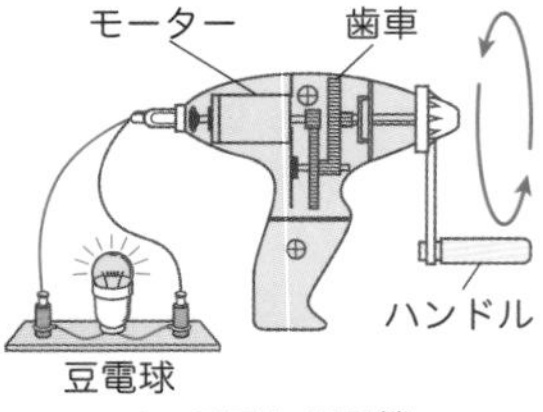

▲ 手回し発電機

実験・観察

手回し発電機で発電しよう

ねらい 手回し発電機を使って，発電する。

方　法 ①手回し発電機を豆電球につなぎ，ハンドルを回して発電する。

②同じように，ＬＥＤ(発光ダイオード)や電子オルゴールにもつないで，発電する。

③ハンドルの回転の向きを変えたり，回す速さを変えて調べる。

注　意！ 手回し発電機のハンドルをはやく回しすぎると，こわれてしまうことがあるので，注意する。

結　果 •手回し発電機のハンドルを回すと電流が流れる。回すのをやめると流れなくなる。

•豆電球はハンドルをどちらに回しても光るが，LED や電子オルゴールは＋，－が決まっていて，＋から－に電流が流れるときだけ，光ったり音が鳴ったりする。

•ハンドルをはやく回すと豆電球がより明るくついたり，電子オルゴールの音がより大きく鳴る。

わかること 手回し発電機のように，モーターの回転軸を回すことで，発電できる。

●**発電の大きさ**……手回し発電機のハンドルの回転数を大きくすると，流れる電流も大きくなる。

●**流れる電流の向き**……手回し発電機のハンドルを逆向きに回すと，流れる電流の向きも逆になる。

雑学ハカセ 赤，緑，青の３色の LED を手回し発電機に並列に３つともつなぎ，ハンドルの回転数を大きくして電圧を大きくしていくと，赤，緑，青の順につきます。赤は，あまりエネルギーが必要ではありませんが，青はいちばん大きな電圧が必要なためです。

2 蓄 電★

蓄電とは，電気をためることである。モバイルバッテリーなどの蓄電池が活やくしている。

実験・観察

スマートフォンをバッテリーでじゅう電しよう

ねらい 蓄電池に電気をじゅう電したり，蓄電池からその他の電気器具にじゅう電してみる。

準 備 モバイルバッテリー，スマートフォンやけい帯電話，ゲーム機など

方 法 ①スマートフォンやけい帯電話の電池が切れたときなどに，モバイルバッテリーでじゅう電をする。

②モバイルバッテリーを再度，満じゅう電にしてみる。家庭のコンセントにつないで，どれだけの時間がかかるかを調べる。

③モバイルバッテリーでじゅう電できる電気製品を調べてみる。

注 意！ モバイルバッテリーは，5Ｖのものが多い。じゅう電する場合，じゅう電したいものの電圧をよくチェックしておく。

結 果 •モバイルバッテリーで，スマートフォンやゲーム機などがじゅう電できる。

•モバイルバッテリーは，５～６時間でじゅう電できるものがあり，２～３時間程度，電気製品を使うことができる。ハンディ電気ドリル，ＬＥＤランタンなど，電気製品によっては，短い時間しか使えないものもある。

わかること **モバイルバッテリーでじゅう電できる。**

●**じゅう電器**……モバイルバッテリーはじゅう電器とよばれるものである。じゅう電器には２つのタイプがあり，１つは**コンデンサー**，もう１つは**蓄電池**である。どちらも，一度にためることのできる電気の量には限界がある。

▶**コンデンサー**…電気をためるもの。抵抗やコイルなどと組み合わせて，じゅう電と放電をコントロールする。
（↳キャパシターともいう）（電気をたくわえる↲）（↳電気を放出する（使う））

▶**蓄電池**…**バッテリー**ともいう。化学変化を利用して電気をためる。

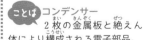

ことば コンデンサー
２枚の金属板と絶えん体により構成される電子部品。

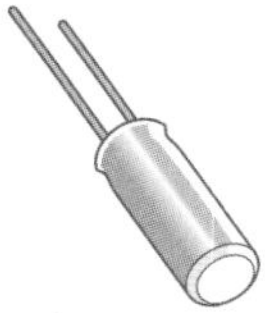

雑学ハカセ かつてはとても少ない量の電気しかためられなかったため，活やくの場が少なかったコンデンサーですが，留守番予約ビデオの開発で大容量コンデンサーが活やくするようになり，現在，道路の車線をアピールしたり，工事現場での注意をうながすものに利用されています。

2 光電池のはたらき

発展 6年 5年 4年 3年

1 光電池のはたらき★

太陽の光（エネルギー）を電気（エネルギー）に変える装置を**光電池**または**太陽電池**という。

光電池は，かん電池とちがって光さえあれば長い間電池として使える。国際宇宙ステーションでは，表面にとりつけられた光電池による電気を利用している。また，人工衛星が何年間も使えるのは，光電池で太陽の光エネルギーを電気に変えて使っているからである。光電池はごみやはい気ガスを出さず，空気をよごすことがない。

└→地球のまわりを回る人工の物体

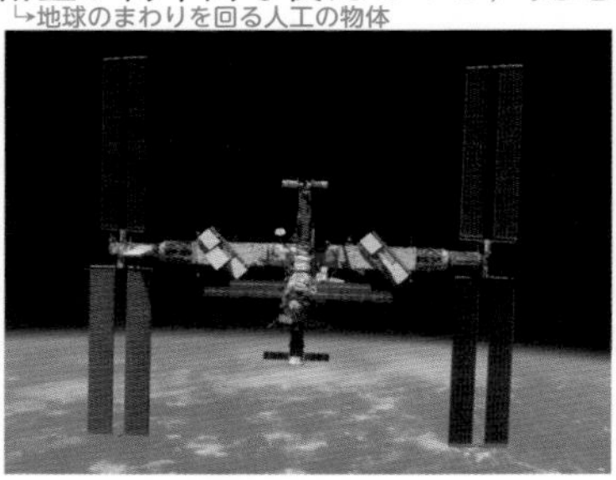

▲ 国際宇宙ステーション

参考 国際宇宙ステーション
国際宇宙ステーション（ISS）とは，地上から約 400 km 上空につくられたきょ大な実験し設のこと。さまざまな実験や研究，観測が行われている。1 周約 90 分で地球のまわりを回っており，地上から肉眼で見ることもできる。

くわしい学習 光電池の種類

シリコンを用いる光電池は，**結しょうシリコン型**と**アモルファスシリコン型**に分類することができる。アモルファスシリコン型は，安い価格で大きな面積のうすいまくでつくられていて，結しょうシリコン型に比べ，低照度下での効率が高いことや，けい光灯の光にたいしても感度が高いことから，おもに電たくなどの室内用電気製品に使われてきた。最近は，以前よりうすくなり，性能がよくなった結しょうシリコン型に移行しつつある。

▲ 光電池を使っているもの

雑学ハカセ 世界で最初に結しょうシリコン型光電池をつくったのは，アメリカのベル・テレホン研究所です。おもに宇宙開発用に研究され，1958 年，アメリカの人工衛星バンガード 1 号の通信電源として使われました。

2 日光のあたり方と光電池の電流の大きさ★

●光の強さと電流の大きさ……光電池にモーターをつなぎ，右の図のように，同じ光電池の一方に半とう明のシートをかざしてモーターの回り方を比べる。

その結果，シートをかざした光電池につないだモーターよりも，光が強くあたっている光電池につないだモーターのほうがはやく回転する。このことから，光電池に光が強くあたると，大きな電流が流れることがわかる。

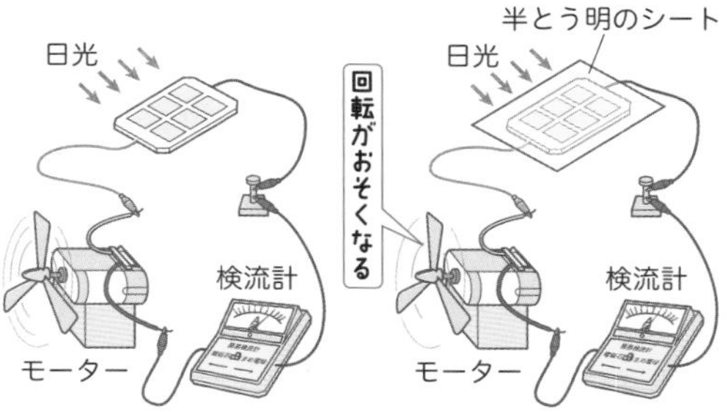

▲ 光の強さと電流の大きさ

●光のあたる面積と電流の大きさ……右の図のように，光電池の半分を黒い紙でおおい，モーターの回り方のちがいを比べてみる。

その結果，黒い紙でおおった面積が広い(大きい)ほどモーターの回転がおそくなり，光のあたる面積が広いほどモーターの回転がはやくなる。（↳光電池にあたる光の量が多くなる）このことから，光があたる面積が広いほど，光電池に流れる電流も大きくなることがわかる。

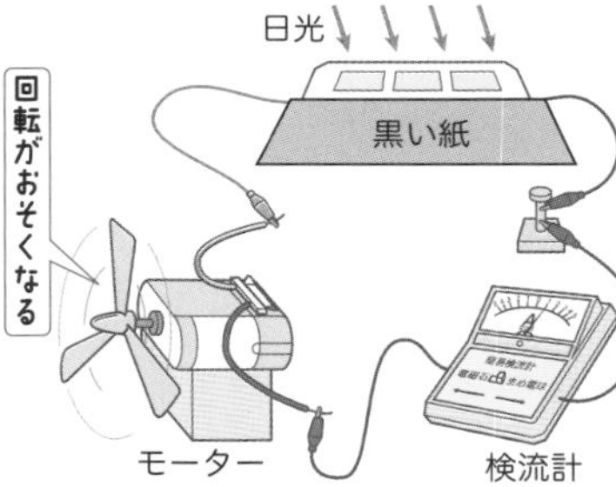

▲ 光のあたる面積と電流の大きさ

●光のあたる角度と電流の大きさ……下の図のように，日光にあたる光電池の角度を変えて，モーターの回転する速さを比べる。

その結果，光が光電池に直角にあたったとき，モーターの回転が最もはやくなる。これは光電池に入る光の量が大きくなるからである。

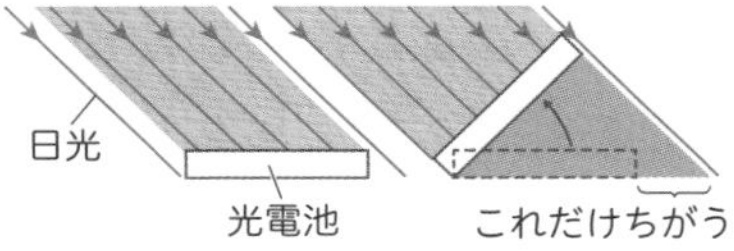

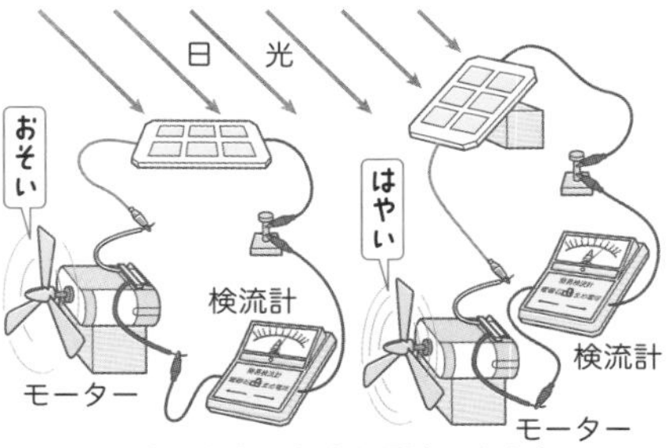

▲ 光のあたる角度と電流の大きさ

雑学ハカセ 国際宇宙ステーションは，光電池でえられる電力を利用しています。太陽光に照らされる昼間に電気をつくり，夜はたくわえた電力を使います。国際宇宙ステーションのき道では，1日に 16 回昼と夜がくり返されます。

3 電気と光・音・熱

発展 6年 5年 4年 3年

1 電気を光に変える★★

豆電球は，**フィラメント**に電流を流すと高温になり光を出す。また，ＬＥＤ素子に電流を流すと発光する。

ズームアップ フィラメント
➡p.351

実験・観察

エジソン電球をつくろう

ねらい エジソンは，電球のフィラメントに竹炭を使用した。炭と同じく炭素を材料とするシャープペンシルのしんを使って，電気を光に変えてみる。

シャープペンシルのしん
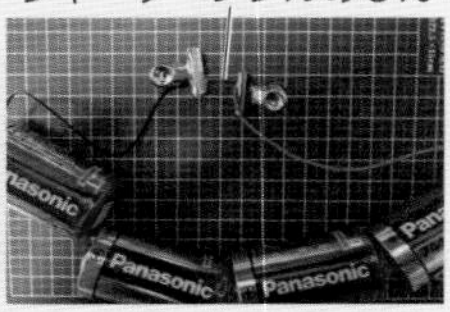

準　備 かん電池（単１電池）4～6本ほど，シャープペンシルのしん，導線，クリップなど

方　法 ①シャープペンシルのしんの両はしを，導線につないだクリップではさむ。

②電池を直列につなぐ。このとき，電池ホルダーを使ってもよい。

③電池とシャープペンシルのしんをつないだ導線をつないで，しんに電圧を加える。

④しんからけむりが出たあと，発光する。

注　意！ 電池につないだシャープペンシルのしんは熱くなるので，さわってはいけない。また，しんが燃えつきたあと，こげることがあるので，工作用マットなどを下にしいて実験する。

結　果 電圧を加えると，シャープペンシルのしんは発光する。

わかること 電気は光に変えることができる。

●**電　圧**……電流を流すはたらきを**電圧**という。電圧の大きさは**ボルト**〔V〕という単位で表す。ふつう，かん電池１個の電圧は約1.5Ｖである。かん電池を直列つなぎにすると，全体の電圧は，それぞれの電圧をたしたものになる。例えば，かん電池の数を直列に10個つなぐと15Ｖになる。

参考 トーマス・エジソン
アメリカ合衆国の発明家。世界ではじめて実用的な白熱電球をつくった。

▲**トーマス・エジソン**（1847-1931）

雑学ハカセ
白熱電球は，初めはとう明な電球だったためフィラメントからの光が直接目に入り，まぶしすぎるものでした。しかし，日本のエンジニアのくふうで，すりガラスにすることで解決しました。このくふうは，現在のLEDライトでも活用されています。

● LED（発光ダイオード）……電気を光に変えるものとして，白熱電球やけい光灯にかわって使われている。LED は，電球に比べて熱の発生が少なく，少ない電気量で光るので急速に広まった。

LED には極性があり，＋から－に向かって電流が流れるときだけ点灯する。＋極はあしが長いほうで，あしが短いほうは－極である。
（↳電流が流れる向きが決まっている）

参考 LED の発展

LED（発光ダイオード）は，最初は赤色から開発された。中村修二氏が，青色 LED の製品化に成功し，その後に緑色 LED をつくることで RGB（赤・緑・青）の 3 色がそろった。これにより，LED でさまざまな色の表現が可能となった。

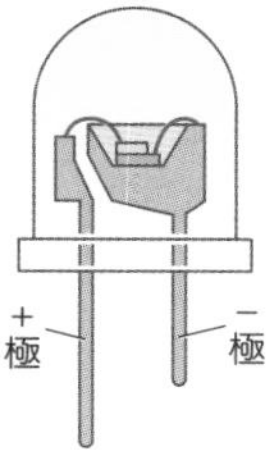

2 電気を音に変える★

電気を音に変えるものには，電子オルゴールや I C レコーダー，イヤホンなどがある。けい帯電話やスマートフォンを使って電話をしているときには，音を電気信号に変えて，その情報を電波にのせて送信し，相手側では電波を受信して，スマートフォンなどで電気信号を音に変えて聞いている。

3 電気を熱に変える★★

電気を熱に変えるものには，電熱線，I H 調理器，電気オーブンなどがある。

ズームアップ 電熱線 ➡p.384

くわしい学習 I H 調理器と電子レンジ

I H とは，Induction Heating の略で，電磁誘導加熱のことである。I H 調理器は，磁力発生コイルから発生した磁力線が，なべ底を通過するときにうず電流となり，その電気抵抗でなべ自体が発熱する。I H すい飯器も同じ原理である。

▲ IH調理器

一方，電子レンジでは，誘導電流加熱といい，マイクロ波という電磁波が食品のなかにふくまれる水分子をゆすり，食べ物の内部でまさつ熱をおこし，食品そのものが発熱する。

例えば，じゅうぶんにかんそうしたコメと，水分をじゅうぶんに吸収させたコメを等量，同じタイプの 2 つの器に入れて電子レンジにかけると，水分を吸収させたコメはやわらかいご飯になるが，かんそうしたコメはそのままの状態である。

パワーアップ I H 調理器は，当初はアルミのなべは使えなかったのですが，現在ではアルミのなべも使えるように進化しています。土なべの場合も，底に金属を入れることで調理が可能となったなべが出回っています。

4 電流による発熱

発展 6年 5年 4年 3年

1 電熱線の発熱のようす★★★

●**電熱線を利用した電気器具**……家庭の電気器具には，電熱器，アイロン，ヘアドライヤーなど，電流による発熱作用を利用したものがたくさんある。

電流(でんりゅう)が流れると発熱する部分を**ヒーター**といい，**ニクロム線**や**タングステン線**とよばれる電熱線などが使われている。**電熱線**は電流を流しにくく，熱や光を出しやすい金属(きんぞく)でつくられ，熱のためにとけたり切れたりしないで，じゅうぶんな発熱量があることが必要である。ニクロム線は，1200°C の高温にたえられる。

参考 電流による発熱作用を利用した器具

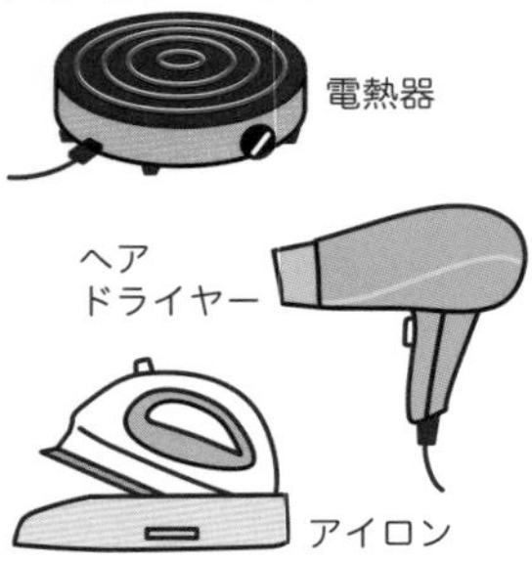

実験・観察

電熱線の太さと発熱

ねらい 電熱線の発熱は，その太さによって変わることを理解(りかい)する。

準 備 太さ（断面(だんめん)の直径）が 0.2 mm，0.4 mm の電熱線，発ぽうポリスチレン，わりばし，かん電池，導線(どうせん)，金具など

方 法 ①工作用マットに金具をたて，かん電池をつないで回路(かいろ)をつくる。

②0.2 mm の電熱線あるいは 0.4 mm の電熱線を，金具の間に通す。

③発ぽうポリスチレンの板を切り，わりばしのすきまに差しこむ。

④電流を流して電熱線が熱くなってから，発ぽうポリスチレンを電熱線の上に図のように乗せ，発ぽうポリスチレンが焼き切れるまでの時間をはかる。

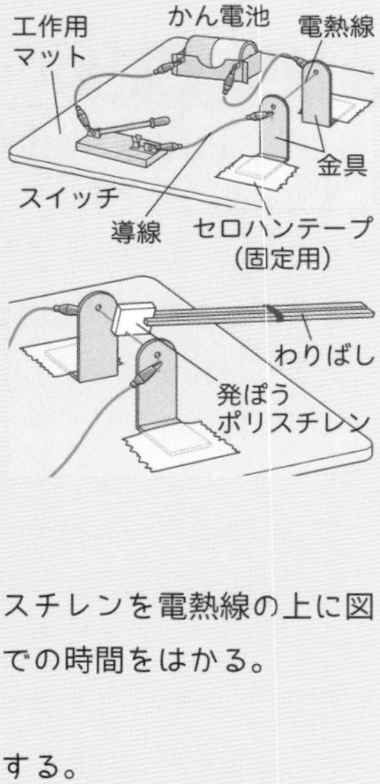

結 果 太い電熱線のほうが熱くなる。

注 意！ 電熱線は熱くなるので，さわらないようにする。

パワーアップ タングステン線は，電球のフィラメントに用いられています。ニクロム線はニッケルとクロムをまぜ合わせた合金で，1200°C の高温にたえられます。

わかること 電圧の大きさが同じとき，太い電熱線のほうが大きい電流が流れるため，より熱くなる。

2 電熱線のつなぎ方と発熱★★★

●電熱線の並列つなぎと発熱……電熱線を並列につないだとき，それぞれの電熱線にかかる電圧は同じである。

同じ電圧がかかる場合，太い電熱線のほうが，大きい電流が流れ，より熱くなる。

●電熱線の直列つなぎと発熱……電熱線を直列につないだとき，それぞれの電熱線を流れる電流は同じである。

同じ電流が流れる場合，細い電熱線のほうが，電圧が大きくなる。そのため，細い電熱線のほうがより熱くなる。

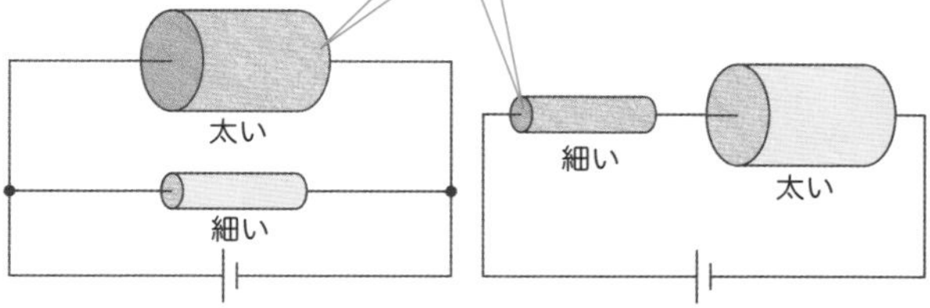

▲ 電熱線のつなぎ方と発熱量

▶電流が大きく，電圧が大きいほど，発熱量は多くなる。直列につないでも並列につないでも，細い電熱線のほうが電流を流しにくい。

このように，回路内に生じる電流を流しにくくするはたらきを，**抵抗**という。

●電熱線の長さと発熱……同じ太さの電熱線の場合，長さが長いほど流れる電流は小さくなり，抵抗の大きさは大きくなる。そのため，並列つなぎでは短い電熱線のほうが，直列つなぎでは長い電熱線のほうが発熱量が多くなる。

ことば

• 並列つなぎ
2つの電熱線を横にならべてつなぐつなぎ方。

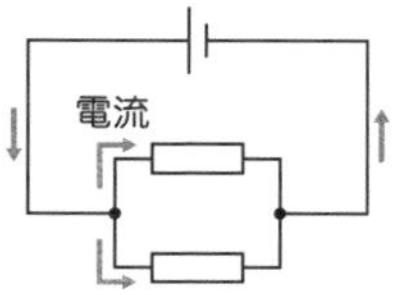

▲ 電熱線の並列つなぎ

• 直列つなぎ
2つの電熱線を縦に一列につなぐつなぎ方。

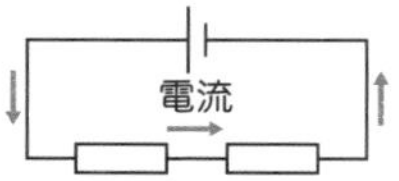

▲ 電熱線の直列つなぎ

参考 抵抗の記号

抵抗の電気図記号は，以前はのこぎりのような図であったが，現在のJIS規格（日本産業規格）では，長方形である。

▲ 抵抗の記号

パワーアップ 直列つなぎでも並列つなぎでも，細い電熱線のほうが，抵抗が大きく電流を流しにくくなります。並列つなぎでは，両方の電熱線にかかる電圧は同じなので，太いほうが熱くなりますが，直列つなぎでは，両方の電熱線に流れる電流は同じなので，細いほうが熱くなります。

中学入試にフォーカス 電熱線の発熱と水温の上しょう

❶電熱線の発熱と水温の上しょう

水の中に電熱線を入れて電流を流すと，電熱線が発熱して，その熱により水温が上しょうする。

ある1つの電熱線を水の中に入れて電流を流したとき，

▶流れる電流が大きいほど，水温ははやく上しょうする。
▶水の量が少ないほど，水温ははやく上しょうする。
▶水温は，電流を流す時間に比例して大きくなる。

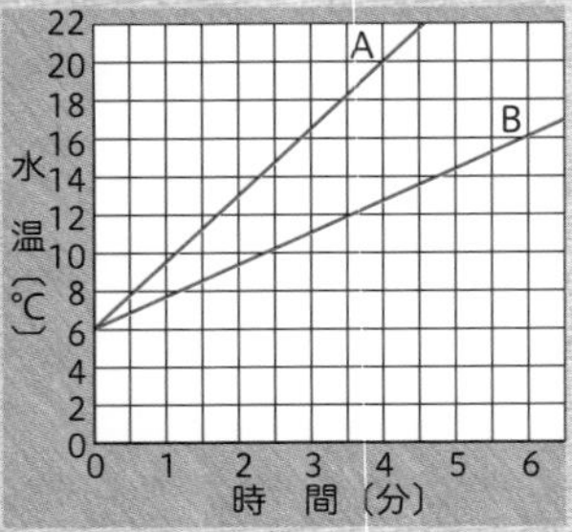

▲ 電流の大きさと水温の変化

❷同じ電熱線を並列(へいれつ)につないだとき

ある1つの電熱線を水の中に入れて電流を流す。また，その電熱線と同じ長さ，同じ太さの電熱線を，電熱線と並列につないで，同じ量の水の中に入れて電流を流す。発生する熱がすべて水温の上しょうに使われるとすると，一定時間後に2つの水温を比(くら)べたとき，2つの電熱線を並列につないだ水の水温は，1つの電熱線のものの2倍になっている。これは，並列につないだ電熱線では，回路全体で1つのものの2倍の大きさの電流が流れるためである。電熱線を3つにすると，水温は3倍に，電流の大きさも3倍になる。

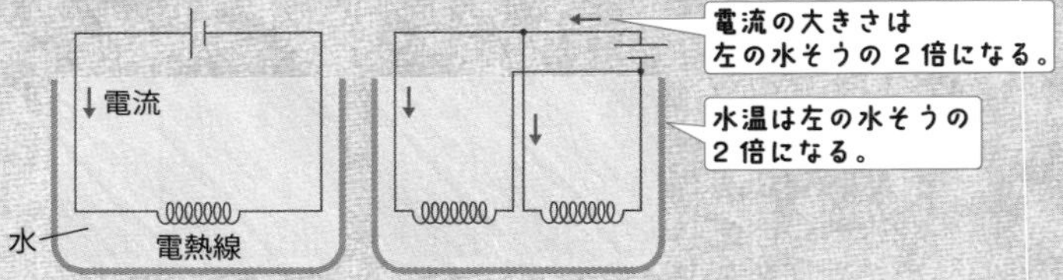

電流
水
電熱線
電流の大きさは左の水そうの2倍になる。
水温は左の水そうの2倍になる。

❸同じ電熱線を直列(ちょくれつ)につないだとき

ある1つの電熱線を水の中に入れて電流を流す。また，その電熱線と同じ長さ，同じ太さの電熱線を，電熱線と直列につないで，同じ量の水の中に入れて電流を流す。発生する熱がすべて水温の上しょうに使われるとすると，2つの水温を比べたとき，2つの電熱線を直列につないだ水の水温は，1つの電熱線のものの半分$\left(\frac{1}{2}\text{倍}\right)$になっている。これは，直列につないだ電熱線では，回路には1つのものの半分の大きさの電流しか流れないためである。電熱線を3つにすると，水温は$\frac{1}{3}$倍に，電流の大きさも$\frac{1}{3}$倍になる。

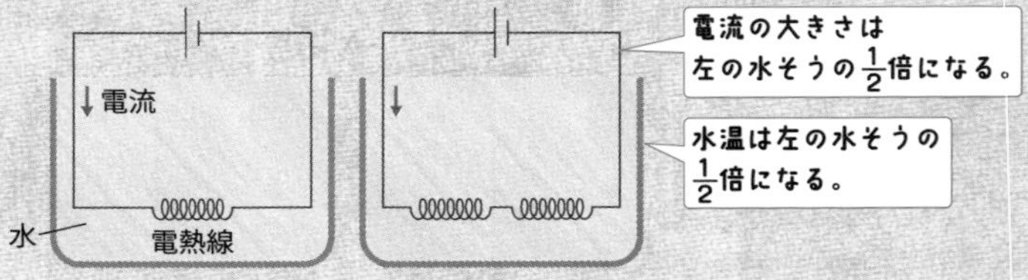

電流
水
電熱線
電流の大きさは左の水そうの1/2倍になる。
水温は左の水そうの1/2倍になる。

入試では 太い電熱線と，細い電熱線を，同じ量の水が入ったビーカーにひたして実験を行うものが出題されています。問題では，水温の上しょうのちがいから，太い電熱線と細い電熱線の発熱量のちがいを問う問題が出題されています。

5 身のまわりの電気の利用

発展 6年 5年 4年 3年

1 電流のはたらき★★

●**電流のはたらきとその利用**……私たちの身のまわりには，電流のはたらきを利用したものがたくさんある。電流のはたらきには，おもに次の４つの種類がある。

▶電流が流れると ──→ 光が発生する。
▶電流が流れると ──→ 音が発生する。
▶電流が流れると ──→ 熱が発生する。
▶電流が流れると ──→ 磁界が発生する。
└磁力がはたらく空間

ズームアップ 磁界 ➡p.342

2 身のまわりの電気の利用★★

●**電流による光の利用**……電球，信号機，電源ランプ，イルミネーション，モニター，電光看板，照明などに使われている。

●**電流による音の利用**……スピーカー，電子ピアノ，電子オルゴール，オーディオプレイヤー，ＩＣレコーダー，電子チャイムなどに利用される。機器の操作方法案内にも活用されている。

●**電流による熱の利用**……ＩＨ調理器，電気ポット，オーブントースター，すい飯器，ホットプレート，電気ポット，アイロン，電気カーペットなど多くの電気製品に利用されている。

●**電流による磁力の利用**……電磁石，ベル，スピーカー（電磁石により，電気信号をしん動に変かんして音にする），モーター，エレベーター，リニアモーターカーなどに利用されている。

●**その他の利用（発電と蓄電を組み合わせて利用するもの）**……ハイブリッドカー，発光体つき車止めなどに利用されている。

ズームアップ ＩＨ調理器 ➡p.383

パワーアップ ほかのものを動かしたり，形を変えたりすることのできる能力のことを，エネルギーといいます。エネルギーの種類には，電気エネルギー，熱エネルギー，光エネルギー，音エネルギー，化学エネルギーなどがあります。

●**エネルギーの移り変わり**……電気エネルギーは，下の図のようにさまざまなエネルギーに移り変わることができる。

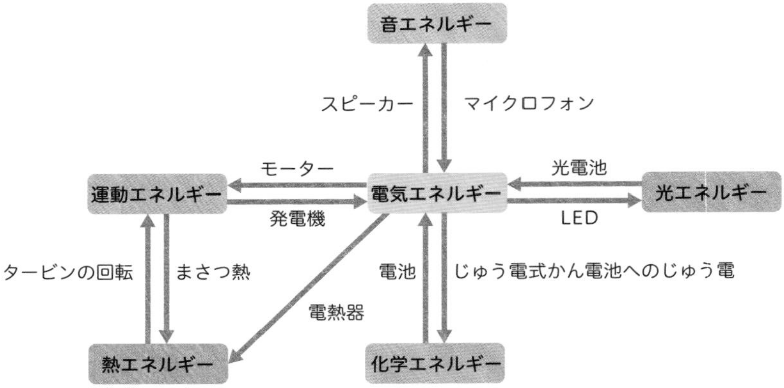

くわしい学習　ハイブリッドカー

ハイブリッドカーは，車にガソリンエンジンと高性能のモーターを組み合わせたシステムである。ガソリンエンジンが最もガソリンを消費する発車時や加速時にモーターで補助することで，ガソリンの消費や二酸化炭素のはい出の低減がはかられている。また，ブレーキをかけているときには，発電機の役割をはたし，バッテリーにじゅう電する。

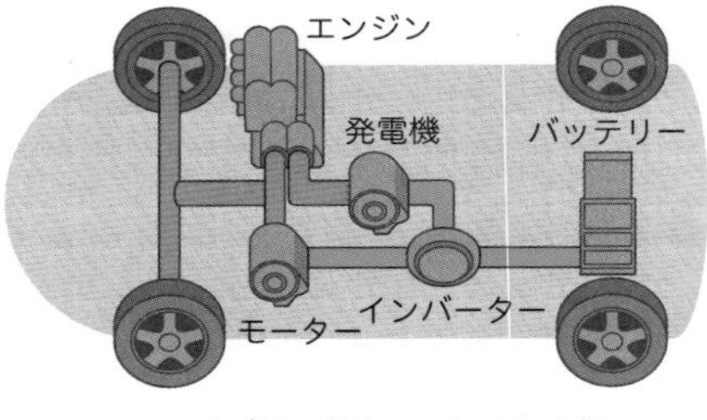

▲ ハイブリッドカーのしくみの例

3 これからの電気の利用★★

かん境をできるだけ破かいしないために，電気の利用法の研究・開発が進められている。

●**太陽光発電**……**ソーラーパネル**（光電池が複数入ったパネル）を用いて，光エネルギーを電気エネルギーにかえる発電方法。かん境にやさしいだけでなく，半永久的に使えるエネルギーとして注目度が高い。

▲ 太陽光発電（ソーラーパネル）

雑学ハカセ 太陽光，風力，波力，流水，潮力，地熱などの，自然の力でくり返し補じゅうされるエネルギー資源からつくられ，発電や燃料などに用いられるエネルギーを再生可能エネルギーといいます。再生可能エネルギーを利用したものは，太陽光発電，風力発電，地熱発電などです。

●**燃料電池**……水素と酸素を反応させて電気をとり出す発電装置のこと。水の電気分解（水を酸素と水素に分けてとり出すこと）の反対の原理を利用しているため，電気のほかに発生するのは，水だけである。

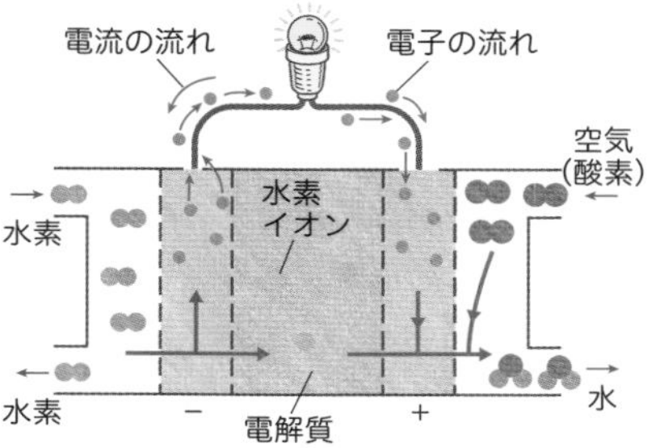

▲ 燃料電池のしくみ

火力発電などの従来の発電においては，発電の際のエネルギーの損失，送電の際のエネルギーの損失があり，使われないエネルギーが多かった。

それに比べ，燃料電池の場合は，化学的なエネルギーから直接電気的なエネルギーをえるため，エネルギーの損失が非常に少なく，高い発電効率をえることができる。また，自宅のベランダや自動車の車体にのせて利用することができるため，送電の際のエネルギーの損失を少なくすることができる。このような特ちょうのため，大きい装置から小さい装置まで利用することができ，注目を集めている発電方法である。

ズームアップ
•水　素　➡p.489
•酸　素　➡p.486

くわしい学習　水の電気分解と燃料電池の発電

▲ 水の電気分解

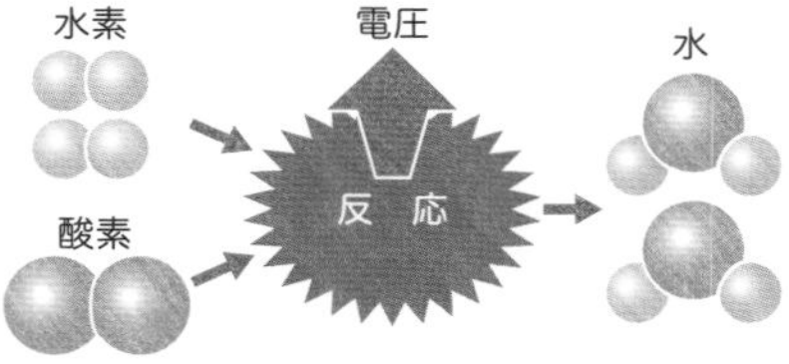

▲ 燃料電池の発電

水の電気分解と燃料電池による発電は，水を分解するか，つくるかという逆の反応を利用している。上の図のように，水の電気分解では，水に電圧を加えることで，水素と酸素に分解している。それにたいして，燃料電池は水素と酸素を反応させ，その過程で電力を発生させている。

水は，水素：酸素＝2：1 の割合でできている。水を電気分解すると，水素と酸素が 2：1 の割合でできる。

パワーアップ　燃料電池は，水素と酸素が化学変化して水ができるときの電気エネルギーを利用しているものなので，化学エネルギーから電気エネルギーへエネルギーが移り変わっているといえます。

第3編 エネルギー
第1章 光と音
第2章 磁石
第3章 電池のはたらき
第4章 電流のはたらき
第5章 電気の利用
第6章 ものの動くようす
第7章 力

入試のポイント

絶対暗記ベスト3

1位 発電と蓄電　発電は，電気をつくること。蓄電は，電気をためること。

2位 電気と光・音・熱・磁力　電気は，光・音・熱・磁力に形が変えられる。

- ▶**電　球**………電気を光に変えるもの。
- ▶**スピーカー**…電気を音に変えるもの。
- ▶**電気ポット**…電気を熱に変えるもの。
- ▶**モーター**……電気を磁力に変えるもの。

3位 燃料電池　燃料電池は，水素と酸素を反応させて電気をとり出す発電装置のこと。

1 電流による発熱

電熱線	ニクロム線やタングステン線のように，電流が流れにくく，熱や光を出しやすい金属でつくった線を電熱線という。
電熱線の発熱	電熱線に電流を流すと，発熱する。
電熱線の発熱量	電熱線に流れる電流が大きいほど，発生する熱量は大きくなるので，電熱線の太さや長さが変わると，発熱のしかたも変わる。また，太さや長さのちがう電熱線を直列につないだ場合と並列につないだ場合では，発熱のしかたも変わる。

2 電気の利用

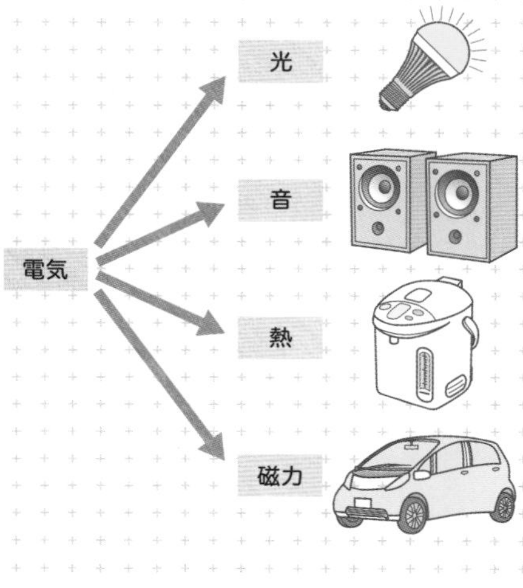

●**光へ**

電球，信号機，自動車のライト，ＬＥＤ(発光ダイオード)など。

●**音へ**

スピーカー，電子ピアノ，電子オルゴール，IC レコーダーなど。

●**熱へ**

電気ポット，ヒーター，電熱線，ＩＨ調理器，ホットプレート，アイロンなど。

●**磁力へ**

モーター，電磁石など。

重点チェック

□ ❶ 手回し発電機の［　　］を回すと電気をつくることができます。これにより，豆電球やＬＥＤ(発光ダイオード) を光らせることができます。	❶ハンドル p.378
□ ❷ 電気は，［　　］や［　　］にたくわえることができます。いずれも一度にためることのできる電気の量には限界が［　　］。	❷コンデンサー，蓄電池，あります p.379
□ ❸ 光電池は，光を［　　］に変えるはたらきがあります。	❸電　気 p.380
□ ❹ LED (発光ダイオード) は，最初にできた［　　］のほかに，黄色，だいだい色，黄緑色，さらに，［　　］や緑色も開発されました。	❹赤色，青色 p.383
□ ❺ 電磁誘導による発熱を利用した器具に，［　　］調理器があります。	❺I H p.383
□ ❻ 電熱線は，［　　］やタングステンなどの金属でできています。	❻ニクロム p.384
□ ❼ 電熱線に［　　］を流すと，発熱します。	❼電　流 p.384
□ ❽ 電熱線に流れる電流が大きいほど，発生する［　　］は大きくなります。	❽熱　量 p.385
□ ❾ 電熱線の［　　］や長さを変えると，電熱線の発熱量が変わります。	❾太　さ p.385
□ ❿ 直列につながれた回路では，［　　］電熱線，長い電熱線のほうが発生する熱量が大きくなります。	❿細　い p.385
□ ⓫ 並列につながれた回路では，［　　］電熱線，短い電熱線のほうが発生する熱量が大きくなります。	⓫太　い p.385
□ ⓬ LED (発光ダイオード) は電気エネルギーを［　　］に変えて利用しています。モーターは電気エネルギーを［　　］に変えて利用しています。	⓬光エネルギー，運動エネルギー p.388
□ ⓭ 水をつくり出す反応とは逆の反応を利用した［　　］や，太陽光発電用に家の屋根にとりつける［　　］でも電気をつくることができます。	⓭燃料電池，ソーラーパネル p.388, 389
□ ⓮ 燃料電池による発電において，電気以外にできるものは［　　］だけです。	⓮水 p.389

チャレンジ！ 思考力問題

レベル3 レベル2 レベル1

●同じ電熱線を使って，下の図のような回路をつくり，電流を流しました。これについて，あとの問いに答えなさい。【金光学園中-改】

ア，**イ**のビーカーには 100 g，**ウ**，**エ**には 200 g，それぞれ同じ温度の水が入っています。次の問いに**ア**～**エ**の記号で答えなさい。

(1) 水温の上がり方がいちばんはやいのはどれですか。

(2) 水温の上がり方がいちばんおそいのはどれですか。

(3) **イ**の電熱線と発生する熱量の等しい電熱線が入っているのはどれですか。

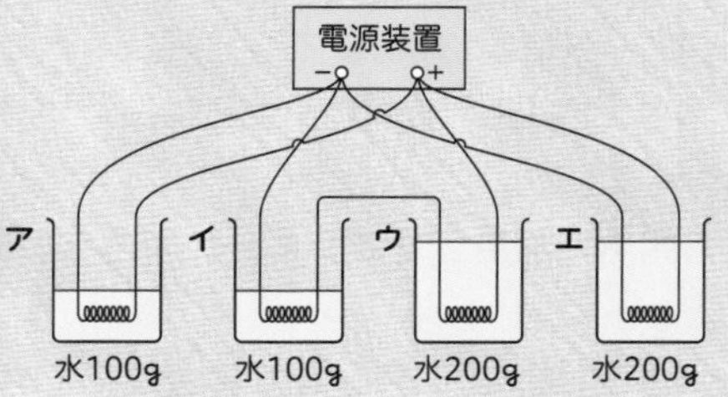

キーポイント

(1)・(2) 水温の上がり方がはやいのは，水の量が少なく，大きい電流が流れている電熱線である。おそいのは，この逆である。

(3) 2つの電熱線を直列につなぐと，流れる電流の大きさは同じになる。

正答への道

電熱線に流れる電流が大きいほど，発生する熱量は大きくなる。

図の**イ**，**ウ**のように，電熱線を直列につないでいる場合，流れる電流の大きさは同じである。また，同じ電熱線を使っているため，発生する熱量も同じになる。

電熱線を使って水を加熱する場合，水が少ないほうがはやく水温が上がる。そのため，**イ**と**ウ**では，水が多い**ウ**のほうが水温の上がり方がおそくなる。

アと**エ**は，電源装置に直接つないであるので，流れる電流の大きさは同じであるが，**エ**のほうが水が多いので，水温は**ア**より上がりにくい。

ウと**エ**は，**ウ**のほうが流れる電流の大きさが小さいため，水温の上がり方は**ウ**のほうがおそくなる。

答え

(1) **ア**　(2) **ウ**　(3) **ウ**

チャレンジ！ 作図・記述問題

レベル3 レベル2 レベル1

●電気を光に変える電気製品のうち，理科実験に使う代表的なものとして豆電球とＬＥＤ（発光ダイオード）があります。次の問いに答えなさい。

(1) 豆電球のおおまかな形をかきなさい。

(2) LEDのおおまかな形をかきなさい。

(3) 豆電球，LEDのいずれかを使って，電気を光に変えるかい中電灯をつくりたいと考えています。回路を組むうえで，豆電球とLEDとで注意しなければならないことをそれぞれ書きなさい。

キーポイント

- 豆電球の作図では，フィラメントをていねいにかくようにする。LED（発光ダイオード）は，あしの長さのちがいに注意する。＋極のあしのほうが－極よりも長くなっている。
- 豆電球では，回路において，＋，－を考えなくても発光するが，LEDは＋から－の方向に電流が流れたときのみ発光する。

正答への道

(1)・(2) 実際に，豆電球やLEDをよく観察することがたいせつである。豆電球は，フィラメントがつながっていなければ光らないため，その部分をつなぐように作図する。

(3) LEDは＋極と－極を逆にすると，明かりがつかないが，豆電球は電池の向きを入れかえても，明かりがつく。また，LEDは豆電球よりも発生する熱が少ないという特ちょうがある。

解答例

(1)

(2)

(3) 豆電球の場合は，＋，－を考えなくても，どちらからでも電流が流れ発光するが，LEDの場合は，＋極から－極の向きに電流が流れるときのみ発光する。そのため，回路を組むときのつなぎ方に注意が必要である。

また，豆電球は光だけでなく熱も発生するので，注意が必要である。LEDは豆電球ほどは発熱しない。

ここからスタート！

第3編

エネルギー

第6章 ものの動くようす

どうしてものが動くのだろう？

風がふかないときには静かな水面も，強い風がふくと激(はげ)しく動きます。また，ゴムには，引っ張(ぱ)ったり，おしたり，力を加えるともとの長さや大きさにもどろうとするはたらきがあります。風やゴムには，目には見えませんが，ものを動かす力があるのです。

学習することがら

1. 風やゴムのはたらき
2. ふりこ
3. おもりとものを動かすはたらき

じゃーん！
プロペラ飛行機！
わー!!
かっこいい！
どうやって飛ばすの？
プロペラを回してゴムをねじると…。
ねじ
ねじ
あっ！飛んだ！
すごいでしょ！
ねじれたゴムがもとにもどろうとする力を利用しているんだね。
ヒュ〜
うわー…。
風で流されちゃった…。
風にもものを動かす力があるからね…。
風が強くなってきたし，そろそろ帰ろうよー。
まだまだ！
こんな日は風の力を利用して，たこあげをしよう！
TARO
前向き！

1 風やゴムのはたらき

発展 6年 5年 4年 3年

1 風の力のはたらき 入試重要度★

●**風の力**……風がふかないときには，静かであまり動かない水面も，強い風がふくと激(はげ)しく動く。目には見えないが，風にはものを動かす力があり，風が強くふけばふくほど，ものを動かす力も大きくなる。風の力を利用するものには，次のようなものがある。

参考 風力発電
風の力で風車を回し，電気を発生させる発電方法。

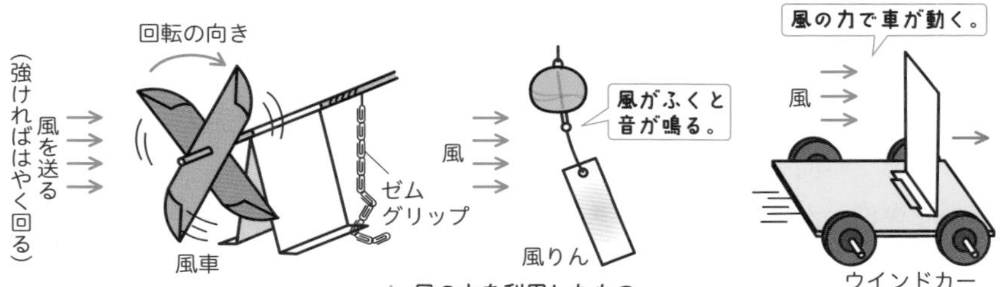

▲ 風の力を利用したもの

2 ゴムの力のはたらき★

●**ゴムの力**……ゴムには，引っ張(ぱ)ったり，おしたり，力を加えるともとの長さや大きさにもどろうとするはたらきがある。

ゴムがもとにもどろうとする力を強くするには，ゴムを強く引っ張ったり，強くねじったり，ゴムの数を増(ふ)やしたり，ゴムを太くするなどの方法が考えられる。ゴムがもとにもどろうとする力を利用するものには，次のようなものがある。

ズームアップ 弾性(だんせい) ➡p.425

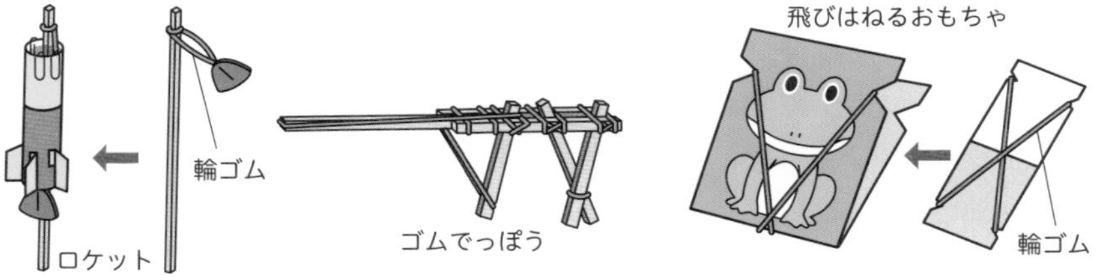

▲ ゴムの力を利用したもの

雑学ハカセ サボニウス型(がた)風車風力発電機という風車での発電機を知っていますか？工作としてつくることもできる風力発電機で，東京秋葉原(とうきょうあきはばら)のサボニウス広場や，名古屋(なごや)市にある金山(かなやま)駅のアスナル金山などでみられます。近未来都市型風車としてこれから活やくしそうです。

2 ふりこ

発展 6年 5年 4年 3年

1 ふりこのきまり★★

糸の先におもりをつけて糸のもとをとめ，おもりをふらせるしかけを，ふりこという。

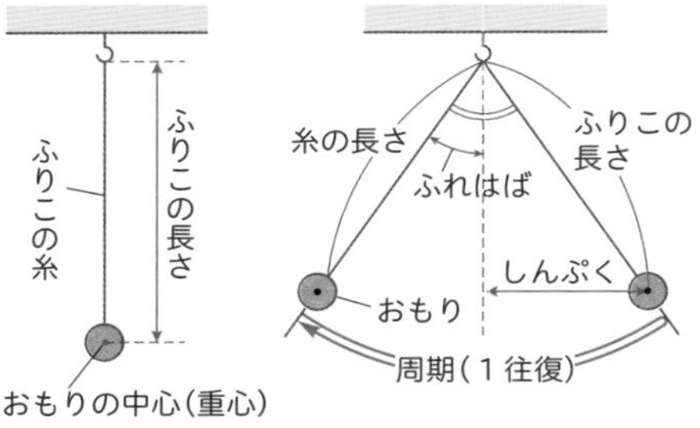

▲ ふりこのきまり

●**ふりこの長さ**……糸の長さではなく，つり下げた糸のもとから，糸の先につけたおもりの中心(**重心**)までの長さをいう。

●**ふりこの周期とふれはば**……ふりこが，1往復するのに必要な時間を**周期**という。ふりこの周期は，数回の往復にかかった時間をはかり，1往復あたりの時間を計算することでわかる。(完全に正確な時間ははかれないので，数回測定を行い，その平均を出すようにする。)

(往復：はしまでいってまたもどってくること)
(平均：中間的な値を出す)

ズームアップ 重 心 ➡p.413

また，ふりこのふれるはしからふれの真ん中までの角度を**ふれはば**という。(ふりこの折り返し点からふりこがふれる中心までのきょりを**しんぷく**という。)

ふりこは，中心に向かってもどろうとする性質がある。

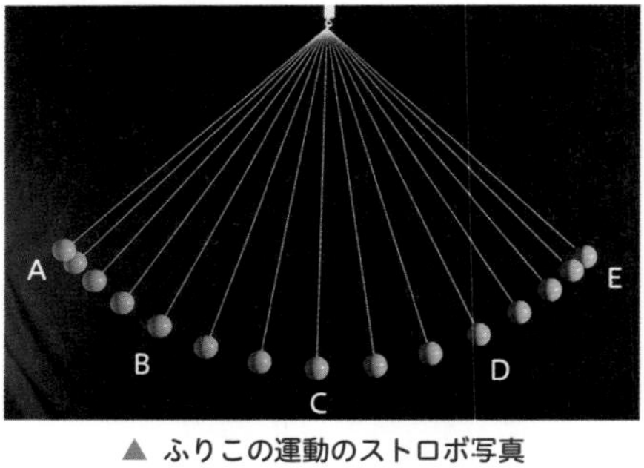

▲ ふりこの運動のストロボ写真

●**ふりこの速さ**……ふりこの速さは，右上の写真のAの位置で0である。そこから，じょじょに速さを増して，いちばん低いCの位置でふりこの速さがいちばんはやくなる。そして，Dを通過し，Eの位置にくると速さは0になり，ふたたびおもりは，D，C，Bを通ってAに向かう。このときも，最下点Cを通過するときがいちばんおもりの速さははやい。

ことば ストロボ写真
光を一定の周期で発光させ，その間にカメラのシャッターをあけたままにしておくと，上の写真のような一定の時間間かくのものの運動を写真にうつすことができる。

パワーアップ
この本ではふりこのふれるはしからふれの真ん中までの角度を「ふれはば」とよんでいますが，ふりこのふれるはしからはしまでの角度を「ふれはば」ということもあります。

2 ふりこの周期★★

●**ふりこの重さやふれはばと周期**……ふりこの長さが同じとき，おもりの重さが変わっても，周期は同じになる。
（周期：1往復にかかる時間）

また，ふりこのふれはばの大きさが変わっても，周期は同じになる。

実験・観察

おもりの重さやふれはばと周期

ねらい ふりこのおもりの重さやふれはばを変えて，ふりこの周期を調べる。

方 法 ①図1のように，ふりこの長さを100 cm，ふれる角度を15°，おもりの重さを10 g，40 g，70 gにして，ふりこが10往復する時間をはかる。

②図2のように，ふりこの長さを100 cm，おもりの重さを10 g，ふりこのふれる角度を5°，15°，30°にして，ふりこが10往復する時間をはかる。

注 意！ ①はふれる角度を，②はおもりの重さを同じにしておくことがたいせつである。また，実験は3～4回程度行い，その平均（小数第2位を四捨五入する）とふりこが1往復するのにかかる時間（周期）を計算する。

図1

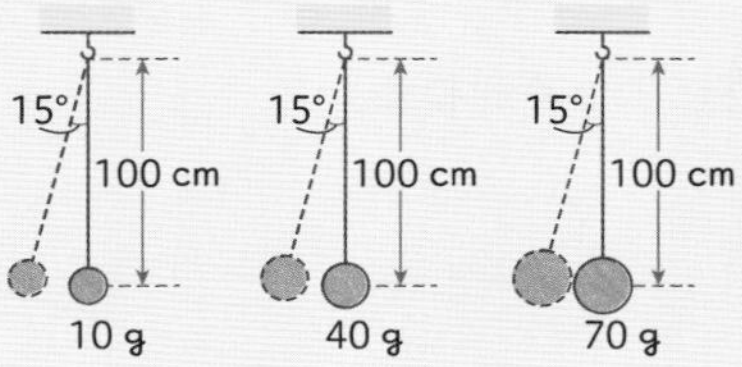

おもりの重さ	おもりが10往復する時間〔秒〕				1往復する時間〔秒〕
	1回目	2回目	3回目	平均	平均/10
10 g	19.9	19.8	20.0	19.9	2.0
40 g	20.0	19.9	20.0	20.0	2.0
70 g	20.0	20.1	20.0	20.0	2.0

図2

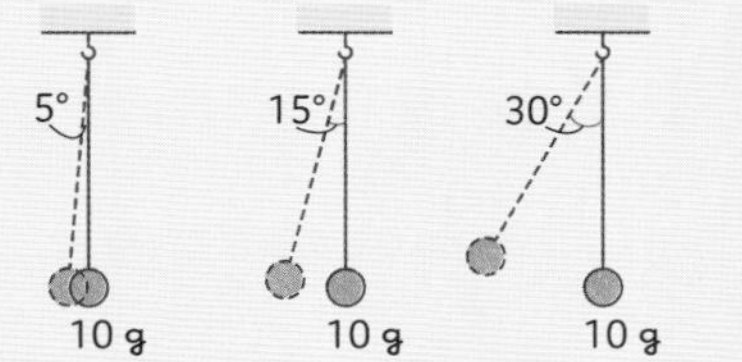

ふれる角度	おもりが10往復する時間〔秒〕				1往復する時間〔秒〕
	1回目	2回目	3回目	平均	平均/10
5°	19.9	20.0	20.0	20.0	2.0
15°	20.0	19.9	20.0	20.0	2.0
30°	20.1	20.0	20.1	20.1	2.0

結 果 おもりの重さを変えて測定しても，ふりこの周期はすべて2.0秒である。また，ふれる角度を変えて測定しても，周期はすべて2.0秒である。

わかること ふりこの周期は，おもりの重さやふれはばに関係がない。

雑学ハカセ 人間は，同じようなくり返しの現象を見ているとねむたくなるけい向があります。よく，さいみん術にふりこを用いて「あなたは，ねむくな～る」といって，さいみん状態をつくるという手法がありますが，やはりくり返し運動ほどたいくつなものはないのかもしれません。

●ふりこの長さと周期……ふりこの周期は，ふりこの長さによって変わる。次の実験で確かめることができる。

実験・観察

ふりこの長さと周期

ねらい　ふりこの長さを変えて，ふりこの周期を調べる。

方　法　ふりこの長さを 25 cm，50 cm，100 cm にし，ふりこが 10 往復する時間をはかる。3〜4 回程度実験を行い，その平均（小数第 2 位を四捨五入する）と，ふりこが 1 往復するのにかかる時間（周期）を計算する。

注　意！　おもりの重さ，ふれる角度は，同じにしておく。

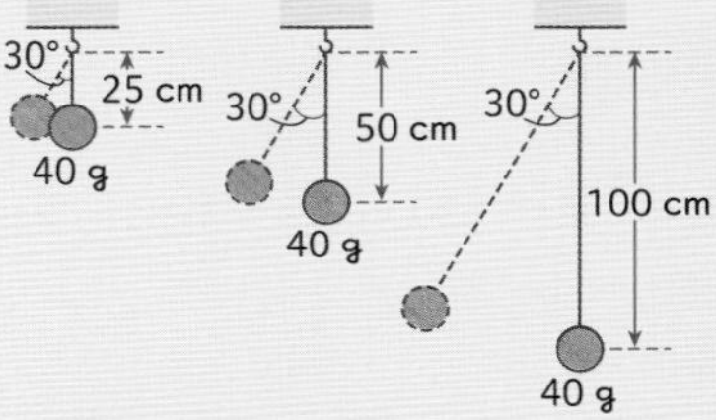

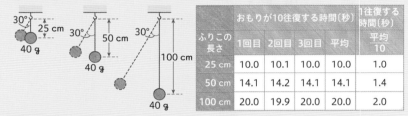

ふりこの長さ	おもりが10往復する時間〔秒〕				1往復する時間〔秒〕
	1回目	2回目	3回目	平均	平均/10
25 cm	10.0	10.1	10.0	10.0	1.0
50 cm	14.1	14.2	14.1	14.1	1.4
100 cm	20.0	19.9	20.0	20.0	2.0

結　果　ふりこの長さが長いほどふりこの周期は長く，ふりこの長さが短くなるほど，ふりこの周期は短くなっている。

わかること　ふりこの周期は，ふりこの長さによって変わる。

●ふりこの長さと周期……ふりこの長さをいろいろと変えてその周期を調べると，右のグラフのようになる。

ふりこの長さを 100 cm から 25 cm と $\frac{1}{4}$ にすると，ふりこの周期は $\frac{1}{2}$ になる。反対に，ふりこの長さを 100 cm から 400 cm と 4 倍にすると，ふりこの周期は 2 倍になる。

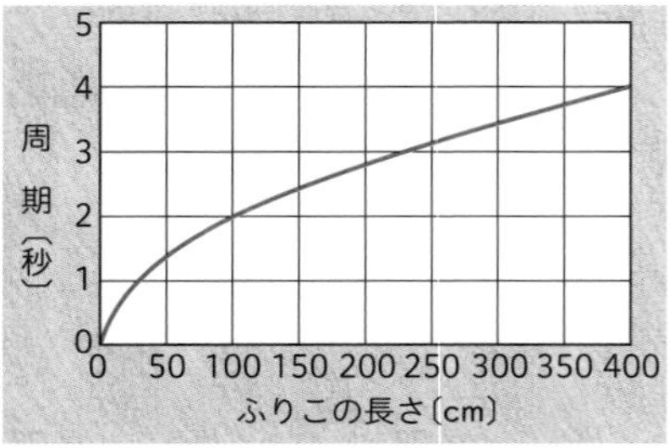

▲ ふりこの長さと周期

●ふりこの性質……ふりこの長さと周期の関係は，次のようになる。

❶ ふりこの長さが同じとき，糸の太さ，おもりの重さや形，ふれはばを変えても周期は同じである。

イタリアの科学者ガリレオ・ガリレイは，「ふりこは，糸の先につけたおもりが重くても軽くても，糸の長さが決まっていれば，いききする時間はいつも同じだ。」というふりこの等時性を発見しました。

❷ ふりこの長さが長いとふりこの周期は長く，ふりこの長さが短いとふりこの周期は短くなる。
❸ ふりこの周期はふりこの長さによって決まり，おもりの重さや形，ふれはばには関係がない。この性質をふりこの等時性という。

3 いろいろなふりこ★

●**くぎふりこ**……とちゅうでふりこの長さがくぎにひっかかって変わるとき，おもりがいちばん高くなるときの高さは，ふれ始めの位置と変わらない。おもりがいちばん下にきて，おもりの速さがいちばんはやくなるときの速さは，どちらからふれたときも同じである。ところが，おもりの移動にかかる時間は変わる。右上の図では，左半分はふりこの糸の長さが長く，右半分はふりこの糸の長さが短い。ふりこの長さを長くすると周期は長くなるので，左半分ではおもりが移動する時間は長く，右半分ではふりこの長さが短いので，おもりが移動する時間は短くなる。

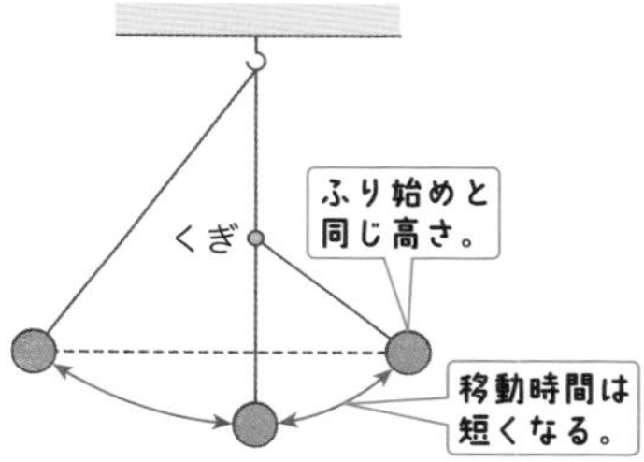

▲ くぎふりこ

参考 くぎふりこ
くぎふりこでは，おもりがいちばん高くなるときの高さは変わらない。しかしくぎの位置がもっと下にあり，同じ高さまで上がらないとき，糸はくぎにまきついてしまう。

●**ふりこの共振**……同じ長さのふりこを2つ太い糸につるして一方のふりこを動かす。すると，もう一方のふりこも動き始める。これを**ふりこの共振**という。右の図で，Aのふりこを動かすと，同じ長さのふりこBが動き始める。しばらくして，Aはとまり，Bのふれはばが最大になる。やがてAとBの状態が入れかわり，これを交ごにくりかえす。このときA，Bと長さの異なるC，Dは動かないが，Cを動かすとDも動く。

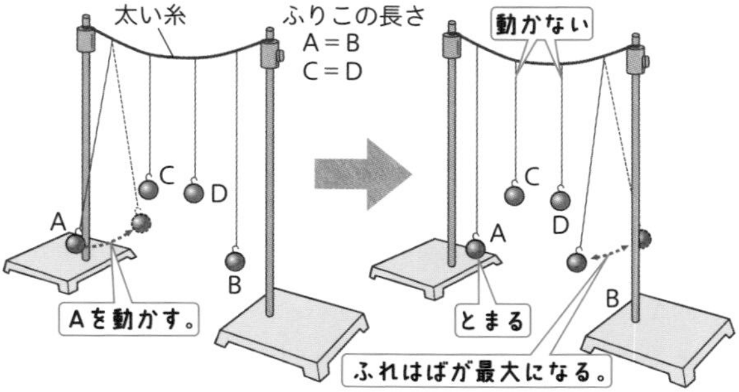

Bがとまり，Aのふれはばが最大になる↵
このとき，A，Bのふりこと同様の動きをする↵

パワーアップ ふりこを利用したものは数多くつくられています。例えば，ふりこ式車両という列車は，曲線を通過するときに，車体上部を曲線の内側へけいしゃさせるようにしてあり，ふりこの性質を利用しています。

4 ふりこを利用したもの★

私(わたし)たちの身のまわりでは，ふりこのようなしかけを見ることがある。

例えば，学校や公園などにあるブランコは，ふりこの動きをしている。

ほかにも，ふりこの性質(せいしつ)を利用した道具には次のようなものがある。

▶**ふりこ時計**…ふりこの，一定の周期(しゅうき)で往復(おうふく)する性質を利用している。時計の針(はり)はふりこの動きに合わせて進む。

▶**メトロノーム**…ふりこをちょうど逆(ぎゃく)にした形をしている。おもりを上に上げるとふりこの長さが長くなり，ひょう子がおそくなる。おもりを下に下げるとふりこの長さが短くなり，ひょう子がはやくなる。

▲ふりこ時計

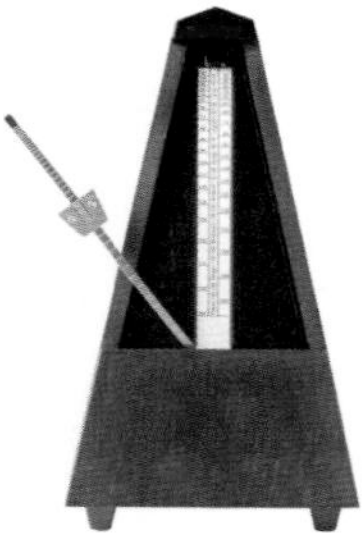
▲メトロノーム

ことば メトロノーム
音楽で，正確(せいかく)な曲の速さを表すのに使う。ふりこの性質を利用したメトロノームは正確(せいかく)には機械式メトロノームというものである。これにたいして，電子式メトロノームというものもある。

くわしい学習 ふりこと地しん計

右の図のように，ふりこの糸の上部をすばやく動かすと，おもりはほとんど動かない。これを応用(おうよう)してつくられたものが**地しん計**である。

地しんがおきたとき，地面とともに動くものが記録ドラムで，動かないものがおもりである。よって，地しんのゆれや大きさ，ようすなどが記録ドラムに記録されていく。

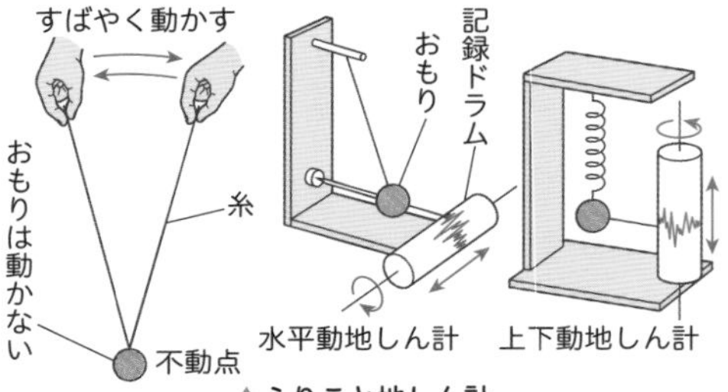

▲ふりこと地しん計

雑学ハカセ ふりこ時計は，ふりこで時間の調整をします。時間が進んでいるときはおもりの位置(いち)を下にずらして1往復の時間を長くし，おくれているときはおもりの位置を上にずらして1往復の時間を短くします。

3 おもりとものを動かすはたらき

●**動いているもののはたらき**……動いているものには，ほかのものにあたる（**しょうとつする**）と，そのものを動かすはたらきがある。このはたらきの大きさは，動いているものの重さや速さによって決まってくる。

ものがしょうとつしたときのようすは，ふりこを使って調べることができる。

参考 おしくらまんじゅう
何人かで背中（せなか）やかたをおしあう遊び。もののしょうとつによるはたらきを実感することができる。

1 すべての物体が同じ重さのときのしょうとつ★

●下の図のように，重さが同じおもりがしょうとつするとき，しょうとつした数と同じ数のおもりだけが同じ高さまで上がる。

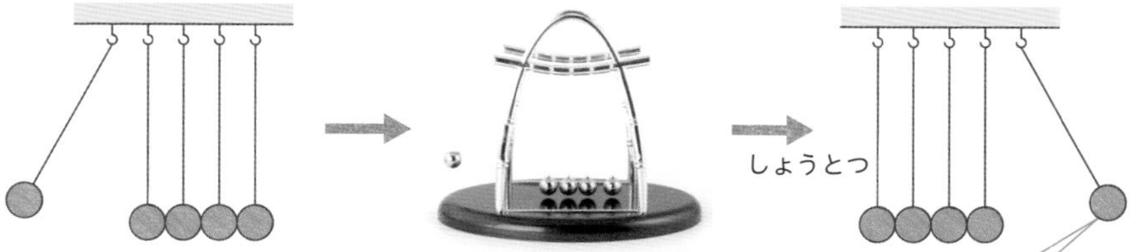

しょうとつした数と同じ数のおもりだけが同じ高さまで上がる。

●下の図のように，静止している物体に同じ重さの物体がしょうとつするとき，しょうとつした数と同じ数の物体だけが同じ速さで動く。

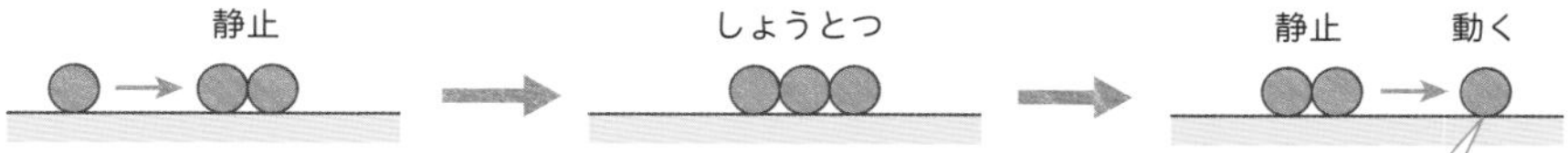

しょうとつした数と同じ数の物体だけが同じ速さで動く。

●下の図のように，動いている物体に同じ重さの物体がしょうとつするとき，物体の速さが入れかわる。

物体の速さが入れかわる。

雑学ハカセ おはじき遊びをすると，しょうとつのようすがよくわかります。おはじきは同じ重さなので，この動きを観察するのに最適（さいてき）です。1つのおはじきにしょうとつさせたり，複数（ふくすう）のおはじきにしょうとつさせたりして観察してみましょう。10円玉でも，この実験はできます。

2 同じ重さの物体どうしのしょうとつ★

下の図のように，同じ重さの物体がほかの物体にしょうとつするとき，しょうとつされた物体のみ同じ速さで動く。

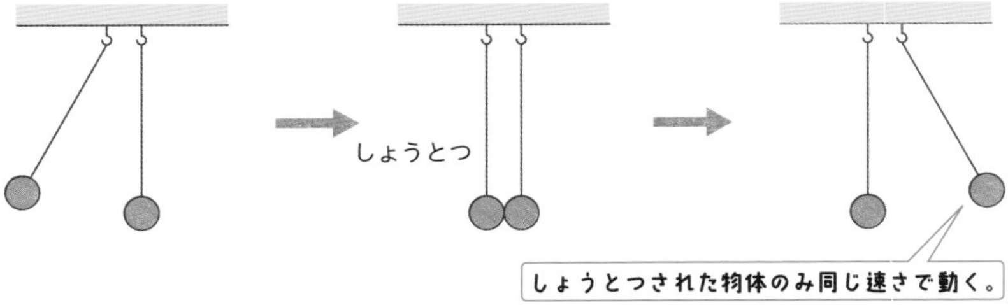
しょうとつ
しょうとつされた物体のみ同じ速さで動く。

3 重い物体が軽い物体にしょうとつするとき★

下の図のように，重い物体が軽い物体にしょうとつするとき，両方とも重い物体が動く方向に動く。

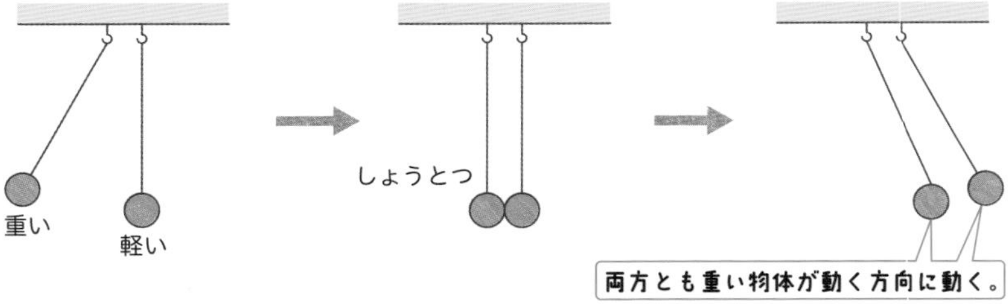
重い
軽い
しょうとつ
両方とも重い物体が動く方向に動く。

4 軽い物体が重い物体にしょうとつするとき★

下の図のように，軽い物体が重い物体にしょうとつするとき，軽い物体はもとの方向へはね返されることもある。

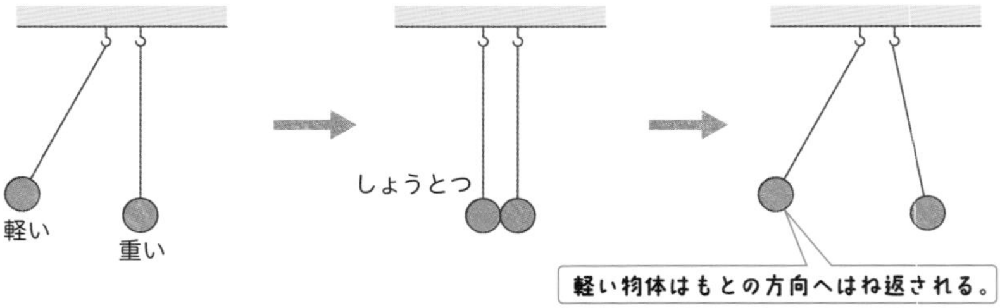
軽い
重い
しょうとつ
軽い物体はもとの方向へはね返される。

パワーアップ しょうとつは，物体の重さによってしょうとつ後の動きが変わります。大きいものが小さいものにうしろからしょうとつしたとき，しょうとつされた小さいものがさらに前に進んでいこうとするのは，そのせいです。

中学入試にフォーカス おもりの速さ・重さとものの動き

❶おもりの速さとものを動かすはたらき

動いているおもりは，ほかのものにしょうとつすると，そのものを動かしたり，はじき飛ばしたりするはたらきがある。おもりの動く速さが変わると，しょうとつされたものの動き方も変わってくる。

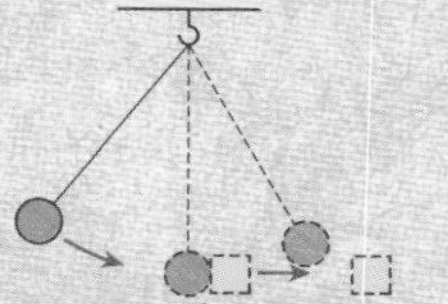

▲ おもりがものを動かす

❷おもりの速さとものの動き

●右の図のように，おもりをはなす高さを変えて（ふれはばを大きくして），おもりを物体にしょうとつさせ，物体が動いたきょりをはかる実験を行う。それぞれのはなす高さごとに5回ずつはかり，動いたきょりの平均（小数第2位を四捨五入する）を求める。

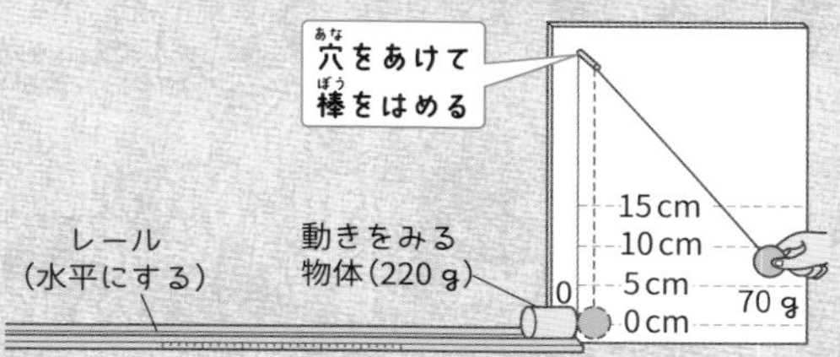

(!)おもりをはなす高さが高いほど，おもりははやく動く。

●ふりこの長さを変え，同じようにして，物体が動いたきょりを比べる。結果は下の表のようになった。

ふりこの長さ50cmのとき

おもりをはなす位置	1回目	2回目	3回目	4回目	5回目	物体が動いたきょり（平均）
（高さ） 5 cm	7.9 cm	8.0 cm	8.0 cm	8.0 cm	8.0 cm	8.0 cm
10 cm	13.9 cm	14.0 cm	14.0 cm	14.2 cm	14.0 cm	14.0 cm
15 cm	20.0 cm	20.0 cm	20.0 cm	20.2 cm	20.0 cm	20.0 cm

ふりこの長さ25cmのとき

おもりをはなす位置	1回目	2回目	3回目	4回目	5回目	物体が動いたきょり（平均）
（高さ） 5 cm	8.0 cm	8.0 cm	8.0 cm	8.1 cm	8.0 cm	8.0 cm

▶何回か実験を行い，その平均をとることで，より正確な実験の結果をえることができる。

▶上の表から，ふりこのおもりをはなす位置を高くして物体にしょうとつさせると，物体の動くきょりも大きくなることがわかる。

▶糸の長さを変えておもりをしょうとつさせても，おもりをはなす高さが同じなら，おもりの動くきょりはほとんど変わらない。

以上のことより，おもりがはやく動くほど，ものを動かすはたらきが大きいことがわかる。

入試では 実験の結果を読みとり，おもりをはなす高さと物体が動いたきょりとの関係を求めるような問題が出題されています。

❸おもりの重さとものを動かすはたらき

同じブランコでも，からだの大きい人が乗っているのと，からだの小さい人が乗っているのとでは，ブランコをとめようとするときにかかる力の大きさはちがってくる。からだの大きい人が乗っているブランコをとめるには，大きい力がいる。このように，ものを動かすはたらきは，おもりの重さが重いほど大きい。

❹おもりの重さとものの動き

●下の図のように，鉄球をしゃ面にころがす実験を行う。ころがった鉄球はとちゅうで，動きを見る物体にしょうとつする。鉄球がしょうとつされた物体はレールをすべる。この物体のすべったきょりをはかる。これを5回くり返し，平均（へいきん）（小数第2位を四捨（ししゃ）五入（ごにゅう）する）を求める。

なお，鉄球をスタートさせる位置と，動きを見る物体の位置は，すべて同じ位置にしておかなければならない。

●鉄球の重さを変え，それぞれきょりを5回ずつはかり，平均を求める。結果は下の表のようになった。

鉄球の高さ10cmのとき

鉄球の重さ	1回目	2回目	3回目	4回目	5回目	物体が動いたきょり（平均）
40 g	2.5 cm	2.6 cm	2.6 cm	2.5 cm	2.5 cm	2.5 cm
70 g	3.8 cm	3.9 cm	4.0 cm	4.0 cm	4.0 cm	3.9 cm
120 g	11.0 cm	10.8 cm	11.0 cm	11.0 cm	10.9 cm	10.9 cm

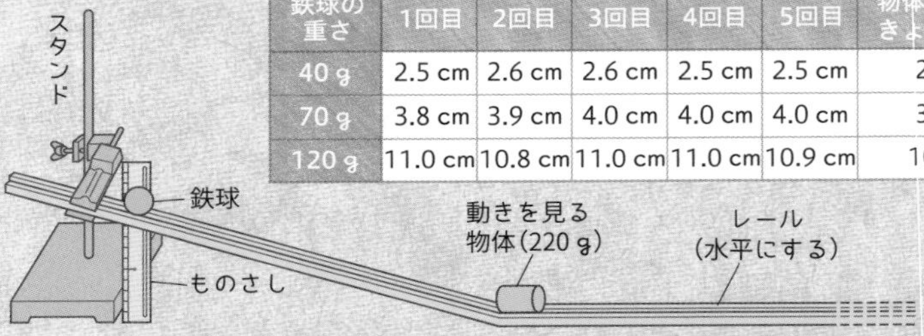

▶上の表から，おもりをはなす高さが同じとき，おもりの重さが重いほど，物体の動いたきょりは長くなっている。

以上のことより，おもりをはなす高さが一定のとき，おもりの重さが重いほど，ものを動かす力は大きいことがわかる。

❺同じ重さのおもりをころがすとき

同じ重さのおもりがぶつかると，しょうとつした物体はとまり，しょうとつされた物体はしょうとつした物体の速さで動くことになる。

上の実験で，鉄球と物体が同じ重さのときは，物体が動くきょりは鉄球をころがしはじめる高さによって決まる。高さが高いほど，物体が動くきょりは長くなる。

おもりの重さが同じとき，おもりの速さがはやいほど，ものを動かす力は大きくなる。また，おもりの速さが同じとき，おもりの重さが重いほど，ものを動かす力は大きくなる。

ものがはやく動くほど，ものの重さが重くなるほど，しょうとつされたものが受ける力の大きさは大きくなる。

入試では　実験の結果から，速さが同じときに，物体の重さと物体の動いたきょりとの関係を求めるような問題が出題されています。

入試のポイント

絶対暗記ベスト3

1位 ふりこのきまり　つり下げた糸のもとから，おもりの中心までをふりこの**長さ**という。ふりこが1往復(おうふく)する時間をふりこの**周期**(しゅうき)という。ふりこのふれるはしからふれの真ん中までの角度を**ふれはば**という。

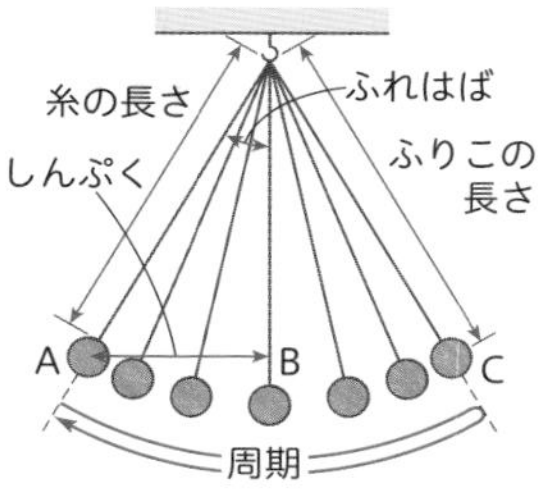

▲ ふりこのきまり

2位 ふりこの周期　ふりこの長さが同じとき，おもりを重くしても，軽くしても，ふりこの周期は同じである。また，ふれはばを大きくしても，小さくしても，周期は同じである。ふりこの長さが長いとふりこの周期は長く，ふりこの長さが短いと周期は短い。すなわち，ふりこの周期は，おもりの重さや形，ふれはばには関係がなく，ふりこの長さによって決まる。

3位 おもりとものを動かすはたらき　動いているものには，ほかのものにしょうとつするとそのものを動かすはたらきがある。おもりがはやく動くほど，また，おもりの重さが重いほど，ほかのものを動かすはたらきは大きくなる。

1 ふりこ

ふりこの速さ	ふりこは，最下点でいちばん速さがはやくなる。
ふりこの周期	ふりこの周期は，ふりこが1往復する時間をいう。 ふりこの周期は，ふりこの長さが長いと長く，ふりこの長さが短いと短い。 ふりこの周期は，ふりこの長さによって決まる。おもりの重さや形，ふれはばには関係ない（ふりこの等時性(とうじせい)）。
ふりこを利用したもの	公園にあるブランコやふりこ時計など。音楽のときに使うメトロノームは，ふりこをちょうど逆(ぎゃく)にしたものである。地しん計にも使われている。

2 おもりのはたらき

おもりの速さ	おもりの速さがはやいほど，ものを動かすはたらきが大きい。
おもりの重さ	おもりの重さが重いほど，ものを動かすはたらきが大きい。

重点チェック

□ ❶ 風の力が強いほど，ものを動かすはたらきは［　　］なります。また，ゴムの力が強いほど，ものを動かすはたらきが［　　］なります。

❶大きく，大きく p.395

□ ❷ ふりこの長さは，つり下げた糸のもとから，糸の先につりさげたおもりの［　　］までの長さをいいます。

❷中心（重心） p.396

□ ❸ ふりこの周期とは，ふりこが［　　］する時間のことをいいます。また，ふりこのふれるはしからふれの真ん中までの角度を［　　］といいます。

❸１往復，ふれはば p.396

□ ❹ ふりこの速さは，図のAの位置では0になりますが，しだいに速さを増して，［　　］の位置を通過するときに最もはやくなります。Eの位置にくると速さは［　　］になり，ふたたびおもりは反対の向きに動きます。

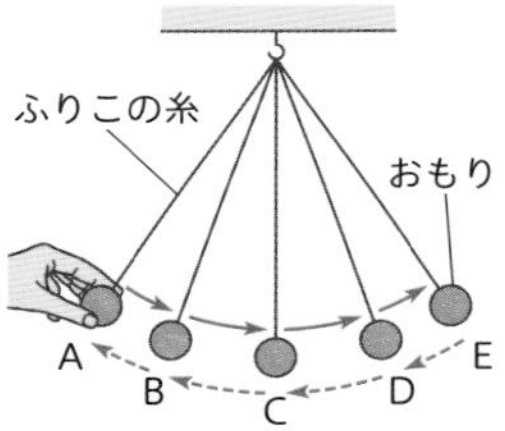

❹C，0 p.396

□ ❺ ふりこの長さが同じとき，次のように条件を変えても，ふりこの周期は同じです。

▶おもりを［　　］したり，軽くしたりする。

▶ふれはばを［　　］したり，小さくしたりする。

❺重く，大きく p.397

□ ❻ ふりこの周期は，ふりこの［　　］によって決まり，おもりの重さや形，［　　］には関係がありません。

❻長さ，ふれはば p.397, 398

□ ❼ ふりこの長さが長いと周期は［　　］く，ふりこの長さが短いと周期は［　　］くなります。

❼長，短 p.398

□ ❽ ふりこのおもりがほかのものを動かすはたらきは，ふれはばが［　　］ほど大きくなります。これは，ふれはばが大きくなると，おもりがほかのものにあたるときの速さが［　　］なるからです。

❽大きい，はやく p.403

□ ❾ しゃ面をころがるおもりは，おもりのあたる速さが［　　］ほど，また，おもりの重さが［　　］ほどほかのものを大きく動かします。

❾はやい，重い p.404

チャレンジ！ 思考力問題

レベル３ レベル２ レベル１

●右の図のようなふりこを使って，実験１～実験３を行いました。これについて，結果３の①～⑤にあてはまる数値を答えなさい。　【AICJ 中-改】

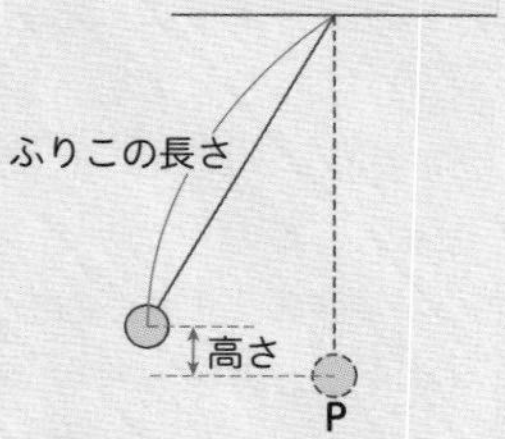

実験１　図のおもりの重さを 20 g，高さを 10 cm にし，ふりこの長さをいろいろ変えて，ふりこの周期を調べた。その結果をまとめたものが**結果１**である。

実験２　図のふりこの長さを 120 cm，おもりの重さを 20 g にし，高さをいろいろ変えて，おもりが P（最も低い位置）を通過するときの速さを調べた。その結果をまとめたものが**結果２**である。

実験３　図のふりこの長さ，おもりの重さ，高さをいろいろ変えて，ふりこの周期と，おもりが P を通過するときの速さを調べた。その結果をまとめたものが**結果３**である。

結果１

ふりこの長さ〔cm〕	15	30	45	60	75	90	105	120
周　期〔秒〕	0.78	1.10	1.35	1.56	1.74	1.90	2.06	2.20

結果２

高　さ〔cm〕	5	10	15	20	25	30	35	40
おもりの速さ	秒速 1.0 m	秒速 1.4 m	秒速 1.7 m	秒速 2.0 m	秒速 2.2 m	秒速 2.4 m	秒速 2.6 m	秒速 2.8 m

結果３

ふりこの長さ〔cm〕	15	15	45	45	75	90	④	240
おもりの重さ〔g〕	10	20	10	10	10	30	35	40
高　さ〔cm〕	5	5	10	15	15	③	60	⑤
周　期〔秒〕	0.78	①	1.35	1.35	1.74	1.90	2.70	3.12
おもりの速さ	秒速 1.0 m	秒速 1.0 m	秒速 1.4 m	秒速 ② m	秒速 1.7 m	秒速 2.2 m	秒速 3.4 m	秒速 4.0 m

キーポイント

ふりこの周期は長さに，速さは高さに関係している。

正答への道

ふりこの周期は，おもりの重さや高さに関係なく，ふりこの長さで決まる。

④ **結果１**から，長さが 4 倍になると周期は 2 倍になることがわかるので，
45×4＝180〔cm〕

⑤ **結果２**から，高さが 4 倍になると速さは 2 倍になることがわかるので，
20×4＝80〔cm〕

答え

① 0.78　② 1.7　③ 25　④ 180　⑤ 80

チャレンジ！ 作図・記述問題

レベル3 レベル2 レベル1

●下の図のような，おもりを木ぎれなどにあてる装置を組み立て，木ぎれの動くきょりはおもりの重さによって変わるのかを調べる実験を行いました。実験では，木ぎれは同じものを使うものとします。あとの問いに答えなさい。 【親和中-改】

用意するもの ビー玉（軽いおもり），鉄の玉（重いおもり），スタンド，ものさし，なめらかなレール，木ぎれ，木ぎれの動くきょりをはかる方眼紙

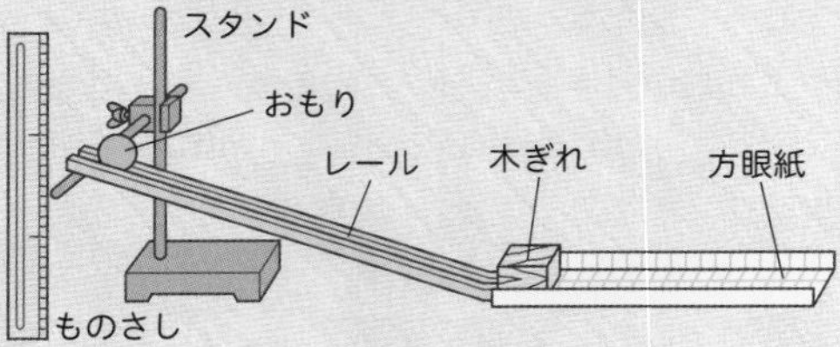

実験

① ビー玉を高さ 20 cm の位置からころがし，木ぎれが動くきょりをはかる。

② ①と同じ実験を 5 回くり返す。

③ おもりを鉄の玉に変えて，①，②と同じように実験を行う。

(1) 右の表はビー玉で実験を行ったときの実験結果です。実験をする場合，同じ実験をくり返しています。なぜ，1 回だけでなく何回か実験を行うのですか。簡単に答えなさい。

	1 回目	2 回目	3 回目	4 回目	5 回目
木ぎれが動くきょり〔cm〕	11.8	12.2	12.5	11.9	12.4

(2) 表の結果をもとに，ビー玉の場合の「木ぎれが動くきょり」を求めなさい。答えは小数第 2 位を四捨五入しなさい。

(3) 鉄の玉で実験を行った場合，「木ぎれが動くきょり」は，ビー玉と比べてどうなると考えられますか。簡単に答えなさい。

キーポイント

上のような実験を行う場合，1 回の実験だけの結果では正確な値とはいえないので，何回かくり返して行う必要がある。

正答への道

(1)・(2) より正確な値を求めるために，何回か実験をした結果の平均を求める。

(3) 同じ高さからころがしたとき，木ぎれにあたるときの速さは同じになる。

解答例

(1) 1 回だけの実験では，その結果が正確であるかどうかわからないから。

(2) 12.2 cm　(3) ビー玉と比べて長くなる。

ここからスタート！

第3編

エネルギー

第7章 力

力で得をすると，きょりで損をする？

てこや動かっ車などを用いると，小さな力で重いものを持ち上げることができます。でも，得することばかりなのでしょうか？損をすることはないのでしょうか？

学習することがら

1. てんびん
2. て こ
3. 輪 軸
4. かっ車
5. 重 力
6. ばねの性質
7. 浮 力

よーし！山のぼりだ！
道が２つあるね。
ハイキングコース
山頂
A
B
こっちはずいぶん急なしゃ面だね…。
B コース
でもこっちのほうが近道だよ！こっちから行こう!!
きつい…。
もう一方の道から行ったほうがよかったんじゃないの？どっちにしろ頂上には着くし。
いいところに気がついたわね。
ものに力を加えて動かしたとき，力の大きさと動かしたきょりをかけあわせたものを「仕事」というの。
例えばものを持ち上げるとき，この動かっ車を使うと手で持ち上げる力の半分ですむけど，移動したきょりは同じでしょ？
5k
同じ！
説明してつかれちゃったからもうここでお昼食べて帰らない？
つまり，長いきょりを小さな力でのぼっても，短いきょりを大きな力でのぼっても同じ山の頂上に着くから仕事の量は同じってこと？
そう！仕事の考え方ではそうなるわ！
ところで…。
引率は先生の仕事だよ!!

1 てんびん

発展 6年 5年 4年 3年

1 てんびんのつりあい 入試重要度★★

● **棒のつりあい**……太さがいちような棒の真ん中を支えると，棒は水平になってどちらにもかたむかない。このような状態のとき，棒は水平に**つりあっている**という。また，棒を支えている点のことを**支点**という。

● **つりあうときとかたむくとき**……**図1**のように，支点から同じきょりの所に同じ重さのおもりをつり下げると，棒は水平につりあう。しかし，**図2**のように一方のおもりを重くすると，棒は重いほうへかたむいていく。

おもりの重さが同じであっても，**図3**のように支点からのきょりがちがえば，棒は支点からのきょりが長いほうへかたむく。

このようなしくみを利用した棒などのことを**てんびん**という。

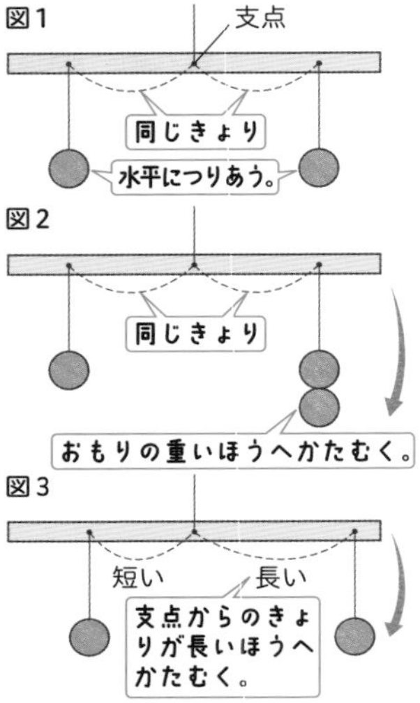
図1
支点
同じきょり
水平につりあう。
図2
同じきょり
おもりの重いほうへかたむく。
図3
短い
長い
支点からのきょりが長いほうへかたむく。

▲ てんびんのつりあい

実験・観察

糸の長さとてんびんのつりあい

ねらい 糸の長さにより，てんびんのつりあいがどうなるかを調べる。

方　法 ①同じ長さの糸につるした同じ重さのおもりを，てんびんの左右につり下げ，水平につりあわせる。

②右の図のように，一方の糸を結んで短くし，つりあいが変わるかどうか調べる。

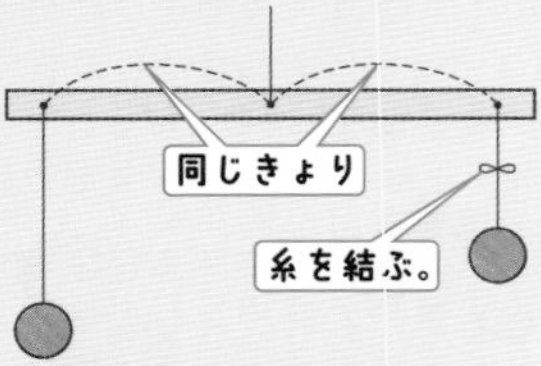
同じきょり
糸を結ぶ。

結　果 糸を結んで短くしても重さは変化しないので，つりあいは変わらない。

わかること 支点から同じきょりの所に同じ重さのおもりをつり下げると，てんびんは水平につりあう。

パワーアップ ものを回転させようとする力のはたらきをモーメントといいます。てんびんの場合，「支点からのきょり」と「そこにつるしたおもりの重さ」をかけたものがモーメントです。てんびんが左右でつりあうとき，左右のモーメントの大きさが等しくなっています。

2 てんびんの形★★

てんびんに用いる棒は，太さがいちようなもので（どの部分も同じ太さ）あることが多い。しかし，野球のバットのような形をしたものでも（いちようでないもの），てんびんのはたらきをする。

実験・観察

太さがいちようでない板を用いるてんびん

ねらい　太さのちがう板（または棒）のつりあいを調べる。

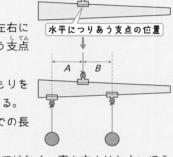

方　法　①右の図のように，大型クリップを左右に動かして，太さのちがう板が水平につりあう支点の位置を見つける。

②つりあった板の支点の左右に同じ重さのおもりをつり下げ，板が水平につりあう位置を見つける。

③支点の位置からおもりをつり下げた位置までの長さ A，B をはかる。

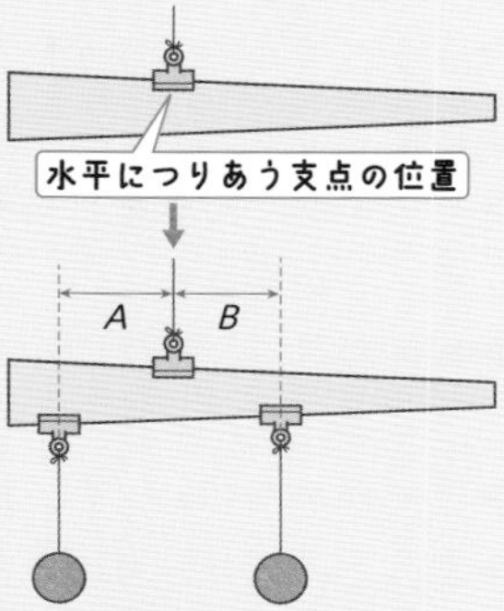

結　果　•太さのちがう板の支点は板の真ん中ではなく，真ん中よりも太いほうによった所である。

•つりあった板の支点の両側に同じ重さのおもりをつり下げて，板が水平につりあうとき，支点からのきょり A，B の長さは同じになっている。

わかること　**どのような形の棒（板）でも水平につりあう位置を支点にすると，てんびんのはたらきをする。つりあった棒の支点から同じきょりの所に同じ重さのおもりをつり下げると，棒は水平につりあう。**

●**つりあう支点の簡単な見つけ方**……下の図のような方法で見つけることができる。左右の指が出会う位置でつりあう。

バットの両たんを左右の人差し指で支える。
指をゆっくり中央に近づけていく。

参考　バットの重心

重心が先たんにあるバットは，手に持つと重く感じ，グリップ（にぎる部分）の近くにあるバットは軽く感じる。

雑学ハカセ　上皿てんびんで重さをはかるにはいくつかの種類の分銅が必要ですが，さおばかりはおもりの位置を変えることで，1本の棒と1種類のおもりだけでさまざまなものの重さがはかれます。持ち運びにも便利で，行商や市場などで使われていました。

3 上皿てんびん★★

●**上皿てんびん**……てんびんの性質を利用し，ものの重さを比べたりはかったりする器具としてつくられたものが，**上皿てんびん**である。

より精密にものの重さを比べたりはかったりするために，上皿てんびんにはさまざまなくふうがほどこされている。

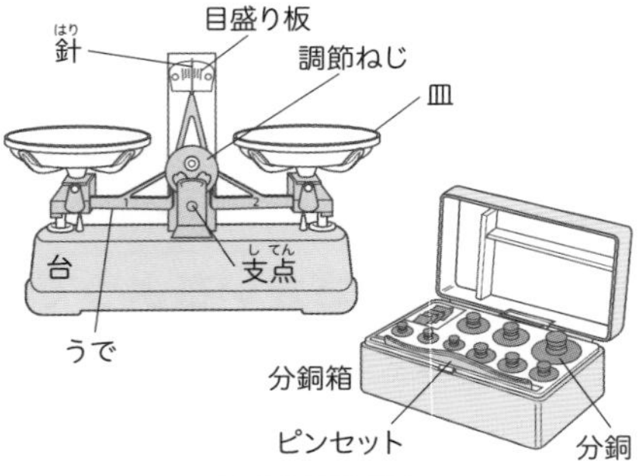

▲ 上皿てんびん

▶うでのかたむきを目盛り板で確かめることができる。

▶調節ねじで，うでのかたむきを調節することができる。

▶うでがかたむいても，皿は水平のままである。

▶皿のどの部分にものを置いても，つりあい方は同じである。

上皿てんびんと**分銅**を用いると，ものの重さをはかることができる。

ズームアップ 上皿てんびん
➡p.542

ことば 分銅
金属でできたおもりのこと。あらかじめ重さが決まっているため，つりあうものの重さがわかる。

●100 g まではかれる分銅の種類と個数

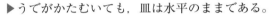

分銅の種類	50g	20g	10g	5g	2g	1g	0.5g	0.2g	0.1g
個数	1	1	2	1	2	1	1	2	1

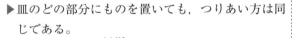

50×1 ＋20×1 ＋10×2 ＋ 5×1 ＋ 2×2 ＋ 1×1 ＋0.5×1＋0.2×2＋0.1×1

↓ 50 20 20 5 4 1 0.5 0.4 0.1 ＝101 g

50＋20＋20＋5＋4＋1 → 100 g　0.5＋0.4＋0.1 → 1 g

●200 g まではかれる分銅の種類と個数

分銅の種類	100g	50g	20g	10g	5g	2g	1g	0.5g	0.2g	0.1g
個数	1	1	1	2	1	2	1	1	2	1

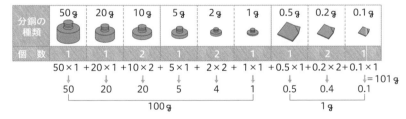

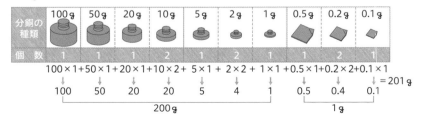

100×1＋50×1＋20×1＋10×2＋ 5×1 ＋ 2×2 ＋ 1×1 ＋0.5×1＋0.2×2＋0.1×1

↓ 100 50 20 20 5 4 1 0.5 0.4 0.1 ＝201 g

100＋50＋20＋20＋5＋4＋1 → 200 g　0.5＋0.4＋0.1 → 1 g

パワーアップ ばねばかりや台ばかりは地球上でしか使えませんが，上皿てんびんは月面（重力は地球の $\frac{1}{6}$ になる）などでもものの重さ（正しくは質量，p.424 参照）を正確にはかることができます。

4 重　心★★

●**重　心**……ものの重さの中心となる点のことを**重心**という。

太さがいちような棒の支点が真ん中にあるのは，この棒の重心が真ん中にあるからである。

▶太さがいちようでないものの重心は，右の図のように糸でつるしたり，指で支えたりして見つけられる。
↳バットなど

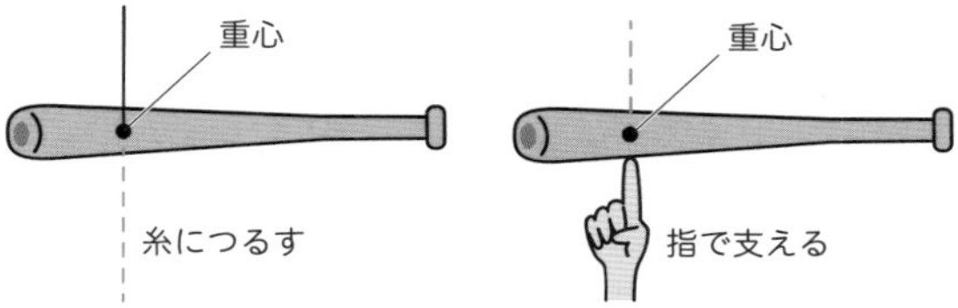

実験・観察

重心の位置

ねらい　厚紙でつくったいろいろな形の重心を見つける。

方　法　①厚紙で三角形や台形など，いろいろな形の図形をつくる。
②糸の先に5円玉を結びつけたものを用意する。
③図形のはし（どこでもよい）にパンチなどで小さな穴を開け，フックなどにかけてぶら下げる。
④同じフックから糸につけた5円玉もぶら下げ，図形上の糸が重なった所に線をひく。
⑤図形と5円玉をフックから取り，③とは別のはしにパンチなどで小さな穴を開け，③④をくり返す。
⑥④⑤でひいた線の交点に印をつける。

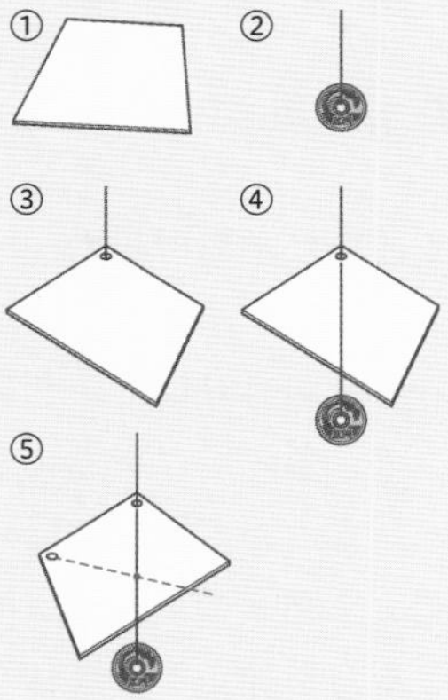

結　果　・方法⑥の点が，その図形の重心である。
・重心に糸をつけて図形をぶら下げると，図形はバランスをとり水平になる。

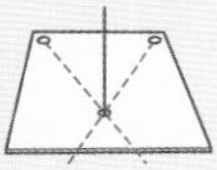

わかること　**上のような方法で重心を見つけることができる。**

▶**重心の考え方**…重心では，ものを支えることができる。

そのため，ものの重さはすべて重心にはたらいていると考えることができる。

ズームアップ　棒の重さ　➜p.415

雑学ハカセ　ものの重心はいつもものの中にあるとはかぎりません。例えば穴のあいたドーナツでは穴の中心，つまり空中になります。同様に，厚紙でつくった三日月のような図形でも，重心は空中にあるのです。

2 てこ

発展 6年 5年 4年 3年

1 てこのしくみ力★★★

●**てこの3点**……右の図のように長い棒を用いると，重いものでも，小さな力で動かすことができる。

このように，棒の1か所を支えて（この点を**支点**という），加えた力をほかのものに作用させるしくみをもつものを**てこ**という。てこには，支点もふくめて次の3つの点がある。

❶ **支　点**…てこを支えている動かない点（回転の中心となる点）

❷ **力　点**…てこでものを動かすとき，力を加える点

❸ **作用点**…作用させるものに力がはたらく点

●**てこをかたむける力**……**図1**のように，実験用てこ（てこ実験器）の左側におもりをつり下げると，おもりはてこを左にかたむけようとする。このとき，てこを左にかたむけさせないためには，てこの右側に右にかたむける力を加えるか，**図2**や**図3**のように，てこの左側に右にかたむける力を加えなければならない。

いずれにしても，おもりがてこをかたむけさせないようにするためには，てこがかたむく方向と反対の向きにかたむける力を加えればよい。支点，力点，作用点の位置に注目して**図1**～**図3**を見ると，それぞれの位置関係は次のようになっている。

▶**図1**…作用点—支点—力点（支点が中）

▶**図2**…力点—作用点—支点（作用点が中）

▶**図3**…作用点—力点—支点（力点が中）

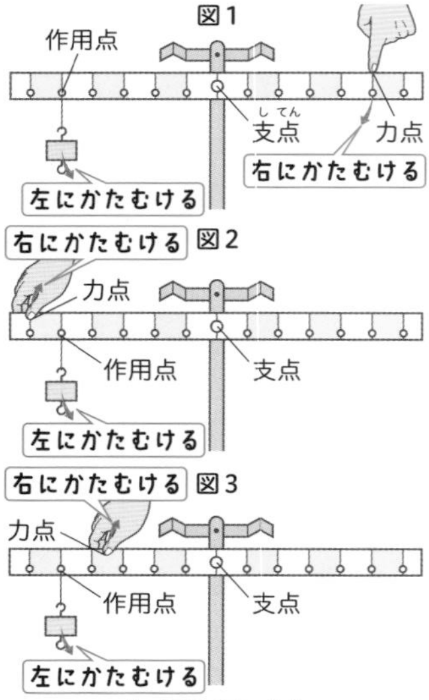

▲ てこのしくみ

ズームアップ てこの種類

➡p.415

雑学ハカセ アルキメデスのことばに「私に支点をあたえてくれれば，地球をも動かしてみせる」というものがあります。実際に人のおす力で地球を持ち上げるのは，計算上，とてつもなく長いてこが必要であり，実現は不可能といえます。

2 支点にかかる力★★

●**支点にかかる力**……右の図のように，てこで石を持ち上げると，支点の石が地面に食いこむことがある。これは，力点や作用点に力がはたらくときに，支点にも力がかかっていることを示す。支点にかかる力は，(棒の重さ)＋(持ち上げる石の重さ)＋(力点に加えた力)である。これらの3つの力(重さ)はどれも下向きなので，その合計が支点にかかる。支点では，合計された下向きの力にたいして，上向きの力をてこに加え，てこを水平につりあわせる。

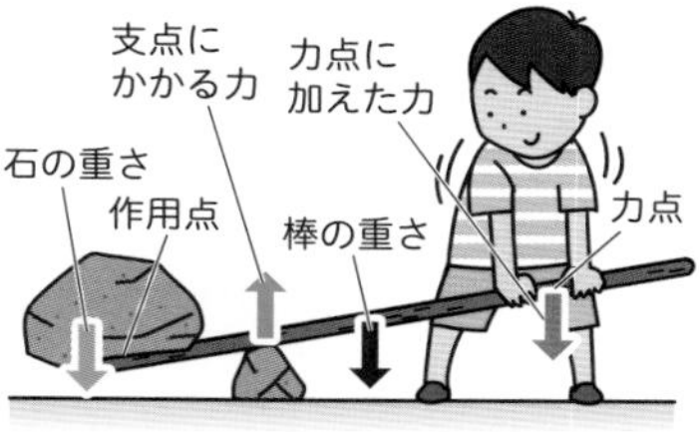

▲ 支点にかかる力①

右の図のように，てこが水平につりあっている場合，下向きの力は，おもりの60gと棒の重さ10gであり，合計70gである。この下向きの力にたいして，上向きの力も70gでなくてはならない。ばねばかりが30gの力で引っ張っているときは，残りの40gの力は支点にかかる。

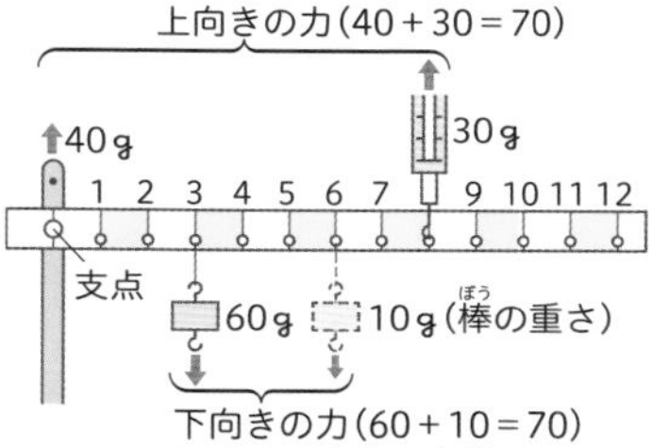

▲ 支点にかかる力②

▶てこが水平につりあっているときは，上向きの力，下向きの力がつりあっている。
└厳密には，さらに(力)×(きょり)の式もなりたつ

参考 棒の重さ
重さがある棒は，重心の位置にすべての重さがはたらくと考えるため，上の図のように重心の位置に棒の重さの分のおもりがついていると考える。

3 てこの利用★★★

てこを利用した道具は，支点，力点，作用点の位置によって，次の3種類に分けることができる。

●**第1種てこ**……支点の両側に力点と作用点がある。シーソーもこのてこの一種である。支点から力点までのきょりを大きくすることで，作用点に大きな力を加えることができる。

参考 第1種てこ
洋ばさみ，かん切りなどがあり，古くから大きな石などを動かすのにも使われてきた。

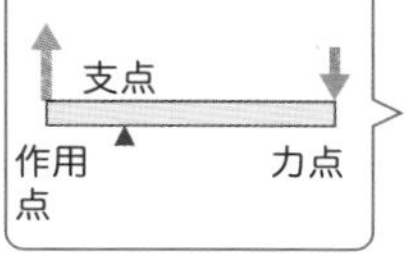

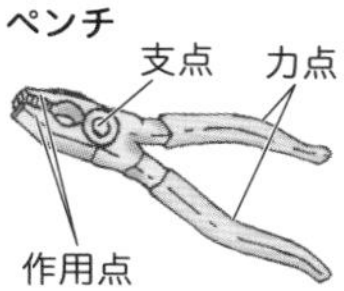

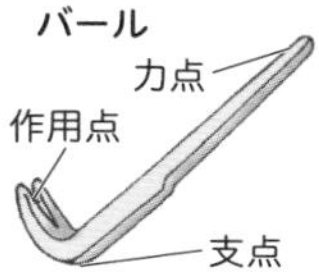

雑学ハカセ 上皿てんびんは第1種てこで，支点から作用点のきょりと支点から力点のきょりを等しくした道具に見えますが，はかりたいものや分銅を皿のどこに置いても正しくはかれるように「ロバーバル機構」というしくみが使われています。

●**第2種てこ**……作用点の両側に支点と力点がある。作用点から力点までのきょりを大きくすることで，作用点に大きな力を加えることができる。

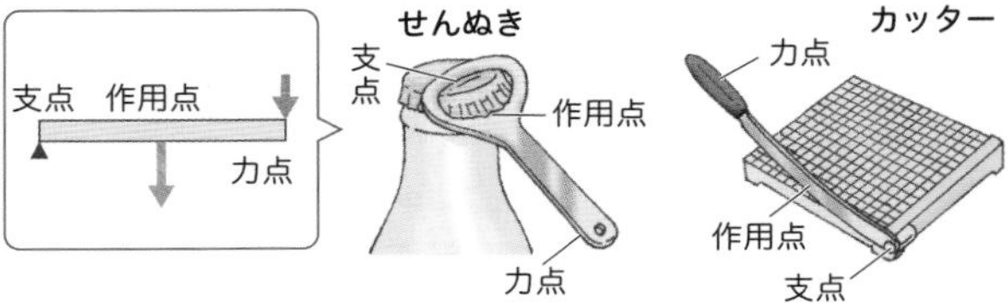

参考 第2種てこ
穴あけパンチ，せんぬき，くるみ割り器などがある。

●**第3種てこ**……力点の両側に支点と作用点がある。第1種てこや第2種てことちがい，作用点に大きな力を加えることはできない（力点に加えた力より小さくなる）が，細かい作業をするときや，大きな力が加わってしまうとこわれる物などをあつかうときに便利である。

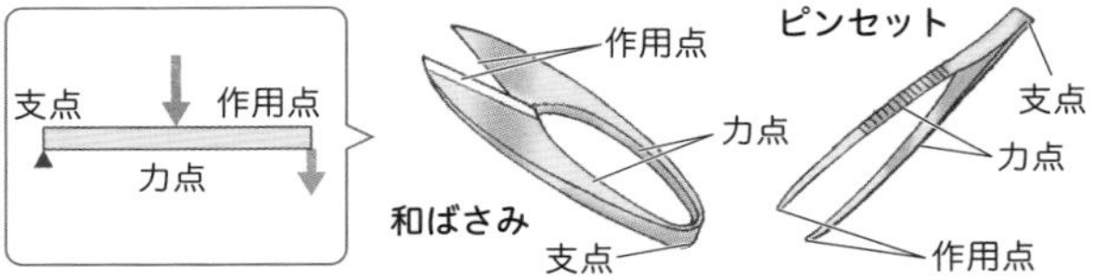

参考 第3種てこ
トング，ホッチキス，ピンセット，はしなどがある。

●**てこと力の大きさや動かすきょりの関係**……右の図で，おもりをC点からD点の位置まで動かすとき，力点をAにすると，力は力点をBにしたときの半分ですむ。しかし，力点Aに加える力は，力点Bの2倍のきょりを動かさなくてはならない。このように，てこを利用した道具は，より弱い力か，より短いきょりでものを動かすことができるかのどちらかであることが多い。

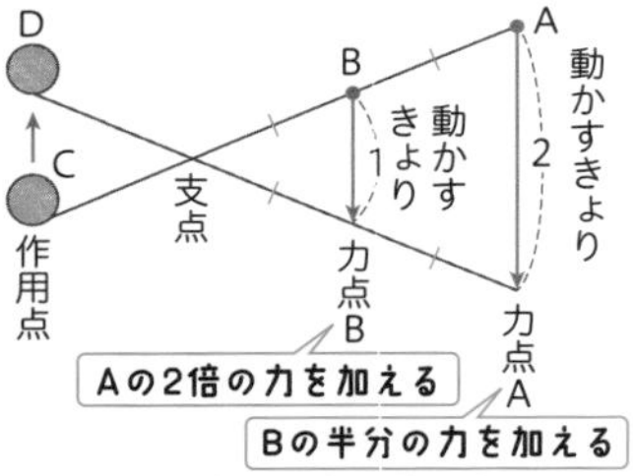

▲ てこの利用と力や動かすきょり

●**複数のてこを使った道具**……つめ切りは，2つのてこを使っている。つめ切りの上の部分は，作用点が中にある第2種てことしてはたらいている。下の部分は，力点が中にある第3種てことしてはたらいている。

上の部分の作用点で，下の部分の力点に力を加えているといえる。

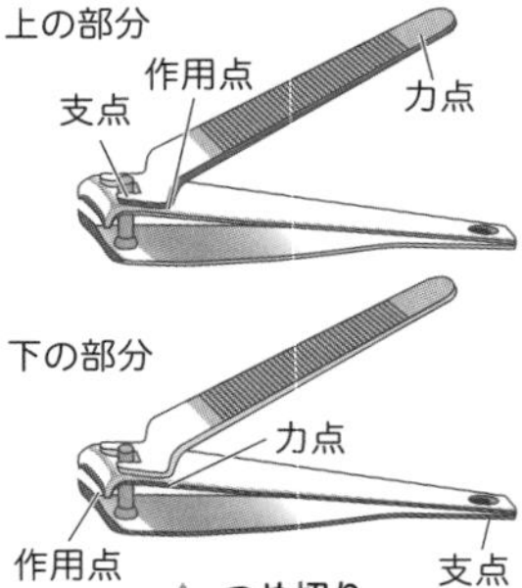

▲ つめ切り

雑学ハカセ 第3種てこは，小さな力で大きな力を加えることができませんが，力の加減がしやすいため，パンやスパゲティなどをはさむときに使うトングなど，多くの道具に使われています。

中学入試にフォーカス いろいろなてこのつりあい

❶てこのつりあい

てこをかたむけるはたらきは，力点，作用点に加わる力の大きさだけではなく，支点から力点までのきょりと支点から作用点までのきょりによっても変わる。

●実験用てこを用いて，支点からのきょりとおもりの数をいろいろと変えていきながら，てこが水平につりあう場合を考えてみる。ただし，おもりはすべて同じ重さとする。

① **図1**のように，てこの左側「4」の位置に，おもり3個をつり下げる。

② てこの右側のいろいろな位置におもりをつり下げ，てこが水平につりあうようにする。

③ **図2**のようにおもり3個の位置をてこの左側「2」の位置に変え，②と同じようにてこの右側におもりをつり下げ，てこが水平につりあうようにする。

図1

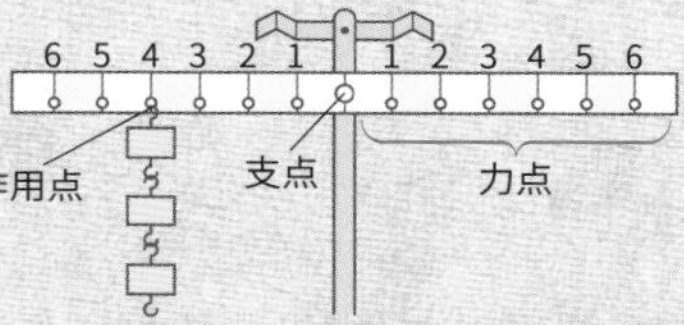

図2

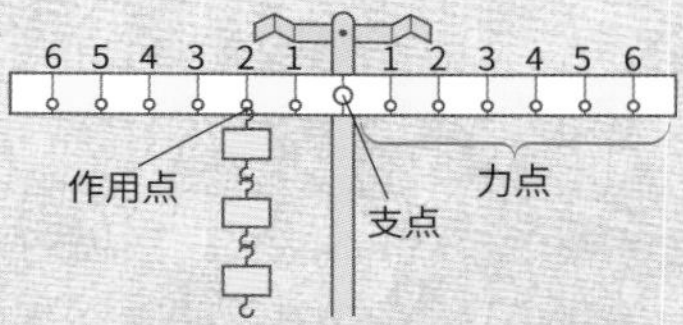

●右の表のように，支点から力点までのきょりが長くなれば，力点につるすおもりの数が少なくてもてこはつりあう。

右の表でAの場合，てこの左側の「おもりの数」と「支点からのきょり」の数字をかけると，3×4=12 になる。てこの右側の数字も同様にかけると，すべて12になる。

この関係は表のBの場合も同じである。Bのときは数字をかけあわせると，すべて6になる。

	てこの左側		てこの右側	
	おもりの数	支点からのきょり	おもりの数	支点からのきょり
A	3	4	12 6 4 3 2	1 2 3 4 6
B	3	2	6 3 2 1	1 2 3 6

(!) てこがつりあうとき，てこの左右の「おもりの数×支点からのきょり」が等しい。

▶**つりあいの実験の注意点**…右の図のように，左右に同じ重さのおもりを同じきょりにつけた場合でも，実際に実験するとかたむく場合がある。それは，右の図のように，同じ位置にL字型のおもりをとりつけた場合を考えるとわかりやすい。この場合，おもりの重心の位置が左右ともに左にあるため，左にかたむいてしまう。実験では，てこの棒の重さがかたよらないようおもりの位置に注意する。

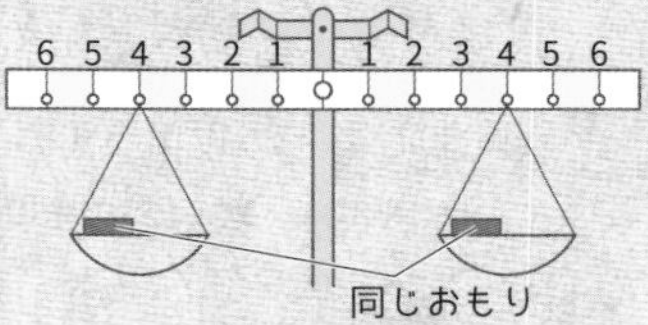

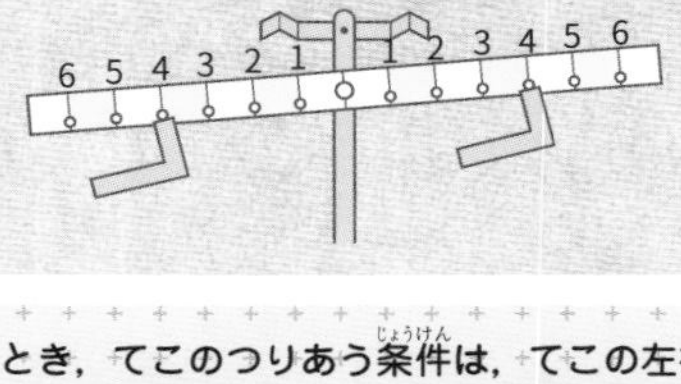

入試では 支点が真ん中にあり，棒や糸の重さが無視できるとき，てこのつりあう条件は，てこの左右の「おもりの重さ×支点からのきょり」が等しいという関係を使っておもりの重さを求める問題が出題されています。

②いろいろなてこのつりあい

●**支点がはしにあるてこ**……**図3**のような支点がはしにあるてこでも，つりあっているとき次の式はなりたつ。

(作用点にはたらく力)

×(支点から作用点までのきょり)

＝(力点に加える力)×(支点から力点までのきょり)

例えば，**図3**の場合は，

30 g×4＝20 g×6

であり，ばねばかりの目盛りが 20 g を示すとき，てこは水平になってつりあう。

図3

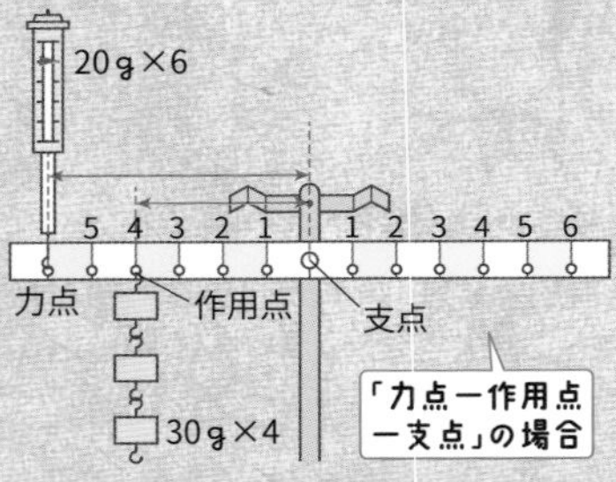

▲ **支点がはしにあるてこのつりあい**

●**力の加わる点が何か所もあるてこ**……**図4**のように，おもりが複数つり下げられている場合も，支点を中心にそれぞれのおもりによるてこをかたむける力の合計が，支点の左右で等しいときにつりあう。

図4の場合，てこを左にかたむけるはたらきは，(A 30 g×6) と (B 20 g×3) を合わせたものであり，てこを右にかたむけるはたらきは，(C 60 g×4) だけである。

図4

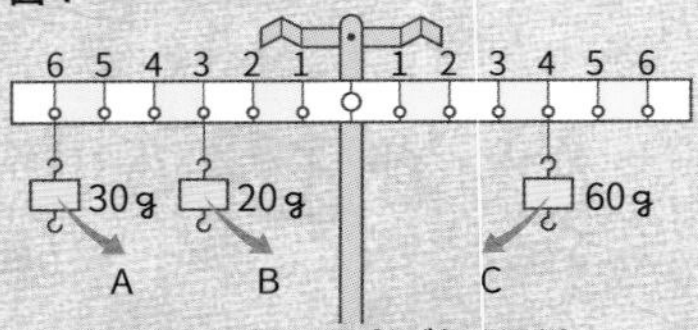

▲ **力の加わる点が何か所もあるてこのつりあい**

したがって，30 g×6＋20 g×3＝60 g×4 のとき，てこは水平になってつりあう。
(└A　└B　└C)

●**棒の重さを考えなくてはならないてこ**……**図5**のように，棒のはしを支点にすると，棒はどこかで支えなければ，右にかたむこうとする。

もし，この棒(重さも太さもいちような棒とする)が 50 g だとすると，棒の中心(**重心**)に 50 g のおもりがあるのと同じである。よって，**図6**のように，ばねばかりでこの棒を支えると，30 g を表す。つりあいの式は，

50 g×6＝30 g×10

となる。

図5

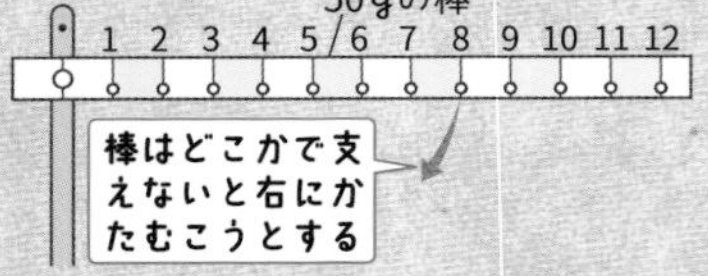

図6

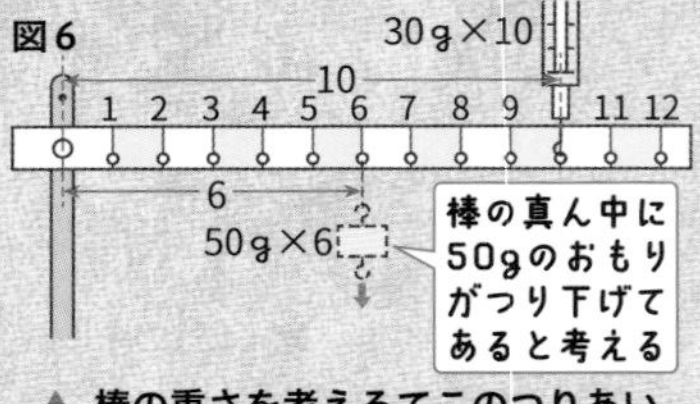

▲ **棒の重さを考えるてこのつりあい**

なお，この場合，てこの重さのうち 30 g をばねばかりが支え，残りの 20 g を支点が支えている。ばねばかりで支える位置が右にいくほど支える力(ばねばかりが示す値)は小さくなるが，その分，支点が支える力は大きくなっていく。いちような棒の中心が支点のとき，棒はどちらにもかたむこうとしないので，棒の重さを考える必要はない。

入試では 支点を中心にして複数のおもりがつり下げられていて，つりあうようにおもりをつり下げる問題や，太さがいちようでない棒の重さを考えて，つりあうおもりの重さを求める問題が出題されています。

3 輪　軸

発展 6年 5年 4年 3年

1 輪軸のはたらき★

自動車のハンドルは，右の図のように，大きな輪を回すと，中心の軸もいっしょに回るようになっている。このようなしくみを輪軸という。
小さい力で重い物体を動かせる↵

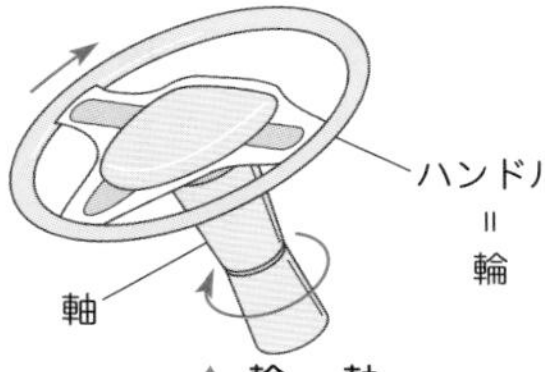

▲ 輪　軸

●**輪軸のつりあい**……右下の図のように，輪の半径 6 cm，軸の半径 2 cm の輪軸に同じ重さのおもりをつり下げると，軸につり下げるおもり 3 個にたいして，輪につり下げるおもりは 1 個でつりあわせることができる。

輪と軸，それぞれにつり下げたおもりは，それぞれが輪軸を右まわり，左まわりに回そうとする。つまり，輪軸は，てこの棒が円形になったものであり，支点からのきょりは，輪の半径，軸の半径で示される。輪軸は，右まわりと左まわりの(力×半径)が等しいときにつりあう。

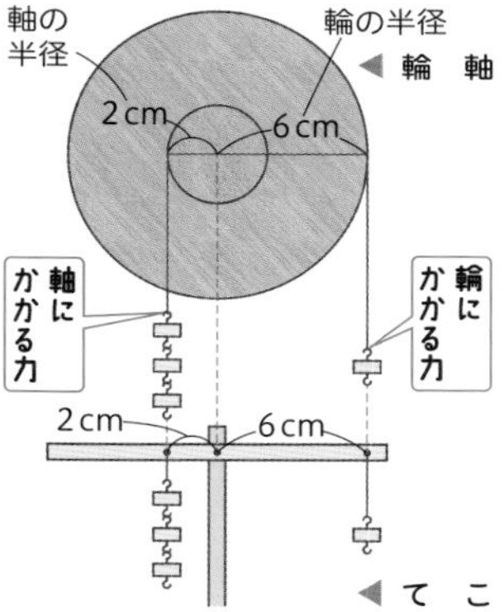

◀ 輪　軸
◀ て　こ

右まわりのはたらき
(輪にかかる力)×(輪の半径)
左まわりのはたらき
＝(軸にかかる力)×(軸の半径)

●**輪軸のひもの動き**……右の図のような輪軸で，輪にとりつけたひもを引っ張ると，軸にとりつけたおもりを持ち上げることができる。この場合，輪と軸の半径の比が 3：1 なので，おもりを 10 cm 持ち上げるためには，輪のひもを 30 cm 引っ張らなくてはならない。つまり，力は $\frac{1}{3}$ ですむが，動かすきょりは 3 倍になる。

輪軸のひもの動きは半径に比例する。

(輪のひもの動き)：(軸のひもの動き)
＝(輪の半径)：(軸の半径)

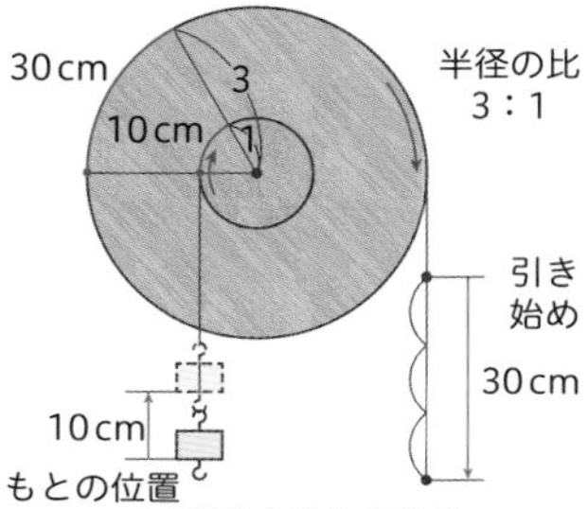

▲ 輪軸のひもの動き

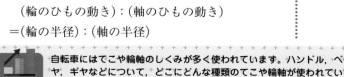

パワーアップ
自転車にはてこや輪軸のしくみが多く使われています。ハンドル，ペダル，ブレーキ，タイヤ，ギヤなどについて，どこにどんな種類のてこや輪軸が使われているか考えてみましょう。

2 輪軸の利用★

輪軸を利用した道具は，次の2種類に分けることができる。

▶輪に力を加えて，軸に大きな力をはたらかせるもの（力を大きくする）

▶軸に力を加えて，輪を大きく回転させるもの（きょりを大きくする）

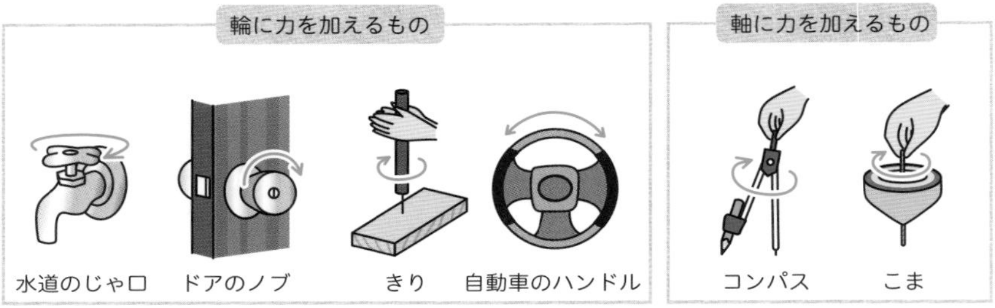

実験・観察

輪軸のはたらき

ねらい　バットを使って輪軸のはたらきを体験する。

方　法　①野球やソフトボールで使うバットの両はしを2人で別々に持つ。

②それぞれちがう向きにバットを回転させる。

③太いほう，細いほうのどちらを持っているほうが回転させやすいか調べる。

結　果　2人の力に大きな差がなければ，太いほうを持つほうが回転させやすい。

わかること　**太いほうが，細いほうより回転させやすい。**

▶バットを同じくらいの力で回転させようとすると，輪軸のはたらきで，半径が大きい太いほうが細いほうよりも大きな力を作用させることができる。

雑学ハカセ　ドライバーも輪軸を利用しているため，手でにぎる部分の半径が大きいほどねじを小さな力で回しやすいですが，半径を大きくしすぎるとたくさん回すときに使いにくいだけでなく，動きにくいねじの山がつぶれることがあります。

4 かっ車

発展
6年
5年
4年
3年

第3編
エネルギー

第1章
光と音

第2章
磁石

第3章
電池のはたらき

第4章
電流のはたらき

第5章
電気の利用

第6章
ものの動くようす

第7章
力

1 定かっ車★★★

上下に動かないように固定された車（円盤）にひもをかけて，ものを引き上げたりする道具のことを**定かっ車**という。定かっ車は，右の図のように，支点の両側の等しいきょりの所に力点と作用点がある，てこと同じ原理である。

（引く力の大きさ）＝（おもりの重さ）

$$\begin{pmatrix}かっ車を支える\\点にかかる力\end{pmatrix}=\begin{pmatrix}おもりの\\重さ\end{pmatrix}+\begin{pmatrix}引く力の\\大きさ\end{pmatrix}+\begin{pmatrix}かっ車の\\重さ\end{pmatrix}$$

▶定かっ車でおもりをつり上げる場合，右の図のように，力の向きを変えることができるが，ひもを引く向きを変えても，力の大きさは同じである。また，ひもの長さやかっ車の大きさを変えても，引く力の大きさは同じである。

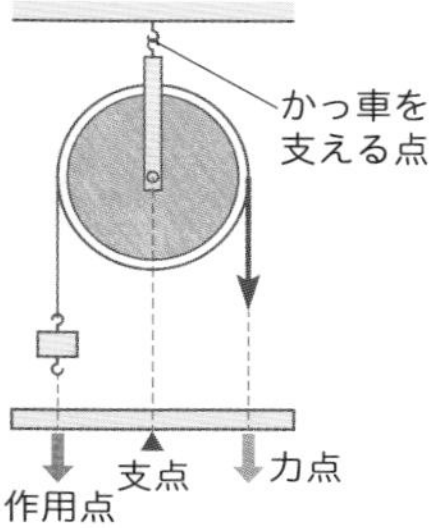

▲ 定かっ車

かっ車を支える点

作用点　支点　力点

10g　10g　10g　10g　10g

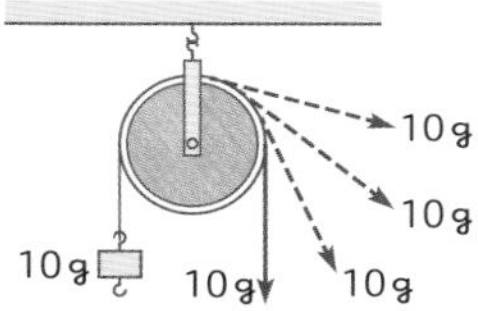

▲ 定かっ車とひもを引く向き

2 動かっ車★★★

右の図のように，ものをつり下げた車そのものが上下に動くようなかっ車のことを**動かっ車**という。

▶動かっ車は，作用点が中央にあるてこと同じであり，支点から力点までのきょりが，支点から作用点までのきょりの２倍になっている。したがって，ひもを引き上げる力の大きさは，おもりとかっ車の重さの**半分**である。

（引く力の大きさ）＝{（おもりの重さ）
　　　　　　　　＋（かっ車の重さ）}÷2

$$\begin{pmatrix}かっ車を支える\\点にかかる力\end{pmatrix}=\begin{pmatrix}引く力の\\大きさ\end{pmatrix}$$

▶**軽いかっ車**…入試問題などで，「軽いかっ車」という表現を目にすることがある。これは，かっ車の重さを考えずに，0gとしてよいという意味である。

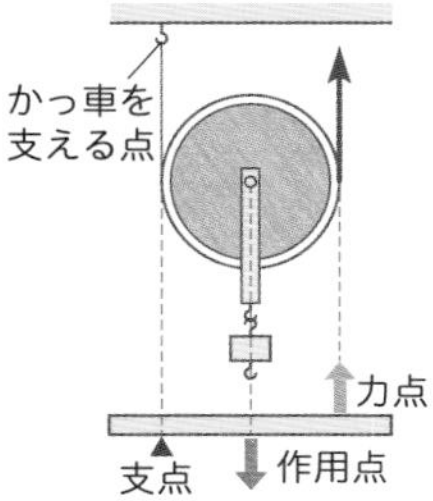

かっ車を支える点

力点

支点　作用点

▲ 動かっ車

パワーアップ 動かっ車やてこなどを利用して，加えた力の２倍の大きさの力をはたらかせようとするとき，かっ車のひもやてこの棒を動かすきょりを２倍にしなければならないため，結局，必要なエネルギーは変わりません。これを「仕事の原理」といいます。

▶**動かっ車とひもを引くきょり**…動かっ車でおもりを引き上げる場合，引く力は半分ですむが，ひもを引き上げるきょりは，右の図のように，おもりが持ち上げられるきょりの2倍必要である。

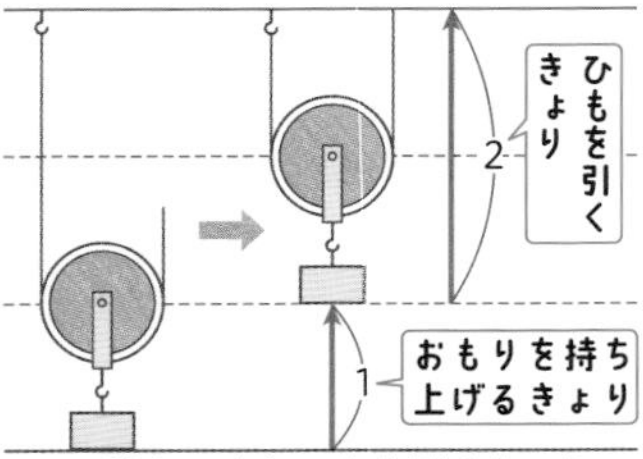

▲ 動かっ車とひもを引くきょり

3 かっ車の組み合わせ★★★

● **1本のひもを使った組み合わせ**……下の図のように，1本のひもを使ってかっ車を組み合わせると，それぞれのおもりは**動かっ車にかかっているひもの本数分の1**の力でつりあわせることができる。このとき，ひもを引くきょりは長くなる。

↳このとき，動かっ車の重さは考えていない

(ひもを引くきょり)
=(おもりを持ち上げるきょり)
×(かかっているひもの本数)

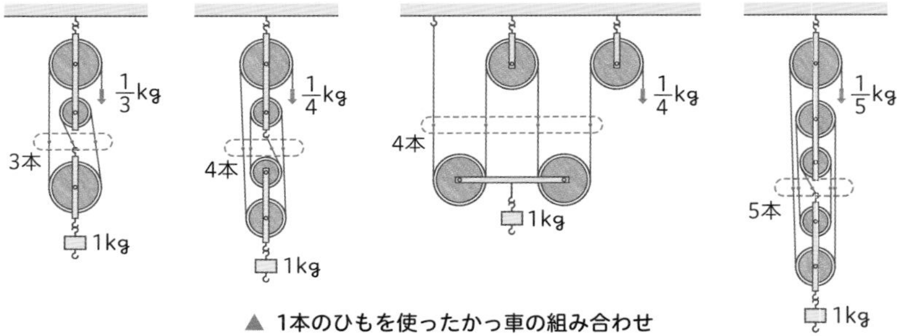

▲ 1本のひもを使ったかっ車の組み合わせ

● **2本以上のひもを使った組み合わせ**……右の図のように，3本のひもを使ってかっ車を組み合わせる。

このとき，動かっ車の重さは考えていない↲

おもり40gの重さはA，B2本のひもに20gずつかかる。Bの20gはC，D2本のひもに10gずつかかり，Dの10gはE，F2本のひもに5gずつかかる。したがって，40gのおもりは，

$\frac{1}{2}\times\frac{1}{2}\times\frac{1}{2}=\frac{1}{8}$ の力でつりあう。

つまり，ひもを引くきょりは，おもりを持ち上げるきょりの8倍になる。

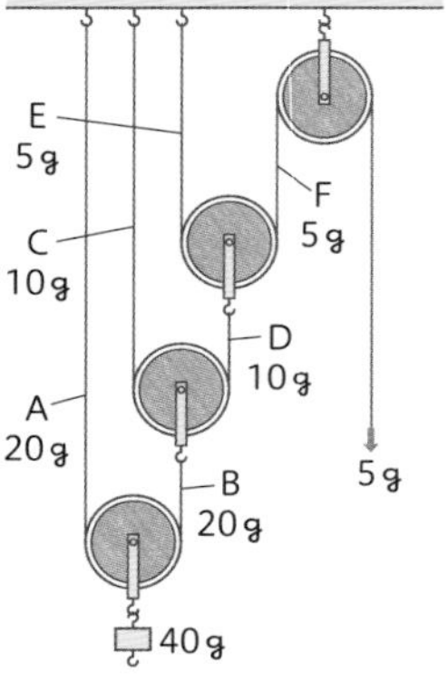

雑学ハカセ 多くのエレベーターでは，定かっ車の両側に「かご」と「つりあいおもり」をとりつけ，小さな動力でかごが上下するようにくふうしています。つりあいおもりは「かごの重さ+のる人やものの最大重量のおよそ半分」に設計(せっけい)されていることが多いです。

5 重 力

1 力と重さ★★

●**力とは**……重さは力の一種である。力には次の3つの要素(ようそ)があり，図に表すときは，矢印を用いる。

❶ **力の大きさ**…矢印の長さで表す。

❷ **力のはたらく場所**…矢印の始点で表す。
└→力の作用点

❸ **力のはたらく向き**…矢印の方向で表す。

もの（物体）に力を加えると，物体を変形させたり，支(ささ)えたり，運動の状態(じょうたい)を変えたりすることができる。

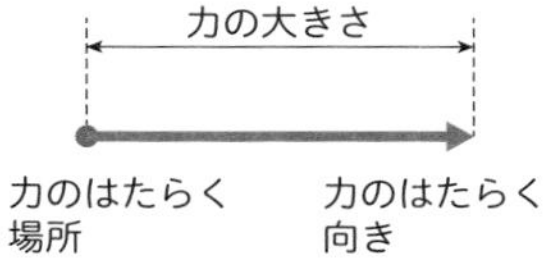

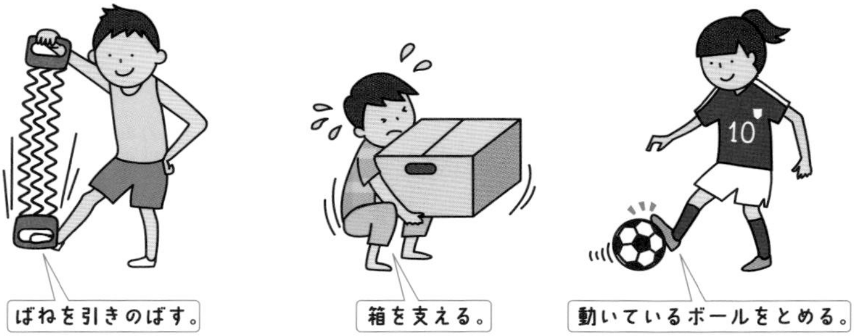

ばねを引きのばす。
箱を支える。
動いているボールをとめる。

▲ 変形させる　▲ 支える　▲ 運動の状態を変える

物体に力を加えると，物体を動かしたり持ち上げたりすることができるが，これと同じことはおもりとかっ車を用いて行うことができる。このことから，力と重さは同じはたらきをすることがわかる。力の大きさは，それと同じはたらきをするものの重さで表すことができる。

参考 力の効果(こうか)
①物体が支えられる。
②物体の形が変わる。
③物体の運動のようすが変わる。

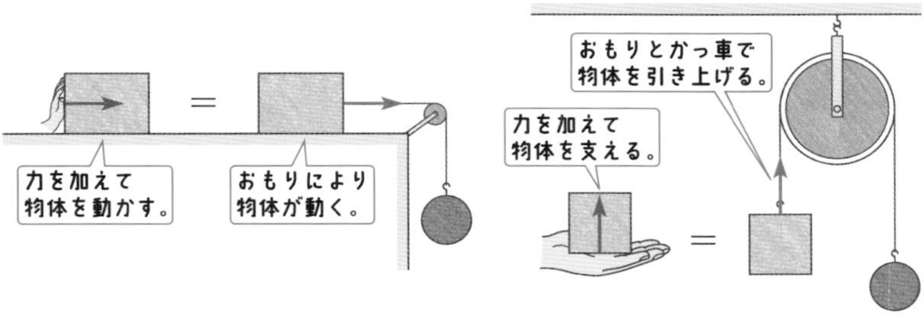

力を加えて物体を動かす。
おもりにより物体が動く。
おもりとかっ車で物体を引き上げる。
力を加えて物体を支える。

雑学ハカセ 地球は自転しているため，地球上の物体には重力のほかに遠心力がわずかにはたらいています。そのため，地球上の場所によっては，重力のはたらく向き（えん直方向）が地球の中心の向きとわずかにずれています。

2 重力とは★★

2つのもの(物体)の間には，万有引力がはたらく。地球上のすべての物体と地球の間にもそれがはたらく。そのうち，地球が物体を引く力を**重力**といい，重力のはたらく向きは，地球の中心の向きである。重力の大きさのことを**重さ**という。

ことば 万有引力
すべての物体の間にはたらく引き合う力。

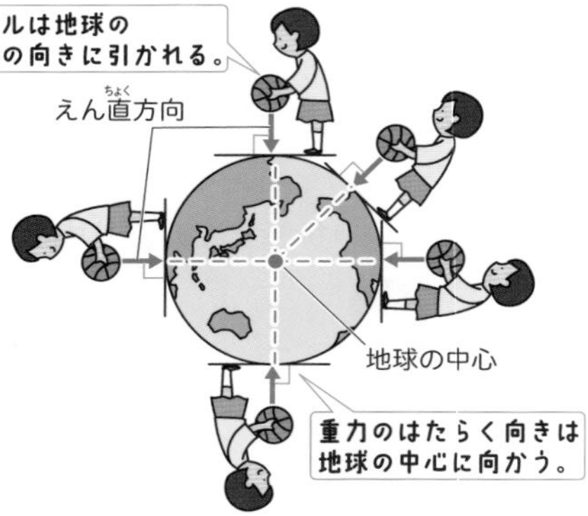

3 月の重力★★

物体と月の間にはたらく万有引力は，物体と地球の間にはたらく万有引力よりも小さい。

これは，万有引力の大きさは2つの物体が重いほど，また，中心(重心)からのきょりが近いほど大きくなるためである。月面での重力の大きさは，地球の地表付近の重力の大きさの約$\frac{1}{6}$である。

ズームアップ 月 ➡p.292

地球上で上皿てんびんを用いてはかった重さの値をそのものの量とする。これを質量という。

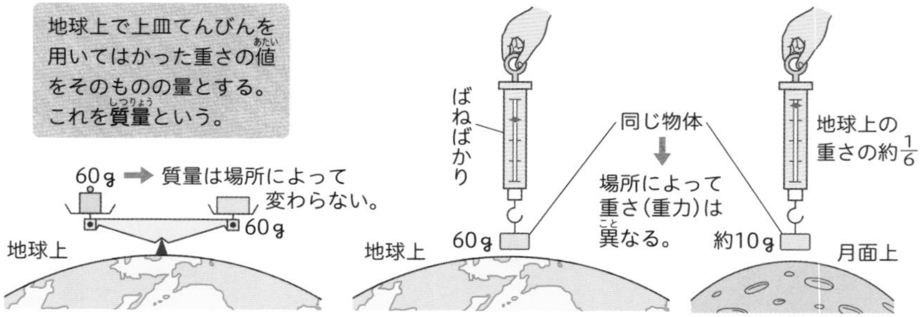

雑学ハカセ 物体を見たり支えたりしている人が，物体と同時に落下するとき，物体は同じ場所にとまっているように見えます。また，物体の重さも感じることはできません。このような状態を無重量状態といいます。

6 ばねの性質

発展 6年 5年 4年 3年

1 ばねの性質★★★

身のまわりには，右の図のようにばねを利用したものがたくさんある。このばねを使って，物体の重さや力の大きさを知ることができる。

これらは，引っ張られたりおし縮められたばねがもとにもどろうとする性質を利用している。ばねのこのような性質を**弾性**という。

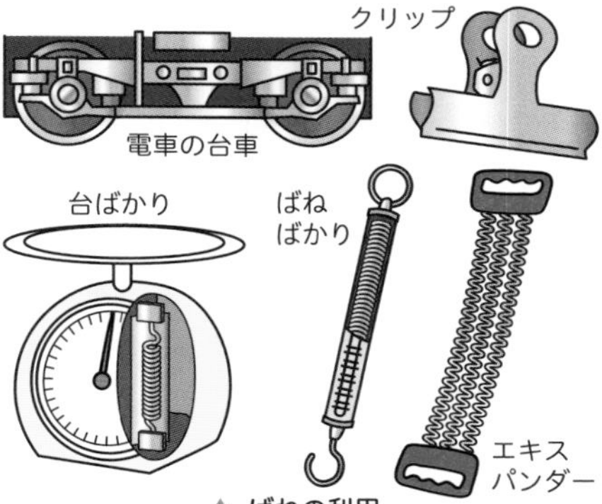

▲ ばねの利用

実験・観察

おもりの重さとばねののび

ねらい おもりの重さとばねののびとの関係を調べる。

方　法 ①右の図のように，ばねに何もつるしていないとき，ばねの先にものさしのはしを合わせて固定する。なお，このときのばねののびは 0 cm とする。

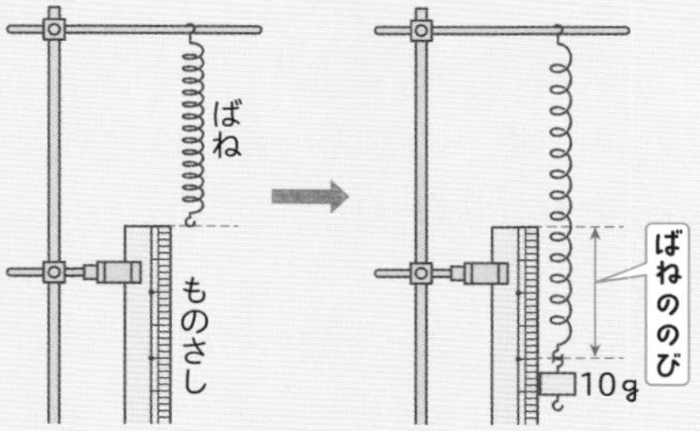

②1個10gのおもりをつり下げ，ばねののびを記録する。

③同じ重さのおもりを2個，3個，……と増やし，②と同様に記録する。

結　果 おもりの重さとばねののびを記録すると，下の表と図のようになる。

おもりの重さ〔g〕	0	10	20	30	40	50
ばねののび〔cm〕	0	2	4	6	8	10

この表をグラフにすると，右の図のようになる。

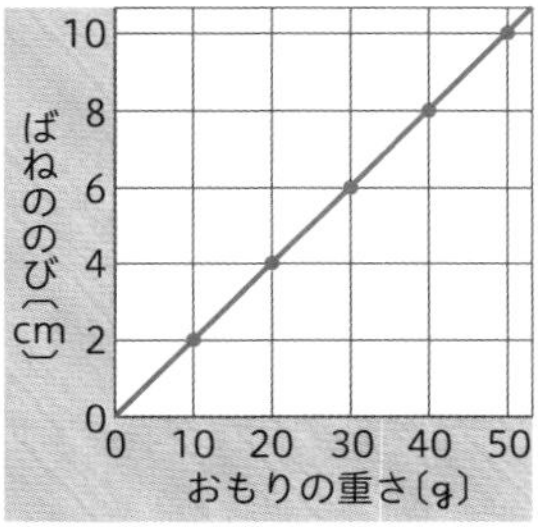

わかること **ばねののびは，つり下げたおもりの重さに比例している。**

▶このばねの性質を利用してはかりがつくられる。

雑学ハカセ ばねばかりや台ばかりではかるのは物体にはたらく重力の大きさです。そのため，場所により遠心力のえいきょうなどではかりが示す値がわずかに異なります。北海道用のはかりを使って沖縄で精密な測定をするためには，調整が必要です。

2 ばねののびと重さ★★★

ばねののびは，つり下げた物体の重さに比例する。これを**フックの法則**という。このことから，ばねののびがわかると，物体の重さを予想することができる。

例えば，右の図のようにばねののびが 6 cm のとき，グラフよりおもりは 30 g の重さであることがわかる。

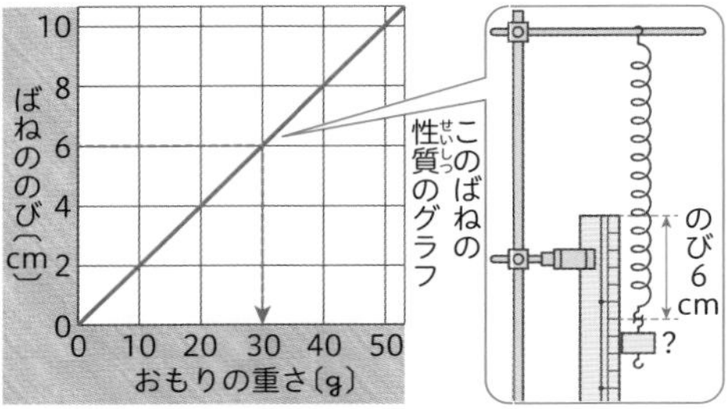

▲ ばねののびと重さ

3 ばねを組み合わせたときののび方★★★

●**ばねを上下につなぐ（直列つなぎ）**……同じのび方をするばねを 2 本，右の図のように上下につなげる。このとき，ばねの重さは 0 として考える。すると，上のばねは 2 kg のおもりを支えることになり，2 kg のおもりの分だけのびる。また，下のばねも 2 kg のおもりをつり下げているので，その分だけのびる。

このため，ばね全体ののびは，ばね 1 本のときののびの 2 倍になる。よって，ばね全体ののびはばねの本数に比例する。

●**ばねを 2 本束にしてつなぐ（並列つなぎ）**……右の図のように，同じのび方をする 2 本のばねを並列につないでおもりをつり下げる。それぞれのばねは，$\frac{1}{2}$ の大きさの重さを分担して支えることになる。（同じように分ける）そのため，ばねにかかるおもりの重さとばねののび方は，1 本で支えるときの半分になる。

また，ばね 3 本で支えると $\frac{1}{3}$ の大きさの重さを支えることになり，のびは $\frac{1}{3}$ になる。よって，ばね 1 本ののびは，ばねの本数に反比例する。

ことば　フックの法則
弾性の法則ともいい，弾性の限界をこえると成り立たない。イギリスのロバート・フックによって発見された。

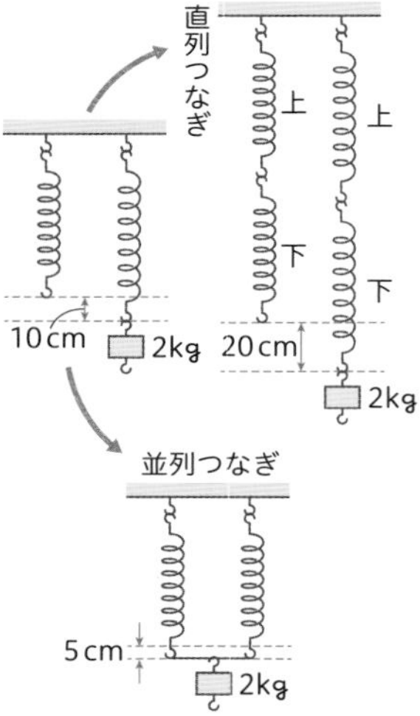

▲ ばねの組み合わせ

雑学ハカセ
弾性は，ばねのような形状のものははたらくはん囲が大きく，大きく変形させても，力を除くともとにもどりやすいです。しかし，そのはん囲にも限界（弾性限界）があり，それをこえて変形させるともとの形にはもどりません。

7 浮 力

発展 6年 5年 4年 3年

1 浮力とは★★

水中で物体の重さをはかると，空気中ではかったときよりも軽くなる。これは，水中の物体にうき上がらせようとする力がはたらくためである。このように，物体をうき上がらせる力を**浮力**(ふりょく)という。

●**浮力の大きさ**……浮力は，その物体が水にしずんでいる体積，つまり，その物体がおしのけた水の重さと等しい。例えば，下の図のように，水中にしずんだ石が水を 30 g おしのけた場合，石に 30 g の浮力が上向きにはたらき，ばねばかり（重さをはかる器具）の目盛り(めもり)は空気中と比(くら)べて 30 g 軽くなる。これを比重(ひじゅう)の大きい水よう液(えき)で同じようにはかると，おしのけられる水よう液が重いため，浮力も大きくなる。

ズームアップ 比 重 ➡p.428

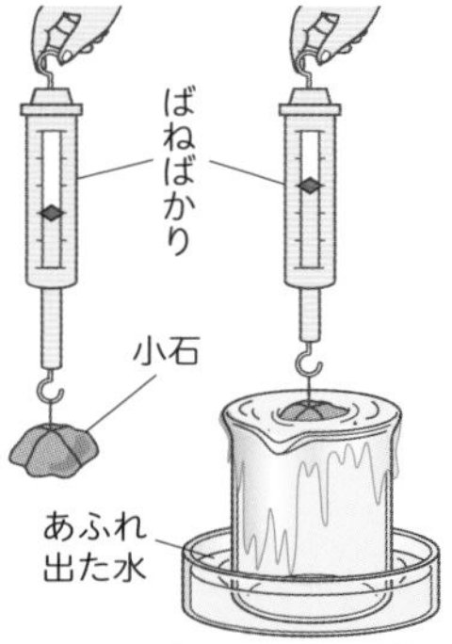

▲ 水の中でのものの重さ

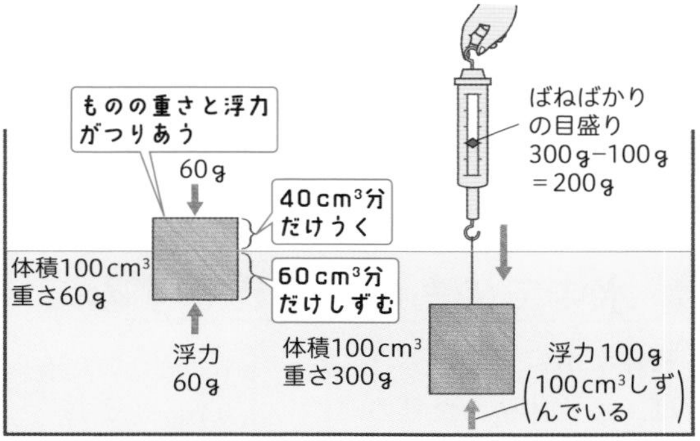

▲ 水にうかんでいるとき　▲ 上からつり下げたとき

2 浮力がはたらくわけ★★

水中にある物体には水の重さによる力がはたらく。この力は水深が大きいほど大きくはたらき，物体のすべての面をおしつぶすように垂直(すいちょく)にはたらく。

●**圧　力**(あつりょく)……ある面に力がはたらいているとき，決まった大きさの面（ここでは 1 cm² とする）あたりにはたらく力の大きさを圧力という。

参考 圧力の単位
圧力の単位には，Pa（パスカル）や N/m²（ニュートン毎平方メートル）を用いる。N（ニュートン）とは重さを表す単位で，1 N は約 100 g の物体にはたらく重力の大きさである。

パワーアップ
物体にはたらく浮力の大きさは，物体がおしのけた液体の重さに等しくなります。これをアルキメデスの原理といいます。複雑(ふくざつ)な形をした物体の体積をはかるには，水に入れてこぼれた水の体積をはかるか，またはばねばかりで浮力をはかります。

第3編 エネルギー
第1章 光と音
第2章 磁石
第3章 電池のはたらき
第4章 電流のはたらき
第5章 電気の利用
第6章 ものの動くようす
第7章 力

●**水圧**……水中にある物体にはたらく，水の重さによって生じる圧力のこと。1 cm² あたりの水圧は，水深 1 cm では 1 g，2 cm では 2 g と，水の深さに比例して大きくなる。

参考 水の深さと圧力
水圧は，水の深さに比例するが，水の量には無関係である。

●**水中の物体にはたらく浮力**……水深 10 cm にある，一辺 10 cm の立方体にはたらく浮力を考える。水圧はすべての面に垂直にはたらくが，物体の側面にはたらく水圧は物体のうきしずみの向きとは垂直になるので考えなくてよい。物体の上面には水深 10 cm の圧力 10 g が 100 cm² に下向きにはたらくため，上面全体では 1000 g の力が下向きにはたらく。物体の下面(底面)には水深 20 cm の圧力 20 g が 100 cm² に上向きにはたらくため，下面全体では 2000 g の力が上向きにはたらく。物体の上面，下面にはたらく力を差しひくと，物体には上向きに 1000 g の力がはたらくが，これは物体の体積 1000 cm³ がおしのけた水の重さに等しくなっている。

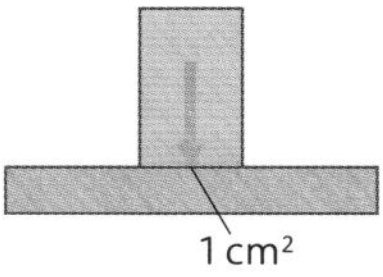

▲ 圧 力

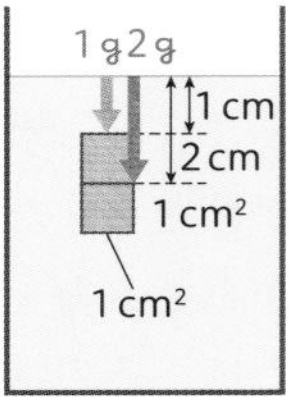

▲ 水 圧

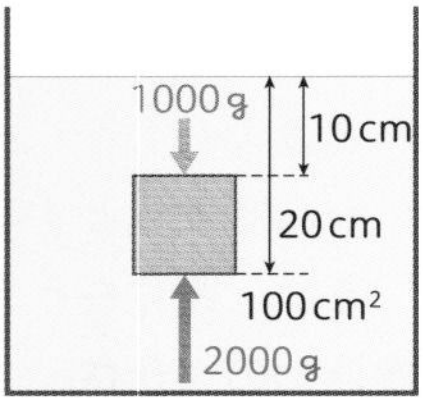

▲ 水中の物体にはたらく浮力

3 水中でのもののうきしずみ★★

物体が水にうくかどうかは，単位体積あたりの重さにより決まる。これを**密度**という。ふつう，4℃ の水 1 cm³ は約 1 g（└→1 mL）なので，水の密度は 1 cm³ あたり約 1 g である。水の密度を基準として，水の**比重**を 1 と表すことがある。比重が 1 より小さいと水にうき，1 より大きくなると水にしずむ。
└→食塩水と水では食塩水のほうがものがうきやすくなる

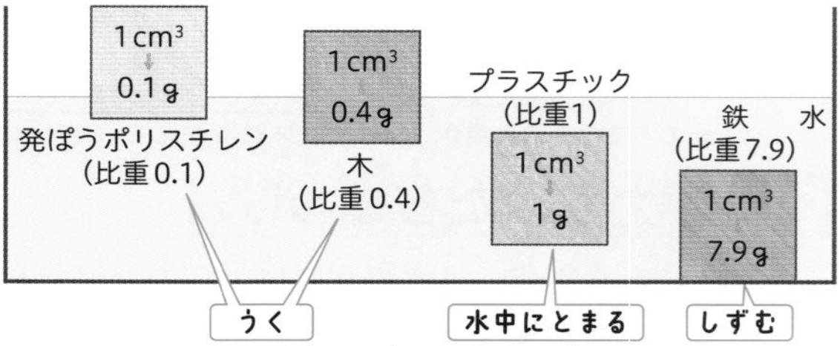

▲ 水中でのもののうきしずみ

パワーアップ
浮力は液体中だけでなく気体中でもはたらきます。アルキメデスの原理を空気にもあてはめると，物体がおしのけた空気の重さだけ物体は浮力を受けます。ヘリウム入りの風船が空気中にうくのは，風船とヘリウムの重さより浮力が大きいからです。

中学入試にフォーカス 浮力の大きさの求め方

❶水中にしずんでいる物体の浮力

水 1 cm^3 を 1 g（水 1 L を 1 kg）とするとき，水中にしずんでいる物体の体積の数値（何 cm^3 であるか）を，そのまま浮力の値とすることができる。

例　体積 100 cm^3 の物体を水にしずめた場合，物体にはたらく浮力は 100 g になる。

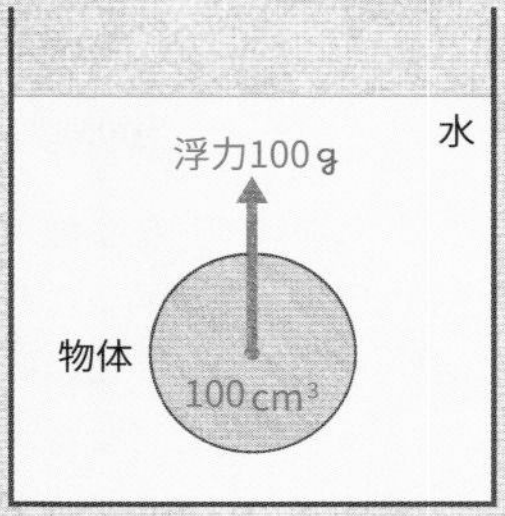

●物体のうきしずみと浮力

水の密度より物体の密度が大きいと物体は水にしずみ，物体の密度が小さいと物体は水にうく。これを力の大小関係で表すと，次のようになる。

▶物体にはたらく浮力が物体の重さ（物体にはたらく重力）より大きいとき，物体はうく。

▶物体にはたらく浮力が物体の重さより小さいとき，物体はしずむ。

(!)物体が水にうくかどうかは物体の重さと浮力の大きさの大小で決まる。

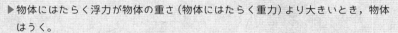

❷水面にういている物体の浮力

物体が水面でういているときは，物体の重さ（重力の大きさ）と浮力がつりあっている（同じである）。

例　重さ 60 g の物体が水面にういているとき，物体にはたらく浮力は 60 g である。このとき，物体は 60 cm^3 だけ水にしずんでいる。

(!)物体が水面にういているとき，物体の重さと浮力の大きさが等しい。

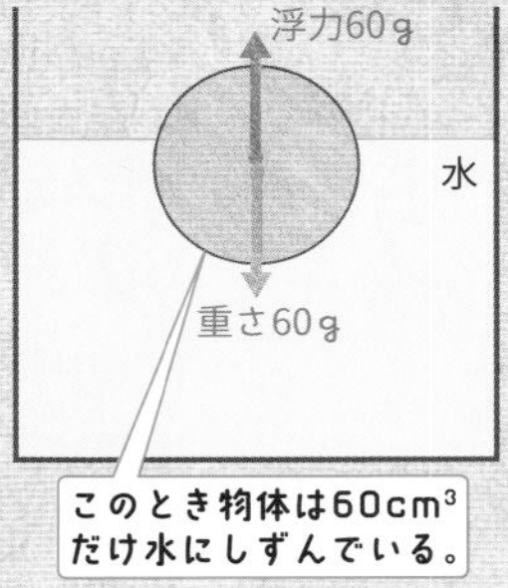

❸直方体や円柱状の物体の浮力

直方体や円柱のような形をした物体では，しずんでいる部分の体積から浮力を求めることができる。

例　高さ 10 cm の直方体のうち，6 cm 水中にしずんだ状態で水面にういているとき，この物体の底面積を 10 cm^2 とすると，しずんでいる部分の体積は

$10\times6=60$ cm^3

となる。水 1 cm^3 の重さは 1 g なので，この物体の重さは 60 g となる。よって，浮力の大きさは 60 g である。

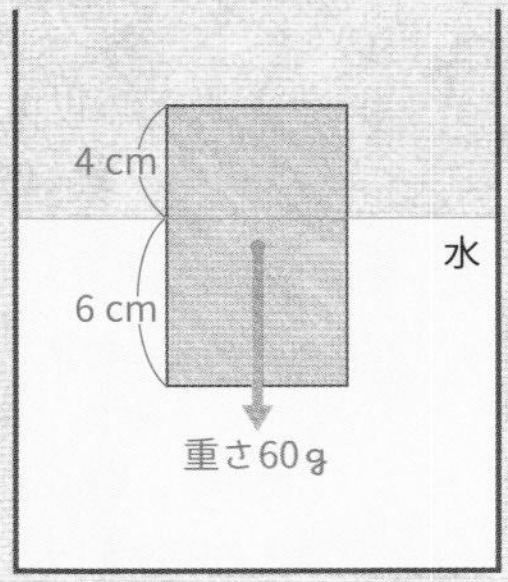

入試では　物体の重さを空気中で測定したときと，水中で測定したときの値から浮力を求める問題が出題されています。物体を水中に入れたとき，ばねばかりの目盛りがどう変化するかに注意しましょう。

❹水以外の液体での浮力

食塩水では水よりも物体にはたらく浮力が大きくなる。これはおしのける液体の重さが大きくなるためである。

例 密度が 1 cm^3 あたり 1.3 g の食塩水に体積 100 cm^3 の物体がしずんでいるとき，物体にはたらく浮力は，1.3×100＝130 g である。

▶物体の体積や重さ，物体にはたらく浮力の大きさ，おしのけている食塩水の体積などから食塩水の密度や濃度などを求めることができる。

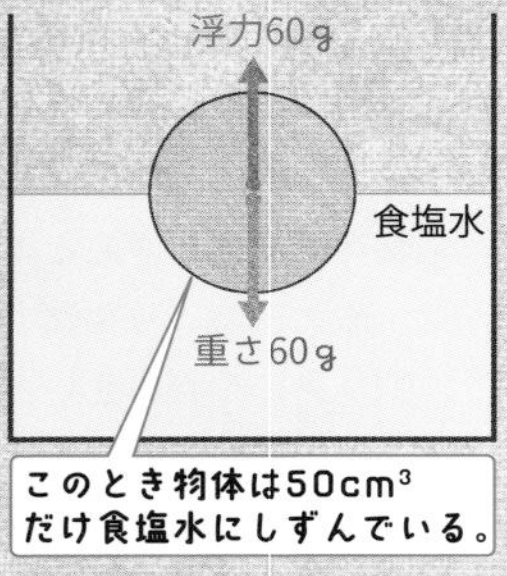

例 右の図のように，体積 100 cm^3，重さ 60 g の物体がちょうど半分だけ食塩水にしずんで，水面にうかんでいる。この物体にはたらく浮力は 60 g で，水にしずんでいる部分の体積は 50 cm^3である。

このとき，食塩水の密度は 1 cm^3 あたり，60÷50＝1.2 g になる。

(!)アルキメデスの原理は水以外にも用いることができる。

❺浮力の大きさの求め方のまとめ

① 物体が完全に液体中にしずんでいるときの浮力の大きさ

- ばねばかりで，物体をつるして重さをはかる。このときの重さを A g とする。
- 物体をばねばかりにつるしたまま液体にしずめたときの重さを B g とする。
- この物体が完全に液体中にしずんでいるときの浮力の大きさは，($A-B$) g になる。

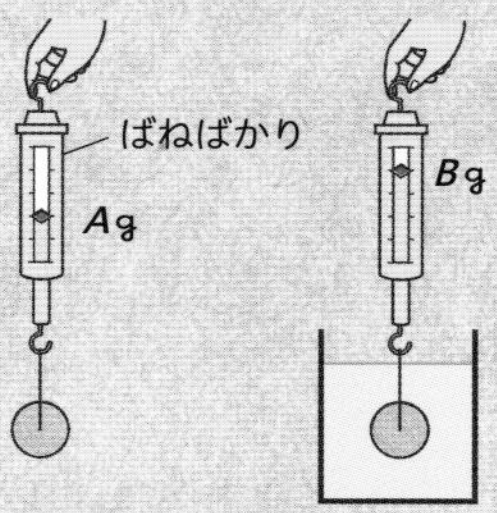

浮力の大きさは，($A-B$) g

(!)液体が水の場合は，密度が 1 cm^3 あたり 1 g であるから，「浮力の大きさの数値＝その物体の体積の数値」となる。

② 物体が液面にうかんでいるときの浮力の大きさ

- 物体の重さと物体にはたらく浮力がつりあっている（同じである）ことから，求めることができる。

　このとき，❹のように，物体の密度と液体中にしずんでいる物体の体積の割合から液体の密度を求めることができる。

入試では 物体の重さを空気中で測定したときと，水以外の液体にしずめたときの測定値から，液体の重さは水の重さの何倍になっているかを求める問題や，液体の密度を求める問題が出題されています。

入試のポイント

絶対暗記ベスト3

1位 てこのつりあい　てこが水平につりあうときは，支点を中心にして右および左にかたむけるはたらき（**力×きょり**）が等しくなっている。

2位 ばねののびと重さ　ばねののびがおもりの重さに比例していることから，ばねののびる割合がわかると，ばねののびかおもりの重さのいずれかから，もう一方も求めることができる。

3位 浮力の大きさ　液体中の物体の重さは，物体がおしのけた液体の重さだけ浮力を受け，軽くなる。

1 てこのはたらき

てこを利用した道具は，支点，力点，作用点の位置によって，次の 3 種類に分けることができる。

●第 1 種てこ

支点の両側に力点と作用点がある。ペンチ，くぎぬきなど。

●第 2 種てこ

作用点の両側に支点と力点がある。せんぬき，空きかんつぶし器など。

●第 3 種てこ

力点の両側に支点と作用点がある。和ばさみ，ピンセット，トングなど。

2 ばねの直列つなぎと並列つなぎ

●同じばねを 2 本直列につないでおもりをつるしたときのばね全体ののびは，ばねが 1 本のときの 2 倍になる。ばね全体ののびは，ばねの本数に比例する。

●同じばねを 2 本並列につないでおもりをつるしたときのばね 1 本ののびは，ばねが 1 本のときの $\frac{1}{2}$ 倍になる。ばね 1 本ののびは，ばねの本数に反比例する。

3 液体中の物体のうきしずみ

物体の密度と液体の密度を比べることで，液体に入れたとき，物体がうくかしずむかがわかる。

しずむ	物体＞液体
うく	物体＜液体

●液体が水（比重 1 ）である場合，水にうく物体の比重は 1 より小さく，しずむ物体の比重は 1 より大きい。

重点チェック

□ ❶ てこを支(ささ)える点を［　　］，力を加える点を［　　］，力がはたらく点を［　　］といいます。	❶支点，力点，作用点 p.414
□ ❷ 同じ重さのおもりを用いててこを水平につりあわせるとき，支点(してん)を中心にして左右でおもりの［　　］×支点からの［　　］が同じになります。	❷数，きょり p.417
□ ❸ 定かっ車を使って物体を動かすと，加える力の［　　］を変えることができ，動かっ車を使って物体を動かすと，加える力の［　　］を変えることができます。	❸向き，大きさ p.421
□ ❹ 物体にはたらく重力の大きさを［　　］といいます。	❹重　さ p.424
□ ❺ 月面上の重力の大きさは，地球上の約［　　］です。	❺$\frac{1}{6}$ p.424
□ ❻ のばしたばねが縮(ちぢ)もうとする性質(せいしつ)を［　　］といいます。	❻弾(だん)　性(せい) p.425
□ ❼ ばねに加えた力の大きさとのびは［　　］します。この関係を［　　］の法則(ほうそく)といいます。	❼比例(ひれい)，フック p.426
□ ❽ 同じばねを 2 本直列(ちょくれつ)につないでおもりをつるしたときのばね全体ののびは，ばねが 1 本のときののびの［　　］倍になります。ばね全体ののびは，ばねの本数に［　　］します。	❽2，比例 p.426
□ ❾ 同じばねを 2 本並列(へいれつ)につないでおもりをつるしたとき，ばね全体ののびは，ばねが 1 本のときののびの［　　］倍になります。ばね 1 本ののびは，ばねの本数に［　　］します。	❾$\frac{1}{2}$，反比例(はんぴれい) p.426
□ ❿ 液体(えきたい)中にある物体は，物体がおしのけた液体と同じ重さの［　　］を受けます。	❿浮　力 p.427
□ ⓫ 物体が水面にういているとき，物体の［　　］と［　　］は同じ大きさであり，つりあっています。	⓫重さ，浮力 p.427, 429
□ ⓬ 物体の密度(みつど)が液体の密度より［　　］とき，物体はその液体にうきます。	⓬小さい p.429
□ ⓭ 食塩水は水よりも大きな浮力(ふりょく)がはたらきますが，これは食塩水のほうが水よりも密度が大きく，おしのける液体の［　　］が大きいからです。	⓭重　さ p.428, 430

チャレンジ！思考力問題

レベル3
レベル2
レベル1

●図１のように，あるばねに 10 g のおもりをつるし，おもりの重さとばね全体の長さの関係を調べました。その結果を下の表にまとめました。次の各問いに答えなさい。ただし，ばねやおもりをつなぐひもの重さは考えないものとします。【育英西中】

図１

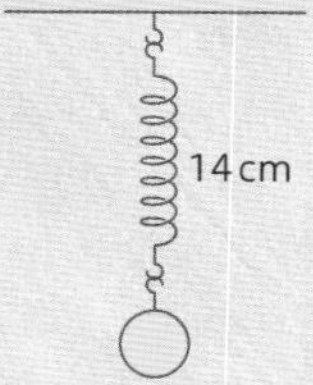

おもりの数〔個〕	1	2	3	4	5
ばね全体の長さ〔cm〕	14	ア	24	29	34

(1) 表のアにあてはまる数字を答えなさい。

(2) おもりをつるさないとき，このばね全体の長さは何 cm か，答えなさい。

次に，図２や図３のようにおもりをつるし，おもりだけをビーカーの水中に入れた状態（じょうたい）のまま，電子てんびんで重さをはかりました。図２のときばね全体の長さは 11.5 cm になりました。また，水とビーカーを合わせた重さは 100 g で，電子てんびんの目盛り（めもり）は 105 g を示し（しめし）ました。ただし，ばねとおもりは図１の実験と同じものを使い，おもり１個の体積は 5 cm^3 とします。

図２　図３

(3) 図３のとき，ばねののびは何 cm か，答えなさい。

(4) 図３のとき，電子てんびんの目盛りは何 g を示したか，答えなさい。

(5) ばねにおもりをつるし，ばね全体の長さを 16.5 cm にするにはどのようにおもりをつるせばよいですか。正しい図をかきなさい。また，そのように考えた理由を説明しなさい。ただし，おもりはいくつ用いてもかまいません。

キーポイント

フックの法則（ほうそく）と浮力（ふりょく）の大きさについての正しい理解（りかい）が必要である。

正答への道

(1)，(2)から，おもり１個（こ）で 5 cm のびる。条件（じょうけん）から，水中のおもり１個で 14−11.5＝2.5〔cm〕のび，電子てんびんの目盛りは 105−100＝5〔g〕増える（ふえる）。

解答例

(1) 19　(2) 9 cm　(3) 5 cm　(4) 110 g

(5) 右図

（例）空気中のおもり１個で 5 cm のび，水中のおもり１個では 2.5 cm のびる。自然の長さから 7.5 cm のばすのだから，右の図のような２通りの解答が考えられる。

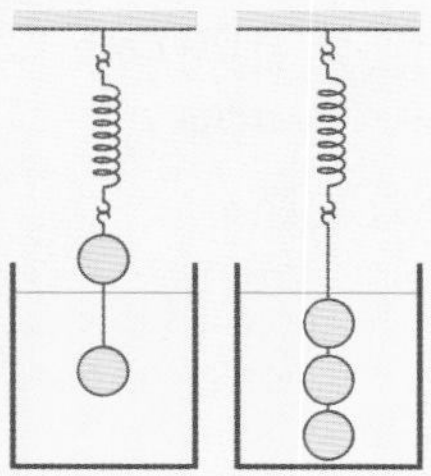

チャレンジ！ 作図・記述問題

●みぞ（直線）のある，長さ 120 cm の軽い板（左はしを P，右はしを Q とする）の両たんを支点△で支えます。おもりの位置は左はし P からの長さではかります。板の上ではおもりはみぞに沿って動き，速さは変わりません。また，板の重さや，おもりの大きさは考える必要はなく，重さ 1 g のおもりを支えるのに必要な力の大きさを 1 gw と書くことにします。次の問いに答えなさい。【岡山白陵中】

(1) 図1のように，重さ 60 g のおもりを置きました。

① 支点が P を支える力の大きさは 10 gw でした。このとき，おもりの位置は，P から何 cm の所ですか。

図1

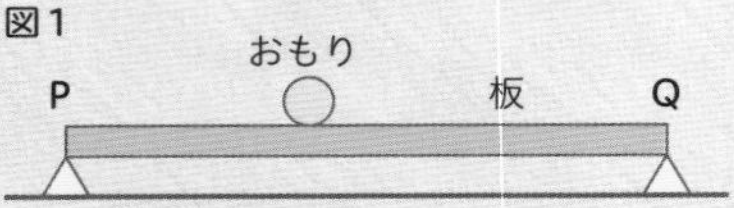

② このおもりを，板の上で動かすと，支点が P を支える力の大きさも変化します。横軸を P からのおもりの位置〔cm〕，縦軸を支点が P を支える力の大きさ〔gw〕として，関係を示すグラフをかきなさい。

(2) 図2のように，同じ重さ 60 g のおもり 2 個を両たんから同じ速さで同時に動かすと，板の中央でしょうとつしました。横軸を P から動かしたおもりの位置〔cm〕，縦軸を支点が P を支える力の大きさ〔gw〕として，しょうとつまでの関係を示すグラフをかきなさい。

図2

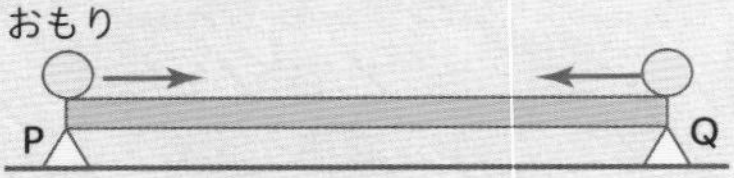

キーポイント

てこのつりあいの応用のため，基本的な内容を理解しておく。

正答への道

(1)①支点 P，Q の 2 点で 60 g を支えている。②考えやすい位置におもりがあるとき，P，Q での支える力の大きさがどうなるかを考えてグラフをかく。(2)は，Q から動くおもりについては②のグラフとかたむきが逆の直線になるが，2 つのおもりの合計 120 g は，P，Q の 2 点でつねに等しく分担して支えられている。

答え

(1) ① 100 cm
② 右図
(2) 右図

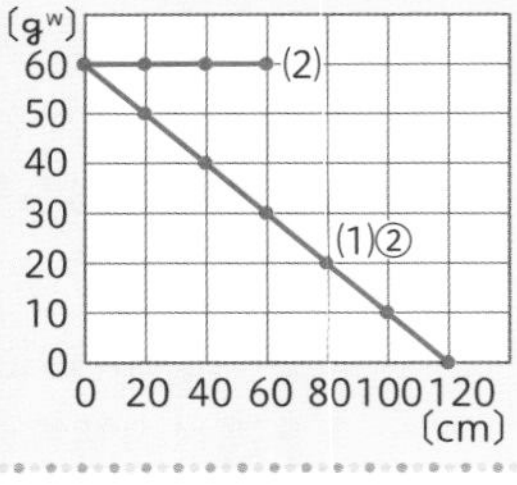

第4編

物　質

ここからスタート！

第4編

物質

第1章 ものの性質と温度

温度によって大きさが変わる？

ものは，温度によって体積が変わります。空気や水は，あたためると体積が大きくなります。また，かたくて大きさが変わらないように見える金属も，あたためると体積が大きくなるという性質があるのです。

学習することがら

1. 空気・水の性質
2. 熱の伝わり方とものの あたたまり方
3. 空気・水の体積変化と 温度
4. 金属の体積変化と温度
5. 氷・水・水蒸気

1 空気・水の性質

発展 6年 5年 4年 3年

1 空気の性質 入試重要度★

●**空気を閉じこめる**……ふだん，空気をさわっているという感覚はないが，空気はポリエチレンのふくろなどの容器に閉じこめることができる。

●**閉じこめた空気の性質**……空気を閉じこめたふくろをおすと，手ごたえを感じる。容器に閉じこめた空気は，温度が変化しないようにして，体積をおし縮めたり，逆にふくらませたりすることができる。

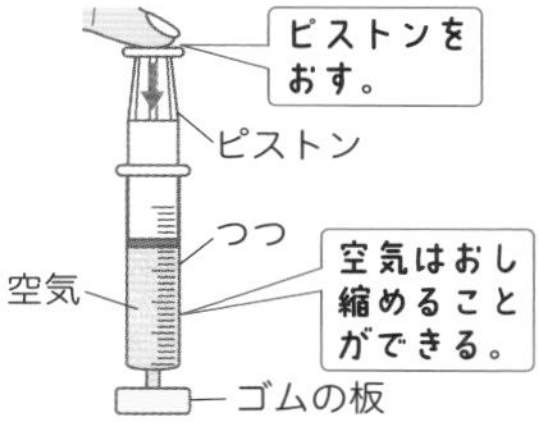

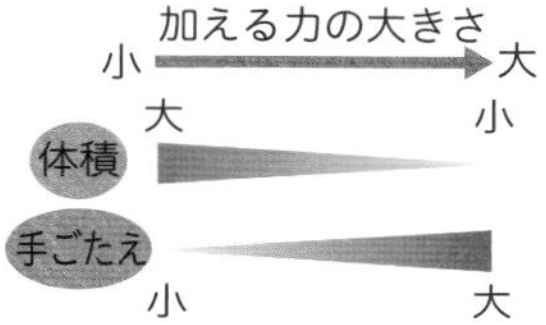

▲ 閉じこめた空気に力を加えたときの体積と手ごたえのようす

実験・観察

空気でっぽうをつくろう

ねらい 空気の性質を確かめる。

準　備 太いストロー，細い棒，じゃがいも（玉として使う）

方　法 ①太いストローの両たんに，1 cm くらいにスライスしたジャガイモをぬいてつめる。

②細い棒でジャガイモをいっきにおす。

③ジャガイモの位置やつめ方を変えて調べてみる。

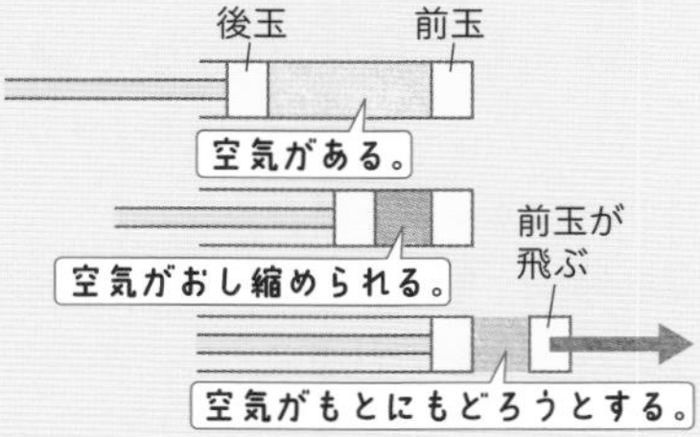

注　意！ 人に向かってうたないようにする。

結　果 前玉と後玉があいていたほうがよく飛ぶ。また，玉をきつくつめたほうがよく飛ぶ。

わかること 空気でっぽうは，おし縮められた空気のはたらきによって飛ぶ。空気はおし縮めることができる。

雑学ハカセ おし縮めることのできる空気の性質を利用したものには，自転車やボールの空気入れ，シャンプーやハンドソープのポンプ式ボトルなどがあります。

2 水の性質★

●**閉じこめた水の性質**……容器に閉じこめた水をおし縮めることはできない。しかし，水の一部分に加えた力（圧力）は，水の各部分に等しく伝わる。

●**空気と水のおし縮め**……空気と水を同じ容器に入れておし縮めようとすると，空気だけがおし縮められる。このとき，水はおし縮められない。

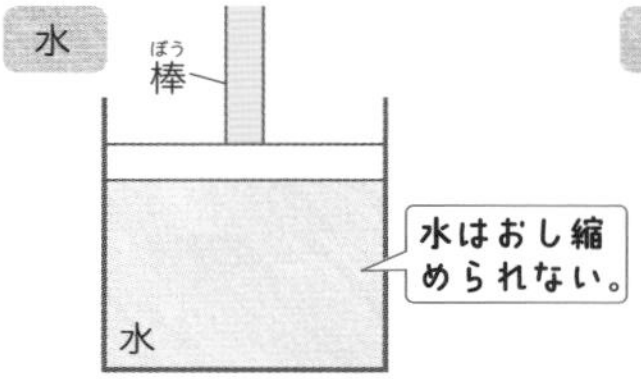

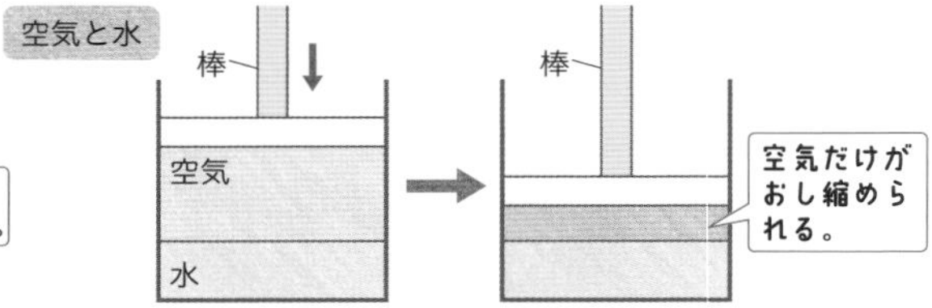

実験・観察

水ロケットを飛ばそう

ねらい　空気と水を組み合わせることでロケットを飛ばし，それぞれの性質を確かめる。

方　法　①炭酸飲料用のペットボトルに，つばさとノーズコーンをつけて，水を入れる。

②自転車用の空気ポンプ（空気入れ）でキャップ部分から空気を入れる。ある程度まで空気を入れたところでロケットをはなし，飛ばす。

③飛んだきょりをはかる。

注　意！　破れつする危険があるので，ペットボトルは炭酸飲料用のものを準備し，傷がないことを確かめてから使う。場合によってはよく飛ぶので広い場所で行う。

結　果　水をふん出しながら，飛ぶ。

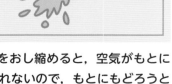

わかること　空気ポンプでペットボトル内の空気をおし縮めると，空気がもとにもどろうとして，水面をおす。水はおし縮められないので，もとにもどろうとする空気の力でロケットが飛ぶ。水の量，空気の入れ方で飛び方が変わる。

パワーアップ　ふだんの生活の中で実感することはあまりありませんが，空気にも重さがあります。その重さは，温度やしつ度によって変わりますが，1 L で約 1.2 g です。水の重さは 1 L で 1 kg のため，同じ体積でも大きく重さが異なることがわかります。

2 熱の伝わり方とものののあたたまり方

発展 6年 5年 4年 3年

1 金属のあたたまり方★★

●**金属棒のあたたまり方**……ろうをうすくぬった金属棒（銅やステンレスなど）の片方のはしをアルコールランプであたためると，あたためている熱源に近い部分からろうがとけて，ぬれたように見える。

ズームアップ アルコールランプの使い方 ➡p.544

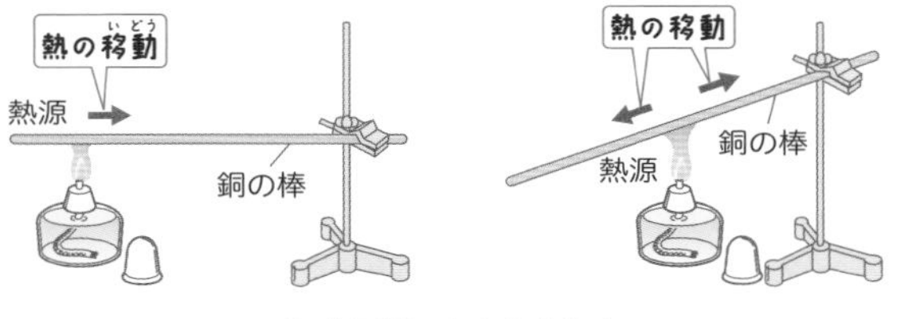

▲ 金属棒のあたたまり方

●**金属板のあたたまり方**……ろうをうすくぬった金属板（銅やステンレスなど）のある一点をアルコールランプであたためると，熱源に近い部分から同心円状にろうがとけて，ぬれたように見える。

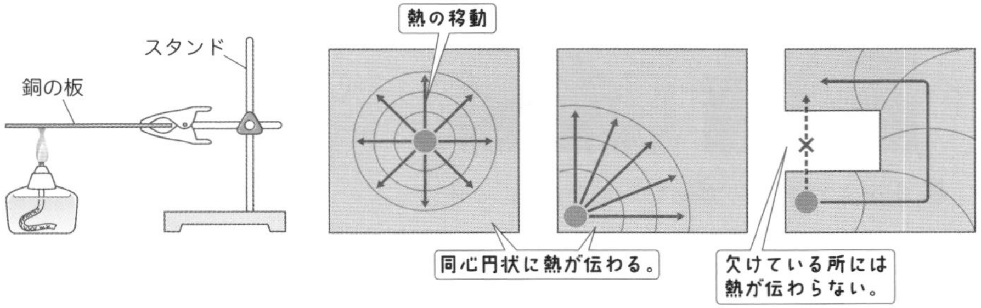

▲ 金属板のあたたまり方

●**伝　導**……熱が熱源から順に，遠くに伝わることを伝導という。

●**熱を伝える速さ**……熱を伝える速さはものによって異なっている。例えば，鉄と木では鉄のほうが熱を伝える速さがはやい。また，金属でも種類によって熱を伝える速さは異なっている。

銅＞アルミニウム＞鉄　の順にはやく伝わる。

参考 熱を伝えるスプーン
カチカチにこおったアイスクリームを食べやすくするアイスクリームスプーンは，熱を伝えやすいアルミニウム製のものが多い。スプーンを持つ手の熱をアイスクリームに伝えやすくして簡単にすくえるようにするためである。

雑学ハカセ 金属は熱を伝えやすいですが，それ以外の，木，綿，空気などは熱を伝えにくいものです。寒いときにふわふわのかけぶとんがあたたかいのは，綿も空気も熱を伝えにくいため，内側のあたたかさがにげにくく，外側の冷たさも内側に伝わりにくいからです。

2 水のあたたまり方★

●**水のあたたまり方を調べる**……**示温インク**や**示温テープ**を用いて，色の変化を観察することで水のあたたまり方を調べる。

●**水のあたたまり方**……水は，あたためられた水が上に動き，冷たい水が下に下がる動きによって全体に熱が伝わってあたたまる。これを熱の**対流**という。水のあたたまり方は，次のような方法で確かめることができる。

❶ 水を入れた試験管をあたためる

示温インクを入れた水を試験管に入れて，試験管の水面の部分と底の部分を実験用ガスコンロで熱すると，いずれも示温インクの色は水面から変化する。

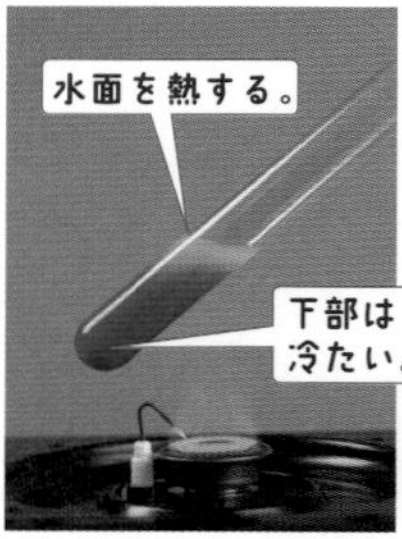

❷ 水を入れたビーカーをあたためる

示温インクを入れた水をビーカーに入れて，実験用ガスコンロの上で熱すると，はじめに水面の色が変化し，上から下に向かって変化する。

ことば
• 示温インク（サーモインク）
温度の変化を色の変化として観察することができるもの。約 40°C になると青色からピンク色に変化するインクである。温度が下がると青色にもどる。
• 示温テープ（サーモテープ）
示温インクと同じように，温度の変化を色で見ることができるもの。決まった温度で色が変化し，温度が下がるともとの色にもどる性質がある。

変色温度〔°C〕	低温色 ⇄ 高温色
40	オレンジ ⇄ 赤
50	黄 ⇄ オレンジ
60	朱 ⇄ 茶むらさき
70	赤 ⇄ 茶むらさき

▲ 示温テープの例

ズームアップ 実験用ガスコンロの使い方 ➡p.545

パワーアップ
水は水分子というつぶでできています。熱源の近くであたためられたつぶが次々に上がり，上の部分にたまっていく一方，あたためられた水におし出されたまわりの水が同じようにあたためられることのくり返しで全体があたたまります。

3 空気のあたたまり方★

●**空気のあたたまり方を調べる**……空気は目に見えないため，空気の動きを観察するときは，せんこうなどのけむりの動きを観察することで調べることができる。

●**空気のあたたまり方**……あたためられた空気が下から上に移動することで全体があたためられる。空気も水と同じように**対流**によってあたたまる。

空気のあたたまり方は，次のような方法で確かめることができる。

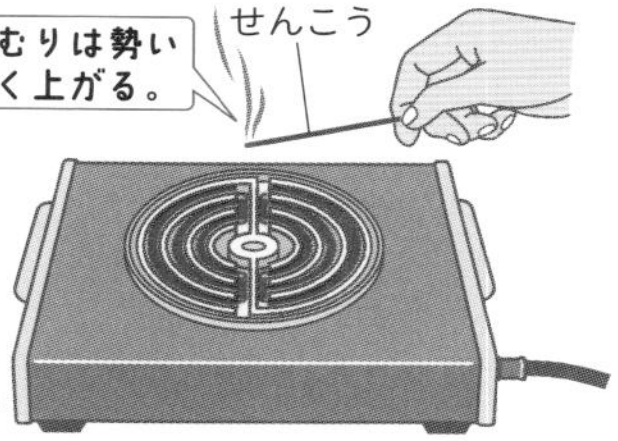
けむりは勢いよく上がる。
せんこう
電熱器

❶ 電熱器を使って空気をあたためる

熱した電熱器の上にせんこうのけむりをかざすと，せんこうのけむりは上に勢いよく上がっていく。

❷ ビーカーの中のけむりを観察する

アルミニウムはくでふたをしたビーカーの中に，せんこうのけむりをため，その下によくもんであたためた使い捨てカイロを置く。ビーカーの中のけむりの動きを観察すると，カイロの近くのけむりが上がるようすを見ることができる。

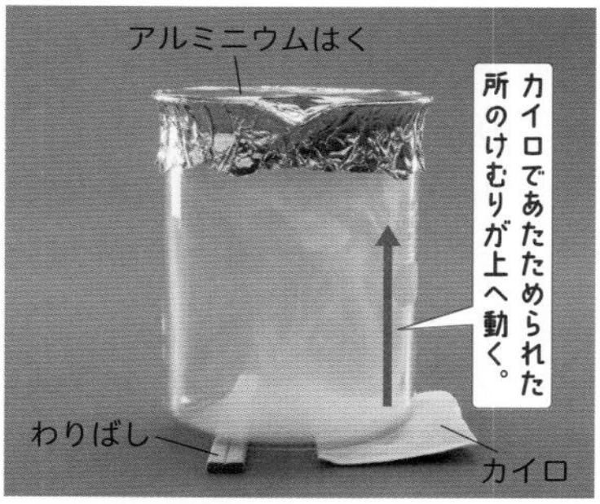
アルミニウムはく
カイロであたためられた所のけむりが上へ動く。
わりばし
カイロ

❸ サーモインクで染めたろ紙の色の変化を観察する

サーモインクで染めたろ紙を底なしの集気びんにはって，中に入れたろうそくに点火すると，サーモインクの色は上から変化する。

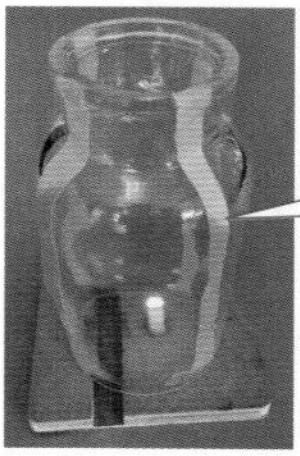
サーモインクの色の変化から空気は上からあたたまることがわかる。

●**熱気球**……熱気球は，気球の下にあるガスバーナーにより気球内の空気をあたためることでうかんでいる。これは，あたたまった空気はふくらみ，同じ体積のまわりの空気より軽くなることを利用している。

◀熱気球

雑学ハカセ エアコンで部屋をあたためる場合，空気は上から全体にあたたまるので，全体の空気をかきまぜるように，せんぷう機を使うとはやくあたたまります。

4 日光によるもののあたたまり方★

日なたにいると冬でもあたたかい。

▲ 太陽による放射

●**放　射**……夏はとても暑くなるが，よく晴れた日の日なたは冬でもあたたかくなる。これは太陽の熱そのものが直接からだに伝わっているからである。このような熱の伝わり方を**放射**という。たき火やストーブがあたたかいのも同じである。

●**放射熱**……日光があたるとあたたかいのは，日光がものにあたって吸収されると，熱となってものをあたためるからである。このときの熱を**放射熱**という。

●**放射の特ちょう**……伝導や対流によるあたたまり方は熱を伝えるものが必要だが，放射は真空中でも伝わる特ちょうがある。太陽からの熱は真空の宇宙空間を伝わってきている。また，放射による熱は熱源からまっすぐに進み，反射したり，吸収されたりする。

（伝導：→熱や電気がものの中を移動する）
（真空：空気がない状態）

❶ **熱の反射**…放射熱は，表面がなめらかな金属や白い板などにあたると反射する。そのため，これらのものはあたたまりにくく，熱が伝わりにくい。

（反射と吸収は，光や音でもおこる）

▲ ストーブの反射板

❷ **熱の吸収**…放射熱は，黒いものにあたると吸収されやすい。そのため，黒いものはあたたまりやすい。

黒いマルチシートが太陽からの熱を吸収し，地面の温度を保つ。

▲ マルチシートにおおわれた畑

参考 マルチシート
畑のうねをおおうシートのこと。ビニールやプラスチックフィルムなどでできている。地面の温度を保つはたらき以外にも，雑草がふえるのを防いだり，水分の蒸発を防ぐはたらきもある。

雑学ハカセ 日がさやテントの下がすずしく感じるのは，太陽からの直接の日光をさえぎり，あたためられないからです。また，植物である木のかげ（こかげ）は，木の葉自体が蒸散などのはたらきにより熱くなりにくいため，さらにすずしく感じます。

5 身近なもののあたたまり方★★

もののあたたまり方には，次の3つの種類がある。

伝導	熱がしだいに遠くへ伝わるあたたまり方
対流	移動することで熱が全体に伝わるあたたまり方
放射	熱が間に何もなくても直接伝わるあたたまり方

●もののあたたまり方の例

❶ 伝導によるあたたまり方

▶火にかけたフライパンやなべは伝導によってあたたまる。

❷ 対流によるあたたまり方

▶空気や海水は対流をおこすことによって広くあたたまる。

❸ 放射によるあたたまり方

▶太陽の熱は放射によって伝わる。

▶太陽の熱を吸収した地面が放射熱を出すことによって，空気があたたまる。

参考 気温が上がるしくみ

放射によって伝わる太陽の熱は，地面をあたためる。その地面の熱が空気をあたためるため，気温が上がる。太陽の熱が直接空気をあたためるわけではない。

あたたまった空気は対流をおこし，全体があたたまる。
放射熱
海水は対流によりあたたまる。
アスファルト道路は熱を吸収する。
白い服は熱を反射するため，暑く感じにくい。
土は熱を吸収しやすい。
黒い服は熱を吸収し，暑く感じる。

▲ 自然の中の伝導・対流・放射

雑学ハカセ 日がさは紫外線をカットするばかりではありません。黒い日がさはかさ自体が熱を吸収し，白い日がさは熱を反射します。しくみはちがいますが，どちらも日かげをつくります。

3 空気・水の体積変化と温度

1 空気の体積変化と温度★

空気は，あたためると体積が大きくなる。

実験・観察

空気の体積変化を調べよう

ねらい 空気の体積が温度によって変化することを確かめる。

方 法① ①試験管の口に石けんでまくを張る。

②試験管を湯につけてあたためたり，冷たい水につけて冷やしたりする。

結 果 あたためるとシャボン玉がふくらみ，冷やすとしぼむ。

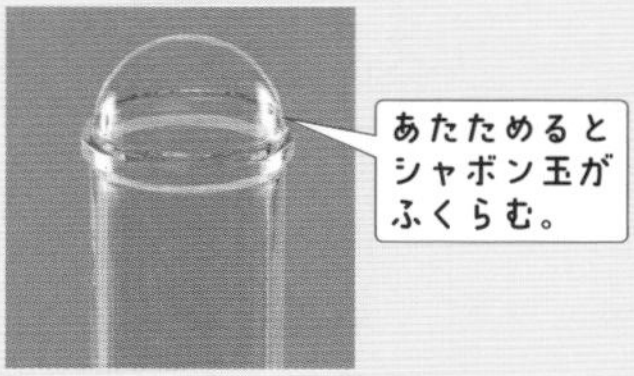
あたためるとシャボン玉がふくらむ。

冷やすとシャボン玉がしぼむ。

方 法② ①丸底フラスコにガラス管をさしたゴムせんをする。

②ガラス管の真ん中あたりに色水を入れ，湯につけてあたためたり，冷たい水につけて冷やしたりする。

結 果 あたためると色水が右方向に動く。冷やすと左方向に動く。

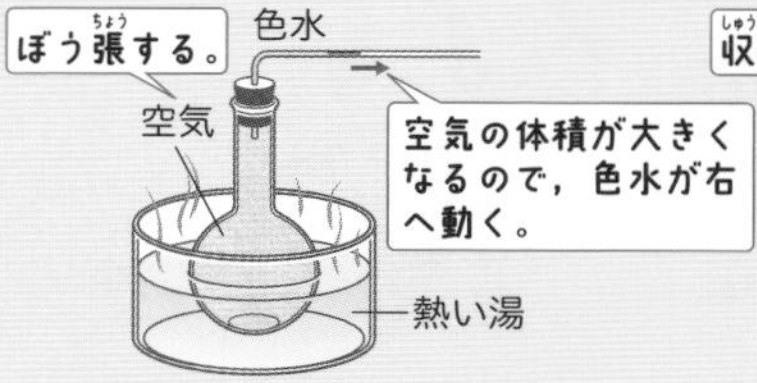
ぼう張する。
色水
空気
空気の体積が大きくなるので，色水が右へ動く。
熱い湯

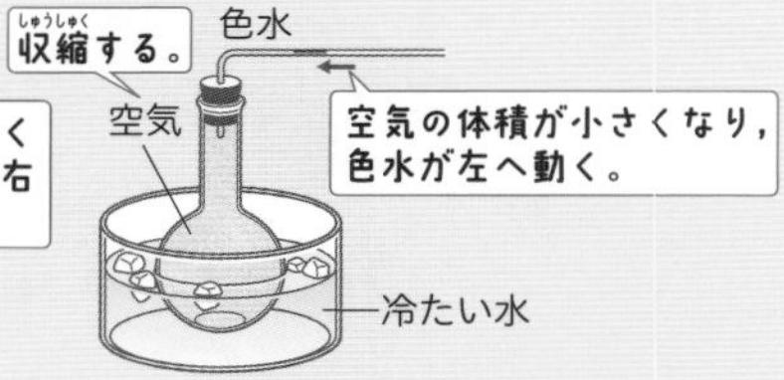
収縮する。
色水
空気
空気の体積が小さくなり，色水が左へ動く。
冷たい水

わかること 空気をあたためると体積が大きくなり（ぼう張），冷やすと体積が小さくなる（収縮）。

くわしい学習 気体のぼう張の割合

気体の体積は温度が1°C変化するごとに，0°Cのときの約 $\frac{1}{273}$ ずつ増減する。気体のぼう張の割合は，固体や液体のぼう張の割合よりも大きい。

パワーアップ 空気は，酸素やちっ素などの気体分子というつぶでできています。温度が上がるとつぶの動きが激しくなり，その結果として，重さは変わらなくても，体積は大きくなります。

中学入試にフォーカス 水の体積変化と温度

❶水の体積変化と温度

空気と同じように，水もあたためると体積が大きくなり，冷やすと体積が小さくなる。しかし，その変化は空気と比(くら)べて小さい。

●水の体積の変化と温度の関係の調べ方

空気のように，水の体積変化も実験で調べることができる。

①試験管にガラス管をさしたゴムせんをする。

②ガラス管の中ほどまで水を満たし，水面に印をつける。

③試験管を湯につけてあたためたり，氷水の入ったビーカーにつけて冷やしたりする。

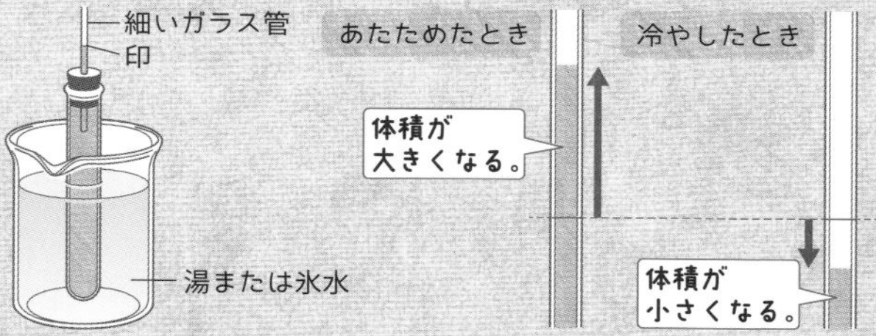

▶**結　果**…あたためると水面が上がり，冷やすと水面は下がる。

▶空気の体積変化に比べて，水の体積変化は小さいが，あたためると体積が大きくなり，冷やすと体積が小さくなることがわかる。

❷温度変化による水の体積変化と重さ

水は 4°C のとき，最も体積が小さい。つまり，0°C～4°C までは温度が上がると体積は小さくなり，4°C 以上では 100°C まで体積が大きくなる。

●水が氷になるときの体積変化

水（液体(えきたい)）が氷（固体）になると，約 10％ 体積が大きくなる。

●水が水蒸気(すいじょうき)になるときの体積変化

水（液体）が水蒸気（気体）になると，約 1700 倍体積が大きくなる。

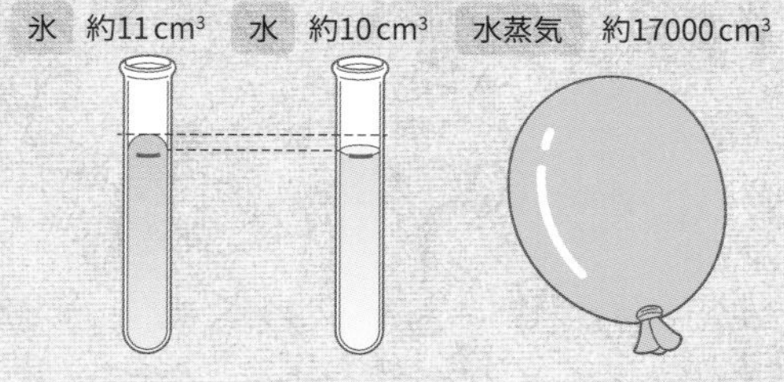

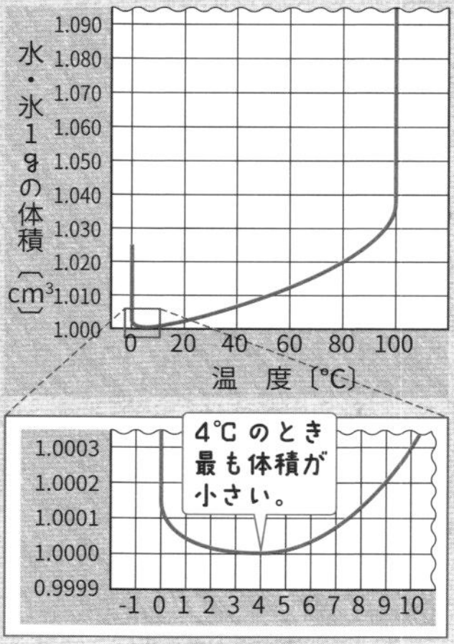

▲ 温度と水の体積

入試では　丸底フラスコに水を入れ，ガラス管内に印となる液体を入れておいて，丸底フラスコをあたためたり，冷やしたりしたときに，ガラス管内の印がどちらの向きに動くかやその理由などが出題されています。

4 金属の体積変化と温度

発展 6年 5年 4年 3年

1 金属の体積変化と温度★★

金属(固体)も空気(気体)や水(液体)と同じようにあたためると体積が大きくなり(ぼう張)，冷やすと体積が小さくなる(収縮)性質がある。

●金属の球による体積変化の確かめ方

金属の球を熱したり冷やしたりすることで，体積が変化することを確かめることができる。このとき，球がぎりぎり通りぬけられる輪を使って体積が変化したことを確かめる。

金属の球は熱せられて温度が上がると体積が大きくなり，冷えていたときには通りぬけられる実験器の輪を通りぬけられなくなる。冷やして温度が下がると，ふたたび通りぬけられるようになる。

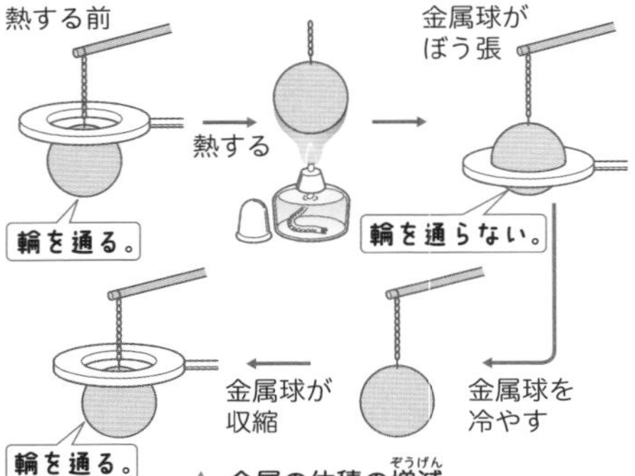

▲ 金属の体積の増減

▶**物体の重さ**…あたためたり冷やしたりすることで体積が大きくなったり小さくなったりしても，重さは変わらない。

▶金属(固体)はあたためると体積が大きくなり，冷やすと体積は小さくなるが，その変化の割合は空気に比べて非常に小さい。

2 金属の長さののび縮み★

棒状の金属をあたためるとぼう張し，長さがのびる。このことを**線ぼう張**という。また，金属の球をあたためたときのように，全体がふくらんで体積が大きくなることを**体ぼう張**という。

▲ 線ぼう張

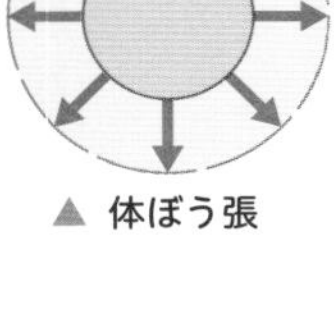
▲ 体ぼう張

雑学ハカセ 昔の電車のレールにはつぎ目にすきまがつくってあり，高温になる夏にレールがのびてもこのすきまで長さを吸収して曲がらないようにしていました。ガタンゴトンという独特の音はこのつぎ目を通るときに出ていました。

実験・観察

金属の長さののび縮みを調べよう

ねらい 温度による金属の棒の長さの変化を確かめる。

方　法 ①金属の棒の一方を固定し，もう一方のはしに少しすきまを開けて，電子オルゴールにつないだ金属板をセットする。

②金属の棒を固定している側には電池をつなぎ，金属の棒と金属の板が接しょくすることで電子オルゴールに電流が流れるように回路を組み立てる。

③アルコールランプで金属の棒を熱する。

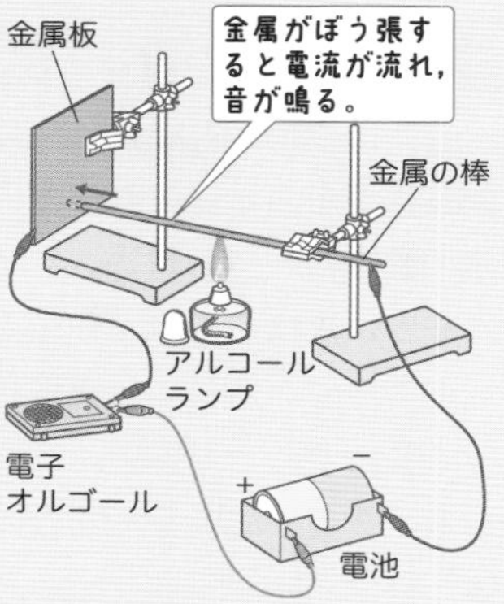

結　果 金属の棒が熱せられて，ぼう張すると金属板に接しょくして，電子オルゴールが鳴る。加熱をやめると金属の棒が縮み，電子オルゴールは鳴りやむ。

わかること **金属の棒は熱せられると長さが長くなり，冷えると短くなる。**

▶**線ぼう張率**…ある温度のときに，その物質がもとの長さに比べてどのくらいの割合でのびるかを示したもののこと。右の表は，20°C のときの金属の線ぼう張率を示している。

アルミニウム	0.000023
銅	0.000017
鉄	0.000012

くわしい学習 バイメタル

バイメタルは温度によってのびる割合（熱ぼう張率）のちがう 2 種類の金属板をはりあわせたもので，熱するとのびる割合の小さいほうにバイメタル全体が曲がり，スイッチが切れる。これによって熱くなりすぎることを防いで温度を一定に保つので，サーモスタット（自動で温度を調節する装置）に使われている。サーモスタットは，こたつやアイロンなどの電気器具に使われている。また，バイメタルは火災報知機などにも使われている。

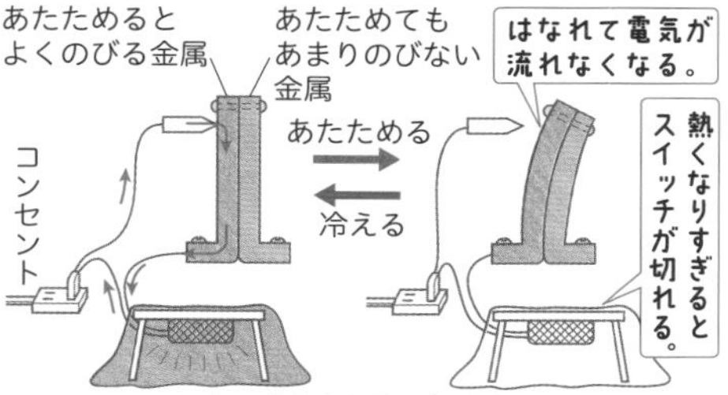

▲ バイメタルのしくみ

雑学ハカセ バイメタルは 1750 年ごろ，イギリスの時計職人のジョン・ハリソンが高精度の時計の製作の際に発明しました。ジョン・ハリソンの時計はグリニッジ天文台に展示されています。

5 氷・水・水蒸気

発展 6年 5年 4年 3年

1 氷・水・水蒸気★

水には氷(固体)，水(液体)，水蒸気(気体)の3つの状態がある。これを**水の三態**という。

●**氷(固体)**……水は冷やすと氷になる。氷はかたく，体積も形も決まっているので，容器によって形は変わらない。

氷，金属，ろうそくなどは**固体**という。

▲ 氷

●**水(液体)**……体積は決まっているが，容器によって形が自由に変わる。容器にふれない表面は水平になる。

水，アルコールなどは**液体**という。
↳エタノールを単にアルコールともいう

▲ 水

●**水蒸気(気体)**……水を熱すると水蒸気になる。水蒸気は目に見えない。体積も形も決まっていないので，ポリエチレンのふくろやふたつきの容器に入れると，その容器いっぱいに広がり，体積も形も自由に変わる。

水蒸気，空気などは**気体**という。

▲ 水を熱するようす

参考 水の三態

水の状態を変化させるには，次のように温度を変化させる。

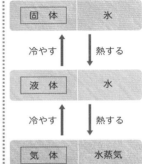

固体	氷
↑冷やす ↓熱する	
液体	水
↑冷やす ↓熱する	
気体	水蒸気

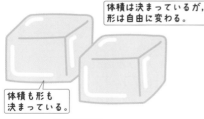

▲ 氷(固体)

▲ 水(液体)

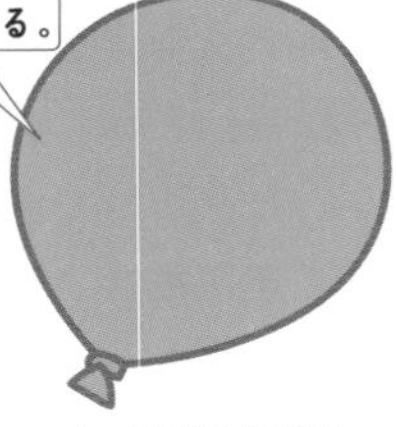

▲ 水蒸気(気体)

パワーアップ 固体は，ものをつくっているつぶ(原子・分子)が，一定の位置関係で結びついてできています。液体は，ものをつくっているつぶの結びつきは固体よりゆるやかで流動的です。気体は，ものをつくっているつぶの結びつきはなく，自由に動いています。

2 温度による水の状態変化★★

●**水の状態変化**……水を冷やしたり，あたためたりすると，氷，水，水蒸気と状態が変わる。

温度により状態が変わることを水の**状態変化**という。状態変化により体積は変わるが，重さは変わらない。

> **参考** ふっとう石
> 水を加熱する実験を行うときは，急に激しくふっとうするのを防ぐために，フラスコにふっとう石を入れる。ふっとう石には，細かい穴がたくさん開いた石や素焼きのかけらなどが用いられる。

●**水をあたためたときの状態変化**

水を丸底フラスコに入れ，右の図のように熱すると，次のような変化が観察できる。

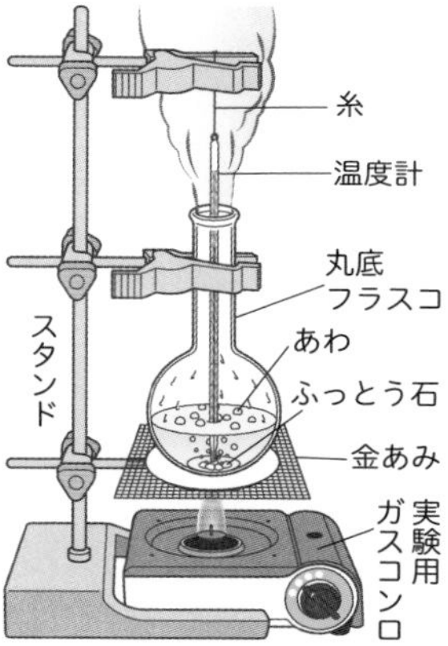

▲ 水の熱し方

❶ 水の温度はだんだん上がっていき，水中に**あわ**が出てきては，どんどん水面に向かって上がっていく。

❷ 水面から湯気が出る。そのまま熱し続けると水は減っていく。水は目に見えない**水蒸気**となって，水面から外へ出ていく。水蒸気は湯気ではなく，目に見えない気体である。

❸ さらに水をあたためると，大きなあわが激しく出ている状態になる。これを**ふっとう**という。ふっとうし始める温度を**ふっ点**といい，大気圧が1気圧のとき，約100℃でふっとうし始め，ふっとうしている間はそれ以上温度は上がらない。

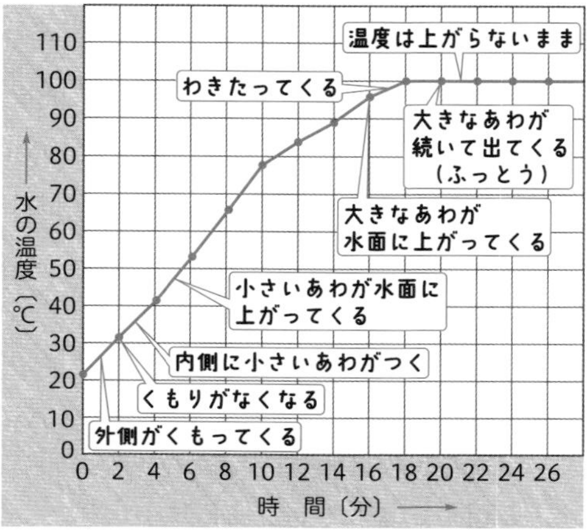

▲ 温度による水の変わり方（200mLの水を熱する）

雑学ハカセ ふっとうしている水は100℃以上にはなりませんが，水蒸気を加熱すると100℃以上になります。これを過熱水蒸気といい，これを利用した調理器では短時間で均一な加熱が可能になり，栄養素を保ったままよぶんな油や塩をとり除く調理をすることができます。

くわしい学習 気圧のちがいとふっとう

水は，ふつう約 100°C でふっとうする。これは，1気圧の所でふっとうさせたときである。富士山のような標高の高い山の上は，1気圧よりも低い気圧になっている。そのような場所では，水は 100°C より低い温度でふっとうする。

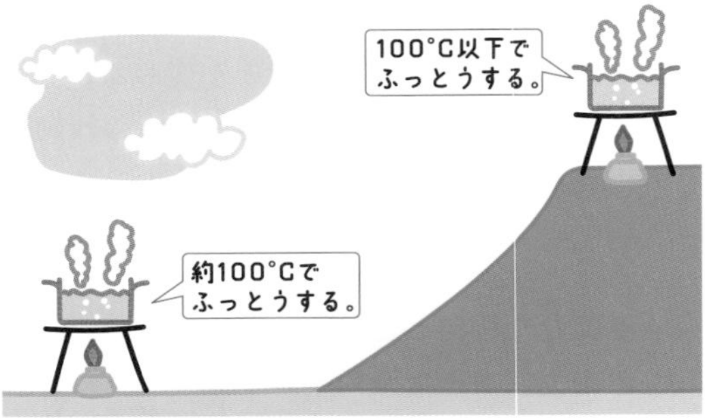

●水を冷やしたときの状態変化

水を冷やしていくと，次のような変化が観察できる。水を冷やすときは，氷の中にあらかじめよく冷やした**ほう和食塩水**を加えて，寒ざいとする。
↳これ以上とけきれない量の食塩がとけている

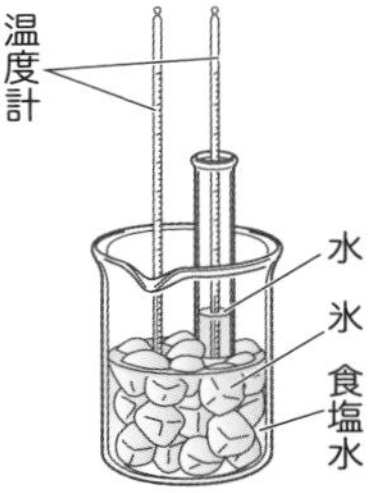

▲ 水の冷やし方

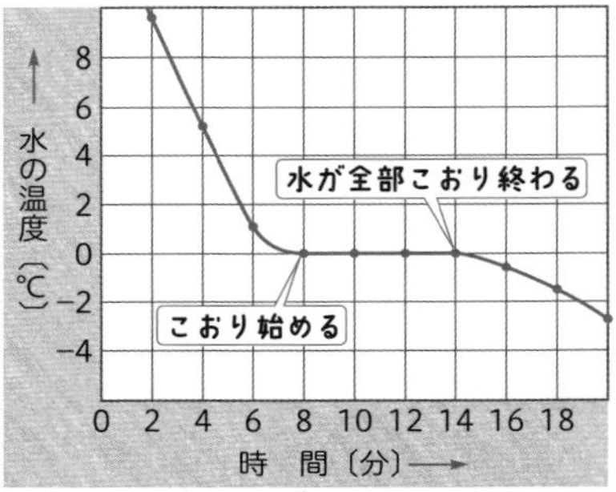

▲ 水が氷になるときの温度変化

❶ 試験管に $\frac{1}{3}$ 程度の量の水を入れ，食塩水を加えた氷の中に入れて，冷やす。試験管内の水の温度はだんだん下がり，0°C でこおり始める。

こおり始める温度を**凝固点**という。温度は全体がこおり終わるまで 0°C のまま変化しない。

❷ 試験管内の水が全部こおり終わると，温度はふたたび下がり始める。
このとき，体積はすべて水のときより約 10% 増えている↵

●0°C 以下になってもこおらない水

▶**凝固点降下**…水に砂糖や食塩をとかすと，0°C より低い温度にならなければこおらない。この現象

ことば 寒ざい
2種類以上の物質をまぜ合わせてできる冷きゃくざいを寒ざいという。

パワーアップ
完全にこおった試験管をあたためると，全体が液体になるまで温度は 0°C 以上にはなりません。とけ終わると，温度が上がり始めます。

を**凝固点降下**という。道路上に積もった雪に塩をまくと，気温が0°C以下になっても雪はこおらないため，ゆう雪ざいとして応用されている。

▶**過冷きゃく**…何もとけていない水を静かにゆっくりとこおらせると，0°C以下になってもこおらないことがある。これを**過冷きゃく**という。

ことば ゆう雪ざい
氷をとかすのに使われる薬品のこと。食塩（塩化ナトリウム）のほか，塩化カルシウムや塩化マグネシウムなどがふくまれている。

実験・観察

過冷きゃくを観察しよう

ねらい 0°C以下でもこおらない状態を観察する。

準　備 精製水（不純物のない水），温度計，ガラスのコップ，ボウル，氷，食塩

方　法 ①じゅうぶんに洗ってある，よごれのないコップに精製水を3cmくらいの深さになるまで入れる。

②ボウルに①のコップをたて，コップのまわりに食塩（氷の30%程度の量）をまぜた氷を入れる。ボウルの氷の高さは，コップの水がじゅうぶんに冷やされるように，コップの水面よりも高くする。

③温度計でコップの水の温度をはかる。このとき，水を温度計でかき回さないように，そっと見るようにする。

④水の温度が−1〜−3°Cくらいになったら，コップをそっととり出す。このとき，中の水がこおっていなければ過冷きゃくになっている。

⑤過冷きゃくになっている水に小さな氷のつぶを落とすと，水がしゅん間的にこおる。

注　意！ しゅん間的にこおるときにコップが割れることがある。また，温度計の液だまりを保護するために，切ったストローなどをはめるとよい。

雑学ハカセ 氷をつくるつぶ（水分子）のつながり方は決まっていて，中に空どうをつくるような形で六角形になります。その空どうのために氷は水よりも約10%体積が増えます。また，雪の結しょうが六角形をしているのもこのためです。

3 湯気と水蒸気★

●**湯　気**……水を熱したときに出る白いけむりのようなものを湯気という。湯気は水蒸気が空気中で冷えて，**小さな水のつぶ**になったものである。水蒸気は気体であるが，湯気は気体ではなく，液体である。

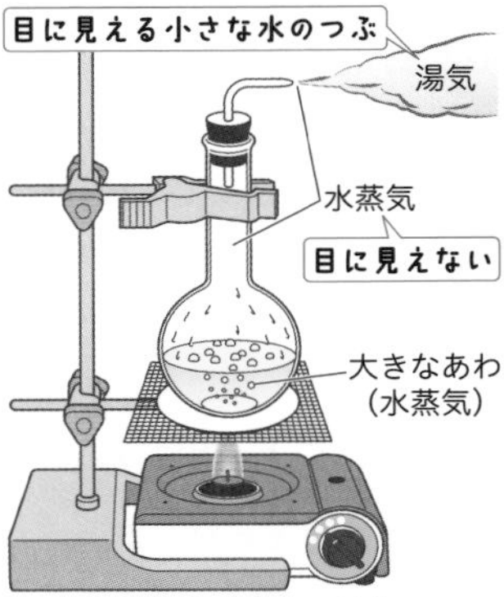

▲ 湯気と水蒸気の発生

▲ 湯気と水蒸気

●**水蒸気**……水が熱せられると**気体**になった水蒸気が出る。水蒸気は目には見えないが，冷やされると小さなつぶとなり，湯気として見えるようになる。

水を熱すると量が減っていくのは，水が次々と水蒸気に変化して容器から出ていくからである。

▶**水蒸気の体積**…水は水蒸気になると，その体積は水のおよそ**1700倍**ととても大きくなる。

ズームアップ 水蒸気の体積
➡p.445

4 水の三態とその変化★★★

氷を熱すると水になり，さらに熱すると水蒸気になる。熱の出入りがあるこの変化を**状態変化**という。

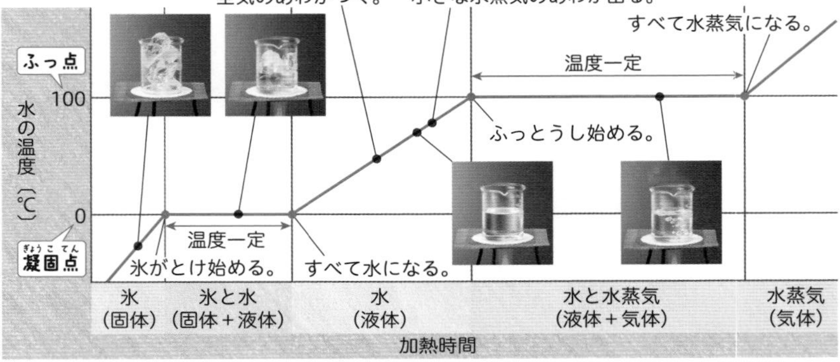

▲ 水の温度変化と状態変化

雑学ハカセ　空にうかんでいる雲は水蒸気ではなく，空気中の水蒸気が冷やされて水てきや氷のつぶになったものです。

入試のポイント

絶対暗記ベスト3

1位 もののあたたまり方　熱の伝わり方には，次の 3 種類がある。

▶**伝導（金属の熱の伝わり方）**…熱源から順に遠くにあたたまる。

▶**対流（空気・水の熱の伝わり方）**…あたたまった部分が上に移動して全体があたたまる。

▶**放射（太陽やストーブの熱の伝わり方）**…直接照らしたものをあたためる。真空でも伝わることができる。光のように反射したり吸収されたりする。

2位 水の三態　水には，固体（氷），液体（水），気体（水蒸気）の状態がある。温度によって状態は変化する。

3位 体積変化と温度　空気は，温度を上げると体積が大きくなり，下げると小さくなる。水や金属も同様の変化をするが，その割合は空気に比べて小さい。

1 状態変化（氷・水・水蒸気）

●**水の状態変化**…水は温度によって氷（固体），水（液体），水蒸気（気体）とすがたを変える。これを水の状態変化という。ほかのものも温度により状態変化する。

●**ふっとう**…水は 1 気圧のところでは約 100°C でふっとうする。気圧が変わるとふっとうする温度は変わる。

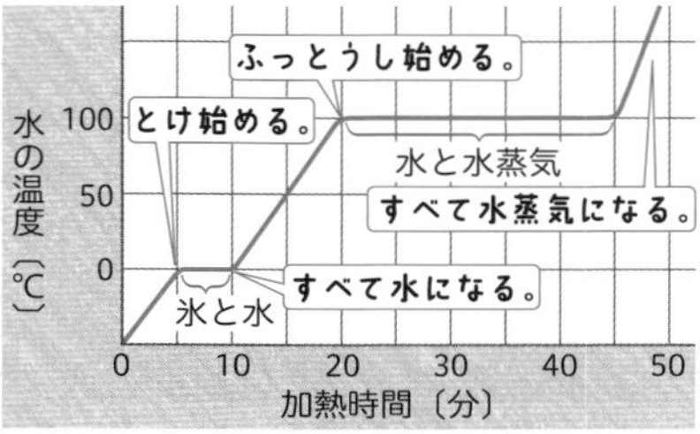

▲ 水の状態変化と温度

●**こおる**…水は 0°C でこおり始め，すべて氷になるまで温度は 0°C のまま変化しない。逆に 0°C でとけ始め，すべてが水になるまで温度は上しょうしない。

2 水の状態変化と体積

●水の体積は，4°C のときに最も小さくなる。

●**水と氷，水蒸気の体積**…氷の体積は水のときより約 10% 大きくなる。水蒸気の体積は水の体積の約 1700 倍になる。

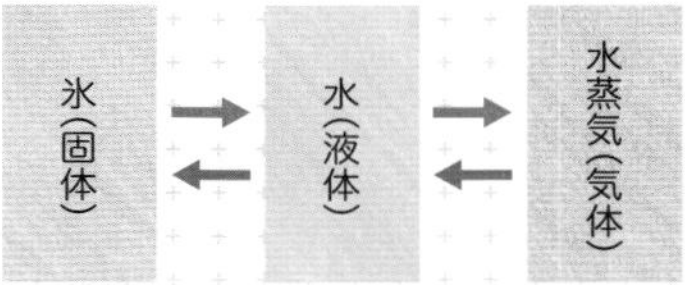

重点チェック

□ ❶ 注射器に空気を閉じこめてピストンを強くおすと，体積は［　］なります。	❶小さく ◔p.437
□ ❷ 容器に閉じこめた水の一部分に加えられた［　］は各部分に等しく伝わります。	❷力（圧力） ◔p.438
□ ❸ 熱が熱源から順に伝わることを，［　］といいます。	❸伝導 ◔p.439
□ ❹ 水は，下から熱せられると，あたためられた部分が上に上がり，そのくり返しで全体があたたまります。このような熱の伝わり方を［　］といいます。	❹対流 ◔p.440
□ ❺ 空気は熱の［　］によってあたたまります。	❺対流 ◔p.441
□ ❻ 太陽の熱は［　］によって直接，からだに伝わります。	❻放射 ◔p.442
□ ❼ 空気，水，金属の体積は温度が［　］と大きくなり，［　］と小さくなりますが，全体の［　］は変わりません。	❼上がる，下がる，重さ ◔p.444, 445, 446
□ ❽ 空気のほうが水よりも［　］による体積変化は［　］なります。	❽温度，大きく ◔p.445
□ ❾ 水（液体）は 4°C のときに最も体積が小さく，氷（固体）になると約 10％ 体積が［　］なり，水蒸気（気体）になると約［　］倍になります。	❾大きく，1700 ◔p.445
□ ❿ 水は温度によって［　］（氷），［　］（水），［　］（水蒸気）とすがたを変えます。これを水の［　］といいます。	❿固体，液体，気体，状態変化（三態） ◔p.448, 449
□ ⓫ 水は約［　］°C でふっとうしはじめ，ふっとうしている間はそれ以上［　］は上がりません。	⓫100，温度 ◔p.449
□ ⓬ 水は約［　］°C でこおり始め，全部［　］まで温度は変化しません。氷は約［　］°C でとけ始め，全部［　］まで温度は変化しません。	⓬0，こおる，0，とける ◔p.450
□ ⓭ 水に砂糖や食塩をとかすと，0°C より低い温度でこおるようになります。この現象を［　］といいます。	⓭凝固点降下 ◔p.450, 451
□ ⓮ 水蒸気は目に見えない［　］です。湯気は［　］が冷えて小さな［　］のつぶになったものです。	⓮気体，水蒸気，水 ◔p.452

チャレンジ！思考力問題

レベル3 レベル2 レベル1

●空気や水の温度と体積の変化を調べるために，気温が 20°C の部屋で次のような実験を行いました。あとの問いに答えなさい。ただし，特に指定のない場合，実験で用いた空気や水の温度は，部屋の気温と同じであるとします。【奈良教育大附中】

(1) 図1のような装置で，水で満たした試験管を冷やし，5分ごとに図1のXの長さ（ゴムせんの上から水面までの長さ）をはかって記録しました。40分後に試験管を発ぽうポリスチレンの箱からとり出すと，試験管の中の水は一部氷になっていました。この結果をグラフにした場合，試験管の「Xの長さ」と「時間」の関係を表したものはどれですか。次のア～エから1つ選びなさい。ただし，グラフの縦軸は「Xの長さ」を，横軸は「時間」を表しています。

図1

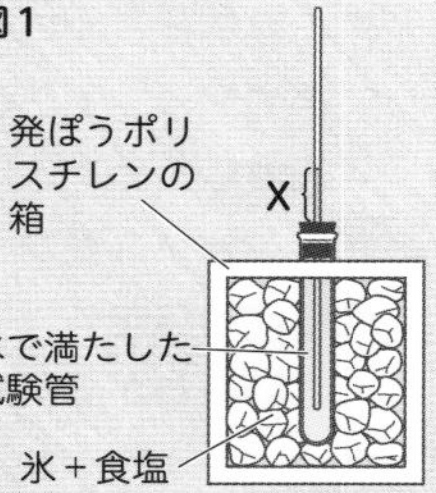

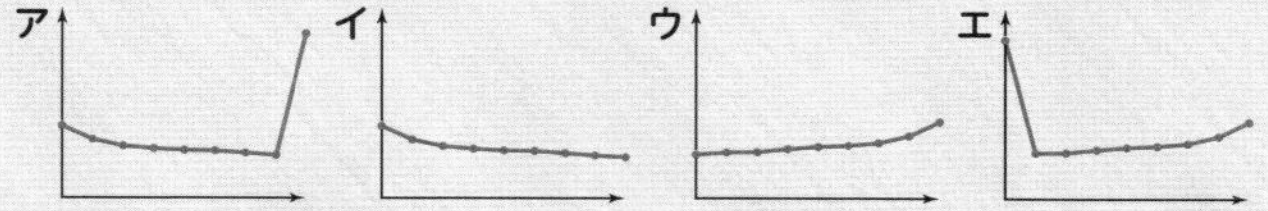

(2) 試験管と水の入ったビーカーを用いて，図2のような装置をつくりました。この装置は，400年ほど前に，ガリレオ・ガリレイが発明した温度計の原理を再現したモデルです。部屋の気温が 20°C よりも上がると，水面はどのように変化しますか。正しいものをAのア～ウから1つ，その理由を，Bのア～エから1つ選びなさい。

図2

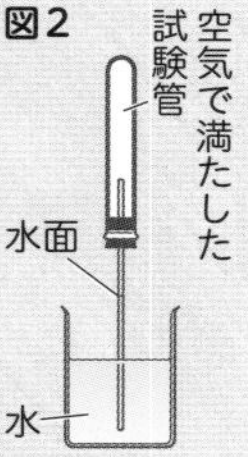

A 水面の変化

ア 図2の高さより上がる　イ 図2の高さと変わらない

ウ 図2の高さより下がる

B 理由

ア 水の体積が大きくなったため　イ 水の体積が小さくなったため

ウ 空気の体積が大きくなったため　エ 空気の体積が小さくなったため

キーポイント

水よりも空気のほうが温度による体積変化が大きい。

正答への道

水は4°Cのときに体積が最も小さく，こおると体積は約10%大きくなる。空気のほうが水よりも温度による体積の増減が大きいのでガラス管内の水面は下がる。

答え

(1) ア　(2) A―ウ　B―ウ

チャレンジ！ 作図・記述問題

レベル3 レベル2 レベル1

●Aさんは，水のすがたの変化を調べるために，図1のように，丸底フラスコに入れた水を実験用ガスコンロで加熱し，水のようすを見るとともに，水の加熱時間と温度について記録することにしました。

加熱し始めてしばらくすると，とても細かなあわが丸底フラスコの底にでき始め，さらに加熱を続けるとふっとう石から少し大きいあわが出てきました。加熱し始めてから12分後，水の中から激しくあわが出始めて，その8分後に加熱をやめました。このことについて，次の問いに答えなさい。

図1

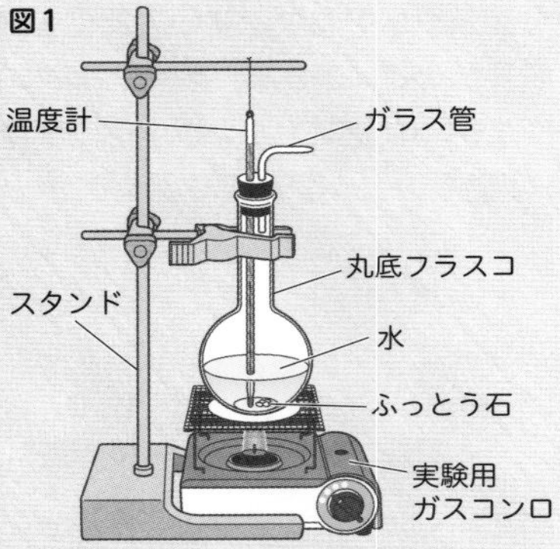

【高知県共通】

(1) この実験で，ふっとう石を丸底フラスコに入れる理由を書きなさい。

(2) 図2は，図1の実験装置のガラス管の口の部分を拡大したものです。この実験で，水を熱し続けると，水は目に見えない水蒸気となり，ガラス管の口から出始めました。ガラス管の口から出た水蒸気は，図2のようにガラス管から少しはなれたところで白い湯気に変わり，見えるようになりました。目に見えない水蒸気が白い湯気となって見えるようになった理由を書きなさい。

図2

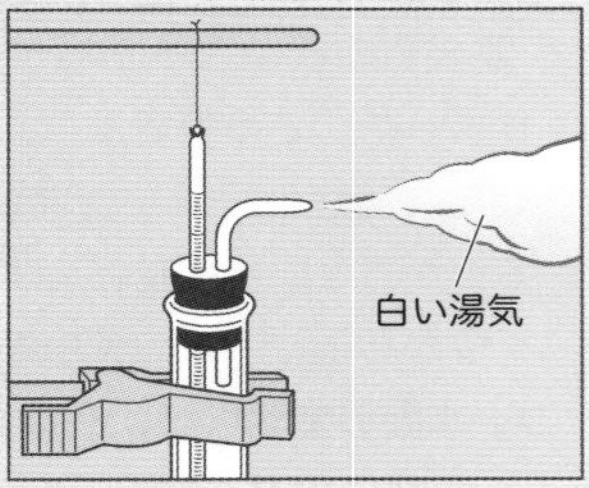

キーポイント

よくかわいたふっとう石を入れると，ふっとうのもとになる小さなあわを出し続けて，けい続してふっとうをおこすことができる。

湯気は少しはなれた所に観察できる。

正答への道

水が熱せられて水蒸気（気体）になると目には見えないが，冷やされて小さな水のつぶになると湯気として見えるようになる。

解答例

(1) 丸底フラスコ内の水が激しくふっとうするのを防ぐため。

(2) ガラス管の口から出た水蒸気が，まわりの空気に冷やされて小さな水のつぶとなったため。

ここからスタート！

第4編

物質

第2章 ものの重さととけ方

食塩水と砂糖水を見分けるには？

水に食塩をとかすと，塩からい食塩水ができ，砂糖をとかすと，あまい砂糖水ができます。食塩水と砂糖水，見かけは同じようにとう明な液体ですが，見分けるにはどうしたらよいでしょうか。

学習することがら

1．ものの重さ
2．もののとけ方と水よう液のこさ
3．水よう液と結しょう
4．水の温度とものの溶け方

1 ものの重さ

発展 6年 5年 4年 3年

1 ものの重さの変化 入試重要度★

●**重　さ**……地球がもの（物体）を引っ張る力のことを**重力**といい，その大きさのことを**重さ**という。

ズームアップ 重　力 ➡p.424

●**ものの重さの変化**……地球上では，ものの形や状態が変わっても，そのものの重さは変化しない。これは，上皿てんびんを使って確かめることができる。

❶ ものをまるめる

紙などをまるめても，てんびんのつりあいは同じである。ものをまるめても重さは変わらない。

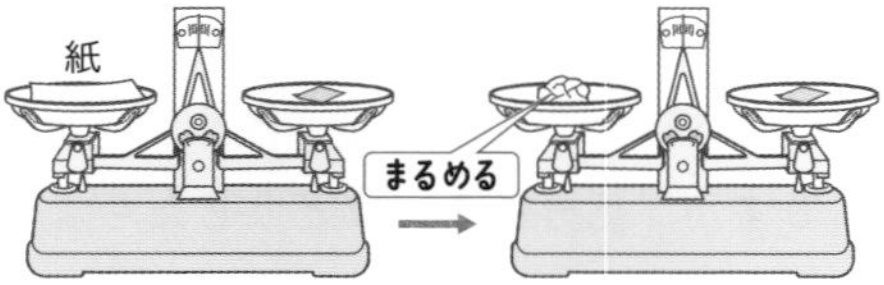

▲ ものをまるめる

❷ ものをちぎる

ねんどなどをちぎって分けても，てんびんのつりあいは同じである。ものをちぎっても重さは変わらない。

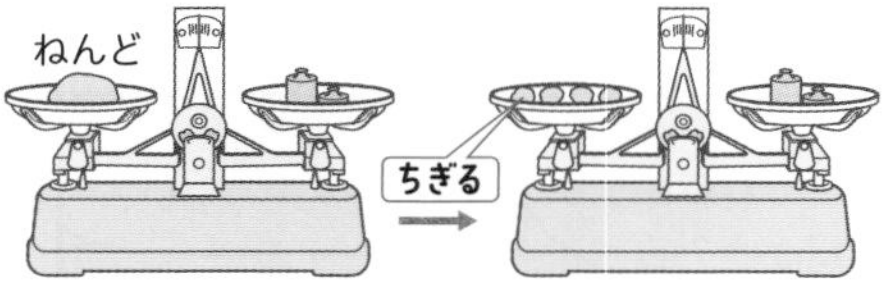

▲ ものをちぎる

❸ ものを水にしずめる

石などを水にしずめても，てんびんのつりあいは同じである。ものを水にしずめても重さは変わらない。

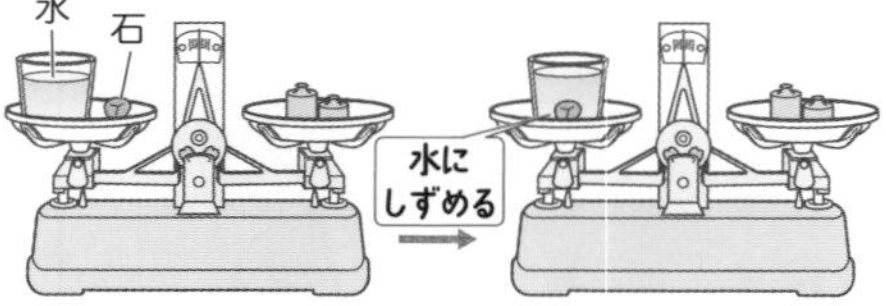

▲ ものを水にしずめる

❹ ものを水にとかす

食塩などを水にとかしても，てんびんのつりあいは同じである。ものを水にとかしても重さは変わらない。

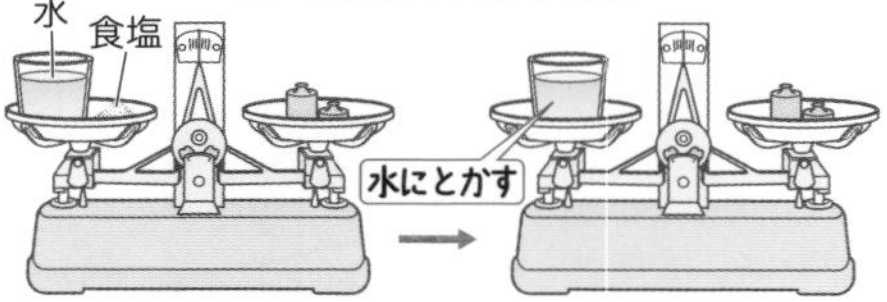

▲ ものを水にとかす

❺ ものをこおらせる

水などをこおらせても，てんびんのつりあいは同じである。ものをこおらせても重さ（└→体積は変化する）は変わらない。

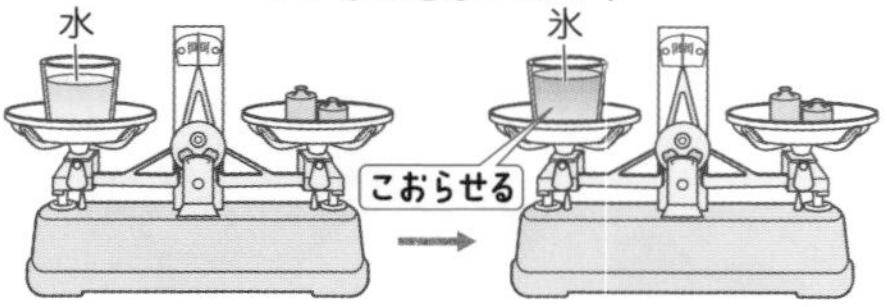

▲ ものをこおらせる

雑学ハカセ　ホチキスの針やろ紙のように小さなものや軽いもの１つ分の重さをはかるときは，たくさん集めたものの重さをはかり，その個数から１つ分の重さを計算で求めます。

●**置き方を変えたときのものの重さ**……球や立方体ではない縦，横，高さのちがうものは，持ち方で手ごたえがちがうように感じることがあるが，置き方を変えても重さは変わらない。重さをはかるとき，はかりのほかの部分にさわらないように注意する。

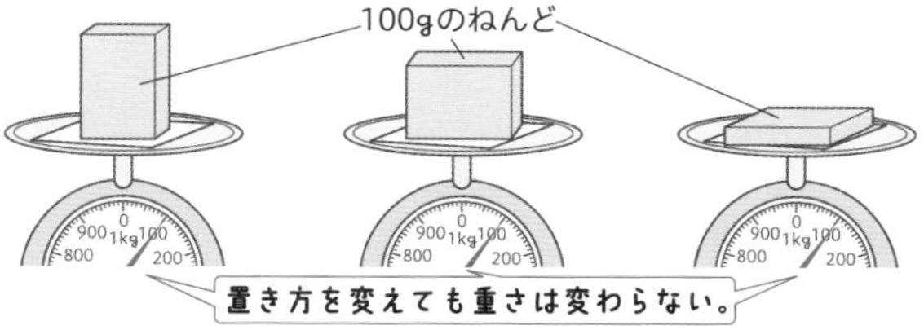

参考 重さが変わる
重さをはかるときに，はかりからはみ出してほかの部分にふれると，重さが変わってしまう。

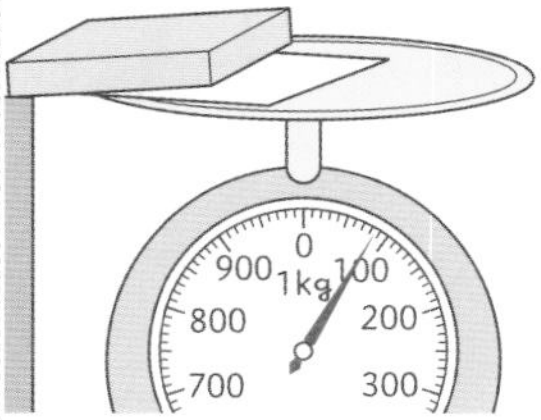

2 ものの重さと体積★

●**ものの重さのちがい**……異なる種類のもの（物質）について，体積が同じでも重さが異なる。
↳かさのこと

同じ体積の立方体の形の鉄，アルミニウム，木，発ぽうポリスチレンの重さを比べてみると，図のように，

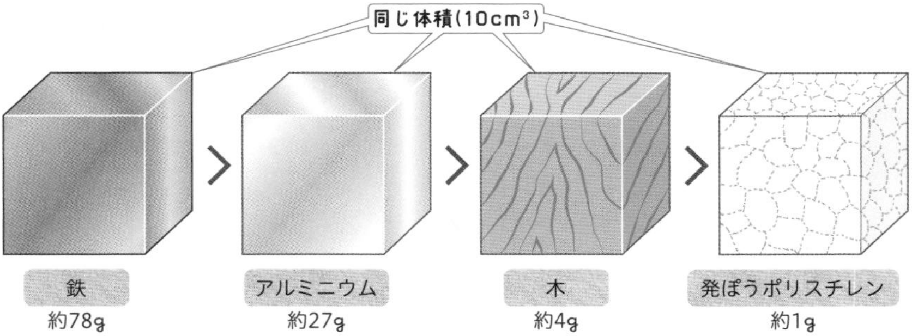

の順に軽くなる。同じような見た目の金属でも，手に持ってみると鉄はずっしりと重く，アルミニウムは鉄より軽いことも感じられる。

このように，異なる物質は，体積が同じでも重さは異なる。逆に，重さが同じでも体積は異なる。

体積を一定（例えば1 cm^3）にそろえて，重さを比べることで，物質を分類することができる。

ズームアップ いろいろな金属
➡p.539

雑学ハカセ ものの形や置き方を変えても重さが変わらないのは，ものをつくっている原子や分子というつぶの数が変わらないからです。原子や分子が同じで同じ数のものは重さも同じになります。

中学入試にフォーカス

密　度

❶密　度

2つのものの重さを比べたいときは，ただ単に重さを比べるだけでなく，大きさ（体積）を同じにしてから重さを比べると，物質を区別することができる。

1 cm^3 あたりのものの重さ〔g〕を**密度**（単位 g/cm^3）いう。密度を比べることで同じ体積のときにどちらのものが重くなるかがわかる。

●密度の求め方

$$\text{密度}\ [g/cm^3] = \frac{\text{ものの重さ}\ [g]}{\text{ものの体積}\ [cm^3]}$$

❷密度とものののうきしずみ

水の密度は 1 g/cm^3 である。この水の密度よりも小さい密度のものは水にうき，大きい密度のものは水にしずむ。

水にうかぶ	密度が 1 g/cm^3 より小さい。
水にしずむ	密度が 1 g/cm^3 より大きい。

▶油などのほかの液体の場合も，液体に入れるものの密度が液体の密度より小さければうき，大きければしずむ。

❸いろいろな物質の密度

密度は物質によって決まっているので，重さを比べるだけでなく，物質を区別するのにも用いられる。

物　質	密度〔g/cm^3〕
金	19.3
銀	10.5
銅	8.9
鉄	7.9
アルミニウム	2.7
花こう岩	2.4～2.7
ガラス	2.4～2.6
氷	0.9
エタノール	0.8
木	0.4～0.8
発ぽうポリスチレン	0.1

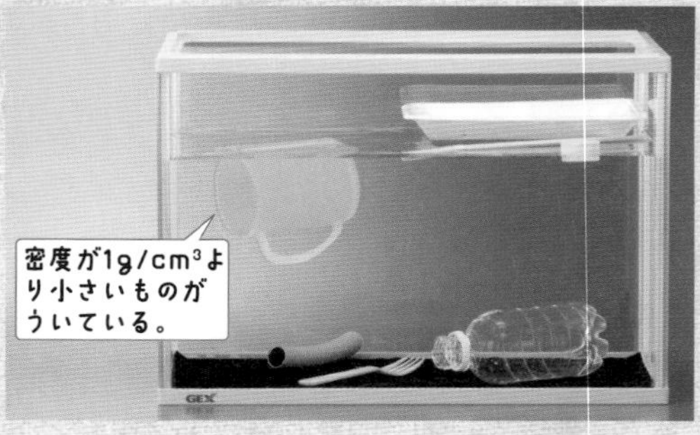

密度が1g/cm³より小さいものがういている。
GEX

物質によって1 cm^3 あたりの重さ（密度）は決まっている。

入試では 水と，水に入れたものの密度を比べて，ものが水にうくかしずむかを問う問題が出題されています。また，水とほかの液体をまぜたようすから，水との密度を比べる問題も出題されています。

2 もののとけ方と水よう液のこさ

発展 6年 5年 4年 3年

1 もののとけ方★

●**水よう液**……ものがとけている水のことを，**水よう液**という。例えば，砂糖がとけた水は**砂糖水**，食塩がとけた水は**食塩水**という。

水よう液で，ものをとかしている水（液体）を**ようばい**，とけているものを**よう質**という。

●**もののとけ方**……ものを水にとかすと，全体に広がり均一になる。
全体に広がることを拡散いう↵

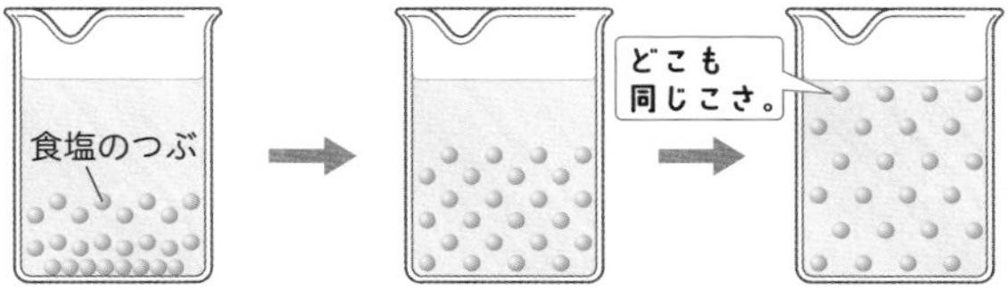
食塩のつぶ
どこも同じこさ。

▲ 食塩が水にとけていくようす（モデル図）

▶**コロイドよう液**……牛乳や石けん水のようにとう明でないよう液をコロイドよう液という。
↳つぶの直径が 1000 万分の 1 ～ 10 万分の 1 cm で，日光を通さない

▶**けんだく液**……どろ水のようにとう明ではなく，静かに置いておくとどろがしずむようなものをけんだく液という。

コロイドよう液，けんだく液は水よう液とは区別される。

●**水よう液の性質**……水よう液のおもな性質は，次の通りである。

❶ **とう明**…液の中につぶやかたまりは見えない。コーヒーシュガーをとかした水のように色がついていても，とう明であれば水よう液といえる。
色のついた水よう液は特定の光だけを反射させている↵

❷ **均一にまざっている**…水よう液のこさはどこも同じである。

❸ 液をそのままにしておいても，つぶやかたまりが水面にうき出たり底にたまったりしない。

ことば 水よう液，コロイドよう液，けんだく液

• 水よう液

とう明である。
食塩水
コーヒーシュガー

• コロイドよう液

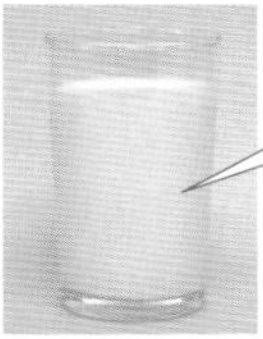
にごっている。

牛乳

• けんだく液

どろがしずむ。

どろ水

参考 シュリーレン現象
氷砂糖やあめを水に入れると，はじめにもやもやしたものが出てくるように見える。これをシュリーレン現象という。

雑学ハカセ シュリーレン現象を利用すると，密度のわずかなちがいで空気や水などのとう明なものの動きを見ることができます。航空機のまわりの気流や，エンジンの内部のようすなど，高速な現象や高温な場所についても観察することができるため，最先たんの研究に使われています。

●**ものをはやくとかす方法**……同じ量，同じ温度の水(ようばい)に同じ量のもの(よう質)をできるだけはやくとかすには次の２つの方法が考えられる。いずれも，とかすもの(よう質)のつぶがより多くの水(ようばい)に接するようにしている。

❶ **かくはんする(かきまぜる)**…かきまぜると，とかすもののつぶの表面が，多くの水と短時間で接するため，とけやすくなる。

❷ **とかすもののつぶを小さくする**…小さくすることで，とかすもののつぶの表面積がふえ，小さくなったつぶが多くの水と接するようになるため，とけやすくなる。

参考 かくはん

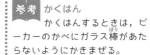

かくはんするときは，ビーカーのかべにガラス棒があたらないようにかきまぜる。

ガラス棒
黒い紙
食塩10g

2 ものが水にとける量★★★

●**ほう和**……ホウ酸や食塩を水の中にどんどんとかしていくと，しだいにとけにくくなり，ある量以上はとけなくなる。このように，一定の量の水にものがこれ以上とけなくなった状態を**ほう和**という。ものによってその量は決まっている。

●**ほう和水よう液**……ほう和状態の水よう液を**ほう和水よう液**という。

●**ものが水にとける量**……一定量の水にとけるものの量には限度があり，それ以上はどんなにかきまぜてもとけない。

水の量を２倍にすると，とけるものの量も２倍になるというように，ほう和状態になるまでにとけるものの量は，水の量に比例する。

また，温度によって，もののとける量の限度が変化する。

とける量
水を２倍にするととける量は２倍になる。
とけ残り
温度を上げるととける量が変わる。

パワーアップ 同じ温度の水の場合，ほう和状態になるまでにとけるものの量は水の量に比例するため，100 g の水にとける食塩の量は約 36 g で，200 g の水になら約 72 g になります。逆に，とかすものについて，18 g の食塩をとかすには少なくとも 50 g の水が必要になります。

3 水よう液の重さ★

●**水よう液の重さ**……水よう液の重さは，水の重さととけているものの重さを合計することで求めることができる。

(水よう液の重さ)
＝(水の重さ)＋(とけているものの重さ)

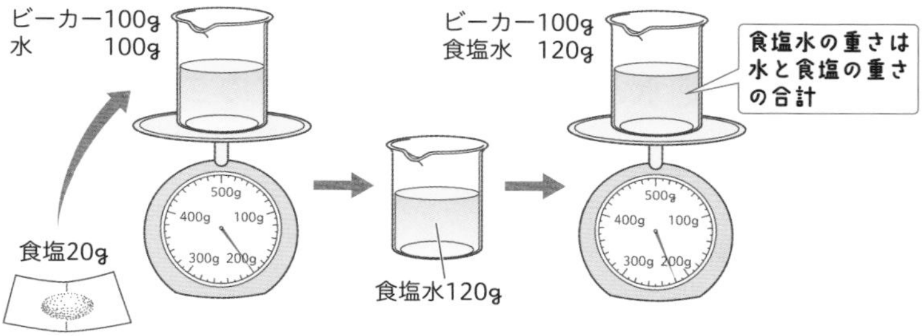

▶食塩を水にとかすと，食塩のつぶは見えなくなるが，食塩がなくなるわけではなく，重さは食塩と水の合計となる。

●**水よう液の重さと体積**……砂糖や食塩のような固体をとかすと，水よう液の重さは重くなる。しかし，水よう液の体積は，水にものをとかしてもほとんど大きくならない。

4 水よう液のこさ（濃度）★★

水よう液のこさ（濃度）の表し方にはいくつかの方法があるが，とけているものの重さが水よう液全体の重さの中でどのくらいの割合であるかを，百分率〔%〕を用いて表すことが多い。

●**こさの表し方**……水よう液のこさは，次のような式で表される。
└→質量パーセント濃度という

水よう液のこさ（濃度）〔%〕

$$=\frac{\text{とけているものの重さ〔g〕}}{\text{水よう液全体の重さ〔g〕}}\times 100$$

$$=\frac{\text{とけているものの重さ〔g〕}}{\text{水の重さ〔g〕}+\text{とけているものの重さ〔g〕}}\times 100$$

参考 ppm
空気中の二酸化炭素など，ごくわずかしかふくまれていない物質の濃度を表すのに用いる単位。空気1 m^3 中に1 cm^3 の気体がまじっていると，1 ppm という。

雑学ハカセ 水よう液をつくるときは必ず，水（ようばい）にとかすもの（よう質）を入れます。固体をとかすことを考えても，固体に水を注ぐと，初めはとかすもののほうが多くきわめてこい状態になるため危険です。水の中に入れていけばゆるやかにとけ始めて全体に広がっていきます。

5 こい水よう液とうすい水よう液★★

●**水よう液のこさと重さ**……水よう液のこさは，とけているものの重さが水よう液全体の中でどのくらいの割合であるかを表している。そのため，同じ体積のとき，こい水よう液のほうがうすい水よう液よりもとけているものの量が多く，重さは重い。
水よりも重いものをとかしたとき

参考 水よう液のこさの比べ方
何がとけているかわからないため，水よう液のこさを，なめて確かめてはいけない。そのため，重さで比べる。

実験・観察

こい食塩水とうすい食塩水の重さのちがい

ねらい こい食塩水とうすい食塩水の重さのちがいを調べる。

方　法 ①こい食塩水とうすい食塩水をつくり，両方ともメスシリンダーで正確に 100 mL にする。

②100 mL のこい食塩水とうすい食塩水を重さの等しいビーカーにそれぞれ移し，上皿てんびんのかたむきで重さを比べる。

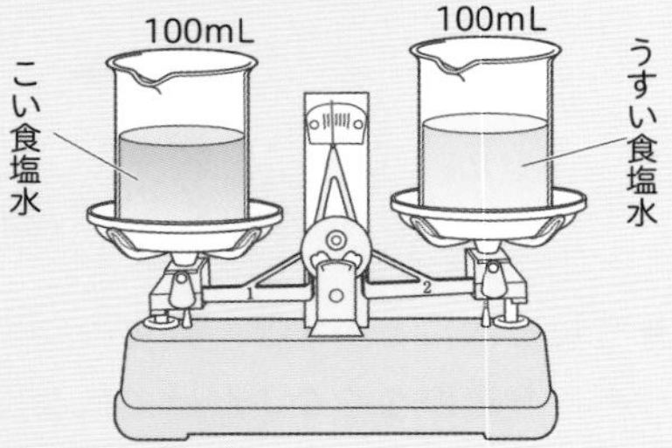

結　果 こい食塩水を入れたビーカーのほうが重い。

わかること 同じ体積の場合，こい食塩水は重く，うすい食塩水は軽い。

●**水よう液のうすめ方**……こい水よう液に水を加えると，うすい水よう液をつくることができる。

例えば，10％のこさの食塩水 100 g を 2 倍にうすめる場合，食塩水全体の量を 2 倍にすればよいので，200 g－100 g＝100 g の水を加えればよいことになる。

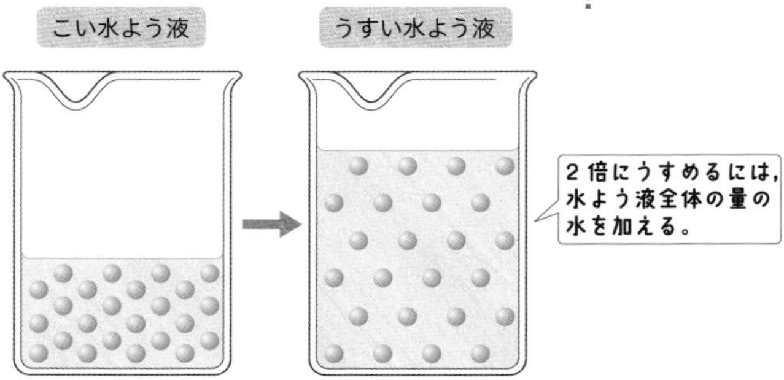

パワーアップ 水よりも軽い物質であるアルコールやアンモニアを水にとかすと，濃度がこくなればなるほど，水よう液にとけているものの重さが軽いので，同じ体積のとき水よう液の重さは軽くなります。

3 水よう液と結しょう

発展 6年 5年 4年 3年

1 水の蒸発と結しょう★

●**結しょう**……水よう液の水を蒸発させると，とけていたものが，そのもの（物質）によって特有の形をしたつぶとなって出てくる。これを**結しょう**という。
↳けんび鏡やルーペで見ると，そのものがわかる

水をゆっくり蒸発させて大きな結しょうにすると，下の写真のような特有の形がわかりやすいものが出てくる。

参考 多結しょう

結しょうのでき方で，大きな単結しょうになるときもあれば，単結しょうがいくつもつながったようになることもある。このような結しょうを多結しょうという。

▲ 食塩の結しょう

▲ ミョウバンの結しょう

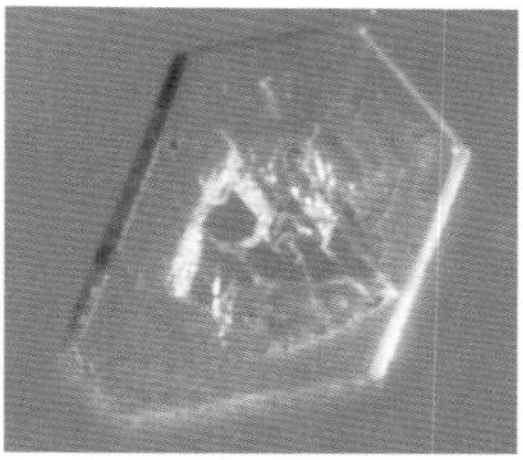

▲ ホウ酸の結しょう

●**結しょうのとり出し方**

❶ **食塩の結しょうのとり出し方**…食塩のほう和水よう液をペトリ皿に入れ，ほこりが入らないようにして静かに置く。
↳浅い容器であればよい

または，蒸発皿に食塩のほう和水よう液を入れ，実験用ガスコンロで加熱をする。

水が蒸発すると結しょうが現れる。

▶水が蒸発するのがはやいと，細かいつぶがたくさんある結しょうが出てくる。水をゆっくり蒸発させると大きなつぶになりやすく，特有の形がよくわかる。

❷ **結しょうの観察**…スライドガラスにほんのわずかの量（1てきの半分くらい）のこい食塩水をとり，双眼実体けんび鏡で観察すると，結しょうが出てくるようすを確かめることができる。このとき，ドライヤーなどで水を蒸発させてもよい。
↳光学けんび鏡でも観察できる

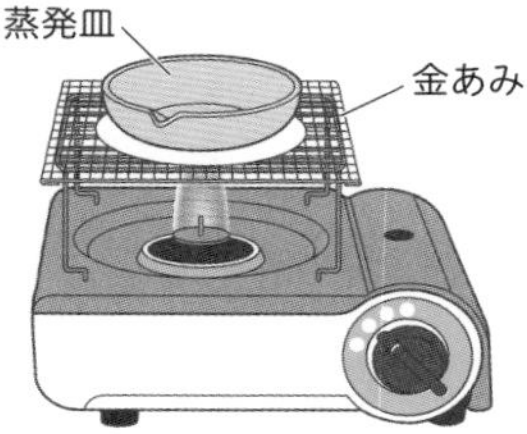

▲ 結しょうのとり出し方

▲ 食塩水を蒸発させたあと

雑学ハカセ にょう素は100 g の水に100 g 以上と，とてもよく水にとける物質です。その結しょうは針状で，つくり方によっては雪が降り積もったような形にすることができます。松ぼっくりにふきつけたり，ろ紙に吸わせたりするときれいな結しょうを成長させることができます。

4 水の温度とものののとけ方

発展 6年 5年 4年 3年

1 温度を上げたときの変化★★

●**温度とものののとけ方**……砂糖は冷たい水よりも，湯のほうがよくとける。これはもののとける量が水温によって変化するからである。(水の温度) とけ方はものによって異なり，**ホウ酸**や**ミョウバン**は高温のほうがよくとけるが，**食塩**は水温を変化させてもとける量はあまり変わらない。

実験・観察

温度を上げたときの食塩・ホウ酸のとけ方

ねらい　温度を上げていくと，食塩やホウ酸のとけ方がどう変化するか調べる。

方　法　①2つの同じビーカーに20°C，100gの水を入れ，それぞれに食塩とホウ酸を1gずつとかし，とける限度を調べる。

②それぞれの水よう液が入ったビーカーを湯につけて（湯せん），40°Cまで温度を上げ，①と同じようにとける限度を調べる。

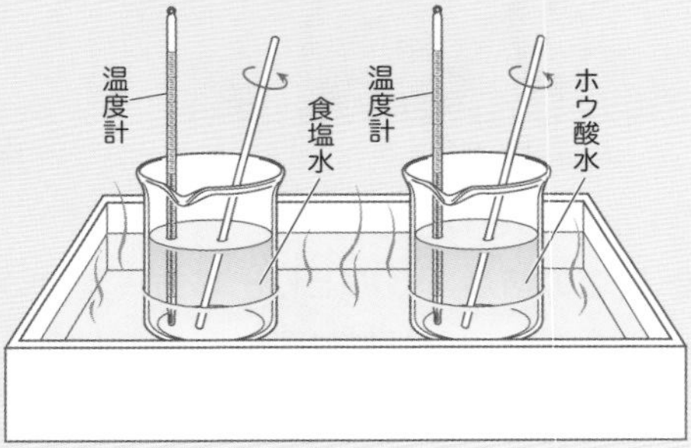

③さらに温度を60°Cまで上げて，同じように調べる。

結　果　食塩は温度が上がってもとける量はあまり増えないが，ホウ酸は温度が上がるとともにとける量が増える。

わかること　ものが水にとける量は，温度によって変化する。

●**水の温度と食塩，ホウ酸のとけ方**……それぞれの温度でとける食塩とホウ酸の量は，次の表のように決まっている。

温度	0°C	20°C	40°C	60°C	80°C	100°C
食塩	35.6	35.8	36.5	37.1	38.0	39.3
ホウ酸	2.7	4.8	8.9	14.3	23.5	37.9

◀100gの水にとける量〔g〕

雑学ハカセ　ホウ酸やミョウバンは，理科の実験だけでなく身のまわりでも使われています。ホウ酸はゴキブリを退治するためのホウ酸だんごなどに使われます。ミョウバンは，ナスのつけものをつくるときにあざやかな色にするために使われるほか，制汗ざいなどとしても使われます。

2 温度を下げたときの変化★★

●**温度と結しょうのとり出し方**……ものが水にとける量は温度によって決まる。温度を下げると，とけきれなくなったものが結しょうとして出てくる。このとき急激に冷やすと細かいつぶとなって出てくるが，ゆっくり冷やすと大きなつぶとなって出てくる。

（↳とかすものによって異なる）

実験・観察

水温を下げたときのホウ酸水のようす

ねらい　ホウ酸水の温度を下げていくと，どのように変化するか調べる。

方　法　①60°C の水 100 g に，ホウ酸をとかせるだけとかす。

②ビーカーをそのまま置いておき，水温が 20°C くらいにまで下がったときのようすを観察する。

③とけきれなくなって出てきたホウ酸を右の図のようにろ過する。ろ過された液を氷の入った容器の中に入れ，さらに水温を 0°C 近くまで下げたときのようすを観察する。

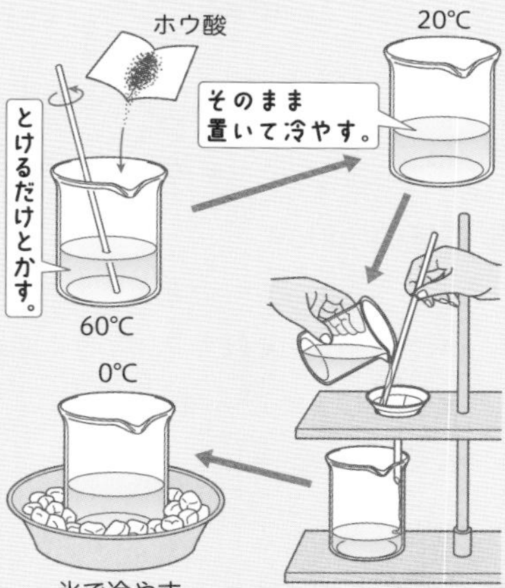

結　果　• 60°C，100 g の水に，ホウ酸は約 15 g とける。温度が 20°C くらいまで下がると，液の底や表面に多くのホウ酸が出てくる。

• ろ過された液はとう明であるが，氷でさらに温度を下げると，ほんの少しではあるがホウ酸が出てくる。

わかること　温度が下がると，ホウ酸はとけきれなくなって出てくる。

パワーアップ　結しょうは，物質によって形が異なります。食塩の結しょうは立方体，ミョウバンの結しょうは正八面体をしています。雪の結しょうは，基本的に六角形をしていますが，そのときの気温や水蒸気量などによって1つ1つ形が異なります。

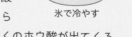

3 ろ過の方法★

●**ろ過**……液体の中にとけきれなくなって出てきた固体の小さなつぶは，ろ紙とろうとを使って，**ろ過**という方法で固体と**液体（ろ液）**に分けることができる。この方法により，液体はろ紙を通るが，固体の小さなつぶはろ紙上に残る。そのため，こし分けることができる。

●ろ過のしかた

❶ ろ紙の折り方

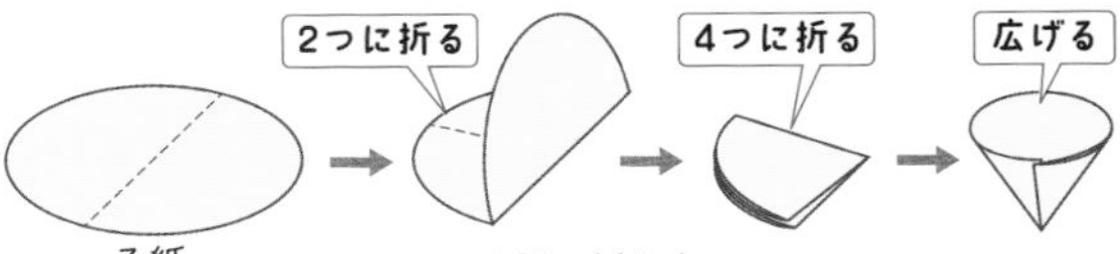

▲ ろ紙の折り方

❷ ろ紙のつけ方

ろうとに円すい形に開いたろ紙を入れ，スポイトや洗じょうびんを使い，水で少しぬらして，ろうとに密着させる。

ろ紙に水をつけて密着させる。
ろうと

❸ ろ過のしかた

▶ろ過する液をガラス棒に伝わらせて，少しずつ注ぐ。

▶ろ紙の上からあふれないように，注ぐ量に注意する。

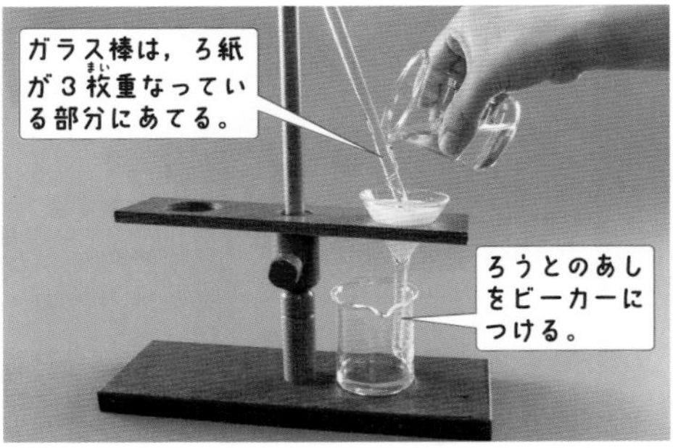

ガラス棒は，ろ紙が3枚重なっている部分にあてる。
ろうとのあしをビーカーにつける。

参考 ろうとの処理
ろうとを使用したあとはていねいに洗い，逆さまにしてトレイなどにならべておく。

ズームアップ ろ過のしかた
➡p.547

参考 ろうとのあし
ろうとのあしの長くなっている側がビーカーのかべにつくようにする。

雑学ハカセ
歯のかわりに「ひげ」があるヒゲクジラのなかまは，小魚やオキアミというプランクトンをおもにえさとしています。クジラに比べてとても小さなこれらのえさを食べるために，クジラはまず海水といっしょにえさを飲みこみ，そのあとひげで海水をろ過しています。

中学入試にフォーカス よう解度とよう解度曲線

❶よう解度

水にとけるものはそれぞれ，温度によってとける量が決まっている。

ものが水にとけることを**よう解**という。また，そのものが一定量の水（ふつうは100 g の水）にとける限度の量のことを**よう解度**という。このとき，水よう液はほう和状態である。また，よう解度はものが水 100 g に何 g とけるかを表しているものなので，単位はない。

とけるものが固体の場合，多くのものは温度が高くなるとよう解度も大きくなる。

●よう解度曲線

右の図のような，100 g の水にとけるものの量が温度によってどのように変化するかを示したグラフのこと。物質による，よう解度のちがいがよくわかる。

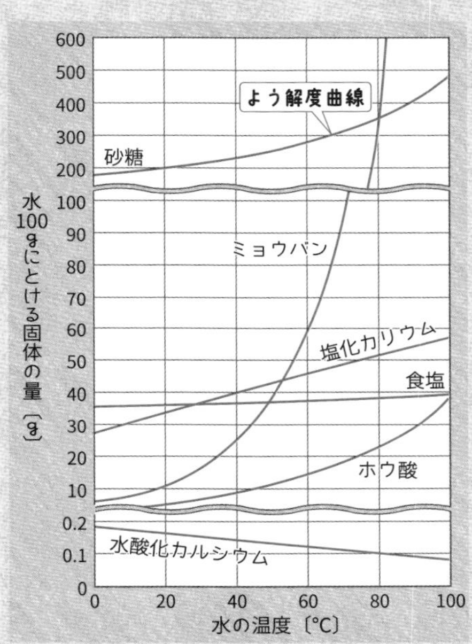

▲ 100gの水にとける量（よう解度曲線）

❷いろいろなもの（物質）のよう解度

▶**ミョウバン（カリウムミョウバン）**…水温が 60°C をこえると，とける量が急激に増える。熱分解によって水を出すため，その増えた水でとける量がさらに増える。

▶**砂　糖**…水の量よりも多くとける。例えば，水の量を 100 g とした場合，温度が 90°C くらいでは，400 g もとける。

▶**食塩（塩化ナトリウム）**…水温が高くなっても，とける量はあまり増えず，温度変化によってとける量がほとんど変わらない。

▶**ホウ酸**…水温が高くなるほど，とける量は増えていく。その変化が比かく的おだやかなため，よう解度の実験によく用いられる。

▶**水酸化カルシウム（消石灰）**…いっぱんに，固体では水温が高くなるほどとける量は増えていくが，水酸化カルシウムは，これと反対で水温が高くなるほどとける量は減っていく。

▶**塩化カリウム**…食塩（塩化ナトリウム）と似ているが，食塩よりも水温が高くなるほどとける量が増える。

入試では よう解度の表から，とけきらずに残っている物質の重さを求めたり，水の量を増やしたときの物質の重さを求める問題が出題されています。また，よう解度から濃度を求める計算も出題されています。

❸結しょうのとり出し方

結しょうをとり出すには，水を蒸発させる以外に水よう液の温度を下げる方法もある。

●水よう液の温度を下げる

温度が高くなるとよう解度が大きくなる物質の水よう液の温度を下げると，よう解度が小さくなり，とけきれなくなった物質が結しょうとして現れる。この方法で，ホウ酸やミョウバンの結しょうをとり出すことができる。しかし，食塩のようによう解度があまり変化しない物質では，あまり結しょうをとり出すことができない。

●とり出すことができる結しょうの量の求め方

よう解度曲線から，ある水よう液からどのくらいの量の結しょうをとり出すことができるかを求めることができる。

▶60°C，100 g の水に 50 g のミョウバンをとかした水よう液の温度を 40°C に下げる場合

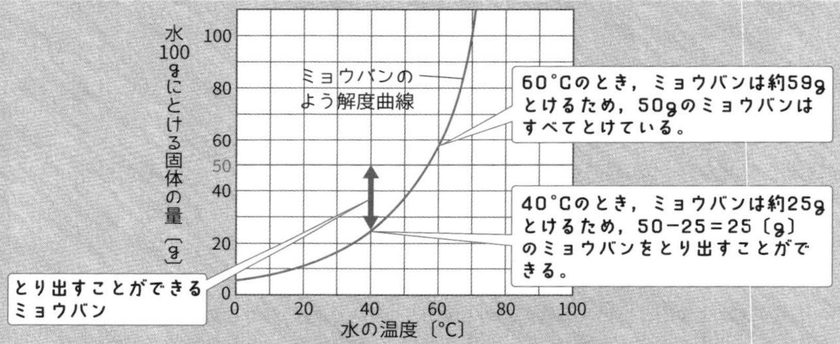

●温度によるよう解度のちがいを利用したミョウバンの結しょうのとり出し方

ミョウバンのほう和水よう液を入れたビーカーに，小さな結しょうを先につけた銅線をたらし，保温用の発ぽうポリスチレンの箱の中で静かに1日かけてゆっくりと冷やすと，2 cm 程度の結しょうが銅線の先に成長する。

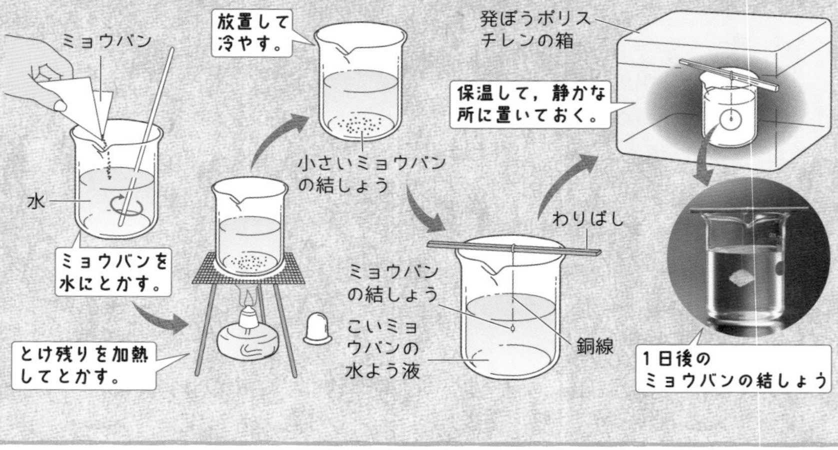

入試では よう解度曲線からとり出すことができる結しょうの量を求める問題では，最初に加えた物質の量にも注意が必要です。最初からよう解度より多い物質を加えている場合は，とけ残りがあります。

入試のポイント

絶対暗記ベスト3

1位 密　度　1 cm^3 あたりのものの重さを密度という。密度は，物質によって決まっているため，物質を区別するのに用いることができる。

$$密度〔g/cm^3〕=\frac{ものの重さ〔g〕}{ものの体積〔cm^3〕}$$

2位 水よう液のこさ（濃度）　水よう液のこさは，とけているものの重さが水よう液全体の中でどのくらいの割合であるかを百分率〔%〕で表すことで示される。

$$水よう液のこさ（濃度）〔\%〕=\frac{とけているものの重さ〔g〕}{水よう液全体の重さ〔g〕}\times 100$$

3位 よう解度　同じ温度の一定量の水にとけるものには限度があり，その限度の量をよう解度という。よう解度は物質によって異なっている。また，同じ物質でも水温によって異なる。

1 水よう液の重さ

- 水よう液の重さは，（**水の重さ**）+（**とけているものの重さ**）で求めることができる。
- 同じ体積のとき，こい食塩水とうすい食塩水では，こい食塩水のほうがとけているものの量が多く，重さは重くなる。

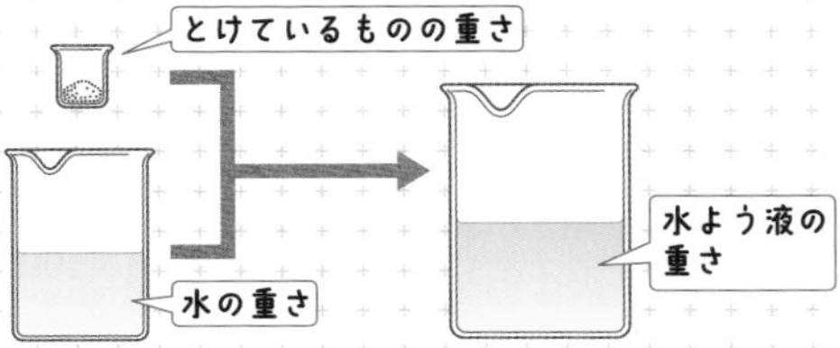

2 水よう液中の結しょうのとり出し方

- **結しょう**…そのもの（物質）によって特有の形をしたつぶのこと。次のような方法でとり出すことができる。

水を蒸発させる	固体がとけている水よう液は，水を蒸発させると，中にとけているものをとり出すことができる。
冷やしてとり出す	温度が高くなるととける量が増えるものについては，温度を下げることでとけきれなくなったものを結しょうとしてとり出すことができる。

重点チェック

□	❶ 地球がものを引っ張る力を［　　］といい，その大きさを［　　］といいます。	❶重力，重さ p.458
□	❷ 地球上では，ものの［　　］や［　　］が変わっても，ものの重さは［　　］。また，置き方によっても重さは［　　］。	❷形，状態，変わりません，変わりません p.458, 459
□	❸ 同じ体積の鉄とアルミニウムでは，［　　］のほうが軽いです。	❸アルミニウム p.459
□	❹ 1 cm^3 あたりのものの重さを［　　］といいます。	❹密度 p.460
□	❺ 食塩やコーヒーシュガーを水に入れてよくかきまぜると，［　　］な［　　］ができます。このときのこさはどの部分も［　　］です。	❺とう明，水よう液，同じ p.461
□	❻ 牛乳のようにとう明でない液体を［　　］，どろ水のように静かに置いておくとどろがしずむものを［　　］といって，［　　］とは区別されます。	❻コロイドよう液，けんだく液，水よう液 p.461
□	❼ ものをはやくとかすには［　　］する方法と，とかすもののつぶを［　　］する方法があります。	❼かくはん，小さく p.462
□	❽ 一定量の水にとけるものの量が限度に達した状態を［　　］といいます。このような液を［　　］といいます。	❽ほう和，ほう和水よう液 p.462
□	❾ 水よう液の重さは，水の重さ＋［　　］の重さ で表されます。	❾とけているもの p.463
□	❿ 水よう液のこさ〔%〕$=\dfrac{[\quad]〔g〕}{水よう液全体の重さ〔g〕}\times 100$	❿とけているものの重さ p.463
□	⓫ こい砂糖水とうすい砂糖水の重さを同じ体積で比べると，こい砂糖水のほうが［　　］なります。	⓫重く p.464
□	⓬ 水よう液の水を蒸発させると［　　］が出てきます。［　　］はものによって特有の［　　］をしています。	⓬結しょう，結しょう，形 p.465
□	⓭ 水の温度によって，もののとける量は［　　］します。	⓭変化 p.466
□	⓮ 一定量の水にとけるものの量には［　　］があり，この量を［　　］といいます。	⓮限度，よう解度 p.469
□	⓯ ミョウバンなどは，ほう和水よう液の温度を下げると，とけきれなくなって［　　］が出てきます。	⓯結しょう p.470

チャレンジ！ 思考力問題

レベル3 レベル2 レベル1

●下の表は，それぞれの温度で，水 100 g にとけることのできるミョウバンの重さを表しています。あとの問いに答えなさい。　【大谷中】

温　度〔°C〕	0	20	40	60	80
水 100 g にとける重さ〔g〕	5.7	11.4	23.8	57.3	320.9

(1) 60°C の水 200 g にミョウバンを 200 g 入れてよくかきまぜました。とけ残りは何 g できますか。

(2) 80°C の水 250 g にミョウバンを 280 g とかしました。この水よう液を 40°C まで冷やしたときに，できるとけ残りは何 g ですか。

(3) 60°C の水100 gにミョウバン20 g を入れ，完全にとかしました。正しいものを，次の**ア**～**オ**からすべて選び，記号で答えなさい。

ア　この水よう液に水 20 g を加えると，濃度は低くなる。
イ　この水よう液の上のほうを 20 g 捨てると，濃度は高くなる。
ウ　この水よう液をちょうど半分捨てたとき，濃度は半分になる。
エ　この水よう液を 40°C まで冷やしたとき，濃度は変わらない。
オ　この水よう液を 20°C まで冷やしたとき，濃度は低くなる。

キーポイント

- それぞれの温度での水 100 g にとけるミョウバンの量を読みとる。
- とけるものの量は水の量に比例する。

正答への道

表から，数値を読みとるだけでなく，右のような横軸に温度，縦軸にとけるものの重さの関係を示すグラフをかくと，問題文を読みとりやすくなる。

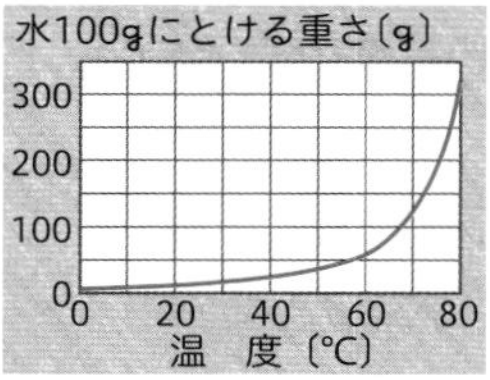

(1)では，60°C の水 200 g には 57.3×2＝114.6〔g〕とけるため，200－114.6＝85.4〔g〕とけ残る。

(2)では，80°C の水 250 g には 280 g のミョウバンはすべてとけている。40°C の水 100 g には 23.8 g とけることから，250 g の水には 2.5 倍の 23.8×2.5＝59.5〔g〕とける。そのため，とけ残りは 280.0－59.5＝220.5〔g〕となる。

水よう液は液のどの部分も均一である。特にミョウバンは温度が高くなると大量に水にとけるが，温度が低いとあまりとけないという特ちょうがある。

答え

(1) **85.4 g**　(2) **220.5 g**　(3) **ア，エ，オ**

レベル3
レベル2
レベル1

チャレンジ! 作図・記述問題

●**次の文を読んで，あとの問いに答えなさい。** **【智辯学園奈良カレッジ中】**

水の入った容器(ようき)の中に発ぽうポリスチレンを入れると，発ぽうポリスチレンは水にうきます。水の入った容器の中に鉄くぎを入れると，鉄くぎは容器の底にしずみます。水にうくかどうかは水と水の中に入れた物体の密度(みつど)の大きさを比(くら)べることによってわかります。物体の密度が水の密度より小さい場合はうき，大きい場合はしずみます。水の密度は 1.0 g/cm^3 です。

(1) 表は，**物体X，Y**の重さと体積をはかり，水に入れたときのうきしずみの結果を表したものです。表の**ア～ウ**にあてはまる数字またはことばを答えなさい。

	重さ〔g〕	体積〔cm^3〕	密度〔g/cm^3〕	水にたいするうきしずみ
物体X	40	50	0.8	ア
物体Y	42	24	イ	ウ

(2) 水が入ったコップに氷を入れると，氷はうきました。氷が水にうく理由を「重さ」「体積」「密度」の3つのことばを用いて，説明しなさい。

(3) 密度が 1.25 g/cm^3 である**物体Z**があります。20°C の水 150 g が入ったビーカーに**物体Z**を入れると，しずみました。そのビーカーに食塩を加えてとかしていくと，**物体Z**はうきあがりました。次の①，②に答えなさい。ただし，20°C の水 100 g に食塩は最大 37.8 g とけ，食塩をとかした前後で液体の体積は変化しないものとします。

① 20°C の水 150 g にとける食塩は最大何 g ですか。

② 食塩を何 g よりも多く加えたとき，**物体Z**はうきあがりますか。

キーポイント

液体(えきたい)の密度と比べて，密度が小さいものはうき，大きいものはしずむ。

正答への道

(2) 重さが同じとき，体積が大きいほうが密度は小さくなる。

(3) ② 食塩水の密度が，**物体Z**の密度より大きくなったとき，**物体Z**はうきあがる。

解答例

(1) アーうく　イー1.75　ウーしずむ

(2) 水が氷になるとき，重さは変わらないまま，体積は大きくなるので，密度は水より小さくなるから。

(3) ① 56.7 g　② 37.5 g

ここからスタート！

第4編

物質

第3章 ものの燃え方と空気

ものが燃えるってどういうこと？

わたしたちは，昔からいろいろなところで火を使ってきました。また身のまわりのものには燃えやすいものと燃えにくいものがあります。このちがいは何なのでしょうか。「燃える」ということを，空気と関連づけて考えてみましょう。

学習することがら

1. 火と空気
2. ものが燃えたあとの空気
3. ものを燃やすはたらきのある気体
4. 燃える気体とほのお
5. 金属の燃焼と酸化
6. いろいろな気体

1 火と空気

発展 6年 5年 4年 3年

1 空気の流れと燃え方 入試重要度★★

●**空気の量と燃え方**……ろうそくに火をつけて，大きな容器と小さな容器に入れて新しい空気が入らないようにすると，大きな容器の中のほうが長く燃え続ける。このことから，ろうそくなどが燃えるためには**空気**が必要であり，長く燃えるには空気の量が多いほうがよいことがわかる。

同じ大きさの容器にろうそくを入れた場合でも，新しい空気が入ってくるようなしくみにすれば，たくさんの空気を燃やすために使うことができるので，消えずに燃え続ける。

●**空気の流れと燃え方**……底を切りとったペットボトルを火のついたろうそくにかぶせると，下の図のA～Cはしばらくすると火が消える。DとEはろうそくの火であたためられた空気が**対流**をおこし，ペットボトルの中に新しい空気が入るため，燃え続ける。F～Hも同じように，新しい空気が入るため燃え続けることができる。

ズームアップ 空気 ➡p.478

参考 空気の流れ
火のついたせんこうのけむりで，空気の流れがわかる。

ズームアップ 対流 ➡p.441

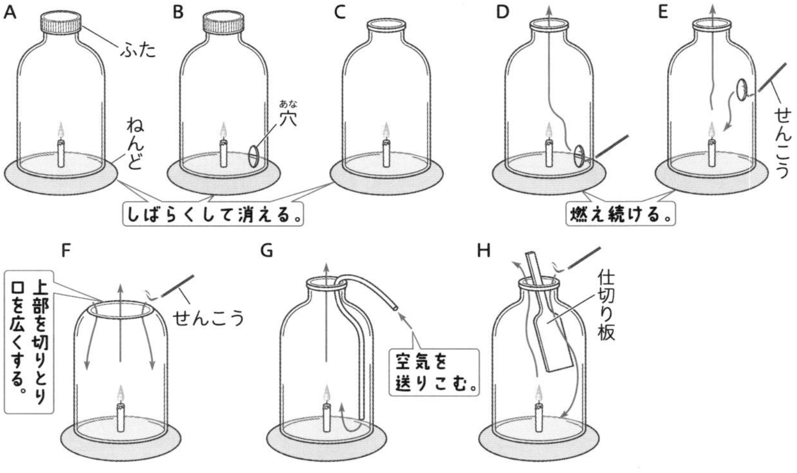

パワーアップ 容器の中に入れたろうそくが燃え続けるためには，火であたためられた空気が対流のため上に移動してぬける所と，新しい空気が入る所があるしくみになっていることが必要です。

2 ものが燃え続けるための条件★

ものが燃え続けるためには，次の３つの条件が必要である。また，火を消すためには３つの条件のうち，１つをなくせばよい。

●ものが燃え続ける３つの条件

❶新しい空気の出入りがあること。（酸素がじゅうぶんにあること）
❷燃えるものがあること。
❸発火点以上の温度が保たれていること。

❶ 新しい空気の出入りがある…新しい空気が入らないような閉じこめた容器の中などでろうそくを燃やすと，ろうそくはまだ残っているのに火は消えてしまう。

例えば，キャンプファイヤーや飯ごうすいさんでは，新しい空気が入るように，すきまができるようにして木を組むと，よく燃える。ガスバーナー（└→加熱器具）の空気調節ねじやガスコンロの空気とり入れ口も，ガスと空気をまぜて，よく燃えるようにするしくみになっている。

❷ 燃えるものがある…ろうそくの火に息や風をあてると火が消える。これは，燃えていたろうの気体がふき飛ばされ，燃えるものがなくなったためである。

❸ 発火点以上の温度が保たれている…ろうそくの火にきりふきなどで水をかけると，火が消える。これは，水によって温度が下げられ，燃え続けるための温度が保てなくなったからである。

▲ キャンプファイヤー

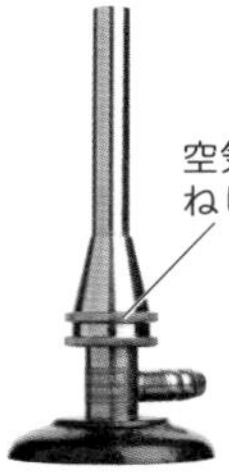

▲ ガスバーナー

ことば 発火点
ものが発火する（燃え出す）ための最低温度のこと。

新しい空気が入らない

燃えるものが飛ばされる

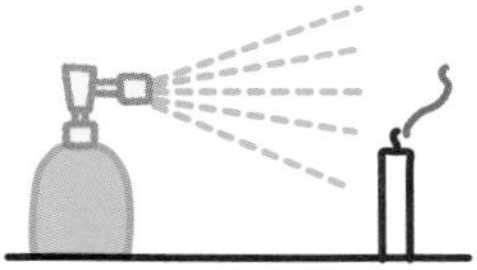
温度が下がる

パワーアップ ろうそくは，原料（パラフィンワックス）に炭素が多くふくまれています。炭素は植物や動物には必ずふくまれているもので，植物からつくられる紙や木材，また動物や植物の化石である石油や石炭にもふくまれています。炭素がふくまれるものを有機物といいます。

発展 6年 5年 4年 3年

2 ものが燃えたあとの空気

1 燃える前の空気の成分★★

空気は，全体の約78％のちっ素と，約21％の酸素，その他の気体約1％がまざり合ってできている。
（空気：いろいろな気体がまざり合ったもの）
その他の気体としては，無色でにおいがないアルゴンという気体がほとんどで，二酸化炭素は約0.04％である。また，水蒸気も気体として混合しているが，場所や時間によって変化するので，ふつうは成分にふくめない。
（水蒸気：液体の水が気体になったもの）

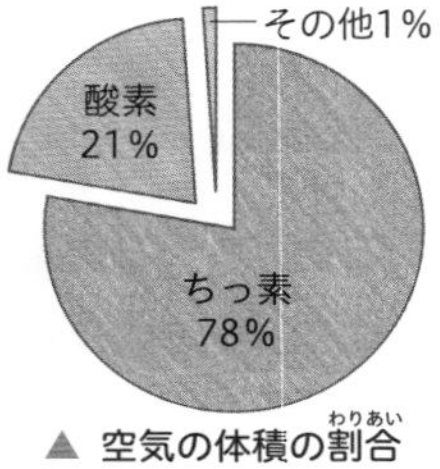

▲ 空気の体積の割合

実験・観察

ろうそくが燃えたあとの空気の変化

ねらい びんの中でろうそくを燃やすと，びんの中の空気はどのようになるかを調べる。

方　法 ①気体検知管（酸素用，二酸化炭素用）を使って，ろうそくを燃やす前の酸素，二酸化炭素の体積の割合をはかる。
②集気びんの中に火のついたろうそくを入れ，ふたをして火が消えるまで待つ。
③火が消えたあと，集気びんからろうそくをとり出し，びんの中に気体検知管を入れて酸素と二酸化炭素の割合を調べる。

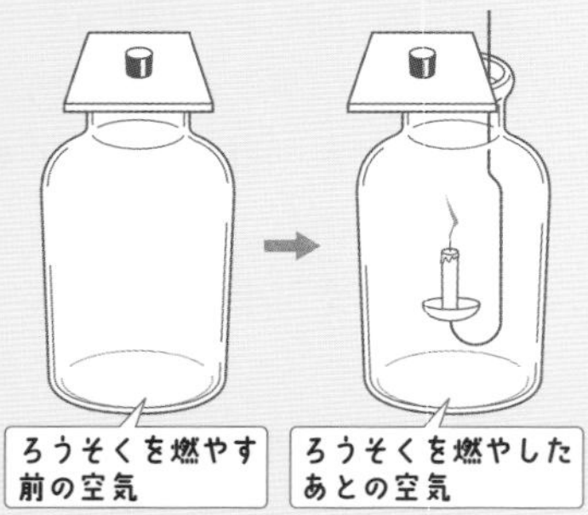

結　果 火が消えたあと，空気中の酸素が減り，二酸化炭素が増える。

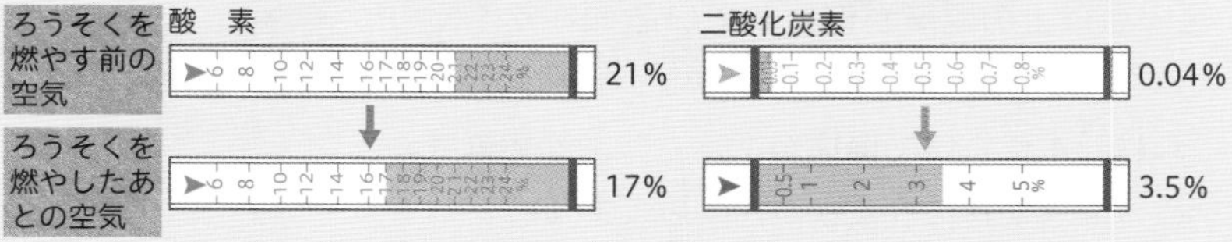

わかること ものが燃えるとき，酸素が使われ，二酸化炭素ができる。

▶**二酸化炭素の確認**…石灰水を入れてよくふると，白くにごることで確認できる。

パワーアップ 二酸化炭素があると石灰水が白くにごるのは，二酸化炭素が水にとけ，水酸化カルシウム（消石灰）と結びついて，炭酸カルシウムという固体ができるからです。炭酸カルシウムは，ほとんど水にとけません。

2 二酸化炭素の性質★★★

二酸化炭素には，次のような性質がある。

▶色，におい，味がない気体である。

▶空気より重い。(空気の約 1.5 倍の重さがある。)

▶水に少しとける。(20°C の水 1 cm³ に約 0.9 cm³ とけ，0°C の水 1 cm³ に約 1.7 cm³ とける。)

▶**石灰水**を白くにごらせる。

▶ものを燃やすはたらきはない。

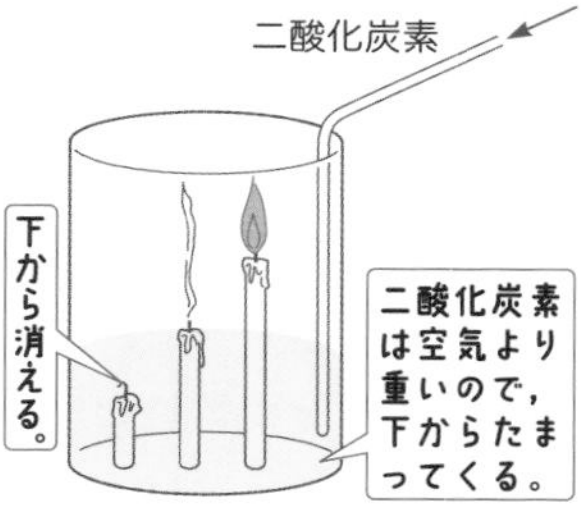
二酸化炭素
下から消える。
二酸化炭素は空気より重いので，下からたまってくる。

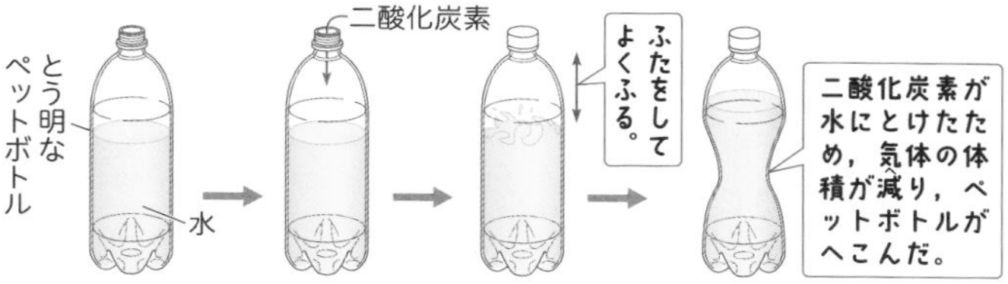
とう明なペットボトル
水
二酸化炭素
ふたをしてよくふる。
二酸化炭素が水にとけたため，気体の体積が減り，ペットボトルがへこんだ。

●**二酸化炭素の利用**……二酸化炭素は生活の中で次のようなものに利用される。また，植物の成長にも欠かせないものである。

▶**ドライアイス**…二酸化炭素を約 −80°C に冷やして固体にしたもの。ドライアイスは空気中で温度を上げて気体になるときに，水が氷から水蒸気になる際に見られるような液体の状態をとらずに，そのまま気体の二酸化炭素にもどる。ドライアイスを空気中に放置したり，水に入れると白いけむりが上がるが，二酸化炭素はとう明で見えないので，白く見えるのは空気中にある水蒸気が冷やされて小さな水てきになったものである。

▶**炭酸飲料水**…飲料水に二酸化炭素をとかしたもの。「炭酸水」，「炭酸」と略してよぶこともある。温度が低いほうが二酸化炭素は水によくとけるので，炭酸飲料水は冷やしたほうがよい。

▶**光合成**…植物が二酸化炭素と水から，太陽の光を使って栄養分をつくり出すこと。

ことば 石灰水
水酸化カルシウム（消石灰）のほう和水よう液。

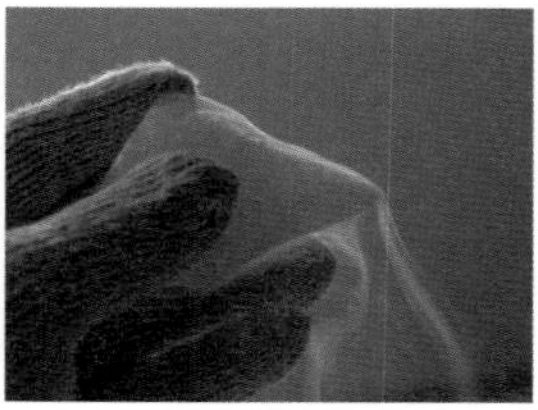

▲ ドライアイス

ズームアップ 光合成 ➡p.83

パワーアップ 二酸化炭素は温室効果ガスの1つです。石油や石炭を燃やすと，二酸化炭素が空気中に出されるため，温室効果が高まります。これが地球温暖化の原因であると考えられています。新しいエネルギーとして，二酸化炭素を出さないようなものの開発が必要です。

3 ものを燃やすはたらきのある気体

発展 6年 5年 4年 3年

1 ものを燃やすはたらき★★★

●**酸素のはたらき**……酸素はものをよく燃やすはたらきがあり，酸素そのものは燃えない。これを**助燃性**という。

ものが燃え続ける条件として，新しい空気が必要であるが，これは燃えるのに使われる空気中の酸素が必要ということである。新しい空気の出入りがなく，酸素が不足すると火が消えてしまう。

燃やす前（酸素約21％）

燃やしたあと（酸素約17％）

▲閉じこめた容器内の酸素の割合

▶**ものを燃やしたあとの酸素**…閉じこめた容器の中で燃えていたろうそくの火が消えても，容器内の酸素がまったくなくなったわけではなく，空気中のおよそ$\frac{1}{5}$より少なくなっただけであり，酸素はまだ残っていることに注意する。

▶逆に，空気中の酸素が多いと，ものの燃え方が激しくなる。

●**ものを燃やしたあと**……わりばしやろうそくなど，植物からつくられたものは**炭素**をふくんでいるので，燃えると酸素が使われ**二酸化炭素**ができる。**植物体**ではない鉄には炭素がふくまれていないので，炭素が入っていない鉄が燃えても酸素は使われるが，二酸化炭素は発生しない。

ことば 植物体
植物からとられたり，つくられたりしたもの。わりばし，でんぷん，砂糖，紙，ろうそく，木炭など。

くわしい学習 化学反応（化学変化）

ろうそくなどが燃えると二酸化炭素が発生するのは，植物体にふくまれている炭素と空気中の酸素が結びつくからである。このように，物質にふくまれている小さなつぶ（原子という）どうしの結びつきが変わることを化学反応（化学変化）という。化学反応がおこるときには，必ず熱の出入りがおきている。木を燃やすとあたたかいのはそのためである。

雑学ハカセ 植物体は，炭素以外にも水素を多くふくんでいます。水素が酸素によって燃えると，水ができます。そのため，まきを燃やすと，ガラス窓に水てきが多くできます。

4 燃える気体とほのお

発展 6年 5年 4年 3年

1 燃える気体★★

●**しんの役目**……蒸発皿(じょうはつざら)に，液体(えきたい)のろうや油を入れて，そこに火をつけても燃えない。しかしこのろうや油を入れた蒸発皿に，太い糸などを「しん」として入れて火を近づけると，しんの先でよく燃(も)える。

└→よう液を加熱し，とけているものをとり出す器具

●**ろうそくの燃え方**……火がついている，ろうそくのしんの根もとのろうがとけている部分に，赤いチョークの粉(こな)などをふりかけると，粉がしんをのぼっていく。これは，ほのおの熱でとけた液体のろうがしんを伝わってのぼり，のぼったろうがほのおへ近づき液体から気体に変化して，それがほのおとして燃えているからである。ろうそくのしんは，ろうを気体にしやすくしている。気体になったろうは，燃えやすい性質(せいしつ)に変化する。

参考 ろうそくの燃焼(ねんしょう)

ろうそくの燃焼のしくみを観察する似(に)たような実験は，イギリスの科学者マイケル・ファラデーが行ったクリスマスレクチャー「ろうそくの科学」として有名である。

▲マイケル・ファラデー (1791～1867)

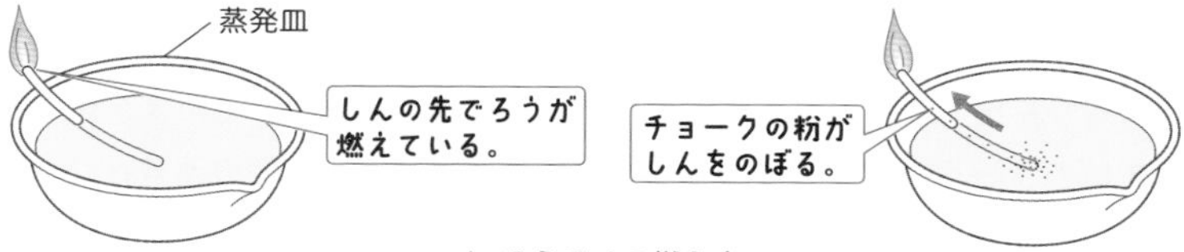
蒸発皿
しんの先でろうが燃えている。
チョークの粉がしんをのぼる。

▲ ろうそくの燃え方

2 ろうそくのほのおのつくり★

ろうそくのほのおを観察すると，3つの部分からできていることがわかる。

えん心	しんにいちばん近い所の暗い部分
内えん	えん心の外側の最も明るい部分
外えん	いちばん外側の光のうすい部分

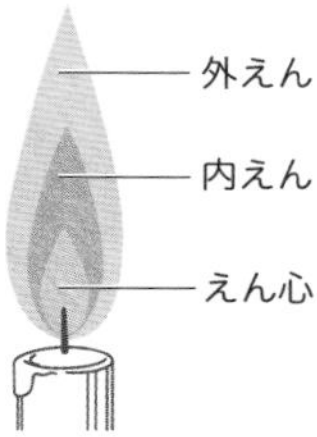
外えん
内えん
えん心

▲ ほのおのつくり

●**えん心**……液体のろうがほのおの熱のため，気体になっている部分。温度が最も低く，空気(酸素(さんそ))にふれていないため，燃えていない。

●**内えん**……ろうの気体が熱せられると，炭素や水素

雑学ハカセ 『ろうそくの科学』は，ろうそくが燃えるときにおこるさまざまな現象(げんしょう)をいろいろな視点(してん)で解説(かいせつ)しているものです。書籍化(しょせきか)され，日本語訳(やく)も出版(しゅっぱん)されています。

の小さなつぶに分解される（**熱分解**）。分解された炭素の小さなつぶは，じゅうぶんに空気（酸素）にふれていないため，「すす」となって熱せられてかがやき，いちばん明るい光を出している。

●**外えん**……気体となったろうが空気（酸素）にじゅうぶんにふれているので，完全に燃えている部分。そのため温度は最も高い。

ことば **熱分解**
加熱により，いろいろな成分に分解すること。特に炭素だけにする場合は，**炭化**という。

実験・観察

ろうそくの燃え方とほのおのしくみ

ねらい　ろうそくはどのようなしくみで燃えているのか，ほのおの温度との関係を調べる。

方　法　①ほのおの内側（えん心）にガラス管をさしこみ，ガラス管の先から出てくる白い気体に火をつけてみる。
②ぬれたわりばしを3本横にならべて，下の図のようにろうそくの中に入れて，こげ方のちがいを観察する。

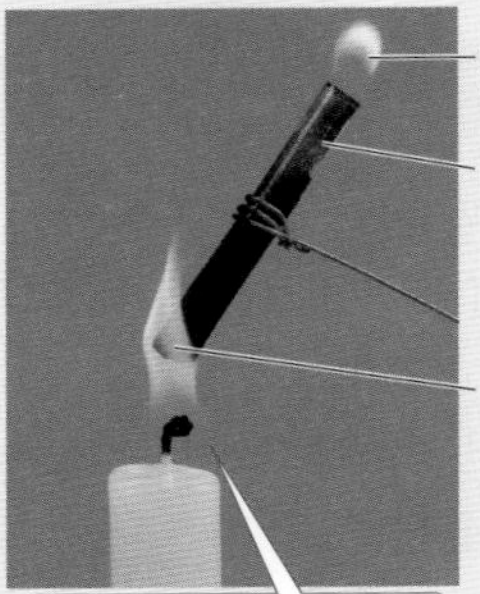
燃えるろうの気体
ガラス管
ガラス管をえん心に入れる。
ろうの気体をとり出す。

結　果　ガラス管から出てくる白い気体に火を近づけると燃え出し，そのまま燃え続ける。またろうそくのほのおに入れたぬれたわりばしは，外側の部分がはやくこげ，内側の部分は外側よりおそく，まわりの部分だけこげる。

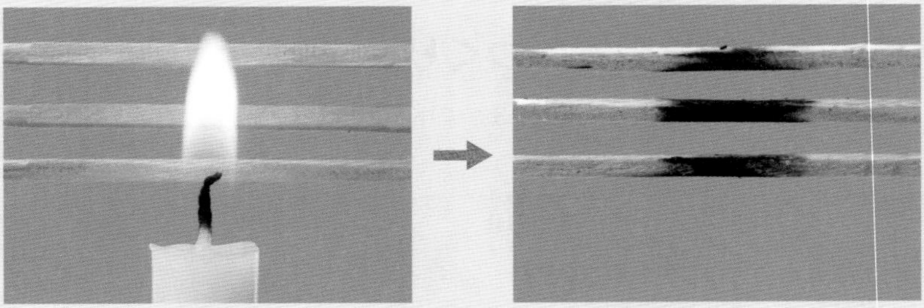

わかること　ろうそくは内側より外側の部分のほうが温度が高い。またろうそくの内側の部分は酸素にふれていないので，熱でろうが気体となっていて燃えてはおらず，酸素とふれさせると燃やすことができる。（①の実験で出てきた白いけむりは，まだ燃えていない気体のろうである。）

雑学ハカセ　ろうそくは，いっぱん的には石油からできる「パラフィン」を主成分にしていますが，ハゼの実など植物由来の成分からできたものもあります。

3 燃料として用いられる液体・気体の例★

燃料(ねんりょう)として用いられる液体(えきたい)や気体には，次のようなものがある。

▶**アルコール**…液体の燃料。すすの出方が少なく，燃(も)やしたときのほのおはろうそくより温度が高い。

▶**水(すい)　素(そ)**…最も軽い気体$\left(\text{空気の約}\ \frac{1}{14}\right)$で，空気中で火を近づけると，空気中の酸素(さんそ)と反応(はんのう)してばく発する。燃料電池の燃料である。

▶**液化石油ガス(LP ガス)**…**プロパン**という気体が主成分の燃料。**プロパンガス**ともよばれる。無色でにおいがなく，空気よりも重い(空気の約1.5倍)。

ことば　アルコール
炭素・酸素・水素の小さなつぶからできた化合物(かごうぶつ)。メタノールやエタノールなどがあり，アルコールランプの燃料。メタノールは有毒(ゆうどく)なので，蒸気(じょうき)をすわないこと。

4 木のむし焼き(かん留)と燃える気体★

木を空気(酸素)にふれないようにして熱すると，木は燃えずに熱で分解(ぶんかい)され，次のものに分かれる。

▶**木ガス**…ほのおを上げて燃える気体。

▶**木タール**…かっ色のどろどろとした液体。試験管のガラスについて，落ちにくい。

▶**木さく液**…黄色い液体で，し激(げき)のあるにおいがある。

▶**木　炭**…黒い固体で，炭素がおもな成分である。
↳ダイヤモンドも炭素でできている
木炭は燃える気体が出たあとの残りなので，熱しても赤く燃えるだけでほのおを出さない。

ことば　かん留(りゅう)
空気にふれさせないようにして，熱分解をすること。かん留は，木材から木炭，石炭からコークスなどをつくる方法でもある。

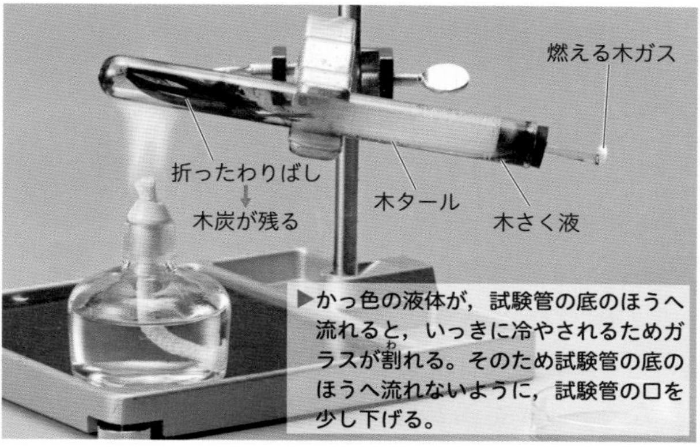

▶かっ色の液体が，試験管の底のほうへ流れると，いっきに冷やされるためガラスが割(わ)れる。そのため試験管の底のほうへ流れないように，試験管の口を少し下げる。

▲ 木のむし焼き

雑学ハカセ　焼肉店やバーベキューで，炭(木炭)が利用されるのは，ほのおやけむりが出ずに，一定の熱を出すからです。これは木炭の成分のほとんどが炭素のみなので，じゅうぶんな酸素があれば二酸化炭素しか出ないからです。

5 金属の燃焼と酸化

発展 6年 5年 4年 3年

1 金属の燃焼と酸化★★

金属には植物体のように炭素が入っていないので，空気中で熱しても酸素と炭素が結びついた二酸化炭素は発生しない。しかし燃焼させることで空気中の酸素が金属に結びつくと，加熱前の金属の性質とちがう物質に変化する。また金属は気体になる温度が非常に高いので，酸素と金属が結びつくときの温度では燃える気体にはならず，ほのおは発生しない。

ことば 酸　化
酸素（空気中）と結びつく反応。鉄と酸素が結びついたものを酸化鉄とよぶ。銅やアルミニウムが酸素と結びつくと，酸化銅，酸化アルミニウムになる。

●**金属の加熱後の変化**……次の金属を熱すると，下の表のように変化する。

	鉄のくぎ	スチールウール	銅　板
色	銀色から黒色になる	銀色から黒色になる	赤茶色から黒色になる
光たく	なくなる	なくなる	なくなる
重　さ	熱したあとは重くなる	熱したあとは重くなる	熱したあとは重くなる
電　気	熱したあとは通さない	熱したあとは通さない	熱したあとは通さない
磁　石	熱したあとも磁石につく（中までは酸化されていないため）	熱したあとは磁石につかない	熱する前もあとも磁石につかない

酸素と結びつく前とあとでは，金属の性質が変化している。空気中の酸素が金属と結びつくため，熱する前より熱したあとのほうが重くなる。

ことば スチールウール
鉄を細いせんい状にしたもの。金たわしともよばれる。

2 燃焼とさび★

●**燃　焼**……熱や光を放出しながら激しく進行する酸化のこと。

●**さ　び**……金属がゆっくりと酸素と結びついて酸化されること。鉄は水分が多いところでは**赤さび**ができ，水分が少ないところでは**黒さび**ができる。

▶**腐　食**…さびると金属のもっていた性質がなくなり，材料として使えなくなる。特に電気を通さなくなったり，もろくなったりするような現象をいう。

▲さ　び

雑学ハカセ 金属を空気（酸素）や水にふれさせないようにすると酸化がおきるのを防ぐことができます。金属に油やペンキをぬったり，ステンレス加工やめっき（金属のまくでおおうこと）をするのはこのためです。

中学入試にフォーカス 金属の燃焼と重さ

❶植物体の燃焼と金属の燃焼のちがい

燃焼は，空気中の酸素と結びつくことである。金属も酸素と結びついて，光や熱を出す燃焼をおこす。

●植物体の燃焼

発生するものが二酸化炭素や水蒸気であるため，これらは空気中に出ていってしまう。そのため，もともとの植物体の重さより軽くなり，固体として残るのは灰のみになる。

●金属の燃焼

金属には炭素や水素が入っていないため，燃焼によって気体となって空気中に出て行くものがなく，また酸素と結びついたものも気体にはなりにくいので，酸素と結びついた分だけ重くなる。

❷金属を熱したときの重さ

金属と，燃焼によって結びつく酸素の重さは比例の関係になっている。また，金属と，燃焼によって重さが増えた金属（酸化物）との間にも比例の関係があり，グラフは右上がりの直線になる。このグラフから，金属の重さと結びつく酸素の重さの比が求められ，これにより金属と結びつく酸素の重さを求めることができる。

●銅を熱したときの重さのグラフ

銅を加熱し，酸素と結びつく重さの関係を調べる実験をすると，下のようになる。

①銅の粉末の重さをはかり，これをガスバーナーで加熱することにより酸素と反応させる。（反応が進むにつれ，色が変化する。）

②重さの変化がなくなるまで加熱をくり返し，重さが増えなくなったら最終的な重さをはかる。加熱前と加熱後の重さの関係を表したグラフは次のようになる。

▶銅と，銅が酸化してできた酸化銅の重さの比は銅：酸化銅＝4：5 になる。

▶銅と，結びつく酸素の重さの比は銅：酸素＝4：1 になる。（酸化銅の重さ－銅の重さ＝酸素の重さ）

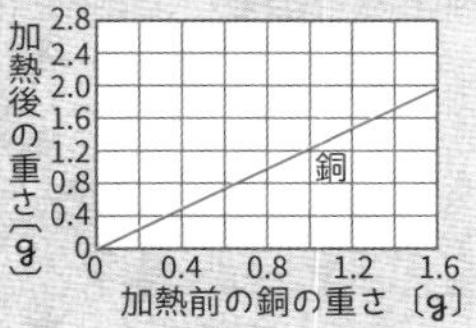

マグネシウムで同様の実験を行うと，次のようになる。

▶マグネシウムと，酸化マグネシウムの重さの比はマグネシウム：酸化マグネシウム＝3：5 になる。

▶マグネシウムと，結びつく酸素の重さの比はマグネシウム：酸素＝3：2 になる。

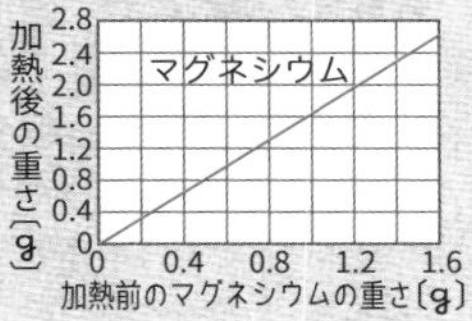

入試では 金属と，結びつく酸素の重さは比例関係にあります。燃焼前の金属と，燃焼後の金属の重さのグラフより，結びつく酸素の重さや，金属と酸素との重さの比を求める問題などが出題されています。

6 いろいろな気体

発展 6年 5年 4年 3年

1 酸素のつくり方ととり出し方★★★

●**酸素の発生**……酸素を発生させるときは，次の手順で行う。

①少量の**二酸化マンガン**を三角フラスコに入れる。

②ろうとから**オキシドール**を少しずつ入れる。

③二酸化マンガンが**しょくばい**としてはたらき，オキシドールを水と酸素に分解し始める（二酸化マンガン自身は変化しない)。

④ガラス管から出てくる酸素を**水上置かん法**で集める。このとき，初めに出てくる気体は空気が多いので捨てる。

▲ 酸素の発生

ことば

• 二酸化マンガン（酸化マンガン）
黒色の粉末で，マンガン電池などにも用いられている。

• オキシドール
濃度3％の過酸化水素水のこと。

• 水上置かん法
水そうの中で，水にとけにくい気体を，水と入れかえて集める方法。

●**酸素の性質**……酸素には，ものを燃やすはたらきがあるので，酸素を集めた集気びんの中では，ものは空気中より激しく燃える。

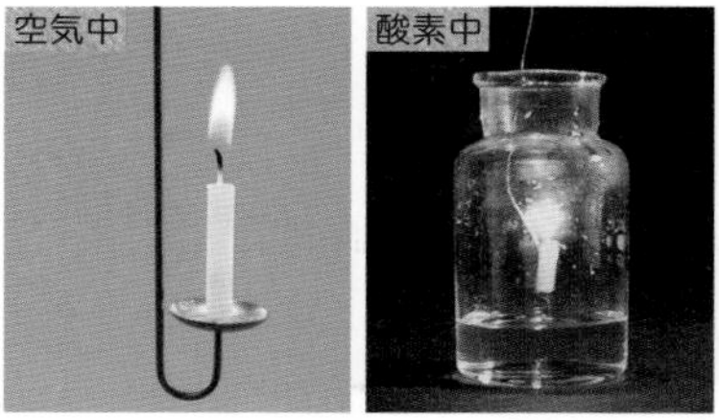

▲ ろうそくを燃やしたようす

▲ 鉄を燃やしたようす

酸素には，ほかにも次のような性質がある。

雑学ハカセ 二酸化マンガンはしょくばいとしてはたらいています。しょくばいとは自分自身は変化しないで，反応をはやめたり，おくらせたりする役目をもつものです。しょくばいのはたらきをするものは，わたしたちのからだの中にもあります。

▶色，におい，味のない気体である。

▶空気より少し重い（空気の約 1.1 倍の重さ）。

▶水にはわずかしかとけない。20°C の水 1 cm^3 に約 0.03 cm^3，0°C の水 1 cm^3 に約 0.05 cm^3 とける。

▶約 −180°C でうすい青色の液体になる。

実験・観察

酸素の中でのものの燃え方

ねらい 酸素中でのわりばしやスチールウールなどの燃え方を調べる。

方　法 ①酸素を同じ大きさの集気びんに集める。

②それぞれの集気びんの中に，火のついたせんこう，わりばし，ろうそく，スチールウール（鉄）を入れ，燃え方を観察する。

③火が消えてから，石灰水を入れてよくふり，にごり方を比べてみる。

注　意！ 実験中，火でびんが割れないようにするため，酸素を集めるとき，びんの中に水を少し残しておくこと。

結　果 •せんこう，わりばし，ろうそくは空気中より激しく燃えた。スチールウールも火花を出して激しく燃えた。

•燃やしたあとの集気びんの中に石灰水を入れてふると，せんこう，わりばし，ろうそくのびんは白くにごったが，スチールウールのびんは白くにごらなかった。

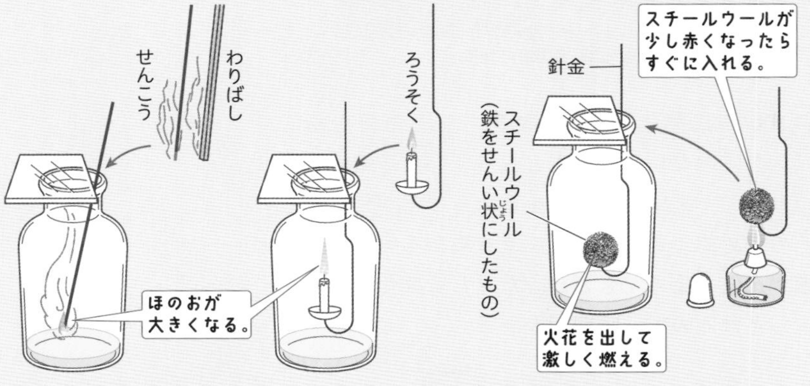

わかること ①酸素中では，空気中よりものの燃え方が激しい。

②酸素中で，せんこう，わりばし，ろうそくが燃えると，二酸化炭素が発生する。しかし，スチールウールが燃焼しても二酸化炭素は発生しない。

雑学ハカセ

酸素にはほかのものを燃やすはたらきがあり，これを助燃性といいます。ただし，酸素自身は燃えないので注意が必要です。

2 二酸化炭素のつくり方ととり出し方★★★

●**二酸化炭素の発生**……二酸化炭素を発生させるときは，次の手順で行う。

①**石灰石**を細かくくだいて三角フラスコに入れて，発生装置を組み立てる。石灰石のかわりに，貝がらや卵のから，チョークや**大理石**を用いてもよい。

②ろうとから，**うすい塩酸**を少しずつ入れていく。

③二酸化炭素の気体が出てくるので，**下方置かん法**で集める。

注　意！　発生した二酸化炭素が，**塩酸**が入っているろうとのほうへ逆流しないように，ろうとのあしはフラスコの底までのばしておくこと。

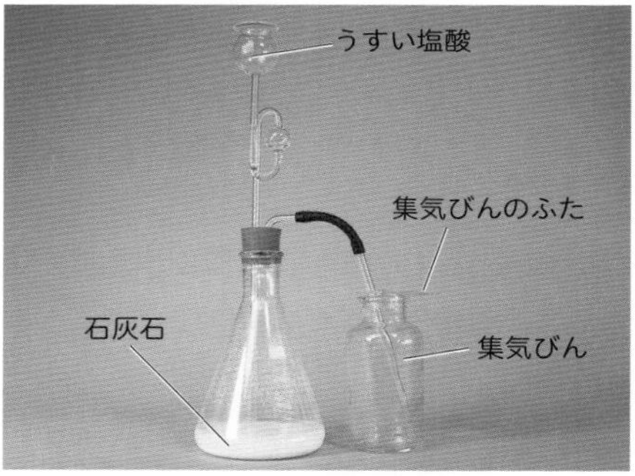

▲ 二酸化炭素の発生

●**純すいな二酸化炭素の集め方**……下方置かん法では，びんのなかにもともと入っていた空気がまざったりして，純すいな気体を集めることがむずかしい。そのため純すいな二酸化炭素を集める場合は，**水上置かん法**で集めてもよい。ただし二酸化炭素は水に少しとけるので，時間がかかる。

ことば　• 石灰石
炭酸カルシウムが主成分。石灰石が結しょう化したものが大理石である。

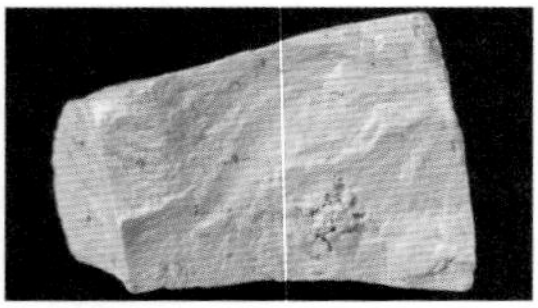

• 下方置かん法
水にとけやすく，空気より重い気体を集める方法。二酸化炭素に適している。

ズームアップ 塩　酸　➡ p.507

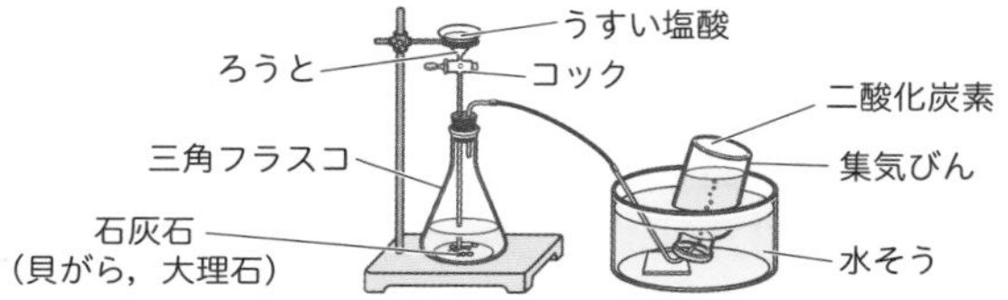

▲ 水上置かん法で二酸化炭素を集める

雑学ハカセ　ドライアイスは，固体の二酸化炭素です。氷より温度が低いうえにとけても気体になるので，食品をぬらさずに冷たい温度を保ったまま輸送することができます。

3 水素のつくり方ととり出し方★★

●**水素の発生**……水素を発生させるときは，次の手順で行う。

①少量の**アルミニウム**を試験管に入れる。

②試験管に**うすい塩酸**を入れる。

③金属がとけながら，ガラス管から出てくる水素を水上置かん法で集める。初めに出てくる気体は空気が多いので捨てる。

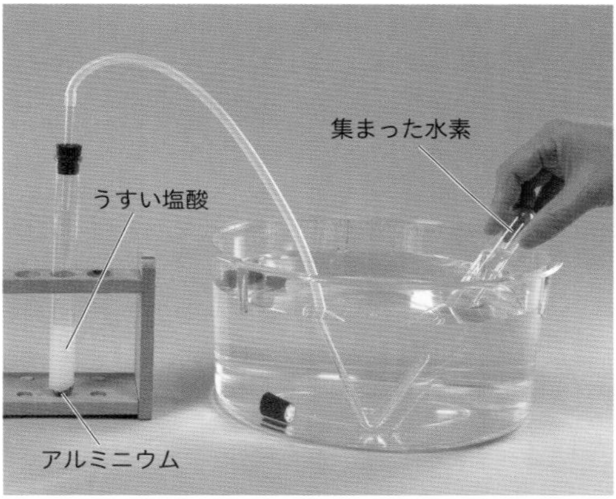

▲ 水素の発生

●**水素の性質**

▶色，におい，味のない気体であり，水にほとんどとけない。

▶宇宙でいちばん多い元素である。

▶空気より軽く，いちばん軽い気体である。

▶燃える気体で，ばく発するように燃える。燃えると**水**ができる。

水素を燃やすようす

参考 水素の発生実験で使われる金属

アルミニウム以外にも，次のような金属を塩酸に入れると水素が発生する。

▲ アルミニウム

▲ あえん

▲ 鉄

▲ マグネシウム

▲ ニッケル

雑学ハカセ 水素は空気より軽いため，昔は風船をうかせるために使われていました。しかし，水素にはばく発する危険があることから，いまでは同様に空気より軽いヘリウムという気体が使われています。

4 アンモニアのつくり方ととり出し方★★

●**アンモニアの発生**……アンモニアを発生させるときは，次の手順で行う。

①**塩化アンモニウム**と**水酸化カルシウム**を試験管に入れ，装置を組み立てる。

②加熱すると，鼻をつくようなにおいの気体が出てくる。

③発生したアンモニアを**上方置かん法**で集める。

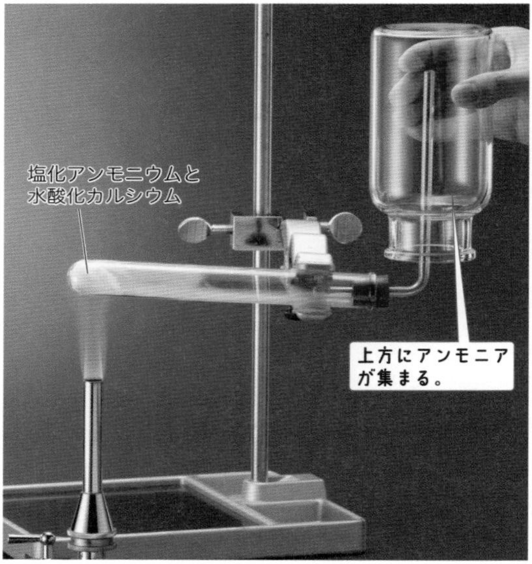

▲ アンモニアの発生

ことば 上方置かん法
水にとけやすく，空気より軽い気体を集める方法。

●**アンモニアの性質**

▶無色の気体で，**鼻をつくようなにおい**がある。

▶空気より少し軽い（空気の約 0.6 倍の重さ）。

▶水に非常にとけやすい。0°C の水 100 cm^3 に約 90 g とける。

▶アンモニアがとけたアンモニア水は，**アルカリ性**を示す。無色の**フェノールフタレイン液**が赤色になる。

▶約 −33°C で液体になる。

ことば フェノールフタレイン液
酸性や中性では無色とう明の液体だが，アルカリ性では赤色に変色する。

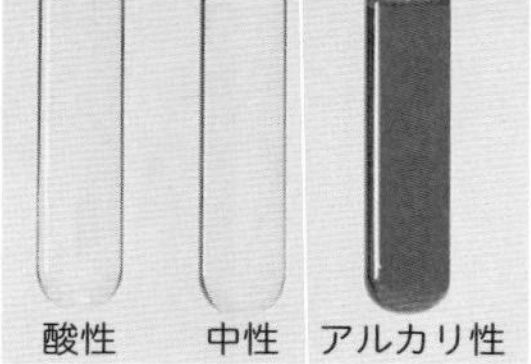

▲ フェノールフタレイン液の色

雑学ハカセ アンモニアは，工業的に重要な原料です。特に化学肥料の原料であり，1906 年，ハーバーとボッシュにより，空気中のちっ素から鉄をしょくばいとしてつくり出す方法が発見されました。現在でもこの方法で大量につくられています。

●**アンモニアのふん水**……アンモニアが水に非常にとけやすいことを利用して，ふん水をつくることができる。

①かわいたフラスコの中にアンモニアの気体を入れて，装置を組み立て，水を入れたスポイトをセットする。

②フェノールフタレイン液を加えた水にガラス管をさしこむ。

③スポイトの水をフラスコに入れると，フェノールフタレイン液を加えた水をすい上げ，赤色のふん水をふき上げる。

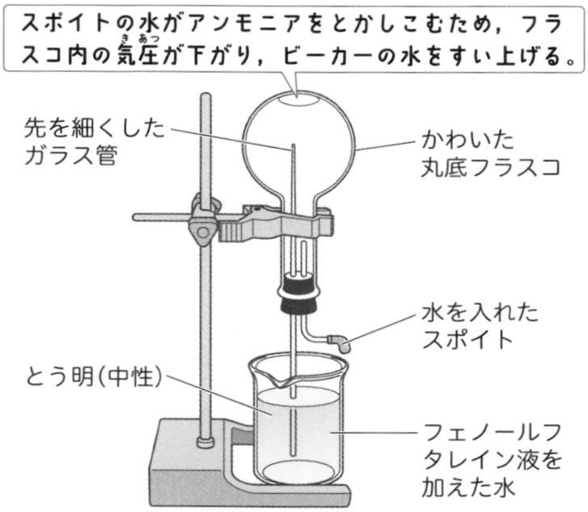

スポイトの水がアンモニアをとかしこむため，フラスコ内の気圧が下がり，ビーカーの水をすい上げる。
先を細くしたガラス管
かわいた丸底フラスコ

とう明(中性)

▲ アンモニアのふん水実験

5 ちっ素の性質★

▶無色とう明の気体で，においはなく，燃えない。

▶水にとけにくく，空気より少し軽い。空気の成分の約 78% をしめている。

▶食品の酸化防止剤用（酸素をしゃ断する目的）のふう入ガスとして使われている。

▶約 −196°C で液体になり，さまざまなものの冷きゃくに使われている。

6 気体の性質の調べ方★★

次の性質があるかを調べ，気体の種類を特定する手がかりにする。

保護めがねをかける。
手であおぐようにしてにおいをかぐ。
石灰水を入れてよくふる。
気体を入れたペットボトルに水を入れてふる。
火のついたせんこうを入れる。
火のついたマッチを近づける。

▲ におい　▲ 石灰水の変化　▲ 水へのとけ方　▲ 助燃性　▲ 燃える性質

パワーアップ　ちっ素はたんぱく質など，私たちのからだのいろいろな部分にふくまれています。また，植物の成長にも欠かせないものです。

入試のポイント

絶対暗記ベスト3

1位 ものが燃える条件　ものが燃えるには，次の 3 つの条件が必要である。

▶酸素がじゅうぶんにあること。燃焼が続くためには，新しい空気（酸素）が必要である。

▶燃えるものがあること。

▶発火点以上の温度が保たれていること。

2位 ものが燃えたあとの空気　空気中の酸素が使われ，二酸化炭素が増える。

気体の濃度は気体検知管で測定できる。

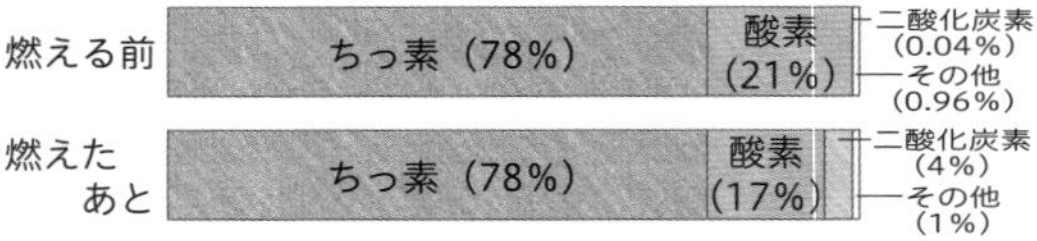

▲ ものが燃える前と燃えたあとの空気

3位 気体の性質

▶**二酸化炭素**…色，におい，味のない気体。空気より重く，水に少しとける。石灰水を白くにごらせる。

▶**酸　素**…色，におい，味のない気体。空気より少し重く，水にとけにくい。ほかのものを燃やすはたらきがあるが，酸素そのものは燃えない。

1 気体の発生方法

●**二酸化炭素の発生方法**…石灰石（炭酸カルシウム）にうすい塩酸を注いで発生させる。下方置かん法，または水上置かん法で集める。

●**酸素の発生方法**…二酸化マンガンにオキシドール（うすい過酸化水素水）を注いで発生させる。水上置かん法で集める。

2 燃える気体とほのお

ろうそくのほのおは，次の 3 つの部分に分けることができる。

えん心	しんに近い，暗い部分
内えん	最も明るい部分
外えん	最も温度が高い部分

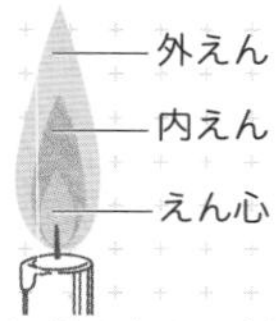

▲ ほのおのつくり

3 金属の燃焼と酸化

●**燃　焼**…熱や光を出しながら激しく進行する酸化反応（酸素と結びつくこと）。金属が酸化されると，もとの金属の性質がなくなる。

●**酸　化**…鉄の酸化 ⟶ 酸化鉄　銅の酸化 ⟶ 酸化銅　となる。

●**さ　び**…金属がゆっくりと酸化されると，さびができる。

重点チェック

□ ❶ ものが燃えるための3つの条件は，［　　］があること，燃やすためのじゅうぶんな［　　］があること，発火点以上の［　　］があることです。

❶燃えるもの，酸素，温度 p.477

□ ❷ 空気は，全体の体積の約21％が［　　］，約78％が［　　］になっています。

❷酸素，ちっ素 p.478

□ ❸ 二酸化炭素や酸素の濃度を％で確認する方法として，［　　］を使う方法があります。

❸気体検知管 p.478

□ ❹ 二酸化炭素は空気より［　　］い気体です。また水に［　　］気体です。

❹重，少しとける p.479

□ ❺ 二酸化炭素は［　　］を白くにごらせる性質があります。

❺石灰水 p.479

□ ❻ ろうそくのほのおには3つの部分があり，内側から［　　］，［　　］，［　　］になります。［　　］が最も明るく，［　　］が最も温度が高いです。

❻えん心，内えん，外えん，内えん，外えん p.481, 482

□ ❼ スチールウールを燃やすと，［　　］色に変化して，重さは［　　］くなります。これは空気中の［　　］と結びついて，酸化鉄になったからです。

❼黒，重，酸素 p.484

□ ❽ ものが［　　］や［　　］を出して激しく燃えることを［　　］といいます。これは空気中の［　　］と結びつき別の物質に変わる反応ですが，同じく鉄がゆっくりと結びついたものは［　　］とよばれ，赤茶色に変化しもろくなります。

❽熱，光，燃焼，酸素，さび p.484

□ ❾ 酸素は［　　］にオキシドール（うすい過酸化水素水）を注いで発生させます。酸素は水に［　　］性質なので，［　　］という方法で集めます。

❾二酸化マンガン，とけにくい，水上置かん法 p.486

□ ❿ 酸素を集めたびんの中に火のついたせんこうなどを入れると，ほのおを上げて［　　］く燃えます。このあと，びんの中に石灰水を入れると［　　］にごります。

❿激し，白く p.486, 487

□ ⓫ 二酸化炭素は石灰石にうすい［　　］を注ぐと発生します。二酸化炭素の中では，火は［　　］。

⓫塩酸，燃えません p.488

チャレンジ！ 思考力問題

レベル3 レベル2 レベル1

●次のような３つの実験を行いました。これについて，あとの問いに答えなさい。

【大阪桐蔭中-改】

実験１　図のように，水そうの中に長さの異(こと)なるＡ～Ｄの火のついたろうそくをならべ，ドライアイスのかたまりを置いた。すると１つずつろうそくの火は消えていった。

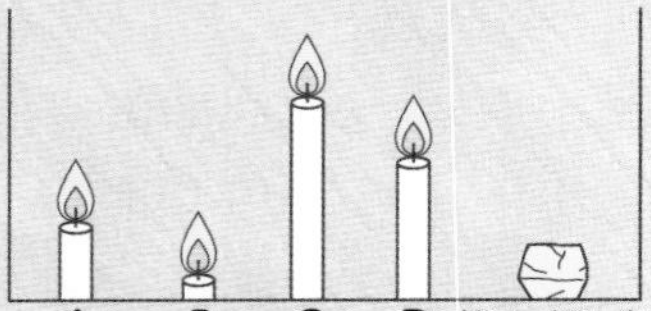

実験２　ドライアイスを風船に入れ，しばらくすると風船は大きくふくらんだ。参考書で調べると，ある温度において２gのドライアイスは1120 cm³ の気体Ｘに変化することがわかった。

実験３　ドライアイスの表面を虫めがねで観察すると，表面にしもがつき，小さな針状(しんじょう)の突起(とっき)がいくつも見られた。

(1) **実験１**において２番目に消えるろうそくはどれですか。図のＡ～Ｄから選び，記号で答えなさい。

(2) **実験２**と**実験３**について，ある温度において，しものついた22 gのドライアイスが11200 cm³ の気体Ｘに変化し，何 gかの水がえられました。このドライアイスの表面についていたしもは何 gですか。

キーポイント

(1) ドライアイスは，気体の二酸化炭素(にさんかたんそ)が冷やされて固体になったものである。

(2) 固体のドライアイスの重さと，気体になったときの体積の間には比例(ひれい)の関係がある。

正答への道

(1) 水そうの中のドライアイスは，少しずつ気体に変化して二酸化炭素になる。二酸化炭素は空気よりも重い気体なので，水そうの下のほうからたまる。二酸化炭素がたまり，空気中の酸素がろうそくにふれないようになる順番に火が消えるため，底に近い，高さが低いろうそくから火が消えていく。

(2) 参考書から，２gのドライアイスは1120 cm³ の気体の二酸化炭素になる。実験では，11200 cm³ の二酸化炭素はドライアイス20 gになるはずである。しかし，しものついたドライアイスは22 gであったことから，計算で出した予想した値(あたい)より多い２gがしもだったことがわかる。

答え

(1) Ａ　(2) ２g

チャレンジ！ 作図・記述問題

レベル3
レベル2
レベル1

●ものが燃える現象について，次の問いに答えなさい。 【東京学芸大付属世田谷中-改】

(1) ろうそくはよく燃えますが，てんぷら油も非常によく燃えます。てんぷら油に引火してしまったときの消火方法の1つに，「ぬれタオルでなべをふさぐ」という方法があります。この場合，てんぷら油の火が消える理由を，ものが燃える条件を1つ以上示して説明しなさい。

(2) ちっ素の割合が100％の気体が，飛行機のタイヤ内に用いられています。これは空気が入っているタイヤよりも安全性が高まるからです。これはちっ素のどのような性質を利用していますか。空気が入っているタイヤの問題点をとり上げて説明しなさい。

キーポイント

(1) ものが燃え続ける3つの条件は，空気(酸素)がじゅうぶんにある，燃えるものがある，発火点以上の温度が保たれている，である。

(2) 空気にふくまれるおもな気体は，ちっ素，酸素などである。ちっ素以外の何が，飛行機のタイヤとして使用したときに問題になるかを考える。

正答への道

(1) ぬれタオルでなべをふさいだことにより，ものが燃え続ける条件のうちの「空気(酸素)がじゅうぶんにある」と「発火点以上の温度が保たれている」という条件がとりのぞかれる。

(2) 空気中の約78％をしめるちっ素は，無色とう明の気体で，燃えない。一方，酸素にはものを燃やすはたらきがある。飛行機は離陸，着陸のときにものすごいスピードで走るため，タイヤはブレーキや路面とのまさつでかなりの高温になることが予測できる。そのまさつによるまさつ熱で火がつくことがないように，燃えないちっ素を使用している。

解答例

(1) ぬれタオルでなべをふさいだことで燃えるための酸素がじゅうぶんに供給できなくなったこと，ぬれタオルによってほのおの温度が発火点以下に冷やされたこと，など。

(2) 空気が入っているタイヤには酸素が入っているため，これに飛行機のタイヤに生じるまさつ熱などで引火するおそれがあるが，ちっ素にはその危険性がないため。

ここからスタート!

第4編

物質

第4章 水よう液の性質

水よう液にはどのような性質があるの？

見ただけではとう明で水のように見える水よう液ですが，それぞれちがう性質をもっています。例えば，砂糖をとかした水はあまい味がします。このような味による性質のちがい以外にも，なかま分けの方法があるのでしょうか？

学習することがら

1. 水よう液
2. 酸性・アルカリ性・中性
3. 水よう液の中和
4. 水よう液と金属の反応

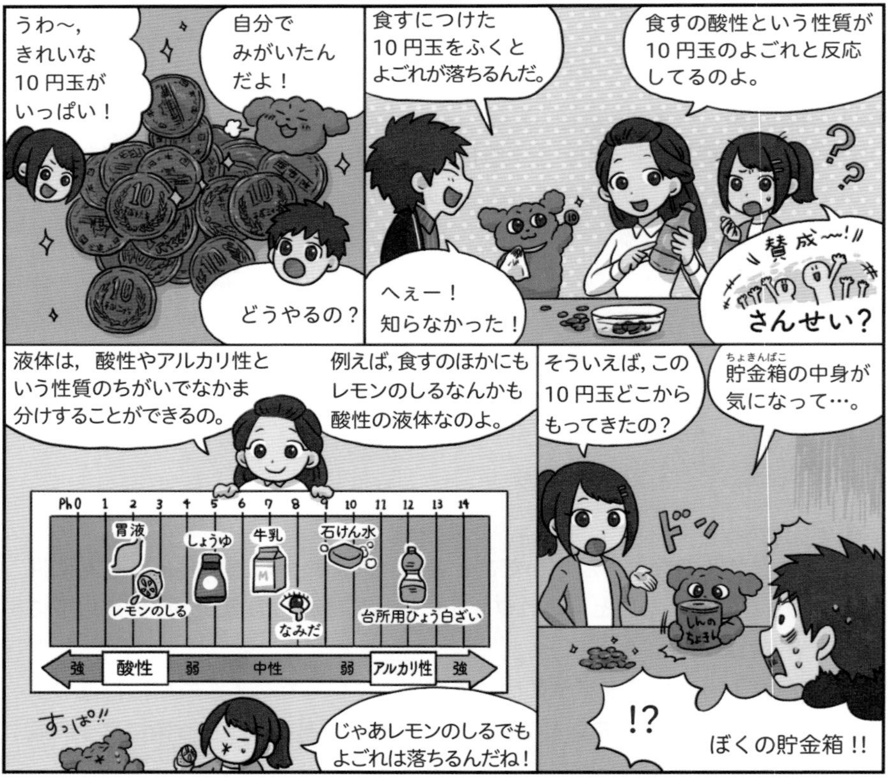

1 水よう液

発展 6年 5年 4年 3年

1 いろいろな水よう液 入試重要度★★

●**水よう液**……ものが水にとけ，全体がどの部分も同じようにとう明になっている液体。とう明になっていない液体は，水よう液ではない。

水よう液は，**ようばい**として液体の水に**よう質**をとかしている。砂糖や食塩のように**固体**だけでなく，サク酸やエタノールなどの**液体**や，炭酸水のように**気体**などもよう質として水にとける。

ことば
- ようばい
  水などのように，ものをとかしている液体。
- よう質
  食塩水にとけている食塩のように，ようばいにとけているもののこと。

	水にとけるもの		水にとけないもの（とけにくいもの）
	とけているもの	水よう液の名まえ	
固体	ホウ酸 食　塩 水酸化ナトリウム 水酸化カルシウム（消石灰）	ホウ酸水 食塩水 水酸化ナトリウム水よう液 石灰水	でんぷん 二酸化マンガン 鉄　粉 石 ゴ　ム
液体	サク酸 リュウ酸 アルコール	うすいサク酸（食す） うすいリュウ酸 アルコール水	石　油 水　銀
気体	二酸化炭素 アンモニア 塩化水素	炭酸水（ソーダ水） アンモニア水 塩　酸	ちっ素 水　素 酸　素 （とけにくい）

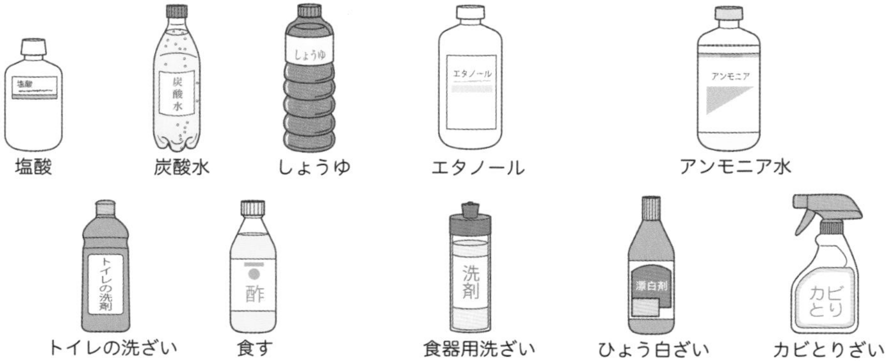

▲ いろいろな水よう液

雑学ハカセ
水銀は，常温，常圧で液体の金属です。不老不死の薬の原料と考えられ，秦（昔の中国）の始皇帝などは愛用していましたが，毒性があります。

2 水よう液の蒸発★

水よう液を熱して，水を蒸発させると，あとに残るものはとけているものによってちがってくる。

とけているもの	熱したときに出ていくもの	あとに残るもの
固　体	水蒸気（水）	とけていた固体
液　体	水蒸気（水） とけていた液体	何も残らない
気　体	水蒸気（水） とけていた気体	何も残らない

参考 液体がとけている水よう液の蒸発の注意点
とけているものが液体の水よう液の場合，とけている液体のふっとうする温度が高いと，水のみが蒸発してあとにはとけている液体が残ることがある。

実験・観察

水よう液の水の蒸発のあとに残るもの

ねらい いろいろな水よう液を加熱して水を蒸発させたあとに残るものを調べる。

準　備 水よう液（食塩水・うすい塩酸・うすいアンモニア水・炭酸水），アルコールランプ，蒸発皿，三きゃく，金あみ，マッチ，安全めがね

方　法 ①それぞれの水よう液を蒸発皿に少量入れて，アルコールランプで加熱する。
②水よう液が半分ぐらい蒸発したら，火を消して余熱で水を蒸発させる。
③水よう液の水が完全に蒸発したら，蒸発皿に残っているものを観察する。

結　果 食塩水のみ白い固体が残った。

食塩水	うすい塩酸	うすいアンモニア水	炭酸水

白い固体が出てきた	何も残らなかった	何も残らなかった	何も残らなかった

わかること 固体がとけている水よう液は，水を蒸発させると固体が残る。液体や気体がとけている水よう液は，蒸発してしまい，あとに何も残らない。

パワーアップ 食塩水を蒸発させる実験では，白色の固体（食塩）がえられるため，実験には色がついた蒸発皿を使ったほうがわかりやすいです。

2 酸性・アルカリ性・中性

1 酸性★★★

炭酸水（たんさんすい），塩酸，食す（サク酸をうすめたもの）などは，青色リトマス紙を赤色に変えたり，BTB液を加えると黄色になる性質（せいしつ）がある。このような水よう液の性質を**酸性**という。

（リトマス紙：リトマスゴケという植物からつくられる／BTB（ビーティービー）液（えき）：ブロモチモールブルー）

実験・観察

酸性の水よう液

ねらい 酸性の水よう液の性質を調べる。

準　備 水よう液（炭酸水・ホウ酸水・うすい塩酸・うすいリュウ酸・食す），試験管，ガラス棒（ぼう），リトマス紙，BTB液

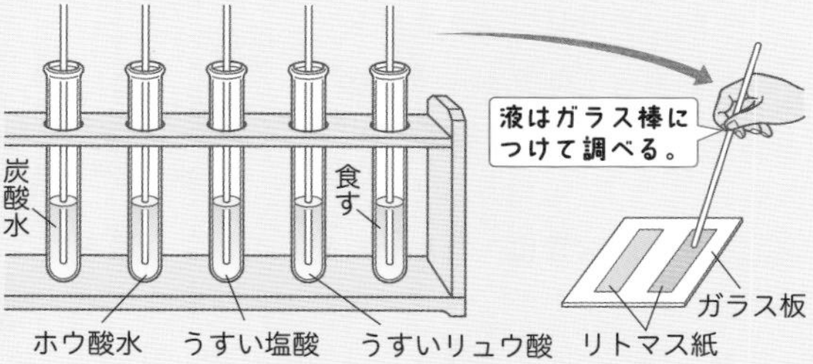

方　法 ①試験管に入れたそれぞれの水よう液をガラス棒の先につける。

②ガラス棒で，赤色リトマス紙と青色リトマス紙にそれぞれの水よう液をつけて，色の変化を観察する。

③それぞれの試験管に緑色のBTB液を入れて，色の変化を観察する。

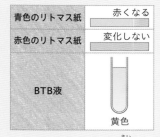

青色のリトマス紙	赤くなる
赤色のリトマス紙	変化しない
BTB液	黄色

注　意！ リトマス紙は，よごれがつかないようにピンセットを使って1枚（まい）ずつとり出すこと。

結　果 •どの水よう液も，青色リトマス紙を赤色に変える。赤色リトマス紙は変化しない。

•どの水よう液もBTB液を入れると，緑色から黄色に変化する。

わかること 酸性の水よう液は，青色リトマス紙を赤色に変色させ，BTB液は黄色になる性質をもつ。

雑学ハカセ 梅干（うめぼ）しが赤いのは，梅の実にふくまれる酸性のクエン酸と，梅干しをつけるときに使う赤しそにふくまれるシソニンが反応（はんのう）して赤くなるからです。

2 アルカリ性★★★

石灰水やアンモニア水などは，赤色リトマス紙を青色に変えたり，BTB液を加えると青色になる性質がある。このような水よう液の性質を**アルカリ性**という。

実験・観察

アルカリ性の水よう液

ねらい アルカリ性の水よう液の性質を調べる。

準　備 水よう液（石灰水・うすい水酸化ナトリウム水よう液・うすいアンモニア水），試験管，ガラス棒，リトマス紙，BTB液

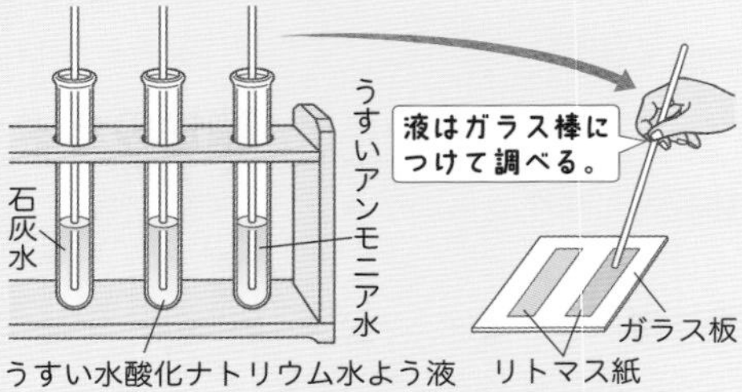

方　法 ①試験管に入れたそれぞれの水よう液をガラス棒の先につける。

②ガラス棒で，赤色リトマス紙と青色リトマス紙にそれぞれの水よう液をつけて色の変化を観察する。

③それぞれの試験管に緑色のBTB液を入れて，色の変化を観察する。

注　意！ 必ず安全めがねをすること。手についたらすぐに水洗いすること。

青色のリトマス紙	変化しない
赤色のリトマス紙	青くなる
BTB液	青色

結　果 •どの水よう液も，赤色リトマス紙を青色に変える。青色リトマス紙は変化しない。

•どの水よう液もBTB液を入れると，緑色から青色に変化する。

わかること アルカリ性の水よう液は，赤色リトマス紙を青色に変色させ，BTB液は青色になる性質をもつ。

くわしい学習 ほかの酸性・アルカリ性の水よう液

酸性の水よう液には，ほかにショウ酸やシュウ酸などがあり，名まえに**酸**がつくものが多い。アルカリ性の水よう液には，ほかに炭酸ナトリウム水よう液，水酸化カリウム水よう液，重曹などがあり，名まえに**水酸化**がつくものが多い。

雑学ハカセ

重曹は，炭酸水素ナトリウムともよばれ，ベーキングパウダーや入浴ざいに使われるほか，油よごれを落とすこともできます。

3 中 性★★

赤色リトマス紙につけても，青色リトマス紙につけても色が変化しないような水よう液の性質を**中性**という。緑色のBTB液を加えても，緑色のままで変化しない。中性の水よう液には，食塩水・砂糖水・アルコール水のほかに，蒸留水や中性洗ざいのようなものがある。

青色のリトマス紙	変化しない
赤色のリトマス紙	変化しない
BTB液	緑色

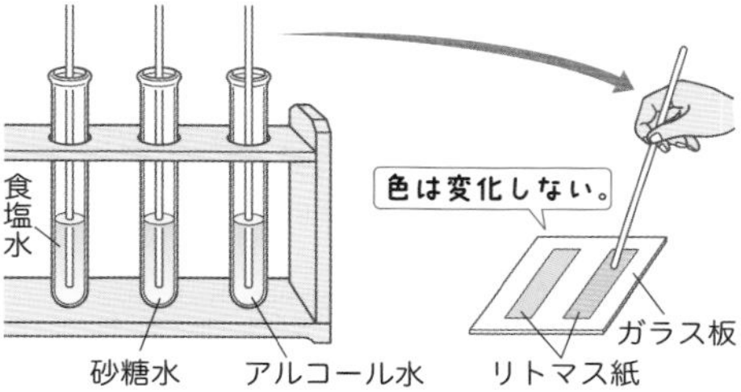

4 指示薬★★

酸性やアルカリ性などの水よう液の性質を調べるためには，色の変化で観察するとわかりやすい。水よう液の性質により色が変化するような薬品を**指示薬**という。**フェノールフタレイン液**も指示薬としてよく用いられる。

ズームアップ フェノールフタレイン液 ➡p.490

指示薬／性質	リトマス紙	BTB液	フェノールフタレイン液
酸 性	赤 色	黄 色	無 色
中 性	——	緑 色	無 色
アルカリ性	青 色	青 色	赤 色

酸性 ←—— 中性 ——→ アルカリ性

	酸性	中性	アルカリ性
青色のリトマス紙	赤くなる	変化しない	変化しない
赤色のリトマス紙	変化しない	変化しない	青くなる
BTB液	黄色	緑色	青色

▲ 水よう液の性質

雑学ハカセ　温泉にも，酸性，中性，アルカリ性のちがいがあります。いっぱんに，酸性の温泉は殺きん効果があり，アルカリ性の温泉は皮ふのよごれをよく落とす効果があります。

5 酸性やアルカリ性の強弱★

● pH……酸性とアルカリ性の性質を数字で表したもの。水よう液の酸性やアルカリ性などの強さには強弱があり，この強さを数値で表している。pH は 0 から 14 までの数字で表され，pH メーターという装置で数値を測定できる。

▶ **中性のとき**…pH は 7。

▶ **酸性のとき**…7 より小さい値になり，数値が小さいほど酸性の性質が強い。

▶ **アルカリ性のとき**…7 より大きな値になり，数値が大きいほどアルカリ性の性質が強い。

ことば pH メーター
水よう液の酸性，アルカリ性，中性といった性質を正確に測定するために用いる。

ことば アントシアニン
ブルーベリーやぶどう，なす，さつまいもの皮などにふくまれる青むらさき色の色素成分。

くわしい学習 植物の色の変化

水よう液の性質が酸性かアルカリ性かを分類する方法として，指示薬を用いることが多い。リトマス紙は植物のリトマスゴケの色素が由来であるように，花や野菜，果実などにふくまれる色素には指示薬のように酸性やアルカリ性で色が変わるものがある。例えば，ムラサキキャベツの中にふくまれる**アントシアニン**という色素は，酸性やアルカリ性の強さでいろいろな色の変化を示す。アントシアニンは，花のアサガオや果物のブドウの皮などにも入っていて，これらも指示薬として利用できる。

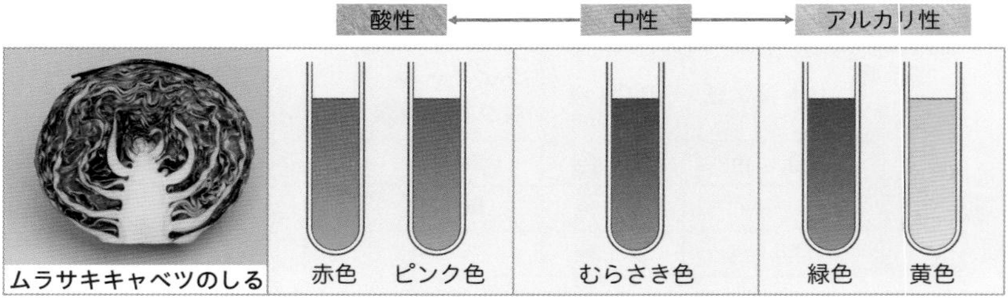

▲ ムラサキキャベツの指示薬

植物	酸性	中性	アルカリ性
ムラサキキャベツ（むらさき）	赤 ← ピンク ←	むらさき	→ 緑 → 黄
アサガオ（赤）	赤 ← 赤むらさき ←	むらさき	→ 青むらさき → あい → 黄
ツユクサ（青）	赤 ← もも色 ←	青むらさき	→ 緑 → 黄緑 → 黄
アカジソ（赤）	赤 ←	うす緑	→ 緑 → 黄
ブドウ（あい色）	赤 ←	むらさき	→ 緑 → 黄

パワーアップ 水よう液が酸性かアルカリ性かを見分けるものに，万能試験紙があります。万能試験紙を酸性の水よう液につけるとオレンジ色を示し，アルカリ性の水よう液につけるとこい青色を示します。中性の水よう液につけると緑色を示します。

6 気体の水よう液★★

ホウ酸(さん)や食塩などの固体は，ふつう，水の温度が高いほどよくとける。

しかし，気体の場合は，水の温度が高いほどとけにくくなる。

温　度	0°C	20°C	40°C	60°C	80°C	100°C
アンモニア	1176	702	——	——	——	——
塩化水素	507	442	386	339	——	——
二酸化炭素	1.71	0.88	0.53	0.36	——	——
酸　素	0.049	0.031	0.023	0.019	0.018	0.017
水　素	0.022	0.018	0.016	0.016	0.016	0.016
ちっ素	0.024	0.016	0.012	0.010	0.0096	0.0095

▲ 気体のとけ方　水 1 cm^3 にとける気体の体積 (cm^3)，気体の圧力は 1 気圧。

実験・観察

気体の水へのとけやすさ

ねらい　気体の温度によるとけやすさを調べる。

準　備　二酸化炭素(にさんかたんそ)，水，注射器(ちゅうしゃき)，ゴムせん

方　法　①注射器に同じ量の二酸化炭素をとり，それぞれ 3°C の水と 15°C の水を同じ量だけとる。

②よくふって，注射器の目盛(めも)りを読みとる。

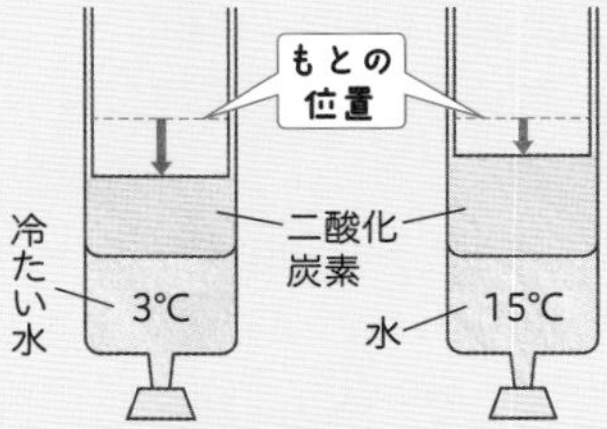

▲ 温度と気体のとけ方

結　果　3°C の水を入れた注射器のほうが，15°C の水を入れた注射器より，二酸化炭素の体積が小さくなった。

わかること　**二酸化炭素のような気体は，低い温度のほうが水によくとけることがわかる。**

くわしい学習　高い温度ほどとけにくくなる固体

ふつう，固体は水の温度が高いほどよくとけるが，逆(ぎゃく)に温度が高いほどとけにくくなる固体もある。貝がらや石灰石(せっかいせき)などのおもな成分である炭酸カルシウムは水の温度が高いほどとけにくくなる。

水をわかすと，水にふくまれるカルシウムがとけにくくなって固体となって出てくる。これが「水あか」である。

パワーアップ　アンモニアの水よう液はアンモニア水，塩化水素の水よう液は塩酸，二酸化炭素の水よう液は炭酸水です。

3 水よう液の中和

発展 6年 5年 4年 3年

1 酸性とアルカリ性の水よう液のまぜ合わせ★★★

酸性の水よう液とアルカリ性の水よう液をまぜ合わせると，おたがいにその性質を打ち消しあう。このような変化を**中和**という。酸性とアルカリ性の水よう液が完全に中和すると**中性**になる。

実験・観察

塩酸と水酸化ナトリウム水よう液の中和

ねらい 中和による水よう液の変化を調べる。

準　備 うすい塩酸，うすい水酸化ナトリウム水よう液，ビーカー，こまごめピペット，スライドガラス，アルコールランプ，BTB液

方　法 ①うすい塩酸にBTB液を加える。塩酸は酸性なので黄色になる。

②こまごめピペットで水酸化ナトリウム水よう液をビーカーに少しずつ加える。

③ビーカーの中の水よう液が緑色（中性）になったら，水よう液を1てき，スライドガラスにとり，アルコールランプで加熱して水を蒸発させて，観察する。

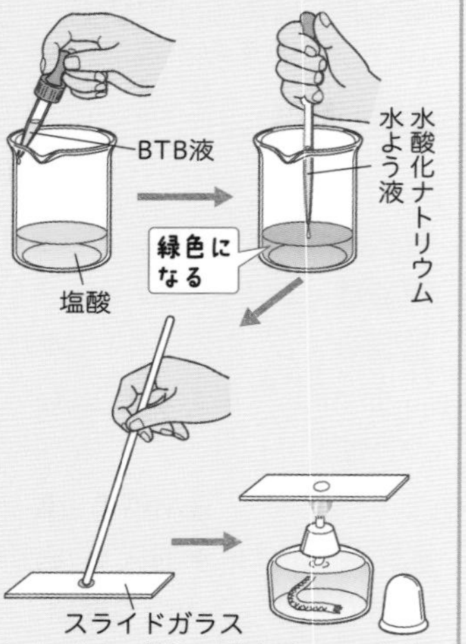

結　果 スライドガラスに白い固体が残った。これをけんび鏡で観察すると食塩の結しょうであることがわかった。

わかること **塩酸と水酸化ナトリウム水よう液を適当な量ずつまぜ合わせると中性になり，その液の中に食塩ができている。**

●**塩**……酸性の水よう液とアルカリ性の水よう液が中和すると，**塩（えん）**という新しい物質ができる。塩酸と水酸化ナトリウム水よう液をまぜ合わせてできた**食塩（塩化ナトリウム）**は塩である。ほかにも，いろいろな中和反応によりいろいろな塩ができる。

ズームアップ 中和反応の種類

➡p.506

雑学ハカセ 海水には食塩以外にもさまざまな塩がふくまれています。塩化マグネシウムやリュウ酸マグネシウム，リュウ酸カルシウムなどで，これらをまとめて「塩分」といいます。

2 中和のしくみ

酸性の塩酸と，アルカリ性の水酸化ナトリウム水よう液をまぜ合わせたときの変化を図で表すと，次のように示すことができる。

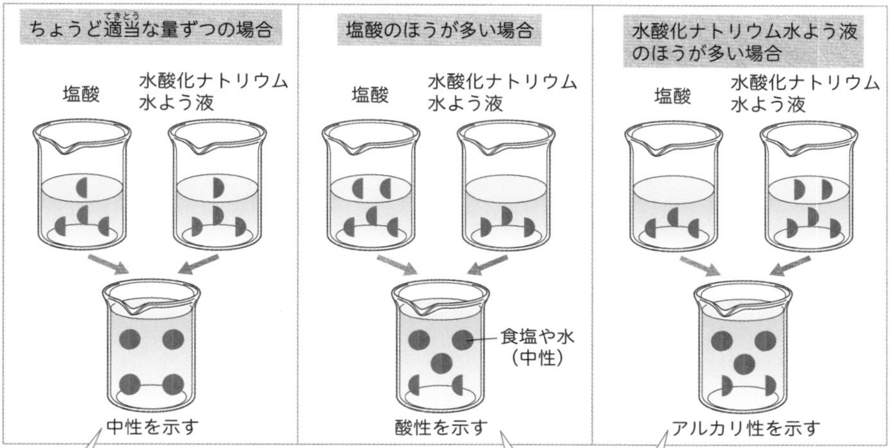

塩酸のつぶと，水酸化ナトリウム水よう液のつぶが同じ数だけあるので，酸性とアルカリ性の性質がちょうど打ち消し合う。

塩酸と水酸化ナトリウム水よう液のどちらかのつぶが多く残っているときは，水よう液は残っているつぶの性質になる。

▶**水よう液のこさと中和**…完全に中和させるためには，２つの水よう液の体積を同じにすればいいというわけではない。水よう液のこさがちがえば，つぶの数もちがうので，つぶの数を同じにする必要がある。

参考 中和と塩
酸性の水よう液とアルカリ性の水よう液をまぜ合わせたとき，どちらかが多いときでも，塩はできている。

くわしい学習 中和の利用

酸性とアルカリ性のものをまぜ合わせると，中性に近くなり水よう液の性質があまり強く出なくなる。この中和を私たちはうまく利用している。例えば，酸性の温泉水が川に流れこむところでは，アルカリ性の石灰を川に入れて中和し，生活用水として使いやすくしている。酸性の土地では野菜が育ちにくいため，石灰をまいて中和することで，野菜が育ちやすいようにしている。また胃液には酸性の塩酸がふくまれている。胃液が出すぎることで胃を痛めた場合は，アルカリ性の胃薬を飲んで中和してなおしている。

パワーアップ
ひょう白ざいには，「まぜるな危険」という表記があります。これは，ひょう白ざいにふくまれる次あえん素酸ナトリウムに酸が加わると，塩素という人体に有害な気体が発生するためです。ひょう白ざいとトイレ用洗ざいを決してまぜてはいけません。

中学入試にフォーカス 水よう液の中和実験

❶中和反応の種類

中和反応では，塩と水ができる。

酸性の水よう液		アルカリ性の水よう液		塩		水
塩酸（塩化水素）	＋	水酸化ナトリウム水よう液	⟶	塩化ナトリウム（食塩）	＋	水
リュウ酸	＋	水酸化バリウム水よう液	⟶	リュウ酸バリウム（水にとけない）	＋	水
炭酸水（二酸化炭素）	＋	水酸化カルシウム水よう液（石灰水）	⟶	炭酸カルシウム（水にとけない）	＋	水

❷中和するときの酸性・アルカリ性水よう液の濃度と体積

●**中和した水よう液が中性になるとき**……酸性の水よう液とアルカリ性の水よう液の中和反応は，酸性のつぶとアルカリ性のつぶの数が同じ数になったときに中性になる。そのため水よう液にふくまれているつぶの数（濃度）によって，完全に中和するのに必要な体積も変わる。

右のグラフは，ある濃度における塩酸と水酸化ナトリウム水よう液をまぜ合わせたとき，中性になるのに必要なそれぞれの体積を示している。このグラフから，中性になるのに必要な酸性の水よう液とアルカリ性の水よう液は，水よう液の濃度にそれぞれ変化がない場合，体積の比が一定になることがわかる。そのため，どちらかの体積がわかっている場合，もう片方をどのくらいの量を加えると中和するかを求めることができる。

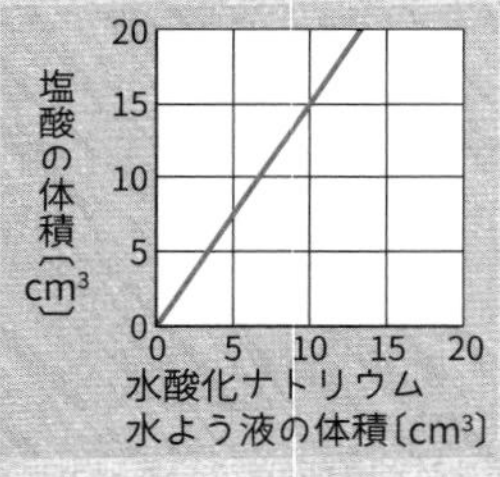

❸中和によってできる固体の量

●**中和させる水よう液にふくまれる固体**……ある濃度の塩酸に，ある濃度の水酸化ナトリウム水よう液を加えると，塩として固体の食塩ができる。水酸化ナトリウム水よう液が塩酸と完全に中和する量になるまでは，固体の食塩の量が増えていくが，完全に中和したあとは食塩は増えない。そのかわりに，水酸化ナトリウムの量が増えていく。（水酸化ナトリウム水よう液は固体の水酸化ナトリウムを水にとかしたものである。）

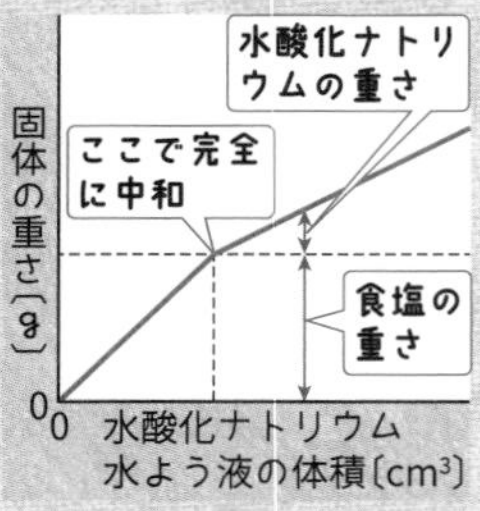

❹中和によって発生する熱

●**完全に中和する量と熱**……中和がおこるとき，必ず熱が発生する。この熱を，中和熱という。中和熱により，水よう液の温度が最高になるとき，完全に中和し，中性になっている。

入試では 中和に必要な酸性の水よう液とアルカリ性の水よう液の体積を，グラフや表から求める問題が出題されています。また，リトマス紙やBTB液の色の変化から，完全に中和したときの酸性の水よう液とアルカリ性の水よう液の体積を求める問題も出題されています。

4 水よう液と金属の反応

発展 6年 5年 4年 3年

1 酸性の水よう液と金属の反応★★★

酸性の水よう液の中に金属を入れると，金属の表面から小さいあわが発生し，金属がとけることがある。

実験・観察

塩酸と金属の反応

ねらい うすい塩酸の中に金属を入れたときの反応を調べる。

準備 金属片（アルミニウム・あえん・鉄・銅），うすい塩酸，試験管，マッチ，蒸発皿，アルコールランプ，金あみ，三きゃく

方法 ①うすい塩酸の入った試験管を4本用意して，それぞれに4種類の金属片を入れる。

②しばらくしたら試験管の底をさわって発熱のようすを観察する。

③さかんに気体が発生している試験管の口にマッチの火を近づけてみる。

④それぞれの水よう液の上ずみ液を蒸発皿にとり，水を蒸発させて残ったものを調べる。

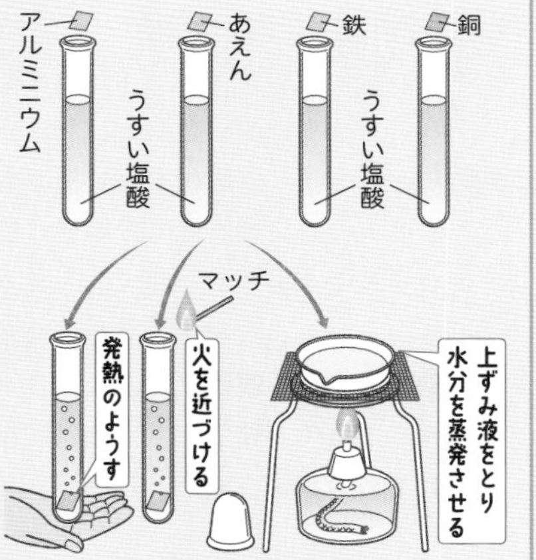

結果 • アルミニウム，あえん，鉄からは気体が発生し，発熱した。

• 発生した気体に火を近づけると「ポッ」という音をたてて燃えた。

• アルミニウム，あえん，鉄を入れた水よう液には，もとの金属とはちがう固体がふくまれていた。

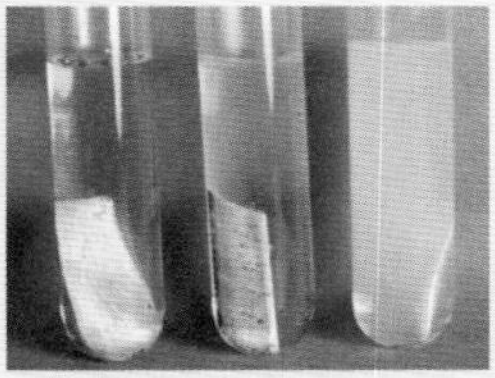

▲ 塩酸と銅，鉄，アルミニウム

わかること アルミニウム，あえん，鉄は，うすい塩酸と反応して別の物質に変化する。また，反応により，燃える気体（水素）が発生する。銅はうすい塩酸とはまったく反応しない。

パワーアップ 塩酸と反応したアルミニウムは塩化アルミニウムという物質に変化しています。これは，アルミニウムとは別の物質です。

2 アルカリ性の水よう液と金属の反応★★

アルカリ性の水よう液の中に金属を入れても，金属の表面から小さいあわが発生し，金属がとけることがある。

実験・観察

水酸化ナトリウム水よう液と金属の反応

ねらい 水酸化ナトリウム水よう液の中に金属を入れたときの反応を調べる。

準 備 金属片（アルミニウム・あえん・鉄・銅），うすい水酸化ナトリウム水よう液，試験管，マッチ，蒸発皿，アルコールランプ，金あみ，三きゃく

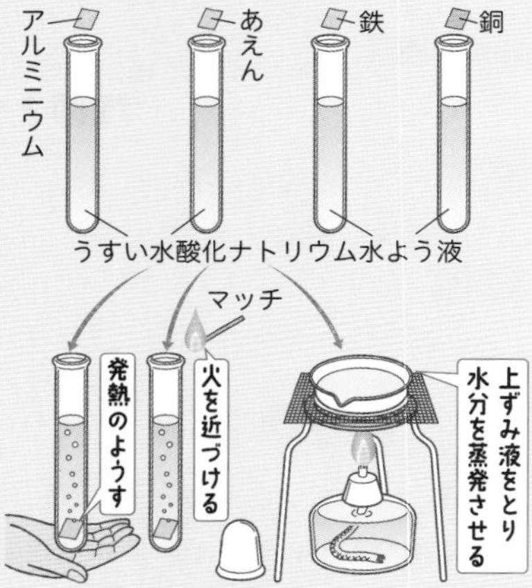

方 法 ①うすい水酸化ナトリウム水よう液の入った試験管を４本用意して，それぞれに４種類の金属片を入れる。

②しばらくしたら試験管の底をさわって発熱のようすを観察する。

③さかんに気体が発生している試験管の口にマッチの火を近づけてみる。

④それぞれの水よう液の上ずみ液を蒸発皿にとり，水を蒸発させて残ったものを調べる。

結 果 •アルミニウムからは気体が発生し，発熱した。（高温で，こい水酸化ナトリウム水よう液の中に入れると，あえんも反応する。）

• 発生した気体に火を近づけると「ポッ」という音をたてて燃えた。

• アルミニウムを入れた水よう液の上ずみ液には，もとの金属とはちがう固体がふくまれていた。

わかること アルミニウムは，うすい水酸化ナトリウム水よう液と反応して別の物質に変化する。また，反応により，燃える気体（水素）が発生する。あえん，銅，鉄はうすい水酸化ナトリウム水よう液とは反応しない。

▶**反応後の固体**…金属と反応したあとの水よう液を蒸発させると，白い粉が残る。この白い粉は，反応させる前の金属とはちがう物質である。

パワーアップ アルミニウムやあえんは，酸性の水よう液にもアルカリ性の水よう液にも反応します。このような金属のことを両性金属といいます。

3 発生した気体と残った物質★★★

塩酸や水酸化ナトリウム水よう液と金属との反応で発生した気体は，すべて**水素**である。

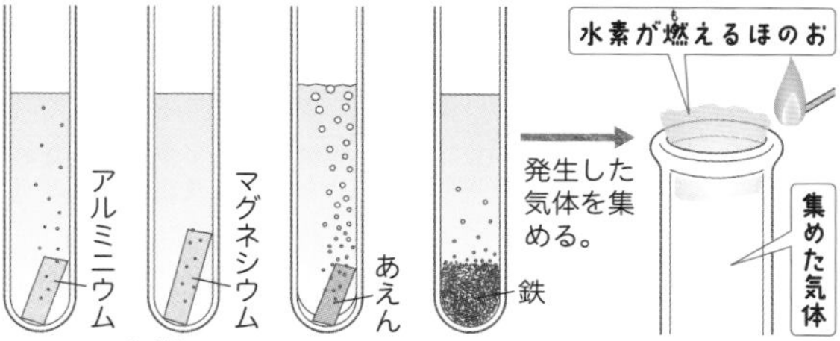

また蒸発させたあとに残った固体は，それぞれ次のような物質である。これらの物質は，塩酸や水酸化ナトリウム水よう液に入れる前の金属とはちがう性質をもつ。

▶**塩酸と金属との反応**

		(発生気体)	(蒸発させて残った固体)
塩　酸＋アルミニウム	⟶	水　素	＋ 塩化アルミニウム
塩　酸＋あえん	⟶	水　素	＋ 塩化あえん
塩　酸＋鉄	⟶	水　素	＋ 塩化鉄

▶**水酸化ナトリウム水よう液と金属との反応**

水酸化ナトリウム水よう液 ＋ アルミニウム

(発生気体)　(蒸発させて残った固体)

⟶ 水　素 ＋ アルミン酸ナトリウム

ズームアップ 水　素 ➡p.489

参考 残った物質の性質

鉄をうすい塩酸に入れてできた塩化鉄は，鉄と異なり電気を通さず，磁石にもつかない。また，塩酸にとけるが，そのとき気体（水素）は発生しない。このように，残った物質の性質をもとの物質の性質と比べるとちがっていることがわかる。

4 水よう液と金属★★

いろいろな水よう液と金属との反応を表に示すと右のようになる。金・銀・銅などの貴金属類は，酸やアルカリにはとけにくい。銅は加熱したこいリュウ酸には，二酸化イオウという気体を発生しながらとける。また金も，こい塩酸とこいショウ酸を 3：1 でまぜた**王水**というよう液にはとけてしまう。

水よう液＼金属	アルミニウム	あえん	鉄	銅	銀	金
リュウ酸	○	○	○	△	×	×
塩　酸	○	○	○	×	×	×
水酸化ナトリウム水よう液	○	△	×	×	×	×
炭酸水	×	×	×	×	×	×
アンモニア水	×	×	×	×	×	×

○よくとける　△こい水よう液にはとける　×とけない

雑学ハカセ 王水は強い酸性を示し，金や白金といった貴金属をとかすことができますが，銀はほとんどとけません。

炭酸水やアンモニア水のように弱い酸やアルカリは，金属をとかすことができない。

5 発生する水素の体積★★

ある決まった量の塩酸にアルミニウムやあえん，鉄などの金属を入れると水素が発生する。発生する水素の量は，入れる金属の量に比例して増える。しかし，ある量まで入れると，それ以上塩酸と反応しなくなり，水素は発生しなくなる。

また，逆に，ある決まった量のアルミニウムに塩酸を入れると，入れた塩酸の量に比例して水素の量は増える。

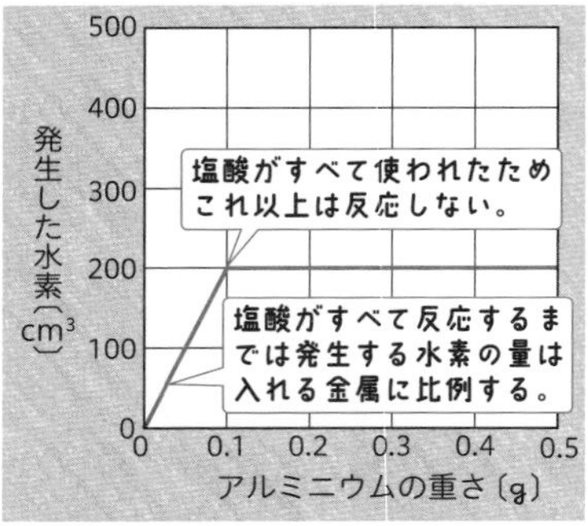

▲ 塩酸にアルミニウムを加えたようす

6 水よう液と金属の反応の速さ★

金属が酸性やアルカリ性の水よう液と反応する速さは，次のような条件で変わってくる。

ズームアップ 水よう液のこさ ➡p.463

●**水よう液のこさ**……うすい塩酸やうすい水酸化ナトリウム水よう液よりも，こい塩酸やこい水酸化ナトリウム水よう液のほうが，アルミニウムははやくとける。

水よう液と金属との反応は，ふつう，こい水よう液のほうがはやい。

●**水よう液の温度**……温度の低い塩酸や水酸化ナトリウム水よう液よりも，温度の高い塩酸や水酸化ナトリウム水よう液のほうが，アルミニウムははやくとける。

水よう液と金属との反応は，ふつう，温度の高い水よう液のほうがはやい。

●**金属の表面積**……板状のアルミニウムよりも，粉状のアルミニウムのほうが，塩酸や水酸化ナトリウム水よう液にはやくとける。

水よう液と金属との反応は，金属の表面積の大きいほうがはやい。

雑学ハカセ 金属の銅は，塩酸には反応せずとけませんがショウ酸には反応します。発生する気体は水素ではなく，うすいショウ酸では一酸化ちっ素が，こいショウ酸では二酸化ちっ素が発生します。

入試のポイント

絶対暗記ベスト3

1位 水よう液の性質 酸性，アルカリ性，中性の水よう液にはそれぞれ次のような性質がある。

▶**酸　性**…青色リトマス紙を赤色に変える。ＢＴＢ液は黄色になる。

例 炭酸水，ホウ酸水，塩酸，リュウ酸，ショウ酸，食す（サク酸）など。

▶**アルカリ性**…赤色リトマス紙を青色に変える。BTB 液は青色になる。

例 水酸化ナトリウム水よう液，アンモニア水，石灰水など。

▶**中　性**…リトマス紙は変化しない。BTB 液は緑色のままで変化しない。

例 食塩水，砂糖水，アルコール，水（蒸留水）など。

2位 中　和 酸性とアルカリ性の水よう液をそれぞれまぜ合わせたとき，おたがいの性質を打ち消し合う反応のこと。酸性とアルカリ性のそれぞれのつぶが同じ数になると，水よう液は**中性**になる。中和反応では，塩と水ができる。

3位 水よう液と金属の反応

▶**酸性の水よう液と金属**…アルミニウム，マグネシウム，あえん，鉄は塩酸と反応して，**水素**が発生する。

▶**アルカリ性の水よう液と金属**…アルミニウムは，うすい水酸化ナトリウム水よう液と反応して，**水素**が発生する。

1 水よう液の蒸発

水よう液にとけているもの	蒸発したあと
固　体	とけていた固体が残る
液　体	何も残らない
気　体	何も残らない

2 いろいろな指示薬

指示薬	酸　性	中　性	アルカリ性
リトマス紙	青色を赤色に変える	変化しない	赤色を青色に変える
BTB 液	黄　色	緑　色	青　色
ムラサキキャベツの液	赤～ピンク色	むらさき色	緑～黄色

重点チェック

□	❶ 水よう液(えき)には，固体や液体，［　　］がとけています。	❶気　体　p.497
□	❷ 炭酸水(たんさんすい)は［　　］の水よう液であり，［　　］は塩化(えんか)水素(すいそ)の水よう液です。水酸化カルシウム（消石灰(しょうせっかい)）の水よう液は［　　］ともいいます。	❷二酸化炭素，塩酸，石灰水　p.497
□	❸ 固体がとけている水よう液を蒸発(じょうはつ)させたあとには固体が残りますが，液体や［　　］がとけている水よう液は蒸発させても何も残りません。	❸気　体　p.498
□	❹ 酸性(さんせい)の水よう液は，青色リトマス紙を［　　］色に変化させ，緑色のBTB(ビーティービー)液を入れると［　　］色になります。	❹赤，黄　p.499
□	❺ アルカリ性の水よう液は，赤色リトマス紙を［　　］色に変化させ，緑色のBTB液を入れると［　　］色になります。	❺青，青　p.500
□	❻ ［　　］の水よう液は，リトマス紙やBTB液の色を変化させません。	❻中　性　p.501
□	❼ 炭酸水や塩酸などは［　　］性，水酸化ナトリウム水よう液やアンモニア水などは［　　］性，食塩水や砂(さ)糖水(とうみず)などは［　　］性の水よう液です。	❼酸，アルカリ，中　p.499, 500, 501
□	❽ 気体は，温度が［　　］ほど水によくとけます。	❽低　い　p.503
□	❾ 酸性の水よう液とアルカリ性の水よう液をまぜ合わせると，おたがいにその性質(せいしつ)が打ち消されることを［　　］といいます。2つの水よう液が完全におたがいの性質を打ち消し合ったときの水よう液は［　　］になります。	❾中和，中性　p.504
□	❿ 塩酸と水酸化ナトリウム水よう液が中和すると新たに［　　］と［　　］ができます。このようにできた物質(ぶっしつ)を［　　］といいます。	❿食塩（塩化ナトリウム），水，塩(えん)　p.504, 506
□	⓫ アルミニウム，あえん，鉄を塩酸の中に入れると，表面から［　　］が発生します。	⓫水　素　p.507, 509
□	⓬ アルミニウムを水酸化ナトリウム水よう液の中に入れると，表面から［　　］が発生します。	⓬水　素　p.508, 509

チャレンジ！思考力問題

レベル3 レベル2 レベル1

●4％の水酸化ナトリウム水よう液（A液）と，ある濃度のうすい塩酸（B液）をまぜ合わせて，ちょうど中和した（中性になった）ときの体積の関係を調べると表1のようになりました。これについて次の問いに答えなさい。

表1

水よう液	X	Y	Z
A液〔cm^3〕	10	15	25
B液〔cm^3〕	16	24	40

【京都女子中-改】

(1) A液 35 cm^3 をちょうど中和するには，表1の実験で用いたB液は何 cm^3 必要ですか。整数で答えなさい。

(2) 表1と同じA液とB液を用いて，表2のようなアからオの組み合わせの量でまぜ合わせました。表2のアからオの組み合わせの水よう液をさらに 2 つまぜ合わせると，ちょうど中和しました。まぜたと考えられる 2 つの水よう液をアからオの中から 2 つ選びなさい。

表2

水よう液	ア	イ	ウ	エ	オ
A液〔cm^3〕	10	12	15	20	25
B液〔cm^3〕	15	24	25	32	35

キーポイント

(1)・(2) 酸性の水よう液とアルカリ性の水よう液の中和は，同じ水よう液であれば必ず同じ割合のまぜ合わせで中性になる。

正答への道

(1) 表1より，ちょうど中和するA液とB液の体積の割合は，

A液：B液＝10：16＝15：24＝25：40＝5：8

となっていることがわかる。

A液 35 cm^3 をちょうど中和するB液の体積は，A液：B液＝35：□＝5：8

より，□＝35×8÷5＝56 となる。

(2) 表2より，ちょうど中和する A液：B液＝5：8 になっているのはエだけである。アルカリ性のA液が割合より多いのは，アとオであり，これらはアルカリ性である。また酸性のB液が割合よりも多いのは，イとウであり，これらは酸性である。アルカリ性のアまたはオと，酸性のイまたはウの組み合わせで，A液とB液の割合が 5：8 の組み合わせがちょうど中性になる。

答え

(1) 56 cm^3　(2) ア・ウ

レベル3 レベル2 レベル1

チャレンジ！ 作図・記述問題

●次の問いに答えなさい。 【麻布中-改】

(1) アルミニウムを塩酸にとかすと水素が発生します。水素をメスシリンダーに集めるときの方法を図示しなさい。ただし発生装置は示さなくてよいです。

(2) 水素を(1)のようにして集めるのはなぜですか。その理由2つをそれぞれ20字以内で説明しなさい。

(3) アルミニウムをあるこさの塩酸にとかす実験をしました。アルミニウムの重さや塩酸の体積をいろいろ変えたとき，発生する水素の体積は次の表のようになりました。表の空らんの水素の体積は何 cm^3 ですか。

塩酸の体積 ＼ アルミニウムの重さ	4 cm^3	8 cm^3	12 cm^3	16 cm^3
0.2 g	100 cm^3	200 cm^3	250 cm^3	250 cm^3
0.3 g	100 cm^3	200 cm^3	300 cm^3	

キーポイント

(1)・(2) 発生した気体の集め方には，下方置かん法，上方置かん法，水上置かん法があり，それぞれ気体の性質や目的によって異なる。水素の性質とメスシリンダーを使う目的を考えてみるとよい。

(3) 塩酸の体積と発生する水素の体積には比例関係があることから導き出す。

正答への道

(1)・(2) 発生する水素は，水にとけにくく，空気より軽い。このような気体を集める方法は，上方置かん法か水上置かん法である。またこの実験では，メスシリンダーに集めるということなので，発生した水素の体積をはかることが目的である。上方置かん法では，空気がまじってしまうので体積を正確にはかれない。

(3) 表より，アルミニウム 0.2 g のとき，水素は 250 cm^3 まで発生することから，塩酸が 10 cm^3 でちょうど反応することがわかる。よってアルミニウム 0.3 g のときは，塩酸が 15 cm^3 で水素が 375 cm^3 発生する。表の空らんの塩酸は 16 cm^3 なので，水素は最大の 375 cm^3 になる。

解答例

(1) 右図

(2) ・水素が水にとけにくいため。
・水素が空気とまじらないようにするため。

(3) 375 cm^3

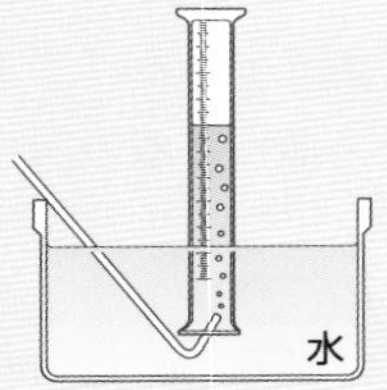

資料 編

1 わたり鳥

日本で見られる野鳥は季節により移動するものが多く，特に日本と海外の国とを移動するものをわたり鳥という。一方，一年を通じて同じ場所ではんしょく・生息する鳥を留鳥という。

わたり鳥は，夏に日本にいて，冬は南のあたたかい国に移動する夏鳥，冬に日本にいて，春には北の国に移動する冬鳥，移動のとちゅうに立ち寄るだけの旅鳥に分けられる。

夏　鳥

春に日本より南の国から日本にわたり，夏の間に産卵しヒナを育て，秋に冬をこすために南の国にわたっていく。

▲ ツバメ

カッコウとホトトギスは
見た目がよく似ているが
鳴き声がちがう。

▲ カッコウ

▲ ホトトギス

冬　鳥

夏の間に日本より北の国で産卵し，ヒナを育て，秋に日本にわたってきて冬をすごす。

◀ ツグミ

◀ マガモ

ガ　ン ▶

ハクチョウ ▶

旅鳥

日本より北の国で産卵し，ヒナを育て，日本より南の国で冬をすごすため，移動のとちゅうに通過する春と秋の時期に見られる。

留鳥

基本的には1年を通じて同じ場所に生息し移動をしない。なかには日本国内を夏と冬ですみ分ける漂鳥もふくむ。(国内での移動のため，わたりではない)

2 さまざまなかん境問題

地球かん境問題

地球上では，現在さまざまなかん境問題がおこっている。これらの問題は複雑にからまりあっていて，解決のためには，人類のえいちが求められている。次のようなものがおもに問題となっている。

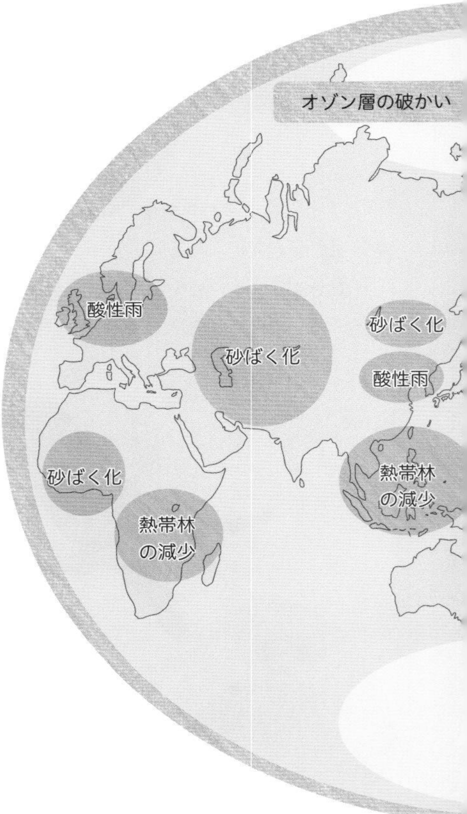

酸性雨　森林がかれる，建物がとける，湖の生き物が死ぬなどする。

▶場所…欧米，中国など工業がさかんな地域

▶要因…工場などから出る二酸化イオウやちっ素酸化物などと考えられている。

▲ 酸性雨でかれた森

砂ばく化　農地減少による食糧不足や，難民の増加につながる。

▶場所…アフリカ，中国など

▶要因…干ばつ，過耕作，過放牧，過ばっ採，不適切なかんがいによる塩害などと考えられている。

▲ サハラ砂ばく（アフリカ）

地球温暖化　海面の上しょう，生態系への悪えいきょうなどが考えられている。

▶場所…地球全体での現象

▶要因…化石燃料の使用によって発生する二酸化炭素などの温室効果ガスの増加などと考えられている。

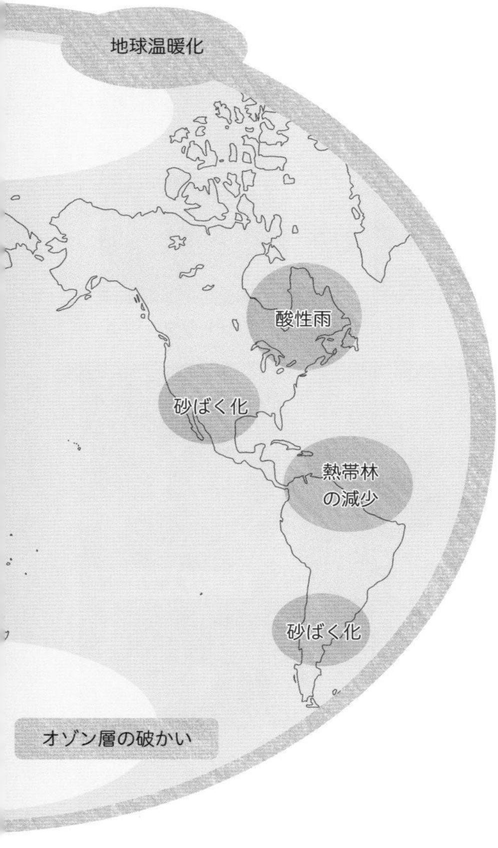

森林（熱帯林）の破かい　野生生物の減少や生態系の乱れが生じ，地球温暖化にもつながる。

▶場所…アマゾン川流域，アフリカ，東南アジアなど

▶要因…過ばっ採，過度な焼畑農業などと考えられている。

▲ 焼畑農業による熱帯林の破かい

オゾン層の破かい　紫外線の増加による悪えいきょうがあり，人体へは皮ふがん，白内障の増加がおこる。

▶場所…北極，南極付近の成層けん

▶要因…冷蔵庫やエアコンの冷ばい，スプレーのふん射ざいなどに使われてきたフロンなどと考えられている。

外来種

その生態系に本来生息せず，人間の手によってほかの場所からもちこまれれて野生化し，子孫を残すようになった生き物を外来種という。外来種のえいきょうによる在来種の絶めつが問題となっている。

❶ 外来植物の例

▲ セイヨウタンポポ

在来種のカントウタンポポやカンサイタンポポの総ほうは下にそり返らず，上に向いている。

▲ カントウタンポポ

▲ セイタカアワダチソウ

▲ アメリカセンダングサ

▲ ハルジオン

▲ ヒメジョオン

❷ 外来動物の例

▲ ブラックバス

▲ ブルーギル

▲ ウシガエル

▲ アメリカザリガニ

海からの貨物にまぎれて日本にきたと考えられている。

▲ セアカゴケグモ

▲ マングース

絶めつ危ぐ種

　絶めつのおそれがある種のことを絶めつ危ぐ種という。絶めつ危ぐ種はレッドデータとして注意かん起がされている。

▶絶めつ危ぐ種の動物の例

▲ ニホンカモシカ

▲ ヒグマ

▲ ラッコ

▲ タンチョウ

▲ イリオモテヤマネコ

▲ト　キ

▲ ヤンバルクイナ

▲ ライチョウ

▲ イヌワシ

▲ クマゲラ

③ 生き物でわかる水質

川や池などには，さまざまな生き物がすんでいる。これらは，水生の生き物とよばれる。この中でも，きれいな水にすむ生き物，きたない水にすむ生き物というように，水質を見分ける基準となる生き物を指標生物という。

指標生物を調べることで，一時的な水質だけでなく，長期間における水質のえいきょうを知ることができる。

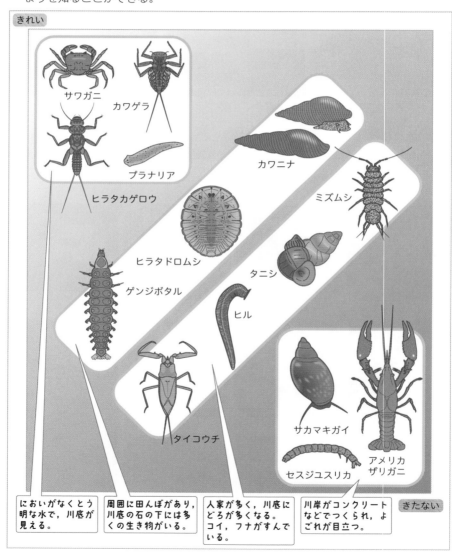

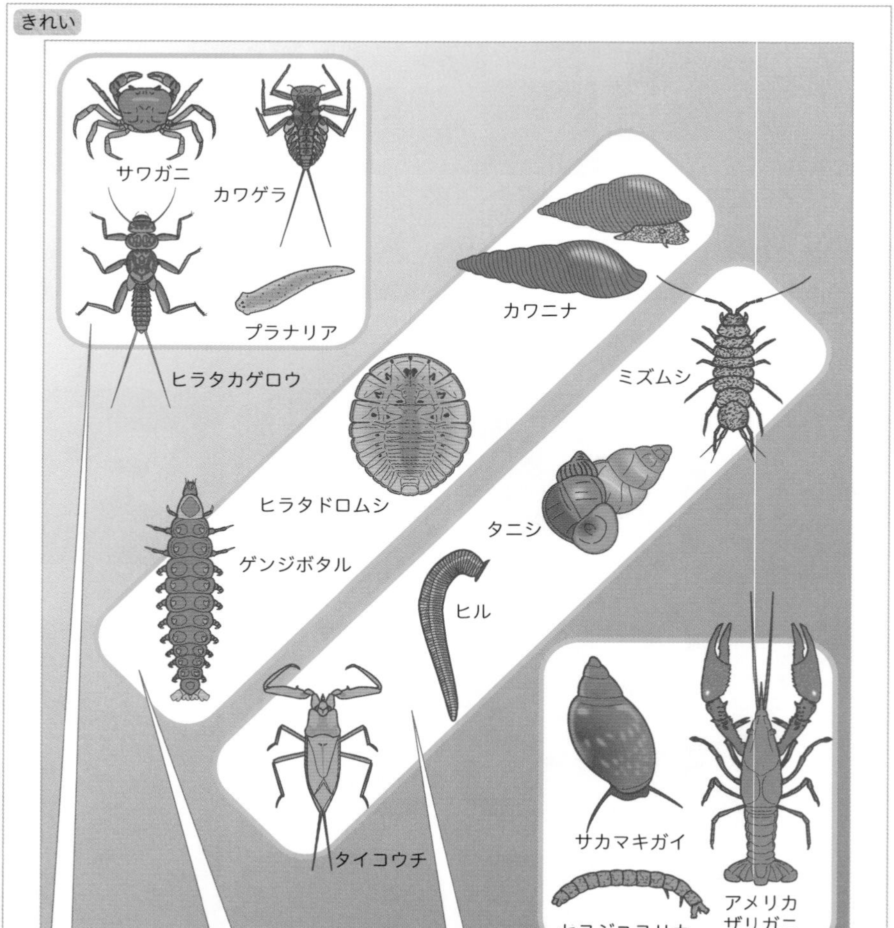

4 いろいろな雲の形と特ちょう

雲の名まえと高さ

雲は，発生する高さによって上層雲・中層雲・下層雲に分類される。また，雲は高さや形から大きく10種類に分類される。この分類は，世界気象機関（WMO）により定められている。

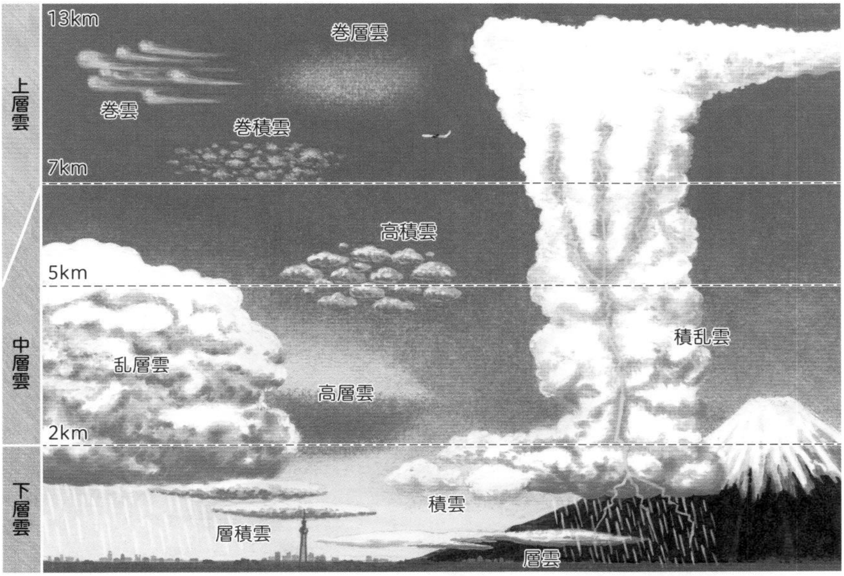

形状		高さ	名まえのつけ方	十種雲形
層状雲	上層雲	地域により異なる。 極 3～8 km 温帯 5～13 km 熱帯 6～18 km	巻○雲	巻雲 巻積雲 巻層雲
層状雲	中層雲	地域により異なる。 極 2～4 km 温帯 2～7 km 熱帯 2～8 km	高○雲	高積雲
		中層に見られ，上層まで広がる。		高層雲
		中層に見られ，上層・下層まで広がる。	乱層雲	乱層雲
層状雲	下層雲	地面付近～2 km	層○雲	層積雲 層雲
対流雲		雲の底は下層にあるが，雲の頂上は中層や上層にまで達していることが多い。	積○雲	積雲 積乱雲

いろいろな雲（十種雲形）

▲ **巻雲（すじ雲）**　はけではいたような白く細い雲。増えてくると2，3日後に雨が降ることが多い。

▲ **巻積雲（うろこ雲）**　白く小さな雲の集まり。巻層雲に変わって厚くなると雨になることが多い。

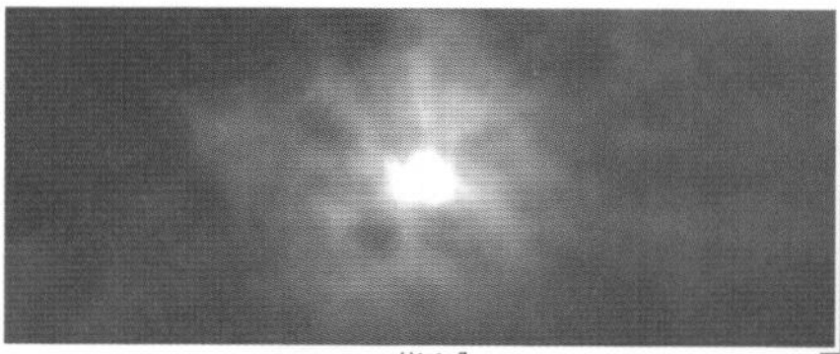

▲ **高層雲（おぼろ雲）**　灰色がかったすりガラスのような雲。巻層雲より雨になりやすい。

▲ **乱層雲（雨雲）**　低い空をおおう黒く厚い雲。広いはん囲におだやかな雨や雪を降らせる。

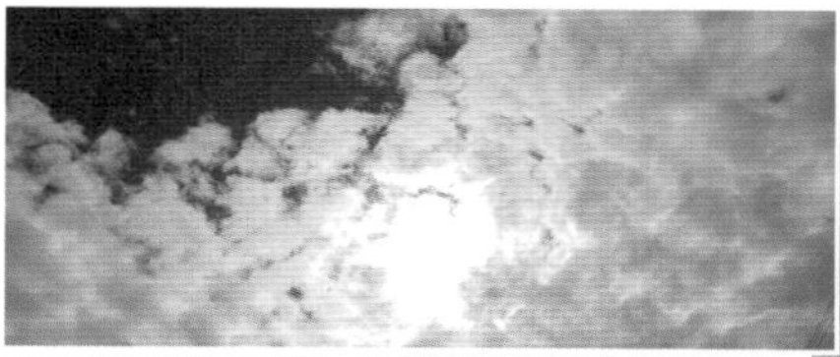

▲ **層積雲（うね雲）**　低い空に見られる灰色の雲。 大きな雲のかたまりが層のように重なる。

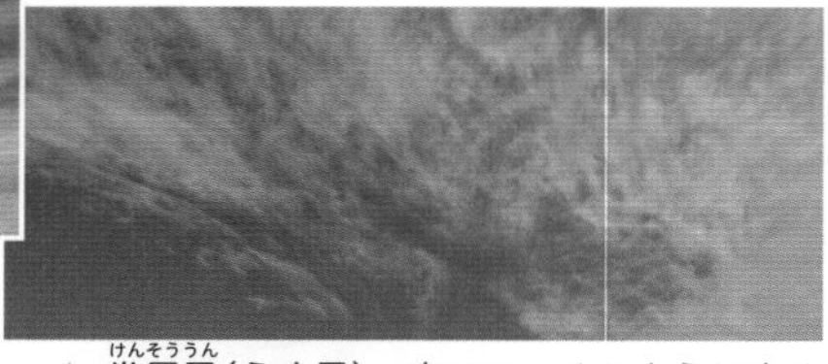

▲ **巻層雲（うす雲）**　白いベールのように広く雲をおおう。西から広がってくると天気は下り坂になる。

▲ **高積雲（ひつじ雲）**　ヒツジの群れのように集まる雲。すぐに消えると晴れに，厚くなると雨になることが多い。

▲ **積雲（わた雲）**　そのままなら晴れだが，発達すると積乱雲になる。

▲ **積乱雲（入道雲）**　せまいはん囲で激しい雨やひょうを降らせる。かみなりが発生することもある。

▲ **層雲（きり雲）**　底面が地上に届くときりやきり雨になる。

5 地球の歴史

(百万年前)

百万年前	代	紀
4600	冥王代	先カンブリア時代
4000	始生代	先カンブリア時代
2500	原生代	先カンブリア時代
541	古生代	カンブリア紀
485	古生代	オルドビス紀
444	古生代	シルル紀
419	古生代	デボン紀
359	古生代	石炭紀
299	古生代	ペルム紀
252	中生代	三畳紀
201	中生代	ジュラ紀
145	中生代	白亜紀
66	新生代	第三紀 古第三紀
23	新生代	第三紀 新第三紀
2.6	新生代	第四紀

●地球誕生～海ができるまで

びわく星がしょうとつをくり返して数多くできた原始わく星どうしがしょうとつをくり返し，地球が誕生した(46億年前)。

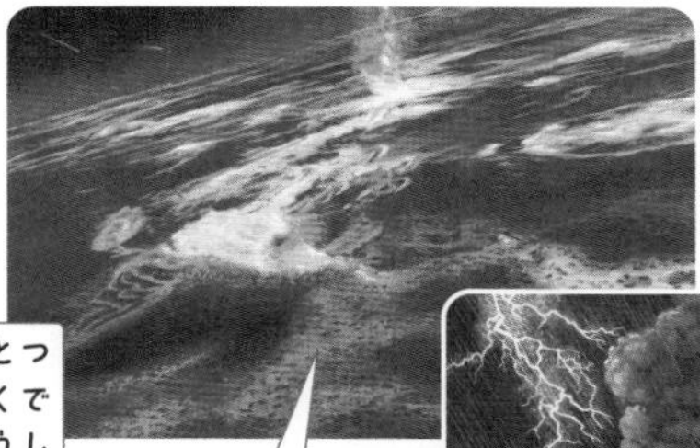

※

地球の表面は岩石がとけたマグマの海(マグマオーシャン)におおわれた。

※

地球の温度が下がり，雨が降って海(原始海洋)ができた。

●生き物の出現

原始生命の誕生は38億年前といわれている。

▲ シアノバクテリアがつくる，ストロマトライトという物体

葉緑体をもち，光合成を行う(二酸化炭素を吸収し酸素を放出する)シアノバクテリアが誕生する。

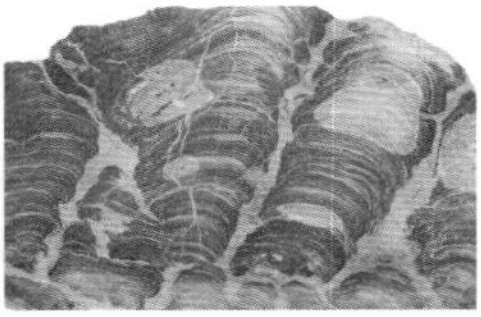

▲ シアノバクテリアの化石

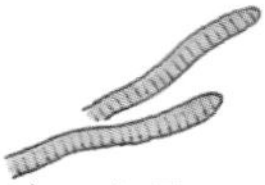

▲ ユレモ

▲ ネンジュモ

▲ ケイソウ

ほかにも，光合成を行う生き物が誕生する。ユレモやネンジュモは単細ぼうが集まって光合成を行う。これらは現在もいる。

●多細ぼう生物の誕生

※

5.7～5.4億年前の地層から，目に見えるほどの大きさの化石が見つかっている。これらはエディアカラ生物群(動物群)とよばれ，からだを支えるしくみはないが，1mをこえるものもいた。現在は生きていない。

※印の図は，想像図または復元図です。

代	紀・時代	始まり（百万年前）
冥(めい)王代	先カンブリア時代	4600
始生代	先カンブリア時代	4000
原生代	先カンブリア時代	2500
古生代	カンブリア紀	541
古生代	オルドビス紀	485
古生代	シルル紀	444
古生代	デボン紀	419
古生代	石炭紀	359
古生代	ペルム紀	299
中生代	三畳紀	252
中生代	ジュラ紀	201
中生代	白亜(はくあき)紀	145
新生代	第三紀 古第三紀	66
新生代	第三紀 新第三紀	23
新生代	第四紀	2.6

●カンブリア紀の生き物

カンブリア紀にはいろいろな生き物がばく発的に現(あらわ)れた。
これを，カンブリアばく発という。

▲ サンヨウチュウ

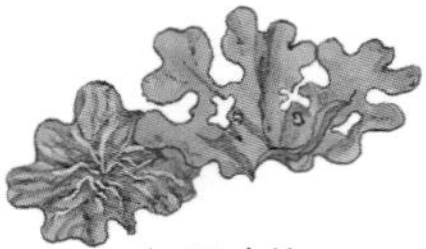

▲ アオサ

緑そう類も現れた。

▲ アオノリ

バージェス動物群(ぐん)とよばれる生き物。かたい骨格(こっかく)をもつようになった。

▲ シーラカンス

現在(げんざい)でも生きているため，生きた化石とよばれる。

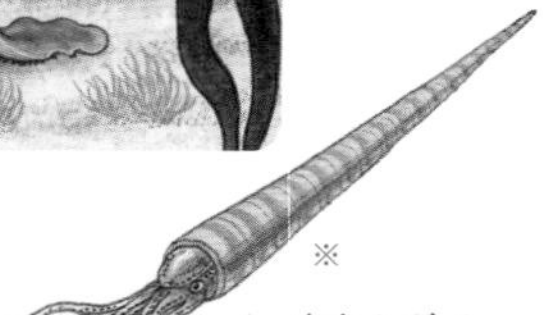

▲ オウムガイ

現在のオウムガイは巻貝(まきがい)の形になっている。

ウミユリ ▶

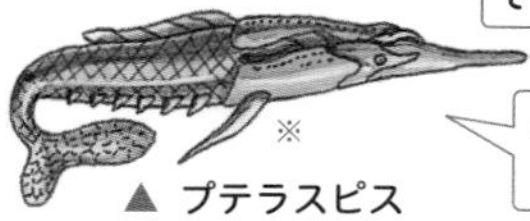

▲ プテラスピス

最古のたん水魚といわれる。

●海から陸へ

▲ ユーステノプテロン

魚類だが，ひれに骨格をもつ。両生類の祖先(そせん)であると考えられている。

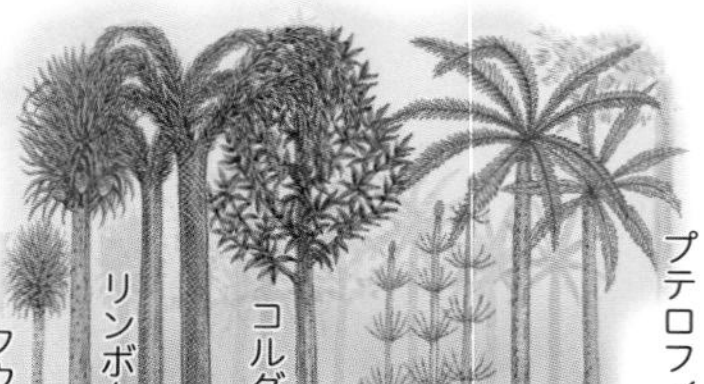

陸地には，石炭のもとになっている植物が栄えた。

60cm以上ある原始的なトンボ。この時代には，ほかにも多くのきょ大なこん虫がいた。

▲ メガネウラ

▲ イクチオステガ

両生類が誕生(たんじょう)した。イクチオステガは，はじめて陸上に進出した生き物である。

●古生代の終わりには地球史上最大の生き物の大絶(ぜつ)めつがおこった。

(百万年前)

始まり	代	紀
4600	冥王代	先カンブリア時代
4000	始生代	先カンブリア時代
2500	原生代	先カンブリア時代
541	古生代	カンブリア紀
485	古生代	オルドビス紀
444	古生代	シルル紀
419	古生代	デボン紀
359	古生代	石炭紀
299	古生代	ペルム紀
252	中生代	三畳紀
201	中生代	ジュラ紀
145	中生代	白亜紀
66	新生代	第三紀 古第三紀
23	新生代	第三紀 新第三紀
2.6	新生代	第四紀

●恐竜のはん栄

2億3000万年前～6600万年前まで，陸地では恐竜が大はん栄していた。

※

▼ フクイラプトルの化石

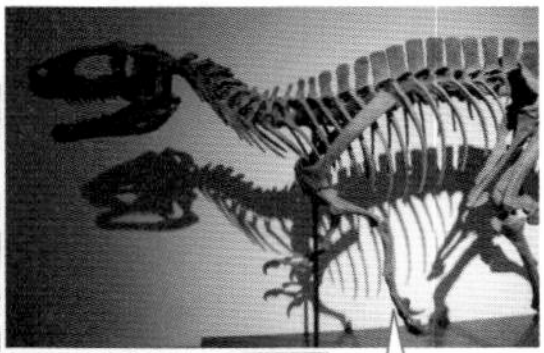

日本でも多くの恐竜の化石が見つかっている。

●海の中のようす

※

恐竜とは区別される，首長竜という種類の生き物。

▲ エラスモサウルス

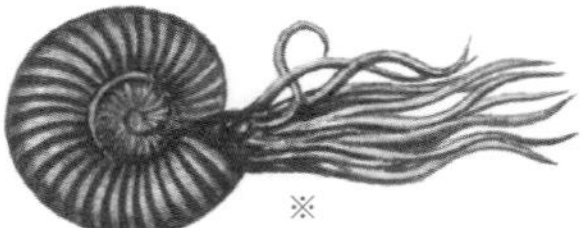

※

▲ アンモナイト

アンモナイトはオウムガイのなかまから進化した。

▲ アンモナイトの化石

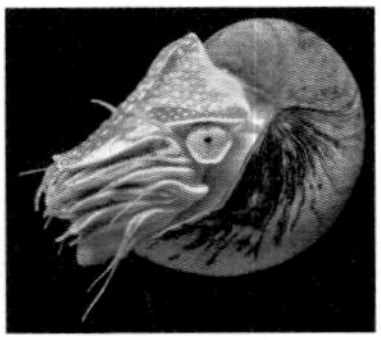

▲ オウムガイ

●植物の進化

子ぼうをもつ被子植物が誕生した。

※

植物の進化とともに，植物の花粉を運ぶ役割をするこん虫も進化していった。

◀ アーケアンサス

●鳥類の祖先とほ乳類

※

羽毛をもつ恐竜から鳥の祖先が現れた。

▲ 始祖鳥

はじめのころのほ乳類。ネズミほどの大きさで，恐竜が活動しない夜間に活動していた。

※

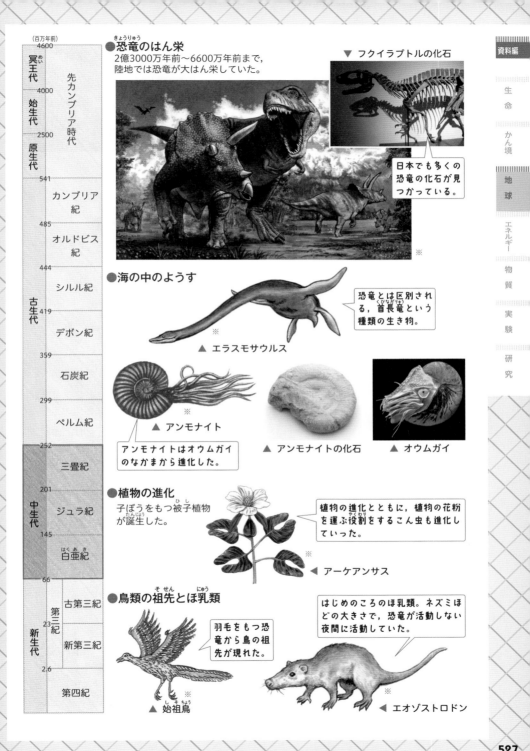

◀ エオゾストロドン

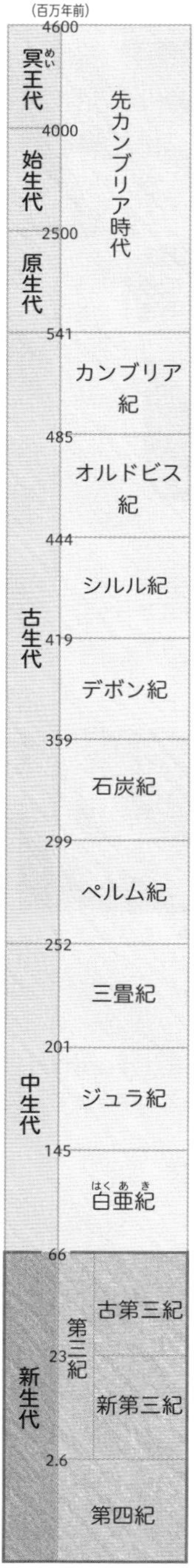

●恐竜の絶めつ

中生代の終わりに恐竜が大絶めつした。原因として，きょ大ないん石がしょうとつしたからではないかと考えられている。

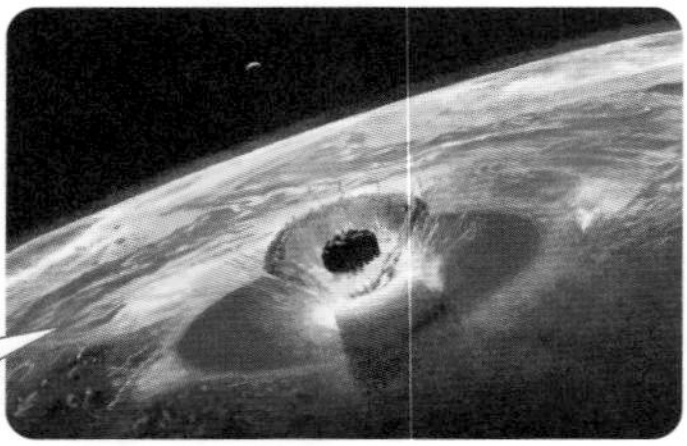

直径10kmほどのいん石がユカタン半島にしょうとつし，75％もの生き物が絶めつした。

※

●ほ乳類のはん栄

中生代末の大絶めつを生き残った小型のほ乳類は，新生代に大型化した。

きょ大なナマケモノのなかま。

※

▲ メガテリウム

きょ大なサイのなかま。

※

▲ パラケラテリウム

▲ 人とメガテリウムの比かく

▲ キリンとパラケラテリウムの比かく

●被子植物の進化

新生代にはカエデやサクラのような被子植物が進化し，はん栄した。

▲ サクラ　▲ カエデ

●人類の誕生

人類は1000万～500万年前にアフリカで生まれた。進化とともに脳が発達してきた。

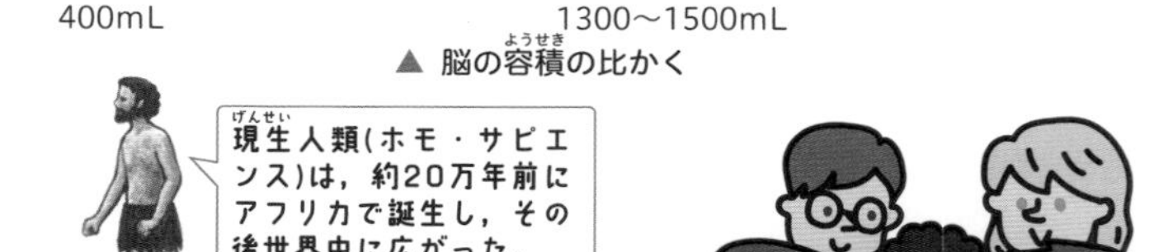

アウストラロピテクス 400mL　ホモ・エレクトス 1000mL　ホモ・ネアンデルターレンシス 1300～1500mL　ホモ・サピエンス 1200～1500mL

▲ 脳の容積の比かく

現生人類(ホモ・サピエンス)は，約20万年前にアフリカで誕生し，その後世界中に広がった。

▲ ホモ・サピエンス

現代に生きるすべての人は同じホモ・サピエンスである。

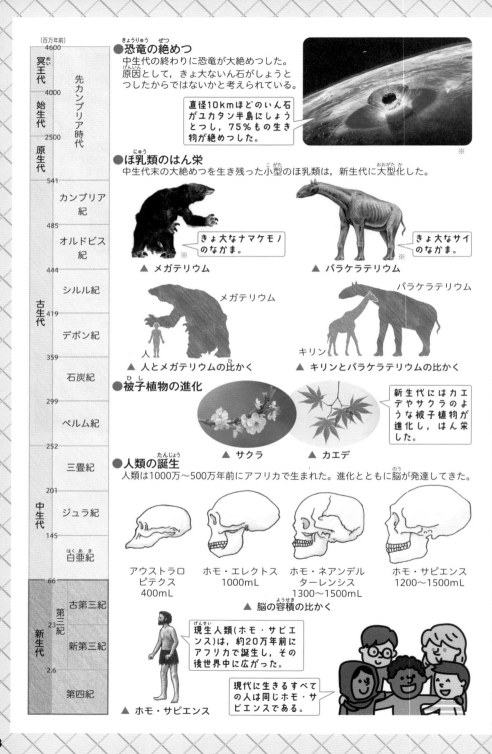

6 岩石・鉱物一覧

火成岩

　マグマが冷えて固まった岩石を火成岩という。鉱物（こうぶつ）は火成岩をつくるつぶで，角ばっている。

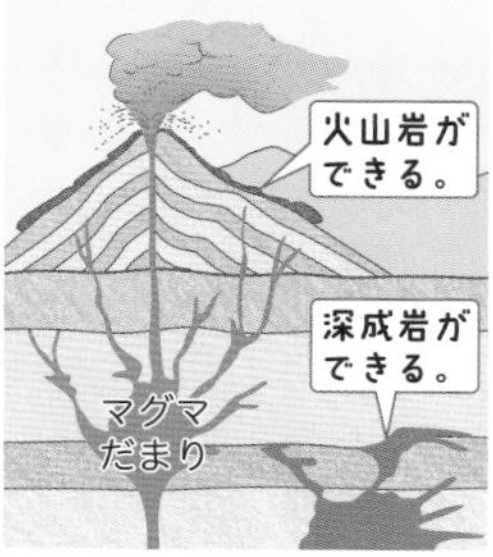

鉱物（有色鉱物）	クロウンモ	カクセン石	キ　石	カンラン石

	板状（ばんじょう），六角形	長柱状，針（しん）状	短柱，短ざく状	まるみ，短柱状
色	黒～かっ色	こい緑～黒色	緑～かっ色	黄緑～かっ色

鉱物（無色鉱物）	セキエイ	チョウ石
		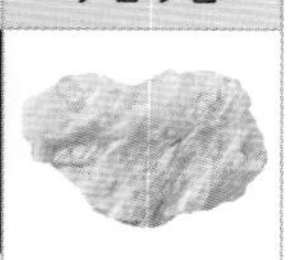
	不規則（ふきそく）な形	柱状，短ざく状
色	無色，白色	無色～白色，うすもも色

エメラルドやサファイア，ダイヤモンド，ルビーなども鉱物である。

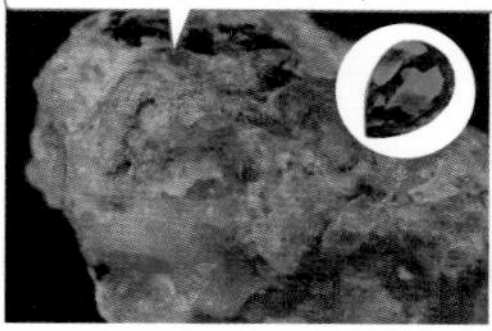
▲ エメラルド

▲ サファイア

●**火山岩**……マグマが地表や地表付近で，急に冷えて固まってできる。

ねばりけが強いマグマ ←→ ねばりけが弱いマグマ
白っぽい ←→ 黒っぽい

▲ 流もん岩

▲ 安山岩

▲ げん武（ぶ）岩

●**深成岩**……マグマが地下深くでゆっくり冷えて固まってできる。

ねばりけが強いマグマ ←→ ねばりけが弱いマグマ
白っぽい ←→ 黒っぽい

▲ 花こう岩

▲ せん緑岩

▲ はんれい岩

たい積岩

小石，砂，どろ，火山灰などが積もって，その重みで固められてできた岩石。

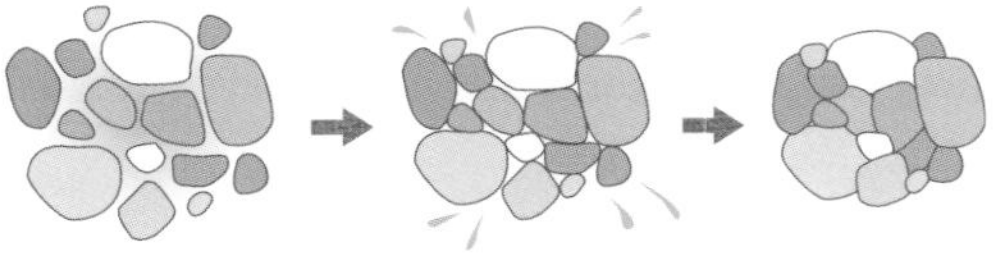

▲ たい積岩

●流水で運ばれた土砂がたい積してできた岩石

▶**れき岩**…小石（れき）の間に砂などが入りこんで固まった岩石。

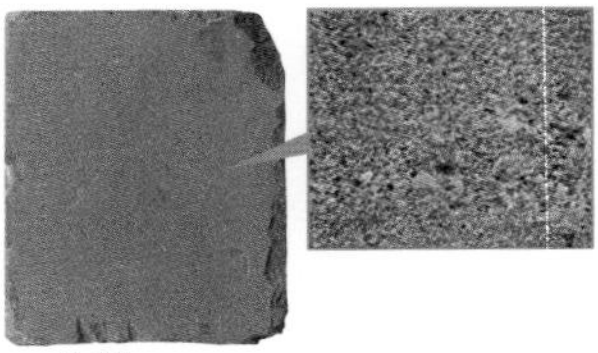

▶**砂岩**…砂が固まった岩石。やわらかく，けずりやすい。

▶**でい岩**…ねんど（どろ）が固まった岩石。きめの細かいつぶでできている。

れき，砂，どろのちがいは，たい積したつぶの大きさのちがいである。

れき…2 mm 以上

砂…2 mm～$\frac{1}{16}$ mm

どろ…$\frac{1}{16}$ mm 以下

●火山灰がたい積してできた岩石

▶**ぎょう灰岩**…陸上や海底に積もった火山灰の層がおし固められてできた岩石。

●生物の死がいなどがたい積してできた岩石

チャートは固いため，石器や火打石に利用された。

▶**チャート**…放散虫（二酸化ケイ素が主成分）などの死がいが固まった岩石。

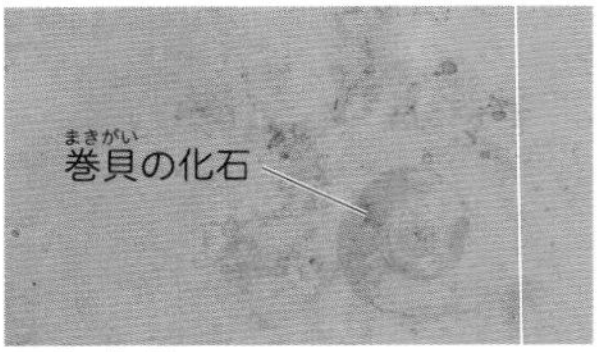

▶**大理石**…石灰岩が地下深くの圧力と熱で変成したもの。

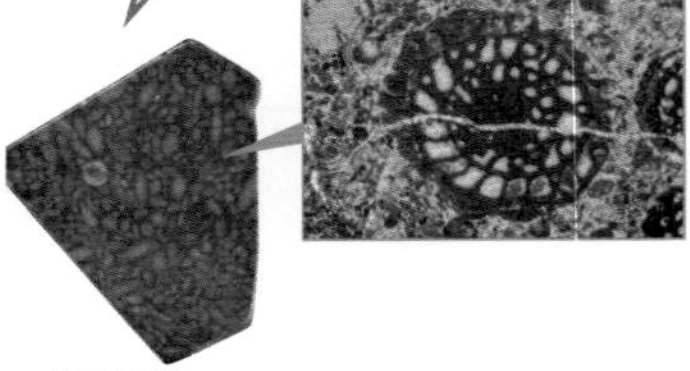

▶**石灰岩**…海水や生物の死がいにふくまれる炭酸カルシウムが固まった岩石。

7 四季の星座

春の星座(せいざ)……うしかい座，おとめ座，しし座，かに座など

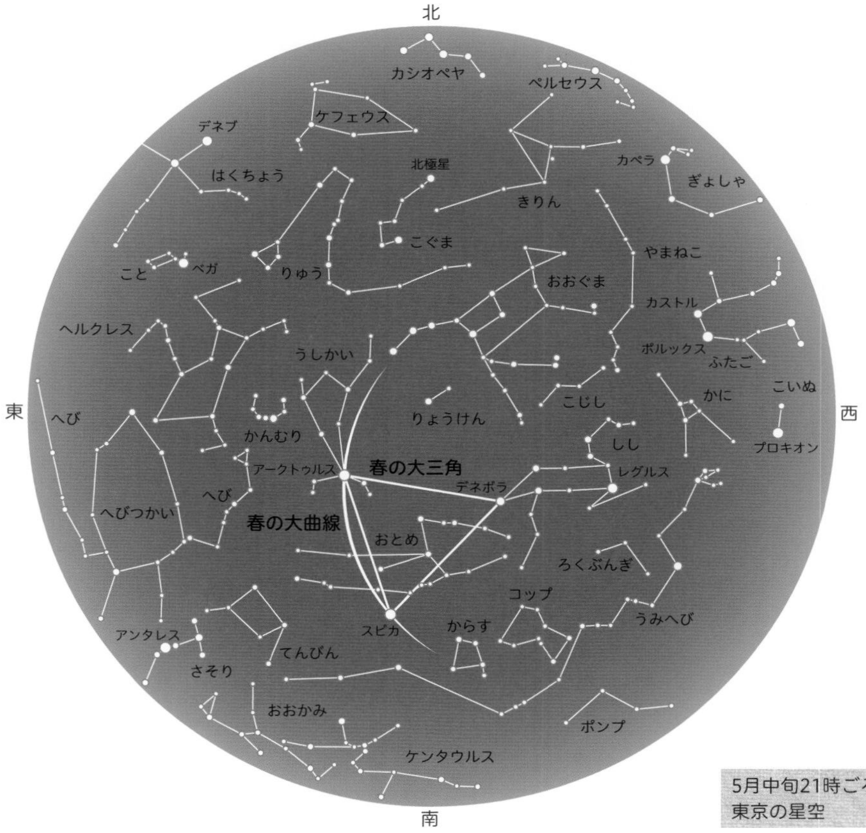

5月中旬21時ごろ
東京の星空

●春の星座の中の天体

▲ かに座　プレセペ散開星団

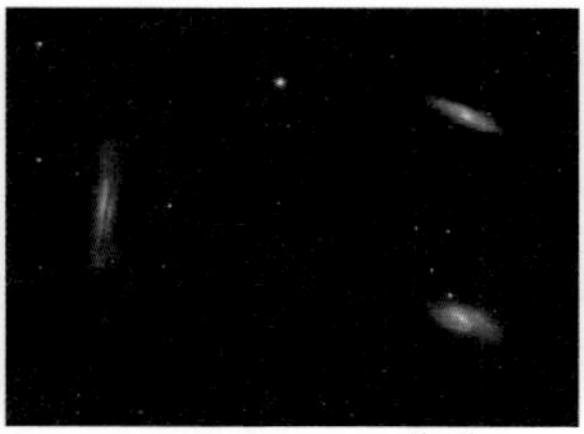
▲ しし座のトリオ銀河(ぎんが)

▲ おとめ座　ソンブレロ銀河

夏の星座……こと座，はくちょう座，わし座，さそり座，ヘルクレス座，いるか座など

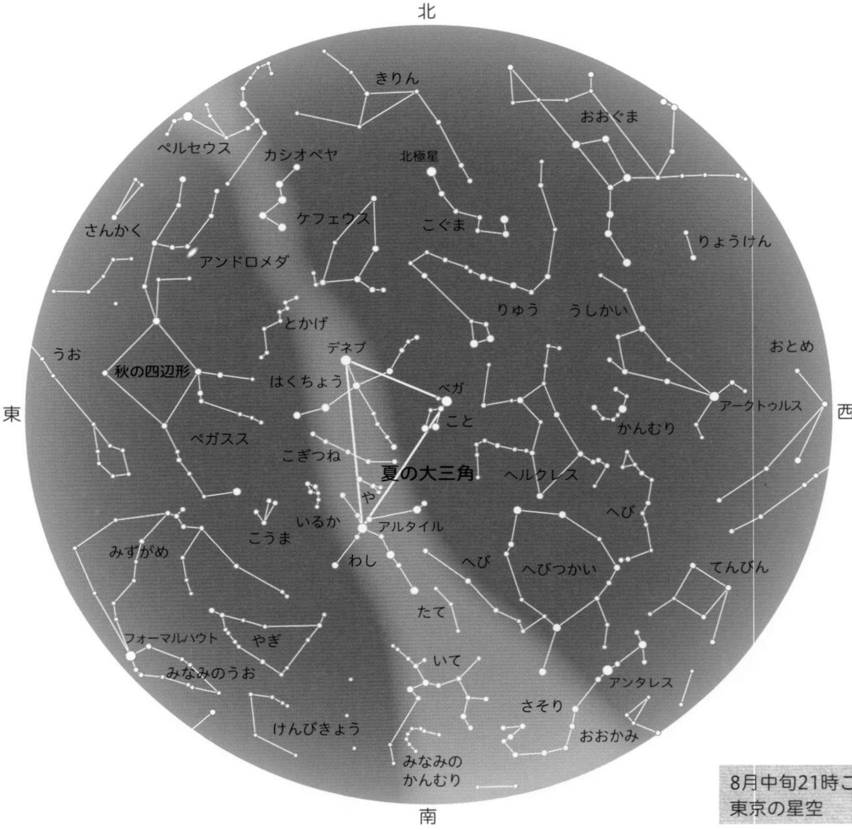

8月中旬21時ごろ
東京の星空

●夏に見られる天体現象と星座の中の天体

天の川は銀河系を横からながめたものである。

▲ 天の川

8 月 12 日ごろ，ペルセウス座流星群を見ることができる。

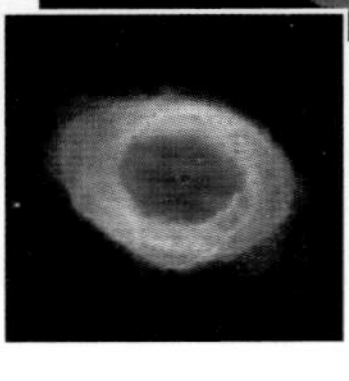

◀ こと座　環状星雲

秋の星座……ペガスス座，アンドロメダ座，みずがめ座，おひつじ座，みなみのうお座，ペルセウス座，さんかく座など

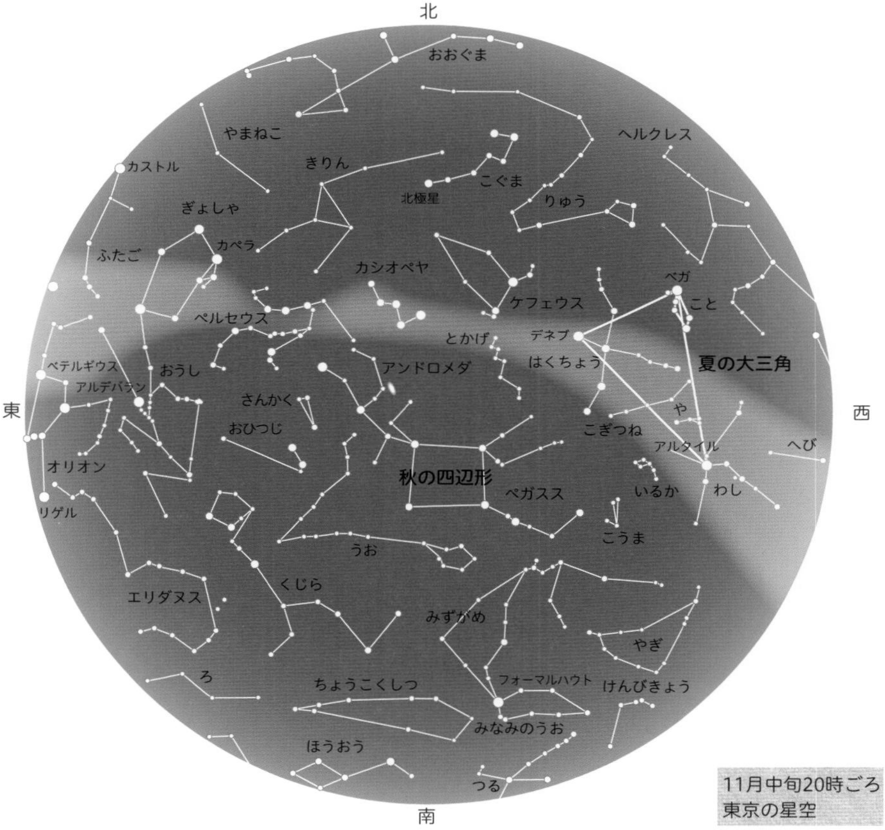

11月中旬20時ごろ
東京の星空

●秋の星座の中の天体

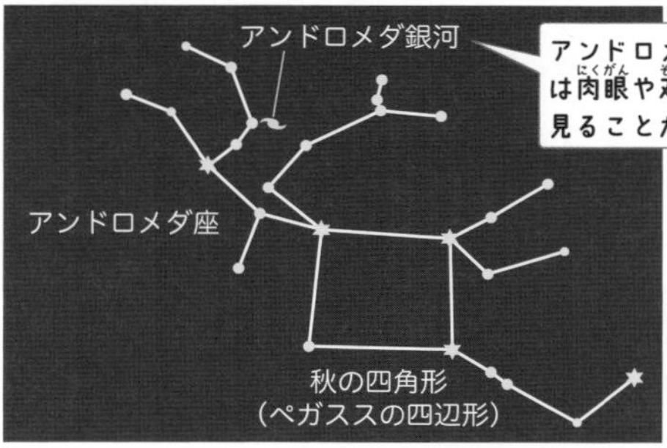

▲ アンドロメダ銀河の位置

▲ ペガスス座　集団銀河
（ステファンの五つ子銀河）

冬の星座……おうし座，オリオン座，おおいぬ座，こいぬ座，ふたご座，ぎょしゃ座など

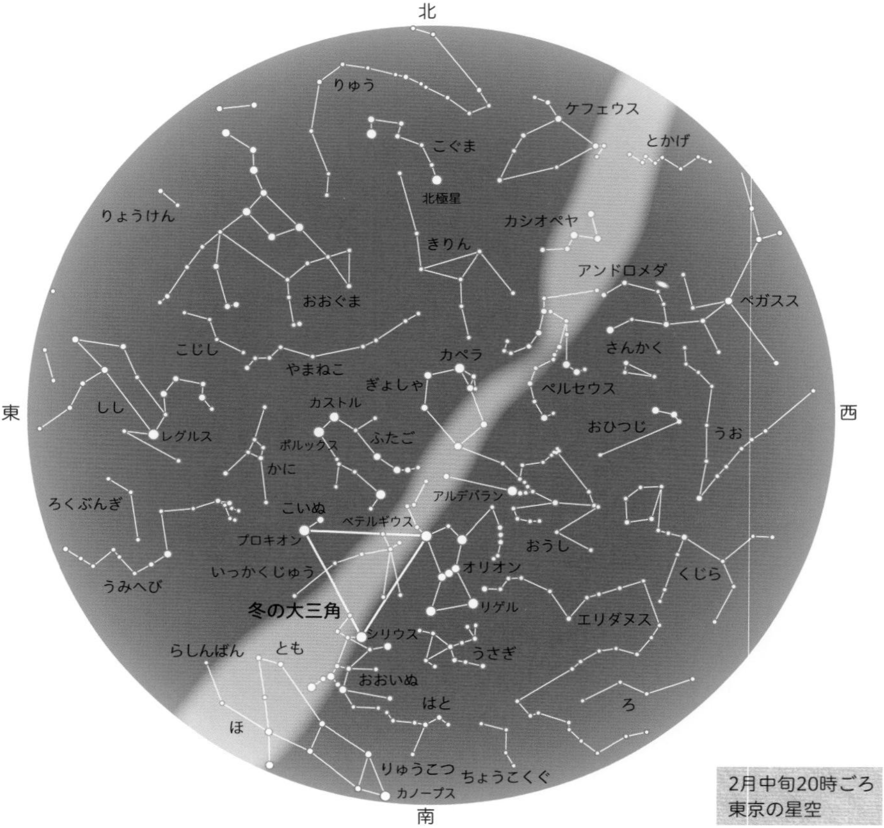

●冬の星座の中の天体

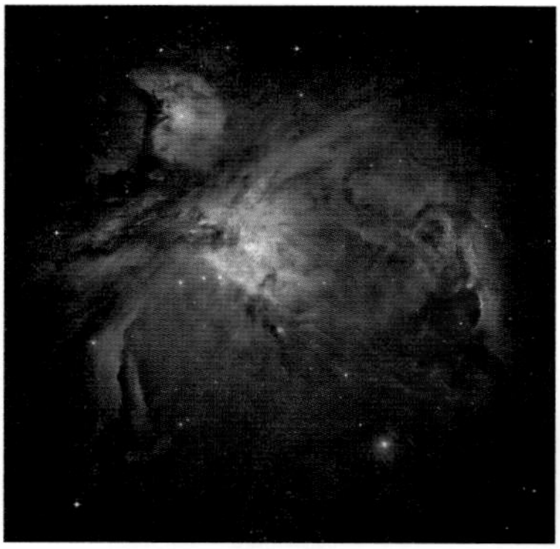

▲ オリオン大星雲

▶おうし座　プレアデス星団（すばる）

◀ おうし座　ヒアデス星団
（下の明るい星はアルデバラン）

8 いろいろな発電

私たちは生活の中のさまざまな場面で電気を使っている。おもな発電方法は，火力発電，水力発電，原子力発電，再生可能エネルギーでの発電の 4 種類がある。

日本の発電

日本の電力は，1950 年代までは水力発電が多かったが，1950 年代後半には高度経済成長期に入り，多くの電力をつくるのにつごうのよかった火力発電が増えた。これにより，1955 年は全電力のうち水力発電の割合が 78.7 % だったのが，1962 年には水力発電と火力発電の割合が逆転し，2020 年には水力発電は 3.7 % まで減っている。

また，日本では 1963 年 10 月 26 日に原子力発電が初めて行われて以降，発電量を増やしていったが，2011 年 3 月 11 日の福島第一原子力発電所の事故をきっかけに見直しが進められ，その際それまでも重要であるとされてきた再生可能エネルギーの活用にさらに力が入れられるようになった。

日本のエネルギーと海外との関係

日本は石油や天然ガスなどのエネルギー資源にとぼしい国で，2020 年の日本のエネルギー自給率は 11.3 % と，ほかの OECD 諸国と比かくしても低い水準となっている。そのため，海外から輸入される石炭・石油・天然ガス (LNG) などの化石燃料に大きくい存している。2020 年度の化石燃料い存度は 84.8 % となっている。

└→経済協力開発機構

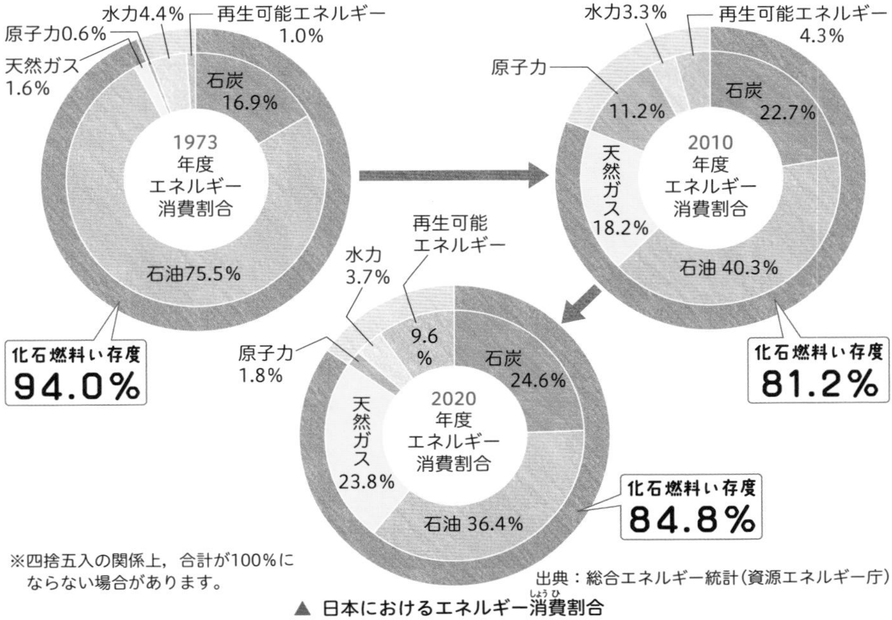

※四捨五入の関係上，合計が100%にならない場合があります。

出典：総合エネルギー統計(資源エネルギー庁)

▲ 日本におけるエネルギー消費割合

水力発電

水力発電は，水が高い所から下へ落ちるときの力を利用して水車を回転させ，発電機によって電気をつくる。

▶**長所**…二酸化炭素をはい出しない。安定した発電ができる。

▶**短所**…大規模な発電所やダムの建設は，森林などの自然かん境に大きなえいきょうをあたえる。また，発電所から消費地までのきょりが大きいため，送電線の設置などで初期費用が大きくなってしまう。

▲ 水力発電

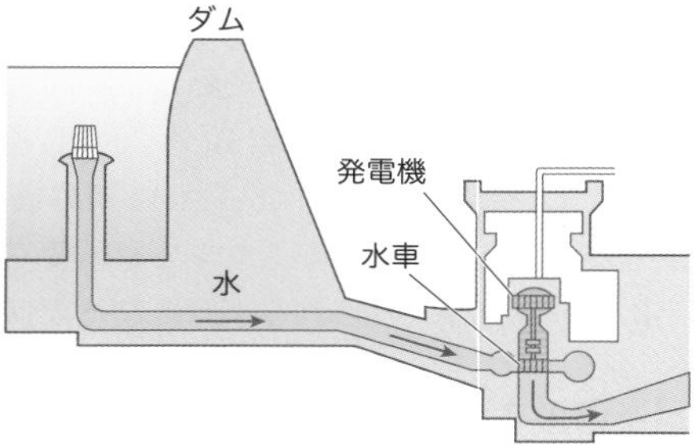

▲ 水力発電のしくみ

火力発電

火力発電は，石油・石炭・天然ガスなどの化石燃料を燃やした熱で蒸気をつくり，この蒸気の力でタービン（羽根車）を回し，発電機で電気をつくる。

▶**長所**…季節や時間帯で発電量を調整できるため，必要に応じてじゅうなんに対応できる。安定した発電ができる。

▶**短所**…二酸化炭素をはい出するため，地球温暖化につながる可能性が大きい。

▲ 火力発電

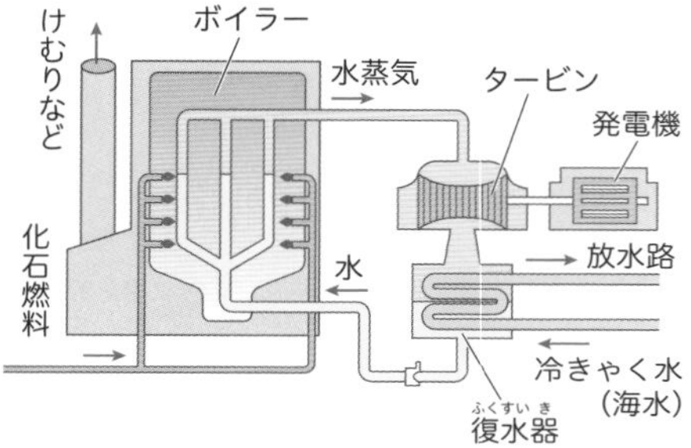

▲ 火力発電のしくみ

原子力発電

原子力発電は，ウランを利用した熱で蒸気をつくり，この蒸気の力でタービン（羽根車）を回し，発電機で電気をつくる。

▶**長所**…二酸化炭素をはい出しない。安定した発電ができる。
▶**短所**…重大な事故が発生すると，高レベルの放射線や放射性物質がかん境に大きなひ害をあたえる。

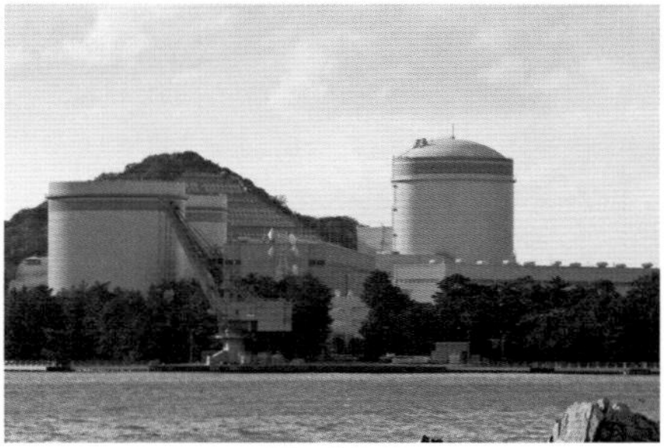

▲ 原子力発電

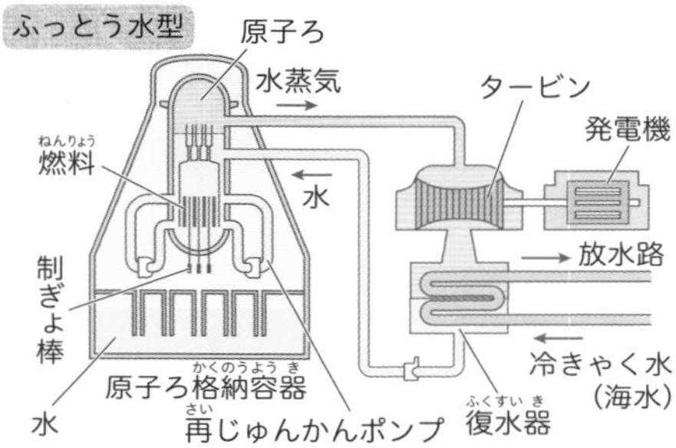

▲ 原子力発電のしくみ

再生可能エネルギーによる発電

再生可能エネルギーは，自然のエネルギーを利用して電気をつくる。

▶**長所**…自然界につねにあるエネルギーのため，こかつしない。二酸化炭素をはい出しないため，かん境にやさしいエネルギーだといえる。
▶**短所**…発電効率が低い。自然の状きょうに左右され，安定した発電ができないものが多い。

❶ 風力発電

風力発電は，自然の風による力を利用して風車を回転させ，発電機を動かして電気をつくる。使用する場所に応じて，大小さまざまなものを使うことができる。

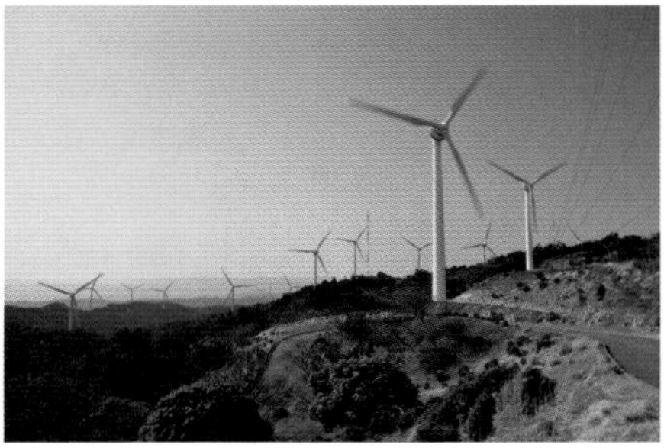

▲ 風力発電

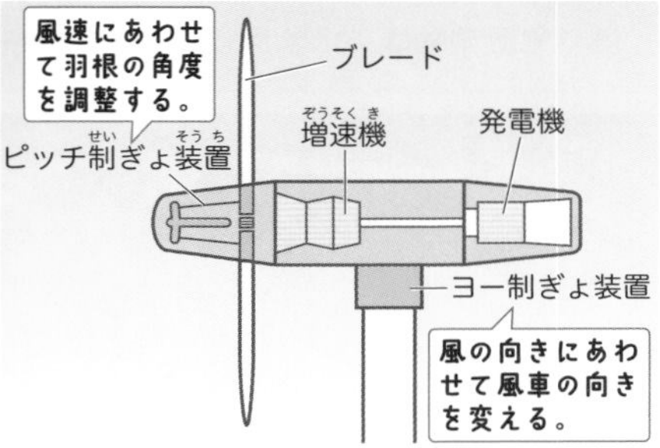

▲ 風力発電のしくみ

❷ 太陽光発電

太陽光発電は，太陽からの光を受けとって直接電気に変えることができる光電池を利用し，電気をつくる。

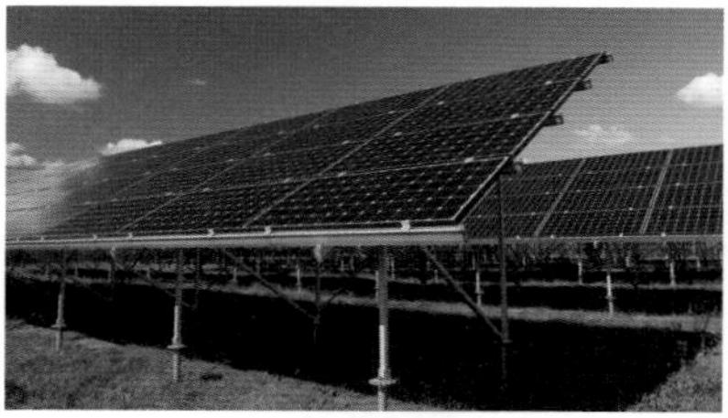

▲ 太陽光発電

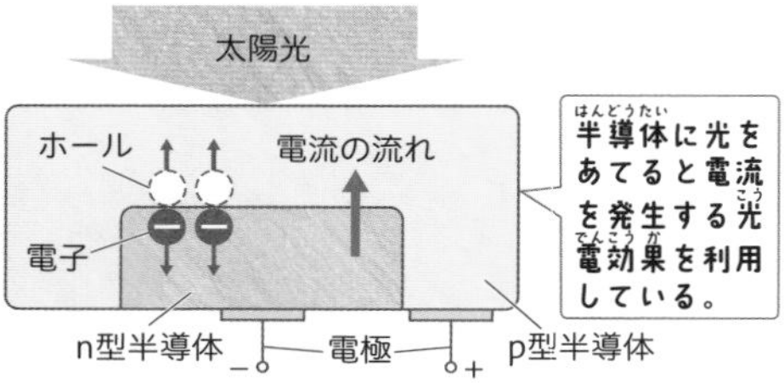

▲ 太陽光発電のしくみ

❸ 地熱発電

地熱発電は，地中深くからとり出した蒸気で直接タービンを回し電気をつくる。

▲ 地熱発電

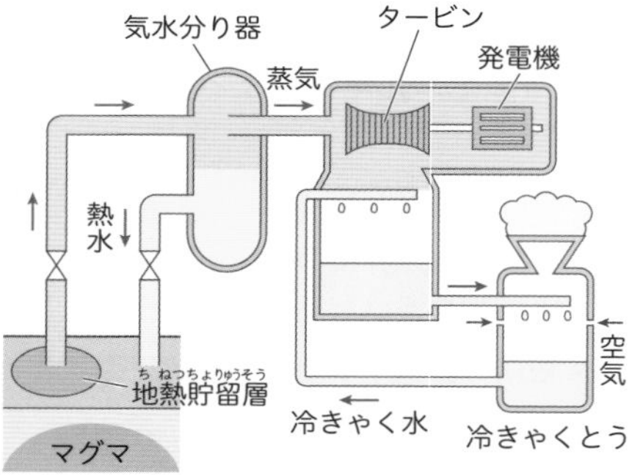

▲ 地熱発電のしくみ

❹ 燃料電池発電

燃料電池発電は，化学反応によって燃料の化学エネルギーから電気をつくる。

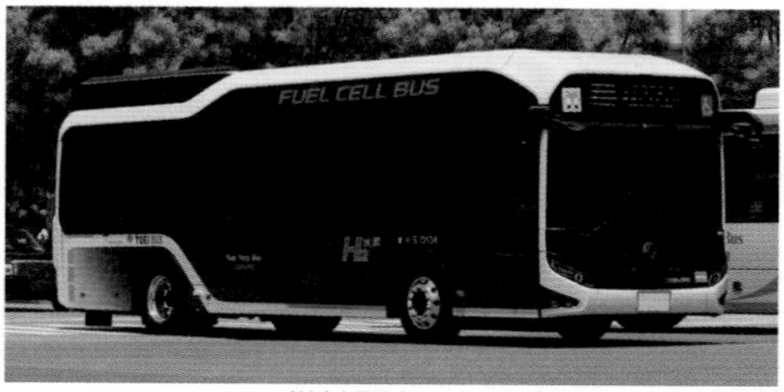

▲ 燃料電池で走るバス

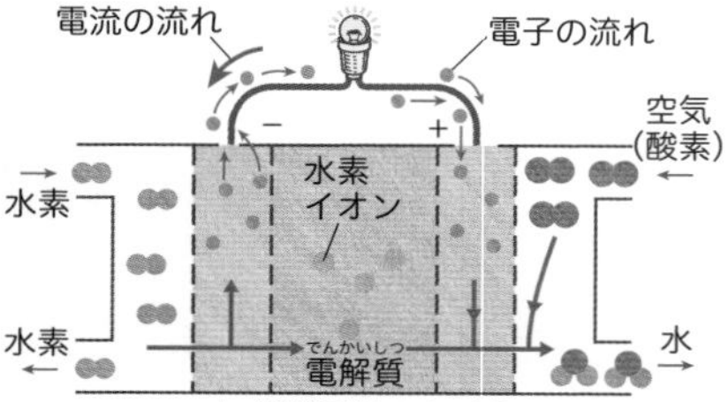

▲ 燃料電池のしくみ

9 いろいろな物質

私たちの身のまわりには，さまざまなものがある。例えば，教科書やノートなどは紙でできており，机やいすなどの家具の多くは木でできている。ほかにも，ものをつくるための材質としてプラスチックや金属がある。

いろいろな金属

金属は銅や鉄など，いろいろな所で使われている。

金

銀

銅

鉄

アルミニウム

あえん

なまり

金属の性質

固体の金属には以下のような性質がある。

①みがくと，金属光沢を生じる。
②たたくとうすく広がり（展性），引っぱると細くのびる（延性）。
③熱をよく伝える。
④電気を通す。
※磁石につくかどうかは，金属による。

❶ 光 沢

光を受けてかがやくことを光沢という。金属はみがくと，特有の光沢（金属光沢）を生じる。金属光沢は，鏡などに利用されている。

❷ 広がる・のびる

金属は，たたいてうすく広げたり（展性），細く引きのばしたり（延性）することができる。

❸ 熱をよく伝える

金属は，熱をよく伝えるため，なべややかんなどに使われる。

❹ 電気を通す

金属の鉄でできたスプーンは電気を通すが，木でできたわりばしは電気を通さない。えん筆のしんをつくる黒えんは，金属ではないが電気を通す。

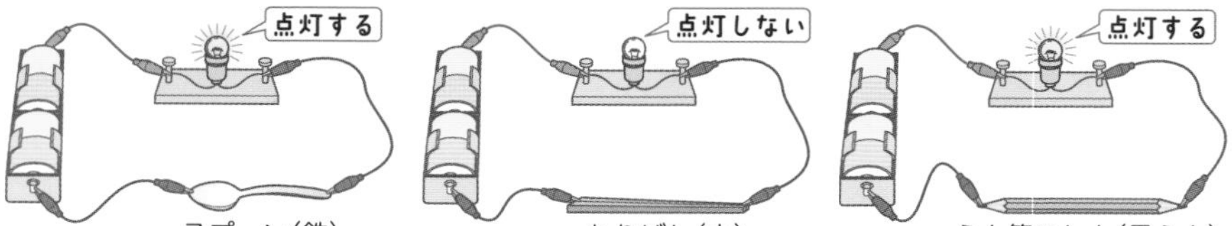

スプーン(鉄)　わりばし(木)　えん筆のしん(黒えん)

磁石につくのは，鉄，コバルト，ニッケルなど一部の金属だけで，すべての金属が磁石につくのではない。スチールかん(鉄の合金)とアルミニウムかんは磁石で区別できる。

▲ 磁石につく

▲ 磁石につかない

▲ スチールかん

▲ アルミニウムかん

いろいろなプラスチック

プラスチックは，ほとんどが石油を原料として人工的に合成された物質で，有機物である。多くのプラスチックには，軽くてじょうぶ，加工しやすい，さびにくい，くさりにくい，電気を通しにくいなどの性質がある。さらに，かん境問題などにも気をつかい，生き物によって分解されるものや電気を通すものなど，多様な性質をもつプラスチックが開発されている。

プラスチックの種類

❶ 代表的なプラスチックの利用例と燃焼性

	ポリエチレンテレフタラート PET	ポリエチレン PE	ポリ塩化ビニル PVC	ポリプロピレン PP	ポリスチレン PS
利用例					
	ペットボトル クリアホルダー　など	レジぶくろ バケツ　など	上・下水道管 消しゴム　など	食品容器 キャップ　など	CD ケース 食品トレイ　など
燃焼性	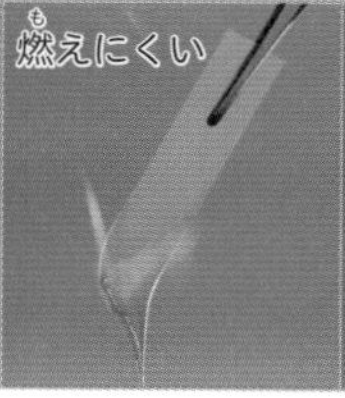	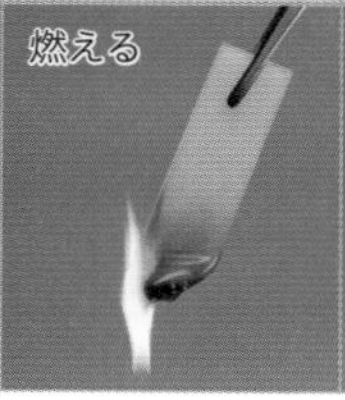	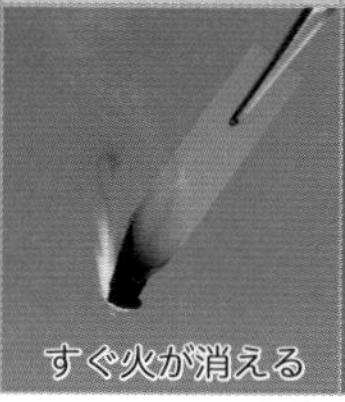	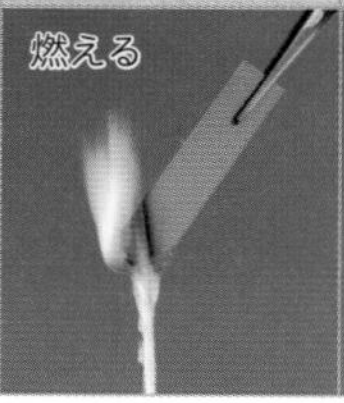	

❷ 発ぽうポリスチレン(発ぽうスチロール)

発ぽうポリスチレンは，空気を多くふくみ，軽く，熱を伝えにくいので，しょうげきを吸収するかんしょう材などに使われる。

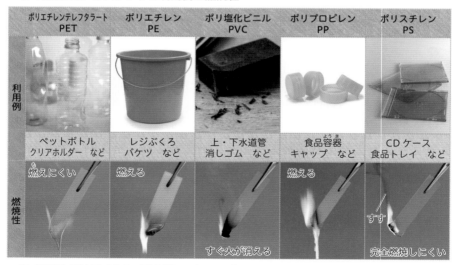

10 おもな観察・実験器具とその使い方

小学校で使うおもな実験器具

虫めがね，温度計，方位磁針，上皿てんびん，電子てんびん，星座早見，アルコールランプ，実験用ガスコンロ，検流計，電流計，メスシリンダー，ろうと，けんび鏡，気体検知管

おもな観察・実験器具の使い方

●虫めがねの使い方

虫めがねを使うと，小さいものを大きくして見ることができる。

❶ 手で持てるものを見るとき

①虫めがねを目に近づける。

②見るものを動かして，はっきりと見える所でとめて，見る。

❷ 手で持てないものを見るとき

見るものが動かせないときには，虫めがねを動かしてはっきりと見える所でとめて，見る。

注　意！ 目を痛めるので，絶対に虫めがねで太陽を見ない。

●温度計の使い方

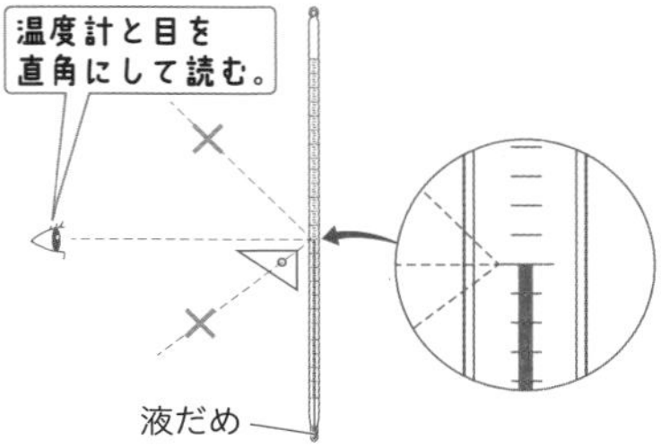
温度計と目を
直角にして読む。
液だめ

温度計を使うと，液だめにふれているものの温度（空気，水，土などのあたたかさ）をはかることができる。

❶ 温度計の読み方

①温度計と目を直角にして読む。

②液だめに息がかからないように，20～30 cm はなして読む。

❷ 目盛りの読み方

液の先が，目盛りと目盛りのちょうど真ん中にある場合には，近いほうの目盛りを読む。

注　意！ ▶手のあたたかさが伝わってしまうので，液だめの部分を持ってはからない。

▶地面の温度をはかるときは，温度計で地面をほらない。

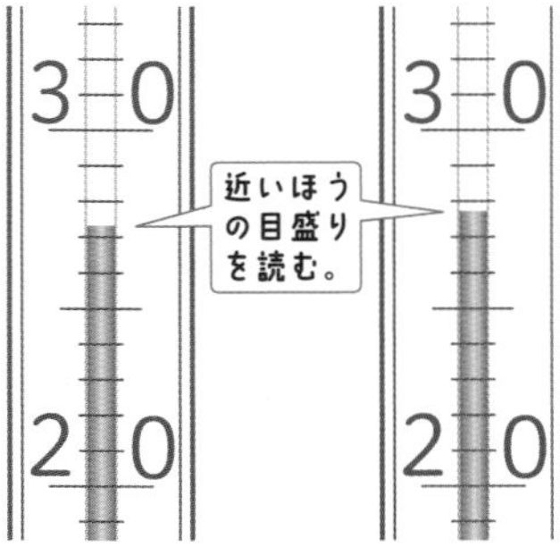
30
20
近いほうの目盛りを読む。
30
20

「27度」と読み，「27℃」と書く。　「28度」と読み，「28℃」と書く。

▲ 目盛りの読み方

❸ 気温のはかり方

空気の温度は，日光のあたり方や地面からの高さなど，はかる条件によってちがう。

次の３つの条件をそろえてはかった空気の温度を気温という。

> ①温度計に日光が直接あたらないようにしてはかる。
> ②温度計を地面から 1.2 m～1.5 m の高さにしてはかる。
> ③建物からはなれた風通しのよい所ではかる。

●方位磁針の使い方

方位磁針の針は，北と南をさしてとまる。針の色のついたほうが，北をさす。北と南がわかれば，東と西の方位もわかる。

①針が自由に動くように，方位磁針を水平に持つ。
②調べる方向を向き，方位磁針を回して，針の色のついたほうに，「北」の文字を合わせる。
③方位を読みとる。

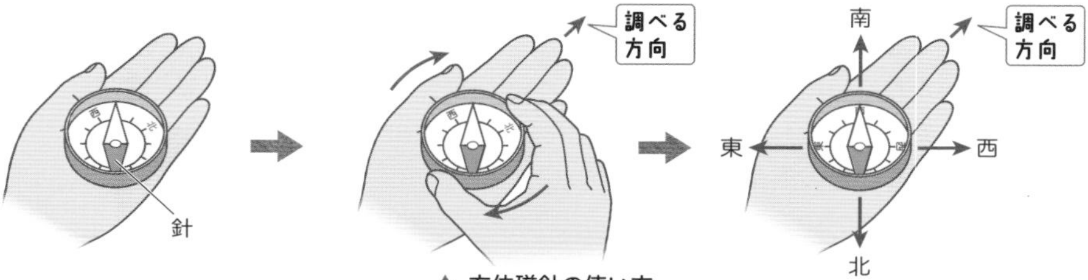

▲ 方位磁針の使い方

●上皿てんびん・電子てんびんの使い方

❶ 上皿てんびんのあつかい方

①運ぶときは，両手でしっかりと持つ。上皿てんびんを運んだり，しまっておいたりするときは，皿を一方に重ねておく。

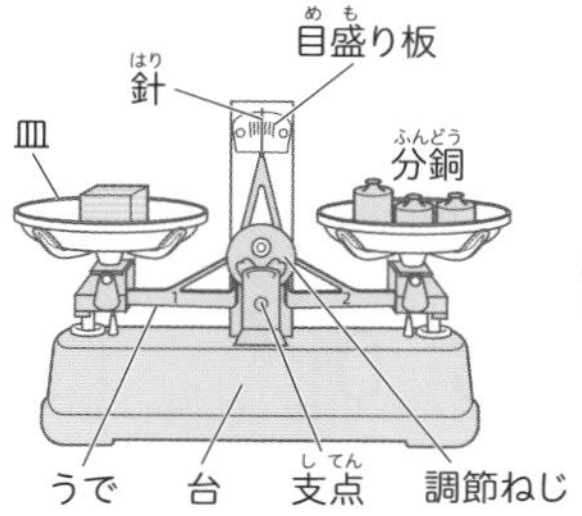

▲ 上皿てんびんのしくみ

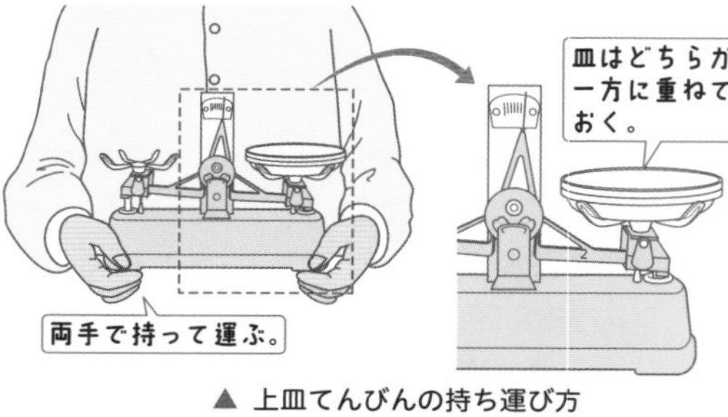

▲ 上皿てんびんの持ち運び方

②水平な所に置いて，両方のうでに皿をのせる。
③調節ねじを回して，針のふれが左右で同じになるようにしてつりあわせる。針はふれていてもよい

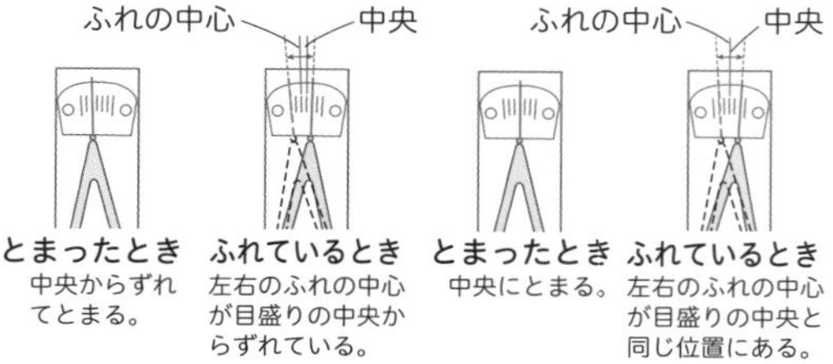

▲ つりあっていないとき　▲ つりあっているとき

❷ 分銅のあつかい方……正確に重さをはかるために，次のことに注意する。

①分銅をあつかうときには，ピンセットを使う。これは，手であつかうと，分銅がさびたりよごれたりして，重さが変わるためである。

②使う前とあとで，分銅の数を確かめておく。

▲ 分銅のあつかい方

❸ ものの重さをはかるとき

①はかろうとするものを，一方の皿（右ききの場合は左，左ききの場合は右）に静かにのせる。

②もう一方の皿に，はかるものと同じくらいの重さの分銅をのせる。

③のせた分銅が重いときには，次に軽い分銅をのせる。軽いときには，次に軽い分銅を続けてのせるなどしてつりあわせる。

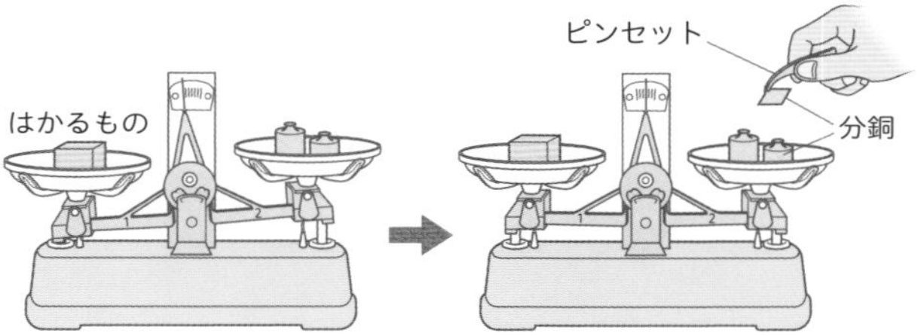

▲ ものの重さをはかるとき

④つりあったとき，皿にのっている分銅の重さの合計が，はかりたいものの重さになる。

注　意！　はかろうとするものが，皿をよごしたり，傷つけたりする場合は，左右の皿に薬包紙をのせ，つりあわせてからはかるようにする。

❹ 決まった重さをはかりとるとき

①左右の皿に薬包紙をのせ，つりあわせる。

②一方の皿（右ききの場合は左，左ききの場合は右）に，はかりとる重さの分銅をのせる。

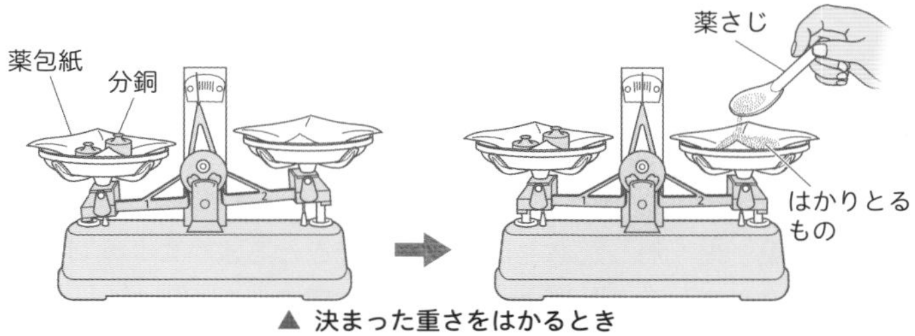

▲ 決まった重さをはかるとき

③もう一方の皿に，はかりとるものを少しずつのせていき，つりあわせる。

❺ 電子てんびんの使い方

①はかる前に，表示板の目盛りを 0.00 g にセットする。容器に入れたり，薬包紙をのせてはかったりするとき（└→薬品などの重さをはかりとるとき）は，先に容器や薬包紙をのせ，表示板の目盛りを 0.00 g にセットする。

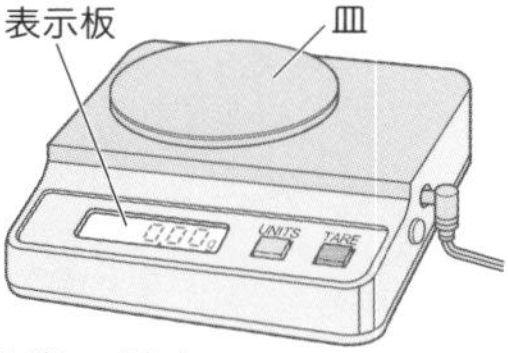

②はかりたいものをのせ（容器の場合は中に入れる），表示板の数値を読みとる。

●星座早見の使い方

星座早見は，いろいろな星座をさがすときに使う道具である。

星座早見のいちばん外側には，月日の目盛りが書いてあり，回転するようになっている。その内側には時刻の目盛りが書いてあり，月日の目盛りと時刻の目盛りを観察するときに合わせて使う。

例えば，9月11日の20時(午後8時)にどのような星座が見られるかを知りたいときには，星座早見を回転させ，9月11日の目盛りと20時の目盛りとを合わせる。

星座早見を用いて観測するときは，観測したい方位を向いて，星座早見に書かれているその方位が下になるようにして持ち，上にかざす。

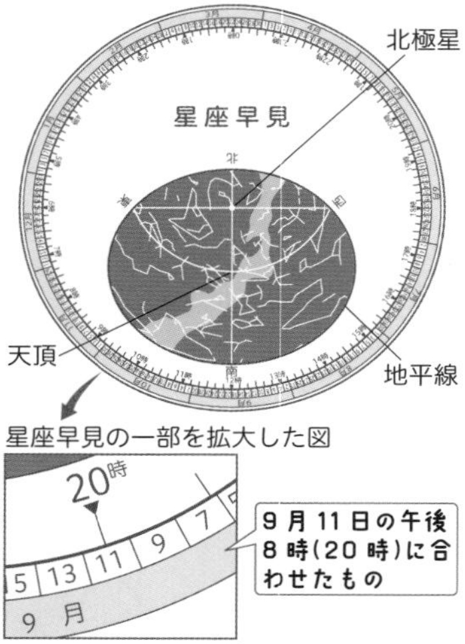

▲ 星座早見

●アルコールランプの使い方

使う前に，次のことを点検する。

▶容器やふたが欠けたり，ひびがはいっていないか。

▶アルコールの量は，容器の8分目まで入っているか。

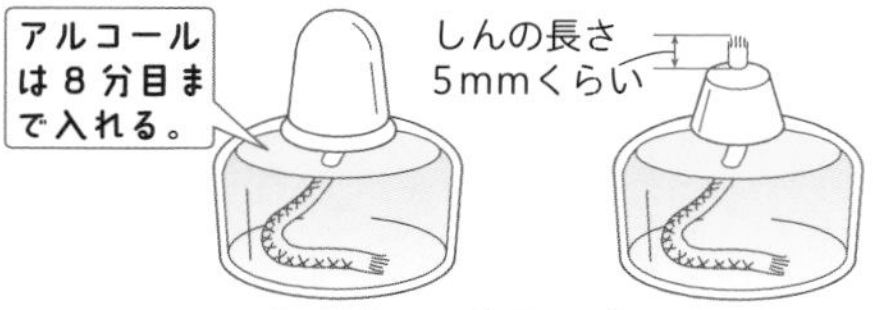

▲ アルコールランプ

▶容器から出ているしんは5 mm くらいの長さになっているか。

▶容器の中のしんは，短くなっていないか。

❶ **点　火**……アルコールランプを水平な所に置き，マッチやガスライターなどを使って，アルコールランプの手前から火を近づけて点火する。マッチを使う場合は，水を少し入れた燃えがら入れを用意し，人のいないほうへ向けてマッチをする。

❷ **消　火**……アルコールランプのふたをななめ上からすばやくかぶせて消す。そのあと，一度ふたをとって，ゆるくはめなおしておく。

注　意！　火を消したあとに，一度ふたをとるようにしなければ，あたためられた空気が冷やされることによってふたの内部の圧力が下がり，とれなくなってしまうことがある。

▲ アルコールランプの点火

▲ アルコールランプの消火

●実験用ガスコンロ

実験用ガスコンロは，アルコールランプに比べて火力が強く，また必要に応じてその火力の調節をすることができる。

❶ 使用前にすること

近くにノートなどの燃えやすいものがないことを確認しておく。また，安全のためにぬれぞうきんを用意する。ガスコンロはガスボンベがぬいてあって，つまみが「切」になっているかどうかを確認する。ガスボンベはたたいたり，落としたりしてはいけない。
↳ガスがもれるおそれがある

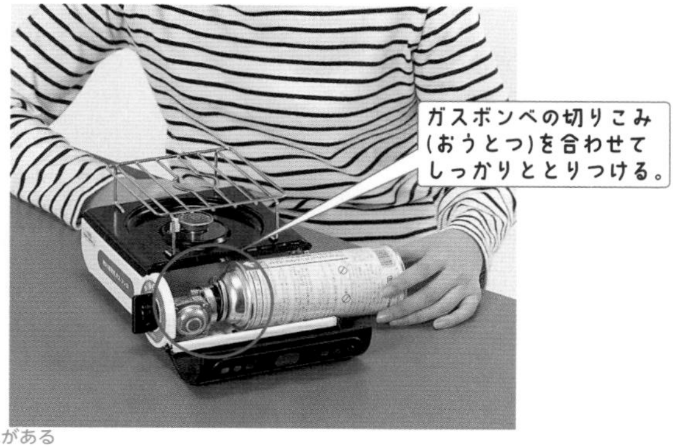

❷ 実験を始めるとき

ガスコンロを平らな場所に置き，ガスボンベの切りこみ (おうとつ) を上にして，「カチッ」と音がするまで動かしてとりつける。このとき，ガスもれのないように気をつける。そして，ごとくの上に加熱するもの (水の入ったビーカーなど) をのせる。ごとくよりも大きいものは乗せないようにする。

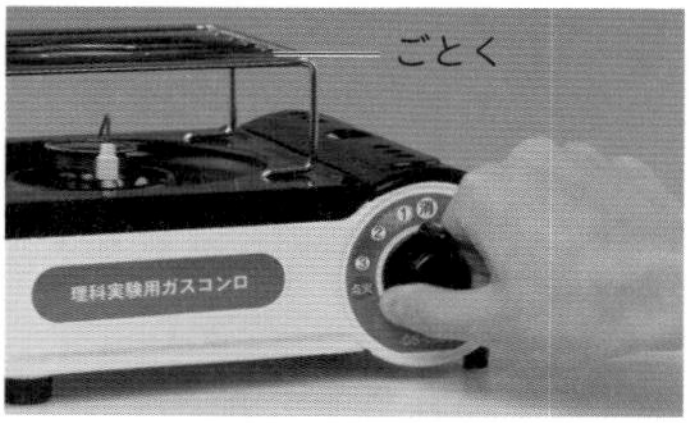

❸ 火のつけ方

準備ができたら点火する。まず，つまみを「カチッ」と音がするまで回して，火がついたことを確認する。火がつかない場合は，すぐにつまみを「消」のところまでもどし，もう一度やり直す。火がついたら，つまみで火の強さを調節する。燃焼実験中は，窓を少し開けるなどしてかん気を行う。変なにおいがしたら，すぐにつまみを「消」にして火を消し，ガスボンベをはずす。

❹ 火の消し方

実験が終わったら，つまみを「消」にして火を消す。ごとくなどはまだ熱いので，やけどに注意する。じゅうぶんに冷えてから，ガスボンベをはずす。そして，念のためにつまみを「点火」にしてみて，火がつかないことを確かめてから，また「消」にもどす。使用しないときは，ガスボンベははずしておく。

●検流計（簡易検流計）の使い方

検流計を使うと，回路に流れる電流の向きと大きさを調べることができる。

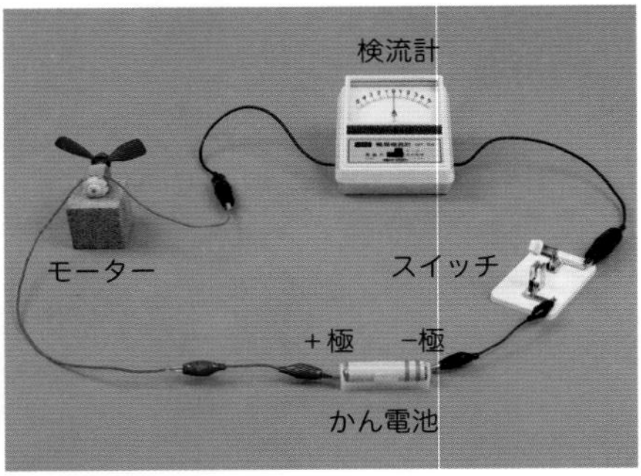

①かん電池，モーター（豆電球），検流計，スイッチがひと続きになるようにつなぐ。

②検流計の針を 0 に合わせる。

③検流計についている切りかえスイッチを，「電磁石（5 A）」のほうにたおす。

④スイッチを入れて，針のふれる向きと，針のさす目盛りを読みとる。（右の写真では，かん電池の＋極側を検流計の左のほうにつないでいるので，針は右にふれる。）

⑤針のふれが小さいときは，切りかえスイッチを，「モーター・豆電球（0.5 A）」のほうにたおして，針のさす目盛りを読みとる。

注　意！　検流計は，かん電池だけをつなぐとこわれるので，絶対にかん電池だけをつないではいけない。

●電流計の使い方

電流計は，検流計よりも，電流の大きさをくわしくはかることができる。

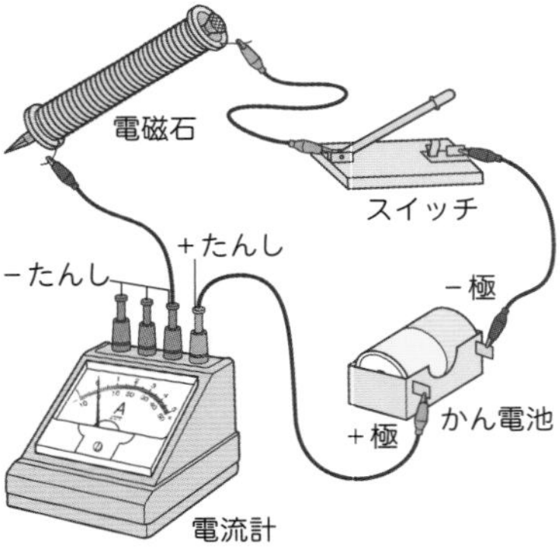

①電流計を水平な所に置き，針を 0 に合わせる。

②かん電池，電流計，電磁石（豆電球，モーターなど），スイッチがひと続きになるようにつなぐ。このとき，かん電池の＋極側の導線を電流計の赤い＋たんしにつなぐようにする。また，－極側の導線は，5 A の－たんしにつなぐ。

③針のふれが小さいときは，－極側の導線を，500 mA の－たんしにつなぎかえる。それでも小さいときには，－極側の導線を，50 mA の－たんしにつなぎかえる。

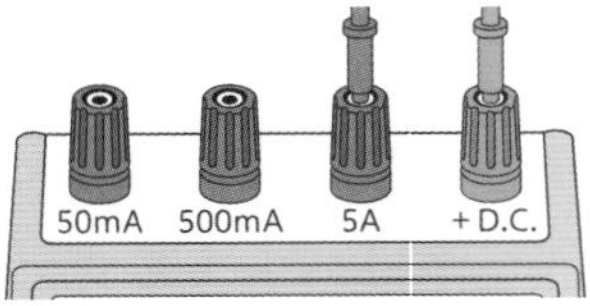

▲ 5Aのたんしにつないだようす

④目盛りを読む。

1 目盛りの大きさは，－極側の導線をどの－たんしにつないだかで変わる。例えば，－極側の導線を 5 A の－たんしにつないだときには，1 目盛りは 0.1 A（アンペア）になる。－極側の導線を 500 mA の－たんしにつないだときには，1 目盛りは 10 mA になる。

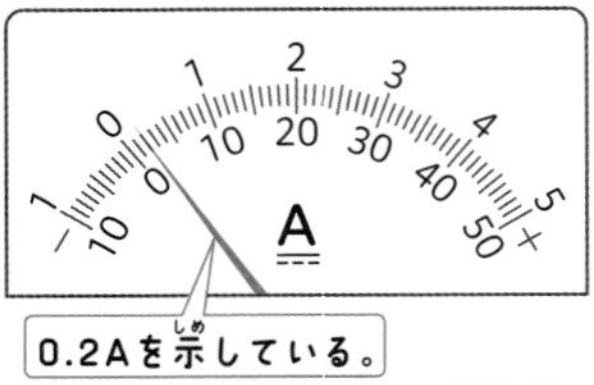

▲ 5Aのたんしにつないだとき

●メスシリンダーの使い方

①メスシリンダーを水平な所に置く。

②はかりたい液体を，はかりとる体積よりも少し少なめに入れる。

③真横から見ながら，はかりとる体積の目盛りまで，スポイトを使って少しずつ液体を入れていく。

④メスシリンダーの目盛りは，液面のへこんだ下の面（右の図B）を，真横から見て読む。

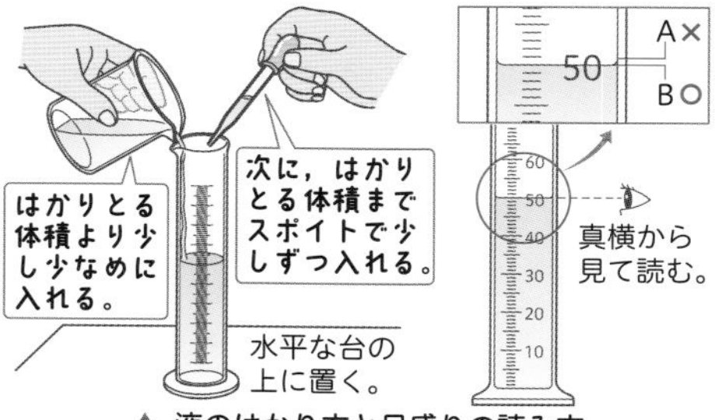

▲ 液のはかり方と目盛りの読み方

⑤メスシリンダーには「mL」「cm^3」「cc」という表示がされているものがあるが，どれも同じ体積を示している。

⑥メスシリンダーはたおれやすいので，使わないときはケースなどにねかせて入れておく。

●ろ過のしかた

水などの液体にとけないもの（まじっているもの）を，ろ紙を使ってこし分けることを**ろ過**という。また，ろ紙を通った液をろ液という。

ろ過で使う器具には，右の図のようなものがある。

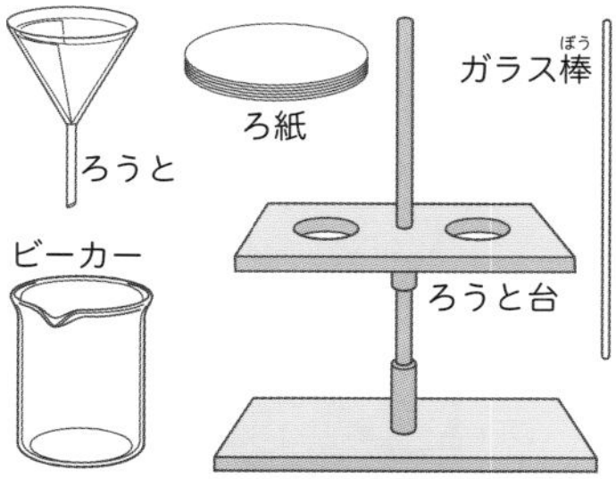

▲ ろ過に使う器具

▶ろ過の順序

①下の図のようにろ紙を折る。

②折ったろ紙をろうとにはめて，水でしめらせてぴったりとつける。

③ろうとを図のようにろうと台にとりつけ，ろうとのあしの長いほう（とがったほう）をビーカーの内側にぴったりとつける。

液がはねないようにするため↵

④ガラス棒をろ紙の重なったところにあて，ろ過しようとする液体をガラス棒に伝わらせて，ろ紙の中へゆっくりと注ぐ。

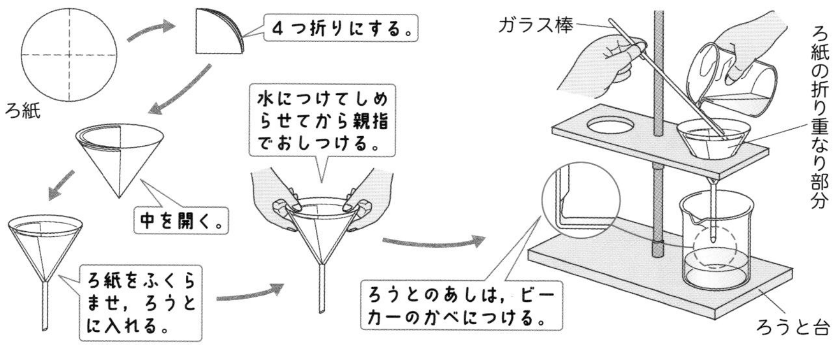

ろ紙
4つ折りにする。
中を開く。
ろ紙をふくらませ，ろうとに入れる。
水につけてしめらせてから親指でおしつける。
ガラス棒
ろ紙の折り重なり部分
ろうとのあしは，ビーカーのかべにつける。
ろうと台

▲ ろ過のしかた

●けんび鏡の使い方

❶ けんび鏡を置く場所……けんび鏡を用いて観察するときは，明るく水平な所に置く。ただし，目を痛めるので日光が直接あたる所で使ってはいけない。

❷ プレパラート（標本）のつくり方

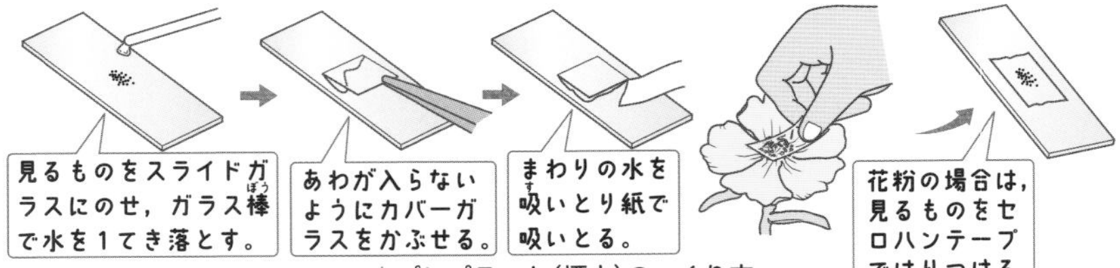

見るものをスライドガラスにのせ，ガラス棒で水を１てき落とす。
あわが入らないようにカバーガラスをかぶせる。
まわりの水を吸いとり紙で吸いとる。
花粉の場合は，見るものをセロハンテープではりつける。

▲プレパラート（標本）のつくり方

❸ けんび鏡の各部の名まえと観察順序

うでをしっかりとにぎり，両手で持つ。

▲ けんび鏡の持ち運び

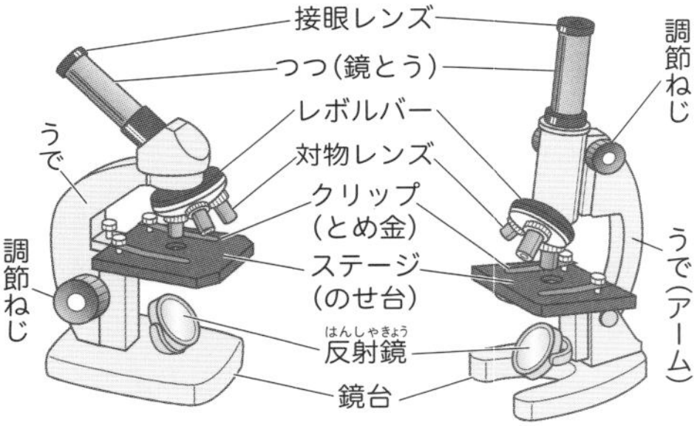

▲ ステージの動くけんび鏡　▲ つつの動くけんび鏡

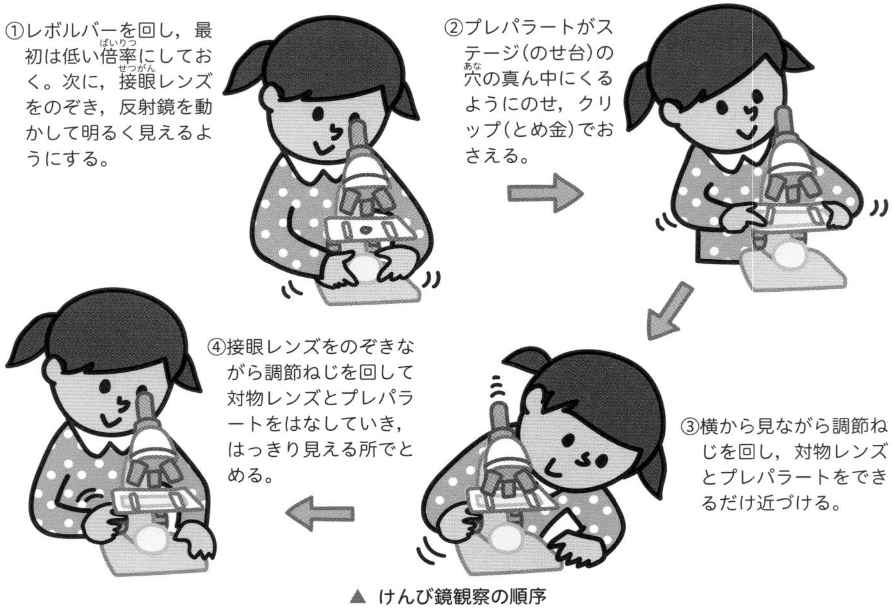

①レボルバーを回し，最初は低い倍率にしておく。次に，接眼レンズをのぞき，反射鏡を動かして明るく見えるようにする。

②プレパラートがステージ（のせ台）の穴の真ん中にくるようにのせ，クリップ（とめ金）でおさえる。

③横から見ながら調節ねじを回し，対物レンズとプレパラートをできるだけ近づける。

④接眼レンズをのぞきながら調節ねじを回して対物レンズとプレパラートをはなしていき，はっきり見える所でとめる。

▲ けんび鏡観察の順序

❹ **けんび鏡の倍率**……けんび鏡の倍率は，接眼レンズの倍率と対物レンズの倍率をかけ合わせたものになる。

(けんび鏡の倍率)＝(接眼レンズの倍率)×(対物レンズの倍率)

例　接眼レンズが 10 倍，対物レンズが 10 倍のものを使うと，100 倍に拡大される。

❺ **けんび鏡で見える像**……けんび鏡で見える像は，実際のものと上下，左右ともに反対になっているので，上のほうに見えるものを真ん中で見るためにはプレパラートを上に動かし，左のほうに見えるものを真ん中で見るためにはプレパラートを左に動かすようにする。

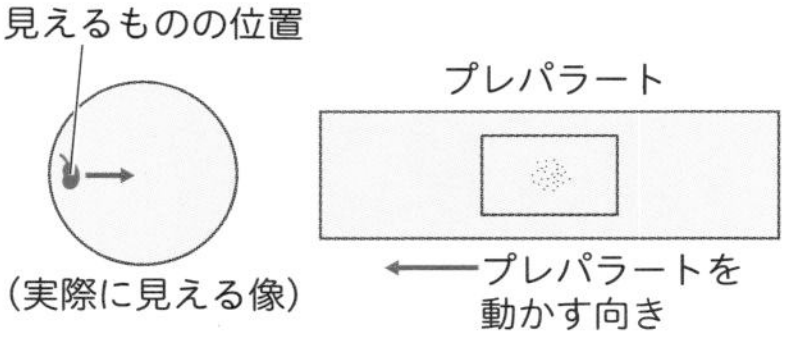

▲ けんび鏡の像の動かし方

●気体検知管の使い方

気体検知管は，空気中に自分の調べたい気体がどれくらいの割合 (%) でふくまれているかを調べるための道具である。

└→小学校では，酸素と二酸化炭素を調べることが多い

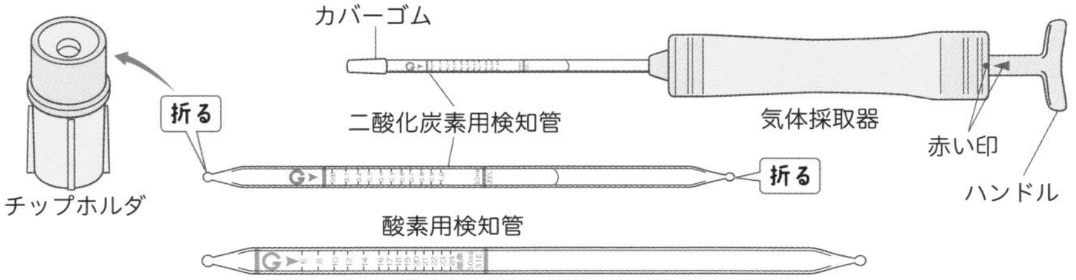

▲ 気体検知管

①チップホルダを使って，気体検知管の両はしを折る。

②Gマークがあるほうにカバーゴムをとりつけて(けがをしないようにするため)，反対側を気体採取器にさしこむ。

③採取器の赤い印が合っていることを確かめてから，調べる所に先を向けてハンドルをいっきに引いて固定し，決められた時間だけ待つ。

④気体検知管をとりはずし，色が変わった部分の目盛りを読みとる。

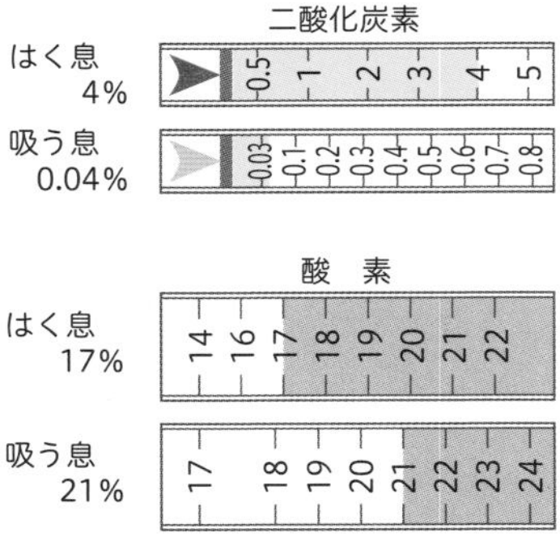

▲ 目盛りの読み方

注　意！　酸素用の気体検知管は熱を発生するので，使用直後は直接さわってはいけない(カバーゴムの部分を持つ)。

使い終わった気体検知管は，燃えないごみとして処理する。

11 自由研究の進め方

身のまわりのふしぎなこと，おもしろいなと思ったことを観察や実験で調べていくことが自由研究である。ふだんの生活・学校などで「ふしぎだな」「どうなっているのかな」「おもしろいからもっとためしてみよう」と感じたことからテーマを選んで，研究をしてみよう。

自由研究の進め方のポイント

自由研究を上手に進めるために，全体の流れを確認する。ステップを知っておくととちゅうで迷わない。

①研究テーマを決める
「なぜ？」と疑問に思ったことや，「やってみたい！」と思ったことを「きっかけ」に，テーマを決める。テーマが決まったらそれを具体的にしていく。

②研究の計画をたてる
実験や観察などを進めるために必要な方法を考え，その準備をする。

③調べる（調査・実験・観察）
研究計画にしたがって，実験や観察などを行い，記録をとる。

④まとめる（結果の整理，考察）
調べ終わったら，その内容を伝えるために，わかりやすくまとめる。

⑤発表する
研究の成果をできるだけ多くの人に伝える。発表するときは，わかりやすく伝える。

自由研究の進め方

❶ 研究テーマを決める

まず，研究したいことを決める。自由研究では，「よい問題」を見つけることがたいせつである。「見つける目」「調べようとする目」さえあれば，研究テーマ（調べる内容）は私たちの身のまわりにたくさんある。

研究テーマは，学校で学習したことや，身のまわりやふだんの生活などでふと疑問に思ったこと，ふしぎなこと，もっとよく知りたいことなどの中から見つけるとよい。また，最近見たり聞いたりしたことや，自由研究のWebサイト，本などをきっかけにテーマを見つけてもよい。

ほかにも，動植物，食べ物，スポーツなど，ふだんの生活の中で，自分が好きだと思っていることや，興味をもっていることが，自由研究の題材としてとり上げられそうか考えてみる。好きなことなら，興味をもって，楽しく自由研究をすることができる。

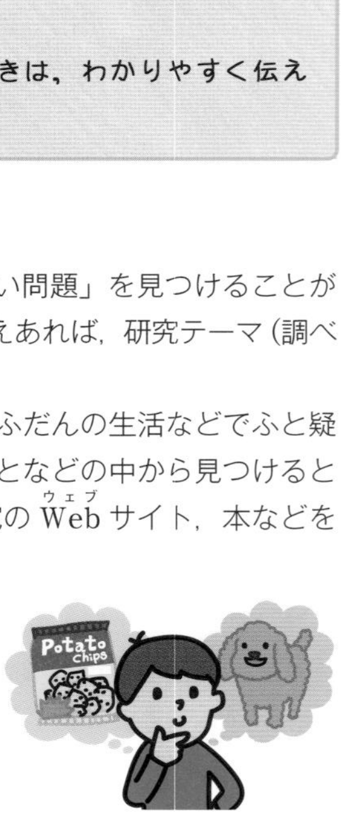

●研究テーマを見つけるきっかけ

日ごろから，身のまわりのできごとや自然を注意深く観察し，いろいろな疑問(ぎもん)をもつことがたいせつである。

▶**身近なことから**……家の中や学校など，身近な所でふしぎに思ったことや，気になったことはないだろうか。「どうしてせん風機の前で話すと声が変わるのだろう？」「地面にあいている穴(あな)は何かの虫の巣だろうか？」といった，小さな疑問でよい。この疑問をきっかけに，自由研究のテーマを見つけることができる。

▶**見たり聞いたりしたことから**……テレビや本で，見たり読んだりしたことや，家族や友達などから聞いたことの中で，「どうしてそうなるのかな？」と疑問に思ったり，「もっと知りたい！」と興味(きょうみ)をもったことを題材にする。「地球温暖化(おんだんか)ってどうしておこるのだろう？」「砂(さ)ばくにはどんな生き物がいるのかな？」など，地球の自然やできごと，そのしくみなど，大きな研究テーマでも自由研究を行うことができる。

▶**自由研究の本やWeb(ウェブ)サイトから**……自由研究の本やWebサイトを見て，興味をもったことを研究テーマにするのもよい。

▶そのほかにも以下のようなことが，研究テーマを見つけるきっかけとなる。

①学校での理科の授業(じゅぎょう)の中から
②昨年の自由研究の中から
③家庭での洗たく，そうじなどの体験の中から
④運動，遊びの中から
⑤種まき，水やり，草とりなどの植物を育てる活動の中から
⑥科学雑誌(ざっし)，新聞，テレビ，参考書の中から
⑦ほかの人の研究作品から自分なりにヒントをえたことから

●研究テーマの決め方

上のような方法で見つけた研究の「きっかけ」から，具体的に何を調べるのかというテーマを決める。このとき，調べる内容が具体的であればあるほど，しっかりとしたテーマになる。

例えば，「種子(しゅし)」について調べる場合，「種子が発芽する条件(じょうけん)」「種子はどうやって散らばるのか」「種子の大きさと植物の大きさに関係はあるのか」など，種子の何について調べるのかを具体的に決めるとよい。

▶**研究の見通しをたてる**……テーマを決めたら，研究の全体にわたってできるだけ見通しをたてるようにする。調べたいことが決まったら，「どのような実験・観察をすればよいか」「どのような結果になると予想できるか」「どのようにまとめるか」などをあらかじめ考えておく。これは研究を成功させるためにたいせつなことである。また，研究するテーマに応(おう)じて，一人で行うか，グループで行うかを考える。

▶**その他の注意点**……研究の見通しをたててみて，時間やお金がかかりすぎるものや，危険な実験になるものはさけたほうがよい。また，むずかしすぎるテーマだと，結局何も手につかずに終わってしまうこともあるので，無理なくできそうなテーマを選ぶとよい。先生に相談してみるのも，1つの方法である。

❷ 研究の計画をたてる

研究のテーマが決まったら，次は自由研究の進め方や必要な方法を具体的に考え，その準備にとりかかる。方法や準備物，まとめ方などを書き出していくと計画がはっきりする。次のような手順で行う。

①研究するテーマに応じて，何を調べるか，どのような実験をするかなどを考える。このとき，本やインターネットで下調べをするのもよい。

②自由研究をするのに必要なもの（観察・実験器具，材料，道具など）を準備する。また，必要な資料があれば，準備する。本やインターネットなどを活用するとよい。

③まとめ方を考える。ある程度どのようにまとめるかを決めておいたら，最後に実際にまとめるときに困らない。

❸ 調べる（調査・実験・観察）

計画・準備が終わったら，研究計画にしたがい，自由研究を実行する。

- 実験や観察を行う場合，どのような結果が予想されるか，見当をつけておく（仮説をたてる）。このとき，予想した理由もはっきりとさせておく。
- 実験や観察を行うときは，結果や，そのときに気づいたことなどを，ノートなどに記録しておく。このとき，できるだけ細かく，くわしく記録する。また，カメラを使ってさつえいをしておくと，正確に記録ができて便利である。
- 実験のデータはできるだけ多いほうが確かな結果が出るので，実験は数回くり返して行うとよい。また，こん虫や植物を集める研究を行うときも，できるだけ多く集めると結果に説得力が出てくる。
- 実験を行うと，予想通りに結果が出ないことがある。その場合もそのままデータを記録し，なぜそのようなデータが出たのか，その理由を考えるとともに，原因をくわしく調べてみる。もし必要ならば，ほかの方法も考え，やり直してみる。ここで，本やインターネットを活用してもよい。
- 何かを調査する研究を行うときは，本やインターネットで調べる以外にも，科学館や動物園，水族館などを利用することができる。

実験・観察を行う。
カメラなどを用いてくわしく記録する。
本やインターネットを使って調べる。

❹ まとめる（結果の整理，考察）

自由研究が終わったら，研究内容をまとめる。

まとめるときは，図や表，写真なども使い，自分以外の人にもわかるように，わかりやすくまとめる。研究結果を発表したり，教室にけい示したりするときは，模造紙などの大きな紙を用意し，研究結果をまとめるとよい。このとき，下のようなことを書くようにする。

①**テーマ**…研究のテーマを最初に書く。

②**研究の動機・きっかけ・ねらい**…なぜこの研究を始めたのか，この研究で何を調べたいのか，何を明らかにしたいのかをわかりやすく書く。

③**研究の方法**…調べた方法を簡単に書く。図や表，写真も使い，わかりやすく書く。

④**結果**…図や写真があるとわかりやすい。特に写真の記録がたいせつである。また，数字で表せる結果が出たときには，表やグラフにするとわかりやすくなる。

⑤**わかったこと・考察**

研究の結果からわかったこと，予想と比べてどうだったかなど，研究のテーマに沿ってまとめる。自分がなぜこの研究をしているのか，何をはっきりさせようとしているのかを忘れないようにする。

⑥**研究のまとめ・感想・これから調べたいこと**

最初に研究を行おうと思った目的が解決できたのか，研究をやってみてどのようなことがわかったのかなどを，わかりやすくまとめる。また，研究をしてみて感じたことや反省点などもまとめるとよい。

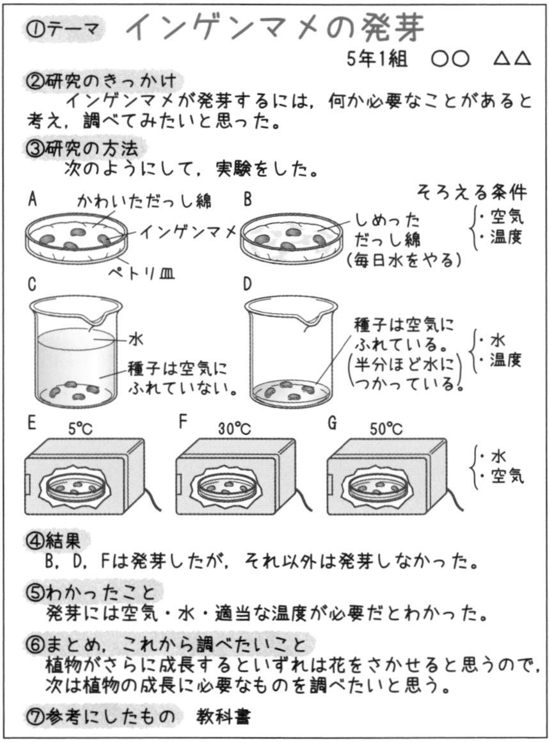

次に調べていきたいことをまとめると，次の研究にいかせるようになる。

⑦**参考にしたもの**…本や Web サイトなど，参考にしたものがあれば，それを書く。

❺ 発表する

研究の結果を発表するときは，わかりやすく順序だてて話す。このとき，模型や標本などの実物を見せたり，コンピュータや実物投えい機などを使ってもよい。

自由研究の方法例

自由研究の方法やテーマ選びの例として，いくつか例をあげてみる。これらを参考にしながら，自由研究を行ってみよう。

●模型(もけい)をつくって調べよう

模型をつくるなどのものづくりを行うことは，ものをつくる楽しさや達成感を味わうことができるとともに，それまでの学習の成果と日常(にちじょう)生活とのかかわりを実感し，理解を深めることができる。

❶ 研究テーマの決定

学校の授業(じゅぎょう)や本などをもとに，関心をもった点や疑問(ぎもん)に思った点などを明らかにし，研究のテーマを考えていく。また，そのテーマを選んだわけを簡潔(かんけつ)にまとめておくようにする。模型をつくることで実際(じっさい)にもののつくりやしくみがよくわかるため，それを目的とした研究でもよい。

❷ 研究計画を立てる

模型をつくる研究をするときは，まずどのようなことを調べる必要があるかを考える。また，模型をつくるために，材料や道具などを準備(じゅんび)する。このとき，本やインターネットなどを活用し必要なものを調べるとよい。準備物，作成方法などを書き出していくと計画がはっきりする。

❸ 模型を製作(せいさく)する

計画・準備が終わったら，研究計画にしたがい，製作を行う。また，その完成品のつくりやしくみについて，本やインターネットで調べたことと比(くら)べてみて気づいたことなどを，ノートなどにできるだけ細かく，くわしく記録する。製作のようす・つくる手順・くふうなどは，ノートに記録するだけでなく，カメラを使ってさつえいをしておくとよい。

❹ 研究成果をまとめる

模型が完成したら，その製作過程(かてい)をまとめる。まとめでは，製作過程，研究成果（わかったこと，くふうした所）とともに，今後の課題も記述(きじゅつ)する。また，研究結果を発表するときは，つくった模型も見せるようにすると，わかりやすい発表になる。

❺ 模型づくりに適(てき)した研究例

▶**血液(けつえき)のはたらきとそのしくみ**…学校での授業をもとに，からだのすみずみまで流れ続ける血液のようすを調べ，その模型をつくる。

▶**花のつくり**…めしべやおしべ，花びら，がくを模型でつくり，そのつくりやはたらきについて，種類によってのちがいを調べる。

▶**生き物のつくり**…こん虫や魚，その他のいろいろな生き物の模型をつくり，そのすぐれた機能やからだの構造について調べる。また，ミツバチの巣の模型をつくって巣のようすを調べたり，カブトムシやトンボの模型をつくってどのように飛んでいるか，どうやって産卵するかなどを調べてみるのもよい。

▶**火山の活動**…マグマがふん出するようすやしくみを調べ，そのようすを模型で再現し，火山活動と自然災害のようすを実感する。

▶**かん境にやさしいモデルハウスの模型の製作**…かん境にやさしいモデルハウスを考え，その模型をつくってみる。太陽光電池を使ったり，ＬＥＤを利用したりしてエネルギーをあまり使わない家を考えてみる。

●標本を集めてみよう

標本を残すことは「しょうこを示す」という意味でとても重要である。例えば生き物の標本の場合，そのとき，その場所には確かにこの生き物が生息していたということは標本でしか証明できない。標本をつくり，採集した日付・採集した場所・採集者のデータラベルをしっかりとつけて，それを保存することは科学的にもたいせつな研究である。また，ある程度の数をならべてみると，それぞれのちがいを比べることができる。同じ地域でも差があるのか，地域ごとを比べると差があるのかなどは，標本をならべて初めて気づくことができる。しかし，絶めつのおそれがある生き物などの採集は行われるべきではなく，ルールと節度をもった採集を心がける必要がある。

❶ 研究テーマの決定

身近な場所や自分の体験，本などをもとに，研究のテーマを考えていく。また，研究テーマをもとに，どのような場所で何を標本として集めるかを決める。研究のゴールとして，標本を集めることで何を知りたいのかを考えておく。

❷ 研究計画をたてる

標本を集める研究をするときは，あらかじめ集めるものや方法について調べておく。調べる方法としては，観察や現地調査で調べる方法のほかに，本やインターネットで調べることも必要である。また，集めるために必要な道具や資料などもあれば準備しておく。研究を行うにあたって，知りたいことが実際にどうなっているか自分の目で見て調べるために，身近な地域から採集地を選び，観察方法や集める方法などを事前に考えておく。

また，事前に何の記録をとるのか，いつ記録をとるのか，どこで記録をとるのかなどを決めておく。そして，記録をとる方法（メモ・録音・写真・録画など）や，調査するものの何について重点的に調べ，記録するのか（数・形・大きさ・長さ・重さ・色・音・におい・固さ・感しょく・行動など）を決めておく。

❸ 標本を集める

計画にしたがって標本を集める。例えば，岩石や化石を標本として集める場合には，

①採集してきた岩石や化石を採集地別に整理する。

②ラベルに，番号，岩石名（化石名），採集地，月日を記入する。

③採集地の地図に岩石（化石）を採集した地点やその写真をはるなどする。また，岩石（化石）の特色を記入する。

④考えたことやわかったことをまとめる。

といった手順で行う。

集めてきた標本は，時間ごと・場所ごとなどにならべてみると，気づくことがあるかもしれない。このとき，標本をとるときにつけた記録から，特ちょう的なようすや変化した所がわかるものがないか確かめる。そのような重要な記録には，マーカーや付せんなどで印をつけておくとわかりやすい。そのようにして注目した記録を比べたり，調査したものを特ちょうで分類したり，集めてきたデータの数を数えたりすることで，標本や記録を整理することができる。

❹ 研究結果をまとめる

標本を集めた結果，そのようすや変化から何がいえるのかを考える。また，予想をたてている場合，予想が正しかったのか，ちがっていたらどうちがっているのかを考える。また，この結果から何がいえるのか，なぜそうなっているのかを考えてみる。

まとめるときは，標本を集めた結果のほかに，標本をとった場所とその写真や，その場所がどういうところなのか，またどのくらいの数の標本を集めたのかなどを必要に応じて記入すると，さらに結果に説得力が生まれる。例えば，岩石を集めた場合，具体的な採集地と，その場所の写真のほかに，調べた場所のいっぱん的な地層・岩石のようす，岩石を採集した場所の数，採集した岩石の数，種類などを記入しておくとよい。また，採集したあとの感想や，苦労したことなどについても簡潔に記入する。

❺ 標本を集めるのに適した研究例

▶**セミのぬけがら集め**…セミのぬけがらを集め，その地域にはどのような種類のセミが分布しているかや，セミが羽化する時間帯などについて調べる。

▶**チョウの標本づくり**…チョウを採集し標本をつくり，チョウの分布や生息場所，主食とする植物などについて調べる。

▶**身近な野草集め**…道を歩くと目にする野草を集め，図かん・インターネットなどによって名まえを調べる。

▶**川の上流・中流・下流**…身近な川で採集した土や石から，流れる水のはたらきが実際におこっているのかを調べる。

▶**花の種子を集める**…種子を集めることで植物の分布を調べたり，いろいろな種子がもつ特ちょうなどについて調べる。

●かん境問題について調べよう

ニュースでは毎日のように，何かしらかん境にかかわる報道があり，インターネット上でも多くの情報が発信されている。かん境問題について自由研究でとりくむことで，わたしたちの地球のかん境とその未来にたいする危機感をもち，またかん境問題を解決するためにはどうすればよいかを考えることができる。

❶ 研究テーマの決定

かん境問題に関する研究テーマは，学校で学習したことや，新聞やニュースで知ったことなどの中から見つけることができる。また，地球全体にかかわる大きなかん境問題を調べるのもよいが，ふだんの生活の中で気になったことや，身近な地域でのかん境問題について調べるのもよい。

❷ 研究計画をたてる

かん境問題について研究するときは，実際に出かけていって観察するのか，または本や新聞，インターネットを中心に調査するのかなど，どのような方法で行うかを考える。それ以外にも，インタビューを行ったりアンケートをつくって調査したりといった方法が考えられる。

身近な地域のかん境を調べるときは，実際にどうなっているのか，自分の目で見て調べることができる所や，実験や調査を行うためのサンプルをとってくることができる所を何か所か選ぶとよい。

インタビューやアンケートで調べる場合には，だれにインタビューするか，だれを対象にどうやってアンケートをとるかなどを考えておく。

❸ 調査する

身近な池の水のよごれなど，実際に現地に行って調査をするときは，安全に注意して調査をする。また，サンプルをとって調査をするときは，できるだけ多く集めると結果に説得力が生まれる。

本や新聞，インターネットで調べる場合には，テーマと関連していることがらについて広はん囲に調べたり，特定の日におこったできごとの情報を調べたりと，いろいろな視点で情報を集めると，気づくことがあるかもしれない。調べた結果から，どのようにすればかん境問題の解決につなげられるかを考えるようにする。また，調べた情報は最新のものかどうかに注意する。

インタビューやアンケートで調べた場合には，回答を集計し，似ている回答をまとめたり，分類したりする。また，その結果を表やグラフにするとわかりやすくなる。そして，全体のけい向を読みとり，どんな考えがあるのか，何がいえるのかを考える。予想をたてているならば，予想が正しかったのか，ちがっていたらどうちがっていたのかを考え，さらにどうしてこのような結果になったかを考える。

❹ 研究結果をまとめる

自由研究が終わったら，伝える方法や内容をしぼりこみ，わかりやすくまとめる。このとき，研究の結果から，かん境問題を解決するために自分たちは今後どうすべきなのか，などの方法についてもまとめるとよい。

❺ かん境問題についての研究例

▶**水生こん虫・生き物の観察**…川や池の水のよごれを調べるために，どのような水生こん虫や水生の生き物がすんでいるかを調べて，水のよごれを判定し，その原因や対策を考える。

▶**大気のよごれについて**…身近な地域の大気のよごれを調べる。走っている車のはい気ガスの量を調べたり，マツの葉を集めてその気こうを観察し，よごれがたまっているかを調べたりする方法がある。大気がよごれている場合，その原因や対策を考える。

▶**家でできるかん境をまもるとりくみ**…家族や身近な人にインタビューをして，かん境をまもるため気をつけていることがあるかなどを聞く。また，どのようなとりくみをすればよいかを考える。

●実験をして調べてみよう

学校で学んだことを実際に実験して確かめてみたり，本やインターネットで見つけた実験をやってみたりすることで，学習内容の理解が深まったり，新たな発見をすることができる。

❶ 研究テーマの決定

実験を行う研究では，何を調べるために実験をするのかをはっきりさせておく。調べる内容は，学校で学習したことや，身のまわりやふだんの生活などでふと疑問に思ったことなどの中から見つけるとよい。

❷ 研究計画をたてる

実験を行うときは，

①調べたいことをはっきりさせる。それについての自分なりの予想をたてる。

②実験の方法を考える。

③実際に実験を行ってみる。

④結果を整理し，まとめる。出てきた結果について考察する。

という流れで行うとよい。実験の方法を考え，必要なものをあらかじめ準備しておく。

❸ 実験を行う

実験は，安全にじゅうぶん注意して行う。危険な実験は行わないようにする。実験の結果は，表やグラフに整理し，わかりやすいようにまとめる。実験のようすをカメラでさつえいしておくと，まとめるときに便利である。また，実験のデータはできるだけ多いほうが確(たし)かな結果が出るので，実験は数回くり返して行う。

予想通りに結果が出なくてもそのままデータを記録し，なぜそのようなデータが出たのか，その理由を考えるとともに，原因(げんいん)をくわしく調べてみる。予想と結果がちがっていた場合，予想がまちがっていたのか，実験方法に問題があったのかなどの原因が考えられる。それを調べることも研究になる。

❹ 研究のまとめ

実験結果は，初めの予想と比(くら)べて，予想が正しかったのか，ちがっていたらどうちがっているかを考える。そして，実験結果から，何がいえるのかを考える。

まとめるときは，結果とわかったこと，考えたことは区別するようにする。

❺ 実験を行う研究例

- ▶**もののとけ方**…一定量の水にとける食塩や砂糖(さとう)などの重さを調べ，どのようなものがとけやすいかなどを調べる。
- ▶**水よう液(えき)の性質(せいしつ)**…洗剤(せんざい)やジュース，食す，しょうゆなどの身近な液体をリトマス紙につけ，色の変化を調べる。
- ▶**指示薬(しじやく)をつくる**…ムラサキキャベツやブルーベリーなど，簡単(かんたん)に手に入る植物を利用して，指示薬をつくる。
- ▶**ふりこの実験**…ふりこをつくり，ふりこの規則性(きそくせい)を調べる。このとき，大きなふりこ，小さなふりこでも規則性はなりたっているのかを調べてみるのもよい。

●気になることを調べてみよう

実際(じっさい)にどのような模型(もけい)をつくったり実験を行えばよいかわからない場合，自分が気になっていることをとりあえず調べてみるのも有効(ゆうこう)な方法である。この場合も，何を調べたいかテーマをはっきりさせると，研究の見通しがたてやすい。調べていく中で，模型の製作(せいさく)や実験を行うといったほかの方法と組み合わせてみるのもよい。自由研究として調べるテーマの例は次のようなものが考えられる。

- ▶**動物の誕生(たんじょう)**…いろいろな動物のこどもの数とそのじゅ命(みょう)について調べる。
- ▶**増水(ぞうすい)による川のひ害**…すんでいる地域(ちいき)の川の今までのひ害やそのあとを調べる。
- ▶**雲の種類**…毎日見られる雲の名まえを調べる。
- ▶**天気のことわざ**…すんでいる地域の天気のことわざを調べる。
- ▶**月面の模様(もよう)**…世界各国で月面の模様は何に見えているかを調べる。
- ▶**ふりこの利用例**…実際にふりこの原理が使われているものについて調べる。
- ▶**電磁石(でんじしゃく)の利用例**…電磁石を使ったものの実用例をあげ，どのように使われているかを調べる。
- ▶**身のまわりの電気の利用**…身のまわりの電気器具のしくみについて調べる。

さくいん

● 生は生き物，地は地球，エはエネルギー，物は物質，資は資料のマークです。

か

き

く

け

こ

さ

し

す

せ

な

に

ね

ふ

へ

り

る・れ

ろ

わ

写真提供・協力一覧（敬称略）

浅野浅春，アフロ，海老崎功，ケニス，コーベット・フォトエージェンシー，国立天文台，小堺製薬，島原市役所，首都大学東京火山災害研究センター，消防防災科学センター，陶芸ショップ.コム，NASA，日本気象協会 tenki.jp，PPS通信社，ピクスタ，日立ハイテクノロジーズ，プレゼンツ，北海道大学低温科学研究所，山口大学 川村喜一郎，横浜市立金沢動物園，理科実験おたすけ隊

※QRコードは(株)デンソーウェーブの登録商標です。

執筆者

代表 川村 康文 東京理科大学理学部 教授
海老崎 功 京都市立西京高等学校 指導教諭・博士（学術）
荻原 彰 三重大学教育学部 教授
小田 泰史 蒲郡市立蒲郡西部小学校
川角 博 福井県教育総合研究所 先端教育研究センター 特別研究員
篠原 亜希子 元大阪大学薬学研究科共用機器室研究員
高橋 泰道 島根県立大学人間文化学部保育・教育学科 教授
長南 幸安 弘前大学教育学部 教授
二階堂 恵理 横浜市立矢向小学校 理科支援員
山下 芳樹 立命館大学産業社会学部子ども社会専攻 教授
同 社会学研究科博士課程 教授

小学 高学年 自由自在 理科

昭和29年 9 月 1 日 第 1 刷 発 行
昭和35年11月 1 日 全訂第 1 刷発行
昭和38年 4 月 1 日 全訂第 1 刷発行
昭和46年 3 月 1 日 全訂第 1 刷発行
昭和49年 1 月10日 増訂第 1 刷発行
昭和52年 2 月 1 日 改訂第 1 刷発行
昭和55年 2 月 1 日 全訂第 1 刷発行
平成 4 年 3 月10日 全訂第 1 刷発行
平成14年 2 月 1 日 全訂第 1 刷発行
平成17年 2 月 1 日 増訂第 1 刷発行
平成22年 2 月 1 日 全訂第 1 刷発行
平成26年 2 月 1 日 新装第 1 刷発行
令和 2 年 2 月 1 日 全訂第 1 刷発行

編著者 小学教育研究会
代表 川村 康文
発行者 岡 本 明 剛
発行所 受験研究社
©株式会社 増進堂・受験研究社
〒550-0013 大阪市西区新町 2—19—15
注文・不良品などについて：(06)6532-1581(代表)／本の内容について：(06)6532-1586(編集)

注意 本書を無断で複写・複製(電子化を含む)して使用すると著作権法違反となります。

Printed in Japan 寿印刷・高廣製本
落丁・乱丁本はお取り替えします。